U0286101

教育部高等学校电子信息类专业教学指导委员会规划教材
高等学校电子信息类专业系列教材

卫星通信系统同步技术

魏苗苗　王菊　刘洲峰　李春雷　编著

清华大学出版社
北京

内容简介

本书旨在介绍卫星通信系统中通信信号处理过程及所涉及的信号估计理论和评价标准。根据参数估计对象的不同，主要内容分为信号估计理论、载波同步、定时同步、帧同步和信噪比估计5部分。第1部分(第1～2章)为卫星通信系统理论基础；第2部分(第3章)介绍针对信号载波偏差的同步技术；第3部分(第4章)介绍针对信号定时偏差的同步技术；第4部分(第5章)介绍针对信号数据帧的同步技术；第5部分(第6章)介绍卫星通信信号的信噪比估计技术。

本书聚焦于卫星通信系统接收信号的处理过程，涵盖了目前已知的对4种未知信号参数的不同估计方式，能够为通信工程、信号处理等信息类专业的本科生提供无线通信信号处理过程的应用实例，为入门卫星通信相关研究的读者迅速建立起卫星接收机结构的总体概念以及现代信号处理的理论基础。本书还可作为后期进行理论和实践研究的参考书籍。

本书封面贴有清华大学出版社防伪标签，无标签者不得销售。
版权所有，侵权必究。举报：010-62782989，beiqinquan@tup.tsinghua.edu.cn。

图书在版编目(CIP)数据

卫星通信系统同步技术/魏苗苗等编著. —北京：清华大学出版社，2022.8
高等学校电子信息类专业系列教材
ISBN 978-7-302-61473-9

Ⅰ. ①卫… Ⅱ. ①魏… Ⅲ. ①卫星通信系统－同步－高等学校－教材 Ⅳ. ①TN927

中国版本图书馆CIP数据核字(2022)第137376号

责任编辑：赵 凯 李 晔
封面设计：刘 键
责任校对：韩天竹
责任印制：曹婉颖

出版发行：清华大学出版社
网 址：http://www.tup.com.cn，http://www.wqbook.com
地 址：北京清华大学学研大厦A座 **邮 编**：100084
社 总 机：010-83470000 **邮 购**：010-62786544
投稿与读者服务：010-62776969，c-service@tup.tsinghua.edu.cn
质量反馈：010-62772015，zhiliang@tup.tsinghua.edu.cn
课件下载：http://www.tup.com.cn，010-83470236
印 装 者：小森印刷霸州有限公司
经 销：全国新华书店
开 本：185mm×260mm **印 张**：18.75 **字 数**：460千字
版 次：2022年10月第1版 **印 次**：2022年10月第1次印刷
印 数：1～1500
定 价：79.00元

产品编号：090235-01

高等学校电子信息类专业系列教材

顾问委员会

谈振辉	北京交通大学（教指委高级顾问）		郁道银	天津大学（教指委高级顾问）
廖延彪	清华大学 （特约高级顾问）		胡广书	清华大学（特约高级顾问）
华成英	清华大学 （国家级教学名师）		于洪珍	中国矿业大学（国家级教学名师）

编审委员会

主 任	吕志伟	哈尔滨工业大学		
副主任	刘 旭	浙江大学	王志军	北京大学
	隆克平	北京科技大学	葛宝臻	天津大学
	秦石乔	国防科技大学	何伟明	哈尔滨工业大学
	刘向东	浙江大学		
委 员	韩 焱	中北大学	宋 梅	北京邮电大学
	殷福亮	大连理工大学	张雪英	太原理工大学
	张朝柱	哈尔滨工程大学	赵晓晖	吉林大学
	洪 伟	东南大学	刘兴钊	上海交通大学
	杨明武	合肥工业大学	陈鹤鸣	南京邮电大学
	王忠勇	郑州大学	袁东风	山东大学
	曾 云	湖南大学	程文青	华中科技大学
	陈前斌	重庆邮电大学	李思敏	桂林电子科技大学
	谢 泉	贵州大学	张怀武	电子科技大学
	吴 瑛	战略支援部队信息工程大学	卞树檀	火箭军工程大学
	金伟其	北京理工大学	刘纯亮	西安交通大学
	胡秀珍	内蒙古工业大学	毕卫红	燕山大学
	贾宏志	上海理工大学	付跃刚	长春理工大学
	李振华	南京理工大学	顾济华	苏州大学
	李 晖	福建师范大学	韩正甫	中国科学技术大学
	何平安	武汉大学	何兴道	南昌航空大学
	郭永彩	重庆大学	张新亮	华中科技大学
	刘缠牢	西安工业大学	曹益平	四川大学
	赵尚弘	空军工程大学	李儒新	中国科学院上海光学精密机械研究所
	蒋晓瑜	陆军装甲兵学院	董友梅	京东方科技集团股份有限公司
	仲顺安	北京理工大学	蔡 毅	中国兵器科学研究院
	王艳芬	中国矿业大学	冯其波	北京交通大学

丛书责任编辑 盛东亮 清华大学出版社

序

FOREWORD

我国电子信息产业销售收入总规模在2013年已经突破12万亿元，行业收入占工业总体比重已经超过9%。电子信息产业在工业经济中的支撑作用凸显，更加促进了信息化和工业化的高层次深度融合。随着移动互联网、云计算、物联网、大数据和石墨烯等新兴产业的爆发式增长，电子信息产业的发展呈现了新的特点，电子信息产业的人才培养面临着新的挑战。

(1) 随着控制、通信、人机交互和网络互联等新兴电子信息技术的不断发展，传统工业设备融合了大量最新的电子信息技术，它们一起构成了庞大而复杂的系统，派生出大量新兴的电子信息技术应用需求。这些"系统级"的应用需求，迫切要求具有系统级设计能力的电子信息技术人才。

(2) 电子信息系统设备的功能越来越复杂，系统的集成度越来越高。因此，要求未来的设计者应该具备更扎实的理论基础知识和更宽广的专业视野。未来电子信息系统的设计越来越要求软件和硬件的协同规划、协同设计和协同调试。

(3) 新兴电子信息技术的发展依赖于半导体产业的不断推动，半导体厂商为设计者提供了越来越丰富的生态资源，系统集成厂商的全方位配合又加速了这种生态资源的进一步完善。半导体厂商和系统集成厂商所建立的这种生态系统，为未来的设计者提供了更加便捷却又必须依赖的设计资源。

教育部2012年颁布的《普通高等学校本科专业目录》将电子信息类专业进行了整合，为各高校建立系统化的人才培养体系，培养具有扎实理论基础和宽广专业技能的、兼顾"基础"和"系统"的高层次电子信息人才给出了指引。

传统的电子信息学科专业课程体系呈现"自底向上"的特点，这种课程体系偏重对底层元器件的分析与设计，较少涉及系统级的集成与设计。近年来，国内很多高校对电子信息类专业课程体系进行了大力度的改革，这些改革顺应时代潮流，从系统集成的角度，更加科学合理地构建了课程体系。

为了进一步提高普通高校电子信息类专业教育与教学质量，贯彻落实《国家中长期教育改革和发展规划纲要(2010—2020年)》和《教育部关于全面提高高等教育质量若干意见》(教高〔2012〕4号)的精神，教育部高等学校电子信息类专业教学指导委员会开展了"高等学校电子信息类专业课程体系"的立项研究工作，并于2014年5月启动了《高等学校电子信息类专业系列教材》(教育部高等学校电子信息类专业教学指导委员会规划教材)的建设工作。其目的是为推进高等教育内涵式发展，提高教学水平，满足高等学校对电子信息类专业人才培养、教学改革与课程改革的需要。

本系列教材定位于高等学校电子信息类专业的专业课程，适用于电子信息类的电子信息工程、电子科学与技术、通信工程、微电子科学与工程、光电信息科学与工程、信息工程及其相近专业。经过编审委员会与众多高校多次沟通，初步拟定分批次(2014—2017年)建设约100门课程教材。本系列教材将力求在保证基础的前提下，突出技术的先进性和科学的前沿性，体现创新教学和工程实践教学；将重视系统集成思想在教学中的体现，鼓励推陈出新，采用“自顶向下”的方法编写教材；将注重反映优秀的教学改革成果，推广优秀的教学经验与理念。

为了保证本系列教材的科学性、系统性及编写质量，本系列教材设立顾问委员会及编审委员会。顾问委员会由教指委高级顾问、特约高级顾问和国家级教学名师担任，编审委员会由教育部高等学校电子信息类专业教学指导委员会委员和一线教学名师组成。同时，清华大学出版社为本系列教材配置优秀的编辑团队，力求高水准出版。本系列教材的建设，不仅有众多高校教师参与，也有大量知名的电子信息类企业支持。在此，谨向参与本系列教材策划、组织、编写与出版的广大教师、企业代表及出版人员致以诚挚的感谢，并殷切希望本系列教材在我国高等学校电子信息类专业人才培养与课程体系建设中发挥切实的作用。

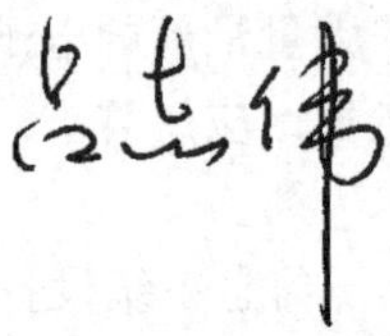 教授

前言
PREFACE

卫星通信是指利用卫星作为通信系统中继站进行通信的通信方式，是解决远距离非平面无线通信问题的一种重要方法。卫星通信具有通信范围大、可靠性高、可同时多址连接、电路建设灵活等优点。

近年来，随着无线通信技术的快速发展，地面移动网络已经覆盖了人们活动的主要区域，但是对于海洋、沙漠、南北极等偏远地区和移动通信基站建设较少的区域难以实现有效覆盖。因此，要实现全球范围内全天候全面覆盖必须借助卫星通信系统。由于其在抗震救灾、国防建设、信息安全等领域的重要作用，卫星通信系统已经成为全世界各国争相研究的热点，也被纳入我国国防军事建设的重中之重。此外，卫星通信系统具有极大的民用经济价值，随着卫星通信技术的不断发展，在轨卫星种类和数目的不断增多，其应用已经扩展到气象预报、海洋业、定位导航、林业、医疗、交通等诸多领域，渗透到人们生活的方方面面。

通信接收机是卫星通信系统的必要组成部分，通信信号同步处理技术是卫星通信接收机设计的关键。在卫星通信系统中，接收机接收到信号之后，要完成对接收信号的解调和测量，需要首先完成信号同步处理过程，信号同步过程就是从噪声和干扰中实现信号未知参数的估计过程。完整描述信号特性的所有未知参数包括信号的频偏、相偏和时偏等，在这些参数中，载波频偏对信号的接收和处理影响最大。载波同步、位同步、帧同步是同步技术的3种主要形式。只有完成了以上3种同步，才能进行后续的数据处理工作，从而最终从接收信号中解调出有用信息。

本书列举了基于现代信号处理信号估计理论的多种参数估计算法，分析了各个算法的理论出处，列出了算法的具体实时步骤并对比不同算法的同步性能，最终给出适合的工程应用场景。本书不仅提供了理论参考依据，而且可以指导读者开展实际工程应用开发活动。本书共6章，分为5部分：第1部分(第1～2章)介绍卫星通信系统理论基础，讲述卫星通信系统和同步技术的基本概念、不同类型卫星通信系统发展现状以及与同步相关的信号估计理论；第2部分(第3章)介绍针对信号载波的同步技术，包括载波频率同步技术和载波相位同步技术，并按照算法所采用的不同理论基础进行了分类、归纳和原理介绍；第3部分(第4章)介绍针对信号定时偏差的同步技术，包括基于判决反馈的定时同步技术、非数据辅助定时同步技术、前馈定时同步技术和编码辅助定时同步技术等。第4部分(第5章)介绍针对信号数据帧的同步技术，包括基于同步码插入的帧同步技术和编码辅助帧同步技术；第5部分(第6章)介绍针对自适应传输系统的信噪比估计技术，包括数据辅助和非数据辅助下的信噪比估计、编码辅助信噪比估计和非理想同步下的信噪比估计技术。

本书的出版得到中原工学院学术专著出版基金资助，并得到2022年河南省科技攻关项目(项目批准号：222102210244)和2023年河南省高等学校重点科研项目(项目批准号：23A510012)的支持，借此机会，特别向中原工学院电信学院各位同事及领导所给予的支持和帮助表示感谢。由于编者水平有限，书中难免有疏漏和不足之处，恳请读者批评指正！

编　者

2022年5月

目录

CONTENTS

卫星通信系统概述

第1章

CHAPTER 1

本章首先阐述不同类型卫星通信系统的现状及发展趋势，接着介绍卫星通信系统同步技术所涉及的基本概念，最后重点介绍卫星接收机中的同步技术。本章的主要学习目标：

(1) 了解卫星通信系统的基本结构；

(2) 熟悉不同卫星通信系统的现状与发展趋势；

(3) 掌握卫星接收机同步技术的基本概念。

卫星通信是指利用卫星作为通信系统中继站进行通信的通信方式。卫星通信系统在商业、医疗、航空、航天、航海、交通运输、抗震防灾、气象预报、农牧业等领域有着广泛的应用。

卫星通信的概念最早由阿瑟·克拉克(Arthur C. Clarke)在1945年提出。1965年，美国"晨鸟"(Early Bird)通信卫星发射成功，卫星通信技术正式进入实用阶段。在过去的50多年里，卫星通信主要作为地面通信网络的补充、备份和延伸，其凭借着覆盖范围广、通信系统容量大、灾难容忍性强、灵活度高等独特优势，在偏远地区网络覆盖以及航海通信、应急通信、军用通信、应急通信、科考勘探等应用领域发挥着不可替代的作用。近年来，随着卫星宽带成本的下降和卫星通信技术的进步，在高通量卫星带宽巨大需求的刺激下，国内外掀起了卫星互联网星座发展的热潮。据美国卫星产业协会(Satellite Industry Association，SIA)发布的《2021年卫星产业状况报告》，2020年，在轨卫星数已达3371颗，卫星产业产值达3710亿美元。其中，卫星通信服务的销售收入占整个行业链的44%，并持续增长。

从1970年4月，自我国成功发射第一颗人造地球卫星"东方红一号"起，我国通信卫星事业发展已近50年。在通信卫星研制领域，经过"东方红二号""东方红三号""东方红四号""东方红五号"4代卫星的研发经验积累，中国通信卫星行业目前可研制固定卫星、中继卫星和直播卫星等通信卫星，通信卫星频谱范围涉及S、C、Ku、Ka等各个频段，卫星等级涵盖小型到超大型卫星。中国已成为全球范围内少数可独立设计、研制大容量通信卫星的国家之一。

1.1 卫星通信系统

卫星通信系统是对目前存在的多种涉及使用卫星作为中继或者终端的信息数据交互的系统的总称。该系统的结构设计遵循通信领域无线通信设备的基本规律，一般由信源、信道、信宿3部分组成。卫星通信环境虽然避开了地面建筑遮挡、电磁干扰等不利条件，但是存在着通信距离远、信号功率衰减大、大气层干扰、太阳电磁波干扰等问题。因此，如何针对其特定的工作环境进行同步算法的结构设计是需要考虑的重要问题；随着卫星通信技术的不断发展，涌现出了各种针对不同的应用场景和使用用途的卫星设备，也意味着卫星通信系统设计更加精细化、复杂化。下面首先介绍卫星通信系统的相关概念。

1.1.1 系统定义与发展过程

1. 系统定义

卫星通信系统定义为以卫星作为中继站进行无线电波发射或转发的一种通信系统，通常包括地面站、空间卫星、主控站、监测站和用户终端5个组成部分。相比传统地面通信系统受限于地理条件、基站数目和基站辐射范围，卫星通信系统在保证较低开销的情况下覆盖范围更广、覆盖更为全面。并且卫星通信系统有着更为丰富的频谱资源，载波频段可从甚高频（Very High Frequency，VHF）到 Ka 频段，目前正向着更高的频段发展。此外，在雨林、沙漠、海洋、航天、航空等传统通信系统难以覆盖的区域卫星通信系统也实现了全面覆盖[1]。

卫星通信系统在国民经济发展、国家安全保障等方面扮演着重要角色。2013 年，全球的卫星发射数量首次突破 100 颗，总数达到 110 颗。2016 年，全球发射的卫星数量增加至 169 颗。而 2017 年 1 月至 2017 年 8 月，全球的卫星发射数量高达 310 颗。根据 SIA（美国卫星产业协会）数据显示，截至 2018 年底，全球共有在轨卫星 2092 颗，其中通信卫星、遥感卫星、导航卫星的占比分别为 38%、29%、6%。2019 年，全球共发射 505 颗卫星，其中通信卫星、遥感卫星、导航卫星的占比分别为 46%、27%、3%[3]。2020 年，全球共有在轨卫星 3371 颗，其中通信卫星、遥感卫星、导航卫星的占比分别为 54%、17%、4%。据 UCS 数据库统计，截至 2021 年 4 月，拥有在轨活跃卫星数量最多的美国有卫星 2505 颗，是第二名中国的 5 倍以上；中国在轨活跃卫星数量则是第三名俄罗斯的 2 倍以上；俄罗斯是第四名日本的 2 倍[2]，各国在轨卫星数目如图 1-1 所示。

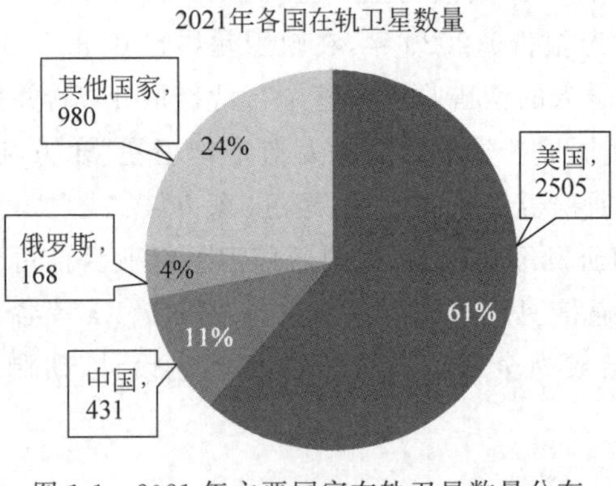

图 1-1　2021 年主要国家在轨卫星数量分布

2. 发展过程

1945 年英国物理学家 Arther C. Clarke 在《无线电世界》上首次提出了利用地球同步轨道上的人造地球卫星作为中继站进行地上通信的概念。1957 年 10 月 4 日，苏联发射了世界上第一颗人造卫星“卫星 1 号”。1962 年 12 月 13 日，美国发射了低轨道卫星“中继 1 号”。

并首次实现了横跨太平洋的日美电视转播，正式开启了人们探索卫星通信系统的征途。

卫星通信的发展过程，可以分为以下两个阶段。

1）卫星通信的试验阶段

这一阶段是以美俄为主导，对卫星中继实现方式、轨道高度、轨道倾角以及卫星通信频率、姿态控制、遥测跟踪、通信方式等技术问题进行了试验。截至1964年8月，美国航空宇航局先后发射了3颗SYNCOM卫星，其中“SYNCOM 3号”是世界上第一颗试验性静止通信卫星，其成功地进行了电话、电视和传真的传输试验，并在1964年秋用它向美国转播了在日本东京举行的奥林匹克运动会实况。至此，卫星通信的试验阶段基本结束。

2）卫星通信的实用阶段

在卫星通信技术发展的同时，承担卫星通信业务和管理的组织机构也逐渐完备。1964年8月20日，美国、日本等11个西方国家为了建立单一的世界性商业卫星网，在美国华盛顿成立了世界性商业卫星临时组织，并于1965年11月国际通信卫星组织（International Telecommunication Satellite Organization，INTELSAT）正式成立。该组织在1965年4月把第一代“国际通信卫星”（INTELSAT-Ⅰ，简称IS-Ⅰ，原名“晨鸟”）射入了静止同步轨道，正式承担国际通信业务。这标志着卫星通信开始进入实用与发展的新阶段。

3. 系统通信方式

卫星通信方式是指卫星通信系统传输或分配信息时所采用的工作方式。目前以数字时分方式为主，包括：120Mb/s的数字语音插空（Digital Speech Interpolation，DSI）的时分多址（Time Division Multiple Access，TDMA/DSI），非数字语音插空（Digital Speech Non-Interpolation，DNI）的时分多址，星上交换时分多址（Satellite Switch-TDMA，SS-TDMA）以及以2.048Mb/s、1.544Mb/s为主的中数字速率（Intermediate Data Rate，IDR）通信方式。经过复用后数字时分多址通信的信道容量最多可扩充为原容量的5倍。2Mb/s的IDR承载电路为30路，较小容量的IDR有1.024Mb/s(16路)和512kb/s(8路)。国际卫星通信频段使用C频段、Ku频段和Ka频段，极化方式为双圆极化。国内卫星极化方式一般为线极化，个别也有用圆极化的。

1.1.2 系统组成

卫星通信系统包括进行通信和保障通信的全部设备。一般由空间分系统、通信地球站、跟踪遥测及指令分系统和监控管理分系统4部分组成。卫星端是指一颗或多颗空间卫星的组合。作为通信系统中的中继环节，从地面站接收到的电磁波经放大后发送到另一地面站，可以实现地球表面两个或数个地面站间的远距离通信。卫星端通常包括星载设备和卫星母体两部分。星载设备可设置若干转发器。每个转发器被分配一定的工作频带。地面站是空间卫星系统与地面用户网的接口，地面用户可以通过地面站接入空间卫星系统形成通信链路。除此之外，地面站还包括用于保证卫星通信系统正常运行的地面卫星控制中心，以及跟踪、遥测和指令站。用户端则是指各种用户终端，包括用户手持设备，车载、机载等移动通信设备和固定通信设备。

1. 空间分系统（通信卫星）

通信卫星主要包括通信系统、遥测指令装置、控制系统和电源装置（包括太阳能电池和蓄电池）等几部分。

通信系统主要包括一个或多个转发器，每个转发器能同时接收和转发多个地球站的信号，从而起到中继站的作用。

2. 通信地球站

通信地球站是微波无线电收、发信站，用户通过它接入卫星线路，进行通信。

3. 跟踪遥测及指令分系统

跟踪遥测及指令分系统负责对卫星进行跟踪测量，控制其准确进入静止轨道上的指定位置。待卫星正常运行后，定期对卫星进行轨道位置修正和姿态保持。

4. 监控管理分系统

监控管理分系统负责对定点的卫星在业务开通前、后进行通信性能的检测和控制，例如对卫星转发器功率、卫星天线增益以及各地球站发射的功率、射频频率和带宽等基本通信参数进行监控，以保证正常通信。

1.1.3 系统分类

根据地址分配方式的不同，可以将卫星通信系统分为频分多址（Frequency Division Multiple Access，FDMA）系统、时分多址（Time Division Multiple Access，TDMA）系统和码分多址（Code Division Multiple Access，CDMA）系统。频分多址是通过分配不同的信号频段以区分卫星发射信号，比较适用于点对点大容量的通信。时分多址技术是根据信号所占用的时隙来区分地址信息。与频分多址方式相比，时分多址技术不会产生互调干扰，不需要通过上下变频把各地球站信号分开，适合数字通信，可根据业务量的变化按需分配传输带宽，使实际容量大幅度增加。码分多址是利用随机码对信息进行编码来区分不同的卫星地址。CDMA采用了扩展频谱通信技术，具有抗干扰能力强、有较好的保密通信能力、可灵活调度传输资源等优点。它比较适合容量小、分布广、有一定保密要求的系统使用。

按照工作轨道区分，卫星通信系统可分为以下3类。

1. 低轨道卫星通信系统（Low Earth Orbit，LEO）

轨道高度：距地表500～2000km，传输时延和功耗都比较小，但每颗卫星的覆盖范围也比较小，典型系统有Motorola公司的铱星系统。低轨道卫星通信系统由于轨道高度低，信号传播时延短，链路损耗小，可以降低对卫星和用户终端的技术要求，采用微型/小型卫星和手持用户终端。但是低轨道卫星通信系统存在较大的多普勒频移效应，而且由于轨道高度低，致使每颗卫星的覆盖范围有限，构成全球通信系统需要数十颗卫星，如铱星系统有66颗卫星、Globalstar有48颗卫星、Teledisc有288颗卫星。同时，由于低轨道卫星的运动速度快，对于单一用户来说，卫星从地平线升起到再次落到地平线以下的时间较短，所以卫星间或载波间切换频繁。因此，低轨系统的系统构成和控制复杂、技术风险大、建设成本也相对较高。

2. 中轨道卫星通信系统（Middle Earth Orbit，MEO）

轨道高度：距地表2000～20 000km，随着轨道高度的增加，传输时延和覆盖范围也有所增长。当轨道高度为10 000km时，每颗卫星可以覆盖地球表面积的23.5%，因而只要数颗卫星就可以覆盖全球，系统投资要低于低轨道系统。而且随着通信距离的增长，这种传输延时的增长也将减弱。因此，从某种意义上说，中轨道系统可能是建立全球或区域性卫星移动通信系统较为优越的方案。但是对于地面终端的宽带业务，利用低轨道卫星系统作为高速的多媒体卫星通信系统的性能要优于中轨道卫星系统。此外,中轨道卫星通信系统链路损耗和传播时延都比较小,所以仍可采用简单的小型卫星。典型的中轨道卫星通信系统是国际海事卫星系统。

3. 高轨道卫星通信系统(Geostationary Earth Orbit,GEO)

轨道高度：距地表约 35 800km,即同步静止轨道。理论上,用 3 颗高轨道卫星即可以实现全球覆盖。但是,同步卫星通信有难以避免的缺陷,即较长的传播时延和较大的链路损耗,严重影响其在卫星移动通信方面的应用。首先,同步卫星轨道高,链路损耗大,普通的手持用户终端和小卫星通信系统难以满足该系统对用户终端接收机和星载通信有效载荷的性能设计要求。其次,传播延时大,单跳的传播时延就会达到数百毫秒,双跳通信时延将达到秒级,超出了常规语音通话的延迟范围。因此,目前同步轨道卫星通信系统主要用于甚小孔径终端(Very Small Aperture Terminal,VSAT)系统、电视信号转发等,较少用于个人通信。

此外,按照通信范围区分,卫星通信系统可以分为国际通信卫星、区域性通信卫星、国内通信卫星；按照用途区分,卫星通信系统可以分为综合业务通信卫星、军事通信卫星、海事通信卫星、电视直播卫星等；按照转发能力区分,卫星通信系统可以分为无星上处理能力卫星、有星上处理能力卫星。

1.1.4　系统特点

与其他通信方式相比较,卫星通信有以下几方面的特点。

1. 通信距离远、通信覆盖范围广

对于 GEO 卫星通信系统,最长通信半径可达 18 100km。其通信覆盖范围不受地理、气候条件和时间的限制,可建立覆盖全球的海、陆、空一体化通信系统,相比于传统通信方式有着明显的优势。

2. 采用广播通信方式

在卫星天线波束覆盖区域内的任何一点都可以作为通信终端接入卫星通信系统,实现多址通信,包括频分多址、时分多址、码分多址和空分多址等地址分配方式。

3. 通信容量大,可用频段资源丰富

卫星通信的可用微波频段,目前从 C 频段、Ku 频段已经扩展到 Ka 频段、V 频段。一般 C 和 Ku 频段的卫星带宽可达 500～800MHz,而 Ka 频段的卫星带宽可达几吉赫兹。在多点波束频率复用、极化复用的情况下,单颗卫星可用带宽达几十吉赫兹。近年来,随着数字通信技术的迅速发展,信道传输速率不断提高,对视频会议等多媒体业务提供了重要的技术支持。

4. 自适应检测监测技术

地面站和卫星站提供有自主检测和完好性监测技术,可对通信信号进行自检和对星体运行情况进行监测以确保发射信号的正确性。

5. 建设成本低,使用灵活

相较于地面通信基站的铺设,通信卫星的建设费用远低于地面通信基站的铺设费用。常规地面通信基站覆盖距离一般为 100～200m,而轨道高度 10 000km 的常规中轨道通信卫星覆盖距离可达 46 811km 左右。此外,借助灵活的多点波束能力加上星上交换处理技术,可按优良的性能价格比提供宽广地域范围的点对点与多点对多点的复杂的网络拓扑结构。

总地来说,卫星通信具有以下优点:

(1) 通信距离远。在卫星波束覆盖区域内,通信距离最远为13 000km;不受通信两点间任何复杂地理条件的限制;不受通信两点间任何自然灾害和人为事件的影响。

(2) 通信质量高,系统可靠性高,常作为海缆修复期的支撑系统。

(3) 通信距离越远,相对成本越低。

(4) 可在大面积范围内实现电视节目、广播节目和新闻的传输和数据交互。

(5) 机动性大,可实现卫星移动通信和应急通信。

(6) 信号配置灵活,可在两点间提供几百、几千甚至上万条话路和中高速的数据通道,易于实现多地址传输。

(7) 易于实现多种业务功能。

卫星通信具有以下缺点[4]:

(1) 传输时延大。对于高轨道卫星和静止轨道卫星,由于轨道高度过高,产生的中继传输时延较大,以20 000km轨道高度的卫星为例,一次中继转发,时延可达到500~800ms,同时伴有回声现象,对于语音通话服务有一定的影响,必须加装回音消除器;在高纬度地区难以实现卫星通信,在南纬75°以上和北纬75°以上的高纬度地区,由于同步卫星的仰角低于5°,难以实现卫星通信。

(2) 同步轨道的星位有限,不能无限制地增加卫星数量;太空中的日凌现象和星食现象会中断和影响卫星通信。

(3) 抗干扰性能较差,对地静止轨道通信卫星的位置及通信频段公开,通常又使用透明转发器,通信易被干扰,且容易被插播有害信息。

(4) 通信保密性较差,由于卫星通信采用广播方式,波束覆盖范围内的接收机都可接收卫星信号,信号易被截获和破译。

(5) 需对卫星部署有长远规划,卫星寿命一般为几年至十几年,而卫星的设计和生产周期长,需及早安排后继卫星,但卫星发射成功率平均为80%,故要承担一定的风险。

1.2 不同类型卫星通信系统的现状与发展趋势

按照卫星轨道高度的不同,通信卫星可以分为低轨道通信卫星(LEO)、中轨道通信卫星(MEO)和高轨道地球同步通信卫星(GEO),如图1-2所示。

1.2.1 低轨道卫星通信系统的发展现状与发展趋势

LEO系统被认为是最有应用前景的卫星移动通信技术之一。对用户来说,低轨道卫星通信系统通信时延短,数据传输率高,可以做到全球无缝接入。对运营商来说,低轨道卫星体积小、重量轻,利用现代发射技术可实现双星/多星一箭发射入轨,系统频谱利用率高容量大。随着近二十年来通信技术、微电子技术的飞速发展,通信系统信号处理能力、通信带宽不断提升,目前运行的铱星二代、全球星等低轨道卫星通信系统已经解决了早期的掉线率高等技术问题。系统模型如图1-3所示。

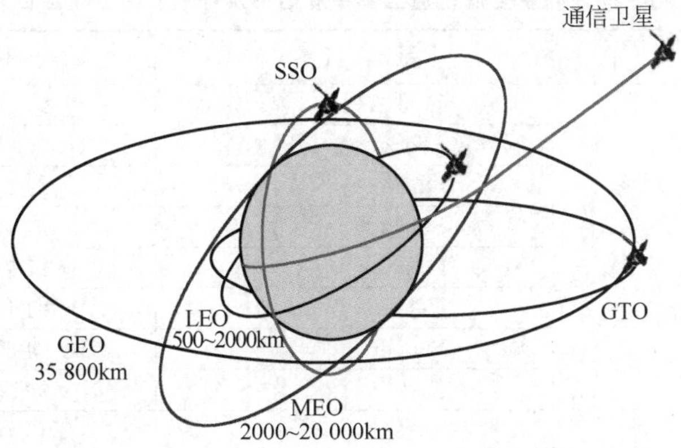

图 1-2　通信卫星轨道示意图

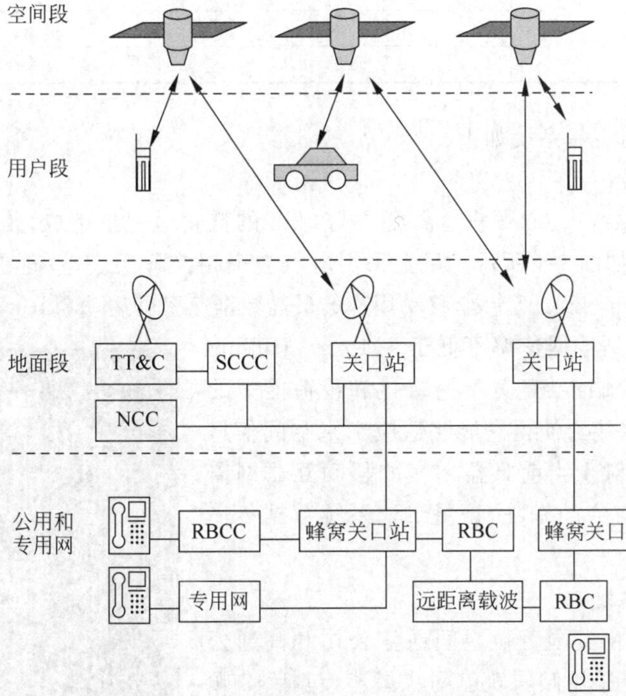

图 1-3　低轨道卫星通信系统模型

1. 国内外发展现状

随着低轨道卫星通信应用时机日趋成熟，国际轨道频谱资源竞争也日益激烈。根据智研咨询发布的《2020—2026 年中国低轨道卫星通信产业运营现状及发展前景分析报告》中的数据，OneWeb、SpaceX、亚马逊、Google、Facebook 等企业均推出了自己的低轨道通信卫星建造计划，其中 SpaceX 的 Starlink 计划卫星数量甚至达到 12 000 颗。

目前，国外已经公布的低轨道通信卫星方案参见表 1-1，卫星总数量约 23 891 颗，卫星轨道高度主要集中在 1000～1500km，频段主要集中在 Ka、Ku 和 V 频段，在轨道高度范围十分有限、频段高度集中的情况下，卫星轨道和频谱的竞争将愈加激烈。

表 1-1　国内外主要低轨道卫星星座名称及计划发射卫星数目表

材　料	星座名称	卫星数量
国外	铱星二代	约 30 颗
	LeoSat	100 颗
	OneWeb	约 882 颗
	Starlink	约 11 943 颗
	O3b	27 颗
	Telesat	约 117 颗
	Kuiper	约 3236 颗
	波音	2956 颗
	三星	4600 颗
国内	鸿雁	300 颗
	虹云	156 颗
	行云	80 颗
	天行者	60 颗
	灵巧通信	32 颗

目前已建低轨道卫星系统如下：

1）Iridium 系统

Iridium（铱星）系统由 66 颗轨道高度为 780km 的低轨道卫星组成，是目前最先进的低轨道卫星通信系统，如图 1-4 所示。星上采用多点波束相控阵天线，星间具星际链路。该系统已启动建设“Iridium NEXT”计划，移动用户的最高数据速率可达 128kb/s，数据用户可达 1.5Mb/s，Ka 频段固定站数据速率不低于 8Mb/s。Iridium Next（铱星二代）主要瞄准 IP 宽带网络化和载荷能力的可扩展、可升级，这些能力使得它能够适应未来空间信息应用的复杂需求，但对于当前日益增多的移动互联网需求，尤其是 5G 通信时代的来临，铱星二代系统数据传输能力仍显不足。

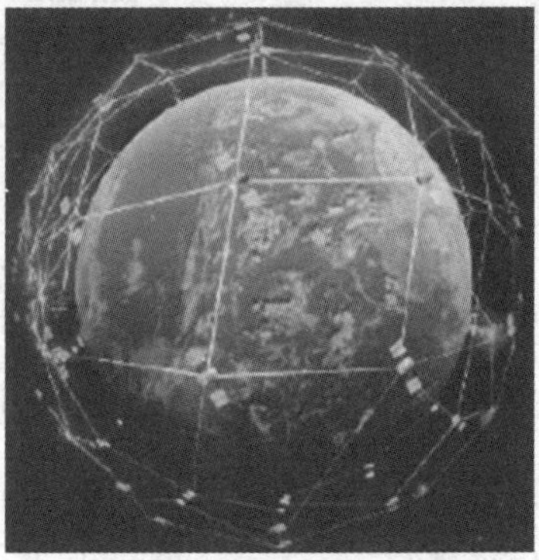

图 1-4　Iridium 星座图

2）Globalstar 系统

Globalstar 系统由美国劳拉空间通信公司和高通公司提出。空间段卫星采用倾斜轨道网状星座，包括 48 颗卫星和 6 颗备用卫星，均匀分布在 8 个倾角为 52°的轨道平面上，轨道高度 1414km，轨道周期 113min，实现了全球南北纬 70°之间的覆盖。用户同时可视卫星有 2～4 颗，采用软切换方式实现卫星切换，每颗卫星通信保持时间为 10～12min[5]。用户链路采用 L/S 频段，馈电链路为 C/X 频段，向用户提供寻呼、传真、短数据和定位等业务。用户终端可以是手持、车载、机载和船载等移动终端或者半固定和固定终端。

3）Orbcomm 系统

Orbcomm 系统是一个全球无线数据和消息服务的商业系统，利用 LEO 星座为世界上任何地方提供廉价的跟踪、监视和消息服务。该系统能够发送和接收双向文字或数字组成的数据包，比如双向寻呼或电子邮件，其经济性和短数据特性可以为传统通信系统不能覆盖的地区提供较为经济的数据服务。

4）OneWeb 系统

OneWeb 卫星[6]如图 1-5 所示，其早期设计方案，包含 648 颗在轨卫星与 234 颗备份卫星，总数达 882 颗。这些卫星将被均匀放置在不同的极地轨道面上，距离地面 1200km 左右。不同卫星交替工作以保障某一区域信号覆盖。系统后续计划将在轨卫星总数增至 2000 颗，到 2022 年初步建成低轨卫星互联网系统，到 2027 年建立健全的、覆盖全球的低轨道卫星通信系统，为每个移动终端提供约 50Mb/s 速率的互联网接入服务。

5）Starlink 系统

2015 年，SpaceX 向美国联邦通信委员会提交 Starlink 计划，如图 1-6 所示。计划部署 12 000 颗卫星，包括两个建设阶段：第一个阶段是发射 4425 颗轨道高度 1100～1300km 的中轨道卫星；第二个阶段是发射 7518 颗高度不超过 346km 的低轨道卫星，Starlink 计划将结合 Ku/Ka 双波段芯片组和其他支持技术，逐步转向使用 Ka 波段频谱进行网关通信，并引入相控阵天线。预计 2025 年最终完成 12 000 颗卫星的部署，为地球上的用户提供至少 1Gb/s 的宽带服务和最高可达 23Gb/s 的超高速宽带网络，网络传输速度媲美光纤通信的同时覆盖面积大大提升。此外，整套系统具有很大的弹性，可以针对特定的地区，动态地将信号集中到需要的地方，从而提供高质量的网络服务。

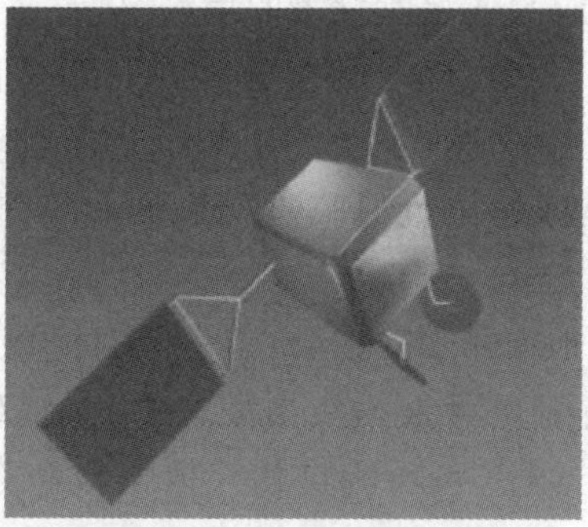

图 1-5　OneWeb 卫星图

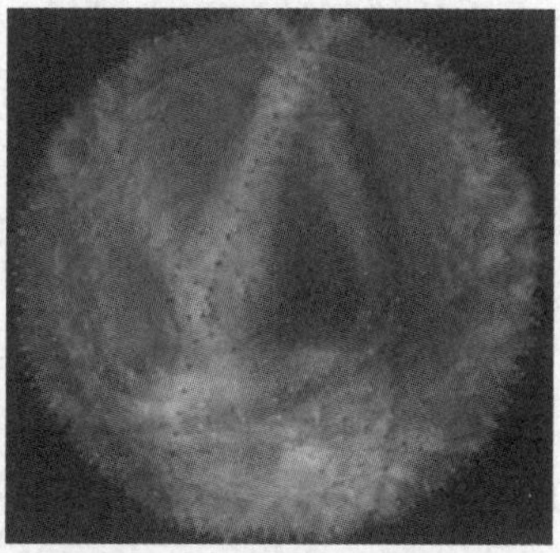

图 1-6　Starlink 星座图

6）“鸿雁”系统

“鸿雁”系统是由我国航天科技集团公司下属东方红卫星通信公司主导建设的低轨道卫星通信系统，该系统由 300 颗低轨道小卫星及全球数据业务处理中心组成，具有全天候、全时段及在复杂地形条件下的实时双向通信能力，可为用户提供全球实时数据通信和综合信息服务。2018 年 12 月 29 日首颗“鸿雁”实验星由“长征二号”运载火箭成功送入预定轨道。该实验星采用 L/Ka 频段的通信载荷、导航增强载荷、航空监视载荷，可实现“鸿雁”星座关键技术在轨试验，结合地面系统与终端试验装置，可进行包括卫星移动通信、物联网、热点信息广播、导航增强、航空监视等功能的试验验证，并为后续开展全面建设及运营提供技术支撑。“鸿雁”系统的一个重要应用就是提供航空数据业务，可支持飞机前舱的安全通信业务，为航空器追踪及应急处理提供可靠的通信保障，同时支持后舱宽带互联网接入服务。

7）“虹云”系统

“虹云”星座是我国航天科工推动商业航天发展的“五云一车”（飞云、快云、行云、虹云、腾云和飞行列车）项目之一，旨在构建覆盖全球的低轨道宽带通信卫星系统，计划发射 156

颗卫星,它们在距离地面 1000km 的轨道上组网运行,以天基互联网接入能力为基础,融合低轨导航增强、多样化遥感,实现通、导、遥的信息一体化,构建一个星载宽带全球移动互联网络,实现网络无差别的全球覆盖。"虹云"工程首星第一次将毫米波相控阵技术应用于低轨道宽带通信卫星,能够利用动态波束实现更加灵活的业务模式。除通信主载荷外,虹云工程首星还承载了光谱测温仪和 3S(AIS/ADS-B/DCS)载荷,将收集高层大气温度探测和船舶自动识别系统(Automatic Identification System,AIS)信息、飞机广播式自动相关监视(Automatic Dependent Surveillance-Broadcast,ADS-B)信息和传感器数据信息采集系统,实现通、导、遥的信息一体化,可广泛应用于科学研究、环境、海事、空管等领域。

2. 低轨道卫星的发展趋势

低轨道卫星是最早开始研发和建设的卫星类型,也是目前技术相对成熟、应用最为广泛的卫星通信系统。近年来,随着低轨道卫星通信用户需求的不断增长,正在实现从政府主导到商业资本融入的建设模式的转变。商业资本的融入推动了低轨道卫星通信技术的进一步发展。具体表现为[8]:

(1) 系统通信容量和通信速度的极大提升,可支持的服务类型、服务范围更为广泛。随着低轨道通信卫星系统建设的深入,在轨卫星数目将增至目前的两倍以上,可以提供与地面网络同等级的互联网接入服务、通信网络服务(4G、5G);宽带系统单星容量大幅度提升,星座容量均在太比特每秒(Tbps)量级,单位流量成本成为各星座竞争的焦点[7]。

(2) 空间段卫星与地面网络相互配合、融合,支持 IP 互联,利用低轨道卫星通信系统实现地面移动通信区域的延伸以及空域、海域、陆域一体互联,可为民用航班、远洋航海提供集通信保障、状态监控于一体的综合服务,建立覆盖全球的位置追踪监视系统,大幅提升航班船舶的安全性、舒适性及运行效率。

(3) 低轨道卫星通信系统的系统设计(含卫星、地面站、终端),应具备软件升级能力,并支持系统的可重构。基于软件定义技术的灵活载荷卫星可根据应用需求的变化,对卫星的覆盖、连接、带宽、频率、功率、路由等性能进行动态调整和功能重构。根据欧洲咨询公司(Euroconsult)的统计,目前全球一半左右的高通量卫星带有灵活性载荷,其中覆盖灵活性占 35%,连接、带宽和频率各占 15%,功率占 9%。空客公司(Airbus)、泰雷兹-阿莱尼亚公司(Thales-Alenia)和波音公司(Boeing)是目前全球主要的灵活性卫星提供商。2019 年 5 月 10 日,全球真正意义上的首颗灵活性通信卫星——欧洲量子(Eutelsat Quantum)卫星成功完成有效载荷舱与平台的对接。

(4) 除语音数据通信业务外,低轨道卫星通信系统还呈现出与导航系统相结合的趋势,低轨道卫星可以增强卫星导航信号,也可以通过通信系统和导航系统融合,播发独立测距信号,形成备份的定位导航能力。美国铱星系统与 GPS 系统共同研发推出新型卫星授时与定位服务,已成为 GPS 系统的备份或补充;欧洲 Galileo 系统技术团队,也在积极推进开普勒系统研究,通过 4～6 颗低轨道卫星构成的低轨星座,通过星间链路对中高轨道卫星进行监测和高精度测量,以大幅提高 Galileo 星座的定轨精度。

(5) 低轨道通信卫星可搭载定制载荷,利用星座的无缝覆盖特性,实现拓展的商业应用和军事应用[8]。例如,轨道通信公司(Orbcomm)二代星中增加了 AIS 载荷,可用于海上资产的跟踪与管理。铱星公司二代星携带的 Harris 公司 ADS-B 载荷可单星监视 3000 个目标,处理 1000 个以上目标,目标用户包括空管、搜救和军用等。

1.2.2　中轨道卫星通信系统的发展现状与发展趋势

中轨道卫星(MEO)离地球高度约 10 000km。降低轨道高度可弥补高轨道卫星通信的缺点,并能够为用户提供体积、重量、功率较小的移动终端设备。用较少数目的中轨道卫星即可构成全球覆盖的移动通信系统。当前美国的全球定位(Global Positioning System, GPS)系统、欧洲的伽利略系统和我国的北斗系统等较为成熟的全球卫星导航系统的空间段均主要由 MEO 组成[9]。

1. 中轨道卫星发展现状

中轨道移动通信卫星一般采用网状星座,卫星运行轨道为倾斜轨道,典型的有 Odyssey(奥德赛)系统和 ICO(Intermediate Circular Orbit)系统。中轨道地球卫星主要用于全球个人移动通信功能,也可用于卫星定位系统[10]。

1) Odyssey 系统

Odyssey 系统由 TRW 空间技术集团公司推出。空间段星座系统采用 12 颗卫星,分布在倾角 55°的 3 个轨道平面上,轨道高度为 10 354km,使用 L/S/Ka 频段。该系统可以作为陆地蜂窝移动通信系统的扩充和扩展,支持动态、可靠、自动、用户透明的服务。然而,该系统后期由于融资困难而停建。

2) ICO 系统

ICO 系统是国际移动卫星通信组织制定的"Project-21"计划。它不仅能够提供车载及便携式通信,而且可提供手持用户终端设备全球移动通信。组成 ICO 系统空间段的 12 颗卫星均匀分布在离地球表面 10 355km 高度的两个正交中圆轨道平面上,每个轨道平面上有 5 颗卫星和 1 颗备用星,轨道面倾角为 45°。用户终端包括手机、车载、航空、船舶等移动终端和半固定、固定终端。

3) MAGSS-14 系统

MAGSS-14 系统是欧洲宇航局开发的中轨道全球卫星移动通信系统。它由 14 颗卫星组成,卫星高度为 10 354km,分布在 7 个轨道平面上,轨道倾角为 28.5°。在这个高度上,卫星沿轨道旋转一周的时间为四分之一个恒星日(23 小时 56 分)。这个斜率使得卫星的地面轨道每天重复,为动态星座(Dynamic Satellite Constellation, DSC)提供了一些有用的网络覆盖特性。当用户仰角为 28.5°时,最大倾斜路径为 12 500km,由此可以推算出来的卫星覆盖区半径为 4650km。卫星运动使得一个地球站与一颗星的平均可见时间长达 100min。每颗星有 37 个波束,可以覆盖全球。

2. 中轨道卫星的发展趋势

作为实现个人通信不可或缺的手段,卫星移动通信正在向融合、多元业务、星上处理等方向发展。

1) 卫星定位服务与卫星移动通信相结合

目前卫星移动通信与卫星定位两者都获得了很好的发展,而两者之间服务的结合也成为一种新的趋势。多个卫星移动通信系统终端可支持基于 GPS 的卫星定位服务,而我国目前已经建成能够覆盖全球的北斗卫星导航系统,在提供导航定位服务的同时可提供短报文通信服务。随着卫星定位的应用越来越广泛,卫星定位服务与卫星移动通信相结合也将越来越普遍。

2）多元融合服务

目前我国仍在积极推进北斗卫星导航系统的建设工作，对于手持型终端的宽带业务以及增值业务的拓展，包括云服务、智能网服务、在线数据处理与交易处理业务、信息服务等，都将随着系统的演进不断推广与优化。将地面移动通信系统中的高速率业务结合智能网与大数据，为地面通信无法涉及的地域带来基于互联网的便捷体验。

3）星际链路、全星上处理和交换技术

星际链路可大幅度减少地面关口站的数量，避免长距离的地面线路，其网络安全性将受到政府和军队用户的重视。星际链路的应用需要与星上处理技术相结合，目前国内外研究的重点主要集中在多址变换、多路解调与调制以及智能化星上交换和控制等方面。实现全星上处理和星上交换技术可以有效提高星间链路设计和规划的效率和灵活性，从而降低费用并增加容量。

1.2.3 高轨道卫星通信系统的发展现状与发展趋势

地球静止轨道通信卫星的优点是只需 3 颗卫星就可覆盖除两极以外的全球区域，现已成为全球洲际及远程通信的重要工具。对于区域移动卫星通信系统，采用静止轨道一般只需要一颗卫星，建设成本较低，因此应用广泛。典型的代表是国际移动卫星系统(Inmarsat)、亚洲蜂窝卫星系统(Asian Cellular Satellite，ACeS)、舒拉亚卫星系统(Thuraya)和天通一号卫星移动通信系统。

1. 国内外发展现状

1）国际移动卫星系统

国际移动卫星系统[13](Inmarsat)是世界上第一个全球性的移动业务卫星通信系统，原为国际海事卫星系统。国际移动卫星通信系统基本由 4 部分组成，即空间段、网络协调站(Network Coordination Station)、卫星地面站(Land Earth Station)和卫星船站(Mobile Earth Station)。自 1982 年开始经营以来，该系统卫星已发展到第四代。Inmarsat 是目前世界上唯一能为海、陆、空各行业用户提供全球化、全天候、全方位公众通信和遇险安全通信服务的系统。

2）ACeS 系统

ACeS 系统[14](亚洲蜂窝卫星系统)是由印度尼西亚的 PSN 公司、美国洛克希德-马丁全球通信公司、菲律宾长途电话公司和泰国 Jasmine 公司共同创建的卫星移动通信系统，由 Garuda 卫星、卫星控制站、网络控制中心、网关和用户终端组成。覆盖东亚、东南亚和南亚地区，能够向地面上的固定式、移动式、便携式和手持式等各类用户终端提供语音、传真、低速数据以及 Internet 服务等业务。

3）Thuraya 系统

Thuraya 系统[15](舒拉亚卫星系统)是一个由总部设在阿联酋阿布扎比的 Thuraya 卫星通信公司建立的区域性静止卫星移动通信系统。其空间段由 3 颗地球同步轨道卫星组成，每颗卫星均装配高功率多点波束天线和移动通信有效载荷，可提供覆盖区域内的蜂窝式语音、短信、数据(上网)、传真和 GPS 定位业务。

4）SkyTerra 系统

SkyTerra 系统通过结合卫星和地面技术，在全美国范围内提供 3G-LTE 无线宽带网络。现有的支持 WiFi 的设备，如 PC、笔记本电脑等，可以通过数据卡、嵌入式 Modem 和路由器等连接到卫星网络。系统的另一个特点是采用了辅助地面组件（Ancillary Terrestrial Component，ACT）技术，通过它的应用，可以实现卫星网络与地面网络的无缝集成，用户在卫星网络与地面网络之间可以实现透明的转换。

5）“天通一号”卫星通信系统

“天通一号”作为我国卫星通信系统的首发星，于 2016 年 8 月 6 日发射升空，系中国卫通集团有限公司所属，由中国空间技术研究院基于“东方红四”号平台研制，采用新塑天线、单机集成技术等新设备和新技术，通信频率设计在 S 频段，采用 30 MHz 带宽的蜂窝技术，可形成 109 个点波束，形成波束覆盖我国领土、领海及周边地区。“天通一号”卫星通信系统由空间段、地面段和用户终端组成，而空间段由多颗地球同步轨道通信卫星组成。可为车辆、飞机、船舶和个人等移动用户提供语音、数据、短信等通信服。卫星同时支持 5000 个语音信道，可为 30 万用户提供语音、短消息、传真和数据等服务。

2. 高轨道卫星技术发展趋势分析

从有效载荷技术方面，可以将国际高轨移动通信卫星发展过程分为 3 个阶段，每一阶段的技术变革耗时约 8 年。第一阶段是星上模拟载荷技术，以移动卫星通信（Mobile Satellite，MSAT）和 Inmarsat-3 为代表，其技术核心是单片微波集成电路（Monolithic Microwave Integrated Circuit，MMIC）或低温共烧陶瓷（Low Temperature Co-fired Ceramic，LTCC）模拟波束形成矩阵，最大可形成 100 多个点波束，支持多种类型业务。对移动通信支持能力较弱，用户终端多为便携式终端；第二阶段是星上数字化载荷技术，以 Thuraya 和 Inmarsat-4 为代表，星上具备处理交换能力，一般采用 ASIC 技术实现，可形成 200～300 个点波束，提供灵活的波束形成、信号处理交换和单跳通信能力，能够较好地支持手持终端和宽带移动接入；第三代是地基波束形成技术，以 TerreStar-1 和 Skyterra-1 为代表，能够灵活形成超过 500 个点波束，单星容量相对于 Thuraya 和 Inmarsat-4 卫星提升达 5～10 倍，星上透明转发，能够广泛支持多种移动数据业务，同时满足良好的向后兼容性。除 Inmarsat-4 卫星系列外，第一代和第二代移动通信卫星的主要业务是语音；第三代移动通信卫星系统容量和终端支持能力加倍提高，DVB-SH 等业务也逐渐成为移动通信卫星的重要业务类型。

从卫星平台技术方面，卫星移动通信载荷呈现出重量大、功耗大、热耗高且集中的特征，大型可展开网状天线的应用更为卫星的构型布局带来了诸多困难，欧洲阿斯特里姆公司（Astrium）和美国波音公司分别在欧洲星 3000（Eurostar-3000）和卫星广播业务 702（BSS-702）平台基础上开发了移动通信卫星专用的 Eurostar-3000GM 和 BSS-702GEM 平台，均属于超大型高轨卫星平台。国外移动通信卫星普遍采用倾斜轨道工作模式和电推进、可展开辐射器、南北耦合热管等技术，以解决卫星寿命和散热问题。

总地来看，国际上高轨卫星移动通信系统技术发展有以下明显特点[16]：

1）天地一体化趋势明显

卫星移动通信与地面移动通信逐步融合，通过标准化的核心网实现与地面移动通信系统的互联互通。通过地面辅助组件技术，使卫星终端与地面终端合二为一，具备卫星通信和地面通信无缝切换的能力。

2）有效载荷得到加强

Skyterra 卫星天线口径达到 22m，多波束天线技术快速发展，从模拟波束形成发展到数字波束形成和地基波束形成，波束形成能力提高到约 500 个，大规模星上处理交换技术得到应用，可实现单跳通信能力。

3）通信体制技术演进

卫星移动通信体制紧跟地面移动通信系统演进。GMR-1（TS 101376《地球同步轨道卫星无线接口规范》系列标准）标准逐步演进到 GMR-1 Release 1、GMR-1 Release2 和 GMR-1 Release3，其中 Release 1 是基于全球移动通信系统（Global System for Mobile communications，GSM）标准，支持基本的电路域语音和传真业务；Release2 是基于通用分组无线业务（General Packet Radio Service，GPRS）标准，支持分组数据业务；Release3 是基于 3G 标准，但空中接口基于 EDGE 技术，支持分组数据业务，最高速率可达 592kb/s。

4）终端小型化智能化

终端类型从固定、车船机载终端向手持终端发展，逐步实现卫星移动通信的个人化。TerreStar 卫星的 GENUS 智能手机终端已经与普通地面移动电话相当。

5）业务融合趋势显现

数据业务日渐超越语音业务，成为卫星移动通信的主要业务类型，卫星移动业务向宽带化发展。

1.2.4 卫星通信技术发展方向

卫星移动通信以其灵活性强、覆盖范围大、覆盖面全、传输效率高等优点，已广泛应用于军事和民用领域，成为现代无线电通信领域不可取代的一种手段。目前卫星通信技术有以下几个发展方向[1]。

1. 与 5G 技术的融合

随着 5G 移动通信技术的日益成熟，以第三代合作伙伴计划（3rd Generation Partnership Project，3GPP）和国际电信联盟（International Telecommunication Union，ITU）为代表的国际标准化组织已成立了相关问题的标准化研究小组，业内的部分企业与研究组织也投入到星地一体化的研究工作当中[17]。ITU 提出了星地 5G 融合的 4 种应用场景，包括中继到站、小区回传、动中通及混合多播场景，并提出支持这些场景必须考虑的关键因素，包括多播支持、智能路由支持、动态缓存管理及自适应流支持、延时、一致的服务质量、网络功能虚拟化（Network Function Virtualization，NFV）/软件定义网络（Software Defined Network，SDN）兼容、商业模式的灵活性等。3GPP 在 2017 年底发布的技术报告 22.822 中，3GPP SA1 工作组对与卫星相关的接入网协议及架构进行了评估，并计划进一步开展基于 5G 的接入研究。在这份报告中，定义了在 5G 中使用卫星接入的三类用例，分别是连续服务、泛在服务和扩展服务，并讨论了新的及现有服务的需求，卫星终端特性的建立、配置与维护，以及在卫星网络与地面网络间的切换等问题。2017 年 6 月，BT、Avanti、SES、University of Surrey 等 16 家企业及研究机构联合成立了 SaT5G（Satellite and Terrestrial network for 5G）联盟，完成了卫星与 5G 的无缝集成方案，并进行了试用。整个项目完成了以下 6 方面的工作：定义和评估将星地 5G 融合的网络体系结构解决方案；研究星地 5G 融合的商业价值主张；定义和开发星地 5G 融合的相关关键技术；在实验室的测试环境中验证关键技术；对星地 5G 融合的特性和用例进行演示；推进星地 5G 融合在 3GPP 和 ETSI 中的标准化工作[18]。

2. 空天地海一体化通信

空天地海一体化通信的目标是扩展通信覆盖广度和深度，也即在传统蜂窝网络的基础上分别与卫星通信（非陆地通信）和深海远洋通信（水下通信）深度融合。空天地海一体化网络是以地面网络为基础、以空间网络为延伸，覆盖太空、空中、陆地、海洋等自然空间，为天基（卫星通信网络）、空基（飞机、热气球、无人机等通信网络）、陆基（地面蜂窝网络）、海基（海洋水下无线通信＋近海沿岸无线网络＋远洋船只/悬浮岛屿等构成的网络）等各类用户的活动提供信息保障基础设施。从基本的构成上，空天地海一体化通信系统可以包括两个子系统组成：陆地移动通信网络与卫星通信网络结合的天地一体化子系统、陆地移动通信网络与深海远洋通信网络结合的深海远洋（水下通信）通信子系统。

构建空天地海一体化网络构架，实现空间网络与地面网络互联互通、互为补充、高效协同，是未来通信网络的发展趋势，当然也包括卫星移动通信网络。空天地海一体化组网主要包括体制、终端以及应用等几个层面的融合，如图1-7所示。体制融合是使网络层协议实现全网互联互通，达成各系统之间的兼容；终端融合则向着各系统相互兼容，卫星与地面移动通信、移动与固定通信互联互通，从而实现一个终端走遍全球的个人通信目标；应用融合将各类业务和应用集合打包推向市场，通过服务平台融合，将地面移动通信和卫星移动通信有机结合，从而为用户提供更广泛、便捷、实用的服务。

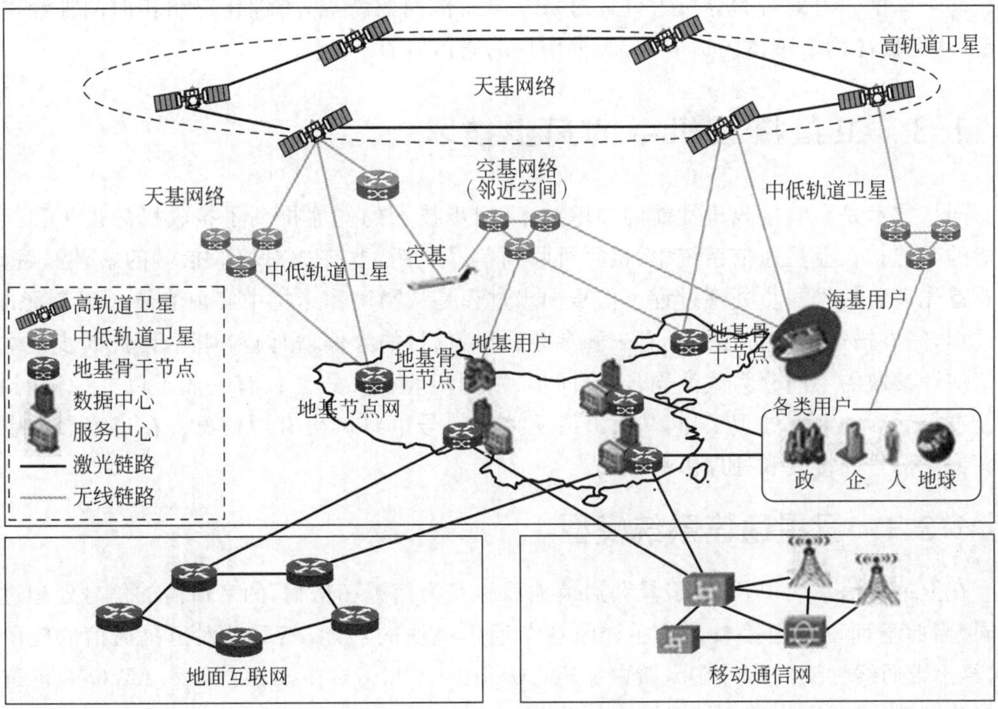

图1-7　空天地海一体化

3. 多种功能融合

目前，卫星移动通信系统主要面向用户提供全球或区域范围的语音、短信、数据等移动通信服务。随着通信的发展需要，卫星移动通信系统将融合导航增强、多样化遥感，实现通、导、遥的信息一体化。这样卫星移动通信系统终端可同时支持卫星移动通信、物联网、热点信息广播、导航增强、航空监视等服务。因此，未来的卫星移动通信系统必将扩展它的业务范围，实现多种功能的融合发展。

4. 更高频段，更宽带宽

未来的卫星通信会向着激光链路的方向发展，这主要是因为用激光进行卫星间通信开辟了全新的通信频道，使卫星间通信容量大为增加，而卫星通信设备的体积和重量却大大减小，同时也增加了卫星通信的保密性。小卫星星座间激光星间链路用来支持大型节点的高速数据或国际干线间的点到点传输。可以预见，卫星光通信将成为超大容量卫星通信的主要途径。

5. 智能卫星通信

6G 为"人工智能＋地面通信＋卫星网络"，基于 AI 技术构建 6G 网络是未来无线通信技术发展的重要方向，地面通信与卫星通信之间采用智能动态频谱共享技术可以更好地提高频谱效率，同时采用智能无缝切换技术以及智能干扰消除技术实现真正的天空地海智慧通信。"智慧"将是 6G 网络的内在特征，所谓"智慧连接"可以表现为通信系统内在的全智能化：网元与网络架构的智能化、连接对象的智能化（终端设备智能化）、承载的信息支撑智能化业务。在对于包含七层架构的开放式系统互连（Open System Interconnection，OSI）模型引入 AI 技术为提高各协议兼容性（地面和卫星），建立起强大的智能协议体系提供了可能。基于深度学习的行为分析可以针对每一层通信网的特点，个性化定制相应的神经网络模型，从而提高网络整体的适应性，改善用户端通信体验。

1.3 卫星接收机中的同步技术

同步技术是影响接收机性能的关键技术，同步技术的发展推动了接收机的进步和接收性能的改善。在卫星通信系统中，接收机收到信号之后，要完成对接收信号的解调和解码，需要首先完成信号同步处理过程。信号同步过程是从噪声和干扰中实现信号未知参数的估计过程，完整描述信号特性的所有未知参数，包括信号的频偏、相偏和时偏，因此同步技术可根据估计参数的不同分为载波同步、位同步、帧同步 3 种形式。只有完成了以上 3 种同步，才能进行后续的数据处理工作，从而最终从接收信号中解调出有用信息。在这些参数中载波频偏对信号的接收和处理影响最大。

1.3.1 卫星通信系统模型

在卫星通信系统中，在轨卫星和通信地面站互为信源和信宿，两者所需的信号处理过程相同，因此下面以地面接收站为主介绍各个通信模块的功能，然后针对卫星通信的应用背景，给出带通线性调制信号在高斯白噪声（Additive White Gaussian Noise，AWGN）信道下的传输模型，卫星通信系统组成框图如图 1-8 所示。

信源是传输消息的来源，是指语音、视频、数据等原始电信号。信源和信宿可以是模拟的，也可以是数字的。信源编码有两个基本功能：一是完成模数转换，即把模拟信号转换成数字信号；二是将数字信号进行压缩处理，减小冗余，以提高信息传输的有效性。信源译码是信源编码的逆过程。信道编码的功能是对发送的信息码元按定的规则加入保护成分（监督元），组成所谓的"抗干扰编码"，用于克服信道噪声对传输信息的干扰。接收端的信道译

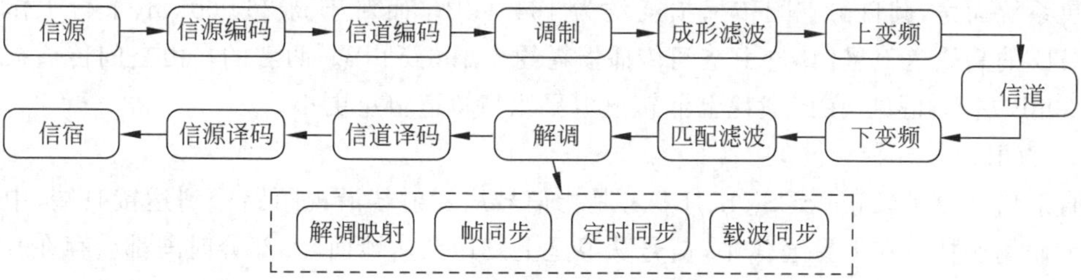

图 1-8　通信系统的基本模型

码器按相应的规则进行解码，从而发现或纠正错误，以提高通信系统的可靠性。调制的主要目的是使信号适应信道的特性。

同步模块是数字通信系统接收机的必要组成部分。按照同步参数不同可分为载波同步、码元同步和群（帧）同步。三者没有严格的执行顺序，因此图 1-8 虚线框中没有标出各同步模块的先后顺序。理想的同步接收系统能够无差错地提取信源数据，但是由于传递过程中未知参数过多，参数估计过程必然存在误差，因此理想的同步接收机并不存在。最佳接收系统虽然可以保证判决误差最小，但由于其结构复杂很少实际环境中使用。因此通常我们所说的接收机系统属于“次优”接收机。

随着数字技术的发展，出现了许多改善系统容量和链路传输可靠性的新技术。例如码分多址（CDMA）技术、正交频分复用（Orthogonal Frequency Division Multiplexing，OFDM）技术、多输入多输出（Multiple Input Multiple Output，MIMO）技术等。尽管这些新技术以及由其组合而成的通信系统中包含的各个模块功能各异，但是其基本功能仍然可以由图 1-8 概括。

1. 卫星移动信道的特点

卫星移动信道是指卫星和地面终端之间的传输路径，它是一种无线信道。相比于有线信道的稳定性和可预见性，卫星无线信道传输环境恶劣，承载有效信息的无线电波跨越长距离路程到达地面终端，其间会受到大气对电波的折射与闪烁以及太阳电磁波等干扰，并且由于终端的移动性，传输电波遇到树木、建筑等障碍物时会发生折射和绕射，可见其传播环境复杂。因此有必要对卫星移动信道给出分析。总地来说，卫星移动信道主要特点可归纳为以下 4 点[19]。

1）自由空间损耗

自由空间损耗是无线电波在卫星信道传播过程中受到的最主要的传播损耗[20]。若信号通过自由空间到达接收端，则根据 Friis 公式，接收信号功率为：

$$P_t(d)=\frac{P_t G_t G_r \lambda^2}{(4\pi)^2 d^2 L}$$

式中，P_t 为信号发射功率；G_t 为发射天线增益，G_r 为接收天线增益，λ 为无线电波波长，d 为发射端与接收端之间的传输距离，L 为无线电波在自由空间传播的损耗系数。

自由空间传播的损耗系数可表示为：

$$L=92.45+20\lg d+20\lg f$$

式中，f 为无线电波频率。

例如对于距离地面高 1000km、最大路径长度 2763km、下行工作频率 1500MHz 的低轨道卫星系统而言，其自由空间传播损耗约为 164.8dB。而对于高 36 000km、下行工作频率为 4GHz 的高轨道卫星，其自由空间传播损耗约为 196.53dB。两者的自由空间传播损耗差距为 30dB 左右，可见，在该损耗上低轨道卫星比高轨道卫星更小。

2）直射信号分量

直射信号分量(Line of Sight，LOS)是指信号从发射端沿视距路径到达接收端，中间不存在障碍物遮挡。在卫星通信中，信号从卫星上发送到达地面，大部分时间都会存在直射信号分量。

3）多径衰落与阴影效应

多径和遮蔽是形成衰落信道两个主要因素。无线电波在传播过程中由于树木、建筑等障碍物阻挡会产生绕射和反射，使得电波由不同的路径到达接收端，形成信号的多径传播。接收信号是由多条路径信号混合叠加而成，由于信号经过不同路径的时延不相同，所以同相叠加使信号增强，反向叠加使信号减弱，产生多径衰落。多径衰落会降低信号传输质量，严重影响系统性能。卫星信号的多径传播如图 1-9(a)所示。

如果直射信号被树木或者建筑等遮挡时就会出现阴影效应，阴影效应会造成信号能量的损失。阴影效应如图 1-9(b)所示。

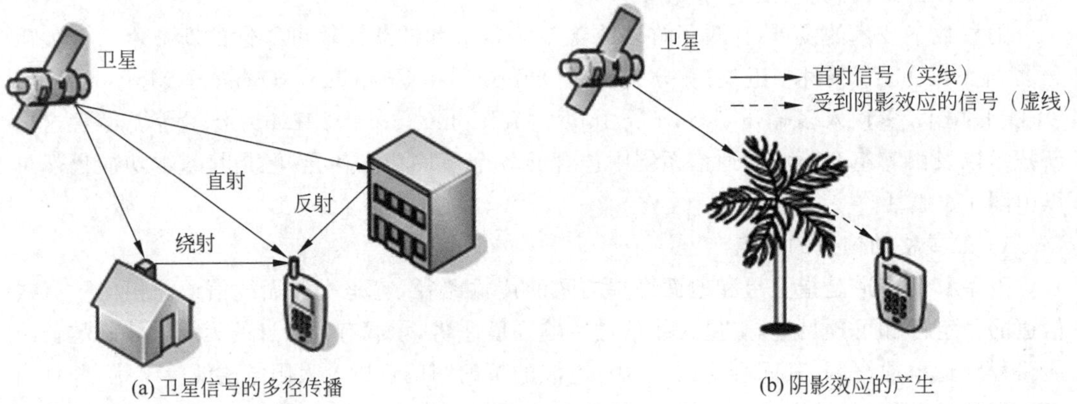

图 1-9 多径衰落与阴影效应示意图

4）多普勒频移

多普勒频移来源于发送端和接收端之间的相对运动，两者之间的相对运动造成接收信号相对发送信号在频率上有一个偏差，其大小可表示为

$$\Delta f_{\mathrm{d}}=\frac{Vf_{\mathrm{t}}\cos\gamma}{c}=\frac{V\cos\gamma}{\lambda} \tag{1-1}$$

式中，V 表示相对运动速度，f_{t} 为发送信号频率，γ 为相对运动夹角，c 为电波传播速度，λ 为发送信号波长。

由式(1-1)可以看出当其他变量保持不变时，相对运动速度越大，多普勒频偏越大，信号波长越小，多普勒频偏越大。

2. 低轨道卫星信道模型

卫星移动信道属于无线信道，具有复杂性和难以预测性。现实生活中不可能做到对实际信道随时随地地分析，通常采用建立信道模型的方式来模拟实际信道。在众多的方法中，概率分布模型是研究人员通常采用的方法。常用于描述卫星移动信道特性的概率密度函数有 3 种,包括 Rician(莱斯)分布函数、Rayleigh(瑞利)分布函数和对数正态(Lognormal)分布函数。

1) Rician 分布函数

Rician 分布函数用于描述接收信号存在直射信号分量时的情况,其概率密度函数为

$$f_r(r)=\frac{r}{\sigma^2}\cdot e^{-\frac{r^2+z^2}{2\sigma^2}}\cdot I_0\left(\frac{rz}{\sigma^2}\right)$$

式中,r 为信号包络,z 为直射信号幅度,σ^2 为平均多径信号功率,$I_0(\cdot)$为第一类零阶修正贝塞尔函数。直射信号功率所占比重的大小可用 Rician 因子衡量。

2) Rayleigh 分布函数

Rayleigh 分布函数用于描述接收信号中不存在直射信号,只包含多径信号时的情况,其概率密度函数表示为

$$f_r(r)=\frac{r}{\sigma^2}\cdot e^{-\frac{r^2}{2\sigma^2}}$$

式中,r 为信号包络,σ^2 为平均多径功率。

图 1-10 是 $\sigma=1$ 时的 Rayleigh 分布概率密度曲线仿真图。

3) Lognormal 分布函数

Lognormal 分布函数用于描述信号传输过程中被树木等遮挡时的情况,接收信号包络 r 概率密度函数为

$$f_r(r)=\frac{1}{r\sqrt{2\pi d_0}}\cdot e^{-\frac{(\ln r-\mu)^2}{2d_0}}$$

式中,μ、d_0 分别为 $\ln r$ 的均值和方差。图 1-11 是 $\mu=0.1, d_0=1$ 时 Lognormal 分布概率密度曲线仿真图。

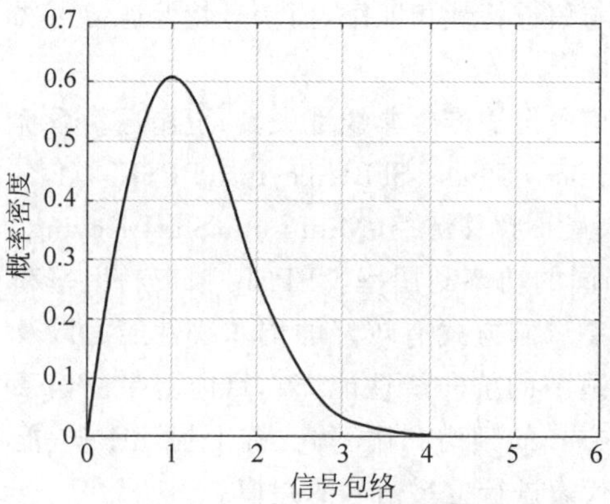

图 1-10 Rayleigh 分布概率密度曲线($\sigma=1$)

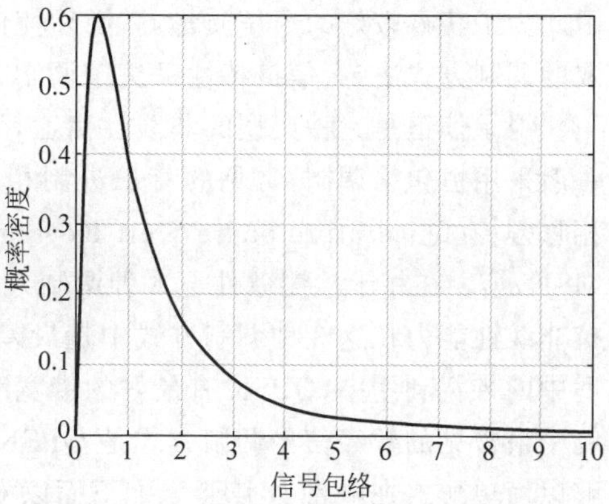

图 1-11 Lognormal 分布概率密度函数($\mu=0.1, d_0=1$)

Rician 分布和 Rayleigh 分布用于描述多径效应,Lognormal 用于描述阴影效应,实际中根据不同的应用场景将它们适当进行组合。目前,常用于描述低轨道卫星信道模型的有

Rician 模型、Rayleigh 模型、Lognormal 模型、Rician-Lognormal 模型、Rayleigh-Lognormal 模型。在现实生活中，卫星通信通常作为地面移动网络的补充，应用场景通常是地面移动网络无法覆盖的地区，如远洋、沙漠、旷野等大型开阔区域，大部分时间存在直射信号分量，受遮蔽的情况较少，这一点也被文献[21]所证实。以 Rician 模型为例，同时考虑到多普勒频偏和噪声，可建立低轨道卫星信道模型，如图 1-12 所示。

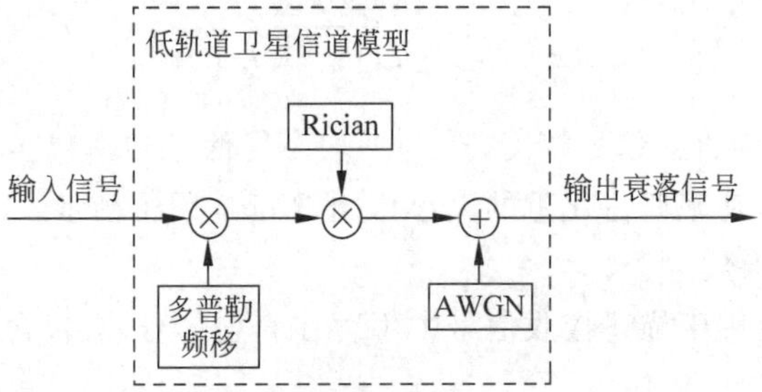

图 1-12　低轨道卫星信道模型

表 1-2 给出了信道模型中 Rician 模型所用参数，参数采用德国航空研究中心在郊区环境下的实测值。

表 1-2　郊区环境下 Rician 参数值

路径	时延/ns	数值/dB	Rician 因子/dB
1	0	−7.3	9.7
2	100	−23.6	—
3	180	−28.1	—

1.3.2　接收信号模型

调制解调技术是通信系统中必不可少的组成部分，严重影响着系统通信质量的好坏。因此为了获得较好的通信质量，就必须使信号特性与信道特性相匹配，而信号特性通常由选取的调制方式决定，信道特性又决定调制方式的选取[22]。

卫星信道是一种典型的非线性信道，为了避免信号传输产生非线性失真，卫星通信系统一般采用恒包络调制，常见的有二进制相移键控(Binary Phase Shift Keying，BPSK)、正交相移键控(Quadrature phase Shift Keying，QPSK)、最小频移键控(Minimum-Shift Keying，MSK)等。在相干检测条件下 3 种调制方式都有相同的功率利用率。BPSK 频带利用率和抗非线性能力在这 3 种调制方式中是最差的。MSK 调制方式有较好的抗非线性能力以及适中的带宽利用率，QPSK 有最好的带宽利用率和适中的抗非线性能力。目前卫星通信系统中最常见的数字信号调制方式是 QPSK，因为该方式的频谱利用率高、抗干扰性能强、能够以简单形式在电路上实现[23]。下面以 QPSK 为代表进行卫星信号的建模。

正交相移键控(QPSK)也称为四进制相移键控，它是利用载波具有的 4 个不同的相位来表示数字信息的一种调制方式，其属于 MSK 范畴[24]。

QPSK 信号可以表示为

$$s(t)=\left[\sum_{n} g(t-nT_s)\right]\cos(2\pi f_c t+\varphi_n) \tag{1-2}$$

式中，f_c 是载波频率，φ_n 是第 n 个码元的载波相位取值；T_s 是一个发送码元的持续时间，它将取可能的 4 种相位之一；$g(t)$是发送码元的波形函数；φ_n 是可以取区间(0,2π)内任何离散值的随机变量，可取的个数由调制方式的进制来决定；在 QPSK 调制系统中，发送端可取的相位值为 4 个。

将式(1-2)展开，可以得到

$$s(t)=\left[\sum_n g(t-nT_s)\cos(\varphi_n)\right]\cos(2\pi f_c t)-\left[\sum_n g(t-nT_s)\sin(\varphi_n)\right]\sin(2\pi f_c t)$$

令 $a_n=\cos(\varphi_n)$，$b_n=\sin(\varphi_n)$，则有

$$s(t)=\left[\sum_n a_n g(t-nT_s)\right]\cos(2\pi f_c t)-\left[\sum_n b_n g(t-nT_s)\right]\sin(2\pi f_c t)$$

再令 $I(t)=\left[\sum_n a_n g(t-nT_s)\right]$，$Q(t)=\left[\sum_n b_n g(t-nT_s)\right]$，则有

$$s(t)=I(t)\cos(2\pi f_c t)-Q(t)\sin(2\pi f_c t)$$

从上面可以看到，QPSK 信号可以当作是两路 BPSK 信号经正交调制后相加得到，即若 QPSK 的比特传输速率是 R_b，则其 I 路、Q 路都是比特速率为 $R_b/2$ 的 BPSK 信号。在相同传输速率的条件下，QPSK 的频谱利用率是 BPSK 的两倍。

1.3.3 卫星通信接收机同步技术

由 1.3.2 节可知，接收信号模型主要包括 3 种未知参数：载波多普勒频偏、符号定时误差和帧同步偏差。卫星通信接收机同步技术的目标就是尽可能实现对 3 种未知参数的精确估计。本节主要讨论同步技术的分类[25]。

按照参数是否随机变化，可分为经典估计和贝叶斯估计[26]。经典估计将参数 $\boldsymbol{u}$ 视为确定但未知的变量，而贝叶斯估计则假设 $\boldsymbol{u}$ 是服从某种已知先验分布 $p(\boldsymbol{u})$的随机变量。本节重点研究经典估计。

按照参数估计的准则，可以分为最小均方误差估计(Minimum Mean Square Error, MMSE)、最大后验概率估计(Maximum A Posteriori estimation, MAP)。对于无法获得 MMSE 和 MAP 估计的情况，可以采用最大似然(Maximum Likelihood, ML)等次优准则。

按照实现的结构，可以分为反馈(FeedBack, FB)同步和前向(FeedForward, FF)同步。在反馈同步中，当前的同步参数估计受到观测信号和前面同步参数估计值的共同影响。前向同步则相反，参数估计仅仅是当前观测信号的函数。反馈同步一般都包含某种锁相环(Phase Lock Loop, PLL)[27]，因此具有跟踪特性，适用于对捕获时间要求较低的连续传输系统。同时，反馈同步也存在 PLL 中的"死锁"(hang up)以及"循环滑动"(cycle slip)等典型问题。前向同步通过开环估计同步参数，不存在上述 PLL 中的问题，适用于长度较短的突发数据同步。但是，由于前向同步是基于一段观测信号处理的，因此，要求待估计的参数在观测时间内不变，或者变化非常小。否则，前向同步的性能将显著恶化。

按照对符号分布的假设，可以分为数据辅助(Data Aided, DA)模式、非数据辅助(Non-Data Aided, NDA)模式和编码辅助(Code Aided, CA)模式。发送序列 $\boldsymbol{a}$ 的先验概率密度函数 $p(\boldsymbol{a})$由其类型决定。对于 $\boldsymbol{a}$ 完全已知的情况，例如，导频符号序列 $\hat{\boldsymbol{a}}$，$p(\boldsymbol{a})$可以表示为

$$p(\boldsymbol{a})=\delta(\boldsymbol{a}-\hat{\boldsymbol{a}}) \tag{1-3}$$

对于非编码序列，$\boldsymbol{a}$ 服从等概分布 $\boldsymbol{a}\in A^K$，$p(\boldsymbol{a})$可以表示为

$$p(\boldsymbol{a})=1/|A^K| \tag{1-4}$$

其中,A^K 为发送序列的集合,$|A^K|$表示 A^K 中元素的个数。显然,式(1-4)不包含 $\boldsymbol{a}$ 的任何先验信息。对于编码传输,合法的码字序列集合 S 是所有可能序列集合 A^K 的子集,即:$S\subset A^K$。此时,$p(\boldsymbol{a})$可以表示为

$$p(\boldsymbol{a})=\begin{cases}1/|S|, & \boldsymbol{a}\in S\\ 0, & \boldsymbol{a}\notin S\end{cases} \tag{1-5}$$

数据辅助同步模式对应 $p(\boldsymbol{a})$服从式(1-5)中的分布,其优点是容易获得同步算法的闭合表达式。但是,由于其依赖于发送的导频序列,因此降低了功率效率和频谱效率。在实际中,往往通过在数据帧中插入比例较少(5%以下)的导频符号,利用数据辅助同步模式进行快速捕获或者建立初始同步。

非数据辅助同步模式假设发送序列的分布为式(1-4)。与数据辅助同步模式相比,其优点是不依赖于导频符号,因此可以采用的数据观测长度比较长。但是,由于非数据辅助同步算法的推导过程需要对发送序列作平均处理,因此降低了其在低信噪比下的同步性能。编码辅助同步模式对 $p(\boldsymbol{a})$的假设服从式(1-5)。该模式充分考虑了编码符号序列的先验信息,既排除了不可能出现的"非法"序列,同时也不依赖于导频符号。因此,编码辅助同步模式是编码传输系统中的理想同步模式。

参考文献

[1] 谷林海. 卫星移动通信现状与未来发展[J/OL],临菲信息技术港,2019. 8.

[2] Satellite Industry Association,2021 state of the satellite industry report[EB/OL],2021-06/2021-09.

[3] 云成,毛凌野. 2019 年《卫星产业状况报告》发布[J]. 卫星应用,2019,06: 61-64.

[4] 普拉特. 卫星通信[M]. 甘良才,译. 2 版. 北京: 电子工业出版社,2005.

[5] Lutz E, Werner, Jahn A. satellite systems for personal and broad communications[M]. Berlin: Springer,2000.

[6] 林莉,左鹏,张更新. 美国 OneWeb 系统发展现状与分析[J]. 数字通信,2018,09: 22-23.

[7] 尚志. 全球低轨空间互联网发展与展望[J]. 太空探索,2019,06: 14-17.

[8] 刘会杰,梁广,姜泉江,余金培. 低轨道卫星通信系统发展趋势与关键技术分析[C]. 第九届卫星通信学术年会论文集. 中国通信学会卫星通信委员会: 中国通信学会,2013: 8.

[9] 沈永言. 5G 时代卫星通信的发展态势[J]. 国际太空,2020,1(493): 48-52.

[10] 陈伟琦. 多层卫星网络卫星链路优化与分析技术研究[D]. 北京邮电大学,2019.

[11] 张乃通. 卫星移动通信系统[M]. 2 版. 北京: 电子工业出版社,2000.

[12] 秦红祥,刘凡,肖跃. 我国卫星移动通信系统发展现状及展望[C]. 北京: 第十三届卫星通信学术年会论文集. 中国通信学会卫星通信委员会: 中国通信学会,2017: 3.

[13] 李斗,项海格. LEO/MEO 卫星通信系统发展展望[J]. 电信科学,2003(02): 48-51.

[14] 何善宝. "国际移动卫星"系统及其最新发展[J]. 国际太空,2009(09): 31-34.

[15] He S. Inmarsat system and its new development[J]. Space International,2009(09): 31-34.

[16] 吕子平,梁鹏,陈正君. 卫星移动通信发展现状及趋势[J]. 卫星应用,2016(01): 48-55.

[17] 王健,范静,孙治国. 高轨移动通信卫星发展现状与趋势分析[J]. 卫星应用,2019(11): 52-57.

[18] 江春霆,李宁等. 卫星通信与地面 5G 的融合初探[J]. 卫星与网络,2018(09): 15-21.

[19] 王子剑,杜欣军,尹家伟,等. 低轨卫星互联网发展与展望[J]. 电子技术应用,2020(7): 49-52.

[20] 王利飞. 卫星通信系统终端同步技术研究[D]. 重庆: 重庆邮电大学,2017.

[21] 张扬.卫星 LTE 系统中 S 频段信道建模及实现技术研究[D].成都：电子科技大学，2015.
[22] Vogel W J, Goldhirsh J. Fade measurements at L-band and UHF in mountainous terrain for land mobile satellite systems[J]. IEEE Transactions on Antennas & Propagation, 1988, 36(1): 104-113.
[23] 赵瑞.高动态环境下卫星移动通信接收机同步技术研究[D].北京：北京理工大学，2016.
[24] 洪振宏.高码率 QPSK 解调器载波恢复环的算法与实现[D].北京：中国科学院研究生院(空间科学与应用研究中心)，2007.
[25] 姚培，杨晓峰，项海涛，夏景.用 FPGA 实现 QPSK 可变速率调制解调器[J].中国新通信.2006，8(019)：33-36.
[26] Lehmann E L, Casella G, Theory of point estimation[M]. Berlin: Springer, 1998.
[27] Candy J V. Bayesian signal processing[M]. Washington, DC: Wiley, 2008.

第 2 章 同步技术相关理论基础

CHAPTER 2

本章主要讨论关于同步技术的参数估计理论，首先分析了载波频偏、相偏和定时偏差对解调性能的影响，然后介绍了接收信号未知参数估计的克拉美罗界的概念及计算方式，最后给出了编码辅助同步算法中会用到的信道编码理论。

2.1 待估计参数对系统性能的影响

卫星通信系统接收信号中除数字比特信息之外包含有 3 种未知参数，我们需要完成的主要是对载波频率偏差、载波相位偏差、定时偏差的估计。只有实现了对以上参数的估计，才能保证卫星通信系统能够正常、有效和可靠地工作。

2.1.1 载波频率偏差和相位偏差对系统性能的影响

在采用相干解调的接收机中，假设收到的信号为 $m(t)\cos\omega_c t$，本地载波为 $\cos[\omega_c t+\Delta\omega(t)+\Delta\varphi(t)]$，$\Delta\omega(t)$表示接收机与发射机的频率误差，$\Delta\varphi(t)$表示相位误差，当二者存在相对运动时，$\Delta\omega(t)\neq 0$ 不可以忽略，相位误差一般总是存在的，它由稳态误差和相位抖动两部分组成。因此，我们分两种情况介绍：

对双边带(Double Side Band，DSB)调制信号，经载波剥离后，得到基带信号[1]

$$\begin{aligned}&m(t)\cos\omega_c t\cos[\omega_c t+\Delta\omega(t)+\Delta\varphi(t)]\\=&\frac{1}{2}m(t)\{\cos[(2\omega_c t+\Delta\omega(t))t+\Delta\varphi(t)]+\cos(\Delta\omega(t)t+\Delta\varphi(t))\}\end{aligned}$$

经过低通滤波后可得到解调信号为

$$\frac{1}{2}m(t)\cos(\Delta\omega(t)+\Delta\varphi(t))$$

可以看出，解调信号由原来的 $m(t)$变为经缓慢幅度调制的余弦信号，使接收到的数据信息时强时弱，有时甚至为零。

对于单边带(Single Side Band，SSB)调制信号，解调以后所有角频率都偏了 $\Delta\omega(t)$，将使语音通话信号频谱偏移 $\Delta\omega(t)$，这对于语音质量影响不大，但是对于数字通信系统是无法接受的。

因为载波频率偏差和相位偏差是可以相互转化的，作用到信号上的结果最终可以看作是相位误差的作用效果，所以我们可以只讨论相位误差对接收信号的影响。令 $\Delta\omega(t)=0$，解调后输出为$\frac{1}{2}m(t)\cos\Delta\varphi(t)$，此时不会引起波形失真，但会影响输出信号幅度。信号幅度降为

$\cos\Delta\varphi(t)$倍，功率和信噪比均下降为原来的$\cos^2\Delta\varphi(t)$倍。相当于变相弱化了接收信号。

如对 BPSK 信号，信噪比降低将导致误码率增大，当 $\Delta\varphi(t)=0$ 时，

$$P_e=\frac{1}{2}\mathrm{erfc}\sqrt{\frac{E_b}{N_0}}$$

假设 $\Delta\varphi(t)$是一个服从高斯分布的随机变量，其概率密度函数可表示为

$$p(\varphi)=\frac{1}{\sigma_\varphi\sqrt{2\pi}}\mathrm{e}^{-(\varphi-\varphi_m)^2/2\sigma_\varphi^2}$$

其中，φ_m 和σ_φ^2 分别表示相位误差的均值和方差。在相位误差范围内计算平均误码率，即

$$P(e)=\int_{-\infty}^{+\infty}p(e\mid\varphi)p(\varphi)\mathrm{d}\varphi$$

以 BPSK 为例，分析相位误差引起的误码率性能损失，假设定时恢复和载波频率恢复理想，载波相位校正后的输出可以表示为

$$r'(t)=\mathrm{e}^{\mathrm{j}\varphi}m(t)+w'(t)$$

其中，$\varphi=\theta-\hat{\theta}$，$w'(t)=w(t)\mathrm{e}^{-\mathrm{j}(2\pi\hat{f}_d t+\hat{\theta})}$。经匹配滤波后，得

$$x(t)=\mathrm{e}^{\mathrm{j}\varphi}m'(t)+n(t)$$

其中，$n(t)=w'(t)*g(-t)$。对 $x(t)$在 k 时刻的采样值为

$$x(k)=m_k\mathrm{e}^{\mathrm{j}\varphi}+n(k)\tag{2-1}$$

将信号实虚部分开，式(2-1)变为

$$x(k)=[\cos(\varphi)+n_\mathrm{R}(k)]+\mathrm{j}[\sin(\varphi)+n_\mathrm{I}(k)]$$

其中，$n_\mathrm{R}(k)$，$n_\mathrm{I}(k)$分别为噪声的实部和虚部，$n(k)$是服从 $N(0,\sigma^2)$的加性高斯白噪声。如图 2-1 所示，$x(k)$是高斯随机变量，x 的条件概率密度函数为

$$p(x\mid s_1)=\frac{1}{\sqrt{2\pi\sigma^2}}\mathrm{e}^{-\frac{(x+A\cos(\varphi))^2}{2\sigma^2}}$$

$$p(x\mid s_2)=\frac{1}{\sqrt{2\pi\sigma^2}}\mathrm{e}^{-\frac{(x-A\cos(\varphi))^2}{2\sigma^2}}$$

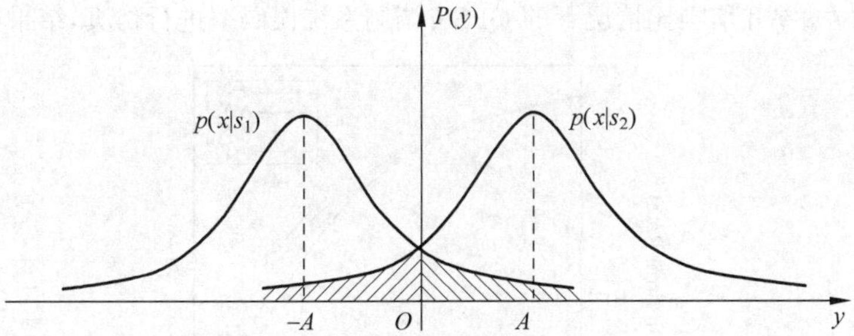

图 2-1　条件概率密度曲线 $p(x|s_1)$和 $p(x|s_2)$

s_1 被误检的概率为

$$P(e\mid s_1)=\int_{-\infty}^{V_\mathrm{T}}p(x\mid s_1)\mathrm{d}x$$

s_2 被误检的概率为

$$P(e \mid s_2) = \int_{V_T}^{+\infty} p(x \mid s_2) \mathrm{d}x$$

假设 s_1、s_2 出现概率相同，则最佳判决门限 $V_T = 0$，平均错误概率为

$$P_e = P(s_1)P(e \mid s_1) + P(s_2)P(e \mid s_2) = \int_{-\infty}^{V_T} p(x \mid s_1) \mathrm{d}x$$

$$= \int_{-\infty}^{0} \frac{1}{\sqrt{2\pi\sigma^2}} \mathrm{e}^{-\frac{(x - A\cos(\varphi))^2}{2\sigma^2}} \mathrm{d}x$$

令 $z = \frac{x - A}{\sqrt{2}\sigma}$，$P_e = \frac{1}{\sqrt{\pi}} \int_{-\infty}^{\frac{-A}{\sqrt{2}\sigma}} \mathrm{e}^{-z^2} \mathrm{d}z = \frac{1}{2} \mathrm{erfc}\left(\sqrt{\frac{(A\cos(\varphi))^2}{2\sigma^2}}\right) = Q\left(\sqrt{\frac{(A\cos(\varphi))^2}{\sigma^2}}\right)$

已知 $\sigma^2 = \frac{N_0 B}{2}$，$E_b T_b = A^2$，则在理想带限条件下[1]，即

$$P_e = Q\left(\sqrt{\frac{(A\cos(\varphi))^2}{\sigma^2}}\right) = Q\left(\sqrt{\frac{2E_b T_b \cos^2(\varphi)}{N_0 B}}\right) = Q\left(\sqrt{\frac{2E_b}{N_0}} \cos(\varphi)\right)$$

理想相位同步下，即

$$P_e = Q\left(\sqrt{\frac{2E_b}{N_0}}\right)$$

对于 QPSK 信号，误码率公式为

$$P_e = Q\left(\sqrt{\frac{2E_s}{N_0}} \cos\left(\varphi + \frac{\pi}{4}\right)\right) + Q\left(\sqrt{\frac{2E_s}{N_0}} \sin\left(\varphi + \frac{\pi}{4}\right)\right) -$$
$$Q\left(\sqrt{\frac{2E_s}{N_0}} \cos\left(\varphi + \frac{\pi}{4}\right)\right) Q\left(\sqrt{\frac{2E_s}{N_0}} \sin\left(\varphi + \frac{\pi}{4}\right)\right)$$

理想相位同步下的误码率公式为[2]

$$P_e = 2Q\left(\sqrt{\frac{E_s}{N_0}}\right) - Q^2\left(\sqrt{\frac{E_s}{N_0}}\right)$$

对不同相位偏差和信噪比情况下的 QPSK 调制系统误码率进行仿真，结果如图 2-2 所示。

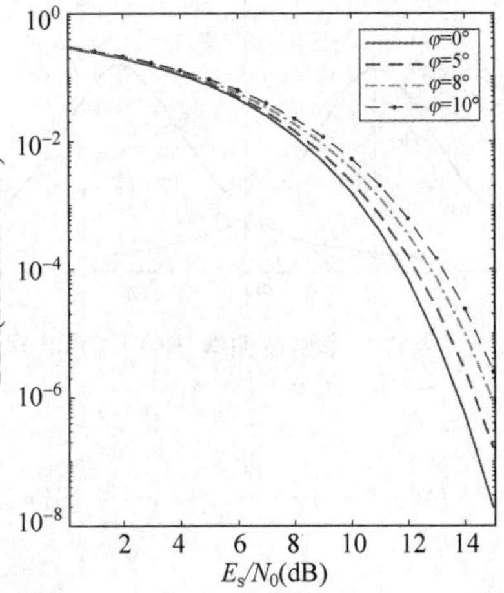

图 2-2　不同相位误差下误码率随信噪比变化曲线图

2.1.2　定时误差对系统性能的影响

定时误差表示实际采样时刻与最佳采样时刻的误差，表现在接收信号波形上可与相位误差效果等价：$2\pi f T_e=\theta_e$。定时误差越大，越偏离最佳采样位置，必然导致系统误码率增加。以 BPSK 为例，假设频率偏差理想同步，在等概率条件下，相邻码元的极性有交变和无交变各占 1/2，则定时同步误差的平均误码率为

$$P_e=\frac{1}{4}\mathrm{erfc}\left(\sqrt{\frac{E_b}{N_0}}\right)+\frac{1}{4}\mathrm{erfc}\left(\sqrt{\frac{E_b}{N_0}\left(1-\frac{2T_e}{T}\right)}\right)$$

其中，T_e 表示定时误差，T 表示码元周期。

不同定时误差下误码率随信噪比变化曲线如图 2-3 所示。

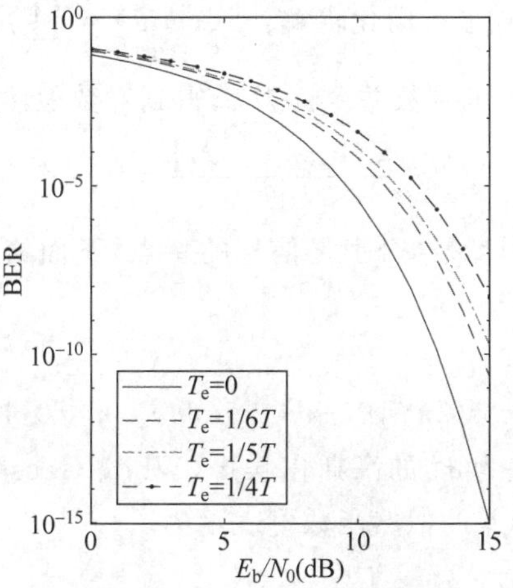

图 2-3　不同定时误差下误码率随信噪比变化曲线图

2.2　参数估计理论

由第 1 章介绍的卫星信道特性可知，卫星信号在传输过程中不可避免会受到来自各种自由空间和收发设备的干扰噪声的影响。噪声信号的引入使得接收机收到的信号成为受随机信号影响的随机过程。因此，统计信号处理中的信号检测与估计理论就成为了卫星同步技术的重要理论基础。

最小方差无偏（Minimum Variance Unbiased，MVU）估计是信号估计理论中最常用的参数估计方法，但是 MVU 估计量在某些情况下存在解不存在问题或者是有解但不能求解的情况，这给系统同步过程带来了隐患。因此为了提高同步过程的可靠性，最常采用的方法是基于最大似然（Maximum Likelihood，ML）理论的估计，它具有简化形式，可以简单地实现对复杂估计问题的求解，当观测数据足够多时，其估计性能非常接近 MVU 的估计性能。因此最大似然估计理论在卫星数字接收信号参数估计问题中得到了广泛的应用。

2.2.1　最大似然估计理论

似然函数（likelihood function）$p(\boldsymbol{x}|\theta)$用来描述对于不同模型参数，出现某个样本点的

概率是多少，其定义为：对于观测样本 $\boldsymbol{x}$，未知参数 θ 的概率密度函数 $p(\boldsymbol{x}|\theta)$，在 $\boldsymbol{x}$ 确定时，不同 θ 所对应的样本值 $\boldsymbol{x}$ 的出现概率 $\Lambda(\theta)=p(\boldsymbol{x}|\theta)$。显然，最大似然是指某个样本值出现的最大概率。最大似然估计则表示似然函数取最大的情况下所对应的模型参数 θ 的值。利用基于最大似然原理的估计量，即最大似然估计量，我们可以求得非常接近于 MVU 的估计量，其近似的本质在于，对于足够多的数据记录，最大似然估计（Maximum Likelihood Estimation，MLE）具有渐进有效性，并且具有高斯概率度分布函数。

标量参数的 MLE：对于固定的 $\boldsymbol{x}$，使 $p(\boldsymbol{x}|\theta)$ 最大的 θ 值，最大化是在 θ 允许的范围内求取的。

矢量参数的 MLE：对于固定序列 $\boldsymbol{x}=[x_1,x_2,\cdots,x_n]$，$p(\boldsymbol{x}|\theta)=\prod_{x_1}^{x_n}p(x_i\mid\theta)$ 取最大时的 θ 值，一般使用对数形式进行简化求解：$p(\boldsymbol{x}\mid\theta)=\prod_{x_1}^{x_n}p(x_i\mid\theta)=\sum_{x_1}^{x_n}\log p(x_i|\theta)$。

求解最大值，对目标函数求导数并令其为 0，得到对数似然方程：

$$\frac{d(\ln p(x\mid\theta))}{\mathrm{d}\theta}=0$$

求解可得到 θ 的最大似然估计。结合卫星信号的特点，下面给出基于正弦信号的相位估计过程。

设接收信号为

$$x(n)=A\cos(2\pi f_0 n+\theta)+w(n)\quad n=0,1,\cdots,N-1$$

其中，假设 $w(n)$ 是已知方差为 σ^2 的高斯白噪声（White Gaussian Noise，WGN）信号，幅度 A 和频率 f_0 已知，则相位误差的似然函数可表示为

$$p(\boldsymbol{x}\mid\theta)=\frac{1}{(2\pi\sigma^2)^{\frac{N}{2}}}\exp\left[-\frac{1}{2\sigma^2}\sum_{n=0}^{N-1}(x(n)-A\cos(2\pi f_0 n+\theta))^2\right]$$

去掉常数系数项，对 θ 求导可得

$$\frac{\partial\ln(p(\boldsymbol{x}\mid\theta))}{\partial\theta}=\sum_{n=0}^{N-1}(x(n)-A\cos(2\pi f_0 n+\theta))\sin(2\pi f_0 n+\theta)$$

令 $\frac{\partial\ln(p(\boldsymbol{x}|\theta))}{\partial\theta}=0$，得

$$\sum_{n=0}^{N-1}x(n)\sin(2\pi f_0 n+\hat{\theta})=A\cos(2\pi f_0 n+\hat{\theta})\sin(2\pi f_0 n+\hat{\theta}) \tag{2-2}$$

当 f_0 不在 0 或者 1/2 附近时，则

$$\frac{1}{N}\sum_{n=0}^{N-1}x(n)\sin(2\pi f_0 n+\hat{\theta})\cos(2\pi f_0 n+\hat{\theta})=\frac{1}{2N}\sum_{n=0}^{N-1}\sin(4\pi f_0 n+2\hat{\theta})\approx 0$$

因此，式(2-2)左边除以 N 并令其等于零，就得到一个近似的 MLE，满足

$$\sum_{n=0}^{N-1}x(n)\sin(2\pi f_0 n+\hat{\theta})=0$$

展开上式得

$$\sum_{n=0}^{N-1}x(n)\sin(2\pi f_0 n)\cos(\hat{\theta})=-\sum_{n=0}^{N-1}x(n)\cos(2\pi f_0 n)\sin(\hat{\theta})$$

最后可得相位 MLE 的近似表示

$$\hat{\theta}=-\arctan\frac{\sum_{n=0}^{N-1}x(n)\sin(2\pi f_0 n)}{\sum_{n=0}^{N-1}x(n)\cos(2\pi f_0 n)}$$

1. 标量参数的 MLE

1) 渐近特性

如果数据 x 的 PDF$p(\boldsymbol{x}|\theta)$ 满足某些“正则”条件，那么对于足够多的数据样本，未知标量参数 θ 的 MLE 渐进服从

$$\hat{\theta}\sim N(\theta,I^{-1}(\theta))$$

其中，$I(\theta)$是在未知参数真值处计算的 Fisher 信息。正则条件要求对数似然函数的导数存在，也要求 Fisher 信息非零。

根据渐进分布，MLE 可视为渐进无偏的和渐近达到 CRLB，因此它是渐进有效的，也是渐近最佳的。当然，在实际应用中，我们需要解决的主要问题是 N 应该取多大才能达到满足渐进性要求。下面以正弦信号相位的 MLE 为例来说明。

相位估计的渐进 PDF 满足式

$$\hat{\theta}\sim N(\theta,I^{-1}(\theta))$$

对应的 Fisher 信息为

$$I(\theta)=\frac{NA^2}{2\sigma^2}$$

于是渐进方差为

$$\operatorname{var}(\hat{\theta})=\frac{1}{\frac{NA^2}{2\sigma^2}}=\frac{1}{N\eta} \tag{2-3}$$

其中，$\eta=A^2/2\sigma^2$ 是信噪比。

式(2-3)重写如下：

$$\operatorname{var}(\hat{\theta})=\frac{1}{N\cdot \mathrm{SNR}}$$

N 为样本数，与 $\hat{\theta}$ 估计量的方差成反比。文献[3]在假定 $A=1,f_0=0.08,\theta=\frac{\pi}{4},\sigma^2=0.05$ 的情况下给出了不同 N 值下的期望与方差。从表 2-1 中可以看出，$N\geqslant 80$ 时 $\operatorname{var}(\hat{\theta})$ 接近理论值。

表 2-1 相位估计的理论渐近值和实际的均值与方差

数据记录长度 N	均值 $E(\hat{\theta})$	$N\times\operatorname{var}(\hat{\theta})$
20	0.732	0.0978
40	0.746	0.108
60	0.774	0.110
80	0.789	0.0990
理论渐近值	$\theta=0.785$	$1/\eta=0.1$

图 2-4 给出了样本量 N 与概率密度函数的关系。

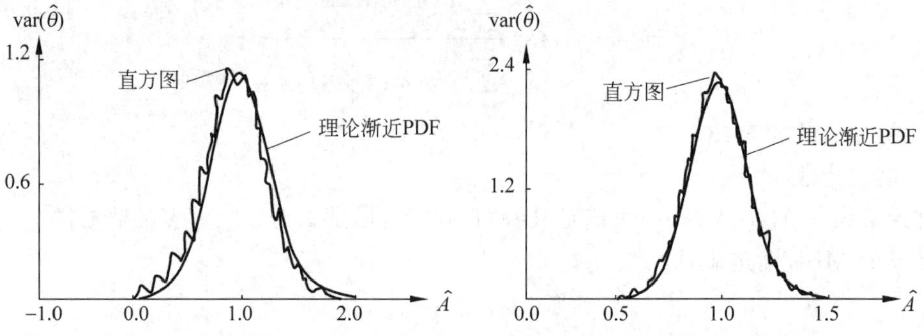

(a) N=5　　(b) N=20

图 2-4　理论 PDF 和直方图

文献[3]还给出了在 $N=80$ 情况下，θ 估计的均值和方差随 SNR 变化的曲线，如图 2-5 和图 2-6 所示。

从图 2-4 可以看出，随着样本数量的增加，MLE 的 PDF 是渐近于真实 PDF 的。由图 2-5 和图 2-6 可知，随着 SNR 的增加，均值和方差的渐近值是可以达到的，MLE 是可以实现的。

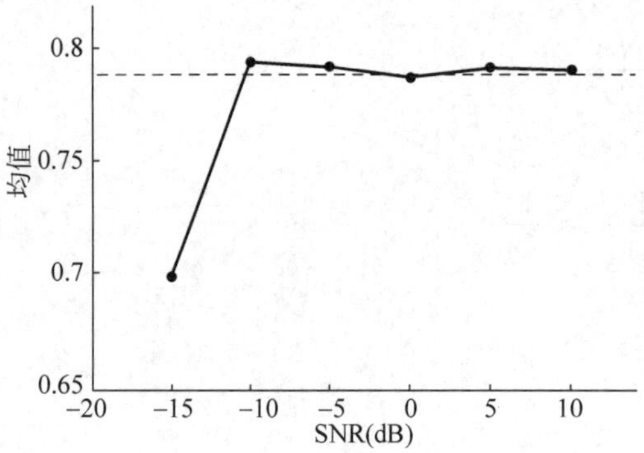

图 2-5　相位估计量的实际与渐近均值对比

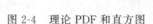

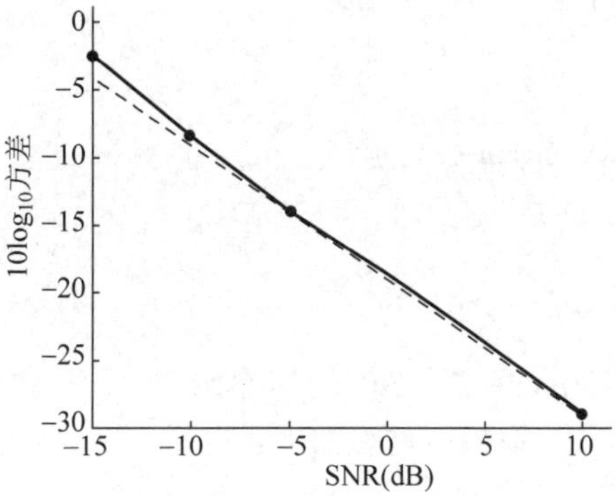

图 2-6　相位估计量的实际与渐近方差对比

2）MLE 的不变性[3]

很多时候，我们对某个参数不感兴趣，只关心如何估计关于参数的函数，例如在进行信噪比估计时，我们希望得到信号功率的估计值，而不是信号的幅值。在这种情况下，就需要利用 MLE 的不变性从 A 的 MLE 得到 A^2 的 MLE。

参数 $\alpha=g(\theta)$ 的 MLE 由下式给出，其中 PDF $p(\boldsymbol{x};\theta)$ 是参数 θ 的函数

$$\hat{\alpha}=g(\hat{\theta})$$

其中，$\hat{\theta}$ 是 θ 的 MLE。使 $p(\boldsymbol{x}|\theta)$ 最大可求得 θ 的 MLE。如果 g 不是一对一的函数，那么使得修正后的似然函数 $\bar{p}_{\mathrm{T}}(\boldsymbol{x};\alpha)$ 最大的 $\hat{\alpha}$ 定义为

$$\bar{p}_{\mathrm{T}}(\boldsymbol{x};\alpha)=\max_{\{\theta;\alpha=g(\theta)\}} p(\boldsymbol{x};\theta)$$

2. 矢量参数的 MLE

当信号序列中包含多个位置参数时，就涉及矢量参数的最大似然估计。

矢量参数$\boldsymbol{\theta}$的 MLE 被定义为：在$\boldsymbol{\theta}$允许的区域内使似然函数$p(\boldsymbol{x}|\boldsymbol{\theta})$达到最大所对应的$\boldsymbol{\theta}$值。假设似然函数可导，MLE 可从下式求出，则

$$\frac{\partial \ln(p(\boldsymbol{x} \mid \boldsymbol{\theta}))}{\partial \boldsymbol{\theta}} = 0$$

如果存在多个解，那么使似然函数最大的那个解就是 MLE。

1）矢量参数 MLE 的渐近性

如果数据$\boldsymbol{x}$的 PDF$p(\boldsymbol{x}|\boldsymbol{\theta})$满足某些“正则”条件，那么对于足够多的数据样本，未知矢量参数$\boldsymbol{\theta}$的 MLE 渐进服从

$$\hat{\boldsymbol{\theta}} \sim N(\boldsymbol{\theta}, \boldsymbol{I}^{-1}(\boldsymbol{\theta}))$$

其中，$\boldsymbol{I}(\boldsymbol{\theta})$是在未知参数真值处计算的 Fisher 信息矩阵。

2）矢量参数 MLE 的不变性

参数$\boldsymbol{\alpha}=\boldsymbol{g}(\boldsymbol{\theta})$的 MLE 由下式给出，其中$\boldsymbol{g}$是$p\times1$维参数$\boldsymbol{\theta}$的$r$维函数，PDF$p(\boldsymbol{x}|\boldsymbol{\theta})$是参数$\boldsymbol{\theta}$的函数

$$\hat{\boldsymbol{\alpha}} = \boldsymbol{g}(\hat{\boldsymbol{\theta}})$$

其中，$\hat{\boldsymbol{\theta}}$是$\boldsymbol{\theta}$的 MLE。如果$\boldsymbol{g}$不是一个可逆的函数，那么使修正后的似然函数$\bar{p}_{\mathrm{T}}(\boldsymbol{x};\boldsymbol{\alpha})$最大的$\hat{\boldsymbol{\alpha}}$定义为

$$\bar{p}_{\mathrm{T}}(\boldsymbol{x} \mid \boldsymbol{\alpha}) = \max_{\{\boldsymbol{\theta}:\boldsymbol{\alpha}=\boldsymbol{g}(\boldsymbol{\theta})\}} p(\boldsymbol{x} \mid \boldsymbol{\theta})$$

设接收数据矢量服从正态分布$\boldsymbol{x}\sim N[\boldsymbol{\mu}(\boldsymbol{\theta}),\boldsymbol{C}(\boldsymbol{\theta})]$，则

$$\frac{\partial \ln(p(\boldsymbol{x} \mid \boldsymbol{\theta}))}{\partial \boldsymbol{\theta}_k} = \frac{1}{2}\mathrm{tr}\left(\boldsymbol{C}^{-1}(\boldsymbol{\theta})\frac{\partial \boldsymbol{C}(\boldsymbol{\theta})}{\partial \boldsymbol{\theta}_k}\right) + \frac{\partial \boldsymbol{\mu}(\boldsymbol{\theta})^{\mathrm{T}}}{\partial \boldsymbol{\theta}_k}\boldsymbol{C}^{-1}(\boldsymbol{\theta})(\boldsymbol{x}-\boldsymbol{\mu}(\boldsymbol{\theta})) - \frac{1}{2}(\boldsymbol{x}-\boldsymbol{\mu}(\boldsymbol{\theta}))^{\mathrm{T}}\frac{\partial \boldsymbol{C}^{-1}(\boldsymbol{\theta})}{\partial \boldsymbol{\theta}_k}(\boldsymbol{x}-\boldsymbol{\mu}(\boldsymbol{\theta}))$$

其中，$k=1,2,\cdots,p$。对于线性数据模型$\boldsymbol{X}=\boldsymbol{H\theta}+\boldsymbol{w}$，$\boldsymbol{H}$是$N\times p$矩阵，$\boldsymbol{w}$是一个概率密度函数 PDF 为$N(\boldsymbol{0},\boldsymbol{C})$的$N\times1$噪声矢量，PDF 为：

$$p(\boldsymbol{x} \mid \boldsymbol{\theta}) = \frac{1}{(2\pi)^{\frac{N}{2}}\det^{\frac{1}{2}}(\boldsymbol{C})}\exp\left[-\frac{1}{2}(\boldsymbol{x}-\boldsymbol{H\theta})^{\mathrm{T}}\boldsymbol{C}^{-1}(\boldsymbol{x}-\boldsymbol{H\theta})\right]$$

由于$(\boldsymbol{x}-\boldsymbol{H\theta})^{\mathrm{T}}\boldsymbol{C}^{-1}(\boldsymbol{x}-\boldsymbol{H\theta})$是关于$\boldsymbol{\theta}$的二次函数，$\boldsymbol{C}^{-1}$是一个正定矩阵，所以求导数可求出全局最小值。$\boldsymbol{\mu}(\boldsymbol{\theta})=\boldsymbol{H\theta}$，并去掉与$\boldsymbol{\theta}$的无关项可得

$$\frac{\partial \ln(p(\boldsymbol{x} \mid \boldsymbol{\theta}))}{\partial \boldsymbol{\theta}_k} = \frac{\partial(\boldsymbol{H\theta})^{\mathrm{T}}}{\partial \boldsymbol{\theta}_k}\boldsymbol{C}^{-1}(\boldsymbol{x}-\boldsymbol{H\theta})$$

合并偏导并用梯度形式表示：

$$\frac{\partial \ln(p(\boldsymbol{x} \mid \boldsymbol{\theta}))}{\partial \boldsymbol{\theta}} = \frac{\partial(\boldsymbol{H\theta})^{\mathrm{T}}}{\partial \boldsymbol{\theta}}\boldsymbol{C}^{-1}(\boldsymbol{x}-\boldsymbol{H\theta})$$

令其为零可得：$\boldsymbol{H}^{\mathrm{T}}\boldsymbol{C}^{-1}(\boldsymbol{x}-\boldsymbol{H}\hat{\boldsymbol{\theta}})=\boldsymbol{0}$，进而解出$\hat{\boldsymbol{\theta}}$的 MLE 为$\hat{\boldsymbol{\theta}}=(\boldsymbol{H}^{\mathrm{T}}\boldsymbol{C}^{-1}\boldsymbol{H})^{-1}\boldsymbol{H}^{\mathrm{T}}\boldsymbol{C}^{-1}\boldsymbol{x}$。

仍然以正弦信号参数估计为例，给出 PDF 如下式：

$$p(\boldsymbol{x} \mid \boldsymbol{\theta}) = \frac{1}{(2\pi\sigma^2)^{\frac{N}{2}}} \exp\left[-\frac{1}{2\sigma^2}\sum_{n=0}^{N-1}(x(n) - A\cos(2\pi f_0 n + \phi))^2\right]$$

其中,$A>0$ 且 $0<f_0<1/2$。可通过上式平方和项取最小值求得幅度 A、频率 f_0 以及相位 ϕ 的 MLE。平方和项展开如下:

$$J(A, f_0, \phi) = \sum_{n=0}^{N-1}(x(n) - A\cos\phi\cos 2\pi f_0 n + A\sin\phi\sin 2\pi f_0 n)^2 \tag{2-4}$$

将 J 转化为 A 和 ϕ 的二次项函数,令 $\alpha_1 = A\cos\phi$, $\alpha_2 = -A\sin\phi$,可得

$$A = \sqrt{\alpha_1^2 + \alpha_2^2}$$

$$\theta = \arctan\left(\frac{-\alpha_2}{\alpha_1}\right)$$

令 $\boldsymbol{c} = [1\cos 2\pi f_0 \cdots \cos 2\pi f_0(N-1)]^{\mathrm{T}}$, $\boldsymbol{s} = [1\sin 2\pi f_0 \cdots \sin 2\pi f_0(N-1)]^{\mathrm{T}}$,则式(2-4)转化为:

$$J'(\alpha_1, \alpha_2, f_0) = (\boldsymbol{x} - \alpha_1\boldsymbol{c} - \alpha_2\boldsymbol{s})^{\mathrm{T}}(\boldsymbol{x} - \alpha_1\boldsymbol{c} - \alpha_2\boldsymbol{s}) = (\boldsymbol{x} - \boldsymbol{H\alpha})^{\mathrm{T}}(\boldsymbol{x} - \boldsymbol{H\alpha}) \tag{2-5}$$

其中,$\boldsymbol{\alpha} = [\alpha_1\alpha_2]^{\mathrm{T}}$, $\boldsymbol{H} = [\boldsymbol{c}\ \boldsymbol{s}]$。最小化解为

$$\hat{\boldsymbol{\alpha}} = (\boldsymbol{H}^{\mathrm{T}}\boldsymbol{H})^{-1}\boldsymbol{H}^{\mathrm{T}}\boldsymbol{x} \tag{2-6}$$

将式(2-6)代入式(2-5)可求解 f 的 MLE 估计,计算过程如下:

$$J'(\alpha_1, \alpha_2, f_0) = (\boldsymbol{x} - \boldsymbol{H\alpha})^{\mathrm{T}}(\boldsymbol{x} - \boldsymbol{H\alpha}) = \boldsymbol{x}^{\mathrm{T}}(\boldsymbol{I} - \boldsymbol{H}(\boldsymbol{H}^{\mathrm{T}}\boldsymbol{H})^{-1}\boldsymbol{H}^{\mathrm{T}})\boldsymbol{x}$$

当 f_0 不在 0 或 1/2 附近时

$$\begin{aligned}
\boldsymbol{x}^{\mathrm{T}}\boldsymbol{H}(\boldsymbol{H}^{\mathrm{T}}\boldsymbol{H})^{-1}\boldsymbol{H}^{\mathrm{T}}\boldsymbol{x} &= \begin{bmatrix}\boldsymbol{c}^{\mathrm{T}}\boldsymbol{x}\\ \boldsymbol{s}^{\mathrm{T}}\boldsymbol{x}\end{bmatrix}\begin{bmatrix}\boldsymbol{c}^{\mathrm{T}}\boldsymbol{c} & \boldsymbol{c}^{\mathrm{T}}\boldsymbol{s}\\ \boldsymbol{s}^{\mathrm{T}}\boldsymbol{c} & \boldsymbol{s}^{\mathrm{T}}\boldsymbol{s}\end{bmatrix}^{-1}\begin{bmatrix}\boldsymbol{c}^{\mathrm{T}}\boldsymbol{x}\\ \boldsymbol{s}^{\mathrm{T}}\boldsymbol{x}\end{bmatrix} \approx \begin{bmatrix}\boldsymbol{c}^{\mathrm{T}}\boldsymbol{x}\\ \boldsymbol{s}^{\mathrm{T}}\boldsymbol{x}\end{bmatrix}\begin{bmatrix}\frac{N}{2} & 0\\ 0 & \frac{N}{2}\end{bmatrix}^{-1}\begin{bmatrix}\boldsymbol{c}^{\mathrm{T}}\boldsymbol{x}\\ \boldsymbol{s}^{\mathrm{T}}\boldsymbol{x}\end{bmatrix}\\
&= \frac{2}{N}\left[\left(\sum_{n=0}^{N-1}x(n)\cos(2\pi f_0 n)\right)^2 + \left(\sum_{n=0}^{N-1}x(n)\sin(2\pi f_0 n)\right)^2\right]\\
&= \frac{2}{N}\left|\sum_{n=0}^{N-1}x(n)\exp(-\mathrm{j}2\pi f_0 n)\right|^2
\end{aligned}$$

对上式求导可求得 f 的近似 MLE,或者通过周期图

$$I(f) = \frac{1}{N}\left|\sum_{n=0}^{N-1}x(n)\exp(-\mathrm{j}2\pi f n)\right|^2$$

最大值可得频率的 MLE 估计:

$$\hat{\boldsymbol{\alpha}} = \frac{2}{N}\begin{bmatrix}\boldsymbol{c}^{\mathrm{T}}\boldsymbol{x}\\ \boldsymbol{s}^{\mathrm{T}}\boldsymbol{x}\end{bmatrix} = \begin{bmatrix}\frac{2}{N}\sum_{n=0}^{N-1}x(n)\cos(2\pi\hat{f}_0 n)\\ \frac{2}{N}\sum_{n=0}^{N-1}x(n)\sin(2\pi\hat{f}_0 n)\end{bmatrix}$$

$$\hat{A} = \sqrt{\hat{\alpha}_1^2 + \hat{\alpha}_2^2} = \frac{2}{N}\left|\sum_{n=0}^{N-1}x(n)\exp(-\mathrm{j}2\pi\hat{f}_0 n)\right|$$

$$\hat{\phi} = \arctan\frac{-\sum_{n=0}^{N-1}x(n)\sin(2\pi\hat{f}_0 n)}{\sum_{n=0}^{N-1}x(n)\cos(2\pi\hat{f}_0 n)}$$

2.2.2 同步参数的似然函数计算

同步参数通常指的是卫星接收信号中包含的载波频率偏差、相位偏差和传输延时。为实现对这3个未知量的最大似然估计，我们将这3个参数表示为一个集合：$\gamma=\{\tau,f_d,\theta\}$，将基带信号$r(t)$中有用信号分量$s(t)$表示为$s(t,\gamma)$，基带信号公式为：

$$r(t)=s(t,\gamma)+w(t)$$

设接收信号序列为$\boldsymbol{r}=\{r_1,r_2,\cdots,r_N\}$，其离散形式为$r_k=s_k(\gamma)+w_k,k=1,2,\cdots,N$，表示第$k$个采样时刻或样本点，$N$为样本序列长度。由于$w$服从高斯分布，可构造似然函数：

$$p(r\mid\gamma)=\prod_{k=1}^{N}\frac{1}{2\pi\sigma^2}\exp\left\{-\frac{|r_k-s_k(\gamma)|^2}{2\pi\sigma^2}\right\}=C_N\exp\left\{-\frac{1}{2N_0}\sum_{k=1}^{N}\frac{|r_k-s_k(\gamma)|^2}{2\pi\sigma^2}\right\} \tag{2-7}$$

其中，$C_N=(2\pi\sigma^2)^{-N}$，$\sigma^2=N_0$是噪声方差，N_0是噪声功率谱密度。可将式(2-7)改写如下：

$$\begin{aligned}p(r\mid\gamma)&=C_N\exp\left\{-\frac{1}{2N_0}\sum_{k=1}^{N}|r_k-s_k(\gamma)|^2\right\}\\&=C_N\exp\left\{-\frac{1}{2N_0}\sum_{k=1}^{N}|r_k|^2+\frac{1}{N_0}\sum_{k=1}^{N}\mathrm{Re}\{r_ks_k^*\}-\frac{1}{2N_0}\sum_{k=1}^{N}|s_k(\gamma)|^2\right\}\end{aligned}$$

去掉无关项，可简化为：

$$p(r\mid\gamma)=\exp\left\{\frac{1}{N_0}\sum_{k=1}^{N}\mathrm{Re}\{r_ks_k^*\}-\frac{1}{2N_0}\sum_{k=1}^{N}|s_k(\gamma)|^2\right\}$$

当$N\to\infty$时，

$$\lim_{N\to\infty}\sum_{k=1}^{N}\mathrm{Re}\{r_ks_k^*(\gamma)\}=\int_0^{T_0}\mathrm{Re}\{r(t)s^*(t,\gamma)\}\mathrm{d}t$$

$$\lim_{N\to\infty}\sum_{k=1}^{N}|s_k(\gamma)|^2=\int_0^{T_0}|s(t,\gamma)|^2\mathrm{d}t$$

可推得连续时间表达形式为：

$$p(r\mid\gamma)=\exp\left\{\frac{1}{N_0}\int_0^{T_0}\mathrm{Re}\{r(t)s^*(t,\gamma)\}\mathrm{d}t-\frac{1}{2N_0}\int_0^{T_0}|s(t,\gamma)|^2\mathrm{d}t\right\}$$

T_0是观测间隔时间。

2.2.3 最大似然估计的计算

最大似然估计(MLE)的优点在于对于一个给定的数据集，其数值总是可求的。这是因为在这个数据集上似然函数的最大值总是存在的。问题的关键在于如何在数据集区间内求得最大似然函数值。

在参数估计范围有限的情况下我们首先想到的就是采用搜索法。对于特定的数据集，只要θ值的间隔足够小，就可以求出其MLE。但是网格搜索法的使用只能在θ估计范围有限的情况。

在参数估计范围无界的情况下，比如自然噪声等无法确定范围的估计问题，只能通过迭代的方式求最大值，经典的方法是Newton-Raphson方法、得分法和数学期望最大算法。

当迭代过程初始值位于真实最大值附近时，以上 3 种方法是可以求出 MLE 的。否则即便达到预设迭代次数迭代也不会收敛，或者收敛于局部最大值。求解 MLE 问题与求解其他最大值问题最大的区别是似然函数未知，不同数据集有不同的似然函数，因此最大似然估计问题就成为了一个随机函数的最大值求解问题。

以 WGN 中的指数信号为例进行算法对比，设接收信号为 $x(n)=r^n+w(n), n=0,1,\cdots,N-1$。其中 $\omega(n)$是方差为 σ^2 的 WGN。r 为待估参数，首先列写 s 的似然函数：

$$p(\boldsymbol{x} \mid r)=\frac{1}{(2\pi\sigma^2)^{\frac{N}{2}}}\exp\left[-\frac{1}{2\sigma^2}\sum_{n=0}^{N-1}(x(n)-r^n)^2\right]$$

求其最大值可等效为求解下式关于 r 的最小值

$$J(r)=\sum_{n=0}^{N-1}(x(n)-r^n)^2 \tag{2-8}$$

关于 r 求导并令其为零，可得

$$\sum_{n=0}^{N-1}(x(n)-r^n)nr^{n-1}=0$$

这是一个非线性方程，我们可以采用 Newton-Raphson 方法或得分法迭代求解。

使用迭代法求解最大似然值，首先对似然函数求导并令其为零，则

$$\frac{\partial \ln p(\boldsymbol{x} \mid \theta)}{\partial \theta}=0$$

令 $g(\theta)=\frac{\partial \ln p(\boldsymbol{x}|\theta)}{\partial \theta}$，设初始值为 θ_0。假设 $g(\theta)$在 θ_0 附近是近似线性的，可获得 $g(\theta)$的近似表达

$$g(\theta)=g(\theta_0)+\left.\frac{\mathrm{d}g(\theta)}{\mathrm{d}\theta}\right|_{\theta=\theta_0}(\theta-\theta_0) \tag{2-9}$$

利用式(2-9)求解 $g(\theta_1)$零值对应的 θ_1，则

$$\theta_1=\theta_0-\frac{g(\theta_0)}{\left.\frac{\mathrm{d}g(\theta)}{\mathrm{d}\theta}\right|_{\theta=\theta_0}}$$

重新利用 θ_1 作为线性化点，对函数 g 再次进行线性化，重复之前的操作，最终这个猜测值序列将收敛至 $g(\theta)$的真零值。迭代公式：

$$\theta_{k+1}=\theta_k-\frac{g(\theta_k)}{\left.\frac{\mathrm{d}g(\theta)}{\mathrm{d}\theta}\right|_{\theta=\theta_k}}$$

将 $g(\theta)=\frac{\partial \ln p(\boldsymbol{x}|\theta)}{\partial \theta}$代入上式得

$$\theta_{k+1}=\theta_k-\left.\left[\frac{\partial^2 \ln p(\boldsymbol{x} \mid \theta)}{\partial \theta^2}\right]^{-1}\frac{\partial \ln p(\boldsymbol{x} \mid \theta)}{\partial \theta}\right|_{\theta=\theta_k} \tag{2-10}$$

应用到式(2-8)，

$$\frac{\partial \ln p(x \mid \theta)}{\partial \theta}=\frac{1}{\sigma^2}\sum_{n=0}^{N-1}(x(n)-r^n)nr^{n-1}$$

$$\begin{aligned}\frac{\partial^2 \ln p(x \mid \theta)}{\partial \theta^2} &= \frac{1}{\sigma^2}\left[\sum_{n=0}^{N-1}(n-1)x(n)r^{n-2} - \sum_{n=0}^{N-1} n(2n-1)r^{2n-2}\right] \\ &= \frac{1}{\sigma^2}\sum_{n=0}^{N-1} nr^{n-2}[(n-1)x(n)-(2n-1)r^n] \end{aligned} \tag{2-11}$$

对应迭代公式

$$r_{k+1} = r_k - \frac{\sum_{n=0}^{N-1}[x(n)-r_k^n]nr_k^{n-1}}{\sum_{n=0}^{N-1} nr_k^{n-2}[(n-1)x(n)-(2n-1)r_k^n]}$$

应用得分法，考虑似然函数与 Fisher 信息存在如下关系：

$$\left.\frac{\partial^2 \ln p(x \mid \theta)}{\partial \theta^2}\right|_{\theta=\theta_k} \approx -I(\theta_k) \tag{2-12}$$

根据大数定理，

$$\begin{aligned}\left.\frac{\partial^2 \ln p(x \mid \theta)}{\partial \theta^2}\right|_{\theta=\theta_k} &= \sum_{n=0}^{N-1}\frac{\partial^2 \ln p(x(n) \mid \theta)}{\partial \theta^2} \\ &= N\frac{1}{N}\sum_{n=0}^{N-1}\frac{\partial^2 \ln p(x(n) \mid \theta)}{\partial \theta^2} \\ &\approx NE\left[\sum_{n=0}^{N-1}\frac{\partial^2 \ln p(x(n) \mid \theta)}{\partial \theta^2}\right] \\ &= -Ni(\theta) \\ &= -I(\theta)\end{aligned}$$

将式(2-12)代入式(2-10)得

$$\theta_{k+1} = \theta_k + I^{-1}(\theta)\left.\frac{\partial \ln p(x \mid \theta)}{\partial \theta}\right|_{\theta=\theta_k}$$

由式(2-11)可求得

$$I(\theta) = \frac{1}{\sigma^2}\sum_{n=0}^{N-1} n^2 r^{2n-2}$$

对应迭代公式

$$r_{k+1} = r_k + \frac{\sum_{n=0}^{N-1}[x(n)-r_k^n]nr_k^{n-1}}{\sum_{n=0}^{N-1} n^2 r_k^{2n-2}}$$

这里使用的方法是期望最大法，该方法在某些情况下可以保证至少收敛于一个局部最大值。但是不保证收敛到全局最大值。期望最大值法对矢量参数类估计问题较为有效。

在上述流程中，载波参数估计器需要依据受噪声干扰的输入信号 $x(k)$ 计算得到估计量 $\hat{\boldsymbol{b}}_k$，是整个载波跟踪系统的核心模块。参数估计理论按待估计参数是否恒定可分为经典估计和贝叶斯估计两类。经典估计理论认为待估计参数是一个恒定不变的常量，而贝叶斯估计理论则将待估计参数视为具有某种先验概率分布的随机变量。在低轨道卫星高动态通信链路中，待估计矢量 $\hat{\boldsymbol{b}}_k$ 具有明显的时变特性，因而更适宜采用贝叶斯估计方法。在贝叶斯估计理论体系中，在不同的应用条件下可推导得出不同类型的估计器。本章后续部分将围绕几种典型的估计器展开详细论述，并加以改进。

贝叶斯估计方法是现代信号处理参数估计理论中的一个重要组成部分，也是本书后续部分所述卡尔曼滤波的基础，故本节首先介绍贝叶斯估计方法的基本原理。

贝叶斯估计方法认为待估计参数是一个具有某种先验概率分布的随机变量，该分布可以作为先验信息纳入参数的估计过程，辅助提高估计精度。在这样的前提下，贝叶斯估计的目标是依据观测变量 $\boldsymbol{z}$，给出待估计参数 $\boldsymbol{b}$ 在给定准则下的最优估计 $\boldsymbol{b}$。常见的最优估计准则有最小均方误差(Minimum Mean Square Error，MMSE)准则、最大后验概率(Maximum A Posteriori，MAP)准则等。

2.2.4 最小均方误差估计(MMSE)

贝叶斯理论下的均方误差(Mean Square Error，MSE)定义为

$$\mathrm{MSE}(\hat{\boldsymbol{b}})=E[(\boldsymbol{b}-\hat{\boldsymbol{b}})^2]=\iint(\boldsymbol{b}-\hat{\boldsymbol{b}})^2p(\boldsymbol{b},\boldsymbol{z})\mathrm{d}\boldsymbol{b}\mathrm{d}\boldsymbol{z}$$

其中，$\boldsymbol{b}$ 为待估计参数，$\boldsymbol{z}$ 为观测变量。则贝叶斯理论体系下的 MMSE 估计量可由下式计算

$$\hat{\boldsymbol{b}}_{\mathrm{MMSE}}=\underset{\hat{\boldsymbol{b}}}{\operatorname{argmin}}E[\boldsymbol{b}\mid\boldsymbol{z}]$$

$$E[\boldsymbol{b}\mid\boldsymbol{z}]=\int\boldsymbol{b}p(\boldsymbol{b}\mid\boldsymbol{z})\mathrm{d}\boldsymbol{z}=\underset{\hat{\boldsymbol{b}}}{\operatorname{argmin}}\int\boldsymbol{b}\frac{p(\boldsymbol{z}\mid\boldsymbol{b})p(\boldsymbol{b})}{\int p(\boldsymbol{z}\mid\boldsymbol{b})p(\boldsymbol{b})\mathrm{d}\boldsymbol{b}}\mathrm{d}\boldsymbol{z} \tag{2-13}$$

显然，要想获得 MMSE 准则下的最优估计量，需要计算如式(2-13)所示的高维积分。一般情况下，该积分无法得出闭式解；仅当 $\boldsymbol{b}$ 与 $\boldsymbol{z}$ 满足线性关系且服从联合高斯分布时，MMSE 估计量能够得出闭式表达式。

假设 $\boldsymbol{b}$ 与 $\boldsymbol{z}$ 满足如下线性关系

$$\boldsymbol{z}=\boldsymbol{H}\boldsymbol{b}+\boldsymbol{v}$$

其中，$\boldsymbol{b}\sim N(\boldsymbol{\mu}_b,\boldsymbol{C}_b)$为具有高斯先验概率分布的 p 维待估计矢量，$\boldsymbol{z}$ 为 m 维测量矢量，又称观测变量，$\boldsymbol{v}\sim N(\boldsymbol{0},\boldsymbol{C}_b)$为 p 维高斯噪声矢量，$\boldsymbol{H}$ 是 $m\times p$ 维测量矩阵，则式(2-13)可简化为

$$E[\boldsymbol{b}\mid\boldsymbol{z}]=\boldsymbol{\mu}_b+\boldsymbol{C}_b\boldsymbol{H}^{\mathrm{T}}(\boldsymbol{H}\boldsymbol{C}_b\boldsymbol{H}^{\mathrm{T}}+\boldsymbol{C}_v)^{-1}(\boldsymbol{z}-\boldsymbol{H}\boldsymbol{\mu}_b)$$

2.2.5 最大后验概率估计(MAP)

MAP 估计是依据让参数 $\boldsymbol{b}$ 的后验概率最大的估计准则：

$$\hat{\boldsymbol{b}}_{\mathrm{MAP}}=\underset{\boldsymbol{b}}{\operatorname{argmax}}p(\boldsymbol{b}\mid\boldsymbol{r})$$

根据贝叶斯准则，上式可表示成：

$$\hat{\boldsymbol{b}}_{\mathrm{MAP}}=\underset{\boldsymbol{b}}{\operatorname{argmax}}\frac{p(\boldsymbol{r}\mid\boldsymbol{b})p(\boldsymbol{b})}{p(\boldsymbol{r})}$$

由于概率密度函数 $p(\boldsymbol{r})$与待估计参数无关，MAP 估计可简化为：

$$\hat{\boldsymbol{b}}_{\mathrm{MAP}}=\underset{\boldsymbol{b}}{\operatorname{argmax}}\{p(\boldsymbol{r}\mid\boldsymbol{b})p(\boldsymbol{b})\}$$

因为对数函数为单调递增，故 MAP 估计通常表示为：

$$\hat{\boldsymbol{b}}_{\mathrm{MAP}}=\underset{\boldsymbol{b}}{\operatorname{argmax}}\{\log p(\boldsymbol{r} \mid \boldsymbol{b})+\log p(\boldsymbol{b})\}$$

对比 ML 估计和 MAP 估计可知,当先验概率密度函数 $p(\boldsymbol{b})$为等概率分布时,两种估计是等价的。

2.3 克拉美罗界理论

克拉美罗界是统计信号参数估计理论中的一个重要概念,为未知参数的无偏估计问题提供了一个理论下限,因此这个界也可以称为克拉美罗下界,其不仅可以作为无偏估计量的性能评价标准,而且可以作为未知参数估计的理论依据。

2.3.1 克拉美罗下界

1. 标量参数的克拉美罗下界

设 PDF$p(\boldsymbol{x}|\theta)$满足"正则"条件

$$E\left[\frac{\partial \ln p(\boldsymbol{x} \mid \theta)}{\partial \theta}\right]=0$$

其中,数学期望是对 $p(\boldsymbol{x}|\theta)$求取的。那么任何无偏估计量 $\hat{\theta}$ 的方差必定满足

$$\operatorname{var}(\hat{\theta}) \geqslant \frac{1}{-E\left[\frac{\partial^2 \ln p(\boldsymbol{x} \mid \theta)}{\partial \theta^2}\right]}$$

其中,导数是在 θ 的真值处计算的,数学期望是对 $p(\boldsymbol{x}|\theta)$求取的。而且,对于某个函数 g 和 I,当且仅当$\frac{\partial p(\boldsymbol{x}|\theta)}{\partial \theta}=I(\theta)(g(\boldsymbol{x})-\theta)$时,对所有 θ 达到下界的无偏估计量就可以求得。估计量是 $\hat{\theta}=g(\boldsymbol{x})$,是无偏估计量,最小方差为 $1/I(\theta)$。二阶导数数学期望可由下式求出:

$$E\left[\frac{\partial^2 \ln p(\boldsymbol{x} \mid \theta)}{\partial \theta^2}\right]=\int \frac{\partial^2 \ln p(\boldsymbol{x} \mid \theta)}{\partial \theta^2} p(\boldsymbol{x} \mid \theta) \mathrm{d} \boldsymbol{x}$$

仍以相位估计为例,对数似然函数的一阶导数和二阶导数为

$$\begin{aligned}
\frac{\partial \ln p(\boldsymbol{x};\theta)}{\partial \theta} &=-\frac{1}{\sigma^2} \sum_{n=0}^{N-1}\left[x(n)-A \cos \left(2 \pi f_0 n+\theta\right)\right] A \sin \left(2 \pi f_0 n+\theta\right) \\
&=-\frac{A}{\sigma^2} \sum_{n=0}^{N-1}\left[x(n) \sin \left(2 \pi f_0 n+\theta\right)-\frac{A}{2} \sin \left(4 \pi f_0 n+2 \theta\right)\right]
\end{aligned}$$

$$\frac{\partial^2 \ln p(\boldsymbol{x};\theta)}{\partial \theta^2}=-\frac{A}{\sigma^2} \sum_{n=0}^{N-1}\left[x(n) \cos \left(2 \pi f_0 n+\theta\right)-A \cos \left(4 \pi f_0 n+2 \theta\right)\right]$$

取负的期望值,则

$$\begin{aligned}
I(\theta)&=-E\left[\frac{\partial^2 \ln p(\boldsymbol{x};\theta)}{\partial \theta^2}\right]=\frac{A}{\sigma^2} \sum_{n=0}^{N-1}\left[A \cos^2\left(2 \pi f_0 n+\theta\right)-A \cos \left(4 \pi f_0 n+2 \theta\right)\right] \\
&=\frac{A^2}{\sigma^2} \sum_{n=0}^{N-1}\left[\frac{1}{2}+\frac{1}{2} \cos \left(4 \pi f_0 n+2 \theta\right)-\cos \left(4 \pi f_0 n+2 \theta\right)\right] \\
&\approx \frac{N A^2}{2 \sigma^2}
\end{aligned}$$

由于当 f_0 不在 0 或 1/2 附近时

$$-\frac{1}{N}\sum_{n=0}^{N-1}\cos(4\pi f_0 n+2\theta)\approx 0$$

所以

$$\operatorname{var}(\hat{\theta})\geqslant\frac{1}{I(\theta)}\approx\frac{2\sigma^2}{NA^2}$$

对于估计参数函数 $\alpha=g(\theta)$ 的 CRLB 为

$$\operatorname{var}(\hat{\alpha})\geqslant\frac{\left(\frac{\partial g}{\partial\theta}\right)^2}{-E\left[\frac{\partial^2\ln p(\boldsymbol{x};\theta)}{\partial\theta^2}\right]}$$

2. 矢量参数的克拉美罗下界

将前面的结果扩展到矢量参数 $\boldsymbol{\theta}=[\theta_1,\theta_2,\cdots,\theta_P]^{\mathrm{T}}$ 的估计，因为有多个未知参数，矢量参数的 CRLB 需要对每一个元素的方差设置一个下界，即

$$\operatorname{var}(\hat{\theta}_i)\geqslant\frac{1}{[\boldsymbol{I}(\boldsymbol{\theta})]_{ii}}$$

其中，$\boldsymbol{I}(\boldsymbol{\theta})$ 是 $\boldsymbol{p}\times\boldsymbol{p}$ 的 Fisher 信息矩阵，则

$$[\boldsymbol{I}(\boldsymbol{\theta})]_{ij}=-E\left[\frac{\partial^2\ln p(\boldsymbol{x}\mid\boldsymbol{\theta})}{\partial\theta_i\partial\theta_j}\right]\quad i=1,2,\cdots,p;j=1,2,\cdots,p$$

克拉美罗界——矢量参数：设 PDF $p(\boldsymbol{x}|\boldsymbol{\theta})$ 满足“正则”条件

$$E\left[\frac{\partial\ln p(\boldsymbol{x}\mid\boldsymbol{\theta})}{\partial\boldsymbol{\theta}}\right]=0$$

其中，数学期望是对 $p(\boldsymbol{x}|\boldsymbol{\theta})$ 求取的。那么任何无偏估计量 $\hat{\boldsymbol{\theta}}$ 的方差必定满足

$$\boldsymbol{C}_{\hat{\boldsymbol{\theta}}}-\boldsymbol{I}^{-1}(\boldsymbol{\theta})\geqslant\boldsymbol{0}$$

其中，$\geqslant\boldsymbol{0}$ 表示矩阵是半正定的。Fisher 信息矩阵 $\boldsymbol{I}(\boldsymbol{\theta})$ 由下式给出

$$[\boldsymbol{I}(\boldsymbol{\theta})]_{ij}=-E\left[\frac{\partial^2\ln p(\boldsymbol{x}\mid\boldsymbol{\theta})}{\partial\theta_i\partial\theta_j}\right]$$

其中，导数是在 $\boldsymbol{\theta}$ 的真值上计算的，数学期望是对 $p(\boldsymbol{x}|\boldsymbol{\theta})$ 求出的。而且，对于某个 p 维函数 g 和某个 $p\times p$ 的矩阵 $\boldsymbol{I}$，当且仅当

$$\frac{\partial\ln p(\boldsymbol{x}\mid\boldsymbol{\theta})}{\partial\boldsymbol{\theta}}=\boldsymbol{I}(\boldsymbol{\theta})(\boldsymbol{g}(\boldsymbol{x})-\boldsymbol{\theta})$$

可以求得达到下界 $\boldsymbol{C}_{\hat{\boldsymbol{\theta}}}=\boldsymbol{I}^{-1}(\boldsymbol{\theta})$ 的无偏估计量。这个估计量是 $\hat{\boldsymbol{\theta}}=\boldsymbol{g}(\boldsymbol{x})$，它是 MVU 估计量，其协方差矩阵是 $\boldsymbol{I}^{-1}(\boldsymbol{\theta})$。

2.3.2 修正克拉美罗界

在很多实际应用场景中克拉美罗界的计算难以实现。有时是因为计算概率密度函数的积分方程没有解析解，有时是因为克拉美罗界计算公式中期望值难以计算。为了解决这一问题，Andrea、Mengali 等人针对载波和定时同步问题提出了另一种估计下界，即 MCRB (Modified Cramer-Rao Bound)[4][5]。

在同步参数估计问题中，通常存在 3 个待估计量(θ,τ,f)，我们将其中之一作为估计目标，另外两个作为无关量。可以假定其他两个为无关参数(用 u 表示)对其中一个参数(用 λ 表示)进行估计。设接收信号为 $s(t,\lambda,\boldsymbol{u})$，其中 λ 为待估计参量，$\boldsymbol{u}$ 为无关参量，噪声功率谱密度为 N_0，符号区间为$[0,T_0]$，则对于基带信号 MCRB 表达式为

$$\mathrm{MCRB}(\lambda)_{\mathrm{BB}} \triangleq \frac{N_0/2}{E_{\boldsymbol{u}}\left[\int_0^{T_0}\left|\frac{\partial s(t,\lambda,\boldsymbol{u})}{\partial\lambda}\right|^2 \mathrm{d}t\right]}$$

对于带通信号 MCRB 表达式为[5]

$$\mathrm{MCRB}(\lambda)_{\mathrm{PB}} \triangleq \frac{N_0}{E_{\boldsymbol{u}}\left[\int_0^{T_0}\left|\frac{\partial s(t,\lambda,\boldsymbol{u})}{\partial\lambda}\right|^2 \mathrm{d}t\right]}$$

其中，期望 $E_{\boldsymbol{u}}$ 是对所有无关参量求取的。

在同步问题中，在一些假设条件下 MCRB 是易于求解的。此外，CRB 与 MCRB 存在不等式关系：$\mathrm{CRB}(\lambda)\geqslant\mathrm{MCRB}(\lambda)$。其中，等号仅当所有无关参数 u 全部已知或不存在无关参数时成立。从上式中可以看出，采用 MCRB 虽然在运算方面带来了一定程度的方便，但是相交于 CRB，MCRB 更加宽松。

以传统的 QAM 和 PSK 调制方式为例给出载波频偏、相位和延迟估计的修正克拉美罗界的计算方式：首先列写信号模型 $s(t)=\exp\{\mathrm{j}[2\pi f(t-t_0)+\theta]\}\sum_i c_i g(t-iT-\tau)$，其中，$f$ 为载波频率偏移，θ 为 $t=t_0$ 时刻的载波相位，τ 表示采样时刻，T 表示符号间隔，$\boldsymbol{c}\triangleq\{c_i\}$是复数数据符号集合，$g(t)$表示脉冲响应函数。$\boldsymbol{c}$ 是零均值独立随机变量，满足：

$$E\{c_k c_i^*\}=\begin{cases}M_2, & i=k\\ 0, & \text{其他}\end{cases}$$

M_2 为大于零的常数。

对于频率估计，待估计量为 $\lambda=f$，无关参量 $\boldsymbol{u}=[\theta,\tau]$，则求其期望表达，即

$$E_{\boldsymbol{u}}\left[\int_0^{T_0}\left|\frac{\partial s(t,\lambda,\boldsymbol{u})}{\partial\lambda}\right|^2 \mathrm{d}t\right]=4\pi^2\int_0^{T_0} t^2 E_{\boldsymbol{u}}[|m(t)|^2]\mathrm{d}t \tag{2-14}$$

根据泊松公式有

$$\sum_i g^2(t-iT-\tau)=\frac{1}{T}\sum_i G_2\left(\frac{i}{T}\right)\exp[\mathrm{j}2\pi i(t-\tau)/T]$$

令 $m(t)=\sum_i c_i g(t-iT-\tau)$，

$$\begin{aligned}E_{\boldsymbol{u}}[|m(t)|^2]&=\sum_i g^2(t-iT-\tau)\\&=\frac{M_2\cdot G_2(0)}{T}\\&=\frac{M_2}{T}\int_{-\infty}^{+\infty}|G_2(f)|^2\mathrm{d}f\end{aligned}$$

其中，$G_2(f)$表示 $g^2(t)$的傅里叶变换。代入式(2-14)，有

$$E_{\boldsymbol{u}}\left[\int_0^{T_0}\left|\frac{\partial s(t,\lambda,\boldsymbol{u})}{\partial\lambda}\right|^2 \mathrm{d}t\right]=\frac{4\pi^2 M_2 G_2(0)}{T}\int_0^{T_0}(t-t_0)^2\mathrm{d}t \tag{2-15}$$

显然，期望值和 MCRB 的大小都依赖于 t_0 在观测时间 T_0 内的位置，通过计算可知 $t_0 = T_0/2$ 时 MCRB 达到最大值 $(LT)3/12$。L 为观测时间内的符号周期数，$LT = T_0$。

式(2-15)中的 $M_2G_2(0)$ 和平均符号信号能量有关，对于带通信号，$E_s = M_2G_2(0)/2$，代入式(2-15)得

$$E_u\left[\int_0^{T_0}\left|\frac{\partial s(t,\lambda,\boldsymbol{u})}{\partial\lambda}\right|^2 dt\right] = \frac{2\pi^2 E_s}{3T}(LT)^3$$

进而得

$$\mathrm{MCRB}(f) = \frac{3T}{2\pi^2(LT)^3}\,\frac{1}{E_s/N_0}$$

引入噪声带宽 $B_L = 1/(2LT)$，则

$$\mathrm{MCRB}(f) = \frac{12(B_LT)^3}{2\pi^2T^2}\,\frac{1}{E_s/N_0}$$

对于相位估计，待估参量 $\lambda=\theta$，无关参量 $\boldsymbol{u}=[f,\tau]$，则

$$\mathrm{MCRB}(\theta) = \frac{N_0}{E_u\left[\int_0^{T_0}\left|\frac{\partial s(t,\lambda,\boldsymbol{u})}{\partial\theta}\right|^2 dt\right]}$$

$$\int_0^{T_0}\left|\frac{\partial s(t,\lambda,\boldsymbol{u})}{\partial\lambda}\right|^2 dt = \int_0^{T_0}|m(t)|^2 dt$$

$$E_u\left[\int_0^{T_0}\left|\frac{\partial s(t,\lambda,\boldsymbol{u})}{\partial\theta}\right|^2 dt\right] = 2E_sL$$

进而得

$$\mathrm{MCRB}(\theta) = \frac{1}{2L}\,\frac{1}{E_s/N_0} = \frac{B_LT}{E_s/N_0}$$

对于定时偏差 τ，待估计参量为 $\lambda=\tau$，无关参量 $\boldsymbol{u}=[f,\theta]$，对应期望为

$$E_u\left[\int_0^{T_0}\left|\frac{\partial s(t,\lambda,\boldsymbol{u})}{\partial\tau}\right|^2 dt\right] = \int_0^{T_0}E_u[|m'(t)|^2]dt$$

其中，

$$m'(t) = \sum_i c_i\frac{dg(t)}{dt} = \sum_i c_ip(t-iT-\tau)$$

$p(t)$ 的傅里叶变换 $P(f) = j2\pi fG(f)$，用 $P_2(f)$ 表示 $p^2(t)$ 的傅里叶变换，$P_2(0) = 4\pi^2\int_{-\infty}^{+\infty}f^2|G(f)|^2df$。期望表达式可改写为

$$E_u\left[\int_0^{T_0}\left|\frac{\partial s(t,\lambda,\boldsymbol{u})}{\partial\tau}\right|^2 dt\right] = 8\pi^2LE_s\cdot\frac{\int_{-\infty}^{+\infty}f^2|G(f)|^2df}{\int_{-\infty}^{+\infty}|G(f)|^2df}$$

最终得

$$\mathrm{MCRB}(\tau) = \frac{1}{8\pi^2L\cdot\frac{E_s}{N_0}}\cdot\frac{1}{\frac{\int_{-\infty}^{+\infty}f^2|G(f)|^2df}{\int_{-\infty}^{+\infty}|G(f)|^2df}}$$

$$=\frac{1}{8\pi^2 L\cdot\frac{E_s}{N_0}}\cdot\frac{1}{\xi}$$

$$=\frac{B_L T}{4\pi^2\xi}\cdot\frac{T^2}{E_s/N_0}$$

其中，ξ 可看作为 $G(f)$ 的归一化均方带宽。

2.4 信道编码理论

信道编码是以信息在信道上的正确传输为目标的编码，在传输信息比特中引入了冗余比特，以提高传输信息比特的正确率，消除信息在传输过程中受到的噪声和干扰影响。香农定理证明了当信息传输速率低于信道容量上限 C 时保证信息正确传输的信道编码方式的存在。虽然香农定理指出了接近信道容量传输的可行性，但是并未指出实现逼近信道容量传输的编码的构造方法。

为了构造接近信道容量、实用性好的编码方式，相继提出了汉明码、格雷码、BCH 码、RS 码等各类分组码和卷积码等。但是，信道编码技术的性能一直为临界速率所限。直到 Turbo 码的提出才取得了突破性的进展。1993 年提出的 Turbo 码采用信号解调软输出进行迭代译码，获得了逼近香农限的优良译码性能。Turbo 码实际上就是并行的级联卷积码，它利用随机交织器对信息序列进行伪随机置换，在比特信噪比低至 0.7dB 的情况下采用码率 1/2 的 Turbo 码在 AWGN 信道上传输信息序列可实现误码率小于 10^{-5}。Turbo 码的提出奠定了随机编码理论应用研究的基础。随着研究的深入，人们发现低密度校验码(LDPC)的译码性能同样可以逼近香农信道容量。经过验证，基于 Tanner 图的 Turbo 码与 LDPC 码具有统一的实现原理。在本书中会介绍编码辅助同步的算法，因此在这里给出该类算法会涉及的信道编码理论。

2.4.1 LDPC 码的定义及其描述

线性分组码的描述方式有两种：一种对应于编码过程，由生成矩阵 $\boldsymbol{G}$ 与接收信息序列相乘可获得编码码字 $\boldsymbol{x}=\boldsymbol{s}\cdot\boldsymbol{G}$，长为 n；另一种对应译码过程，由校验矩阵 $\boldsymbol{H}$ 和接收码字的关系 $\boldsymbol{x}\cdot\boldsymbol{H}^{\mathrm{T}}=\boldsymbol{0}$，可获得传输的信息序列，长为 k。校验矩阵中的每一行对应一个校验约束方程，每一列对应一个码元变量参与的校验方程个数。

LDPC 码之所以被称为低密度校验码，正是因为该码的校验矩阵中的非零元素很少，大部分都是零值。LDPC 码的分类也是根据校验矩阵中 1 的分布概率进行的，如果校验矩阵中每行、每列元素中 1 值的总数固定且为一定值，则构造出的 LDPC 码为正则 LDPC 码；反之，当各行各列中 1 的个数不同时即为非正则 LDPC 码。正则 LDPC 码通常用 (n,λ,ρ) 来表示，其中 λ 表示校验矩阵 H 中每列元素中 1 的个数，ρ 表示校验矩阵 H 中每行元素中 1 的个数，二者相对于校验矩阵维数一般较小。设计 $\lambda\geqslant 3$，可使 LDPC 码获得很好的汉明距离特性。非正则 LDPC 码通常用度序列分布函数来表示。

基于 Tanner 图的 LDPC 码表示方式，将对应于校验矩阵各列的变量节点 $\{x_j, j=1,2,\cdots,N\}$ 和对应于校验矩阵各行的校验节点 $\{z_i, i=1,2,\cdots,M\}$ 分别映射为图中的两行节点，而二者之间的关系则映射为两行节点间的连线，每一条连线对应于校验矩阵中的一个 1 值，而连线两端的节点被称为邻接节点，而连接其间的连线被称为邻接节点间的邻接边。对于 (n,λ,ρ) 正则 LDPC 码，由于其各行、各列中的 1 的分布相同且固定，因此与每个变量节点相连的校验节点的个数 λ 和与每个校验节点相连的变量节点的个数 ρ，统称为该节点的度。这样就可将由校验矩阵定义的 LDPC 码用 Tanner 图[8]表示，如图 2-7 所示。

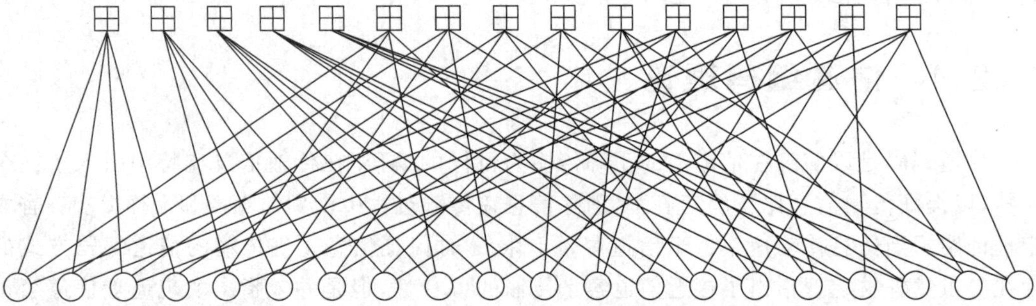

图 2-7 (20,3,4)LDPC 码的 Tanner 图表示

与正则 LDPC 码不同，非正则 LDPC 码的各行、各列中 1 的分布是随机的，因此与其对应的 Tanner 图需要采用序列来表示各变量节点或校验节点的度，设采用 $\{\lambda_1,\lambda_2,\cdots,\lambda_{d_1}\}$ 和 $\{\rho_1,\rho_2,\cdots,\rho_{d_r}\}$ 分别代表不同变量节点和校验节点度的分布概率，λ_j 表示 Tanner 图中与度为 j 的变量节点相连的线占所有连线的比率，ρ_i 表示 Tanner 图中与度为 i 的校验节点相连的线占所有连线的比率，d_1 和 d_r 分别表示变量节点和校验节点的最大连线数。因此有 $\sum_{j=1}^{d_1}\lambda_j=1$ 及 $\sum_{j=1}^{d_r}\rho_i=1$。之所以用边的度分布来描述 LDPC 码，是因为置信传播迭代译码算法是通过边也即 Tanner 连线进行信息传递的。

各边度的表达式为：

$$\lambda(x)=\sum_{j=1}^{d_1}\lambda_j x^{j-1}$$

$$\rho(x)=\sum_{j=1}^{d_r}\rho_i x^{i-1}$$

满足 $\lambda(1)=\sum_{j=1}^{d_1}\lambda_j=1$ 及 $\rho(1)=\sum_{j=1}^{d_r}\rho_i=1$。

2.4.2 LDPC 码的译码

LDPC 码的译码过程是一个消息传递的过程，需要多次迭代才能获得可靠的译码结果。置信消息(软信息)沿各节点的边进行传递，一次迭代过程完成一次完整的置信消息在所有边上的传递过程。由变量节点到校验节点的置信消息计算是基于信号解调软信息和邻接校验节点在上次迭代产生的置信消息的，且这一消息中并不包含上次迭代中由校验节点传递给变量节点的信息。对于由校验节点向变量节点传递的消息也遵循相同的计算规则。

置信传播算法的前提是随机变量 x 相互独立。设其取值为 0 的概率为 $\Pr(x=0)$，取值为 1 的概率为 $\Pr(x=1)$，为了分析 AWGN 信道中信号分布概率，采用对数似然比的表达方式可以获得与传递信号成正比的分布概率信息，因此我们选择对数似然比 $\mathrm{LLR}(x)=\ln[\Pr(x=0)/\Pr(x=1)]$ 作为置信消息的量度。

为不失一般性，设传输信息比特 $x_1,x_2,\cdots,x_d$ 为服从均匀分布的相互独立的二值随机变量，即 $\Pr(x=0)=\Pr(x=1)=1/2$，$y_1,y_2,\cdots,y_d$ 为 $x_1,x_2,\cdots,x_d$ 信道传输后的接收端观测值，则有

$$\begin{aligned}\mathrm{LLR}(x_i \mid y_i) &= \ln\frac{P(x_i=0 \mid y_i)}{P(x_i=1 \mid y_i)} = \ln\frac{P(x_i=0,y_i)/P(y_i)}{P(x_i=1,y_i)/P(y_i)} \\ &= \ln\frac{P(y_i \mid x_i=0)P(x_i=0)}{P(y_i \mid x_i=1)P(x_i=1)} = \ln\frac{P(y_i \mid x_i=0)}{P(y_i \mid x_i=1)} \\ &= \mathrm{LLR}(y_i \mid x_i)\end{aligned}$$

进而可得

$$\mathrm{LLR}(x_1,x_2,\cdots,x_d \mid y_1,y_2,\cdots,y_d) = \sum_{i=1}^{d}\mathrm{LLR}(x_i \mid y_i) \tag{2-16}$$

设 x_1、x_2 分别表示二值随机变量的可能取值，y_1、y_2 为 x_1、x_2 的接收端观测值，则

$$\begin{aligned}\mathrm{LLR}(x_1 \oplus x_2 \mid y_1,y_2) &= \ln\frac{P(x_1 \oplus x_2=0 \mid y_1,y_2)}{P(x_1 \oplus x_2=1 \mid y_1,y_2)} \\ &= \ln\frac{P(x_1=0,x_2=0 \mid y_1,y_2)+P(x_1=1,x_2=1 \mid y_1,y_2)}{P(x_1=0,x_2=1 \mid y_1,y_2)+P(x_1=1,x_2=0 \mid y_1,y_2)} \\ &= \ln\frac{P(x_1=0 \mid y_1)P(x_2=0 \mid y_2)+P(x_1=1 \mid y_1)P(x_2=1 \mid y_2)}{P(x_1=0 \mid y_1)P(x_2=1 \mid y_2)+P(x_1=1 \mid y_1)P(x_2=0 \mid y_2)} \\ &= \ln\frac{1+\mathrm{e}^{\mathrm{LLR}(x_1|y_1)+\mathrm{LLR}(x_2|y_2)}}{\mathrm{e}^{\mathrm{LLR}(x_1|y_1)}+\mathrm{e}^{\mathrm{LLR}(x_2|y_2)}} \\ &= \ln\frac{(\mathrm{e}^{\mathrm{LLR}(x_1|y_1)}+1)(\mathrm{e}^{\mathrm{LLR}(x_2|y_2)}+1)+(\mathrm{e}^{\mathrm{LLR}(x_1|y_1)}-1)(\mathrm{e}^{\mathrm{LLR}(x_2|y_2)}-1)}{(\mathrm{e}^{\mathrm{LLR}(x_1|y_1)}+1)(\mathrm{e}^{\mathrm{LLR}(x_2|y_2)}+1)-(\mathrm{e}^{\mathrm{LLR}(x_1|y_1)}-1)(\mathrm{e}^{\mathrm{LLR}(x_2|y_2)}-1)} \\ &= \ln\frac{1+\dfrac{(\mathrm{e}^{\mathrm{LLR}(x_1|y_1)}-1)}{(\mathrm{e}^{\mathrm{LLR}(x_1|y_1)}+1)}\cdot\dfrac{(\mathrm{e}^{\mathrm{LLR}(x_2|y_2)}-1)}{(\mathrm{e}^{\mathrm{LLR}(x_2|y_2)}+1)}}{1-\dfrac{(\mathrm{e}^{\mathrm{LLR}(x_1|y_1)}-1)}{(\mathrm{e}^{\mathrm{LLR}(x_1|y_1)}+1)}\cdot\dfrac{(\mathrm{e}^{\mathrm{LLR}(x_2|y_2)}-1)}{(\mathrm{e}^{\mathrm{LLR}(x_2|y_2)}+1)}} \\ &= \ln\frac{1+\tanh(\mathrm{e}^{\mathrm{LLR}(x_1|y_1)}/2)\cdot\tanh(\mathrm{e}^{\mathrm{LLR}(x_2|y_2)}/2)}{1-\tanh(\mathrm{e}^{\mathrm{LLR}(x_1|y_1)}/2)\cdot\tanh(\mathrm{e}^{\mathrm{LLR}(x_2|y_2)}/2)}\end{aligned} \tag{2-17}$$

推广到多个二值随机变量，则由式(2-17)可得

$$\mathrm{LLR}(x_1 \oplus x_2 \oplus \cdots \oplus x_k \mid y_1,y_2,\cdots,y_k) = \ln\frac{1+\prod\limits_{i=1}^{k}\tanh(\mathrm{LLR}(x_i \mid y_i)/2)}{1+\prod\limits_{i=1}^{k}\tanh(\mathrm{LLR}(x_i \mid y_i)/2)} \tag{2-18}$$

利用式(2-16)和式(2-18)便可推导出置信传播算法的迭代过程。首先，根据接收到的采样值 $\boldsymbol{y}$ 计算每个码元变量的后验概率信息，即 $f_i=\mathrm{LLR}(x_j|y_j)$；校验节点处的对数似然比信息的计算由式(2-19)得到并传递给与之相连的邻接变量节点 j，而变量节点对数似

然比信息 R_{ij}^{l} 的计算由式(2-20)得到并传递给与之相连的邻接校验节点,其中 l 表示迭代次数。对应置信传播迭代公式为

$$Q_{ij}^{l}=\begin{cases} f_j, & l=0 \\ f_j+\sum\limits_{k\in M(j)\backslash i} R_{kj}^{l-1}, & l>0 \end{cases} \tag{2-19}$$

$$R_{ij}^{l}=\ln\frac{1+\prod\limits_{k\in N(i)\backslash j}\tanh(Q_{ik}^{l}/2)}{1-\prod\limits_{k\in N(i)\backslash j}\tanh(Q_{ik}^{l}/2)} \tag{2-20}$$

其中,$M(j)$表示与变量节点 j 相连的校验节点集合,$N(i)$表示与校验节点 i 相连的变量节点集合,$M(j)/i$ 表示去除校验节点 i 的剩余校验节点集合,$N(i)/j$ 表示去除变量节点 j 的剩余变量节点集合。

置信迭代公式(2-19)和(2-20)包含求和和求积两种运算,故置信传播算法也被称作和积算法(Sum-Product Algorithm)。其 Tanner 图[8]表示如图 2-8 所示。

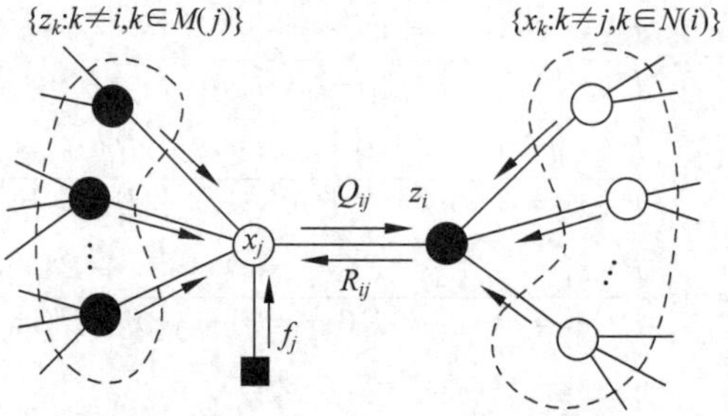

图 2-8 LDPC 码的译码算法示意图

设编码后序列$\{x_1,x_2,\cdots,x_n\}\in GF^n(2)$经过 BPSK 调制和 AWGN 信道传输,接收信号为

$$y_j=\tilde{x}_j+n_j \quad j=1,2,\cdots,n$$

其中,$x_j\in\{-1,+1\}$为发送符号信息,n_j 为噪声分量,服从 $N(0,\sigma^2)$高斯分布,因此可以推知:

$$\begin{aligned} f_i &=\ln\frac{P(x_j=0\mid y_j)}{P(x_j=1\mid y_j)}=\ln\frac{P(x_j=+1\mid y_j)}{P(x_j=-1\mid y_j)} \\ &=\ln\frac{P(y_j\mid x_j=+1)}{P(y_j\mid x_j=-1)}=\ln\frac{P(n_j=y_j-1)}{P(n_j=y_j+1)} \\ &=\ln\frac{\dfrac{1}{\sqrt{2\pi}\sigma}e^{-\frac{(y_j-1)^2}{2\sigma^2}}}{\dfrac{1}{\sqrt{2\pi}\sigma}e^{-\frac{(y_j+1)^2}{2\sigma^2}}}=2y_j/\sigma^2 \end{aligned}$$

据此可得和积译码算法实现步骤如下:

(1) 由信道解调输出似然比信息 f_j 初始化所有变量节点的似然比信息,并对所有 Q_{ij}^{l} 赋初值 $Q_{ij}^{l}=f_j$;

(2) 节点信息更新过程：

① 由式(2-20)计算校验节点 $i(i=1,2,\cdots,m)$ 的似然信息 R_{ij}^l；

② 由式(2-19)计算变量节点 $j(j=1,2,\cdots,n)$ 的似然信息 Q_{ij}^l；

(3) 当达到指定迭代次数或者迭代结果满足所有校验方程时，迭代结束，可对所有变量节点计算 Q_j^l，对应计算公式为

$$Q_j^l = f_j + \sum_{k \in M(j)} R_{kj}^l \tag{2-21}$$

并可根据式(2-21)计算结果进行硬判决：

$$\bar{x}_j = \begin{cases} 0, & Q_j^l > 0 \\ 1, & Q_j^l \leqslant 0 \end{cases}$$

经验证，基于和积算法的非正则 LDPC 码在加性高斯白噪声信道中可获得优于正则 LDPC 码的译码性能，虽然以任意接近香农限进行传输的 LDPC 码是否存在仍未经证实，但相关学者已经构造出多种接近 AWGN 信道容量的非正则 LDPC 码。

参考文献

[1] 周炯槃. 通信原理[M]. 4 版. 北京：北京邮电大学出版社，2015.

[2] Benedetto S, Biglieri E. Principles of digital transmission with wireless applications[M]. New York: John Wiley&Sons, 1965.

[3] Steven M K. 统计信号处理基础——估计与检测理论[M]. 罗鹏飞，张文明，刘忠，等译. 北京：电子工业出版社，2014.

[4] Mengali U, D'Andrea A N. Synchronization techniques for digital receivers [M]. New York: Applications of Communications Theory, 1997.

[5] D'Andrea A N, Mengali U. Modified Cramer-Rao bound and its application to synchronization problems[J]. IEEE Transactions on Communications, 1994, 42: 1391-1399.

[6] Moeneclaey M. A simple lower bound on the linearized performance of practical symbol synchronizers [J]. IEEE Transactions on Communications, 1983, 31(9): 1029-1032.

[7] Moeneclaey M. A fundamental lower bound on the performance of practical joint carrier and bit synchronizers[J]. IEEE Transactions on Communications, 1984, 32(9): 1007-1012.

[8] 魏苗苗. 低信噪比大动态下的同步技术研究[J]. 北京：中国科学院大学国家空间科学中心，2016.

第3章 载波同步技术

CHAPTER 3

卫星通信信号在发射端需要首先调制到卫星信号载频上才能实现星地之间的远距离传输，在接收端需要将带通信号转化为基带信号，将基带信号转化为原始通信信号，才能最后解调出有用信息。载波同步技术是卫星通信信号接收过程中实现信号还原的关键技术，载波同步过程是指在接收端将接收到的带通信号还原为基带信号，并消除信号中多普勒效应的过程。

据此，我们可将载波同步过程分为两个阶段：第一阶段是实现带通信号到基带信号的转换，可以根据通信协议中的载波频率定义，通过本地振荡器产生本振信号，也可以通过通信信号中自带的载波频率信息产生本振信号。这一过程可以称为载波剥离过程；第二阶段是消除基带信号残留频率偏差，经过载波剥离后信号应还原为基带信号，但是由于信号收发设备间的相对运动和信号传输过程中的噪声干扰，并不能完全消除接收信号中的频率偏移。为了消除残留频率偏差所提出的载波同步技术是本书讨论的重点。

根据同步对象的不同，本书将载波同步分为载波频率同步和载波相位同步两部分。根据辅助方法的不同，本章又将各部分细分为数据辅助和非数据辅助载波同步技术分别进行介绍。另外，由于编码辅助和其他一些同步技术可同时给出频率同步和相位同步的估计值，因此单列出来归为一节。

3.1 基本原理

在载波同步过程中，根据同步参数估计范围的不同可以分为载波捕获和载波跟踪两个阶段，也可以称为载波粗同步和载波细同步。在实际的信号处理算法中，载波同步的实质是要给出每一时刻载波相位、频率及其各阶导数的联合估计值。

在载波同步过程中，载波频率捕获模块需要先成功捕获到导频信号，然后将导频信号的若干初始参数(通常为载波初始频偏及其各阶导数)传递至跟踪器。载波跟踪系统在收到捕获模块提供的辅助参数后，启动跟踪处理，实时估计输入信号的载波相位。捕获模块能够辅助跟踪模块快速锁定信号，实现准确、稳定的载波跟踪。捕获的精度对于跟踪器的入锁时间起决定性作用。捕获误差越大，则跟踪器入锁时间越长；当捕获误差超出一定范围时，甚至可能导致跟踪器永久不能锁定，无法正常工作。另一方面，捕获精度对于跟踪器的稳态输出误差并无明显影响，即只要捕获误差被限制在一定范围内(以跟踪器能够快速进入锁定状态为准)，则跟踪器的输出精度与初始误差无关。

信号模型

假设接收机已实现理想匹配滤波和符号同步，则载波同步系统结构可简化为如图 3-1 所示的形式。

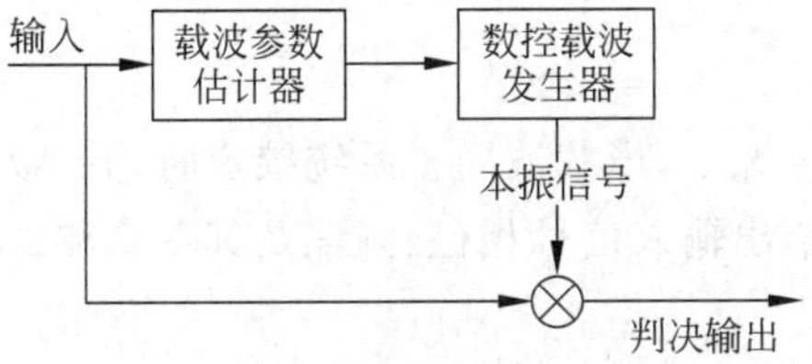

图 3-1 简化载波同步系统结构

在如图 3-1 所示的载波同步系统中，输入信号 $r(k)$ 匹配滤波器滤波后以 T 为采样周期抽取的每符号最佳采样点，则

$$r(k)=c_k \mathrm{e}^{\mathrm{j}\theta(k)}+n(k) \tag{3-1}$$

其中，c_k 为调制数据，$\theta(k)$ 是由收发两端载波频率及初始相位偏差所致的时变相位误差函数，$n(k)$ 表示均值为 0、方差为 σ^2 的加性复高斯白噪声。通常，载波参数估计器只能够处理纯载波信号。对于携带有调制数据的已调载波信号，需要在估计器前附加去调制模块，经去调制处理后的输出信号可等价于纯载波信号，但会造成一定的信噪比损失，损失大小与调制方式以及所选择的去调制方法均有关系。在不考虑调制数据的情况下，式(3-1)演变为

$$r(k)=\mathrm{e}^{\mathrm{j}\theta(k)}+n(k)$$

载波同步的核心任务即根据接收信号 $r(k)$，实时计算得到时变载波相位函数 $\theta(k)$ 的估计值 $\hat{\theta}(k)$。对于低轨道卫星高动态通信链路，对时变载波相位函数进行近似展开，得 $\theta(k)$ 的一阶递推近似表达式为[1]

$$\theta(k)\approx\theta(k-1)+2\pi f_0(k-1)T+\frac{1}{2}2\pi f_1(k-1)T^2+\frac{1}{6}2\pi f_2(k-1)T^3 \tag{3-2}$$

已知 $\omega=2\pi f$，因此上式也可改写为

$$\theta(k)\approx\theta(k-1)+\omega_0(k-1)T+\frac{1}{2}\omega_1(k-1)T^2+\frac{1}{6}\omega_2(k-1)T^3 \tag{3-3}$$

对式(3-2)作差分运算，可将 f_0、f_1、f_2 分别作如下近似展开：

$$f_0(k)\approx f_0(k-1)+f_1(k-1)T+\frac{1}{2}f_2(k-1)T^2 \tag{3-4}$$

$$f_1(k)\approx f_1(k-1)+f_2(k-1)T \tag{3-5}$$

$$f_2(k)\approx f_2(k-1) \tag{3-6}$$

基于式(3-4)～式(3-6)给出的数学模型，为了能够实时计算时变载波相位函数的估计值 $\hat{\theta}(n)$，载波参数估计器需要支持四维实时参数估计，包括相位、频率及其一阶和二阶变化率的估计值。记载波参数估计器的输出估计量为矢量 $\hat{\boldsymbol{b}}_k$，则 $\hat{\boldsymbol{b}}_k=[\hat{\theta}(k),\hat{f}_0(k),\hat{f}_1(k),\hat{f}_2(k)]^{\mathrm{T}}$，其中 $\hat{\theta}(k)$、$\hat{f}_0(k)$、$\hat{f}_1(k)$、$\hat{f}_2(k)$ 分别为 $\theta(k)$、$f_0(k)$、$f_1(k)$、$f_2(k)$ 的估计值。

在迭代更新过程中，数控载波发生器实时接收载波参数估计器传递的估计值 $\hat{\boldsymbol{b}}_k=[\hat{\theta}(k),\hat{f}_0(k),\hat{f}_1(k),\hat{f}_2(k)]^{\mathrm{T}}$，并按下式构造时变载波相位函数对消信号

$$d(k)=\mathrm{e}^{-\mathrm{j}\theta(k)}$$

复数乘法器将对数控载波发生器产生的对消信号与输入信号 $r(k)$ 相乘，得

$$z(k)=r(k)\mathrm{e}^{-\mathrm{j}\theta(k)}=\mathrm{e}^{-\mathrm{j}\Delta\theta(k)}+n'(k)$$

其中，$\Delta\theta(k)=\hat{\theta}(k)-\theta(k)$，$n'(k)=\mathrm{e}^{-\mathrm{j}\Delta\varphi(k)}$。

在不考虑噪声干扰的情况下，当载波同步系统锁定时，有 $\Delta\theta(k)=0$，表明此时载波参数估计模块能够实时准确地给出输入信号相位、频偏及其一阶和二阶变化率的估计值。

3.2 载波频率同步技术

3.2.1 非数据辅助算法

非数据辅助算法是指不依赖于导频信号或前一观测时间间隔内的符号判决结果，根据当前符号数据实现载波频率估计的一类算法。本节将分别介绍理想定时同步和非理想定时同步两种情况下的载波频率同步技术，首先按照环路结构特点在开环和闭环两方面对载波频率同步技术分别进行讨论，然后介绍通过以上环路结构与不同估计算法相结合而发展出的一些非数据辅助载波频率同步技术。

1. 理想定时同步下的载波频率同步

1）闭环载波频率同步

假设理想定时同步且满足奈奎斯特条件，在频率偏移量远小于符号速率的前提下，通过基于相关解调的闭环频率跟踪算法，可以用实现非数据辅助的载波频率同步[2]。本节将讨论 MPSK(Multiple Phase Shift Keying)调制和 QAM(Quadrature Amplitude Modulation)下的闭环载波频率同步。首先以 QPSK(Quadrature Phase Shift Keying)调制为例，图 3-2 是频率同步实现流程图。

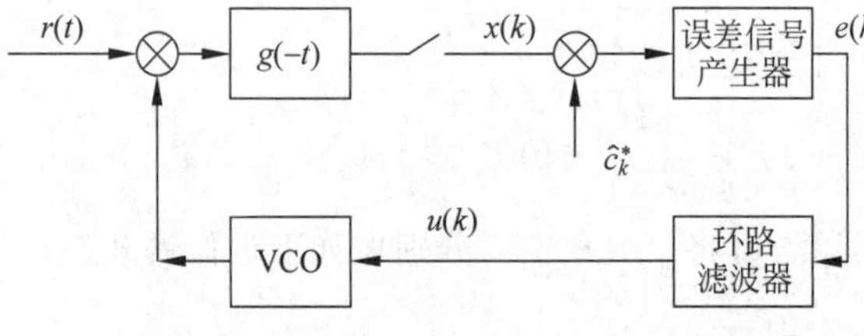

图 3-2 非数据辅助闭环同步算法流程图

匹配滤波器输出信号经定时采样，与来自检测器的符号判决数据的共轭复数相乘，消除数据符号影响后送至误差信号产生器，产生一个与实际频差和估计频差的差值成正比的误差信号，此误差信号经过环路滤波后用于控制压控振荡器(VCO)。通过闭环控制，使此信号频率跟随实际输入信号频率。从而实现对下变频信号中频率偏移的估计。

假设经下变频后信号的形式为：

$$r(t)=\mathrm{e}^{\mathrm{j}(2\pi f_d t+\theta)}\sum_i c_i g(t-iT-\tau)$$

由图 3-2 可见,匹配滤波器的输入为压控振荡器的输出与 $r(t)$之积,即

$$r(t)\mathrm{e}^{\mathrm{j}2\pi\hat{f}_{\mathrm{d}}t}=\mathrm{e}^{\mathrm{j}(2\pi\Delta ft+\theta)}\sum_i c_i g(t-iT-\tau)$$

其中,$\Delta f=f_{\mathrm{d}}-\hat{f}_{\mathrm{d}}$,从匹配滤波器输出的第 k 次采样的值为

$$y(k)=c_k\mathrm{e}^{\mathrm{j}\phi(k)},\quad \phi(k)=2\pi\Delta f(kT+\tau)+\theta \tag{3-7}$$

由于 PSK 调制信号的幅度为单位幅度,故 $y(k)$可以表示为

$$y(k)=\mathrm{e}^{\mathrm{j}\psi(k)} \tag{3-8}$$

结合式(3-7)和式(3-8),有

$$\psi(k)=\arg\{c_k\}+\varphi(k)$$

下面的问题是寻找判决规则,是检测器做出判决 $c_k=\mathrm{e}^{\mathrm{j}\hat{m}\pi/2}$,其中 $\hat{m}$ 为

$$\hat{m}=\arg\{\min_m\{|\psi(k)-m\pi/2|\}\}$$

判决规则的描述如图 3-3 所示,图中实线圆上的 4 个小圆圈代表了 QPSK 星座的位置。当将 $z(k)=y(k)\hat{c}_k$ 输入误差信号产生器时,由图 3-3 可见,$z(k)$的相位 $\psi(k)$在$\pm\pi/4$ 的范围内,即

$$\arg\{z(k)\}=\{|\psi(k)-m\pi/2|\}_{-\pi/4}^{\pi/4}$$

也即

$$\arg\{z(k)\}=\{2\pi\Delta f(kT+\tau)+\theta\}_{-\pi/4}^{\pi/4} \tag{3-9}$$

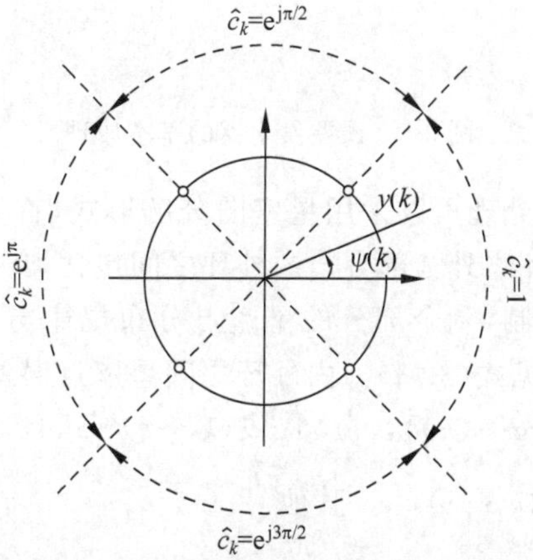

图 3-3 QPSK 调制方式频率区间判别规则

图 3-4 描述了在 $\Delta f>0$ 或者 $\Delta f<0$ 情况下 $\arg\{z(k)\}$随时间变化的曲线,可以看出,曲线呈锯齿形,并且根据 Δf 的符号变化会呈现正向坡度或者负向坡度。由此可以设置误差信号[2]:

$$e(k)\triangleq\begin{cases}\arg\{z(k)\}, & |\arg\{z(k)\}|<\alpha\\ e(k-1), & \text{其他}\end{cases} \tag{3-10}$$

其中,α 是一个小于 $\pi/4$ 的正参数,图 3-5 描述了该准则的基本原理。

以上是关于 QPSK 调制下的闭环载波频率同步,将其扩展到 MPSK 范围,式(3-9)变为

$$\arg\{z(k)\}=\{2\pi\Delta f(kT+\tau)+\theta\}_{-\pi/M}^{\pi/M}$$

相应误差函数仍如式(3-10)所示,$\alpha<\pi/M$。

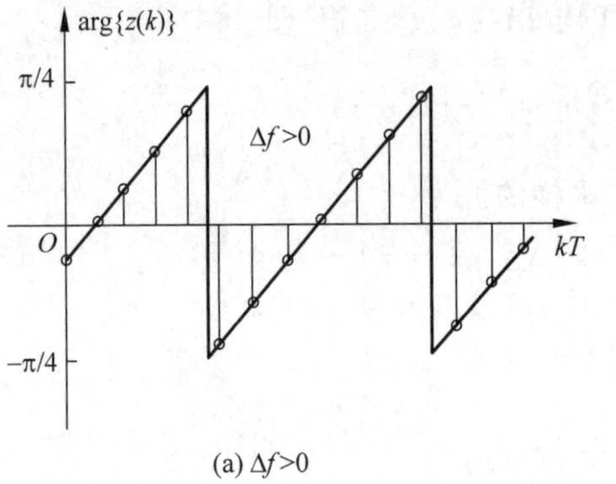

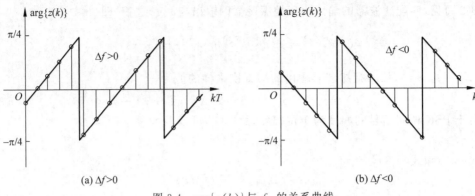

图 3-4　arg{$z(k)$}与 f_d 的关系曲线

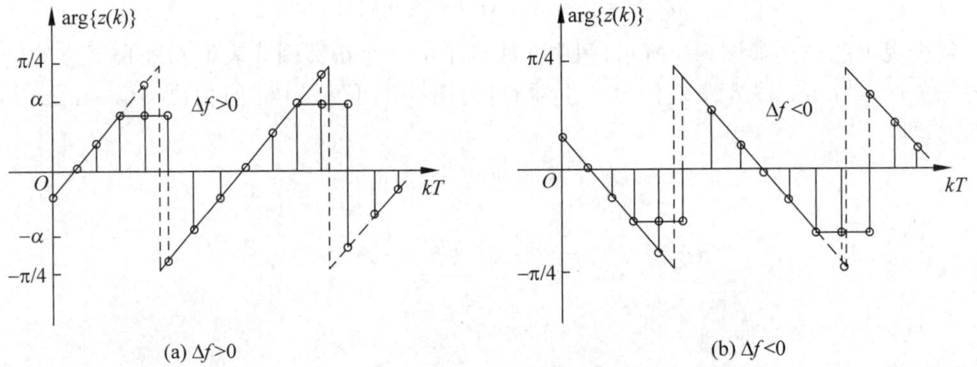

图 3-5　误差发生器的基本原理

对于 QAM 调制方式的处理可以采用星座图分解形式，首先将图 3-6 中的星座点分为内环之内、内外环之间和外环之外 3 部分。内外环之间包含均匀分布的 8 个星座点，故此部分的处理可以参照 8PSK 调制，剩余部分的星座点分布规律与 QPSK 调制相似，因此可以参照 QPSK 调制处理方式(见式(3-9))。内外环之间星座点误差处理函数：

$$e(k) \triangleq \begin{cases} \arg\{z(k)\}, & |\arg\{z(k)\}| < \alpha, \text{且 } z(k) \notin C \\ e(k-1), & \text{其他} \end{cases}$$

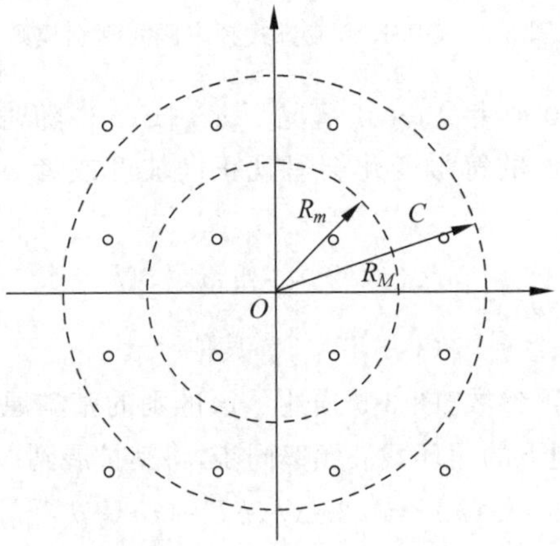

图 3-6　QAM 星座图

其中，C 的区域为

$$C=\{R_m<z(k)<R_M\}$$

2）开环载波频率同步

闭环结构载波频率同步技术的反馈迭代过程使得算法估计时间过长，对于同步时间要求较高的突发通信条件不再适用。因此本节将以 QPSK 调制为例介绍开环载波频率同步技术。同样假设匹配滤波器输出为

$$y(k)=c_k \mathrm{e}^{\mathrm{j}[2\pi f_\mathrm{d}(kT+\tau)+\theta]}+n(k) \tag{3-11}$$

由于 QPSK 的星座几何为$\{\mathrm{e}^{\mathrm{j}m\pi/2}, m=0,1,2,3\}$，$c_k$ 的四次方不再包含符号信息，因此对式(3-11)两边做四次方运算：

$$y^4(k)=c_k \mathrm{e}^{\mathrm{j}[8\pi f_\mathrm{d}(kT+\tau)+4\theta]}+n'(k) \tag{3-12}$$

对 $y^*(k-1)$也做四次方运算，与式(3-12)相乘后得

$$[y(k)y^*(k-1)]^4=\mathrm{e}^{\mathrm{j}8\pi f_\mathrm{d}T}+n''(k)$$

再经平滑滤波，得

$$\frac{1}{N-1}\sum_{k=1}^{N-1}[y(k)y^*(k-1)]^4=\mathrm{e}^{\mathrm{j}8\pi f_\mathrm{d}T}+\frac{1}{N-1}\sum_{k=1}^{N-1}n''(k)$$

假设上式中噪声项很小，对两边取幅角后可得

$$\hat{f}_\mathrm{d}=\frac{1}{8\pi T}\arg\left\{\sum_{k=1}^{N-1}[y(k)y^*(k-1)]^4\right\}$$

图 3-7 描述了开环频率估计的算法流程图。需要指出的是，$\arg\left\{\sum_{k=1}^{N-1}[y(k)y^*(k-1)]^4\right\}$ 的范围应在$\pm\pi$之内，因此其频率同步范围在$\pm 1/8T$之内，图 3-8 描述了在 $N=100$，满足奈奎斯特条件且滚降系数为 50%情况下，频率估计值和实际频率值之间的关系曲线。可见，在$|f_\mathrm{d}T|<1/8T$ 的范围内，$E(\hat{f}_\mathrm{d}T)$和 $\hat{f}_\mathrm{d}T$ 呈比例关系。图 3-9 给出了信噪比 E_b/N_0 和归一化频率估计值的关系。

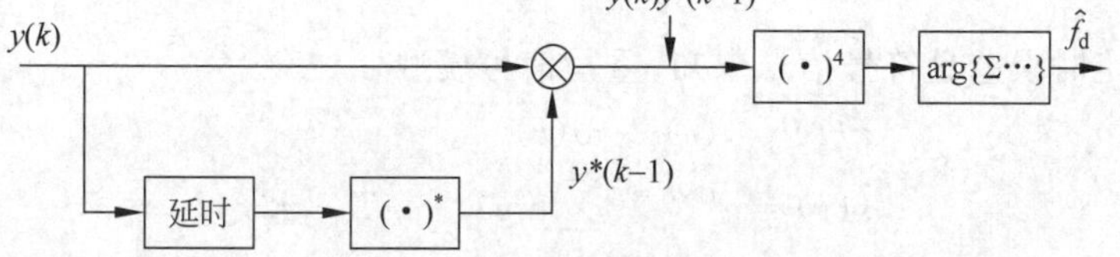

图 3-7　开环算法处理流程图

对于 MPSK 调制方式，可对匹配滤波器输出信号进行 M 次方处理得到：

$$y^M(k)=c_k \mathrm{e}^{\mathrm{j}[2M\pi f_\mathrm{d}(kT+\tau)+M\theta]}+n'(k)$$

最终频率估计结果为

$$\hat{f}_\mathrm{d}=\frac{1}{2M\pi T}\arg\left\{\sum_{k=1}^{L_0-1}[y(k)y^*(k-1)]^M\right\}$$

此时频率估计范围为$\pm 1/(2MT)$。

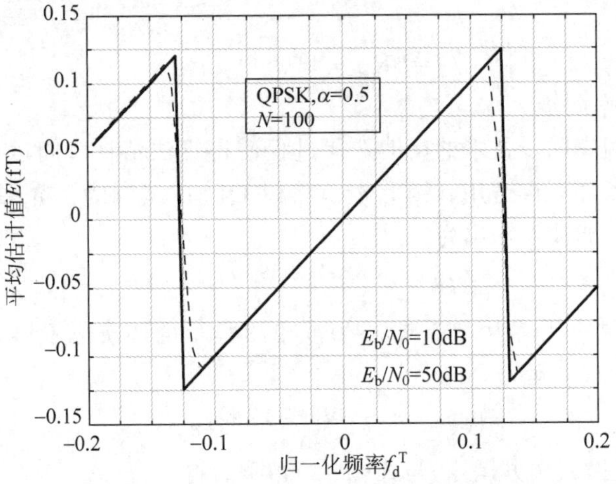

图 3-8 频率估计值和实际频率值的关系曲线

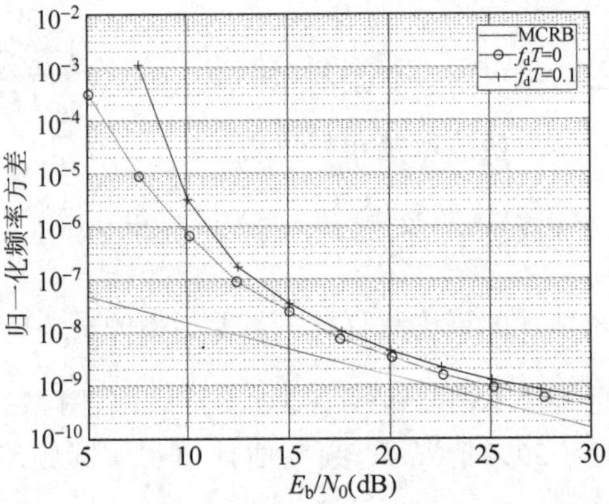

图 3-9 信噪比 E_b/N_0 与归一化频率估计值的关系

2. 非理想定时同步下的载波频率同步

1）似然函数

假设存在定时误差且符号信息未知，重写信号模型

$$r(t)=s(t)+w(t)$$

$$s(t)=e^{j(2\pi ft+\theta)}\sum_i c_i g(t-iT-\tau)$$

其中，f 是未知常数，取值范围为 $\pm 1/T$；θ 是在 $[0,2\pi)$ 范围服从均匀分布的随机变量；τ 为在 $[0,T)$ 范围服从均匀分布的随机变量；$\{c_i\}$ 表示零均值相互独立随机变量并满足：

$$E\{c_i c_k^*\}=\begin{cases}C_2, & i=k\\ 0, & \text{其他}\end{cases}$$

并且 θ、τ、$\{c_i\}$ 相互独立，则似然函数可写作：

$$\Lambda(\boldsymbol{r}\mid\tilde{f},\tilde{\theta},\tilde{\tau},\tilde{c})=\exp\left\{\frac{1}{N_0}\int_0^{T_0}\mathrm{Re}[r(t)\tilde{s}^*(t)]\mathrm{d}t-\frac{1}{2N_0}\int_0^{T_0}|\tilde{s}(t)|^2\mathrm{d}t\right\}$$

$$\tilde{s}(t)\triangleq e^{j(2\pi\tilde{f}t+\tilde{\theta})}\sum_i\tilde{c}_i g(t-iT-\tilde{\tau})$$

其中，N_0 为噪声方差。

关于频率的边缘似然函数可通过对 θ、τ、$\{c_i\}$ 求平均，令

$$X_{rs} \triangleq \int_0^{T_0} \mathrm{Re}[r(t)\tilde{s}^*(t)]\mathrm{d}t \tag{3-13}$$

$$X_{ss} \triangleq \int_0^{T_0} |\tilde{s}(t)|^2 \mathrm{d}t \tag{3-14}$$

似然函数可展开为

$$\Lambda(\boldsymbol{r} \mid \tilde{f},\tilde{\theta},\tilde{\tau},\tilde{c}) \approx 1 + \frac{1}{2N_0}(2X_{rs} - X_{ss}) + \frac{1}{8N_0^2}(2X_{rs} - X_{ss})^2 \tag{3-15}$$

由于 X_{rs}、X_{ss} 和 $X_{rs}X_{ss}$ 求平均后的期望值与 $\tilde{f}$ 无关，所以式(3-15)可简化为

$$\Lambda'(\boldsymbol{r} \mid \tilde{f}) \triangleq E_{\tilde{u}}\{X_{rs}^2\} \tag{3-16}$$

首先求解式(3-16)中的积分成分

$$\int_0^{T_0} r(t)\tilde{s}^*(t)\mathrm{d}t \approx \mathrm{e}^{-\mathrm{j}\tilde{\theta}} \sum_{i=0}^{N-1} \tilde{c}_i^* x(iT + \tilde{\tau}) \tag{3-17}$$

其中，$N \triangleq T_0/T$ 表示观测间隔内的符号周期数，$x(iT+\tilde{\tau})$ 为匹配滤波器输出 $x(t)$ 在 $t = iT+\tilde{\tau}$ 的采样值：

$$x(t) \triangleq \int_{-\infty}^{\infty} r(\xi)\mathrm{e}^{-\mathrm{j}2\pi\tilde{f}\xi} g(\xi - t)\mathrm{d}\xi \tag{3-18}$$

其中，$r'(t) \triangleq r(t)\mathrm{e}^{-\mathrm{j}2\pi\tilde{f}t}$。示意图如图 3-10 所示。

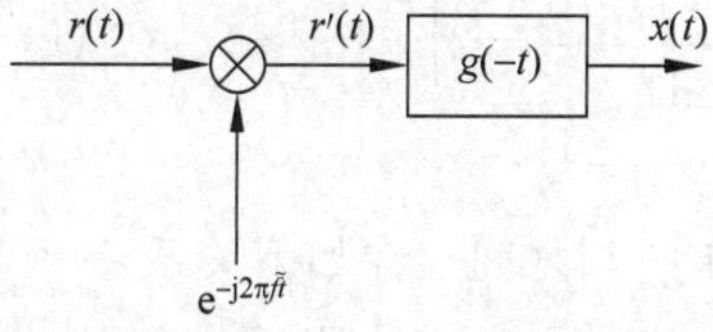

图 3-10 $x(t)$示意图

综合式(3-13)～式(3-17)可得

$$\begin{aligned} X_{rs} &= \frac{1}{2}\mathrm{e}^{-\mathrm{j}\tilde{\theta}} \sum_{i=0}^{N-1} \tilde{c}_i^* x(iT+\tilde{\tau}) + \frac{1}{2}\mathrm{e}^{\mathrm{j}\tilde{\theta}} \sum_{i=0}^{N-1} \tilde{c}_i x^*(iT+\tilde{\tau}) \\ X_{rs}^2 &= \frac{1}{2}\sum_{i=0}^{N-1}\sum_{k=0}^{N-1} \tilde{c}_i^* \tilde{c}_k x(iT+\tilde{\tau}) x^*(kT+\tilde{\tau}) + \\ &\quad \frac{1}{4}\mathrm{e}^{-\mathrm{j}2\tilde{\theta}} \sum_{i=0}^{N-1}\sum_{k=0}^{N-1} \tilde{c}_i^* \tilde{c}_k^* x(iT+\tilde{\tau}) x(kT+\tilde{\tau}) + \\ &\quad \frac{1}{4}\mathrm{e}^{\mathrm{j}2\tilde{\theta}} \sum_{i=0}^{N-1}\sum_{k=0}^{N-1} \tilde{c}_i \tilde{c}_k x^*(iT+\tilde{\tau}) x^*(kT+\tilde{\tau}) \end{aligned} \tag{3-19}$$

因为 $\mathrm{e}^{\pm\mathrm{j}2\tilde{\theta}}$ 关于 θ 的均值为 0，所以式(3-19)右边最后两项的期望为 0，X_{rs} 的期望为

$$E_{\tilde{\theta},\tilde{c}}\{X_{rs}^2\} = \frac{C_2}{2}\sum_{i=0}^{N-1} |x(iT+\tilde{\tau})|^2$$

关于 τ 取平均后得到：

$$\Lambda'(\boldsymbol{r} \mid \tilde{f}) = \frac{C_2}{2T} \sum_{i=0}^{N-1} \int_0^T \mid x(iT + \tilde{\tau}) \mid^2 \mathrm{d}\tilde{\tau}$$

考虑到 N 与 T 的关系及 $t = iT + \tilde{\tau}$，去除无关项后，得到似然函数简化形式：

$$\Lambda''(\boldsymbol{r} \mid \tilde{f}) \triangleq \int_0^T \mid x(t) \mid^2 \mathrm{d}t$$

2）闭环载波频率同步

闭环估计器即锁频环法是通过构造与频率估计值和真实频率值之间差值成正比的误差信号实现的，通常采用回归模式。首先给出误差函数的构造方法：

通过对似然函数求最大值可以得到。显然，似然函数的导数为零时似然函数达到最大值，因此有

$$\frac{\mathrm{d}\Lambda''(\boldsymbol{r} \mid \tilde{f})}{\mathrm{d}\tilde{f}} = 2\int_0^{T_0} \mathrm{Re}\left[x(t)\frac{\partial x^*(t)}{\partial \tilde{f}}\right] \mathrm{d}t \tag{3-20}$$

又从式(3-18)可以得

$$\frac{\partial x(t)}{\partial \tilde{f}} = \mathrm{j}y(t) - \mathrm{j}2\pi t x(t)$$

其中，

$$y(t) \triangleq \int_{-\infty}^{\infty} r(\xi)\mathrm{e}^{-\mathrm{j}2\pi\tilde{f}\xi} 2\pi(t-\xi)g(\xi - t)\mathrm{d}\xi$$

代入式(3-20)，有

$$\frac{\mathrm{d}\Lambda''(\boldsymbol{r} \mid \tilde{f})}{\mathrm{d}\tilde{f}} = 2\int_0^{T_0} \mathrm{Im}[x(t)y^*(t)]\mathrm{d}t$$

Im 表示取 z 的虚部。

由于匹配滤波函数 $h(t)$ 与 $g(t)$ 之间存在如下关系：

$$H(f) = \mathrm{j}\frac{\mathrm{d}G^*(f)}{\mathrm{d}f} \tag{3-21}$$

将式(3-21)中的 $2\pi g(-t)$ 定义为导数匹配滤波器。由于 $x(t)$ 和 $y(t)$ 是低通滤波器(匹配滤波器和导数匹配滤波器)的输出，假设 $G(f)$ 的带宽为 $\pm 1/T$，因此 $\mathrm{Im}[x(t)y^*(t)]$ 的带宽为 $\pm 2/T$。根据 N 与 T 的关系可得

$$\frac{\mathrm{d}\Lambda''(\boldsymbol{r} \mid \tilde{f})}{\mathrm{d}\tilde{f}} \approx 2T_s \sum_{k=0}^{2N-1} \mathrm{Im}[x(kT_s)y^*(kT_s)] \tag{3-22}$$

其中，T_s 是采样速率。

直接求解方程(3-22)存在一定的困难，则

$$\frac{\mathrm{d}\Lambda''(\boldsymbol{r} \mid \tilde{f})}{\mathrm{d}\tilde{f}} = 0$$

因此采用回归方式进行逐级逼近，令

$$u(kT_s) = \sum_{i=k-N+1}^{k} \mathrm{Im}[x(iT_s)y^*(iT_s)]$$

当 $u(k)=0$ 时取得最大似然值，对应估计值即为真实值。因此可令

$$\tilde{f}[(k+1)T_s] = \tilde{f}(kT_s) + \gamma u(kT_s)$$

其中，γ 是一个常数。

由于频率估计更新速度是符号速率的一半（$1/T_s=2/T$），为了将估计值更新速率提高到单位符号速率，重新定义误差信号：

$$e(kT)\triangleq\frac{1}{2}\mathrm{Im}[x(2kT_s)y^*(2kT_s)]+\frac{1}{2}\mathrm{Im}\{x[(2k+1)T_s]y^*[(2k+1)T_s]\}\tag{3-23}$$

并将更新方程式(3-23)改写为

$$\tilde{f}[(k+1)T]=\tilde{f}(kT)+\gamma e(kT)$$

由此可构建锁频环路，如图 3-11 所示。其中，MF（Matched Filter）、DMF（Derivative Matched Filter）分别表示匹配滤波器和导数匹配滤波器。数字累积过程由环路滤波器完成，压控振荡器用于产生本地振荡信号 $\mathrm{e}^{-\mathrm{j}\phi(t)}$，$\phi(t)$满足

$$\frac{\mathrm{d}\phi(t)}{\mathrm{d}t}=2\pi\hat{f}(kT),\quad kT\leqslant t\leqslant(k+1)T$$

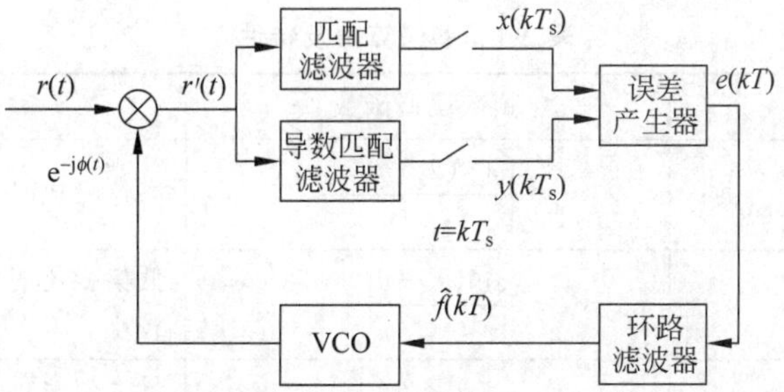

图 3-11　锁频环估计器框图

在实际应用中以数字形式呈现，$\phi(nT_N)$是对单位符号周期 T 内进行 N 点分段后的 $\phi(t)$的离散采样值，满足如图 3-12 所示的关系 $kT\leqslant t\leqslant(k+1)T$，$T_N=T/N$。

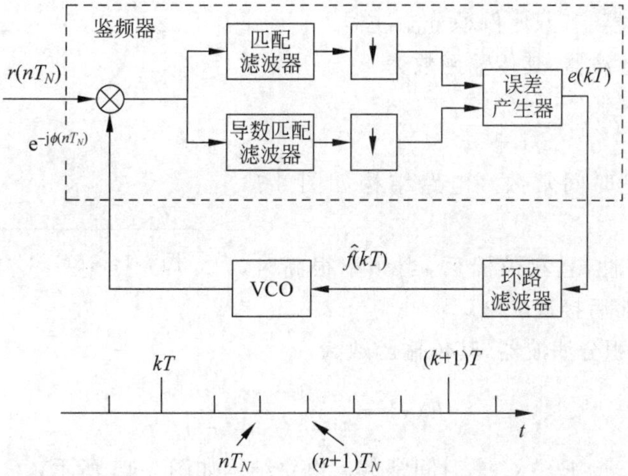

图 3-12　第 k 个符号区间

因此对于 $nT_N \leqslant t \leqslant (n+1)T_N$，有

$$\phi[(n+1)T_N] = \phi(nT_N) + 2\pi\hat{f}(kT)T/N$$

其中，k 为符号索引，n 为采样值索引。

将图 3-12 中虚线框表示鉴频器，图 3-12 就转换为我们常见的锁频环结构，如图 3-13 所示。

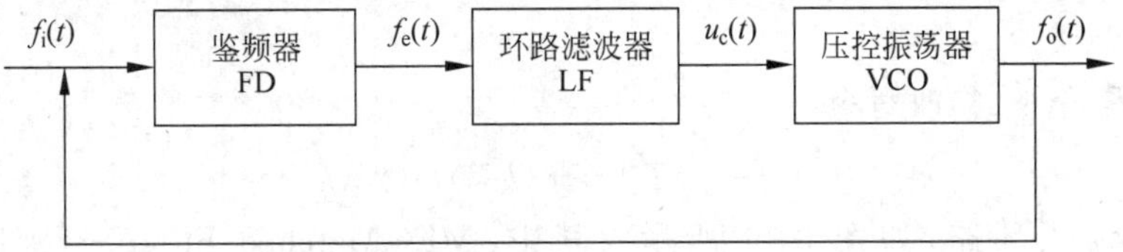

图 3-13　锁频环结构框图

锁频环由鉴频器(Frequency Detector，FD)、环路滤波器(Loop Filter，LF)和压控振荡器(Voltage Controlled Oscillator，VCO)组成。常用的鉴频算法和误差函数形式如表 3-1 所示。

表 3-1　鉴频算法及特性[3]

鉴频算法	频率误差函数	应用环境
$\dfrac{I \cdot Q}{t_2 - t_1}$	$\dfrac{\sin[2(\theta_2 - \theta_1)]}{t_2 - t_1}$	高信噪比时使用最佳，运算量适中
$\dfrac{\text{sign}(I) \cdot Q}{t_2 - t_1}$	$\dfrac{\sin(\theta_2 - \theta_1)}{t_2 - t_1}$	低信噪比时使用接近最佳，运算量较小
$\dfrac{\text{atan}(Q/I)}{2\pi(t_2 - t_1)}$	$\dfrac{\theta_2 - \theta_1}{2\pi(t_2 - t_1)}$	最大似然估计器，高低信噪比时使用均最佳，运算量较大

环路滤波器是一个线性器件，不仅可以实现低通滤波，而且可以调整鉴相器的输出大小，因此它对环路参数调整起着决定性作用。常用的一阶环路滤波器包括 RC 积分滤波器、无源比例积分滤波器、有源比例积分滤波器[4]。

(1) RC 积分滤波器，其传输函数为

$$F(s) = \frac{1}{1 + s\tau}$$

其中，$\tau = R \cdot C$ 是时间常数。电路结构如图 3-14 所示。

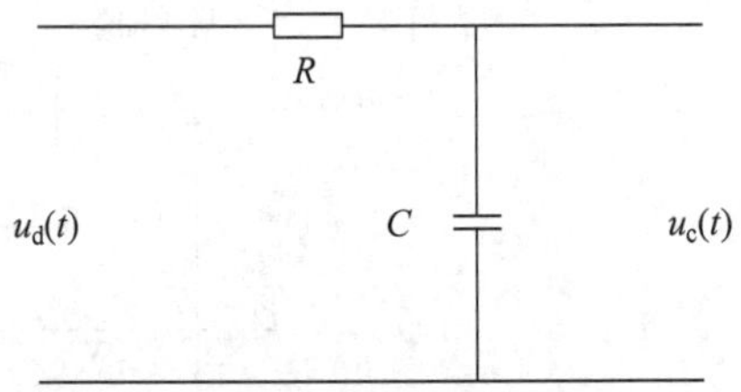

图 3-14　RC 积分滤波器结构框图

它具有低通特性，且相位滞后，当频率很高时，幅度趋于零，相位滞后接近 $\pi/2$。

(2) 无源比例积分滤波器，其传输函数为

$$F(s) = \frac{1 + s\tau_2}{1 + s(\tau_1 + \tau_2)}$$

其中，$\tau_1 = R_1 \cdot C$，$\tau_2 = R_2 \cdot C$ 是时间常数。电路结构如图 3-15 所示。

(3) 有源比例积分滤波器，其传输函数为

$$F(s) = \frac{1 + s\tau_2}{s\tau_1}$$

有源比例积分滤波器的电路的结构如图 3-16 所示，它是由运算放大器、电阻和电容组成的。在图 3-16 中，A 是运算放大器无反馈时的电压增益。当 A 值很大时，滤波器传递函数可近似为上式。

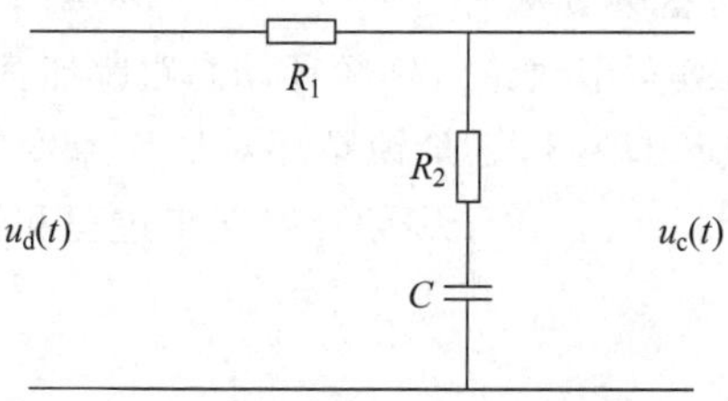

图 3-15　无源比例积分滤波器结构框图

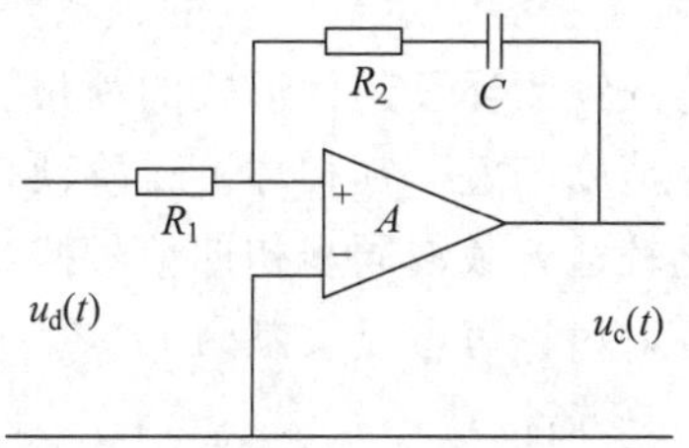

图 3-16　有源比例积分滤波器结构框图

三种滤波器对应传输函数 $F(s)$、开环传递函数 $G(s)$、系统传递函数 $H(s)$、误差传递函数 $H_e(s)(k=k_d \cdot k_o)$，如表 3-2 所示。

表 3-2　不同环路滤波器的环路相关函数[4]

	RC 积分滤波器二阶环（一型）	无源比例积分滤波器二阶环（一型）	理想二阶环（有源比例积分滤波器）（二型）
$F(s)$	$\frac{1}{1+s\tau_1}$	$\frac{1+s\tau_2}{1+s\tau_1}$	$\frac{1+s\tau_2}{s\tau_1}$
$G(s)$	$\frac{k/\tau_1}{s^2+s/\tau_1}$	$\frac{k(1/\tau_1+s\tau_2/\tau_1)}{s^2+s/\tau_1}$	$\frac{sk\tau_2/\tau_1+k/\tau_1}{s^2}$
$H(s)$	$\frac{k/\tau_1}{s^2+s/\tau_1+k/\tau_1}$	$\frac{sk\tau_2/\tau_1+k/\tau_1}{s^2+s(1/\tau_1+k\tau_2/\tau_1)+k/\tau_1}$	$\frac{sk\tau_2/\tau_1+k/\tau_1}{s^2+sk\tau_2/\tau_1+k/\tau_1}$
$H_e(s)$	$\frac{s^2+s/\tau_1}{s^2+s/\tau_1+k/\tau_1}$	$\frac{s^2+s/\tau_1}{s^2+s(1/\tau_1+k\tau_2/\tau_1)+k/\tau_1}$	$\frac{s^2}{s^2+sk\tau_2/\tau_1+k/\tau_1}$

3 种滤波器的环路的阻尼系数和固有频率与滤波器参数之间的关系如表 3-3 所示。

表 3-3　二阶锁相环的不同滤波器的系数和固有频率及阻尼系数之间的关系

	RC 积分滤波器环路	无源比例积分滤波器环路	有源比例积分滤波器环路
ω_n	$\sqrt{k/\tau_1}$	$\sqrt{k/\tau_1}$	$\sqrt{k/\tau_1}$
ξ	$\frac{1}{2}\sqrt{\frac{1}{k\tau_1}}$	$\frac{1}{2}\sqrt{\frac{k}{\tau_1}}\left(\tau_2+\frac{1}{k}\right)$	$\frac{\tau_2}{2}\sqrt{\frac{k}{\tau_1}}$

压控振荡器是一个电压频率变换部件，其输入电压和输出频率之间的关系为

$$\omega(t)=\omega_c+k_0u(t)$$

上式中 ω_c 为压控振荡器固有频率，一般等同于信号的载波频率。由于压控振荡器的输出反馈到鉴相器上，对鉴相器起作用的不是频率，而是相位，其传输函数形式为

$$F(s)=\frac{k}{s}$$

压控振荡器的 S 域模型如图 3-17 所示。

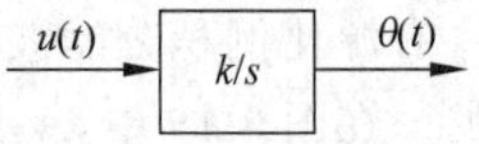

图 3-17 压控振荡器 S 域模型

锁频环是一种频率自动跟踪技术，将频率检测和负反馈相结合，而频率检测技术可采用卡尔曼滤波、频域频率估计、叉积鉴频等技术[4]，因而锁频环跟踪技术包括基于卡尔曼滤波的锁频环、基于扩展卡尔曼滤波的锁频环、基于 FFT 的鉴频锁频环、叉积鉴频锁频环及其他形式的锁频环，具体将在后续章节讨论。锁频环动态跟踪能力较强，但跟踪精度却逊于锁相环。二阶锁频环对加速度应力敏感，三阶锁频环对加加速度应力敏感。比较适合载波同步初期信号捕获阶段的频率同步[3]。关于锁频环路同步过程和性能参数的深入讨论可参见文献[10]。

3）开环搜索

当直接求解式似然函数最大值十分困难时，可将频率估计范围划分为若干小的区间，通过计算似然函数在各区间中心点上的值，比较得到近似最大似然估计值。具体步骤如下：

（1）记录$(0,T_0)$范围内信号$r(t)$；

（2）设各区间中心点处频率为$f_k=f_0+k\Delta f$，计算补偿信号$r(t)e^{-j2\pi f_k t}$及其能量E_k；

（3）选出能量最大值$E_{\max}$，则其对应的补偿频率即为频率近似估计值。

显然，这一逐频率补偿的过程可被视为串行搜索的过程，选择以频率中心点值代表单个区间内的频率值将不可避免地在估计过程中引入量化误差，因此，需要在此基础上引入插值算法来进一步减小估计误差。在计算量允许的情况下，以上描述的串行搜索过程可以选用并行结构实现以节约同步时间。并行结构如图 3-18[2] 所示。

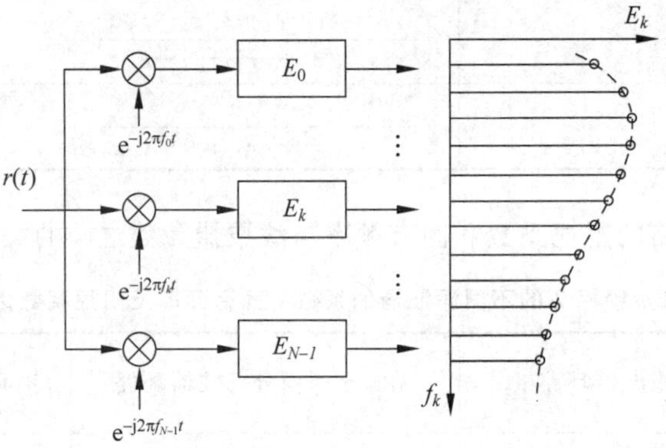

图 3-18 并行处理示意图

4）延时乘积载波频率同步

延时乘积法即延时自相关，是将卫星下变频信号经延时器后与原信号相乘得到新的信号，以此为基础进行载频残留频率估计的方法。该方法采用开环方式，信息需求量少，估计速度快，可在一个 NT 时间内完成频率估计，因此特别适用于突发通信环境。

图 3-19 是这种算法的工作流程图。假设低通滤波器是理想的，滤波带宽足够大，可保证信号$r(t)$无损失通过。

延时乘积信号：

$$z(t)=x(t)x^*(t-\Delta T) \tag{3-24}$$

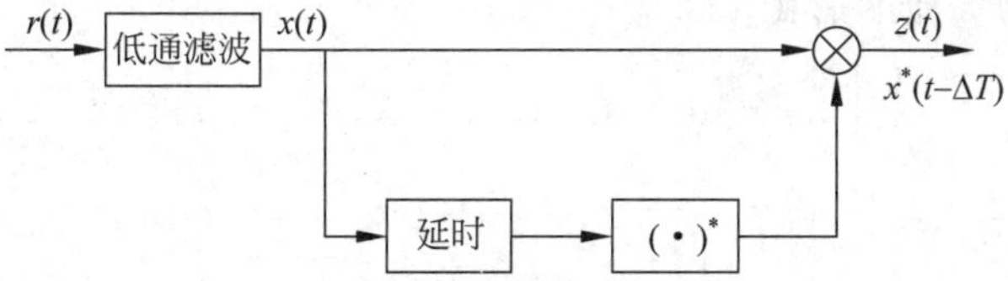

图 3-19　延时乘积载波频率同步开环方法

信号形式为

$$s(t)=\mathrm{e}^{\mathrm{j}(2\pi ft+\theta)}\sum_i c_i g(t-iT-\tau)$$

假设低通滤波器无损耗，滤波输出为

$$x(t)=\mathrm{e}^{\mathrm{j}(2\pi ft+\theta)}\sum_i c_i g(t-iT-\tau)+n(t) \tag{3-25}$$

其中，噪声项 $n(t)$在$|f|\leqslant B_{\mathrm{LPF}}$ 范围内具有和前述的噪声信号 $w(t)$一样的特性。

将式(3-25)代入式(3-24)，有

$$z(t)=\mathrm{e}^{\mathrm{j}(2\pi f\Delta T+\theta)}\sum_i\sum_k c_i c_k^* g(t-iT-\tau)g(t-kT-\tau-\Delta T)+$$
$$s(t)n^*(t-\Delta T)+n(t)s^*(t-\Delta T)+n(t)n^*(t-\Delta T) \tag{3-26}$$

上式的数学期望可表示为

$$E\{z(t)\}=C_2\mathrm{e}^{\mathrm{j}(2\pi f\Delta T+\theta)}A(t-\tau)+R_n(\Delta T) \tag{3-27}$$

其中，$C_2=E\{|c_i|^2\}$，函数 $A(t)$定义为

$$A(t)=\sum_i g(t-iT)g(t-iT-\Delta T)$$

$R_n(\xi)$是 $n(t)$的自相关函数。

$$R_n(\xi)=4N_0B_{\mathrm{LPF}}\frac{\sin 2\pi B_{\mathrm{LPF}}\xi}{2\pi B_{\mathrm{LPF}}\xi}$$

由于 $A(t)$为周期函数，因此式(3-26)可表示为

$$z(t)=E\{z(t)\}+N(t) \tag{3-28}$$

对式(3-28)积分，并将式(3-27)代入，得

$$\frac{1}{T_0}\int_0^{T_0}z(t)\mathrm{d}t=C_2A_0\mathrm{e}^{\mathrm{j}2\pi f\Delta T}+R_n(\Delta T)+X \tag{3-29}$$

其中，$A_0>0$ 是 $A(t)$的直流分量；X 是 $N(t)$的均值，为零均值随机变量：

$$X=\frac{1}{N_0}\int_0^{T_0}N(T)\mathrm{d}t$$

根据式(3-29)，当 $\Delta T=\frac{k}{2B_{\mathrm{LPF}}}$，$k=1,2,\cdots$时，$R_n(\Delta T)\to 0$，式(3-29)可简化为

$$\frac{1}{T_0}\int_0^{T_0}z(t)\mathrm{d}t=C_2A_0\mathrm{e}^{\mathrm{j}2\pi f\Delta T}+X \tag{3-30}$$

当 X 较小时，忽略其影响，可得到频率偏移的估计量：

$$\hat{f}=\frac{1}{2\pi\Delta T}\arg\left\{\int_0^{T_0}z(t)\mathrm{d}t\right\}$$

这就是频率偏移的开环估计方法。对其可估计的频率范围说明如下。

式(3-30)可重写为如下形式：

$$\frac{1}{T_0}\int_0^{T_0} z(t)\mathrm{d}t = C_2A_0(1+X_\mathrm{I}+\mathrm{j}X_\mathrm{Q})\mathrm{e}^{\mathrm{j}2\pi f\Delta T}$$

其中，

$$X_\mathrm{I}+\mathrm{j}X_\mathrm{Q} \triangleq \frac{X}{C_2A_0}\mathrm{e}^{-\mathrm{j}2\pi f\Delta T}$$

因此 X_I、X_Q 也是零均值随机变量。由于 X_I、X_Q 远小于 1，因此上式可以进一步简化为

$$\hat{f} = \frac{1}{2\pi\Delta T}\arg\{(1+\mathrm{j}X_\mathrm{Q})\mathrm{e}^{\mathrm{j}2\pi f\Delta T}\}$$

取幅角可得

$$\hat{f} = f + \frac{X_\mathrm{Q}}{2\pi\Delta T}$$

由于 X_Q 均值为零，因此 $\hat{f}$ 是近似无偏的。

当 $2\pi f\Delta T$ 接近 $\pm\pi$ 时，即使小的 X_Q 也会使 $\arg\{(1+\mathrm{j}X_\mathrm{Q})\mathrm{e}^{\mathrm{j}2\pi f\Delta T}\}$ 超过 $\pm\pi$ 交界处，使 $\hat{f}$ 得到完全相反的估计结果。因此，f 的估计范围应限制在 $\pm1/(2\Delta T)$ 范围内，如图 3-20 所示。

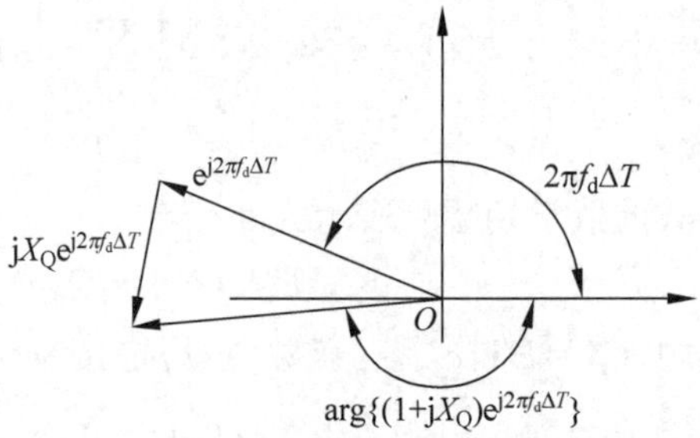

图 3-20 估计范围的确定

3. 非数据辅助载波频率估计的克拉美罗界

载波频率估计的克拉美罗界依赖于载波相位的先验信息。Rife 在论文中指出，如果采样时间关于零中心对称，载波频率和相位的估计是非耦合的[5]，也就是载波频率的估计精度与是否已知相位信息无关。在这种情况下，载波频率估计的克拉美罗界达到最大。因此，本节中设定观测时间为 $k=-(L_0-1)/2,\cdots,0,\cdots,(L_0-1)/2$，且初始相位为零。上述假设可以简化推导过程，同时也不失一般性。

令 $\boldsymbol{y}=[y_{-(L_0-1)/2},\cdots,y_0,\cdots,y_{(L_0-1)/2}]$，并假设传输的符号 c_k 相互独立。在给定 f_d 的情况下，接收信号序列 $\boldsymbol{y}$ 的概率密度函数为

$$p(\boldsymbol{y}\mid f_\mathrm{d}) = \prod_{k=-(L_0-1)/2}^{(L_0-1)/2} p(y_k\mid f_\mathrm{d}) = \prod_{k=-(L_0-1)/2}^{(L_0-1)/2}\sum_{c_i\in C} p(y_k\mid c_i,f_\mathrm{d})/M$$

其中，$p(y_k|c_i,f_\mathrm{d})=\frac{1}{2\pi\sigma^2}\mathrm{e}^{-|y_k-c_i\mathrm{e}^{-\mathrm{j}2\pi f_\mathrm{d}k}|^2/(2\sigma^2)}$。载波频率估计的克拉美罗界可以表示为

$$\mathrm{CRB}(f_\mathrm{d})^{-1} = E\left\{\left[\frac{\partial \ln p(\boldsymbol{y}\mid f_\mathrm{d})}{\partial f_\mathrm{d}}\right]^2\right\} \tag{3-31}$$

对于具有半平面对称特点的信号星座，即 c_i 和 $-c_i$ 同时属于信号集合 C，式(3-31)中的 $p(\boldsymbol{y}|f_\mathrm{d})$ 可以进一步简化为

$$p(\boldsymbol{y}\mid f_\mathrm{d}) = \prod_{k=-(L_0-1)/2}^{(L_0-1)/2}\frac{1}{M\pi\sigma^2}\mathrm{e}^{-\frac{|y_k|^2}{2\sigma^2}}\sum_{c_i\in H}\mathrm{e}^{-\frac{|c_i|^2}{2\sigma^2}}\cosh\left(\frac{\mathrm{Re}\{y_kc_i^*\mathrm{e}^{-\mathrm{j}2\pi f_\mathrm{d}k}\}}{\sigma^2}\right)$$

其中，H 为集合 C 的子集，表示 C 中位于复平面上下或者左右侧半平面内的符号集合。因

此，对数似然函数 $\ln p(\mathbf{y}\mid f_{\mathrm{d}})$ 对 f_{d} 求一阶偏导数表示为

$$\frac{\partial p(\mathbf{y}\mid f_{\mathrm{d}})}{\partial f_{\mathrm{d}}}=\prod_{k=-(L_0-1)/2}^{(L_0-1)/2} k\left\{\frac{\sum\limits_{c_i\in H}\mathrm{e}^{-|c_i|^2/(2\sigma^2)}\sinh(\mathrm{Re}\{y_k c_i^*\mathrm{e}^{-\mathrm{j}2\pi f_{\mathrm{d}}k}\}/\sigma^2)\mathrm{Im}\{y_k c_i^*\mathrm{e}^{-\mathrm{j}2\pi f_{\mathrm{d}}k}\}/\sigma^2}{\sum\limits_{c_i\in H}\mathrm{e}^{-|c_i|^2/(2\sigma^2)}\cosh(\mathrm{Re}\{y_k c_i^*\mathrm{e}^{-\mathrm{j}2\pi f_{\mathrm{d}}k}\}/\sigma^2)}\right\} \tag{3-32}$$

将信号模型 $y_k=c_k\mathrm{e}^{\mathrm{j}(2\pi f_{\mathrm{d}}k+\theta)}+n_k$（设初始相位 $\theta=0$）代入式(3-32)，得

$$\frac{\partial p(\mathbf{y}\mid f_{\mathrm{d}})}{\partial f_{\mathrm{d}}}=\prod_{k=-(L_0-1)/2}^{(L_0-1)/2} \underbrace{k\left\{\frac{\sum\limits_{c_i\in H}\mathrm{e}^{-|c_i|^2/(2\sigma^2)}\sinh(\mathrm{Re}\{(c_k+\tilde{n}_k)c_i^*\}/\sigma^2)\mathrm{Im}\{(c_k+\tilde{n}_k)c_i^*\}/\sigma^2}{\sum\limits_{c_i\in H}\mathrm{e}^{-|c_i|^2/(2\sigma^2)}\cosh(\mathrm{Re}\{(c_k+\tilde{n}_k)c_i^*\}/\sigma^2)}\right\}}_{\Phi(c_k,\tilde{n}_k^I,\tilde{n}_k^Q)}$$

其中，$\tilde{n}_k=\tilde{n}_k^I+\tilde{n}_k^Q=n_k\mathrm{e}^{-\mathrm{j}2\pi f_{\mathrm{d}}k}$，是与 n_k 服从相同分布的独立随机变量。由于 $\{c_k\}$ 和 $\{\tilde{n}_k\}$ 相互独立，可得

$$E\left\{\left[\frac{\partial p(\mathbf{y}\mid f_{\mathrm{d}})}{\partial f_{\mathrm{d}}}\right]^2\right\}=\frac{L_0(L_0^2-1)}{12}E_{c_k}\left\{\int_{-\infty}^{\infty}\int_{-\infty}^{\infty}\Phi^2(c_k,\tilde{n}_k^I,\tilde{n}_k^Q)p(\tilde{n}_k^I,\tilde{n}_k^Q)\mathrm{d}\tilde{n}_k^I\mathrm{d}\tilde{n}_k^Q\right\} \tag{3-33}$$

显然，式(3-33)中的积分无法求得闭式解。然而，可以通过数值计算的方法有效解决上述问题。对上式进行整理可得

$$E\left\{\left[\frac{\partial p(\mathbf{y}\mid f_{\mathrm{d}})}{\partial f_{\mathrm{d}}}\right]^2\right\}=\frac{L_0(L_0^2-1)}{12}E_{c_k}\left\{\int_{-\infty}^{\infty}\int_{-\infty}^{\infty}\Phi^2(c_k,\sqrt{2}\sigma\tilde{n}_k^I,\sqrt{2}\sigma\tilde{n}_k^Q)\mathrm{e}^{-\left[(\tilde{n}_k^I)^2+(\tilde{n}_k^Q)^2\right]}\mathrm{d}\tilde{n}_k^I\mathrm{d}\tilde{n}_k^Q\right\} \tag{3-34}$$

式(3-34)可以利用二维高斯-厄米特积分[6]计算如下：

$$E\left\{\left[\frac{\partial p(\mathbf{y}\mid f_{\mathrm{d}})}{\partial f_{\mathrm{d}}}\right]^2\right\}\approx\frac{L_0(L_0^2-1)}{12M}\sum_{c_i\in C}\sum_{m=1}^{v}\sum_{n=1}^{v}w_m w_n\Phi^2(c_i,\sqrt{2}\sigma x_m,\sqrt{2}\sigma x_n) \tag{3-35}$$

其中，x_m 和 x_n 表示度为 v 的厄米特多项式 $H_n(x)$ 的根；w_m 和 w_n 为相应的权重系数。经过研究表明，$v=20$ 已经足够保证式(3-35)计算结果的准确性。最后将式(3-35)代入式(3-31)，可得非数据辅助载波频率估计的克拉美罗界。

图 3-21 中用实线标出来通过(3-35)计算获得的克拉美罗界与修正的克拉美罗界的比值(Cramer Rao Bound/Modified Cramer Rao Bound，CRB/MCRB)。同时，蒙特卡洛仿真结果也通过标号在图中给出。此外，几种 MPSK 调制和 MQAM 调制信号载波频率估计的克拉美罗界也通过式(3-35)获得，并且在图中标出。需要说明的是，MPSK/MQAM 信号的 CRB 结果与 Cowley[7] 和 Rice[8] 采用二阶偏导数获得的结果一致，但后者在高信噪比下的结果只能通过仿真获得。对于 APSK 调制信号，星座图中各个环上星座点的个数及环的半径 d_i 都是可变的设计参数，因此 Cowley 和 Rice 提出的方法需要进行大量的仿真，而通过二维高斯-厄米特积分可以高效地计算求解。

从图 3-21 中可以看出，根据本节给出的克拉美罗界计算数值解与仿真结果完全一致。而且 16/32-APSK 调制信号的克拉美罗界位于 8PSK 和 16PSK 调制之间。在低信噪比区域，APSK 调制信号载波频率估计的 CRB 高于具有相同星座集大小的 MQAM 调制。这是

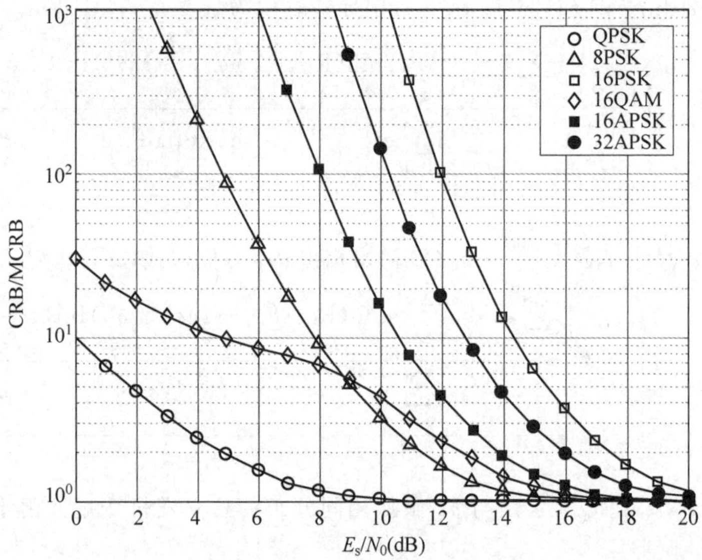

图 3-21 多种调制方式非数据辅助载波频率估计的 CRB 与 MCRB 之比

因为，当信噪比相对较高时，相位估计的 CRB 由星座图中星座点的最小欧氏距离决定，但是当信噪比非常低，星座点无法区分时，决定相位估计 CRB 的主要因素是星座图的整体形状（矩形、圆形）[8]。

4. 基于卡尔曼滤波的载波同步算法

1）基本卡尔曼滤波

卡尔曼滤波是一种基于贝叶斯理论体系的参数估计算法，是经典的维纳滤波在非平稳、矢量条件下的扩展形式。它以信号的状态递推方程和观测方程为基础，以最小均方误差准则为依据，进行序贯更新式的参数估计。当信号状态模型和测量模型均满足线性条件且信号与噪声服从联合高斯分布时，卡尔曼滤波器是 MMSE 准则下的最优估计器。区别于前一章给出的 MMSE 最优估计表达式，卡尔曼滤波能够以序贯递推的形式给出最优 MMSE 估计值，具有单次更新计算量低、硬件资源开销小的特点，更适于实时跟踪具有快速时变特性的非平稳信号。下面给出标准卡尔曼滤波器的数学模型[1]。

设信号状态递推方程为

$$\boldsymbol{x}_k = \boldsymbol{A}\boldsymbol{x}_{k-1} + \boldsymbol{B}\boldsymbol{u}_k$$

观测方程为

$$\boldsymbol{z}_k = \boldsymbol{H}\boldsymbol{x}_k + \boldsymbol{v}_k$$

其中，$\boldsymbol{x}_k$ 为 p 维待估计时变参数矢量，称为状态变量；$\boldsymbol{A}$ 为 $p\times p$ 维状态转移矩阵，$\boldsymbol{B}$ 为 $p\times r$ 维过程噪声矩阵。$\boldsymbol{u}_k \sim N(\boldsymbol{0},\boldsymbol{Q})$是均值为 $\boldsymbol{0}$，协方差矩阵为 $\boldsymbol{Q}$ 的 $\boldsymbol{r}$ 维高斯白噪声矢量，称为激励噪声矢量；$\boldsymbol{z}_k$ 为 m 维观测变量，$\boldsymbol{H}$ 为 $m\times p$ 维测量矩阵；$\boldsymbol{v}_k \sim N(\boldsymbol{0},\boldsymbol{C})$是均值为 $\boldsymbol{0}$，协方差矩阵为 $\boldsymbol{C}$ 的 m 维高斯白噪声矢量，称为测量噪声矢量。

基于卡尔曼滤波的状态变量估计值 $\hat{\boldsymbol{x}}_{k|k} = E[\boldsymbol{x}_k \mid \boldsymbol{z}_{0:k}]$（$\hat{\boldsymbol{x}}_{k|k}$ 表示估计器获得第 n 时刻观测值 $\boldsymbol{z}_k$ 后给出的 $\boldsymbol{x}_k$ 的估计值，与 $\hat{\boldsymbol{x}}_k$ 意义相同，$\boldsymbol{z}_{0:k}$ 表示 $\boldsymbol{z}_0,\boldsymbol{z}_1,\cdots \boldsymbol{z}_k$ 的集合）可按如下流程递推获得。

预测：

$$\hat{\boldsymbol{x}}_{k|k-1} = \boldsymbol{A}\hat{\boldsymbol{x}}_{k-1|k-1}$$

预测值协方差矩阵：

$$\boldsymbol{P}_{k|k-1} = \boldsymbol{A}\boldsymbol{P}_{k-1|k-1}\boldsymbol{A}^{\mathrm{T}} + \boldsymbol{B}\boldsymbol{Q}\boldsymbol{B}^{\mathrm{T}}$$

卡尔曼增益矩阵：

$$\boldsymbol{K}_k = \boldsymbol{P}_{k|k-1}\boldsymbol{H}^{\mathrm{T}}(\boldsymbol{C} + \boldsymbol{H}\boldsymbol{P}_{k|k-1}\boldsymbol{H}^{\mathrm{T}})^{-1}$$

修正：

$$\hat{\boldsymbol{x}}_{k|k} = \boldsymbol{A}\hat{\boldsymbol{x}}_{k|k-1} + \boldsymbol{K}_k(\boldsymbol{z}_k - \boldsymbol{H}\hat{\boldsymbol{x}}_{k|k-1})$$

估计值协方差矩阵：

$$\boldsymbol{P}_{k|k-1} = (\boldsymbol{I} - \boldsymbol{K}_k\boldsymbol{H})\boldsymbol{P}_{k|k-1}$$

初始：自 $k=1$ 开始迭代，$\hat{\boldsymbol{x}}_{0|0}$ 为卡尔曼滤波器预置的初始值，$\boldsymbol{P}_{0|0}$ 为其协方差矩阵。

将上述标准卡尔曼滤波器作为载波跟踪系统中的参数估计器，根据前节给出的信号模型，有 $\boldsymbol{x}_k=[\theta(k), f_0(k), f_1(k), f_2(k)]^{\mathrm{T}}$，$\boldsymbol{z}_k=[\mathrm{real}(z_k), \mathrm{imag}(z_k)]^{\mathrm{T}}$，其中 real(·)和 imag(·)分别表示求实部和虚部，过程噪声矩阵 $\boldsymbol{B}=\boldsymbol{I}$ 为单位矩阵，状态转移矩阵 $\boldsymbol{A}$ 由式(3-2)～式(3-6)确定，此时信号状态转移方差和观测方程可分别写为如下形式：

$$\begin{bmatrix}\theta(k)\\ f_0(k)\\ f_1(k)\\ f_2(k)\end{bmatrix} = \begin{bmatrix}1 & 2\pi T & \dfrac{2\pi T^2}{2} & \dfrac{2\pi T^3}{6}\\ 0 & 1 & T & \dfrac{T^2}{2}\\ 0 & 0 & 1 & T\\ 0 & 0 & 0 & 1\end{bmatrix}\begin{bmatrix}\theta(k-1)\\ f_0(k-1)\\ f_1(k-1)\\ f_2(k-1)\end{bmatrix} + \begin{bmatrix}u_1(k)\\ u_2(k)\\ u_3(k)\\ u_4(k)\end{bmatrix} \tag{3-36}$$

$$\begin{bmatrix}r_{\mathrm{I}}(k)\\ r_{\mathrm{Q}}(k)\end{bmatrix} = \begin{bmatrix}\cos(\theta(k))\\ \sin(\theta(k))\end{bmatrix} + \begin{bmatrix}n_{\mathrm{I}}(k)\\ n_{\mathrm{Q}}(k)\end{bmatrix} \tag{3-37}$$

由式(3-37)可见，在观测方程中，状态变量 $\hat{\boldsymbol{x}}_k$ 与观测变量 $\boldsymbol{z}_k$ 不满足线性关系，无法应用标准形式的卡尔曼滤波算法，为了解决实际应用中可能出现的状态方程或观测方程非线性问题，需要引入一种基于标准卡尔曼滤波的改进算法，即扩展卡尔曼滤波算法。

2) 扩展卡尔曼滤波

前面讨论了线性离散时间系统的卡尔曼滤波，其状态方程和观测方程都是线性的。然而，在实际应用，如雷达跟踪系统和导航系统中，通常采用极坐标系，因此其状态方程和观测方程是非线性的。离散时间系统的状态方程和观测方程其中之一是非线性的，那么该离散时间系统就是非线性离散时间系统。针对非线性离散系统中的参数估计问题，可以采用扩展卡尔曼滤波算法。

扩展卡尔曼滤波(Extended Kalman Filter，EKF)算法是标准卡尔曼滤波在非线性条件下的扩展形式，能够应用于非线性状态方程及观测方程表征的信号模型。EKF 的基本原理是对非线性函数的泰勒展开式进行一阶线性化截断，忽略其余高阶项，从而将非线性问题转化为线性问题，再利用标准卡尔曼滤波算法进行参数估计。

将 EKF 作为载波跟踪系统中的参数估计器时，其状态递推方程和观测方程仍然如式(3-36)和式(3-37)所示。由于状态递推方程本身即满足线性关系，故无须额外处理；非线性观测方程为

$$\boldsymbol{z}_k = \boldsymbol{h}(\boldsymbol{x}_k) + \boldsymbol{v}_k = \begin{bmatrix} \cos(\theta(k)) \\ \sin(\theta(k)) \end{bmatrix} + \begin{bmatrix} n_1(k) \\ n_Q(k) \end{bmatrix}$$

其中,$\boldsymbol{h}(\cdot)$表示非线性测量函数。EKF 算法在每次迭代更新时需要对非线性测量函数 $\boldsymbol{h}(\cdot)$作如下近似一阶泰勒级数展开,则

$$\boldsymbol{h}(\boldsymbol{x}_k) = \boldsymbol{h}(\hat{\boldsymbol{x}}_{k|k-1}) + \frac{\partial \boldsymbol{h}}{\partial \boldsymbol{x}_k}\Big|_{\boldsymbol{x}_k = \hat{\boldsymbol{x}}_{k|k-1}} (\boldsymbol{x}_k - \hat{\boldsymbol{x}}_{k|k-1})$$

则有雅克比矩阵

$$\boldsymbol{H}_k = \frac{\partial \boldsymbol{h}}{\partial \boldsymbol{x}_k}\Big|_{x_k = \hat{x}_{k|k-1}} = \begin{bmatrix} -\sin(\hat{\theta}(k \mid k-1)) & 0 & 0 & 0 \\ \cos(\hat{\theta}(k \mid k-1)) & 0 & 0 & 0 \end{bmatrix}$$

将上述近似线性化处理流程融入标准卡尔曼滤波算法,得到基于 EKF 的载波参数估计算法,其基本流程如下:

预测:

$$\hat{\boldsymbol{x}}_{k|k-1} = \boldsymbol{A}\hat{\boldsymbol{x}}_{k-1|k-1}$$

预测值协方差矩阵:

$$\boldsymbol{P}_{k|k-1} = \boldsymbol{A}\boldsymbol{P}_{k-1|k-1}\boldsymbol{A}^{\mathrm{T}} + \boldsymbol{Q}$$

近似线性化:

$$\boldsymbol{H}_k = \frac{\partial \boldsymbol{h}}{\partial \boldsymbol{x}_k}\Big|_{x_k = \hat{x}_{k|k-1}} = \begin{bmatrix} -\sin(\hat{\theta}(k \mid k-1)) & 0 & 0 & 0 \\ \cos(\hat{\theta}(k \mid k-1)) & 0 & 0 & 0 \end{bmatrix}$$

卡尔曼增益矩阵:

$$\boldsymbol{K}_k = \boldsymbol{P}_{k|k-1}\boldsymbol{H}^{\mathrm{T}}(\boldsymbol{C} + \boldsymbol{H}\boldsymbol{P}_{k|k-1}\boldsymbol{H}^{\mathrm{T}})^{-1}$$

修正:

$$\hat{\boldsymbol{x}}_{k|k} = \boldsymbol{A}\hat{\boldsymbol{x}}_{k|k-1} + \boldsymbol{K}_k(\boldsymbol{z}_k - \boldsymbol{H}\hat{\boldsymbol{x}}_{k|k-1})$$

估计值协方差矩阵:

$$\boldsymbol{P}_{k|k-1} = (\boldsymbol{I} - \boldsymbol{K}_k\boldsymbol{H})\boldsymbol{P}_{k|k-1}$$

自 $k=1$ 开始迭代,$\hat{\boldsymbol{x}}_{0|0}$ 为扩展卡尔曼滤波器预置的初始值,等于捕获模块给出的参数估计值,$\boldsymbol{P}_{0|0}$ 为其协方差矩阵。

EKF 算法与标准 KF 算法的最大区别在于用时变的近似线性化矩阵 $\boldsymbol{H}_k$ 取代了原来的恒定测量矩阵 $\boldsymbol{H}$,且 $\boldsymbol{H}_k$ 是非线性测量函数 $\boldsymbol{h}(\cdot)$对状态变量 $\boldsymbol{x}$ 求一阶偏导数所得。EKF 算法虽然能够用于非线性条件下的参数估计,但其本质上采用了一种近似线性化方法,因而 EKF 估计只是非线性、高斯条件下的一种次优解,并非基于 MMSE 准则的理论最优估计量。此外,当系统状态方程或观测方程具有强非线性时,EKF 泰勒展开式中被忽略的高阶项可能带来较大的误差,使得 EKF 滤波结果不收敛。

根据扩展卡尔曼滤波算法可建立基于卡尔曼滤波的载波(Extended Kalman Filtering-based Carrier,EKF)跟踪环,其原理框图如图 3-22 所示。

环路的输入信号和本地信号经过乘法器和低通滤波器后,得到扩展卡尔曼滤波器的输入观测信号矢量:

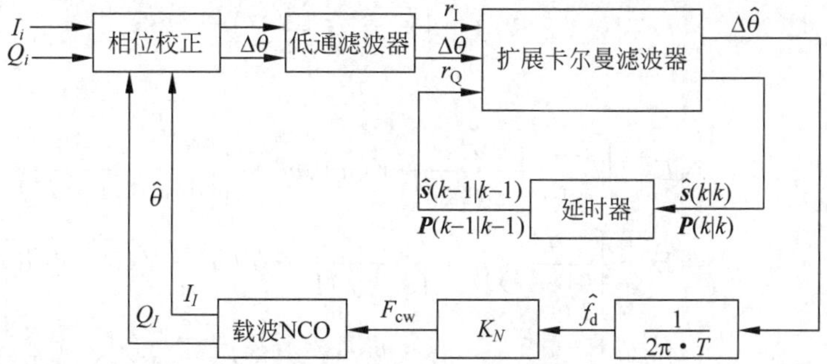

图 3-22 EKF 原理框图

$$\boldsymbol{r}(k)=\begin{bmatrix} r_{\mathrm{I}}(k) \\ r_{\mathrm{Q}}(k) \end{bmatrix}=\begin{bmatrix} A\sin(\Delta\theta(k)) \\ A\cos(\Delta\theta(k)) \end{bmatrix}+\boldsymbol{n}(k) \tag{3-38}$$

其中，$r_{\mathrm{I}}(k)$和 $r_{\mathrm{Q}}(k)$分别为低通滤波器的两路正交输出信号，这里环路的观测噪声矢量可表示为

$$\boldsymbol{n}^{\mathrm{T}}(k)=[n_{\mathrm{I}}(k) \quad n_{\mathrm{Q}}(k)]$$

其中，两路正交的噪声分量 $n_{\mathrm{I}}(k)$和 $n_{\mathrm{Q}}(k)$都是零均值、单边谱密度为 N_0 的高斯白噪声。A 为信号幅度，$\Delta\theta$ 表示环路输入信号和本地信号的相位差。设环路的预积分时间为 T，于是环路观测噪声的方差矩阵可表示为

$$\boldsymbol{R}=E[\boldsymbol{n}(k)\boldsymbol{n}^{\mathrm{T}}(k)]=\begin{bmatrix} \sigma_n^2 & 0 \\ 0 & \sigma_n^2 \end{bmatrix}$$

其中，$\sigma_n^2=N_0/(2T)$。

为了精确估计输入信号的各阶高动态参数，将输入信号和本地信号的相位差 $\Delta\theta$ 按泰勒级数展开为：

$$\Delta\theta(k+1)=\Delta\theta(k)+T\Delta\omega_0(k)+\frac{T^2}{2}\Delta\omega_1(k)+\frac{T^3}{6}\Delta\omega_2(k)+\xi_1(k) \tag{3-39}$$

其中，Δw_0、Δw_1 和 Δw_2 是相位 $\Delta\theta$ 的各阶导数，分别代表了环路输入信号和本地信号经过差分后所得信号的频率、频率变化率和频率二阶导数，它们在环路的更新周期 T 内的迭代关系可进一步表示为：

$$\begin{aligned} &\Delta\omega_0(k+1)=\Delta\omega_0(k)+T\Delta\omega_1(k)+\frac{T^2}{2}\Delta\omega_2(k)+\xi_2(k) \\ &\Delta\omega_1(k+1)=\Delta\omega_1(k)+T\Delta\omega_2(k)+\xi_3(k) \\ &\Delta\omega_2(k+1)=\Delta\omega_2(k)+\xi_4(k) \end{aligned} \tag{3-40}$$

其中，

$$\xi_i(k)=\int_{(k-1)T}^{kT}\frac{\tau^{4-i}}{(4-i)!}Y(\tau)\mathrm{d}\tau, \quad i=1,2,3,4 \tag{3-41}$$

为泰勒级数展开式的余项，表示动态模型噪声，用来描述上述模型受到某些随机干扰以及模型的不准确所造成的影响，式(3-41)中的 $Y(t)$则表示连续相位过程的四阶变化率，被视为随机噪声过程。假设 $Y(t)$是零均值、高斯白噪声过程且具有单边谱密度 N_y，那么动态噪声的方差为

$$E[Y^2(t)]=\sigma_y^2=\frac{N_y}{2T}$$

于是可以计算：

$$\begin{aligned}E[\xi_i(k)\cdot\xi_j(k)]&=E\left\{\left[\int_{(k-1)T}^{kT}\frac{u^{4-i}}{(4-i)!}Y(u)\mathrm{d}u\right]\cdot\left[\int_{(k-1)T}^{kT}\frac{v^{4-i}}{(4-i)!}Y(v)\mathrm{d}v\right]\right\}\\&=E\left\{\iint_{uv}\left[\frac{u^{4-i}}{(4-i)!}\cdot\frac{v^{4-j}}{(4-j)!}\cdot Y(u)\cdot Y(v)\right]\mathrm{d}u\,\mathrm{d}v\right\}\\&=\iint_{uv}E\left\{\left[\frac{u^{4-i}}{(4-i)!}\cdot\frac{v^{4-j}}{(4-j)!}\cdot Y(u)\cdot Y(v)\right]\right\}\mathrm{d}u\,\mathrm{d}v\\&=\iint_{uv}\left\{\frac{u^{4-i}}{(4-i)!}\cdot\frac{v^{4-j}}{(4-j)!}\cdot E[Y(u)\cdot Y(v)]\right\}\mathrm{d}u\,\mathrm{d}v\\&=\frac{\sigma_y^2}{(4-i)!\cdot(4-j)!}\int_{(k-1)T}^{kT}\mathrm{d}v\cdot\int_0^T v^{4-i}v^{4-j}\,\mathrm{d}v\\&=\frac{\sigma_y^2T^{10-(i+j)}}{(4-i)!\cdot(4-j)!\cdot[9-(i+j)]}\end{aligned}$$

特别地，当 $i=j=4$ 时，有

$$E[\xi_4^2(k)]=\sigma_y^2\cdot T^2=\frac{N_y}{2T}\cdot T^2=\frac{N_y\cdot T}{2}$$

于是可以得到系统动态模型噪声的方差矩阵

$$\begin{aligned}\boldsymbol{Q}&=E[\boldsymbol{\xi}(k)\boldsymbol{\xi}^{\mathrm{T}}(k)]\\&=E\left\{\begin{bmatrix}\xi_1(k)\\\xi_2(k)\\\xi_3(k)\\\xi_4(k)\end{bmatrix}[\xi_1(k)\quad\xi_2(k)\quad\xi_3(k)\quad\xi_4(k)]\right\}\\&=\frac{N_y\cdot T}{2}\cdot\begin{bmatrix}T^6/252&T^5/72&T^4/30&T^3/24\\T^5/72&T^4/20&T^3/8&T^2/6\\T^4/30&T^3/8&T^2/3&T/2\\T^3/24&T^2/6&T/2&1\end{bmatrix}\end{aligned}$$

将式(3-39)、式(3-40)表示为矩阵形式

$$\begin{bmatrix}\Delta\theta(k+1)\\\Delta\omega_0(k+1)\\\Delta\omega_1(k+1)\\\Delta\omega_2(k+1)\end{bmatrix}=\begin{bmatrix}1&T&T^2/2&T^3/6\\0&1&T&T^2/2\\0&0&1&T\\0&0&0&1\end{bmatrix}\cdot\begin{bmatrix}\Delta\theta(k)\\\Delta\omega_0(k)\\\Delta\omega_1(k)\\\Delta\omega_2(k)\end{bmatrix}+\begin{bmatrix}\xi_1(k)\\\xi_2(k)\\\xi_3(k)\\\xi_4(k)\end{bmatrix}$$

将系统待估计的状态矢量记为

$$\boldsymbol{s}^{\mathrm{T}}(k)=[\Delta\theta(k)\quad\Delta\omega_0(k)\quad\Delta\omega_1(k)\quad\Delta\omega_2(k)]$$

扰动噪声矢量记为

$$\boldsymbol{\xi}^{\mathrm{T}}(k)=[\xi_1(k)\quad\xi_2(k)\quad\xi_3(k)\quad\xi_4(k)]$$

状态转移矩阵记为

$$\boldsymbol{\Phi}=\begin{bmatrix}1 & T & T^2/2 & T^3/6\\0 & 1 & T & T^2/2\\0 & 0 & 1 & T\\0 & 0 & 0 & 1\end{bmatrix}$$

于是可以得到系统的状态方差

$$\boldsymbol{s}(k+1)=\boldsymbol{\Phi}\cdot\boldsymbol{s}(k)+\boldsymbol{\xi}(k)$$

为不失一般性，令信号幅度 $A=1$，于是式(3-38)变为

$$\boldsymbol{r}(k)=\begin{bmatrix}\sin(\boldsymbol{l}^{\mathrm{T}}\boldsymbol{s}(k))\\\cos(\boldsymbol{l}^{\mathrm{T}}\boldsymbol{s}(k))\end{bmatrix}+\boldsymbol{n}(k)$$

其中，$\boldsymbol{l}^{\mathrm{T}}=[1\quad 0\quad \cdots\quad 0]$。

令 $h[\boldsymbol{s}(k)]=\begin{bmatrix}\sin(\boldsymbol{l}^{\mathrm{T}}\boldsymbol{s}(k))\\\cos(\boldsymbol{l}^{\mathrm{T}}\boldsymbol{s}(k))\end{bmatrix}$，此时可以得到系统的观测方程 $\boldsymbol{r}(k)=h[\boldsymbol{s}(k)]+\boldsymbol{n}(k)$。至此，得到了离散时间系统的状态方程和观测方程。从系统的状态方程和观测方程表达式可以发现，该系统的状态模型仍然是线性的，而观测模型由于采用的是极坐标的表达形式，因而是非线性的。将非线性函数 $h[\boldsymbol{s}(k)]$线性化，得到系统的测量矩阵

$$\boldsymbol{H}^{\mathrm{T}}(k)=\frac{\partial}{\partial s}h(\boldsymbol{s})\bigg|_{s=\hat{s}(k|k-1)}$$

根据扩展卡尔曼滤波递推公式，可以得到本系统的状态滤波和状态一步预测的递推算法。

(1) 计算一步预测均方误差阵

$$\boldsymbol{M}(k\mid k-1)=\boldsymbol{\Phi M}(k-1\mid k-1)\,\boldsymbol{\Phi}^{\mathrm{T}}+\boldsymbol{Q}$$

(2) 计算卡尔曼滤波增益

$$\boldsymbol{K}(k)=\boldsymbol{M}(k\mid k-1)\boldsymbol{H}(k)[\boldsymbol{H}^{\mathrm{T}}(k)\boldsymbol{M}(k\mid k-1)\boldsymbol{H}(k)+\boldsymbol{R}]^{-1}$$

(3) 计算滤波均方误差阵

$$\boldsymbol{M}(k\mid k)=[\boldsymbol{I}-\boldsymbol{K}(k)\boldsymbol{H}^{\mathrm{T}}(k)]\boldsymbol{M}(k\mid k-1)$$

(4) 计算状态一步预测

$$\hat{\boldsymbol{s}}(k\mid k-1)=\boldsymbol{\Phi}\hat{\boldsymbol{s}}(k-1\mid k-1)$$

(5) 计算状态滤波

$$\hat{\boldsymbol{s}}(k\mid k)=\hat{\boldsymbol{s}}(k\mid k-1)+\boldsymbol{K}(k)[\boldsymbol{r}(k)-h(\hat{\boldsymbol{s}}(k\mid k-1))]$$

在每一个环路更新周期 T 内，扩展卡尔曼滤波器输出对系统状态矢量 $\boldsymbol{s}(k)$的估计矢量 $\hat{\boldsymbol{s}}(k|k)$和滤波的均方误差矩阵 $\boldsymbol{M}(k|k)$，它们经延时器延迟一个环路更新周期 T 后被回馈到扩展卡尔曼滤波器的输入端，参与下一周期的扩展卡尔曼滤波迭代算法。估计矢量 $\hat{\boldsymbol{s}}(k|k)$中的第一个元素 $\Delta\hat{\theta}$ 即为环路对输入信号和本地信号相位差的瞬时估计值，于是可以得到环路对输入信号多普勒频率的瞬时估计值

$$\hat{f}_{\mathrm{d}}=\frac{\Delta\hat{\theta}}{2\pi\cdot T}$$

瞬时频率估计量 $\hat{f}_{\mathrm{d}}$ 经数乘运算后转换为环路中载波 NCO 所需要的输入频率控制字

$$F_{cw}=K_N\cdot\hat{f}_d=\frac{2^N}{f_{clk}}\cdot\hat{f}_d \tag{3-42}$$

将频率控制字 F_{cw} 反馈回载波 NCO 的输入端，致使整个载波跟踪环闭合。式(3-42)中 N 为载波 NCO 的位数，f_{clk} 为载波 NCO 的时钟频率，它等于环路输入信号采样率。

由于采用的是近似的线性最小均方误差估计准则，因此在高的信噪比工作状态时它的性能应该接近于克拉美罗界[9]。但是，当环路处于低的信噪比工作状态时，很难用解析的方法来分析环路的跟踪性能。为了研究低信噪比情况下基于扩展卡尔曼滤波算法的载波同步环路的同步性能，需要通过仿真获得。当环路中扩展卡尔曼滤波器为三阶时，系统状态变量为：

$$\boldsymbol{s}^{\mathrm{T}}(k)=[\Delta\theta(k)\quad \Delta\omega_0(k)\quad \Delta\omega_1(k)]$$

待估参数包括输入信号和本地信号的相位差及一阶和二阶导数。当环路中扩展卡尔曼滤波器为四阶时，系统状态变量为：

$$\boldsymbol{s}^{\mathrm{T}}(k)=[\Delta\theta(k)\quad \Delta\omega_0(k)\quad \Delta\omega_1(k)\quad \Delta\omega_2(k)]$$

待估参数包括输入信号和本地信号的相位差、频率差及一阶和二阶导数。

图 3-23 给出了三阶 EKF 和四阶 EKF 的失锁概率随载噪比(Carrier Noise Ratio, CNR)变化曲线。由仿真结果可见，当载噪比极低(≤24.5dB·Hz)时，三阶 EKF 环路的失锁概率明显低于四阶 EKF，这表明在低信噪比时三阶 EKF 比四阶 EKF 稳定。随着环路的载噪比逐渐增大，三阶 EKF 和四阶 EKF 的稳定性逐渐趋于一致。由图 3-24 中的曲线可以确定三阶 EKF 的失锁门限约为 24dB·Hz，而四阶 EKF 的失锁门限约为 24.5dB·Hz。图 3-24 给出了三阶 EKF 和四阶 EKF 的频率估计误差与载噪比的对应关系曲线。由图 3-24 中的曲线可以发现，由于四阶 EKF 对频率的二阶导数进行了估计，而三阶 EKF 仅估计到相位的二阶导数，因此四阶 EKF 的频率跟踪精度比三阶 EKF 略有改善。

综合图 3-23 和图 3-24 可以发现，三阶 EKF 在其失锁门限 24dB·Hz 上的频率跟踪精度约为 3.1Hz，四阶 EKF 在其失锁门限 24.5dB·Hz 上的频率跟踪精度约为 2.5Hz。这样的频率跟踪性能与传统的锁相环路相比有了很大的改善，这是由于 EKF 载波跟踪方案采用的是近似线性最小均方误差估计的准则，因此它对输入信号的频率实现了准最佳估计。

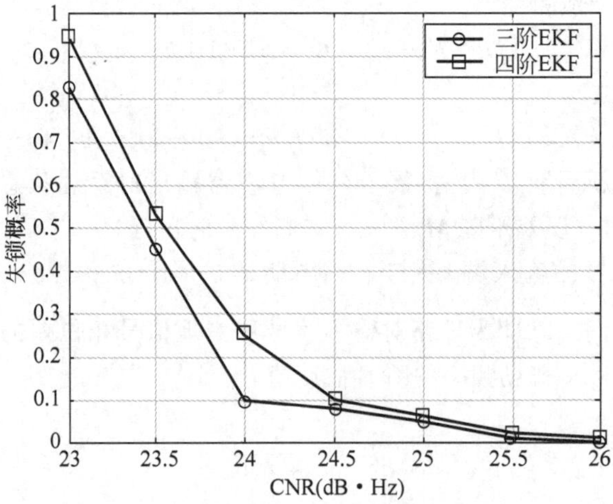

图 3-23　EKF 的失锁概率随载噪比变化曲线

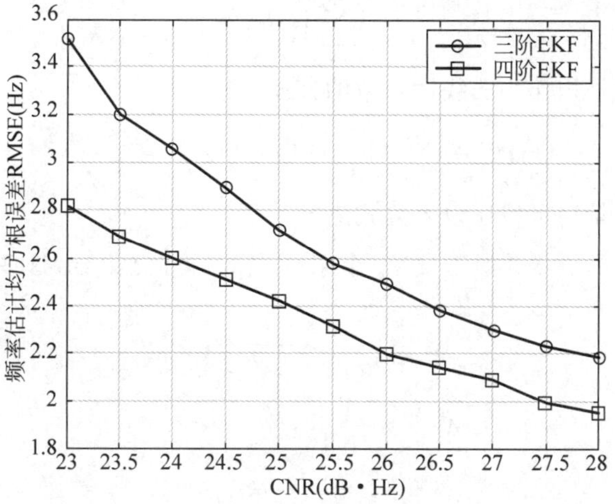

图 3-24　EKF 的频率估计 RMSE 随载噪比变化曲线

3）无迹卡尔曼滤波

为了利用卡尔曼滤波递推估计的思想来解决非线性系统的状态估计问题，提出了基于将非线性函数线性化的扩展卡尔曼滤波方法。由于在将非线性函数线性化的过程中忽略了泰勒级数展开式的二阶及二阶以上的项，这样就会不可避免地给递推估计带来误差。因此扩展卡尔曼滤波对于非线性系统的状态估计而言并不是理论上的最佳滤波，而被称为准最佳滤波。针对扩展卡尔曼滤波估计精度的问题，基于无迹变换思想并利用线性卡尔曼滤波递推模式的无迹卡尔曼滤波方法被提出。无迹变换的基本想法是近似非线性函数的概率分布比近似非线性函数本身更容易进行无迹变换的理论基础是近似某种概率分布比近似任意的非线性函数或非线性变换要容易。该方法的基本思想是构造一组点集，使得它们均值为 $\bar{\boldsymbol{x}}$，方差阵为 $\boldsymbol{P}_{xx}$。然后将非线性函数作用于点集中的每一个点，从而产生一组变换后的点集。通过计算变换后点集的统计量可以获得对非线性变换的均值和方差的估计。

尽管该方法从表面上看起来有些类似于粒子滤波器[23]，但它和粒子滤波器有着本质的区别。首先，点集的选取不是随机的，而是根据某一特定的准则被确定性地选择出来，从而满足规定的统计特性，如满足一定的均值和方差。因此，该方法有可能通过固定数量的且少量的点来捕获某一分布率的高阶信息。其次，对点集的加权值与粒子滤波器中采样点的加权值也是不同的。例如，粒子滤波器中采样点的加权值必须位于区间[0,1]，而点集的加权值则不必满足这一要求。

通常的点集包括单个状态矢量以及与之相对应的权值

$$S=\{i=0,1,\cdots,p:x^{(i)},W^{(i)}\}$$

其中，权值 $W^{(i)}$ 可以是正数也可以是负数，但为了提供无偏估计，必须满足：

$$\sum_{i=0}^{p}W^{(i)}=1$$

将非线性变换作用于每一个点，从而产生变换后的点集

$$\boldsymbol{z}^{(i)}=h[\boldsymbol{x}^{(i)}]$$

将变换后点集的加权平均作为非线性函数的均值

$$\bar{z}=\sum_{i=0}^{p}W^{(i)}z^{(i)}$$

将变换后点集的加权外积作为非线性函数的方差

$$\boldsymbol{P}_{zz}=\sum_{i=0}^{p}W^{(i)}\{\boldsymbol{z}^{(i)}-\bar{\boldsymbol{z}}\}\{\boldsymbol{z}^{(i)}-\bar{\boldsymbol{z}}\}^{\mathrm{T}}$$

任何其他函数的统计量均可按照以上方式进行计算。

典型的满足条件的点集是具有 $2N_x$ 个采样点的对称点集合，这些点都位于第$\sqrt{N_x}$层方差等高线上

$$\boldsymbol{x}^{(i)}=\bar{\boldsymbol{x}}+(\sqrt{N_x\boldsymbol{P}_{xx}})_i$$

$$W^{(i)}=\frac{1}{2N_x}$$

$$\boldsymbol{x}^{(i+N_x)}=\bar{\boldsymbol{x}}-(\sqrt{N_xP_{xx}})_i$$

$$W^{(i+N_x)}=\frac{1}{2N_x}$$

其中，N_x 是状态矢量 $\boldsymbol{x}$ 的维数，$(\sqrt{N_x\boldsymbol{P}_{xx}})_i$ 是矩阵 $N_x\boldsymbol{P}_{xx}$ 平方根的第 i 行或第 i 列。这里矩阵平方根的计算利用 cholesky 分解方法。设矩阵 $\boldsymbol{P}$ 有 cholesky 分解形式

$$\boldsymbol{P}=\boldsymbol{A}^{\mathrm{T}}\boldsymbol{A}$$

则 Sigma 点由平方根矩阵 $\boldsymbol{A}$ 的行形成；若矩阵 $\boldsymbol{P}$ 的 cholesky 分解形式为

$$\boldsymbol{P}=\boldsymbol{A}\boldsymbol{A}^{\mathrm{T}}$$

则 Sigma 点由平方根矩阵 $\boldsymbol{A}$ 的列形成。无迹卡尔曼滤波递推算法步骤如下：

(1) 根据一定的准则选取 Sigma 点集 $\boldsymbol{x}_{a,k}^{(i)}$。

(2) 根据系统的状态模型计算变换后的点集：

$$\hat{\boldsymbol{x}}_{a,k}^{(i)}=f[\boldsymbol{x}_{a,k}^{(i)},\boldsymbol{u}_n]$$

(3) 计算预测的均值：

$$\hat{\boldsymbol{\mu}}_{a,k}=\sum_{i=0}^{P}W^{(i)}\hat{\boldsymbol{x}}_{a,k}^{(i)}$$

(4) 计算预测方差矩阵：

$$\hat{\boldsymbol{P}}_{a,k}=\sum_{i=0}^{P}W^{(i)}[\hat{\boldsymbol{x}}_{a,k}^{(i)}-\hat{\boldsymbol{\mu}}_{a,k}][\hat{\boldsymbol{x}}_{a,k}^{(i)}-\hat{\boldsymbol{\mu}}_{a,k}]^{\mathrm{T}}$$

(5) 根据系统观测模型计算变换后的预测点集：

$$\hat{\boldsymbol{y}}_k^{(i)}=g[\boldsymbol{x}_{a,k}^{(i)},\boldsymbol{v}_k]$$

(6) 计算预测的观测值：

$$\hat{\boldsymbol{y}}_k=\sum_{i=0}^{P}W^{(i)}\hat{\boldsymbol{y}}_k^{(i)}$$

(7) 计算观测值的预测方差矩阵：

$$\hat{\boldsymbol{\Omega}}_k=\sum_{i=0}^{P}W^{(i)}[\hat{\boldsymbol{y}}_k^{(i)}-\hat{\boldsymbol{y}}_k][\hat{\boldsymbol{y}}_k^{(i)}-\hat{\boldsymbol{y}}_k]^{\mathrm{T}}$$

(8) 计算互协方差矩阵：

$$\hat{\boldsymbol{P}}_k^{xy}=\sum_{i=0}^{P}W^{(i)}[\hat{\boldsymbol{x}}_k^{(i)}-\hat{\boldsymbol{\mu}}_k][\hat{\boldsymbol{y}}_k^{(i)}-\hat{\boldsymbol{y}}_k]^{\mathrm{T}}$$

(9) 根据卡尔曼滤波方差计算无迹卡尔曼滤波估计：

$$\boldsymbol{K}_k = \hat{\boldsymbol{P}}_k^{xy}\hat{\boldsymbol{\Omega}}_k^{-1}$$

$$P_k = \hat{\boldsymbol{P}}_k - \boldsymbol{K}_k\hat{\boldsymbol{\Omega}}_k\boldsymbol{K}_k^{\mathrm{T}}$$

$$\boldsymbol{v}_k = \boldsymbol{y}_k - \hat{\boldsymbol{y}}_k$$

$$\boldsymbol{\mu}_k = \hat{\boldsymbol{\mu}}_k + \boldsymbol{K}_k\boldsymbol{v}_k$$

上述步骤是无迹卡尔曼滤波针对非线性离散时间系统的一般化递推过程，对于具体的应用环境，该算法还可以进行适当的简化或优化。

尽管无迹变换的形式非常简单，但它具有很多的优点[24]：

(1) 算法中用到的点的个数是有限的且定量的，因此它可以很自然地用于"黑箱"滤波库。如果给定一个具有特定输入和输出的模型，可以利用一套标准的计算流程来对任意给定的非线性变换计算所需要的预测量。

(2) 算法的运算量与同等阶数的扩展卡尔曼滤波相当。算法中最复杂的运算来自计算矩阵的平方根以及计算经过非线性映射后的点集的方差所需要的外积运算。然而，上述两种运算的运算量都是 $O(N_x^3)$，该运算量和计算扩展卡尔曼滤波预测方差阵所需要的 $N_x \times N_x$ 矩阵乘法的运算量是相同的。

(3) 任何能够正确地传递均值和方差的点集对均值和方差的计算精度都能够达到二阶。因此，该估计隐含了被截断的二阶滤波器的二阶偏移误差的修正项，且不需要求导运算。因此，无迹变换不需要像线性化方法那样利用中心差分方案来计算。

(4) 该算法可应用于非连续的变换。由于点本身是离散的，它不会受到非连续变换的影响，因此变换后的均值和方差估计也不会受到变换的非连续性的影响。

由于无迹卡尔曼滤波相对扩展卡尔曼滤波在非线性状态估计性能上的改善，本节进一步给出基于无迹卡尔曼滤波(Unscented Kalman Filtering-based，UKF)的载波同步算法，UKF 方案和 EKF 方案具有完全类似的结构，只是将环路中的参数估计器扩展卡尔曼滤波器变成了无迹卡尔曼滤波器。原理框图如图 3-25 所示。

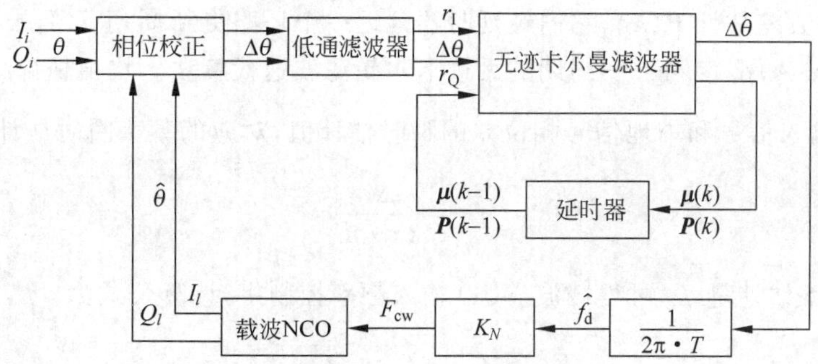

图 3-25　UKF 原理框图

UKF 环路待估计的状态矢量、观测噪声矢量、过程噪声矢量，以及观测模型和状态模型与 EKF 都是相同的。无迹卡尔曼滤波递推算法步骤如下：

(1) 根据系统的状态模型计算预测均值

$$\hat{\boldsymbol{\mu}}(k) = \boldsymbol{\Phi} \cdot \boldsymbol{\mu}(k-1)$$

(2) 计算预测方差矩阵

$$\boldsymbol{P}(k)=\boldsymbol{\Phi}\boldsymbol{P}(k-1)\boldsymbol{\Phi}^{\mathrm{T}}+\boldsymbol{Q}$$

(3) 将$\hat{\boldsymbol{\mu}}(k)$扩展为$\hat{\boldsymbol{\mu}}_a(k)=\begin{bmatrix}\hat{\boldsymbol{\mu}}(k)\\ \boldsymbol{0}_{2\times 1}\end{bmatrix}$，$\hat{\boldsymbol{P}}(k)$扩展为$\hat{\boldsymbol{P}}_a(k)=\begin{bmatrix}\hat{\boldsymbol{P}}(k) & \boldsymbol{0}\\ \boldsymbol{0} & \boldsymbol{R}\end{bmatrix}$，确定扩维后的Sigma点集$\hat{\boldsymbol{s}}_a^{(i)}(k)$。

(4) 根据系统的观测模型计算变换后的预测点集

$$\hat{\boldsymbol{r}}^{(i)}(k)=h[\hat{\boldsymbol{s}}_a^{(i)}(k)]$$

(5) 计算预测的观测值

$$\hat{\boldsymbol{r}}(k)=\sum_{i=0}^{P}W^{(i)}\hat{\boldsymbol{r}}^{(i)}(k)$$

(6) 计算观测值的预测方差矩阵

$$\hat{\boldsymbol{\Omega}}(k)=\sum_{i=0}^{P}W^{(i)}[\hat{\boldsymbol{r}}^{(i)}(k)-\hat{\boldsymbol{r}}(k)][\hat{\boldsymbol{r}}^{(i)}(k)-\hat{\boldsymbol{r}}(k)]^{\mathrm{T}}$$

(7) 计算互协方差矩阵

$$\boldsymbol{P}^{sr}(k)=\sum_{i=0}^{P}W^{(i)}[\hat{\boldsymbol{s}}^{(i)}(k)-\hat{\boldsymbol{\mu}}(k)][\hat{\boldsymbol{r}}^{(i)}(k)-\hat{\boldsymbol{r}}(k)]^{\mathrm{T}}$$

(8) 根据卡尔曼滤波方差计算无迹卡尔曼滤波估计

$$\boldsymbol{K}(k)=\boldsymbol{P}^{sr}(k)\hat{\boldsymbol{\Omega}}^{-1}(k)$$

$$\boldsymbol{P}(k)=\hat{\boldsymbol{P}}(k)-\boldsymbol{K}(k)\hat{\boldsymbol{\Omega}}(k)\boldsymbol{K}^{\mathrm{T}}(k)$$

$$\boldsymbol{v}(k)=\boldsymbol{r}(k)-\hat{\boldsymbol{r}}(k)$$

$$\boldsymbol{\mu}(k)=\hat{\boldsymbol{\mu}}(k)+\boldsymbol{K}(k)\boldsymbol{v}(k)$$

假设系统的观测模型是非线性的，状态模型是线性的，可以利用线性卡尔曼方差计算$\hat{\boldsymbol{\mu}}(k)$和$\hat{\boldsymbol{P}}(k)$，利用预测分布确定的Sigma点计算$\hat{\boldsymbol{r}}(k)$、$\hat{\boldsymbol{\Omega}}(k)$和$\hat{\boldsymbol{P}}^{sr}(k)$。

在每一个环路更新周期T内，无迹卡尔曼滤波器输出对系统状态矢量$\boldsymbol{s}(k)$的均值估计$\boldsymbol{\mu}(k)$和误差方差估计$\boldsymbol{P}(k)$，它们经延时器延迟一个环路更新周期T后被回馈到无迹卡尔曼滤波器的输入端，参与下一周期的无迹卡尔曼滤波迭代算法。均值估计$\boldsymbol{\mu}(k)$中的第一个元素$\Delta\hat{\theta}$为输入信号和本地信号相位差的瞬时估计值，对应的频率瞬时估计值

$$\hat{f}_{\mathrm{d}}=\frac{\Delta\hat{\theta}}{2\pi\cdot T}$$

由瞬时频率估计量$\hat{f}_{\mathrm{d}}$可得载波NCO输入频率控制字，计算公式为

$$F_{\mathrm{cw}}=K_N\cdot\hat{f}_{\mathrm{d}}=\frac{2^N}{f_{\mathrm{clk}}}\cdot\hat{f}_{\mathrm{d}}$$

上述的环路闭合过程与方案完全一致。

除EKF、无迹卡尔曼滤波外，有关卡尔曼滤波应用于非线性参数估计的研究成果还有很多，如容积卡尔曼滤波、求积分卡尔曼滤波等，能够获得比EKF更优的估计性能，但也伴随有计算复杂度显著提升的问题，本书不再一一详述。

下面通过仿真方式来研究UKF载波同步算法的跟踪性能。图3-26和图3-27对比了

EKF 和同等阶数的 UKF 的性能曲线[25]。其中图 3-26 为两种方案的失锁概率与环路载噪比 CNR 的对应关系曲线，而图 3-27 则给出了两种方案的频率估计误差与的对应关系曲线。由图 3-26 可见，当 CNR<24dB·Hz 时，UKF 的失锁概率略低于 EKF，当 CNR≥24dB·Hz 时，两种方案的失锁概率非常接近。同时由图可见 UKF 和 EKF 的失锁门限均为 24.5dB·Hz。由图 3-27 可见，UKF 的频率跟踪精度较 EKF 有明显的改善，但这种改善随着 CNR 的逐渐增大而减小，当 CNR≥27.5dB·Hz 时，两种方法的性能相当。同时，由图 3-27 中的曲线可以确定，在门限 24.5dB·Hz 上，UKF 的频率跟踪精度较 EKF 改善了约 0.3Hz。

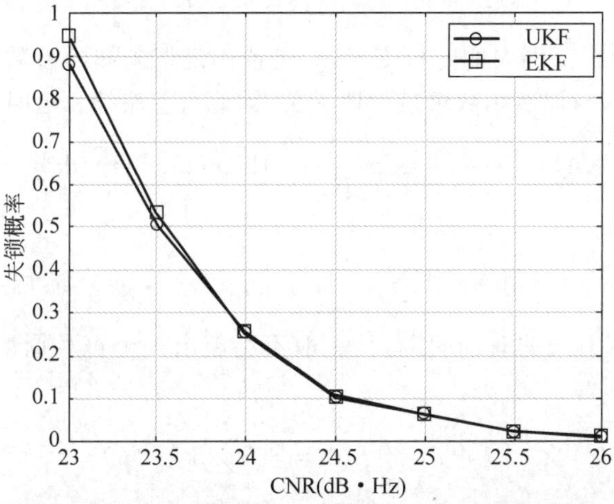

图 3-26 UKF 和 EKF 的失锁概率随载噪比变化曲线

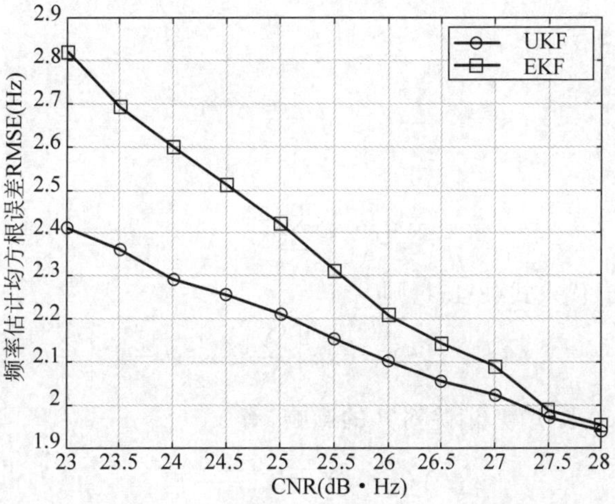

图 3-27 UKF 和 EKF 的频率估计 RMSE 随载噪比变化曲线

3.2.2 数据辅助算法

1. 基于最大似然的频率估计理论

为了利用最大似然(ML)方法研究数字卫星信号的频率估计，提出 3 个假设前提：

(1) 符号数据是已知的；

(2) 实现理想定时同步；

(3) 频率偏移远小于符号速率。

在以上前提下，待估计信号所包含的未知参数只剩下频率偏移和相位。此时似然函数形式如下：

$$\Lambda(\boldsymbol{r} \mid \tilde{f},\tilde{\theta}) = \exp\left\{\frac{1}{N_0}\int_0^{T_0} \mathrm{Re}[r(t)\tilde{s}^*(t)]\mathrm{d}t - \frac{1}{2N_0}\int_0^{T_0} |\tilde{s}(t)|^2 \mathrm{d}t\right\} \tag{3-43}$$

其中，

$$s(t) = \mathrm{e}^{\mathrm{j}(2\pi ft+\theta)} \sum_i c_i g(t - iT - \tau) \tag{3-44}$$

假设 θ 是在[0,2π)范围内的随机变量，f 是值固定但未知的参数。又由于式(3-43)的第二积分项是确知的，与似然函数求最大值无关，因此可忽略掉。这时，等效似然函数变为

$$\Lambda(\boldsymbol{r} \mid \tilde{f},\tilde{\theta}) = \exp\left\{\frac{1}{N_0}\int_0^{T_0} \mathrm{Re}[r(t)\tilde{s}^*(t)]\mathrm{d}t\right\} \tag{3-45}$$

代入式(3-44)，得

$$\int_0^{T_0} r(t)s^*(t)\mathrm{d}t = \mathrm{e}^{-\mathrm{j}\theta}\sum_i c_i^* \int_0^{T_0} r(t)\mathrm{e}^{-\mathrm{j}2\pi f_d t} \cdot g(t - iT - \tau)\mathrm{d}t$$

由于 $g(t)$ 只占有有限的时间间隔，且一般不会超出一个符号周期 $[0,T]$ 的范围，因此上式可进一步改写为

$$\int_0^{T_0} r(t)s^*(t)\mathrm{d}t = \mathrm{e}^{-\mathrm{j}\theta}\sum_{k=0}^{N-1} c_k^* x(k) \tag{3-46}$$

其中，$x(k)$ 是匹配滤波器输出在 $kT+\tau$ 时刻的采样值。

$$x(t) = \int_{-\infty}^{\infty} r(\xi)\mathrm{e}^{-\mathrm{j}2\pi f\xi} g(\xi - t)\mathrm{d}\xi$$

改写式(3-46)的右边项为

$$\mathrm{e}^{-\mathrm{j}\theta}\sum_{k=0}^{N-1} c_k^* x(k) = |X|\,\mathrm{e}^{\mathrm{j}(\psi-\theta)}$$

其中，

$$|X|\,\mathrm{e}^{\mathrm{j}\psi} = \sum_{k=0}^{N-1} c_k^* x(k) \tag{3-47}$$

将式(3-47)和式(3-46)代入式(3-45)，则

$$\Lambda(\boldsymbol{r} \mid f,\theta) = \exp\left[\frac{|X|}{N_0}\cos(\psi - \theta)\right] \tag{3-48}$$

在[0,2π]上对式(3-48)取期望，消除对 θ 的影响，有

$$\Lambda(\boldsymbol{r} \mid f) = I_0\left(\frac{|X|}{N_0}\right) \tag{3-49}$$

其中，$I_0(\alpha)$ 是零阶修正贝塞尔函数，其表达式为

$$I_0(\alpha) = \frac{1}{2\pi}\int_0^{2\pi} \mathrm{e}^{\alpha\cos z}\mathrm{d}z$$

零阶修正贝塞尔函数是具有正幅角的偶函数，幅值是上凹的弧形。由式(3-49)可见，$\Lambda(\boldsymbol{r}|f)$ 和 $|X|$ 呈正比，所得最大值位置相同。故最大化似然函数可转化为最大化式(3-47)：

$$\Gamma(f) \triangleq \left|\sum_{k=0}^{N-1} c_k^* x(k)\right|$$

图 3-28 给出了 $\Gamma(f)$ 的计算流程。图 3-29 给出了在 QPSK 调制且采用滚降系数 $\alpha=0.5$ 的根升余弦脉冲,信噪比 $E_s/N_0=30\text{dB}$,观测长度为 30 个符号长度情况下的 $\Gamma(f)$ 随 f 变化的曲线。其中,真实频率偏移量为 0。由图 3-29 可见,$\Gamma(f)$ 曲线会有多个极大值点。为了取得最大值从而获得频率偏移量 f,一般采用两步搜索方式。第一步是进行大范围搜索,获得最大值区域,称为粗搜索;第二步是在最大值附近的领域内进行精搜索。需要说明的是,在低信噪比情况下,由于噪声信号幅值过高,可能会影响峰值搜索,进而导致搜索得到的频率偏移出现错误。

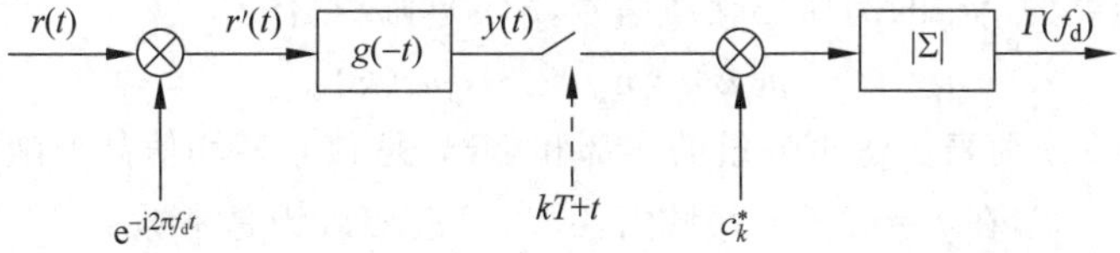

图 3-28　$\Gamma(f_d)$ 的计算流程

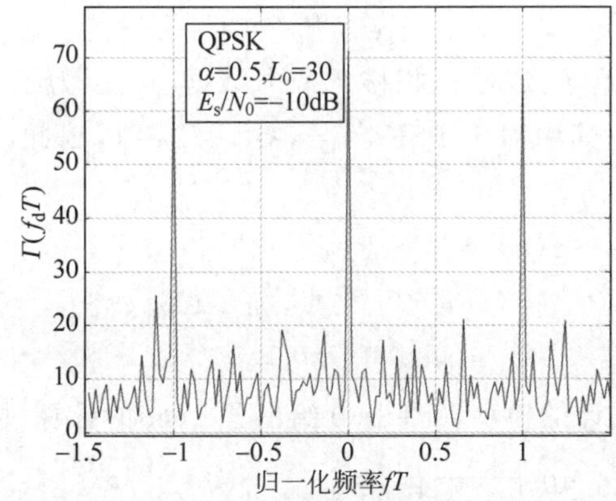

图 3-29　QPSK 调制信号在符号波形为根升余弦滚降脉冲方式时的 $\Gamma(f_d)$ 的典型波形

2. 载波频率估计的简化模型

以上基于最大化似然函数进行频率估计的方法并不实用,但它提供了载波频率估计的基本途径。下面介绍基于数据辅助的载波频率估计的简化模型。

假设

(1) 卷积 $g(t)*g(-t)$ 满足奈奎斯特条件:

$$\int_{-\infty}^{\infty} g(t)g[-(kT-t)]\mathrm{d}t=\begin{cases}1, & k=0\\ 0, & \text{其他}\end{cases} \tag{3-50}$$

(2) 符号数据属于 PSK 星座:

$$\{c_k=\mathrm{e}^{\mathrm{j}\alpha_k}:\alpha_k=0,2\pi/M,\cdots,2\pi(M-1)/M\}$$

(3) 频率偏移范围相对于符号速率较小。

接收信号为

$$r(t)=\mathrm{e}^{\mathrm{j}(2\pi ft+\theta)}\sum_i c_i g(t-iT-\tau)+w(t) \tag{3-51}$$

将 $r(t)$ 经过匹配滤波器 $g(-t)$ 并对输出结果采样,得

$$y(k)=\int_{-\infty}^{\infty} r(t)g(t-kT-\tau)\mathrm{d}t \tag{3-52}$$

将式(3-51)代入式(3-52)，则

$$y(k)=\mathrm{e}^{\mathrm{j}\theta}\sum_i c_i\int_{-\infty}^{\infty} g(t-iT-\tau)g(t-kT-\tau)\mathrm{d}t+n(k) \tag{3-53}$$

其中，噪声分量 $n(k)$ 为

$$n(k)=\int_{-\infty}^{\infty} w(t)g(t-kT-\tau)\mathrm{d}t$$

由于 $w(t)$ 是谱密度为 N_0 的高斯白噪声信号，$n(k)$ 可以写作：

$$n(k)=n_{\mathrm{R}}(k)+\mathrm{j}n_{\mathrm{I}}(k)$$

其中，$n_{\mathrm{R}}(k)$、$n_{\mathrm{I}}(k)$ 分别表示噪声分量的实部和虚部，是独立零均值高斯随机变量。

由于 $|f|\ll 1/T$，在 $t=iT+\tau$ 邻域内，$\mathrm{e}^{\mathrm{j}2\pi ft}$ 可近似认为是常数 $\mathrm{e}^{\mathrm{j}2\pi f(iT+\tau)}$：

$$\mathrm{e}^{\mathrm{j}2\pi ft}g(t-iT-\tau)\approx \mathrm{e}^{\mathrm{j}2\pi f(iT+\tau)}g(t-iT-\tau) \tag{3-54}$$

将式(3-54)和式(3-50)代入式(3-53)，得

$$y(k)=c_k\mathrm{e}^{\mathrm{j}[2\pi f(kT+\tau)+\theta]}+n(k) \tag{3-55}$$

式中，信号参数有载频偏差 f、延时 τ、相移 θ、符号数据 $\{c_k\}$。为了估计频率偏移 f，需要消除其他几个参数的影响。其中对于 PSK 信号，有 $c_kc_k^*=1$，因此，在式(3-55)两边同乘以 c_k^* 得

$$\begin{aligned} z(k)&=c_k^*y(k)\\ &=\mathrm{e}^{\mathrm{j}[2\pi f(kT+\tau)+\theta]}c_kc_k^*+n(k)c_k^*\\ &=\mathrm{e}^{\mathrm{j}[2\pi f(kT+\tau)+\theta]}+n'(k) \end{aligned} \tag{3-56}$$

上式就是进行频率偏移估计的模型。图 3-30 给出了 $z(k)$ 的计算过程。

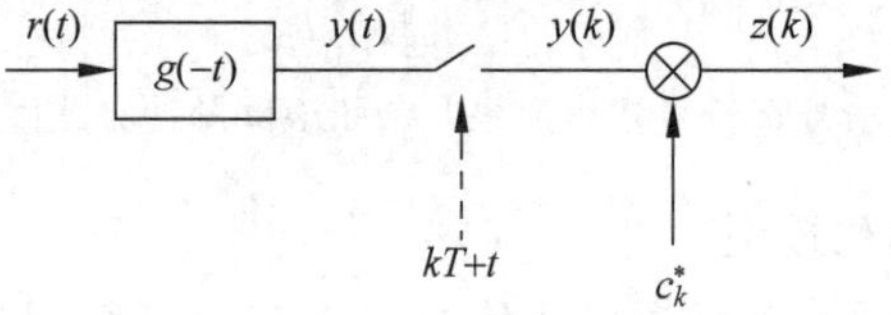

图 3-30 $z(k)$ 的计算流程

3. Kay 频偏估计算法

Kay 频偏估计算法[26]的思路是首先将式(3-56)转换为极坐标的格式：

$$z(k)=\rho(k)\mathrm{e}^{\mathrm{j}[2\pi f(kT+\tau)+\theta+\phi(k)]} \tag{3-57}$$

其中，$\rho(k)$ 和 $\phi(k)$ 的含义为

$$\rho(k)\mathrm{e}^{\mathrm{j}\phi(k)}=1+n'(t)\mathrm{e}^{-\mathrm{j}[2\pi f(kT+\tau)+\theta]} \tag{3-58}$$

随着信噪比的增大可以发现，根据高斯分布的性质，式(3-57)中的 $\{\phi(k)\}$ 集合的分布近似为独立高斯分布。从式(3-58)看到，需要的频偏信息其实就在该式的相位中，因此提取式(3-58)的相位，记为

$$p(k)=\arg\{z(k)\}=2\pi f(kT+\tau)+\theta+\phi(k) \tag{3-59}$$

其中，arg{ · }表示求相位角。

然后再对式(3-59)求差分，可得

$$\begin{aligned}\alpha(k) &= p(k) - p(k-1) \\ &= \arg\{z(k)z^*(k-1)\} \\ &= 2\pi fT + \phi(k) - \phi(k-1)\end{aligned} \tag{3-60}$$

令 $\alpha(k)=\{\alpha(2),\alpha(3),\cdots,\alpha(L_0)\}$，$L_0$ 为导频序列的长度。因为相位集 $\{\phi(k)\}$ 在信噪比较高时可以近似为零均值独立高斯分布，也可以近似为有色高斯过程，对频偏 f 的估计就是求有色高斯过程的平均。因此基于观察样本 $\arg\{z(k)z^*(k-1)\}$ 下的参量 f 的最大似然估计就是式(3-59)线性模型的最小方差无偏估计。

根据上面的分析得到的频偏估计值 $\hat{f}$ 为

$$\hat{f} = \frac{1}{2\pi fT}\sum_{k=2}^{L_0}\gamma(k)\arg\{z(k)z^*(k-1)\} \tag{3-61}$$

式(3-61)中的 $\gamma(k)$ 是个平滑窗口函数，表示为

$$\gamma(k) = \frac{3}{2}\frac{L_0}{L_0^2-1}\left[1-\left(\frac{k-\left(\frac{L_0}{2}-1\right)}{\frac{L_0}{2}}\right)^2\right],\quad k=2,3,\cdots,L_0$$

从式(3-61)可以看出，频偏 f 的主要信息是在 $z(k)z^*(k-1)$ 的相位角中。由于 $|\arg\{z(k)z^*(k-1)\}|\leqslant\pi$，代入式(3-60)可得

$$|2\pi fT + \phi(k) - \phi(k-1)| \leqslant \pi \tag{3-62}$$

当信噪比较大时，式(3-62)可变为

$$|2\pi fT| \leqslant \pi$$

因此 Kay 频偏估计算法的估计范围为

$$|fT| \leqslant 0.5$$

即归一化频率偏差不大于 0.5。

通过上面的分析可知，Kay 频偏估计算法利用导频序列段的观测样本的相位信息来估计频偏，容易受噪声影响，对信噪比要求比较高，而且相位不能发生阶跃性变化，否则估计结果不准确。

4. Fitz 频偏估计算法

Fitz 频偏估计算法[27]的思路是首先求 $y(k)$ 的自相关函数，可记为 $R(m)$：

$$R(m) = \frac{1}{L_0-m}\sum_{k=m+1}^{L_0} y(k)y^*(k-m) \tag{3-63}$$

其中，$1\leqslant m\leqslant N$，$N\leqslant L_0$。

由式(3-56)，则

$$\sum_{k=m+1}^{L_0} y(k)y^*(k-m) = (L_0-m)\mathrm{e}^{\mathrm{j}2\pi mfT} + n''(m) \tag{3-64}$$

将式(3-64)代入式(3-63)可得

$$R(m) = \frac{1}{L_0-m}\sum_{k=m+1}^{L_0} y(k)y^*(k-m) = \mathrm{e}^{\mathrm{j}2\pi mfT} + n''(m) \tag{3-65}$$

其中，$n''(m)$ 为零均值噪声。

如果不存在噪声，则 $n''(m)$ 可以忽略，那么 $R(m)$ 的相位角就是 $2\pi mfT$。但是如果存在噪声，那么此时 $R(m)$ 的相位角就会与 $2\pi mfT$ 存在误差，这个误差可记为 $e(m)$：

$$e(m)=\arg[R(m)-2\pi mfT]$$

在求 $R(m)$ 的相位角时存在一个问题：如果相位角 $2\pi mfT$ 很靠近 π 或者 $-\pi$，那么即使此时的噪声很小，可能也会导致求出的相位角错误。因为假设相位角 $2\pi mfT$ 非常靠近 π，处于第二象限，这时加入的微小误差 $e(m)$ 刚好使相位角进入第三象限，最后得到的相位就会是 $-\pi$。而相位角 $2\pi mfT$ 非常靠近 $-\pi$ 的情形与上面的一样。因此只有在相位角 $2\pi mfT$ 远离 π 或者 $-\pi$，当信噪比较好时，误差 $e(m)$ 才会变得很小，必须满足：

$$|2\pi mfT|<\pi \tag{3-66}$$

此时对误差 $e(m)$ 在 $1\leqslant m\leqslant N$ 的范围内求和，再取平均可得

$$\frac{1}{N}\sum_{m=1}^{N}e(m)=\frac{1}{N}\sum_{m=1}^{N}\arg[R(m)]-\pi(N+1)fT$$

上式的左边求和取平均和后会变得更小，因此令上式的左边为零，这样就可以得到 Fitz 频偏估计算法的估计值：

$$\hat{f}=\frac{1}{\pi N(N+1)T}\sum_{m=1}^{N}\arg[R(m)] \tag{3-67}$$

从式(3-66)中可知，Fitz 的频偏估计范围为

$$|f|\leqslant\frac{1}{2NT}$$

其中，N 等于 $L_0/2$ 时，该估计方法的结果最接近克拉美罗界。

5. L&R 频偏估计算法

Luise 和 Reggiannini 提出的估计算法的思路[29]可以说是 Fitz 估计算法的改进，首先对式(3-65)求和再取平均，可得

$$\frac{1}{N}\sum_{m=1}^{N}R(m)=\frac{1}{N}\sum_{m=1}^{N}\mathrm{e}^{\mathrm{j}2\pi mfT}+\frac{1}{N}\sum_{m=1}^{N}n''(m) \tag{3-68}$$

式(3-68)的右侧最后一项就是对噪声进行平滑处理，可以忽略，这样式(3-68)可变为

$$\sum_{m=1}^{N}R(m)\approx\sum_{m=1}^{N}\mathrm{e}^{\mathrm{j}2\pi mfT} \tag{3-69}$$

可以看出，频率信息在上式相角信息内，因此式(3-69)求相位：

$$\arg\left\{\sum_{m=1}^{N}R(m)\right\}\approx\arg\left\{\sum_{m=1}^{N}\mathrm{e}^{\mathrm{j}2\pi mfT}\right\} \tag{3-70}$$

然而上式中的右侧有以下的关系：

$$\sum_{m=1}^{N}\mathrm{e}^{\mathrm{j}2\pi mfT}=\frac{\sin(\pi NfT)}{\sin(\pi fT)}\mathrm{e}^{\mathrm{j}\pi(N+1)fT} \tag{3-71}$$

如果 $\dfrac{\sin(\pi NfT)}{\sin(\pi fT)}>0$，那么根据式(3-70)和式(3-71)可得

$$\arg\left\{\sum_{m=1}^{N}R(m)\right\}=\pi(N+1)fT \tag{3-72}$$

而 $\dfrac{\sin(\pi NfT)}{\sin(\pi fT)}>0$ 的条件如下：

$$|f| \leqslant \frac{1}{NT} \tag{3-73}$$

通过式(3-72)可得到 L&R 频偏估计算法的频偏估计值：

$$\hat{f} = \frac{1}{\pi(N+1)fT}\arg\left\{\sum_{m=1}^{N} R(m)\right\}$$

而 L&R 频偏估计算法的频偏估计范围即为式(3-73)。

6. M&M 频偏估计算法

Mengali 和 Morelli 提出了一种新频率估计算法，简称为 M&M 算法[29]。仍采用式(3-56)中的离散时间信号模型：

$$z(k) = c_k \mathrm{e}^{\mathrm{j}[2\pi f(kT+\tau)+\theta]} + n'(k) \tag{3-74}$$

式(3-74)可以进一步表示为

$$z(k) = \mathrm{e}^{\mathrm{j}[2\pi f(kT+\tau)+\theta]}[1+\hat{n}(k)] \tag{3-75}$$

其中，$\hat{n}(k) \triangleq n(k)c_k^* \mathrm{e}^{\mathrm{j}[2\pi f(kT+\tau)+\theta]}$。显然，$\hat{n}(k)$与$n(k)$的统计特性相同。

$z(k)$的自相关函数为

$$R(m) = \frac{1}{L_0 - m}\sum_{k=m}^{L_0-1} z(k)z^*(k-m), \quad 1 \leqslant m \leqslant N \tag{3-76}$$

将式(3-75)代入式(3-76)，得

$$R(m) = \mathrm{e}^{\mathrm{j}2\pi mfT}[1+\gamma(m)] \tag{3-77}$$

其中，$\gamma(m)$表示为

$$\gamma(m) = \frac{1}{L_0 - m}\sum_{k=m}^{L_0-1}[\hat{n}(k) + \hat{n}^*(k-m) + \hat{n}(k)\hat{n}^*(k-m)] = \gamma_{\mathrm{R}}(m) + \gamma_{\mathrm{I}}(m) \tag{3-78}$$

其中，$\gamma_{\mathrm{R}}(m)$和$\gamma_{\mathrm{I}}(m)$分别表示$\gamma(m)$的实部和虚部。当$E_s/N_0=1$时，式(3-78)中的$\gamma(m) \ll 1$。因此式(3-77)可近似表示为$R(m) \approx \mathrm{e}^{\mathrm{j}2\pi mfT}[1+\gamma_{\mathrm{I}}(m)]$。又由于$|\gamma_{\mathrm{I}}(m)| \ll 1$，有$\arg[1+\gamma_{\mathrm{I}}(m)] \approx \gamma_{\mathrm{I}}(m)$，$R(m)$的幅角可近似为

$$\arg\{R(m)\} \approx 2\pi mfT + \gamma(m)$$

从而得到 M&M 频率估计[29]，表示为

$$\hat{f} = \frac{1}{2\pi T}\sum_{m=1}^{L_0} w(m)[\arg\{R(m)\} - \arg\{R(m-1)\}]_{2\pi}$$

其中，$[\cdot]_{2\pi}$表示将结果限制在$[-\pi,\pi)$区间，平滑函数$w(m)$表示为

$$w(m) \triangleq \frac{3[(L_0-m)(L_0-m+1) - N(L_0-N)]}{N(2N^2 - 6NL_0 + 3L_0^2 - 1)}$$

仿真结果表明，M&M 频率估计算法无偏估计范围比较大，工作的信噪比门限比较低[30]。

上述几种算法均针对 AWGN 信道中的单频检测问题而提出，在接收机中对应于数据辅助的载波频率估计。对于数据未知的情况，可以首先通过非线性处理[32]消除数据调制，然后再利用上述几种方法完成载波频率估计。

7. 导频结构设计

影响 DA(Data Aided)同步精度与范围的因素主要有两个：一是导频的放置结构；另一个是对应于导频结构的估计算法。因此 DA 同步算法可分两步，分别是设计导频结构和对

应的估计算法。

文献[32]证明了最优的导频结构为：在数据的两头各放一半导频，称为 PP(Pre/Post-ample,PP)结构，如图 3-31(a)所示。这里的最优导频结构是指码长和导频数一定时，使待估参数 CRB 最小的导频放置方式。对于 PP 结构，码长越长，估计精度越高，但估计的范围越小。

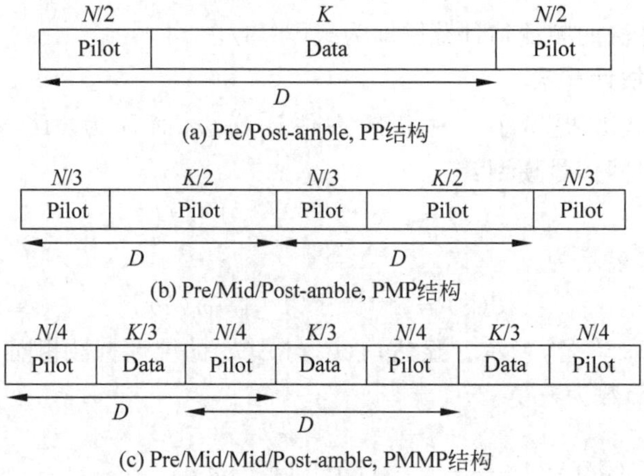

图 3-31 导频结构[54]

在最优导频结构的基础上，需设计粗估计算法使之尽可能地接近最优导频结构的 CRB。由于传统的粗估计算法针对导频连续放置的结构，故不能直接用于 PP 结构，需对其做适当修改。文献[33]针对最优的 PP 结构提出了频率粗估计算法为

$$\hat{f}T=\frac{1}{2\pi D}\arg\left\{\sum_{k=1}^{N/2}r^{*}(k)r(k+D)\right\}=\frac{1}{2\pi D}\arg\{R(D)\}\tag{3-79}$$

其中，$R(D)=\sum_{k=1}^{N/2}r^{*}(k)r(k+D)$，$D=N/2+K$，其方差为

$$E[(\Delta\hat{f}-\Delta f)^2T^2]=\frac{1}{2\pi^2D^2}\left(\frac{1}{N\mathrm{SNR}}+\frac{1}{2N\mathrm{SNR}^2}\right)$$

为提高估计性能，文献[34]提出了基于相关函数和的频率粗估计算法

$$\begin{aligned}\hat{f}T&=\frac{1}{2\pi D}\arg\left\{\sum_{k=1}^{N/2}\sum_{m=D+1}^{K+N}r^{*}(k)r(m)\right\}\\&=\frac{1}{2\pi D}\arg\left\{\sum_{l=0}^{N/2-1}R(D+l)+\sum_{l=1}^{N/2-1}R(D-l)\right\}\end{aligned}\tag{3-80}$$

其中，$R(D+l)=\sum_{k=1}^{N/2-l}r^{*}(k)r(k+D+l)$，$R(D-l)=\sum_{k=l+1}^{N/2}r^{*}(k)r(k+D-l)$。其方差为

$$E[(\Delta\hat{f}-\Delta f)^2T^2]=\frac{1}{2\pi^2D^2}\left(\frac{1}{N\mathrm{SNR}}+\frac{1}{2N^2\mathrm{SNR}^2}\right)$$

文献[32]推导出 PP 结构的 DA 频率估计的克拉美罗界为

$$\mathrm{CRB}(\hat{f}T)=\frac{1}{2\mathrm{SNR}\cdot\pi^2}\cdot\frac{3}{N[N^2-3(K+N)N+3(K+N)^2-1]}$$

此界可作为评价 DA 频率估计算法的标准。对于 DA 同步来说，符号样点的相位之差不能超过 π，因此，频率估计的范围限定为

$$|fT| \leqslant \frac{1}{2D}$$

图 3-32 为导频结构为 PP 结构时两种频率估计算法的性能图，其中实测曲线的频偏设为 2.5×10^{-4}，码长 $K=1200$，$N=120$。为方便起见，分别称式(3-79)和式(3-80)为单相关算法和多相关算法。从图 3-32 中可以看出，多相关算法的理论方差与 CRLB 基本重合，而单相关算法在低噪比区间离 CRLB 很远，随信噪比升高可逼近 CRLB。另外，多相关算法的实测和理论曲线的拟合度很高，而单相关算法在较高信噪比区间才有很高的拟合度。由于单相关算法比多相关简单，因此可得出结论：在极低信噪比区间(−10dB 左右)，可用多相关算法估计频偏；而在低信噪比区间(0dB 左右)，可用单相关算法估计频偏。

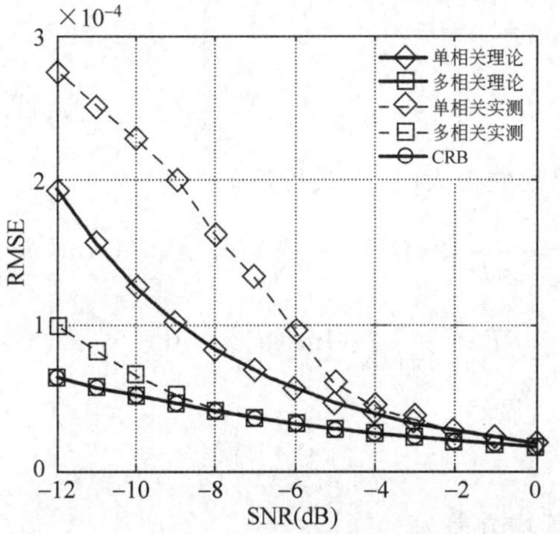

图 3-32 导频为 PP 结构时，单相关算法和多相关算法频偏估计 RMSE 曲线

在频率估计后，用频率的估计值去补偿信号，然后进行相位估计，对应的估计量为

$$\hat{\theta} = \arg\left\{ \sum_{k\in \mathrm{LN_{pilot}}} r(k)\mathrm{e}^{-\mathrm{j}2\pi k\hat{f}T} \right\}$$

(1) 低信噪比下的同步方案(0dB 左右)。

如前所述，对于 PP 结构，频率估计的范围被限定为 $|fT|<1/2D$，其中 $D=N/2+K$。可见，码长越长，同步范围越小。而且，$1/2D$ 只是频率同步范围的上限值，在实际中往往低于这个值。因此，为扩大同步范围，可以适当地调整导频结构。虽然估计精度会略有降低，但可以通过精估计算法进行补偿。

针对低信噪比(0dB 左右)环境，提出一种 PMP(Pre/Mid/Post-ample)导频结构，即将导频分成相等的 3 份，放在数据的前中后，如图 3-31(b)所示。相应的频率估计算法为

$$\hat{f}T = \frac{1}{2\pi D}\arg\left\{ \sum_{k\in \mathrm{Pilot_{pre}}} r^*(k)r(k+D) + \sum_{k\in \mathrm{Pilot_{mid}}} r^*(k)r(k+D) \right\} \tag{3-81}$$

此时 $D=N/3+K/2$，频率估计范围可提供大约 2 倍。其方差为

$$E[(\Delta\hat{f}-\Delta f)^2T^2] = \frac{3}{16\pi^2D^2N}\left(\frac{1}{\mathrm{SNR}}+\frac{1}{\mathrm{SNR}^2}\right)$$

证明：

导频位置上的信号为

$$r(k)=\mathrm{e}^{\mathrm{j}(2\pi k f T+\theta)}+n(k), \quad k \in \mathrm{LN}_{\text{Pilot}} \tag{3-82}$$

将式(3-82)代入式(3-81)

$$\hat{f}T=\frac{1}{2\pi D}\arg\left\{\frac{2}{3}N\mathrm{e}^{\mathrm{j}2\pi DfT}+N_1+N_2\right\} \tag{3-83}$$

其中,

$$N_1=\sum_{k_1\in \text{Pilot}_{\text{pre}}} n(k_1+D)\mathrm{e}^{-\mathrm{j}2\pi k_1 fT+\theta}+n^*(k_1)\mathrm{e}^{\mathrm{j}2\pi(k_1+D)fT+\theta}+n^*(k_1)n(k_1+D)$$

$$N_2=\sum_{k_2\in \text{Pilot}_{\text{pre}}} n(k_2+2D)\mathrm{e}^{-\mathrm{j}2\pi(k_2+D)fT+\theta}+n^*(k_2+D)\mathrm{e}^{\mathrm{j}2\pi(k_2+2D)fT+\theta}+ n^*(k_2+D)n(k_2+2D)$$

归一化式(3-83)有

$$\hat{f}T=\frac{1}{2\pi D}\arg\left\{\mathrm{e}^{\mathrm{j}2\pi DfT}+\frac{3}{2N}(N_1+N_2)\right\}$$

对于信噪比足够高或当导频数很大时,上式可近似为

$$\begin{aligned}\hat{f}T&=\frac{1}{2\pi D}\left\{2\pi DfT+\frac{3}{2N}(\mathrm{Im}\{N_1\}+\mathrm{Im}\{N_2\})\right\}\\&=fT+\frac{3}{4\pi DN}(\mathrm{Im}\{N_1\}+\mathrm{Im}\{N_2\})\end{aligned}$$

其中,Im{·}表示取虚部。显然

$$E(\hat{f}T)=fT$$

可见式(3-81)是无偏的,其均方差为

$$\begin{aligned}E[({}^{\Delta}\hat{f}-\Delta f)^2T^2]&=\left(\frac{3}{4\pi DN}\right)^2E\{(\mathrm{Im}\{N_1\}+\mathrm{Im}\{N_2\})^2\}\\&=\left(\frac{3}{4\pi DN}\right)^2E\{(\mathrm{Im}\{N_1\})^2+2(\mathrm{Im}\{N_1\})(\mathrm{Im}\{N_2\})+(\mathrm{Im}\{N_2\})^2\}\\&=\left(\frac{3}{4\pi DN}\right)^2\frac{N}{3}\{(2\sigma^4+2\sigma^2)+(-2\sigma^2)+(2\sigma^4+2\sigma^2)\}\\&=\left(\frac{3}{4\pi DN}\right)^2\frac{N}{3}(4\sigma^4+2\sigma^2)\end{aligned}$$

将 $\mathrm{SNR}=1/2\sigma^2$ 代入上式,可得

$$E[(\Delta\hat{f}-\Delta f)^2T^2]=\frac{3}{16\pi^2D^2N}\left(\frac{1}{\mathrm{SNR}}+\frac{1}{\mathrm{SNR}^2}\right) \tag{3-84}$$

图 3-33 为低信噪比下不同导频结构的粗同步鉴频曲线。可以看出,PMP 结构的同步范围大约为 PP 结构的 2 倍,与理论一致。

(2) 极低信噪比下的同步方案(−10dB 左右)。

在极低信噪比环境下,PP 结构的粗估计算法同样存在估计范围受限的问题。与低信噪比情况一样,可适当调整导频结构以扩大同步范围。因此文献[54]提出了一种 PMMP (Pre/Mid/Mid/Post-amble)导频结构,即将导频分成相等的四份,均匀地放在数据两端和中间,如图 3-31(c)所示。记这 4 段导频的时间样点集合为 P_i, $i=1,2,\cdots,4$。则相应的频率估计算法为

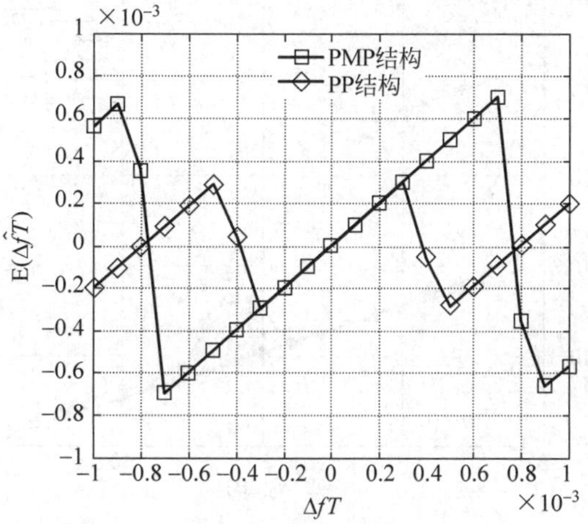

图 3-33 低信噪比下不同导频结构的粗同步鉴频曲线，SNR＝0dB

$$\hat{f}T=\frac{1}{2\pi D}\arg\left(\sum_{k\in P_3}r(k)\sum_{k\in P_1}r^*(k)+\sum_{k\in P_4}r(k)\sum_{k\in P_2}r^*(k)\right) \tag{3-85}$$

其中，$D=N/3+2K/3$，相比 PP 结构，频偏估计范围可提高大约 1.5 倍。其均方误差为

$$E[(\Delta\hat{f}-\Delta f)^2T^2]=\frac{1}{2\pi^2D^2}\left(\frac{1}{N\text{SNR}}+\frac{2}{N^2\text{SNR}^2}\right)$$

证明过程与式(3-84)相似，由于篇幅较长，这里不再赘述。图 3-34 为极低信噪比下不同导频结构的粗同步鉴频曲线。可以看出，PMMP 结构的同步范围大约为 PP 结构的 1.5 倍。

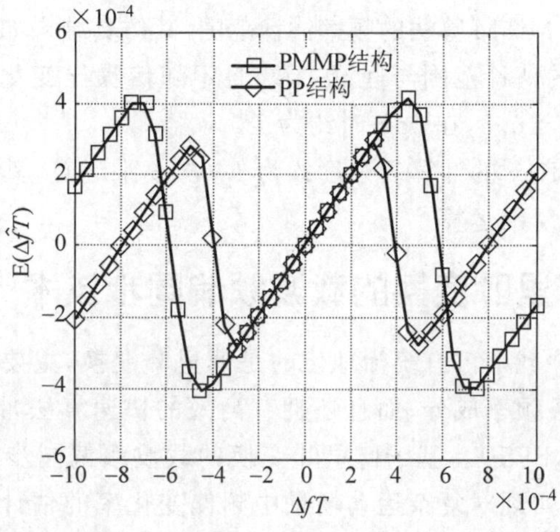

图 3-34 极低信噪比下不同导频结构的粗同步鉴频曲线，SNR＝－9dB

8. 频率估计算法性能比较

评价载波频率估计算法性能的主要指标包括估计精度、估计范围、信噪比门限及实现复杂度。下面从几方面比较上述几种传统数据辅助算法性能[30]。

假设信号中导频长度 L_0 为 36 个符号，归一化频偏为 $f_dT=0.01$。对上述 4 种算法估计精度的仿真结果如图 3-35 所示。为了比较性能，MCRB 也在图中给出，其表达式为：

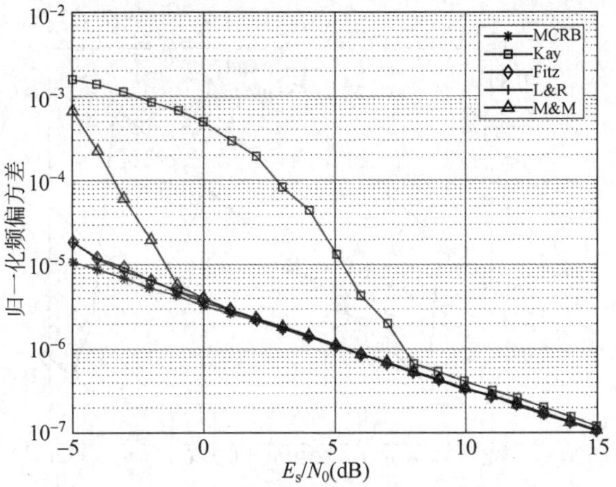

图 3-35　4 种频偏估计算法精度比较[31]

$$T^2 \times \mathrm{MCRB}(f_d)=\frac{3}{2\pi^2 L_0^3}\frac{1}{E_s/N_0}$$

从图 3-35 中可以看出，Kay 算法具有相对很高的门限效应，门限的 E_s/N_0 为 8dB 左右。M&M 算法的门限比较低，可以达到 0dB。而 Fitz 和 L&R 算法门限效应并不明显，在 E_s/N_0 小于 0dB 时仍然非常接近克拉美罗线，估计精度最高。

从频率估计范围角度，根据上节算法介绍，Fitz 和 L&R 算法的归一化频率估计范围，分别为 $\pm 1/(2N)$ 和 $\pm 1/(N)$。显然，估计范围和自相关函数 $R(m)$ 中的最大长度 N 成反比。通过比较可以发现，Kay 算法实际上是 L&R、Fitz 算法在 $N=1$ 时的最优结果。因此，只需要比较 L&R 算法和 M&M 算法的频率估计范围，其仿真结果如图 3-36 所示。从图 3-36 中可以发现，L&R 算法的估计范围与理论一致，且不随信噪比变化而变化。M&M 算法的估计范围在 10dB 时约为 ±0.5，在 0dB 时约为 ±0.3。

在运算复杂度方面，Kay 的计算复杂度约为 L_0 次复乘运算，其他算法的计算复杂度约为 $N(2L_0-N-1)/2$ 次复乘运算。

3.2.3　基于傅里叶变换的载波频偏同步技术

在经典的信号分析领域中占有统治地位的是傅里叶变换，主要因为它可以匹配现实世界中存在的平稳信号的各频率成分，而且还拥有高效的快速算法，即快速傅里叶变换（Fast Fourier Transformation，FFT）。基于傅里叶变换的载波频偏同步技术不仅可以实现对载波频偏的估计，而且可以实现对复杂运动场景中频偏变化率的估计。因此在高动态环境下具有较好的应用前景[12]。下面介绍几种常见的基于傅里叶变换的载波频偏同步技术。

1. 分数阶傅里叶变换

分数阶傅里叶变换（Fractional Fourier Transform，FRFT）是一种时频分析工具。Namias 在 1980 年从数学的角度首先提出了 FRFT 的定义[12]，Almeida 分析了 FRFT 和 Wigner-Ville 之间的关系，并且将 FRFT 解释为时频平面的旋转算子。McBride、Kerr 在 1987 年给出了 FRFT 的严格数学定义，之后由 Cariolario 给出了 FRFT 统一的定义[13]。

FRFT 是傅里叶变换的一种广义形式，FRFT 是将信号的坐标轴在时频平面上绕原点

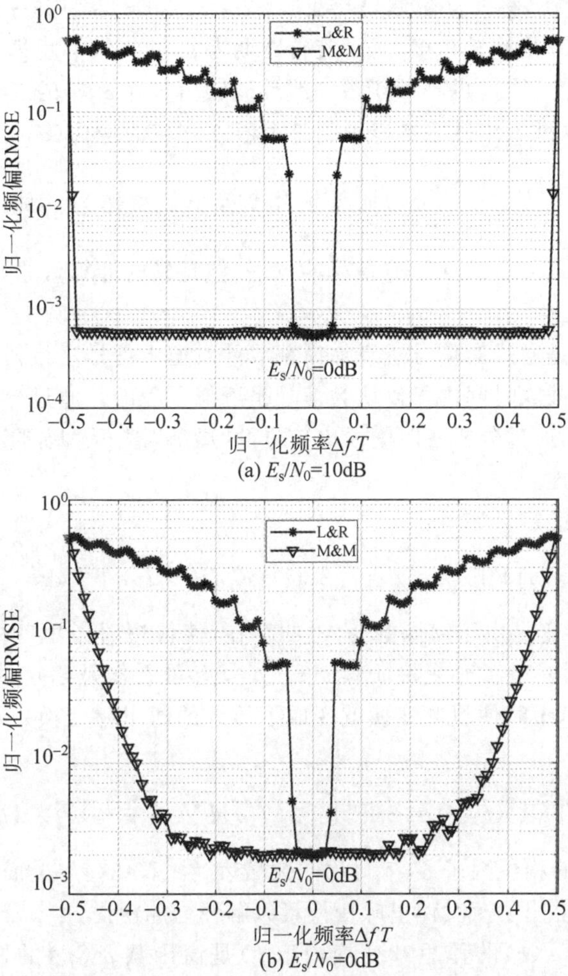

(a) E_s/N_0=10dB

(b) E_s/N_0=0dB

图 3-36 L&R 和 M&M 算法的频偏估计范围[31]

作逆时针旋转。如果说信号的傅里叶变换是将其从时间轴上逆时针旋转 $\pi/2$ 后到频率轴上的表示，那么 FRFT 是把信号在时间轴上逆时针旋转角度 α 在 u 轴上的表示。信号 $s(t)$ 的 FRFT 定义如下[14]：

$$s_\alpha(u) = F^P[s(t)] = \int_{-\infty}^{+\infty} s(t) k_\alpha(t,u) \mathrm{d}u$$

式中，p 为 FRFT 的阶，它可以是任意实数，$\alpha = p\pi/2$，$F^P[\cdot]$称作 FRFT 算子符号，$k_\alpha(t,u)$是 FRFT 的变换核。

$$k_\alpha(t,u) = \begin{cases} \sqrt{\dfrac{1-\mathrm{j}\cot\alpha}{2\pi}} \exp\left(\mathrm{j}\,\dfrac{t^2+u^2}{2}\cot\alpha - tu\csc\alpha\right), & \alpha \neq n\pi \\ \delta(t-u), & \alpha = 2n\pi \\ \delta(t+u), & \alpha = (2n+1)\pi \end{cases}$$

由上式可知，信号 $s(t)$ 被分解成 u 域上的一组正交线性调频信号基的线性组合。u 域称作分数阶傅里叶域，时域和频域常常被视为分数阶傅里叶域的特例[12,13]。

信号表示在分数阶傅里叶域上同时具备了信号时域和频域上的信息。其中，$F^P[s(t)]$

中，$\alpha=0,2\pi$ 是恒等变换，称作 0 阶傅里叶变换。$\alpha=\pi/2,5\pi/2$，称作一阶傅里叶变换或标准傅里叶变换。$\alpha=p\pi/2$ 是旋转角度，一个旋转周期为 $\alpha=[0,2\pi]$，也即 $p=[0,4]$。

FRFT 是线性变换，是 p 的连续函数。线性调频信号在 α,u 的二维平面 $F_x(\alpha,u)$ 上对应某个最大值的点，通过二维搜索可以得到最大值点对应的坐标 (α,u)，进而可以得到调频斜率和初始频率：$\begin{cases}k=-\cot\alpha\\ w_0=u/\sin\alpha\end{cases}$，分数阶傅里叶变换虽然可作为一种检测噪声中线性调频(Linear Frequency Modulated，LFM)信号的方法，但是它的计算量非常大。

2. 短时傅里叶变换

短时傅里叶变换是通过对信号进行加窗截取并对窗内信号进行傅里叶变换的一种频率分析方法。在较短的截取时间内可以认为信号是近似平稳的。通过分析窗在时间轴上移动获取不同时间段信号，通过分析各时间段内信号的“局部”谱，从“局部”谱不同时刻的差异上就得到信号的时变特性。

短时傅里叶变换的定义如下：

$$\mathrm{STFT}_s(t,f)=\int_{-\infty}^{\infty}s(t')\omega^*(t'-t)\mathrm{e}^{-\mathrm{j}2\pi ft'}\mathrm{d}t' \tag{3-86}$$

由式(3-86)可见，正是由于窗函数 $\omega(t)$ 的存在，使得短时傅里叶变换既是频率的函数又是时间的函数，同时具备了时频特征。$\mathrm{STFT}_s(t,f)$ 可看作是给定的时间 t 时刻的频谱。当窗函数 $\omega(t)=1$ 时，短时傅里叶变换就变成了传统的傅里叶变换。短时傅里叶变换可以用信号谱和窗谱表示：

$$\mathrm{STFT}_s(t,f)=\mathrm{e}^{-\mathrm{j}2\pi ft}\int_{-\infty}^{\infty}s(f')H^*(f'-f)\mathrm{e}^{\mathrm{j}2\pi ft}\mathrm{d}f' \tag{3-87}$$

除了式(3-87)中的相位因子 $\mathrm{e}^{-\mathrm{j}2\pi ft}$ 以外，频域表达式(3-87)与上面的时域表达式(3-86)类似。表达式(3-87)说明了短时傅里叶变换可以解释为加窗谱 $s(f')H^*(f'-f)$ 的傅里叶逆变换。$s(f)$ 是信号 $s(t)$ 的傅里叶变换，$H(f)$ 是窗函数 $\omega(f)$ 的傅里叶变换。加窗谱 $s(f')H^*(f'-f)$ 的傅里叶逆变换可以解释为：信号 $s(f')$ 通过频率响应为 $H^*(f'-f)$ 的滤波器所得到的结果。该滤波器是一个中心频率为 f 的带通滤波器。短时傅里叶变换可以通过带通滤波器实现，如图 3-37 所示。信号的短时傅里叶变换也以通过低通滤波器实现，如图 3-38 所示。短时傅里叶变换的低通实现与带通实现等价[16]。

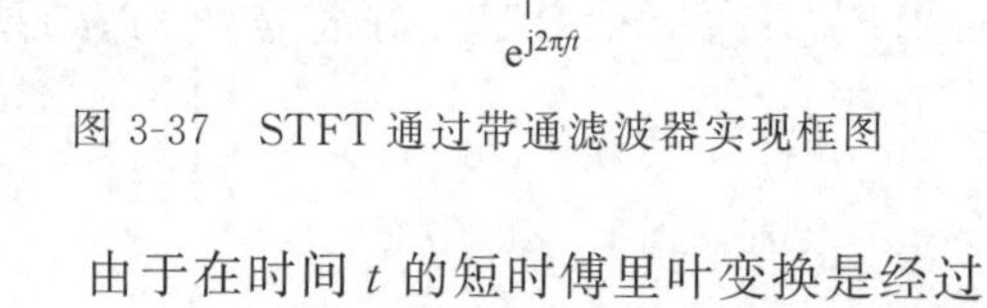

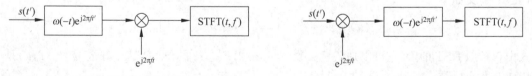

图 3-37　STFT 通过带通滤波器实现框图

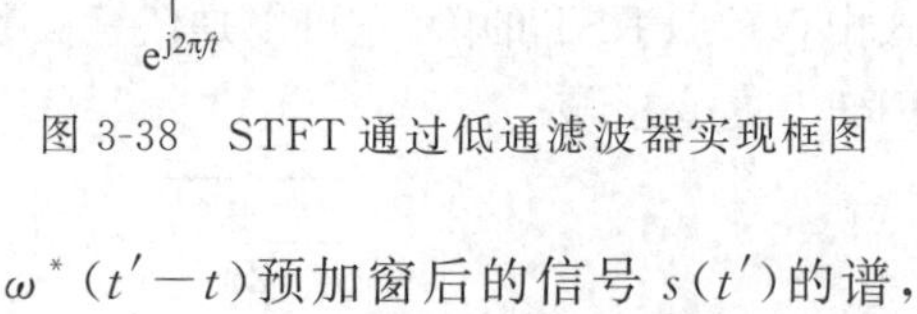

图 3-38　STFT 通过低通滤波器实现框图

由于在时间 t 的短时傅里叶变换是经过窗函数 $\omega^*(t'-t)$ 预加窗后的信号 $s(t')$ 的谱，因此只要是处于以时间 t 为中心的局部谱窗间隔内的所有信号，它的特性均可以在时间 t 的短时傅里叶变换内显现出来。显然，提高短时傅里叶变换的时间分辨率要求窗尽可能小，但提高其频率分辨率又要求滤波器 $H^*(f'-f)$ 带宽尽可能窄，这是短时傅里叶变换设计的难点。设 Δf 和 Δt 分别代表短时傅里叶变换的频率分辨率和时间分辨率，它们的乘积需要满足不等式 $\Delta f\cdot\Delta t\geqslant 1/4\pi$，称为不确定性原理。不确定性原理阻碍了任意小带宽的窗函数和任意小时间间隔同时存在的可能性。考虑分析窗 $\omega(t)$的两个极端情况。第一种有非常理想的时间分辨率,分析窗是一个无穷窄的冲击函数:

$$\mathrm{STFT}_s(t,f)=s(t)\mathrm{e}^{-\mathrm{j}2\pi ft}$$

在这种情况下,短时傅里叶变换变为 $s(t)$,它可以保留信号的所有时间变化,但是不能提供频率分辨率。第二种的极端的情况就是使用不变窗函数 $\omega(t)\equiv 1$,这样可以得到理想的频率分辨率[16]。

不同窗函数对主瓣的分辨率和对旁瓣的抑制程度不同,因此选择合适的窗函数对提高短时傅里叶变换的时频分辨能力十分重要。窗函数的选择会受到频率分辨率和时间分辨率无法同时变小的不确定性原理的制约。这使得短时傅里叶变换估计结果的时频聚集性较差,难以取得高精度估计值。此外,短时傅里叶变换分布对噪声是比较敏感的,限制了其在低信噪比情况下的应用。

3. 匹配傅里叶变换

匹配傅里叶变换源自傅里叶变换的思想。给定任意信号 $s(t)\in L^2(R)$,其傅里叶变换的定义如下:

$$S(\omega)=\int_{-\infty}^{\infty}s(t)\mathrm{e}^{-\mathrm{j}\omega t}\mathrm{d}t \tag{3-88}$$

$$s(t)=\frac{1}{2\pi}\int_{-\infty}^{\infty}S(\omega)\mathrm{e}^{\mathrm{j}\omega t}\mathrm{d}\omega \tag{3-89}$$

从式(3-88)和式(3-89)可以看出,傅里叶变换的基本原理是将一个信号用无穷多个正弦函数的加权和来表示。因为这些正弦函数频率固定不变,所以傅里叶变换适合分析频率不随时间变化的信号,即平稳信号,而对于频率随时间变化的非平稳信号(例如 LFM 信号),傅里叶变换并不能给出满意的结果。

将信号分解成一组基函数的线性组合是信号分析的一种重要手段。如果这组基函数与信号的主要频率成分相似,那么只需要有限个基函数的线性组合就能实现原信号的数学表达。因此在采用基函数分解方法时,根据信号的先验知识,采用与信号的局部结构特征相似的基函数,可以实现用尽可能少的基函数来表示信号。因此基函数选取原则是根据信号自身的特点并且要和信号最为匹配。

对于线性调频信号 $s(t)=\sum_t c_i\mathrm{e}^{\mathrm{j}\omega_i t^2}$ 来说,定义其匹配傅里叶变换的定义式为

$$S(\omega)=2\int_0^T s(t)\mathrm{e}^{-\mathrm{j}\omega t^2}t\,\mathrm{d}t$$

式中,$S(\omega)$为线性调频信号的频谱,线性调频信号频谱的幅值大小与之对应。更一般的匹配傅里叶变换的形式为:

$$S(\omega)=\int_0^T s(t)\mathrm{e}^{-\mathrm{j}\omega\varphi(t)}\mathrm{d}\varphi(t)$$

逆变换为

$$s(t)=\frac{1}{X}\int_{-\infty}^{\infty}S(\omega)\mathrm{e}^{-\mathrm{j}\omega\varphi(t)}\mathrm{d}\omega$$

式中,$\varphi(t)$为 t 的函数,需要指出的是,$\varphi(t)$可以是多项式,每一项的指数可以是整数或者是分数。

对于线性调频信号 $s(t)$:

$$s(t)=\mathrm{e}^{\mathrm{j}2\pi\left(f_0t+\frac{1}{2}a_0t^2\right)}$$

式中，f_0 为 LFM 的起始频率，a_0 为 LFM 的调频斜率。其匹配傅里叶变换为：

$$S(f,a)=\int_0^T s(t)\mathrm{e}^{\mathrm{j}2\pi\left(ft+\frac{1}{2}at^2\right)}\left(t+\frac{f}{a}\right)\mathrm{d}t \tag{3-90}$$

式(3-90)所示的是匹配傅里叶变换的一种具体形式，它的基函数取的是 LFM 信号形式。为了计算方便，匹配傅里叶变换也可以选取下面的形式：

$$S(f,a)=\int_0^T s(t)\mathrm{e}^{\mathrm{j}2\pi(ft+at^2)}t\,\mathrm{d}t \tag{3-91}$$

由式(3-90)计算得到的频谱图可以称为二阶匹配傅里叶变换谱，式中 a 不为零，表示不同基条件下匹配傅里叶变换谱。式(3-91)是不同频率补偿条件下的匹配傅里叶变换谱。由式(3-91)计算得到的频谱图叫作二步匹配傅里叶变换谱。由于我们实际要处理的信号都是经过采样的离散信号，所以匹配傅里叶变换的离散形式有

$$S(k)=\sum_{n=0}^{N-1}s(\varphi(nT_s))\mathrm{e}^{-\mathrm{j}2\pi k\Omega\varphi(nT_s)}[\varphi(nT_s)-\varphi((n-1)T_s)]$$

$$S(k)=\sum_{n=0}^{N-1}s(\varphi(nT_s))\mathrm{e}^{-\mathrm{j}2\pi k\Delta f\varphi(nT_s)}\varphi(nT_s)T_s$$

线性调频信号的离散形式可以表示为

$$s(n)=\mathrm{e}^{\mathrm{j}2\pi\left[f_0nT_s+\frac{1}{2}a_0(nT_s)^2\right]}$$

式中，采样时间间隔为 T_s，T 为信号持续时间，则采样点数 $N=T/T_s$。LFM 的离散匹配傅里叶变换频谱为

$$\begin{aligned}S(f,a)&=\sum_{n=0}^{N-1}s(n)\mathrm{e}^{-\mathrm{j}2\pi\left[fnT_s+\frac{1}{2}a(nT_s)^2\right]}(f+anT_s)\\&=\sum_{n=0}^{N-1}\mathrm{e}^{\mathrm{j}2\pi\left[(f_0-f)nT_s+\frac{1}{2}(a_0-a)(nT_s)^2\right]}(f+anT_s)\end{aligned}$$

$$\begin{aligned}S(f,a)&=\sum_{n=0}^{N-1}s(n)\mathrm{e}^{-\mathrm{j}2\pi\left[fnT_s+\frac{1}{2}a(nT_s)^2\right]}nT_s\\&=\sum_{n=0}^{N-1}\mathrm{e}^{\mathrm{j}2\pi\left[(f_0-f)nT_s+\frac{1}{2}(a_0-a)(nT_s)^2\right]}nT_s\end{aligned}$$

无论离散二阶匹配傅里叶变换谱还是离散二步匹配傅里叶变换谱，都能在对应于信号 (f_0,a_0) 的位置上发生信号能量的聚集，在谱上表现为一个尖峰。在匹配傅里叶变换谱分布图上进行二维搜索，尖峰的坐标 (f_0,a_0) 就是该 LFM 信号的线性频率 f_0 和线性调频斜率 a_0，对于离散二阶匹配傅里叶变换和离散二步匹配傅里叶变换来说，二者的分辨率是不同的，二步匹配傅里叶变换比二阶匹配傅里叶变换的分辨率更高。

4. 延迟自相关傅里叶变换

延迟自相关傅里叶变换利用一次自相关运算和两次正弦信号的频率估计将复杂的二维搜索转换到两次一维搜索，不仅降低了计算复杂度，而且将两段信号之间具有相同多普勒频率变化率的先验信息进行了充分利用，实现了线性调频信号的多普勒频率及其变化率的快速估计。已去除调制信息的线性调频信号 $r(t)$ 可以表示为(含噪声)：

$$r(t)=\mathrm{e}^{\mathrm{j}2\pi\left(f_0+\frac{1}{2}a_0t^2\right)}+n(t),\quad 0\leqslant t\leqslant T \tag{3-92}$$

其中，f_0 是频偏，a_0 是频偏变化率，$n(t)$是复加性高斯白噪声。

延迟自相关傅里叶变换的基本思想是，将信号 $r(t)$与其延迟 τ 的信号 $r(t-\tau)$进行自相关，然后结合正弦信号的频率估计算法(如 FFT 技术)，实现频偏和频偏变化率的估计。并将与 FFT 结合的延迟自相关算法称为延迟自相关 FFT 算法。

假设接收信号延时为 τ，则其瞬时自相关函数可以表示为

$$R(t,\tau)=r(t+\tau)r^*(t),\quad 0\leqslant t\leqslant T-\tau$$

联合式(3-92)可得

$$R(t,\tau)=\mathrm{e}^{\mathrm{j}2\pi\left(f_0\tau+\frac{1}{2}a_0\tau^2+f_0t\tau\right)}+n'(t)$$

其中，噪声项为

$$n'(t)=\mathrm{e}^{\mathrm{j}2\pi\left(f_0(t+\tau)+\frac{1}{2}a_0(t+\tau)^2\right)}n^*(t)+\mathrm{e}^{\mathrm{j}2\pi\left(f_0t+\frac{1}{2}a_0t^2\right)}n(t+\tau)+n(t+\tau)n^*(t)$$

当延时 τ 固定时，$R(t,\tau)$可以看作噪声 $n'(t)$污染下的复正弦信号，其载波频率为 $f_0\tau$。针对解调后的信号 $R(t,\tau)$，采用复正弦信号的频偏估计算法(例如 FFT 算法)，即可从 $R(t,\tau)$中估计出频率(f_0,a_0)，则接收信号 $r(t)$的频偏变化率的估计值为

$$\hat{f}_0=\hat{f}/\tau \tag{3-93}$$

由式(3-93)可以发现，延时 τ 对频偏变化率的估计精度影响很大，并且一旦确定了频偏估计算法，f_0 的估计精度就仅与延时 τ 有关。文献[17]用一阶扰动分析推导出最佳延迟为 $0.5T$，算法实现框图如图 3-39 所示。文献[18]从正弦信号频率估计误差的克拉美罗界出发，证明了最佳延迟为 $0.4T$。

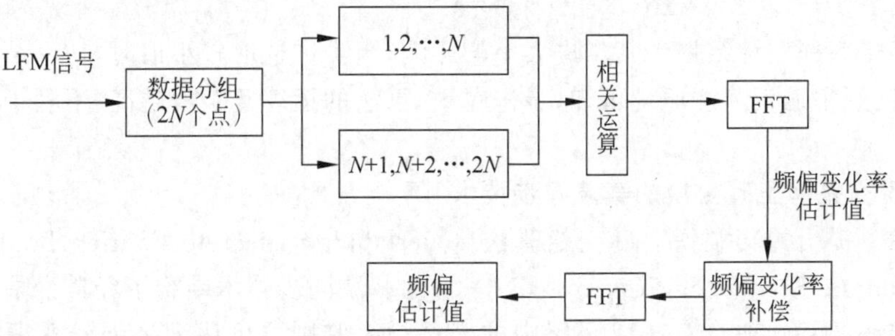

图 3-39　$\tau=0.5T$ 的延迟自相关 FFT 算法框图

5. 频域并行傅里叶变换

频域并行傅里叶变换即一级调频率逼近算法是一种基于 LFM 信号"矩形效应"的载波捕获算法。根据 LFM 信号的频谱特性，信号的频率变化率越小，频谱聚集性越好，对应频谱的幅值越大，其最大频谱幅值对应谱线的频率也最接近起始频率。因此，一级调频率逼近算法的基本思想可总结为：按照某种步进划分频偏变化率，用各频偏变化率对接收信号进行解线性调制处理，然后分别对已解除线性调制的信号进行 FFT，并搜索各自的频谱峰值。当频偏变化率越接近真实值，解线调后的信号频谱峰值就越大，此时的频谱峰值对应的频率也越逼近真实频偏。算法的具体步骤如下：

(1) 假设接收信号的频偏变化率在$(a_{\min},a_{\max})$范围内，以 δ 为步进将频偏变化率划分为 $a_1,a_2,\cdots,a_M$，共 M 个离散值，其中 $a_1=a_{\min},a_2=a_{\max}$。

(2) 分别使用 $a_1,a_2,\cdots,a_M$ 实现接收信号 $r(t)$的解线性调制过程，获得的 M 组解线性

调制信号 $r_i(t)$ 如下：

$$r_i(t)=r(t)\mathrm{e}^{-\mathrm{j}2\pi a_i t^2/2}$$

其中，$r(t)$ 如式(3-92)所示，$i=1,2,\cdots,M$。

(3) 对解线性调制信号 $r_i(t)$ 做FFT运算，搜索并记录 M 组FFT下的频谱峰值 $A_i(i=1,2,\cdots,M)$ 及峰值对应的频率值 $\Delta f_i(i=1,2,\cdots,M)$；

(4) 比较 $A_1,A_2,\cdots,A_M$，选出最大值 $A_{\max}$，则 $A_{\max}$ 对应的 $a_{\max}$ 为频偏变化率的估计值，其最大峰值对应的频率为 $f_{\max}$：

$$\hat{a}=\underset{a_i}{\operatorname{argmax}}A_i$$

$$\hat{f}=\underset{f_i}{\operatorname{argmax}}A_i$$

由上述算法步骤可以发现，采用一级调频率逼近的载波捕获算法得到的频偏变化率估计值和频偏估计值与频偏变化率的步进紧密相关，频偏变化率步进选取得越小，得到的估计值就越精确，但是此时 M 取值更大，会造成更大的运算复杂度。下面用复数乘法次数和复数加法次数来度量一级调频逼近算法的运算复杂度：

步骤(1)、(2)包含的复数乘法次数为 $M\times N$，复数加法次数为0，其中 N 为离散信号长度；步骤(3)要完成 M 组 N 点FFT，所以包含的复数乘法次数为 $M\times\left(\frac{N}{2}\right)\log_2 N$，复数加法次数为 $M\times N\log_2 N$。因此，可以计算出一级调频率逼近的载波捕获算法共包含的复数乘法次数为 $M\times N+M\times\left(\frac{N}{2}\right)\log_2 N$，复数加法次数为 $M\times N\log_2 N$。

频偏变化率的估计结果受其步进大小的影响，当步进选取较小值时，估计结果较好。但是，由一级调频率逼近算法原理可知，步进越小，算法的运算复杂度越高，不利于突发信号的同步实现。

6. 基于交叠傅里叶变换的载波同步技术

文献[25]提出的交叠傅里叶变换算法(Overlapping Discrete Fourier Transformation-based Automatic Frequency Control，ODAFC)的载波同步技术结合了经典谱估计和传统数字相位锁定环的基础理论[26]。其环路中的交叠频率鉴别器可认为是传统叉积频率鉴别器的推广。

1) ODAFC原理

ODAFC环路的原理框图如图3-40所示。设环路的输入信号和本地信号经过相位旋转和低通滤波模块处理后，得到的同相和正交分量采样分别为

$$I_n=A\cos(\Delta\theta_n)+n_{\mathrm{I}n} \tag{3-94}$$

$$Q_n=A\sin(\Delta\theta_n)+n_{\mathrm{Q}n} \tag{3-95}$$

式中，A 为信号幅度，它和载波功率 P_{c} 的关系为

$$A^2=P_{\mathrm{c}}$$

$\Delta\theta_n$ 为环路输入信号和本地信号的瞬时相位差，噪声序列 $\{n_{\mathrm{I}n}\}$ 和 $\{n_{\mathrm{Q}n}\}$ 是相互独立的高斯随机变量，其均值为0，方差为

$$\sigma^2=\frac{N_0}{2T}$$

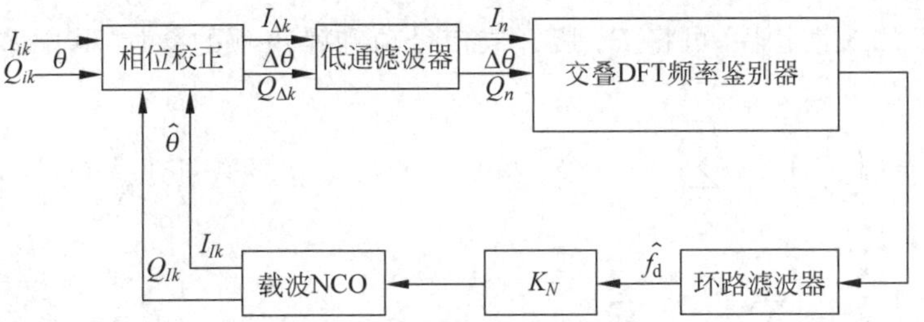

图 3-40 ODAFC 环路的原理框图

其中，N_0 是噪声的单边功率谱密度，T 为 ODAFC 环路的预积分时间，也被称为环路的更新周期。

如图 3-41 所示为低通滤波模块输出信号复序列和交叠 DFT 频率鉴别器在 $n=k$ 时刻输入信号序列的对应时序关系，该图反映了交叠 DFT 频率鉴别器输入信号采样的交叠原理。在每一个环路的更新周期内，交叠 DFT 频率鉴别器对长度为 N_s 的输入序列做一次 $2N_s$ 点的 DFT(补 N_s 个零点)。如果将交叠 DFT 频率鉴别器的输入信号采样表示为

$$x_n = I_n + jQ_n$$

经 DFT 后得到

$$\begin{aligned} X_{k,l} &= \frac{1}{N_s} \sum_{n=k-(N_s-1)}^{k} x_n e^{-j2\pi nl/(2N_s)} \\ &= R_{k,l} + jM_{k,l} \end{aligned}$$

那么交叠 DFT 频率鉴别器在 $n=k$ 时刻的输出为

$$\begin{aligned} P_k &= R_{k,l}^2 + M_{k,l}^2 - (R_{k,-l}^2 + M_{k,-l}^2) \\ &= \left(\frac{1}{N_s}\right)^2 \sum_{m=k-(N_s-1)}^{k} \sum_{n=k-(N_s-1)}^{k} 2(I_n Q_m - Q_n I_m) \times \sin\left(\frac{\pi}{N_s}(n-m)\right) \end{aligned}$$

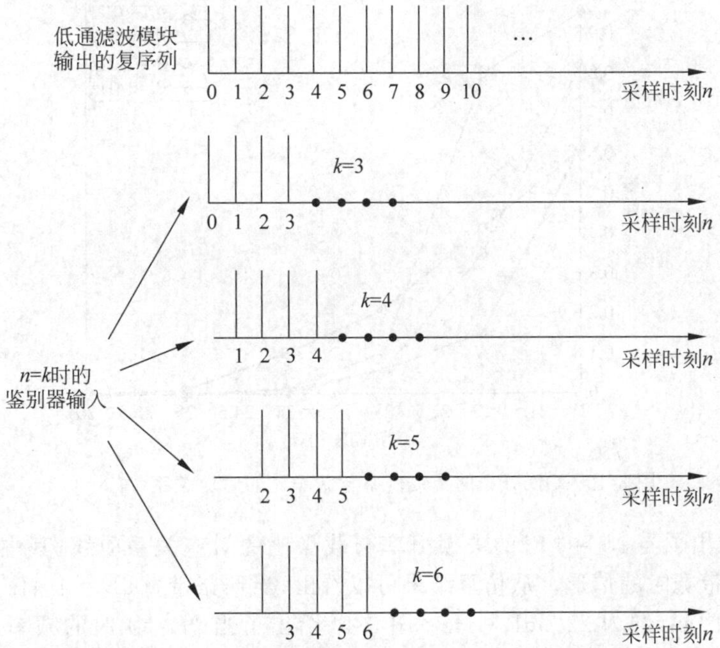

图 3-41 交叠 DFT 频率鉴别器输入信号采样的交叠原理

由于 DFT 的线性特性，可将 P_k 展开成信号项和噪声项的叠加，其中鉴别器输出的信号项为

$$S_k = 2\left(\frac{1}{N_s}\right)^2 \sum_{m=k-(N_s-1)}^{k} \sum_{n=k-(N_s-1)}^{k} A^2 \sin(\Phi_m - \Phi_n) \times \sin\left(\frac{\pi}{N_s}(m-n)\right)$$

噪声项为

$$N_{eq,k} = 2\left(\frac{1}{N_s}\right)^2 \sum_{m=k-(N_s-1)}^{k} \sum_{n=k-(N_s-1)}^{k} [An_{Qm}\cos(\Phi_n) + An_{In}\sin(\Phi_m) - An_{Im}\sin(\Phi_n) - An_{Qn}\cos(\Phi_m) + n_{In}n_{Qm} - n_{Im}n_{Qn}] \times \sin\left(\frac{\pi}{N_s}(m-n)\right)$$

在这里交叠频率鉴别器输出的信号 S_k 作为环路的误差控制信号被送入环路滤波器，使环路滤波器的输出端产生对环路输入信号频率的估计。这里特别值得注意的是，对于环路的控制信号 S_k，当频率鉴别器输入的信号采样点数 $N_s=2$ 时可以得到

$$\begin{aligned} S_k &= 2\left(\frac{1}{2}\right)^2 \sum_{m=k-1}^{k} \sum_{n=k-1}^{k} A^2 \sin(\Phi_m - \Phi_n) \times \sin\left(\frac{\pi}{N_s}(m-n)\right) \\ &= \sin(\Phi_k - \Phi_{k-1}) \\ &= \sin\Phi_k \cdot \cos\Phi_{k-1} - \cos\Phi_k \cdot \sin\Phi_{k-1} \end{aligned}$$

此时的交叠频率鉴别器等效为经典的叉积频率鉴别器。因此，经典的叉积频率鉴别器是交叠频率鉴别器在 $N_s=2$ 时的特殊情形。反之，交叠频率鉴别器是叉积频率鉴别器在 N_s 为不同取值时的推广。

2）仿真分析

分别对 $N_s=4$ 和 $N_s=8$ 不同环路带宽下 ODAFC 算法的载波跟踪性能进行仿真，结果如图 3-42～图 3-45 所示。

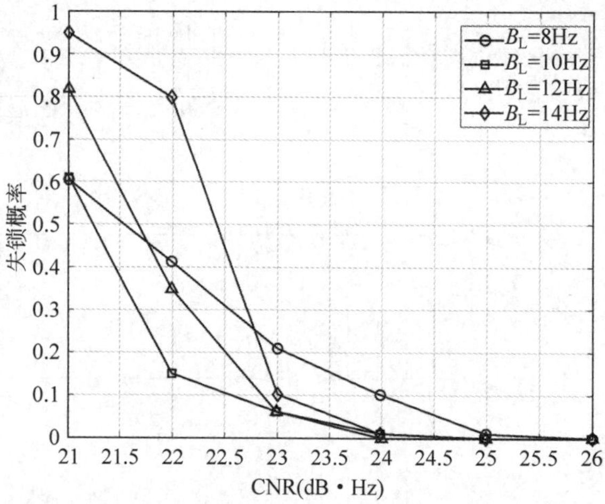

图 3-42　ODAFC 的失锁概率与载噪比的对应关系（$N_s=4$）

图 3-42 给出了当 $N_s=4$ 时的失锁概率与载噪比的对应关系曲线，其中各条曲线分别对应不同环路带宽时的情形。从仿真结果可以看出，当环路带宽 $B_L=10\text{Hz}$ 时，ODAFC 具有最低的失锁门限，约为 22.5dB·Hz。图 3-43 给出了当 $N_s=4$ 时的频率估计 RMSE 与 CNR 的对应关系曲线，其中各条曲线同样对应着不同环路带宽时的情形。由仿真结果可

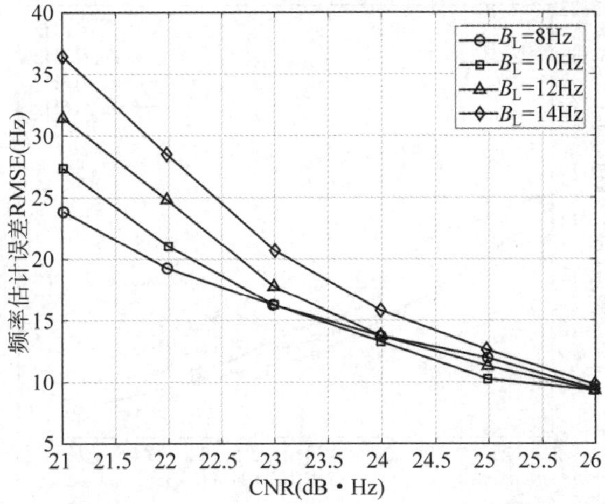

图 3-43 ODAFC 的频率估计 RMSE 随载噪比变化曲线（$N_s=4$）

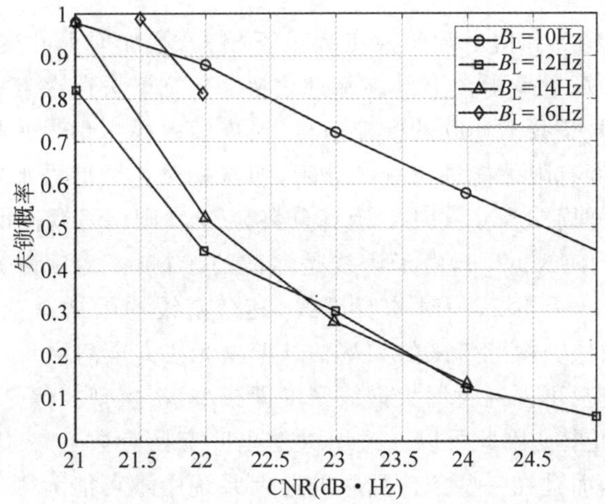

图 3-44 ODAFC 的失锁概率与 CNR 的对应关系（$N_s=8$）

见，当环路带宽 $B_L=8$Hz 时，ODAFC 在失锁门限 22.5dB・Hz 上具有最低的 RMSE 频率跟踪误差，约为 17.7Hz。

图 3-44 和图 3-45 则分别给出了当 $N_s=8$ 时的失锁概率和 RMS 频率估计误差与 CNR 的对应关系曲线。由仿真结果可见，当交叠 DFT 频率鉴别器一次输入的信号采样点数从 N_s 由 4 增加到 8 时，ODAFC 的失锁门限有所提高。从图 3-44 中的曲线可以发现当环路带宽 $B_L=12$Hz 时，环路的失锁门限最低，约为 24dB・Hz。而从图 3-45 中的结果可见，随着 N_s 由 4 增加到 8，环路的 RMSE 频率跟踪精度有了明显改善。特别是当环路带宽 $B_L=12$Hz 时，在 ODAFC 的失锁门限上，环路的 RMSE 频率跟踪误差仅为 8.1Hz。

7. 傅里叶变换改进算法

基于 FFT 的同步算法是在离散傅里叶变换 DFT 基础上提出的载波同步算法，利用 FFT 运算，在很大程度上改进了计算速度。FFT 同步算法首先对去调制信号进行傅里叶变换，其次对变换后的信号在周期图上搜索峰值，最后由峰值谱线的索引值和频谱分辨率 f_0

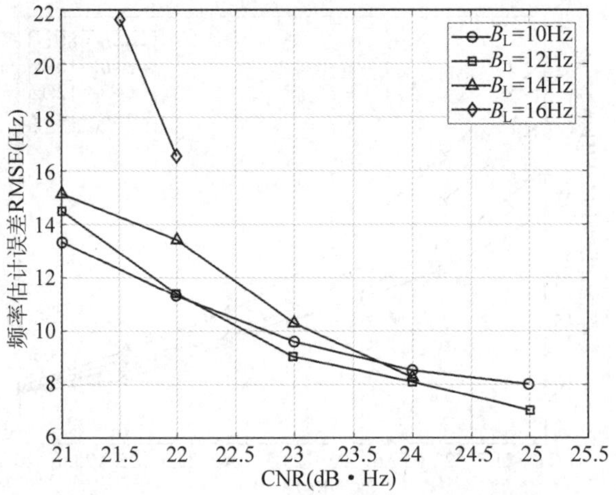

图 3-45　ODAFC 的频率估计 RMSE 随 CNR 变化曲线($N_s=8$)

计算得到频偏估计值。

FFT 算法的估计精度和傅里叶变换点数呈正相关，增加傅里叶变换点数，可以提高估计精度，但也会导致计算量呈指数上升。除此之外，FFT 算法存在着一个固有的弊端。实际上系统中传输的信号是频谱连续的模拟信号，对连续的模拟信号采样得到离散信号。连续的信号需截断成长度有限才能进行频谱分析，即需要对连续信号加矩形窗使信号频谱的采样离散。若信号采样周期为 T_s，FFT 运算点数为 N_{fft}，则信号观测时间为 $t'=N_{fft}T_s$，此时频谱分辨率为 $f_0=1/(N_{fft}T_s)$，由于谱线是离散的，当频率为频谱分辨率为 f_0 的倍数，即 $M/(N_{fft}T_s)=Mt'$，$M=1,2,\cdots$时才有谱线，其余谱线均因被遮挡而舍弃，称为频谱泄漏，此现象称为栅栏效应。由此带来的频率估计偏差无法完全消除。

为了减轻栅栏效应，可以通过增大谱线密度即减小 f_0 实现。但是增加采样间隔 T_s，需要满足奈奎斯特采样定律；因此可以通过增大傅里叶变换点数 N_{fft} 提高搜索精度，但同时会带来运算量的剧增，而且在一些条件受限的通信系统中不可能无限制地增加傅里叶变换点数。本节研究了 3 种改进算法：联合导频辅助、频偏旋转和插值运算。利用已知导频信息对接收信号进行去调制，可以去除信号调制对信号频谱的影响，提高 FFT 算法频偏估计精度。在导频序列足够长时将导频序列分为数段，对每小段导频序列进行频偏旋转后再进行 FFT 变换，既减小了频偏分辨率，又保证了计算量的增加在系统可接受的范围内。如果导频序列长度受限，那么将导频序列分为数段后，由于每段导频序列过短将会导致估计性能下降。在噪声可忽略的情况下，FFT 频谱内旁瓣的幅度小于次大谱线的幅度，因此可以用峰值谱线和次大谱线的幅度信息做插值运算，更准确地定位系统实际频偏在频谱中的位置，校正 FFT 算法的估计值，如二次插值、Rife&Jane 插值等算法。

1）联合导频辅助

通常接收信号同步处理起始点不是符号周期的边界，FFT 运算长度与符号周期内采样点数也不一致，因此带有调制信息的采样信号在观测时间内常常存在符号跳变，这直接影响经傅里叶变换后的信号频谱幅度。图 3-46 是无噪声条件下去调制前后的信号频谱图。

通过对比去调制前后的信号频谱可观测到符号跳变会对信号功率谱的产生削弱作用，因此去调制操作可以有效去除这种作用，进而还原信号频偏峰值信息。设比特信噪比

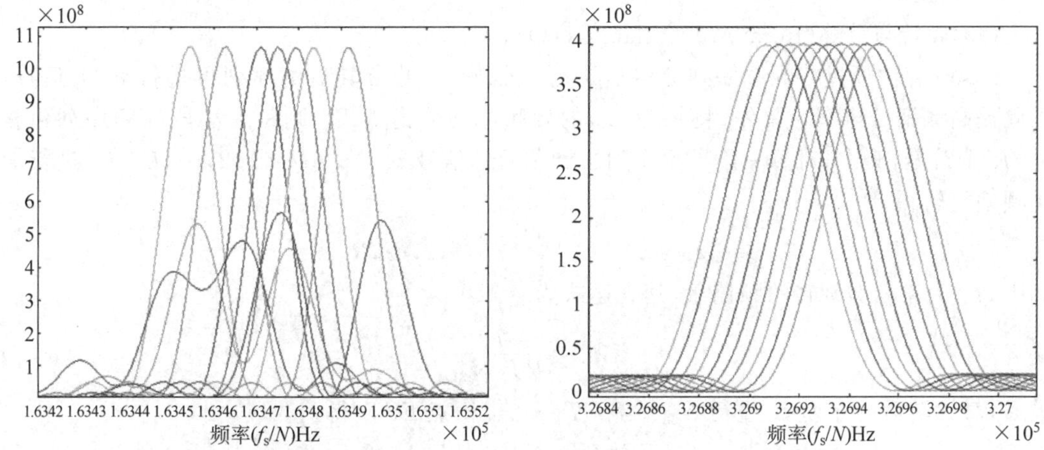

图 3-46　无噪声条件下去调制前后信号功率谱对比图

$E_b/N_0=0\sim3$dB，采用 BPSK(Binary Phase Shift Keying)调制方式，FFT 长度 $N=20\,000$，频偏估计误差不高于 10Hz，频偏变化率估计误差不高于 20Hz/s，对基于 FFT 的频偏同步算法进行仿真：

从图 3-47 可知，经过导频去调制后，基于 FFT 的频偏估计算法的捕获概率提高了 3dB 以上，而且随着信噪比的增加，算法捕获性能得到了进一步改善。

此外，Rife 和 Boorstyn 提出的 R&B 算法通过在导频序列后补上导频长度整数倍个零来提高频谱分辨率，设补零倍数为 $K-1$，L_0 为导频长度，则 FFT 运算点数 $N_{fft}=KL_0$，频谱分辨率 $f_0=1/(KL_0T_s)$，相比原算法提高了 K 倍。设 $K=4$，归一化频偏 $\Delta fT_s=0.45$，图 3-48 给出了在不同导频长度 L_0 下 R&B 估计算法的均方根误差曲线。

由图 3-48 可知，当导频序列 L_0 长度由 16 增加到 32 时，由于导频序列长度较短，所有有用信息有限，R&B 算法的均方根误差改善量并不明显，当 L_0 增加到 64 时，估计精度有很大提高。导频序列长度的增加，R&B 算法的估计性能不断提高。

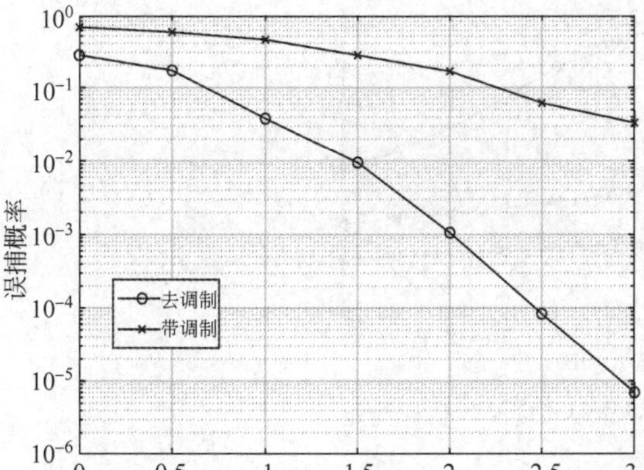

图 3-47　去调制前后基于 FFT 的频偏估计算法误捕概率对比图

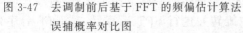

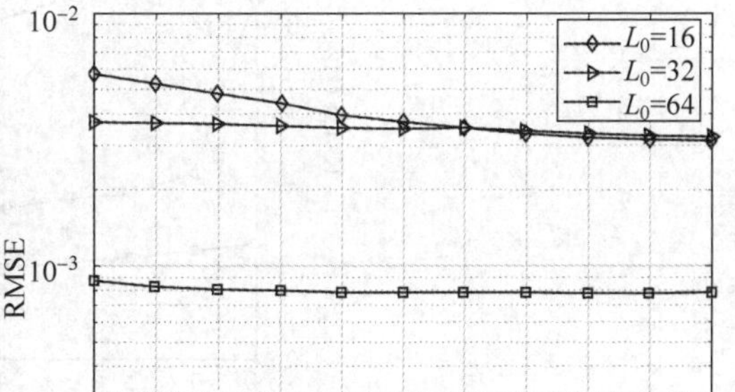

图 3-48　R&B 算法在不同导频长度下的 RMSE 性能

2）频偏旋转

（1）旋转与重叠(Rotate&Overlap,R&O)。

R&O算法通过将导频序列分段后进行频偏旋转，将旋转后的序列再进行FFT运算，以此提高频谱分辨率。首先，将长为 L_0 的导频序列分为 R 段，则每一小段导频序列包含 L_0/R 个符号，其次，对每一段导频序列去调制后的信号 $\boldsymbol{z}=\{\boldsymbol{z}_l\},l=1,2,\cdots,L_0/R$，进行 R 次频偏旋转得

$$\boldsymbol{z}_r=\boldsymbol{z}\mathrm{e}^{-\mathrm{j}2\pi f_r T_\mathrm{s}},\quad r=1,2,\cdots,R$$

其中，f_r 为第 r 次旋转的频偏量，其表达式为

$$f_r=\frac{r}{RT_\mathrm{s}N_\mathrm{fft}} \tag{3-96}$$

最后，对旋转后的序列 $\boldsymbol{z}_r$ 进行 $N_\mathrm{fft}=T_\mathrm{b}/T_\mathrm{s}\cdot L_0/R$ 点FFT，得到

$$Z_{k,r}(f_r)=\mathrm{FFT}(z_r,N_\mathrm{fft}),\quad k=1,2,\cdots,N_\mathrm{fft} \tag{3-97}$$

根据式(3-97)中 $Z(k)$ 的峰值谱线位置，由式可得到R&O算法的频偏估计值。

$$\hat{f}_\mathrm{d}=\frac{k_\mathrm{max}}{T_\mathrm{s}N_\mathrm{fft}}+\frac{r_\mathrm{max}}{RT_\mathrm{s}N_\mathrm{fft}},\quad (k_\mathrm{max},r_\mathrm{max})=\underset{k,r}{\mathrm{argmax}}\{Z(k,r)\} \tag{3-98}$$

相比于原FFT算法，由于R&O算法在估计结果上多了式(3-98)等号右端的第二项，因此提高了频谱分辨率。

图3-49给出了不同 L_0 条件下，R&O算法的估计性能。采用QPSK调制，导频序列 L_0 分别为16、32、64符号，旋转次数 R 为4次，归一化频偏 ΔfT_s 为0.45。由图3-49可知，R&O算法的估计范围可达到符号速率的一半。随着导频序列长度的增加，R&O算法的均方根误差不断降低，即估计精度不断提高。由图3-49可以看出，当 L_0 过小时，R&O算法的估计精度很差，这是由于导频序列过短，将导频序列分段后，每小段导频所含有用信息太少，使算法整体的估计结果不可靠，因此估计性能较差。

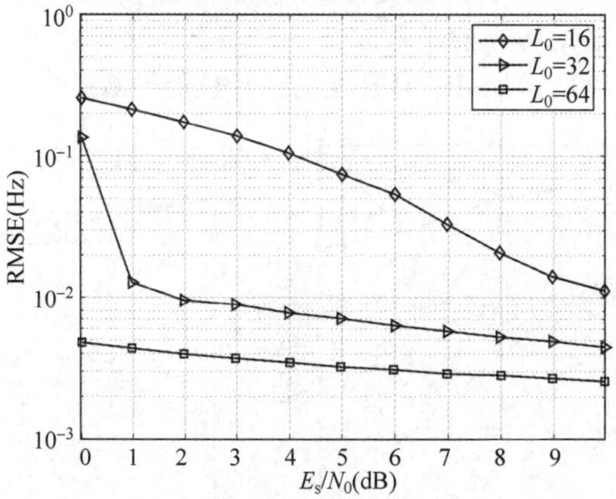

图3-49 R&O算法在不同导频长度时的估计性能

（2）旋转与平均(Rotate&Average,R&A)。

不同于R&O算法，R&A算法在将导频序列分段旋转的基础上做了改进，对经过旋转FFT运算后的序列取平均值。如R&O算法，在旋转并进行FFT运算后，对FFT后序列 $Z(k,r)$ 取 R 的平均值得

$$\bar{Z}_k=\frac{1}{R}\sum_{r=1}^{R}Z_{k,r}(f_r)$$

则 R&A 算法对频偏的估计结果为

$$\hat{f}_d=\frac{k_{max}}{T_s N_{fft}}+\frac{r_{max}}{RT_s N_{fft}} \tag{3-99}$$

其中，$k_{max}=\underset{k}{\arg\max}\bar{Z}_k$，$r_{max}=\underset{r}{\arg\max}Z_{k,r}|_{k=k_{max}}$。与 R&O 算法不同，$r_{max}$ 和 k_{max} 的选择并不是由 FFT 后的序列 $Z(k,r)$ 的幅度最大值决定的，而是由 $Z(k,r)$ 及取均值后的 $\bar{Z}_k$ 共同决定的。式(3-99)等号右端第二项可看作是对 FFT 算法频偏估计值的进一步校正，提高了 FFT 算法的估计精度。

同样仿真条件下，图 3-50 给出了 L_0 不同时 R&A 算法的估计性能，与 R&O 算法相同，R&A 算法的估计范围可达到符号速率的一半，且随着导频序列长度的增加，均方根误差逐渐降低，即估计性能不断改善。因此 R&O 及 R&A 算法适用于对估计范围有较高要求且导频序列长度不受限的通信系统中。

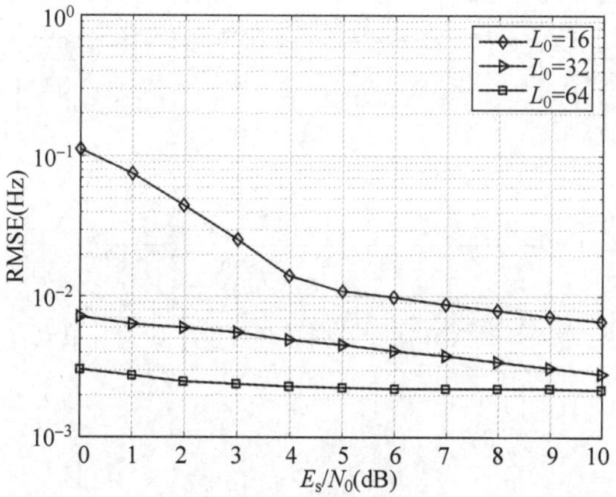

图 3-50 R&A 算法在不同导频长度下的均方根误差

(3) 旋转周期图算法(Rotated Periodogram Algorithm，RPA)。

R&O 及 R&A 算法均能对 FFT 算法的栅栏效应有所改善，且当导频序列足够长时，R&O 及 R&A 算法的估计性能较好，但考虑到频谱有限，为保证频谱利用率要求系统中插入的导频序列越短越好。当 L_0 长度受限时，再将其分为多段，则每小段导频序列过短，导致每小段导频序列所含有的有用信息非常少，估计性能并不理想。文献[19]中提出的 RPA 算法对导频序列不分段的情况下进行多次旋转，然后对旋转后的序列分别做 FFT 计算，相当于对导频序列做多次 FFT，提高了频谱分辨率。RPA 算法首先对接收到的导频序列 $\boldsymbol{z}=\{\boldsymbol{z}_k\}$，$k=1,2,\cdots,L_0$ 做 R 次频偏旋转，如式

$$\boldsymbol{z}_r=\boldsymbol{z}e^{-j2\pi f_r T_s},\quad r=1,2,\cdots,R$$

对频偏旋转后的序列 $\boldsymbol{z}_r$ 做 $N_{fft}=T_b/T_s\cdot L_0$ 点 FFT，则

$$Z_k^r(f_r)=\text{FFT}(\boldsymbol{z}_r,N_{fft}),\quad k=1,2,\cdots,N_{fft}$$

关于旋转次数 R 取平均有

$$\bar{Z}_k=\frac{1}{R}\sum_{r=1}^{R}Z_k^r(f_r)$$

则频偏估计值为

$$\hat{f}_{\mathrm{d}}=\frac{k_{\max}}{T_{\mathrm{s}}N_{\mathrm{fft}}}+\frac{r_{\max}}{T_{\mathrm{s}}N_{\mathrm{fft}}}$$

其中，$k_{\max}=\underset{k}{\arg\max}\bar{Z}_k$，$r_{\max}=\underset{r}{\arg\max}Z_k^r|_{k=k_{\max}}$。当导频长度不受限时 R&A 算法通过将导频分块旋转可以获得更多的观测数据，频偏估计性能优于 RPA 算法，但在导频长度受限的通信系统中，由于 RPA 算法是对整段导频进行频偏旋转，故而具有更优异的性能。

图 3-51 给出了在 L_0 不同条件下 RPA 算法的均方根误差，对比图 3-51 与图 3-49、图 3-50 可知，RPA 算法在相同条件下均方根误差要低于以上两种算法，即性能更好。由于 RPA 算法不对导频序列进行分段，在相同的旋转次数下，RPA 的计算量更大。

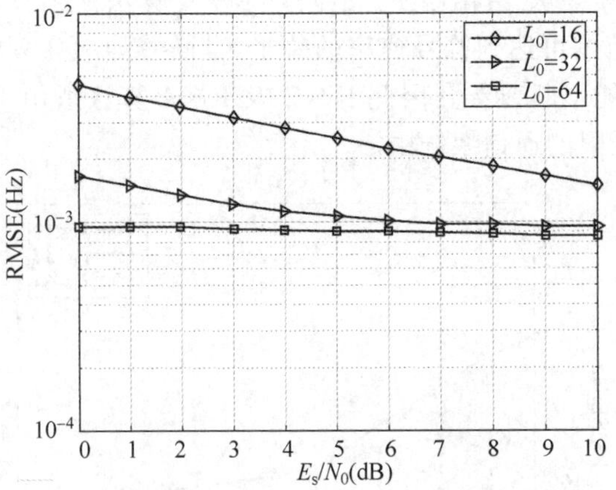

图 3-51　RPA 算法在不同导频长度下的均方根误差

3）插值算法

（1）二次插值。

对导频序列 $\boldsymbol{z}=\{z_k\}$，$k=1,2,\cdots,L_0$ 进行 FFT 得到序列 $Z=\{Z(k),k=1,2,\cdots,N_{\mathrm{fft}}\}$，当频谱分辨率 f_0 较大时，估计精度很低。设峰值谱线处的索引值为整数 $\hat{k}$，则 FFT 算法的频偏估计值为 $\hat{f}_{\mathrm{d}}=\hat{k}f_0$，$f_0=1/(N_{\mathrm{fft}}T_{\mathrm{s}})$。当采样速率 T_{s} 固定不变，f_0 的大小主要取决于 N_{fft}，由于 FFT 算法的计算量主要取决于 N_{fft}，因此不能通过无限制增大 N_{fft} 来提高 FFT 算法的估计精度。系统实际频偏 Δf 通常会处于两条谱线之间，即 $\Delta f=k/(N_{\mathrm{fft}}T_{\mathrm{s}})$，$k$ 是一个实数，峰值谱线左右两条谱线也包含频偏信息，即 $\hat{k}$ 与 k 的差值。利用峰值谱线的左右两条谱线对 $\hat{k}$ 进行纠正，由文献[20]可知插值计算公式：

$$\Delta\hat{k}=\frac{|Z(\hat{k}+1)|-|Z(\hat{k}-1)|}{|Z(\hat{k}+1)|+|Z(\hat{k}-1)|}\tag{3-100}$$

对导频序列 $\boldsymbol{z}$ 做 $N_{\mathrm{fft}}=T_{\mathrm{b}}/T_{\mathrm{s}}\cdot L_0$ 点 FFT，则频谱分辨率 $f_0=f_{\mathrm{s}}/N_{\mathrm{fft}}=T_{\mathrm{b}}L_0$，$T_{\mathrm{b}}$ 为符号速率。在峰值谱线处的索引值 $\hat{k}$ 正确时，峰值谱线与实际频偏值的距离不大于 $\pm T_{\mathrm{b}}L_0$，且峰值谱线左右两条谱线的距离也是 $\pm T_{\mathrm{b}}L_0$，则峰值谱线左右的谱线一定在频谱周期图主瓣内，即 $\pm 2T_{\mathrm{b}}L_0$。$\mathrm{sinc}(x)=\sin(\pi x)/\pi x$ 为内插函数，则峰值谱线两侧的谱线的

sinc 函数值分别为 $\text{sinc}((k-(\hat{k}+1))/2)$ 和 $\text{sinc}((k-(\hat{k}-1))/2)$。主瓣内 sinc 函数值为正，则可对式(3-100)改写为：

$$\begin{aligned}\frac{|Z(\hat{k}+1)|-|Z(\hat{k}-1)|}{|Z(\hat{k}+1)|+|Z(\hat{k}-1)|} &= \frac{|\text{sinc}[(k-(\hat{k}+1))/2]|-|\text{sinc}[(k-(\hat{k}-1))/2]|}{|\text{sinc}[(k-(\hat{k}+1))/2]|+|\text{sinc}[(k-(\hat{k}-1))/2]|} \\ &= \frac{\text{sinc}[(k-(\hat{k}+1))/2]-\text{sinc}[(k-(\hat{k}-1))/2]}{\text{sinc}[(k-(\hat{k}+1))/2]+\text{sinc}[(k-(\hat{k}-1))/2]} \\ &= k-\hat{k} \\ &= \Delta k \end{aligned} \tag{3-101}$$

其中，k 是实际频偏值所应对应的峰值的准确位置。由式(3-101)可知 $\Delta\hat{k}$ 是对 $\hat{k}$ 的无偏补偿，则二次插值算法的系统频偏的表达式为

$$\hat{f}_d=(\hat{k}+\Delta\hat{k})\cdot f_0$$

载波频偏估计的修正克拉美罗界[11]为

$$T_s\times \text{MCRB}(f)=\frac{3}{2\pi^2 L_0^3}\frac{1}{E_s/N_0} \tag{3-102}$$

由式(3-101)可知，L_0 越大，估计性能越好。同样大小的 L_0，FFT 算法采用的 N_{fft} 越小，即频谱分辨率越低时，二次插值算法的优点越明显。设系统条件相同，图 3-52 给出了插值量 Δk 不同时，二次插值算法的均方根误差曲线。由图 3-52 可知，二次插值算法具有和 FFT 算法相同的频偏估计范围，且相对于 FFT 算法，估计性能有所改善。由式(3-99)可知相对于 FFT 算法二次插值算法所带来的计算量的增加仅为两次加法运算和一次乘除运算。

(2) Rife&Jane 算法[21]。

不同于二次插值算法，Rife&Jane 算法利用峰值谱线和次大谱线的幅度比值来校正 FFT 算法的频偏估计值，即估计 Δk 的大小。和 FFT 算法相同，Rife&Jane 算法首先对导频序列 $\boldsymbol{z}=\{\boldsymbol{z}_k\}$，$k=1,2,\cdots,L_0$ 进行 N_{fft} 点的 FFT，得到傅里叶变换的序列 $\boldsymbol{Z}=\{Z(k)\}$，$k=1,2,\cdots,N_{\text{fft}}$。利用峰值谱线的索引值 $\hat{k}$ 可对系统频偏粗估计得 $\hat{f}'_d=\hat{k}f_0$。当系统实际频偏不是 f_0 的整数倍时，$Z(k)$在主瓣内将包含两条谱线。将峰值谱线和第二大谱线的幅度分别记为 Z_1 和 Z_2，第二大谱线的索引值记为 $\hat{k}_2$，$\hat{k}_2=\hat{k}\pm1$，则 $Z_1=|Z(\hat{k})|$，$Z_2=|Z(\hat{k}\pm1)|$，将谱线的幅度比记为 α，则 $\alpha=Z_2/Z_1$，系统实际频偏 f_d 与 FFT 的估计值 f'_d的相对差值 Δk 为：

$$\Delta k=\frac{\Delta f-\hat{k}f_0}{f_0} \tag{3-103}$$

由幅度比 α 可得到 Δk 的估计值为

$$\Delta k=\pm\frac{\alpha}{1+\alpha}$$

则 Rife&Jane 算法的频偏估计值为

$$f_d=(\hat{k}+\Delta\hat{k})f_0 \tag{3-104}$$

若谱线次大值位于峰值的右侧，则式(3-104)中等号右侧取加号，若位于左侧则取减号。

利用上式对频偏进行插值运算，计算简单，复杂度较低。信噪比 SNR 较大时，旁瓣的幅度必定比次大谱线的幅度小，插值方向无误，Rife&Jane 插值算法有较高的精确度。但 SNR 较小或 $|\Delta k|$ 较小时，由于噪声的影响次大谱线的幅度可能小于 FFT 主瓣另一侧的旁瓣的幅度，导致插值方向相反，频偏估计出现误差。为了抑制旁瓣的幅度，可在傅里叶变换之前对导频数据进行加窗运算。加窗处理后使主瓣变宽，且使得峰值谱线两侧的次大谱线更易区分。

(3) Quinn 算法

Quinn 算法和二次插值类似，在 FFT 算法的基础上利用离散谱线中的幅度最大的峰值谱线及其左右两侧的谱线对 FFT 算法的频偏估计值进行校正，不同的是，Quinn 算法利用次大谱线和峰值谱线的 FFT 系数之比的实部来进行频偏估计。设导频序列经过 FFT 后峰值谱线的索引值为 m、$m-1$ 及 $m+1$ 分别为位于峰值谱线左右两侧的谱线，则其中一条为次大谱线。令次大谱线 $Z_{m\pm1}$ 与峰值谱线 Z_m 的 FFT 系数之比的实部为 α_1、α_2，即

$$\alpha_1 = \mathrm{Re}\{Z_{m-1}/Z_m\} \tag{3-105}$$

$$\alpha_2 = \mathrm{Re}\{Z_{m+1}/Z_m\} \tag{3-106}$$

其中，$\mathrm{Re}\{\cdot\}$表示取实部。分别计算 $k_1=\alpha_1/(1-\alpha_1)$，$k_2=\alpha_2/(1-\alpha_2)$，则 Quinn 算法的频率插值为

$$\Delta\hat{k} = \begin{cases} k_2, & k_1 > 0, k_2 > 0 \\ k_1, & \text{其他} \end{cases} \tag{3-107}$$

用 φ_1、φ_2 和 φ_3 表示序列 $\boldsymbol{Z}=\{Z(k)\}, k=1,2,\cdots,N_{\mathrm{fft}}$ 的峰值谱线、次大值谱线、峰值谱线另一侧谱线的相位。忽略噪声影响，有

$$\begin{aligned} \varphi_1 - \varphi_2 &\approx \pi \\ \varphi_1 - \varphi_3 &\approx 0 \end{aligned} \tag{3-108}$$

当系统实际频偏大于 FFT 算法频偏估计值 mf_0 时，次大值频谱位于峰值频谱的右侧，由式(3-105)和式(3-106)可知 $\alpha_1<0$，$\alpha_2>0$，则 k_1、k_2 均小于零，则 Quinn 算法的频率插值为 $\Delta\hat{k}=k_1<0$；若系统实际频偏小于 mf_0，则次大值谱线位于峰值谱线的左侧，由式(3-105)和式(3-106)可知 $\alpha_1>0$，$\alpha_2<0$，则 k_1、k_2 均为正值，此时，算法的频率插值为 $\Delta\hat{k}=k_2>0$。因此，系统实际频偏大于或小于 mf_0，式(3-106)均能得到正确插值。

当系统实际频偏与 mf_0 相差很小时，由式(3-103)可知，Δk 很小，则此时峰值谱线左右两侧的谱线和峰值谱线的幅度比十分接近，即

$$\frac{|Z_{m-1}|}{|Z_m|} \approx \frac{|Z_{m+1}|}{|Z_m|} \tag{3-109}$$

由式(3-109)可知，此时 Rife&Jane 算法可能出现插值方向错误。对于 Quinn 算法，利用相位信息而非次大值谱线和峰值谱线的幅度比来判断插值方向，由式(3-108)可知，Z_{m-1} 和 Z_{m+1} 的相位相差 π，因此与 Rife&Jane 算法相比，不容易出现如 Rife&Jane 算法一般在受噪声干扰的情况下出现差值方向的错误。

由于插值类基于 FFT 的改进算法需要用到峰值谱线与其左右两边的次大值谱线，若系统实际频偏很小，峰值谱线为第一根谱线，或系统实际频偏很大，峰值谱线为最后一根谱线，此时峰值谱线只有右侧谱线并没有左侧谱线或右侧谱线，即出现插值类算法不可用的情况。

为改善这种插值算法不可用的情况，可适当提高频谱分辨率，即降低 f_0 的值来改善 FFT 算法的性能，但增大频谱分辨率也意味着计算量的增加，这与插值类算法在不增加计算量的基础上提高估计精度、改善频谱泄漏的思想矛盾。在实际的仿真实验中若出现峰值谱线为第一根或最后一根频谱的情况，则不进行插值计算，仅将 FFT 算法的频偏估计值作为插值算法的频偏估计值。

图 3-52 给出了以上插值算法在系统归一化频偏 ΔfT_s 不同时的均方根误差曲线。仿真采用导频前置的帧结构，其中导频序列 L_0 为 64 符号，采用 QPSK 调制，傅里叶变换点数 N_{fft} 为 256，频偏分辨率 f_0 为 390.625Hz。由图 3-52 可知，当 ΔfT_s 为 0.45 时，系统实际频偏的位置 k 为 115.2，则 $|\Delta k|$ 的值为 0.2，$|\Delta k|$ 值较小，此时 Rife&Jane 算法由于插值方向错位导致估计性能不稳定，Rife&Jane 算法性能最差，Quinn 算法最优，二次插值算法介于两者之间；当系统归一化频偏 ΔfT_s 为 0.4 时，系统实际频偏的位置 k 为 102.4，则 ΔfT_s 的值为 0.4，ΔfT_s 的值接近 0.5，此时 Rife&Jane 算法的估计精度有所提升且更稳定。

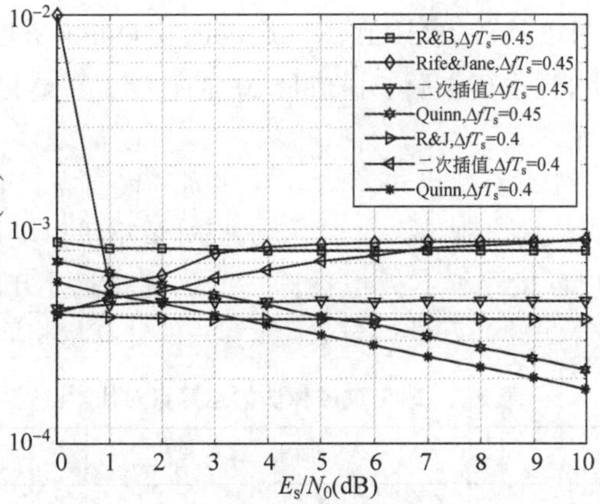

图 3-52 不同插值算法的 RMSE 性能对比[22]

由于频偏估计的均方根误差是一个统计平均值，无法反映出单次估计的结果，表 3-4 统计了 100 000 次循环中 Rife&Jane、二次插值算法、Quinn 算法与 R&B 算法在信噪比 SNR=0dB、SNR=5dB，$\Delta fT_s=0.45$ 时，各个算法的均方根误差在不同分布范围内的统计次数。

表 3-4 不同算法归一化残留频偏分布范围对比

算法	信噪比	$<3.0\times10^{-3}$	$3.0\times10^{-3}\sim5.0\times10^{-3}$	$5.0\times10^{-3}\sim7.0\times10^{-3}$	$>7.0\times10^{-3}$
R&B	SNR=0dB	0	100 000	0	0
	SNR=5dB	0	100 000	0	0
Rife&Jane	SNR=0dB	98 304	0	1469	227
	SNR=5dB	99 996	0	4	0
二次插值	SNR=0dB	94 240	5651	109	0
	SNR=5dB	99 904	96	0	0
Quinn	SNR=0dB	99 985	15	0	0
	SNR=5dB	100 000	0	0	0

由表 3-4 可以看出，在信噪比 SNR=0dB 时，R&B 算法会有主瓣内次大谱线的幅度小于旁瓣幅度的情况，导致插值出现偏差，相对于 R&B 算法，二次插值、Rife&Jane 及 Quinn 算法的归一化剩余频偏小于 3×10^{-3}。但由于噪声干扰，Rife&Jane 算法仍会出现插值有误的情况，当 SNR 增大到 5dB 时，二次插值、Quinn 及 Rife&Jane 算法在估计精度高于 R&B 算法的同时仅有极少次的归一化剩余频偏大于 3×10^{-3}。

4）复杂度分析

表 3-5 仅给出了复加和复乘运算的运算量，由于除了对导频序列进行 FFT 外，各算法的计算量中包含的实数运算极少，因此表中忽略了实数运算、取峰值频谱幅度运算以及求最大值运算。由文献[23]可知，R&B 算法的计算量包含 $N_{\mathrm{fft}}\log_2 N_{\mathrm{fft}}/2$ 复乘和 $N_{\mathrm{fft}}\log_2 N_{\mathrm{fft}}$ 复加以及 N_{fft} 次取模值运算。每一次复乘包含四次乘法运算和两次加法运算，每次取模运算包含一次加法和两次乘法运算，搜索 $|Z(k)|$ 的最大值需要 N_{fft} 次比较。N_{fft} 为傅里叶变换点数，则 R&B 算法的计算量包括 $N_{\mathrm{fft}}\log_2 N_{\mathrm{fft}}/2$ 复乘和 $N_{\mathrm{fft}}\log_2 N_{\mathrm{fft}}$ 复加。

相对于 R&B 算法，R&O、R&A 及 RPA 算法的计算量主要是由于对导频序列进行的 R 次旋转及多次的傅里叶变换，二次插值、Rife&Jane 及 Quinn 算法相对于以上频谱旋转类算法，计算量的增加很少，且主要来源于插值量 $\Delta\hat{k}$ 的计算。忽略极少次的实数运算，表 3-5 给出了以上算法的计算量。

由表 3-5 可以看出，RPA 算法由于不对导频序列分段直接进行频偏旋转，因此运算量最大。R&O 和 R&A 算法的区别不大，仅在于是否对每小段导频序列的 FFT 变换结果取了平均值，因此两者的计算量一样。插值类算法的运算量远小于旋转类算法，二次插值、Rife&Jane 以及 Quinn 算法的计算量均与 R&B 算法的计算量相同。

表 3-5　FFT 改进算法的运算量对比[22]

算　法	复加运算	复乘运算
R&O	$RN_{\mathrm{fft}}^2\log_2 N_{\mathrm{fft}}$	$N_{\mathrm{fft}}(RN_{\mathrm{fft}}\log_2 N_{\mathrm{fft}}+L_0)/2$
R&A	$RN_{\mathrm{fft}}^2\log_2 N_{\mathrm{fft}}+R$	$N_{\mathrm{fft}}(RN_{\mathrm{fft}}\log_2 N_{\mathrm{fft}}+L_0)/2$
RPA	$RN_{\mathrm{fft}}^2\log_2 N_{\mathrm{fft}}+R$	$N_{\mathrm{fft}}(RN_{\mathrm{fft}}\log_2 N_{\mathrm{fft}}+RL_0)/2$
Rife&Jane	$N_{\mathrm{fft}}\log_2 N_{\mathrm{fft}}$	$(N_{\mathrm{fft}}\log_2 N_{\mathrm{fft}})/2$
二次插值	$N_{\mathrm{fft}}\log_2 N_{\mathrm{fft}}$	$(N_{\mathrm{fft}}\log_2 N_{\mathrm{fft}})/2$
Quinn	$N_{\mathrm{fft}}\log_2 N_{\mathrm{fft}}$	$N_{\mathrm{fft}}\log_2 N_{\mathrm{fft}}$

3.3 载波相位同步技术

本节主要介绍载波相位同步技术，包括数据辅助载波相位同步技术、基于判决引导的载波相位同步技术、非数据辅助载波相位同步技术和编码辅助载波相位同步技术，并对以上相位同步技术进行仿真和算法性能比较。

3.3.1 非数据辅助载波相位同步

本节讨论数据符号未知情况下载波相位同步问题。相比于数据辅助载波相位同步技术，非数据辅助载波相位同步不依赖于已知符号数据信息，不受恶劣通信环境下符号判决错误的影响，即使在低信噪比条件下也能实现载波同步。

1. 闭环非数据辅助载波相位同步

假设接收信号已经实现理想的载波频率同步和定时同步，无噪声基带信号可表示为

$$s(t)=\mathrm{e}^{\mathrm{j}(2\pi ft+\theta)}\sum_i c_i g(t-iT-\tau)$$

其中，已知传输延时 τ 和频率偏移 f，未知量 θ 和符号数据 $\{c_i\}$ 的联合似然函数为

$$\Lambda(\boldsymbol{r}\mid\tilde{f},\tilde{\theta})=\exp\left\{\frac{1}{N_0}\int_0^{T_0}\mathrm{Re}[r(t)\tilde{s}^*(t)]\mathrm{d}t-\frac{1}{2N_0}\int_0^{T_0}|\tilde{s}(t)|^2\mathrm{d}t\right\} \tag{3-110}$$

其中，$\boldsymbol{c}=\{c_i\}$，且

$$\tilde{s}(t)=\mathrm{e}^{\mathrm{j}(2\pi ft+\theta)}\sum_i\tilde{c}_i g(t-iT-\tau)$$

$$\int_0^{T_0}|\tilde{s}(t)|^2\mathrm{d}t=\sum_{k=0}^{N-1}\sum_{m=0}^{N-1}\tilde{c}_k\tilde{c}_m^*h[(k-m)T]$$

$$\int_0^{T_0}\mathrm{Re}[r(t)\tilde{s}^*(t)]\mathrm{d}t=\sum_{k=0}^{N-1}\mathrm{Re}\{c_k^*x(k)\mathrm{e}^{\mathrm{j}\theta}\} \tag{3-111}$$

其中，$N=T_0/T$ 仍表示观测间隔内的符号周期数。$h(t)=g(t)*g(-t)$，$*$ 表示卷积操作。$x(k)$ 是匹配滤波器在 $t=kT+\tau$ 时刻的输出，则

$$x(t)\triangleq[r(t)\mathrm{e}^{-\mathrm{j}2\pi ft}]*g(-t)$$

为简化问题分析过程，假设

$$h(kT)=\begin{cases}1, & k=0\\ 0, & k\neq 0\end{cases} \tag{3-112}$$

由于 $h(kT)$ 满足奈奎斯特条件，式(3-111)可简化为

$$\int_0^{T_0}|\tilde{s}(t)|^2\mathrm{d}t=\sum_{k=0}^{N-1}|c_k|^2 \tag{3-113}$$

将式(3-113)和式(3-112)代入式(3-110)，有

$$\Lambda(\boldsymbol{r}\mid\tilde{\theta},\tilde{\boldsymbol{c}})=\exp\left\{\frac{1}{N_0}\sum_{k=0}^{N-1}\mathrm{Re}\{x(k)\tilde{c}_k^*\mathrm{e}^{-\mathrm{j}\tilde{\theta}}\}-\frac{1}{2N_0}\sum_{k=0}^{N-1}|\tilde{c}_k|^2\right\} \tag{3-114}$$

在式(3-114)右边乘以一个独立于 θ 和 $\{c_i\}$ 的正常数不会影响求极值结果，假设这一常数为

$$C=\exp\left\{\frac{1}{2N_0}\sum_{k=0}^{N-1}|x(k)|^2\right\}$$

则式(3-114)可表示为

$$\Lambda(\boldsymbol{r}\mid\tilde{\theta},\tilde{\boldsymbol{c}})=\exp\left\{-\frac{1}{2N_0}\sum_{k=0}^{N-1}|\{x(k)\mathrm{e}^{-\mathrm{j}\tilde{\theta}}\}-\tilde{c}_k|^2\right\} \tag{3-115}$$

考虑到数据符号独立等概率分布，信号能量可表示为 $C_2/2=E\{|\tilde{c}_i|^2\}/2$（证明过程参见文献[2]的附录 2. A），则信噪比是 $E_s/N_0=C_2/(2N_0)$，可得

$$2N_0=\frac{C_2}{E_s/N_0} \tag{3-116}$$

将式(3-116)代入式(3-115)，则

$$\Lambda(\boldsymbol{r}\mid\tilde{\theta},\tilde{\boldsymbol{c}})=\exp\left\{-\frac{E_s}{C_2N_0}\sum_{k=0}^{N-1}|\{x(k)\mathrm{e}^{-\mathrm{j}\tilde{\theta}}\}-\tilde{c}_k|^2\right\}$$

将上式中的求和项改写为乘积形式：

$$\Lambda(\boldsymbol{r} \mid \tilde{\theta},\tilde{\boldsymbol{c}}) = \prod_{k=0}^{N-1} \exp\left\{-\frac{E_{\mathrm{s}}}{C_2 N_0} \mid \{x(k)\mathrm{e}^{-\mathrm{j}\tilde{\theta}}\} - \tilde{c}_k \mid^2\right\}$$

为了消除未知参数$\{\tilde{c}_k\}$对计算的影响，将上式的每一个乘积项 $\exp\left\{-\frac{E_{\mathrm{s}}}{C_2 N_0} | \{x(k)\mathrm{e}^{-\mathrm{j}\tilde{\theta}}\} - \tilde{c}_k |^2\right\}$ 对$\{\tilde{c}_k\}$进行平均运算，若调制信号形式为 M 进制，用$\{P_m, m=1,2,\cdots,M-1\}$表示 M 个信息符号，在一个符号周期内，$\tilde{c}_k$ 是$\{P_m, m=1,2,\cdots,M-1\}$中的任意一个。取平均的结果为

$$\Lambda(\boldsymbol{r} \mid \tilde{\theta}) = \prod_{k=0}^{N-1} \left\{\frac{1}{M}\sum_{m=0}^{M-1} \exp\left\{-\frac{E_{\mathrm{s}}}{C_2 N_0} \left| \{x(k)\mathrm{e}^{-\mathrm{j}\tilde{\theta}}\} - P_m \right|^2\right\}\right\} \tag{3-117}$$

则 θ 的估计结果 $\hat{\theta}$ 是似然函数取最大值得到的。但是上式的最大值计算十分困难，仅能在低信噪比和高信噪比两种特殊情况下进行近似求解，下面分别进行介绍。

1）高信噪比情况

在信噪比较高的情况下，式中的求和项依赖于$|x(k)\mathrm{e}^{-\mathrm{j}\tilde{\theta}} - P_m|^2$，因此为了简化运算，令：

$$\hat{m}_k = \arg\{\min_{0 \leqslant m \leqslant M-1} \{| x(k)\mathrm{e}^{-\mathrm{j}\tilde{\theta}} - P_m |^2\}\}$$

且

$$\hat{c}_k = P_{\hat{m}_k}$$

则式(3-117)简化为

$$\Lambda(\boldsymbol{r} \mid \tilde{\theta}) \approx \left(\frac{1}{M}\right)^N \exp\left\{-\frac{E_{\mathrm{s}}}{C_2 N_0} \sum_{k=0}^{N-1} | x(k)\mathrm{e}^{-\mathrm{j}\tilde{\theta}} - \hat{c}_k |^2\right\}$$

因此问题转化为最小化 $\sum_{k=0}^{N-1} | x(k)\mathrm{e}^{-\mathrm{j}\tilde{\theta}} - \hat{c}_k |^2$，或者等价于使如下定义的 $F(\tilde{\theta})$ 函数取最大值：

$$F(\tilde{\theta}) = \sum_{k=0}^{N-1} \mathrm{Re}\{\hat{c}_k^* x(k)\mathrm{e}^{-\mathrm{j}\tilde{\theta}}\} - \frac{1}{2}\sum_{k=0}^{N-1} |\hat{c}_k|^2$$

由于星座图的旋转对称性，任意信号星座点可表示为（每一符号数据都有 M 个星座点与之对应）$\{c_k \mathrm{e}^{-\mathrm{j}2\pi m/M}, m=0,1,2,\cdots,M-1\}$，$\hat{c}_k = c_k \mathrm{e}^{-\mathrm{j}2\pi m/M}$，则

$$\sum_{k=0}^{N-1} |\hat{c}_k|^2 \approx \sum_{k=0}^{N-1} |c_k \mathrm{e}^{-\mathrm{j}2\pi m/M}|^2 = \sum_{k=0}^{N-1} |c_k|^2$$

因此，$\sum_{k=0}^{N-1} |\hat{c}_k|^2$ 与 θ 无关，对 $F(\tilde{\theta})$ 求导取最大值的过程可忽略 $\sum_{k=0}^{N-1} |\hat{c}_k|^2$ 项

$$\frac{\mathrm{d}}{\mathrm{d}\theta}F(\tilde{\theta}) = \sum_{k=0}^{N-1} \mathrm{Im}\{\hat{c}_k^* x(k)\mathrm{e}^{-\mathrm{j}\tilde{\theta}}\}$$

令等式的右边为零，可得到载波相位估计结果。

据此可以构造误差信号，则

$$e(k) = \mathrm{Im}\{\hat{c}_k^* x(k)\mathrm{e}^{-\mathrm{j}\tilde{\theta}}\}$$

可由误差信号构造 Costas 环路以实现对当前相位估计值的更新。$\hat{c}_k$ 的示意图如图 3-53 所示。

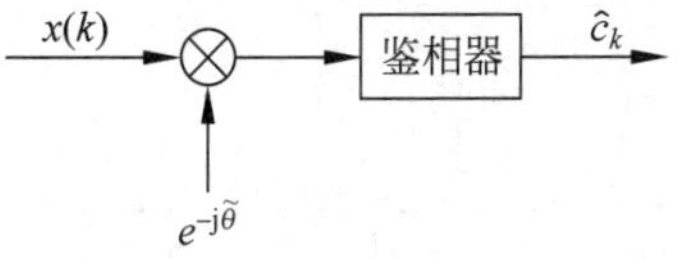

图 3-53 $\hat{c}_k$ 的示意图

关于此部分的深入研究可参见文献[37]。

2）低信噪比情况

为简化分析过程，本节以PSK调制为例，说明在低信噪比下简化的非数据辅助的相位估计方法，其结果可推广到其他多种调制方式。记 M 进制的PSK调制的星座点为 $\{\tilde{c}_k = \mathrm{e}^{\mathrm{j}2\pi m/M}\}$，$m=0,1,\cdots,M-1$，式(3-117)似然函数可表示为

$$\Lambda(\boldsymbol{r} \mid \tilde{\theta}) = C\prod_{k=0}^{N-1}\left\{\frac{1}{M}\sum_{m=0}^{M-1}\exp\left\{-\frac{2E_{\mathrm{s}}}{N_0}\mathrm{Re}\{x(k)\mathrm{e}^{-\mathrm{j}\tilde{\theta}}\mathrm{e}^{\mathrm{j}2\pi m/M}\}\right\}\right\}$$

其中，C 是一个独立于 θ 的正常数。为了简化运算，对似然函数取对数且省略常数 $\ln C$，可得

$$\ln\Lambda(\boldsymbol{r} \mid \tilde{\theta}) = \sum_{k=0}^{N-1}\ln\left\{\frac{1}{M}\sum_{m=0}^{M-1}\exp\left\{-\frac{2E_{\mathrm{s}}}{N_0}\mathrm{Re}\{x(k)\mathrm{e}^{-\mathrm{j}\tilde{\theta}}\mathrm{e}^{\mathrm{j}2\pi m/M}\}\right\}\right\}$$

为了运算方便，取 M 为偶数，由于

$$\mathrm{e}^{\mathrm{j}2\pi(m+M/2)/M} = -\mathrm{e}^{\mathrm{j}2\pi m/M}$$

则

$$\exp\left\{\frac{2E_{\mathrm{s}}}{N_0}\mathrm{Re}\{x(k)\mathrm{e}^{-\mathrm{j}\tilde{\theta}}\mathrm{e}^{\mathrm{j}2\pi m/M}\}\right\} + \exp\left\{\frac{2E_{\mathrm{s}}}{N_0}\mathrm{Re}\{x(k)\mathrm{e}^{-\mathrm{j}\tilde{\theta}}\mathrm{e}^{\mathrm{j}2\pi(m+M/2)/M}\}\right\}$$

$$= 2\cosh\left\{-\frac{2E_{\mathrm{s}}}{N_0}\mathrm{Re}\{x(k)\mathrm{e}^{-\mathrm{j}\tilde{\theta}}\mathrm{e}^{\mathrm{j}2\pi m/M}\}\right\}$$

$$\ln\Lambda(\boldsymbol{r} \mid \tilde{\theta}) = \sum_{k=0}^{N-1}\ln\left\{\frac{2}{M}\sum_{m=0}^{M/2-1}\cosh\left\{\frac{2E_{\mathrm{s}}}{N_0}\mathrm{Re}\{x(k)\mathrm{e}^{-\mathrm{j}\tilde{\theta}}\mathrm{e}^{\mathrm{j}2\pi m/M}\}\right\}\right\} \tag{3-118}$$

对式(3-118)求导数可得

$$\frac{\mathrm{d}}{\mathrm{d}\tilde{\theta}}\ln\Lambda(\boldsymbol{r} \mid \tilde{\theta}) = \frac{2E_{\mathrm{s}}}{N_0}\sum_{k=0}^{N-1}\frac{\sum\limits_{m=0}^{M/2-1}\mathrm{Im}\{X_m(k,\tilde{\theta})\}\sinh\left\{\frac{2E_{\mathrm{s}}}{N_0}\mathrm{Re}\{X_m(k,\tilde{\theta})\}\right\}}{\sum\limits_{m=0}^{M/2-1}\cosh\left\{\frac{2E_{\mathrm{s}}}{N_0}\mathrm{Re}\{X_m(k,\tilde{\theta})\}\right\}} \tag{3-119}$$

其中，$X_m(k,\tilde{\theta}) = x(k)\mathrm{e}^{-\mathrm{j}\tilde{\theta}}\mathrm{e}^{\mathrm{j}2\pi m/M}$。上式是对数似然函数的通用表达，没有严格遵循信号星座和信噪比条件的现状。但由此可以看出给出BPSK和MPSK的必要性。

(1) BPSK。

当信噪比足够小时，式(3-119)中的 $\sinh(x)$ 和 $\cosh(x)$ 项近似为 $\sinh(x) \approx x$ 和 $\cosh(x) \approx 1$，忽略与计算最大值无关的项，式(3-119)变为

$$\frac{\mathrm{d}}{\mathrm{d}\tilde{\theta}}\ln\Lambda(\boldsymbol{r} \mid \tilde{\theta}) = \sum_{k=0}^{N-1}I(k,\tilde{\theta})Q(k,\tilde{\theta}) \tag{3-120}$$

其中，$I(k,\tilde{\theta})$ 和 $Q(k,\tilde{\theta})$ 是 $x(k)\mathrm{e}^{-\mathrm{j}\tilde{\theta}}$ 对应的同相项和正交项

$$x(k)\mathrm{e}^{-\mathrm{j}\tilde{\theta}} = I(k,\tilde{\theta}) + \mathrm{j}Q(k,\tilde{\theta}) \tag{3-121}$$

对式(3-120)的使用方法如图 3-54 所示。

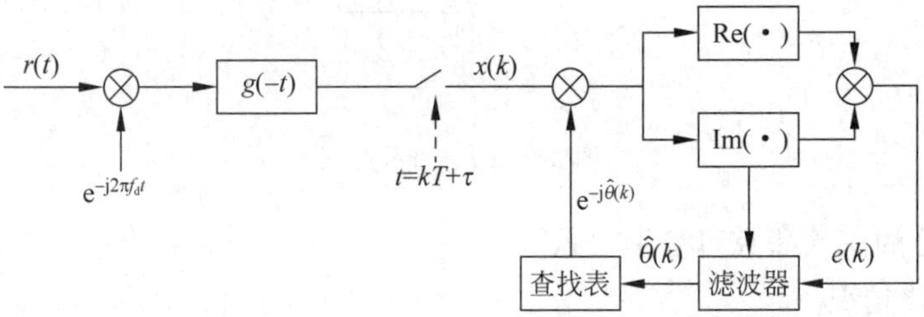

图 3-54 低信噪比下采用 BPSK 调制的非数据辅助载波相位估计流程

图 3-54 给出了 BPSK 的载波相位估计流程，与图 3-65 中基于判决引导的相位估计流程类似，也是一种反馈相位估计算法。定义误差函数：

$$e(k)=I(k,\hat{\theta})Q(k,\hat{\theta})$$

相位估计量的更新式为

$$\hat{\theta}(k+1)=\hat{\theta}(k)+\gamma e(k)$$

通过在观测周期对 $e(k)$ 的求和运算，在误差闭环负反馈作用下 $e(k)$ 会逐渐趋近于零，滤波器最终将输出估计相位。

(2) MPSK。

当信噪比足够小时，与 BPSK 中的近似不同，$\sinh(x)$ 和 $\cosh(x)$ 项近似为 $\sinh(x)\approx x-\frac{x^3}{3}$ 和 $\cosh(x)\approx 1$，忽略与计算最大值无关的项，则式(3-119)近似表示为

$$\frac{\mathrm{d}}{\mathrm{d}\tilde{\theta}}\ln\Lambda(\boldsymbol{r}\mid\tilde{\theta})=\frac{2}{M}\left(\frac{2E_s}{N_0}\right)^2\sum_{k=0}^{N-1}\sum_{m=0}^{M/2-1}\left[\mathrm{Re}\{X_m(k,\tilde{\theta})\}\mathrm{Im}\{X_m(k,\tilde{\theta})\}\right]-\frac{2}{3M}\left(\frac{2E_s}{N_0}\right)^4\sum_{k=0}^{N-1}\sum_{m=0}^{M/2-1}\left[\mathrm{Re}\{X_m(k,\tilde{\theta})\}\right]^3\mathrm{Im}\{X_m(k,\tilde{\theta})\} \tag{3-122}$$

由于

$$\mathrm{Re}\{X_m(k,\tilde{\theta})\}=\frac{1}{2}x(k)\mathrm{e}^{-\mathrm{j}\theta}\mathrm{e}^{\mathrm{j}2\pi m/M}+\frac{1}{2}x^*(k)\mathrm{e}^{\mathrm{j}\theta}\mathrm{e}^{-\mathrm{j}2\pi m/M} \tag{3-123}$$

$$\mathrm{Im}\{X_m(k,\tilde{\theta})\}=\frac{1}{2\mathrm{j}}x(k)\mathrm{e}^{-\mathrm{j}\theta}\mathrm{e}^{\mathrm{j}2\pi m/M}+\frac{1}{2\mathrm{j}}x^*(k)\mathrm{e}^{\mathrm{j}\theta}\mathrm{e}^{-\mathrm{j}2\pi m/M} \tag{3-124}$$

将式(3-123)和式(3-124)代入式(3-122)，可以发现等式右边的第一项为零。注意到当 $M>2$ 时，有

$$\sum_{m=0}^{M/2-1}\mathrm{e}^{\mathrm{j}4\pi m/M}=0$$

代入式(3-122)，可进一步简化为

$$\frac{\mathrm{d}}{\mathrm{d}\tilde{\theta}}\ln\Lambda(\boldsymbol{r}\mid\tilde{\theta})=-\sum_{k=0}^{N-1}\sum_{m=0}^{M/2-1}\left[\mathrm{Re}\{X_m(k,\tilde{\theta})\}\right]^3\mathrm{Im}\{X_m(k,\tilde{\theta})\} \tag{3-125}$$

利用式(3-125)的右边项定义误差函数：

$$e(k)=\sum_{m=0}^{M/2-1}\left[\mathrm{Re}\{X_m(k,\tilde{\theta})\}\right]^3\mathrm{Im}\{X_m(k,\tilde{\theta})\}$$

相位估计的更新表达式为

$$\hat{\theta}(k+1)=\hat{\theta}(k)+\gamma e(k)$$

MPSK 的载波相位估计流程如图 3-55 所示。同样，通过闭环负反馈作用可使 $e(k)$趋近于零。

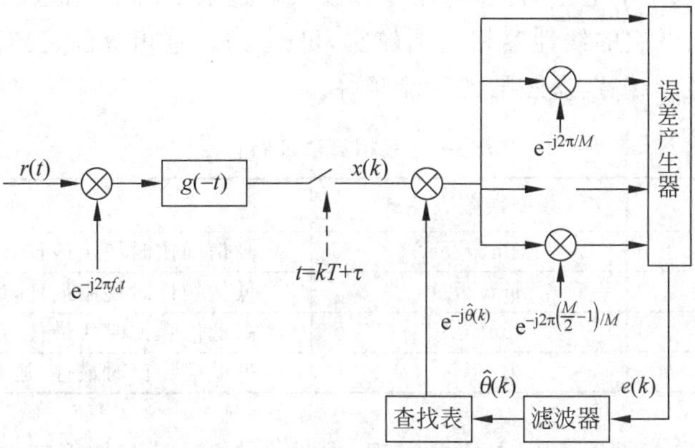

图 3-55　低信噪比下采用 MPSK 调制的非数据辅助载波相位估计流程

3）通用锁相环技术

通过简化以上非数据辅助载波相位同步技术环路结构，就得到了锁相环结构，如图 3-56 所示。

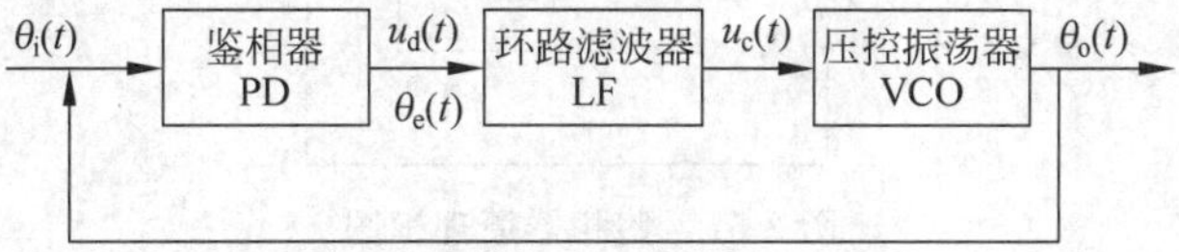

图 3-56　通用锁相环结构框图

锁相环(Phase Lock Loop)是一个能够跟踪输入信号相位的闭环自动控制系统。它具有载波跟踪特性、调制跟踪特性、低门限特性以及易于集成等优点，因此普遍应用于载波提取、频率合成、调制解调、视频声频解码等无线电技术的各个领域。

锁相环是通过相位负反馈控制，使系统输出信号相位锁定在输入信号的相位上。锁相环由鉴相器(Phase Detector，PD)、环路滤波器(Loop Filter，LF)和压控振荡器(Voltage Controlled Oscillator，VCO)3 个基本部件组成[29]。

在环路开始工作时，通常输入信号的频率与压控振荡器未加控制电压时的振荡频率是不同的。两信号之间的相位差经鉴相器变为电压信号，通过控制压控振荡器产生不同的频率信号，通过不断地反馈比较输入信号与该信号的相位差值使二者相位达到一致，最终使整个环路达到稳定状态。此时，输入信号和压控振荡器输出信号之间的频差为零，相位差不再随时间变化，误差控制电压为一固定值，这时环路就进入所谓"锁定"状态。以上就是环路工作的大致过程。

鉴相器是一个相位比较部件，用来检测输入信号相位 $\theta_i(t)$和反馈信号相位 $\theta_o(t)$之间的相位差 $\theta_e(t)$。输出的误差信号 $u_d(t)$与相差信号 $\theta_e(t)$之间存在如下关系：

$$u_d(t)=f[\theta_e(t)]$$

鉴相器存在多种类型，可以分为两类[4]：一类是相乘器电路，它是把输入信号波形与输出信号波形的乘积进行平均，从而获得直流的误差输出。这类鉴相器通常称为模拟鉴相器，其线性区较小，约为 $\pi/6$。正弦鉴相器即为该类的代表。

另一类是序列电路，它的输出电压是输入信号过零点与反馈电压过零点之间时间差的函数。其输出只与波形的边沿有关，适用于方波或通过限幅的正弦波输入，常用数字电路构成，称为数字鉴相器。它的线性鉴相范围较宽，可达 2π。鉴相范围是衡量鉴相器性能优劣的重要指标，鉴相范围越宽，鉴相器的性能越好。

表 3-6 鉴相算法及特性[3]

鉴相算法	频率误差表达式	应用环境
$\mathrm{sign}(I_e Q_e)$	$\sin(\theta_e)$	高信噪比时使用最佳，运算量较低
$I_e Q_e$	$\sin(2\theta_e)$	低信噪比时使用最佳，运算量适中
Q_e/I_e	$\tan(\theta_e)$	高低信噪比时次最佳，运算量较高
$\arctan(Q_e/I_e)$	θ_e	高低信噪比时最佳，运算量较高

最常用的正弦鉴相器可以用乘法器实现，参见图 3-57，具有如下特性：

$$u_d(t) = K_d \sin[\theta_e(t)]$$

式中，K_d 为鉴相器增益，乘法器输出的高频项$[2\omega_0 + \theta_1(t) + \theta_2(t)]$由后面的环路滤波器给消除，因此，不考虑该高频项。

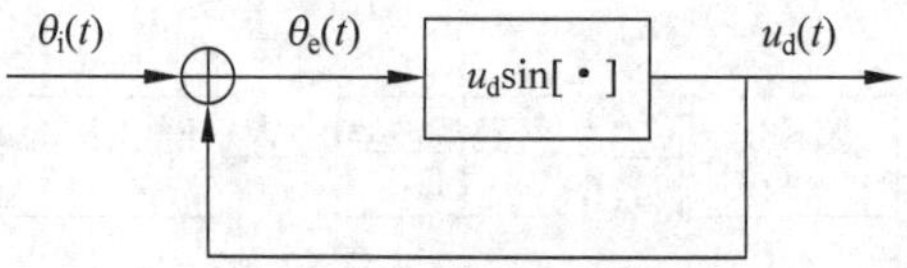

图 3-57 鉴相器原理框图

(1) 锁相环的性能。

锁相环分为窄带和宽带锁相环两种。假设输入信号中加入了噪声且携带的信息包含在频率或相位中，锁相环的任务是重构原始信号，并尽可能消除噪声的影响。此时 PLL 可以看作是让信号通过、让噪声滤除的滤波器，通过很窄的带宽可以剔除大量噪声的影响。当锁相环的带宽很大时，PLL 有快速响应能力，可以作为一个伺服机构。锁相环的带宽常定义为噪声带宽，即常说的环路噪声带宽，定义如下：

$$B_L = \int_0^{\infty} |H(f)|^2 \mathrm{d}f$$

对于理想二阶（有源比例积分滤波器）环路，其环路噪声带宽为

$$B_L = \frac{\omega_n}{8\xi}(1 + 4\xi^2)$$

环路的噪声带宽反映了环路对噪声的抑制作用，噪声带宽越小，环路越窄，环路对噪声的抑制能力越强。环路噪声带宽越宽，锁定时间越快。工程上，环路噪声带宽不超过参考频率的 1/10。

(2) 锁相环的指标。

锁相环的捕获和跟踪性能指标有同步带、稳态相差、捕捉带、快捕带、锁定时间等。锁相

环的同步带指在锁定状态下，输入频率缓慢变化，压控振荡器可以跟踪的范围。理想二阶环的同步带为无穷大。捕捉带是指在环路失锁的状态下，环路通过牵引能自行锁定的最大频差。理想二阶环路的捕捉带为：

$$\Delta\omega_{\max}=1.8\omega_{\mathrm{n}}(\xi+1)$$

快捕带是指在环路捕捉过程中，不产生频率牵引现象，相位差在一定范围内可以进行锁定的最大频差。

针对理想二阶环路，对于不同的输入形式，其稳态相差如表 3-7 所示。

表 3-7 不同环路滤波器的环路相关函数[4]

相关函数	RC 积分滤波器	无源比例积分滤波器	有源比例积分滤波器
相位阶跃	0	0	0
频率阶跃	$\Delta\omega/k$	$\Delta\omega/k$	0
频率斜升	∞	∞	$R\tau_1/k$

由此可知，理想二阶环路可以跟踪频率阶跃，且稳态误差为 0，而对于频率斜升信号，则稳态误差不为 0，不适用于对多普勒成分复杂信号的跟踪。锁定时间是指环路从失锁状态下进行跟踪，达到稳定状态的时间。锁定时间与环路带宽、噪声大小、积分时间相关。环路带宽越大，锁定时间越短，积分时间越长，环路更新时间越长，在某种程度上会加大锁定时间。

常用锁相环路有：

(1) 平方环。

对于双边带抑制载波 PAM 信号、MPSK 信号等调制方式，接收信号的表达式为

$$\begin{aligned}r(t)&=s(t)+n(t)\\&=A(t)\cos[2\pi f_{\mathrm{c}}t+\varphi(t)]+n(t)\end{aligned}$$

其中，$A(t)$表示符号信息；$\varphi(t)$是载波相位；$n(t)$是加性噪声；f_{c}是载频。由于$A(t)$是双极性独立等概率分布的，因此$s(t)$是抑制载波信号。对$r(t)$求平方可得

$$y(t)=s^2(t)+2s(t)n(t)+n^2(t) \tag{3-126}$$

因为调制信号是一个循环平稳随机过程，所以$s^2(t)$是一个循环平稳随机过程，$s^2(t)$的数学期望是

$$E[s^2(t)]=\frac{1}{2}E[A^2(t)]+\frac{1}{2}E[A^2(t)]\cos(4\pi f_{\mathrm{c}}t+2\varphi)$$

平方信号经过一个中心频率为$2f_{\mathrm{c}}$的带通滤波器，再通过二分频，则可以恢复出载频信号。由于滤波器带宽不能太窄，否则将引起严重的相移，因此所恢复出的载频信号中会有接收信号的残余分量，造成同步性能损失。所以大多数解调器都采用锁相环获得频偏为$2f_{\mathrm{c}}$的信号。由于锁相环的环路滤波器带宽比前级带通滤波器的带宽要窄得多，因此可以获得性能较好的载频信号。载频信号的恢复过程如图 3-58 所示。

输入锁相环的信号经鉴相器、环路滤波器得到 VCO 控制电压，等效鉴相器输出为

$$K_{\mathrm{d}}=K\sin2\Delta\varphi$$

其中，相位误差为$\Delta\varphi=\varphi-\hat{\varphi}$。平方律运算使得锁相环输入端的噪声增强，从而增加了相位误差的方差。式(3-126)的噪声分量$2s(t)n(t)$、$n^2(t)$在以$2f_{\mathrm{c}}$为中心的频带内有功率谱。由于环路带宽B_{L}远小于带通滤波器带宽B_{BP}，锁相环输入端的总噪声谱在环路带宽内可视

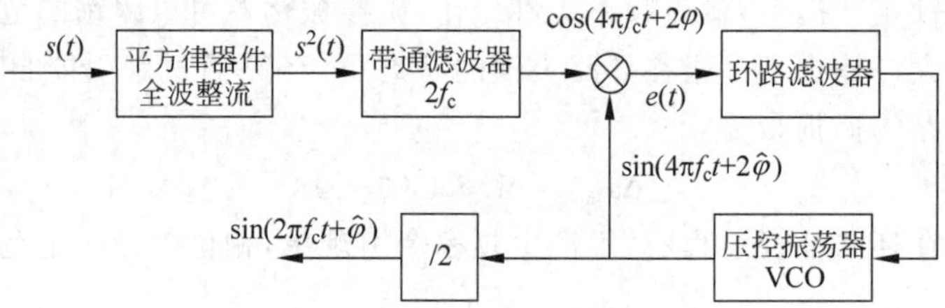

图 3-58 载频信号的恢复过程

为常数，相位误差的方差可表示为

$$\sigma_{\varphi}^{2}=1/(\gamma_{L}S_{L})$$

其中，S_L 被定义为平方律损失[38,39]，表示为

$$S_{L}=\frac{1}{1+\frac{B_{BP}/(2B_{L})}{\gamma_{L}}} \tag{3-127}$$

其中，γ_L 为信噪比

$$\gamma_{L}=B_{BP}/(2B_{L}) \tag{3-128}$$

由式(3-127)可见，$S_L<1$，故 S_L^{-1} 表示相位误差方差的增加，该相位误差是由信号的平方引起的。结合式(3-128)可知该损失为 3dB。在工程上不但用平方律法提取载波，还有 M 次方律法，将在下面进行详细介绍。显然乘方的次数越高，引起的相位均方误差越大。需要注意的是，上述载波同步方法的参考载波存在 $360°/M$ 的相位模糊，解决方法是在信号发射端采用差分编码，在接收端采用差分解调或在相干解调之后采用差分译码。

(2) Costas 环。

Costas 环是二阶锁相环，它的基本结构[40]如图 3-59 所示。

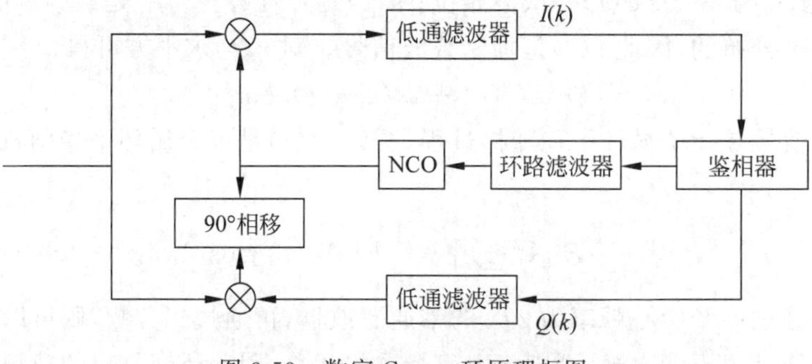

图 3-59 数字 Costas 环原理框图

设输入的卫星信号是 BPSK 调制的。输入信号经过 AD 采样后可以看作是一个离散数字序列。所以第 k 个采样时刻，I 路和 Q 路的信号的表示分别为

$$S_{I}(k)=U_{i}m(k)\cos[\omega_{c}k+\theta_{i}(k)] \tag{3-129}$$

$$S_{Q}(k)=U_{i}m(k)\sin[\omega_{c}k+\theta_{i}(k)] \tag{3-130}$$

其中，$m(k)$的大小是± 1，ω_c 为输入载波角频率，$\theta_i(k)$为初始相位，U_i 为输入信号的幅度。数字压控振荡器 NCO 输出信号表达式见式(3-131)，经过 90°相移后输出的信号见式(3-132)。

$$u_{o1}(k)=\cos[\omega_o k+\theta_o(k)] \tag{3-131}$$

$$u_{o2}(k)=\cos[\omega_o k+\theta_o(k)] \tag{3-132}$$

其中，ω_o 为 NCO 输出信号的载波角频率，$\theta_o(k)$ 为 NCO 输出信号的初始相位。

假设以 NCO 输出的频率作为基准频率，可以定义式(3-133)。I 路和 Q 路的信号的表示分别见式(3-134)和式(3-135)。

$$\theta_1(k)=(\omega_c-\omega_o)k+\theta_i(k)=\Delta\omega k+\theta_i(k) \tag{3-133}$$

$$S_I(k)=U_i m(k)\cos[\omega_o k+\theta_1(k)] \tag{3-134}$$

$$S_Q(k)=U_i m(k)\sin[\omega_o k+\theta_1(k)] \tag{3-135}$$

输入信号与 NCO 输出信号分别相乘再低通滤波后可得

$$I(k)=\frac{1}{2}m(k)U_i\cos\theta_e(k)$$

$$Q(k)=\frac{1}{2}m(k)U_i\sin\theta_e(k)$$

$$\theta_e(k)=\theta_1(k)-\theta_o(k)$$

得到 $I(k)$ 和 $Q(k)$ 后，使用表 3-6 所列鉴相算法就可以得到相位估计值。

(3) 锁频锁相相结合技术。

从以上介绍的锁频环和锁相环结构可知，锁频环具有相对较宽的环路带宽、适用于信号同步初期的载波频率捕获环节，而锁相环具有相对较高的同步精度适用于信号同步后期的载波跟踪环节。因此根据高动态、低信噪比下环路跟踪特点的分析，采用锁频加锁相结合的方式达到既能跟踪动态信号，同时降低跟踪误差，提高跟踪精度的效果。锁频加锁相结合的框图如图 3-60 所示。

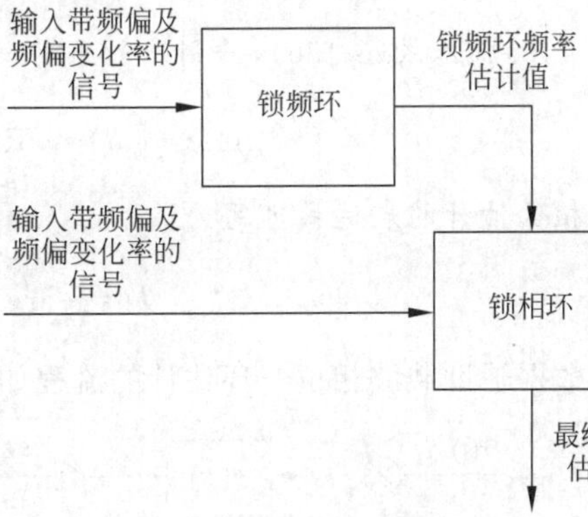

图 3-60 锁频锁相结合方式[41]

图 3-60 中输入的带频偏及频率变化过程的信号经锁频环输出后调整锁相环 VCO 的中心频率，这样进入到锁相环的频偏较小，锁相环的环路噪声带宽可以做到很窄，因此可以在较低噪声的情况下使用。经锁相环进行调整后的输出送给下一轮的锁频环的 VCO，图 3-60 中锁频环和锁相环之间的预检积分时间需呈倍数关系。

2. 开环非数据辅助载波相位同步

闭环估计方法引起反馈结构存在估计时间长的问题，不利于突发传输模式下的数字卫星信号接收。下面以 PSK 信号为例介绍直载波相位开环估计方法。

重写对数似然函数表达式：

$$\ln\Lambda(r\mid\tilde{\theta})=\sum_{k=0}^{N-1}\ln T(k,\tilde{\theta}) \tag{3-136}$$

$$T(k,\tilde{\theta})=\frac{1}{M}\sum_{m=0}^{M-1}\exp\left\{\frac{2E_s}{N_0}\mathrm{Re}\{x(k)\mathrm{e}^{-\mathrm{j}\tilde{\theta}}\,\mathrm{e}^{\mathrm{j}2\pi m/M}\}\right\} \tag{3-137}$$

利用

$$2\mathrm{Re}\{x(k)\mathrm{e}^{-\mathrm{j}\tilde{\theta}}\mathrm{e}^{\mathrm{j}2\pi m/M}\}=\frac{1}{2}x(k)\mathrm{e}^{-\mathrm{j}\tilde{\theta}}\mathrm{e}^{\mathrm{j}2\pi m/M}+\frac{1}{2}x^*(k)\mathrm{e}^{\mathrm{j}\tilde{\theta}}\mathrm{e}^{-\mathrm{j}2\pi m/M}$$

由于

$$\exp\left\{\left[\frac{2E_s}{N_0}\mathrm{Re}\{x(k)\mathrm{e}^{-\mathrm{j}\tilde{\theta}}\mathrm{e}^{\mathrm{j}2\pi m/M}\}\right]^p\right\}$$

$$=\sum_{p=0}^{\infty}\frac{1}{p!}\left(\frac{E_s}{N_0}\right)^p\sum_{p=0}^{q}\binom{p}{q}x^q(k)[x^*(k)]^{(p-q)}\mathrm{e}^{\mathrm{j}(p-2q)\tilde{\theta}}\mathrm{e}^{-\mathrm{j}2\pi m(p-2q)/M} \tag{3-138}$$

将式(3-138)代入式(3-137),可得

$$T(k,\tilde{\theta})=\sum_{p=0}^{\infty}\frac{1}{p!}\left(\frac{E_s}{N_0}\right)^p\sum_{p=0}^{q}\binom{p}{q}x^q(k)[x^*(k)]^{(p-q)}\mathrm{e}^{\mathrm{j}(p-2q)\tilde{\theta}}A(p-2q) \tag{3-139}$$

其中,$A(p-2q)=\frac{1}{M}\sum_{m=0}^{M-1}\mathrm{e}^{-\mathrm{j}2\pi m(p-2q)/M}$。

注意:除了 $p-2q=lm,l=0,\pm1,\pm2,\cdots,A(p-2q)=0$,将这一结构用于式(3-139)可得

$$T(k,\tilde{\theta})=1+\frac{1}{M!}\left(\frac{E_s}{N_0}\right)^M\mathrm{Re}\{x^M(k)\mathrm{e}^{-\mathrm{j}M\tilde{\theta}}\} \tag{3-140}$$

将式(3-140)代入式(3-136),并利用 $\ln x\approx1+x$,忽略无关项,可得

$$\ln\Lambda(r\mid\tilde{\theta})\approx\mathrm{Re}\left\{\mathrm{e}^{-\mathrm{j}M\tilde{\theta}}\sum_{k=0}^{N-1}x^M(k)\right\}$$

则载波相位估计的表达式可写为

$$\hat{\theta}=\frac{1}{M}\arg\left\{\sum_{m=0}^{N-1}x^M(k)\right\} \tag{3-141}$$

非数据辅助载波相位开环估计的流程如图 3-61 所示。

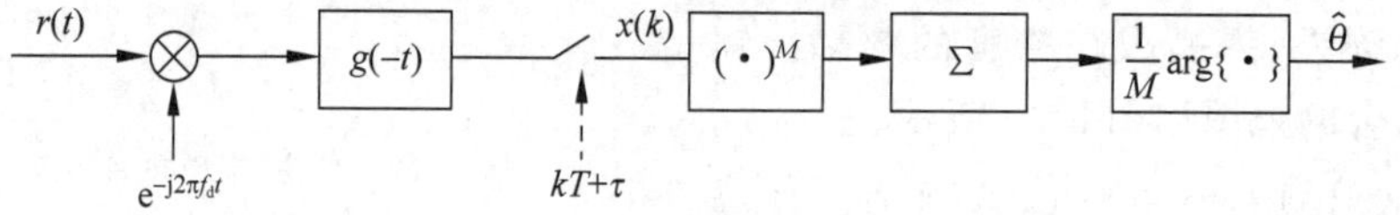

图 3-61　非数据辅助载波相位开环估计流程图

这是熟悉的 M 次方同步器,框图如图 3-61 所示。式(3-141)非常适用于数字应用环境。由于 arg 函数的取值范围为$[-\pi,\pi]$,因此该算法估计范围为$[-\pi/M,\pi/M]$。这对应于相位估计中的 M 重相位模糊问题,可采用差分编解码去除。

由于对任何 PSK 调制 $c_k^M=1$,所以

$$x^M(k)=\mathrm{e}^{\mathrm{j}M\theta}+N(k) \tag{3-142}$$

其中,$N(k)$是零均值噪声项,包括信号与噪声和噪声与噪声的乘积项。通过 M 次方操作,调制信息已被剔除,再通过对式(3-142)在观测间隔内取平均可以实现对 $N(k)$的平滑滤波,最终得到近似于 $\mathrm{e}^{\mathrm{j}M\theta}$ 的滤波结果。图 3-62 是利用 M 次方律法对 QPSK 调制信号进行相位估计的仿真结果。对于频率残差对估计结果的影响,分析表明,其结果和前几节介绍的数据辅助载波相位估计方法得到的结论是类似的。图 3-62 中估计结果不受滚降系数影响,是因为仿真假设满足奈奎斯特条件。如图 3-62 所示,在高信噪比条件下该算法估计方差可达到 MCRB,但是在中低信噪比条件下该算法表现不佳。针对这一问题,A. J. Viterbi &

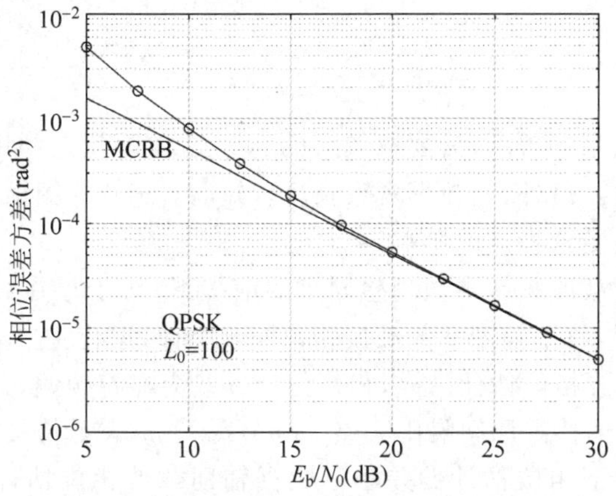

图 3-62 非数据辅助载波相位估计方差与信噪比关系的仿真结果

A. M. Viterbi 提出了 V&V 算法[42]。该算法是 M 次方律法的一种变形扩展，研究了去除 MPSK 信号中调制信息的非线性方法，并在不同的剩余频差和 SNR 条件下给出了相应的最佳非线性处理。首先将式 $x(k)$ 写作 $x(k)=\rho(k)\mathrm{e}^{\phi(k)}$，并将 $x^M(k)$ 代入式(3-141)，可得

$$y(k)=F[\rho(k)]\mathrm{e}^{\mathrm{j}M\phi(k)} \tag{3-143}$$

其中，$F[\rho(k)]$ 是 $\rho(k)$ 的实非线性函数。由此可得

$$\hat{\theta}=\frac{1}{M}\arg\left\{\sum_{m=0}^{N-1}F[\rho(k)]\mathrm{e}^{\mathrm{j}M\phi(k)}\right\}$$

当 $F[\rho(k)]=\rho^M(k)$ 时，V&V 算法等价于 M 次方同步器，但研究发现，当 $F[\rho(k)]$ 取小于 M 次的阶数，比如 $F[\rho(k)]=\rho^2(k)$ 或者 $F[\rho(k)]=1$ 时，根据信噪比和星座点数不同 V&V 算法可以实现更好的估计性能。例如，$E_s/N_0=6\text{dB}$，QPSK 调制方式下相较于 MCRB，$F[\rho(k)]=\rho^4(k)$ 的估计方差损失 4dB，而 $F[\rho(k)]=1$ 和 $F[\rho(k)]=\rho^2(k)$ 的估计方差损失分别是 3dB 和 2.6dB。

还可将 V&V 算法扩展至频偏估计领域，设 $\theta=\omega_0+\omega_1 k$，$\omega_0=M\theta_0$，$\omega_1=2\pi fT$，对应的最小二乘估计器为

$$[\hat{f},\hat{\theta}]=\underset{f,\theta}{\operatorname{argmin}}J(f,\theta)$$

$$J(f,\theta)=\sum_{k=0}^{N-1}\left|\ y(k)-C\mathrm{e}^{\mathrm{j}M(2\pi fTk+\theta)}\ \right|^2$$

其中，C 为设计参数，T 为符号周期。对上式求导并令其为零可得(f,θ)的估计式：

$$\hat{f}=\underset{f}{\operatorname{argmax}}\frac{1}{L_0}\left|\sum_{k=0}^{N-1}y(k)\mathrm{e}^{-\mathrm{j}M\cdot 2\pi fTk}\right|^2 \tag{3-144}$$

$$\hat{\theta}=\frac{1}{M}\arg\left\{\left|\sum_{k=0}^{N-1}y(k)\mathrm{e}^{-\mathrm{j}M\cdot 2\pi\hat{f}Tk}\right|^2\right\} \tag{3-145}$$

事实上，若认为非线性变换后的结果 $y(k)$ 是一个噪声中的复正弦信号，则式(3-144)给出的估计式与文献[43]中给出的单频信号的最大似然频率估计方法是等价的。可以证明，式(3-144)与式(3-145)是渐近无偏和一致估计式，并且在高 SNR 下是几乎渐近有效估计[44]。式(3-144)中的求和项实际上对应着 N 点序列 $y(k)$ 的傅里叶变换，在实际应用时通

常用 DFT 来计算，即

$$\hat{\omega}_1=\frac{2\pi}{N_1}\operatorname{argmax}\left|\sum_{k=0}^{N-1}y(k)\cdot \mathrm{e}^{-\mathrm{j}\frac{2\pi km}{N_1}}\right|^2$$

为了获得较高的频率分辨度，需要取较大的 N。这样即使是利用了 FFT 算法，所需的运算量也是相当可观的。另外，当数据观察长度较短时，DFT 的频谱泄漏现象会比较严重，这将导致估计结果容易受到噪声的影响。

以上分析均是基于载波频率参数理想同步的前提下，对于存在载波频偏情况下的讨论可参见文献[42]，结果与数据辅助下的载波相位同步类似，退化主要表现为两种形式：

(1) 与数据辅助载波相位估计一样，相位估计方差会随着频偏 $|f_\mathrm{d}|$ 的增加而增加；

(2) 相位估计值会偏移观测间隔中心点 $2\pi mMf_\mathrm{d}T$，m 表示符号周期数。

不同的是同等条件下相位估计偏差小于数据辅助载波相位估计偏差 M 倍，这是由于 M 次方律操作引起的。

另外给出 QAM 调制信号的估计过程，设 QAM 信号为 $c_k=a_k+\mathrm{j}b_k$，$c_k=a_k+\mathrm{j}b_k$ 和 $c_k=a_k+\mathrm{j}b_k$ 是均值为零且相互独立的随机变量，其二阶矩和四阶矩分别是 $E\{a_i^2\}=E\{b_i^2\}=C_2$，$E\{a_i^4\}=E\{b_i^4\}=C_4$，对于匹配滤波器输出信号 $x(k)=c_k\mathrm{e}^{\mathrm{j}\theta}+n(k)$，它的四次方的数学期望为

$$E[x^4(k)]=2(C_4-3C_2^2)\mathrm{e}^{\mathrm{j}4\theta}$$

由于$(C_4-3C_2^2)>0$，所以有如下相角等式：

$$\arg\{E[x^4(k)]\}=4\theta$$

当利用 $x^4(k)$的采样平均值近似期望值 $E[x^4(k)]$时，可得到相位估计结果：

$$\hat{\theta}=\arg\left\{\sum_{k=0}^{L_0-1}x^4(k)\right\}\Big/4$$

在高信噪比下，上式估计结果可达到 MCRB[2]。对于一般 QAM 调制，它的估计方差会随着星座点数的增加远远偏离于 MCRB。关于频偏对 QAM 调制的影响可参见文献[45]。

3.3.2 数据辅助载波相位同步

数据辅助载波相位同步是指利用接收信号中已知的数据符号信息(导频)辅助进行载波相位估计，并将估计结果应用于后续数据段的载波相位偏移的校正，以消除载波相位对数据符号判决的影响。

假设经混频得到的基带信号可表示为

$$r(t)=s(t)+n(t)=\mathrm{e}^{\mathrm{j}(2\pi f_\mathrm{d}t+\theta)}\sum_i c_i g(t-iT-\tau)+n(t) \tag{3-146}$$

其中，$n(t)$为高斯加性噪声，实部和虚部相互独立均服从正态分布 $N(0,\sigma^2)$；f_d 是频率偏移，θ 是待估计载波初始相位，τ 是传输信道延时，$\{c_i\}$是已知数据符号，T 是符号周期，$g(t)$是脉冲成形滤波函数。为了简化估计过程，假设参数 τ、f_d 已知，针对待估计未知量 θ 建立似然函数：

$$\begin{aligned}L(r\mid\theta)&=\frac{1}{\sqrt{2\pi}\sigma}\mathrm{e}^{-\frac{1}{2\sigma^2}(r(t)-s(t))^2}\\&=\frac{1}{\sqrt{2\pi}\sigma}\exp\left\{-\frac{1}{2\sigma^2}(r(t)-A\mathrm{e}^{\mathrm{j}(2\pi f_\mathrm{d}t+\theta)})^2\right\}\end{aligned}$$

由于

$$|r(t)-c_k e^{j(2\pi f_d t+\theta)}|^2=|r(t)|^2+|c_k|^2-2\mathrm{Re}\{r(t)\cdot c_k e^{j(2\pi f_d t+\theta)}\}$$

$$|r(t)-s(t)|^2=|r(t)|^2+|s(t)|^2-2\mathrm{Re}\{r(t)\cdot s^*(t)\}$$

去掉常系数、相位无关项和已知项后可得

$$\Lambda(r\mid\theta)=\exp\left\{\frac{1}{\sigma^2}\int_0^{T_0}\mathrm{Re}\{r(t)s^*(t)\}\mathrm{d}t\right\} \tag{3-147}$$

对式(3-147)取对数可得对数似然函数

$$\ln\Lambda(r\mid\theta)=\frac{1}{\sigma^2}\mathrm{Re}\left\{\int_0^{T_0}r(t)s^*(t)\mathrm{d}t\right\} \tag{3-148}$$

将式(3-146)代入式(3-148)右边积分项：

$$\int_0^{T_0}r(t)s^*(t)\mathrm{d}t=\mathrm{e}^{-j\theta}\sum_i c_i^*\int_0^{T_0}r(t)\mathrm{e}^{-j2\pi f_d t}\cdot g(t-iT-\tau)\mathrm{d}t$$

考虑到匹配滤波特性，上式可表达为

$$\int_0^{T_0}r(t)s^*(t)\mathrm{d}t=\mathrm{e}^{-j\theta}\sum_{k=0}^{N-1}c_k^*x(k)$$

其中，$N=T_0/T$，T 是符号周期；$x(k)$是在 $kT+\tau$ 时刻的波形采样值。

式(3-148)可表示为

$$\Lambda(r\mid\theta)=\mathrm{Re}\left\{\mathrm{e}^{-j\theta}\sum_{i=0}^{N-1}c_i^*x(k)\right\}$$

由于对数函数的单调性，对上式取极值可得相位估计公式：

$$\hat{\theta}=\arg\left\{\sum_{k=0}^{N-1}c_k^*x(k)\right\} \tag{3-149}$$

其中，arg{·}表示取相位。图 3-63 给出了以上 ML 相位估计的流程图。

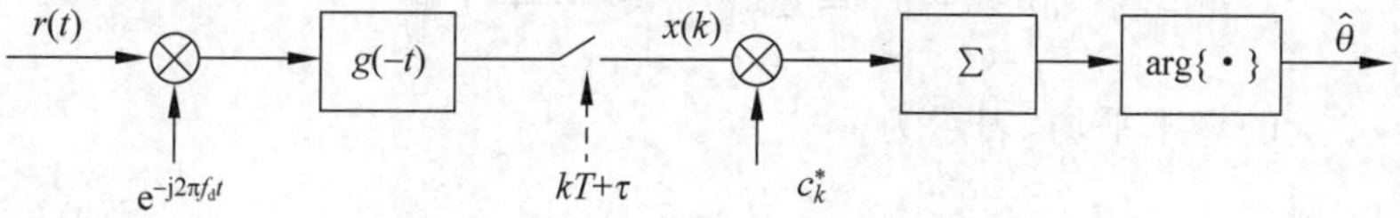

图 3-63 ML 载波相位估计流程图

1. 载波相位估计的性能分析

根据 3.3.1 节的最大似然估计算法，当信噪比足够大并且 $g(t)*g(-t)\triangleq h(t)$(理想匹配滤波器)时，估计量可以获得达到克拉美罗界的估计精度。其中，

$$h(kT)=\begin{cases}1, & k=0\\0, & k\neq 0\end{cases}$$

根据第 2 章中的同步估计理论，理想同步下克拉美罗界等于修正克拉美罗界。我们只需证明式(3-149)可达到修正克拉美罗界：

$$\mathrm{MCRB}(\theta)=\frac{1}{2L_0\cdot E_s/N_0}$$

考虑匹配滤波器的输出：

$$x(t)=\mathrm{e}^{j\theta}\sum_i c_i h(t-iT-\tau)+n(t)$$

其中，噪声项为

$$n(t) \triangleq [w(t)\mathrm{e}^{-\mathrm{j}2\pi f t}] * g(-t)$$

易知，$n(t)$的实部和虚部相互独立，且对应功率谱密度均为 N_0，信号能量 $E_s = C_2/2$，$C_2 = E[|c_i|^2]$(参见文献[2]附录 2. A)。故

$$N_0 = \frac{C_2}{2E_s/N_0} \tag{3-150}$$

在 $kT+\tau$ 时刻对 $x(t)$采样，可得

$$x(k) = \mathrm{e}^{\mathrm{j}\theta} c_k + n(k) \tag{3-151}$$

将式(3-151)两边同乘以 c_k^*，可得

$$c_k^* x(k) = \mathrm{e}^{\mathrm{j}\theta}[\,|c_k|^2 + c_k^* n'(k)] \tag{3-152}$$

其中，$n'(k) = n(k)\mathrm{e}^{-\mathrm{j}\theta}$，$n'(k)$的实部和虚部是零均值且相互独立的随机变量，功率谱密度都是 N_0。将式(3-152)代入相位估计公式(3-149)

$$\hat{\theta} = \arg\{\mathrm{e}^{\mathrm{j}\theta}(1 + N_R + \mathrm{j}N_I)\} \tag{3-153}$$

其中，

$$N_R + \mathrm{j}N_I = \frac{\sum_{k=0}^{L_0-1} c_k^* n'(k)}{\sum_{k=0}^{N-1} |c_k|^2}$$

当 $N_R \ll 1$ 和 $N_I \ll 1$ 时，$\arctan N_I \approx N_I$，式(3-153)可近似为

$$\hat{\theta} \approx \theta + N_I$$

由于 N_R、N_I 均值为零，可知 $\hat{\theta}$ 是 θ 的无偏估计。估计方差为

$$\mathrm{var}\{\hat{\theta} - \theta\} = E\{N_I^2\} = \frac{N_0 C_2}{L_0} E\left\{\frac{1}{\bar{C}_2^2}\right\} \tag{3-154}$$

其中，$\bar{C}_2$ 是$|c_k|^2$ 的算术平均，表示为

$$\bar{C}_2 = \frac{1}{L_0}\sum_{k=0}^{L_0-1} |c_k|^2$$

将式(3-150)代入式(3-154)，可得式(3-154)的变换形式：

$$\mathrm{var}\{\hat{\theta} - \theta\} = \frac{C_2^2}{2L_0 \cdot E_s/N_0} E\left\{\frac{1}{\bar{C}_2^2}\right\} \tag{3-155}$$

随着观测时长 T_0 和数目 L_0 的增加，算术平均 $\bar{C}_2^2$ 趋近于期望平均 C_2^2，式(3-155)可近似为

$$\mathrm{var}\{\hat{\theta} - \theta\} = \frac{1}{2L_0 \cdot E_s/N_0}$$

由此可知，基于 ML 的载波相位估计的方差达到了 MCRB。

2. 频率残差对载波相位估计的影响

上面关于相位估计误差的分析是基于观测点起始位置在时间原点的假设。但是在实际应用中将时间原点定位于观测间隔的中间点更具一般性。因此，假设观测间隔中间点作为时间原点 $t = mT$，如图 3-64 所示。

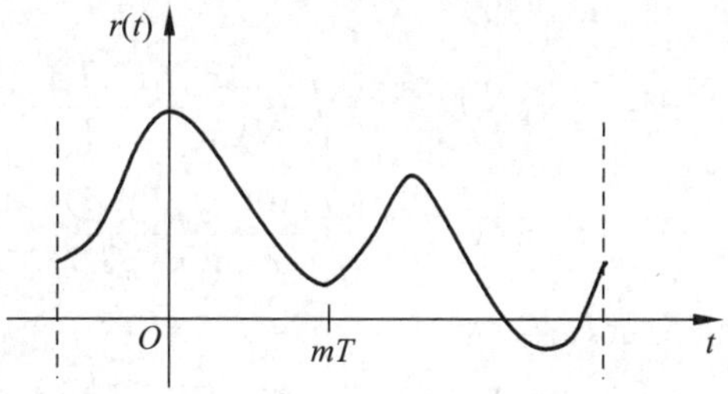

图 3-64 以 $t=mT$ 为中心的观测间隔

为了简化估计过程，我们进一步假设符号周期数为偶数值。由此可得相位 θ 的最大似然估计：

$$\hat{\theta}=\arg\left\{\frac{1}{L_0}\sum_{k=m-(L_0-1)/2}^{m+(L_0-1)/2} c_k^* x(k)\right\} \tag{3-156}$$

为了简化分析过程，假设系统调制方式采用相移键控调制(PSK)，残留频差 $\Delta f=\hat{f}_d-f_d$ 远小于 $1/T$，匹配滤波满足奈奎斯特条件。因此有

$$x(t)=[r(t)e^{-j2\pi\hat{f}_d t}]*g(-t)$$

将式(3-146)代入上式可得

$$x(t)=e^{j\theta}\sum_i c_i[e^{j2\pi f_d t}g(t-iT-\tau)]*g(-t)+n(t)$$

根据假设条件 $g(t-iT-\tau)$ 主要取值在 $kT+\tau$ 的附近小范围内并且 $|f_dT|\ll 1$，可将 $e^{j2\pi f_d t}$ 近似为 $e^{j2\pi f_d T}$。由此可得

$$x(t)=e^{j\theta}\sum_i c_i e^{j2\pi f_d T}h(t-iT-\tau)+n(t)$$

在 $kT+\tau$ 时刻的采样值为

$$x(k)=c_k e^{j\theta}e^{j2\pi k f_d T}+n(k)$$

由于 $|c_k|^2=1$，则

$$c_k^* x(k)=e^{j\theta}[e^{j2\pi k f_d T}+n'(k)]$$

其中，$n'(k)\triangleq n(k)c_k^* e^{-j\theta}$。最终代入式(3-156)可得相位估计：

$$\hat{\theta}=\arg\left\{e^{j\theta}\left[\frac{1}{L_0}\sum_{k=m-(L_0-1)/2}^{m+(L_0-1)/2} e^{j2\pi k f_d T}+N_R+jN_I\right]\right\} \tag{3-157}$$

其中，

$$N_R+jN_I\triangleq\frac{1}{L_0}\sum_{k=m-(L_0-1)/2}^{m+(L_0-1)/2} n'(k)$$

由于

$$\frac{1}{L_0}\sum_{k=m-(L_0-1)/2}^{m+(L_0-1)/2} e^{j2\pi k f_d T}=\frac{\sin(\pi f_d L_0 T)}{N\sin(\pi f_d T)}e^{j2\pi m f_d T}$$

式(3-157)可改写为

$$\hat{\theta}=\arg\{e^{j(2\pi m f_d T+\theta)}(1+V_R+jV_I)\} \tag{3-158}$$

其中，

$$\begin{cases} V_{\mathrm{R}} \triangleq N_{\mathrm{R}} \cdot \mathrm{e}^{-\mathrm{j}2\pi m f_{\mathrm{d}} T} \bigg/ \dfrac{\sin(\pi f_{\mathrm{d}} L_0 T)}{N\sin(\pi f_{\mathrm{d}} T)} \\ V_{\mathrm{I}} \triangleq N_{\mathrm{I}} \cdot \mathrm{e}^{-\mathrm{j}2\pi m f_{\mathrm{d}} T} \bigg/ \dfrac{\sin(\pi f_{\mathrm{d}} L_0 T)}{N\sin(\pi f_{\mathrm{d}} T)} \end{cases}$$

V_{R} 和 V_{I} 是均值为零的随机变量，方差为

$$\sigma_{\mathrm{v}}^2 = \frac{1}{2L_0 \cdot E_{\mathrm{s}}/N_0} \bigg/ \left[\frac{\sin(\pi f_{\mathrm{d}} L_0 T)}{N\sin(\pi f_{\mathrm{d}} T)}\right]^2$$

设信噪比足够高，$V_{\mathrm{R}} \ll 1, V_{\mathrm{I}} \ll 1$，由式(3-158)可推知

$$\hat{\theta} \approx \theta + 2\pi m f_{\mathrm{d}} T + V_{\mathrm{I}} \tag{3-159}$$

由于观测间隔的时间原点取为中间点，所以由上式得到的相位估计是有偏的。估计的方差为

$$\mathrm{var}\{\hat{\theta} - \theta\} = \frac{1}{2L_0 \cdot E_{\mathrm{s}}/N_0} \bigg/ \left[\frac{\sin(\pi f_{\mathrm{d}} L_0 T)}{N\sin(\pi f_{\mathrm{d}} T)}\right]^2 \tag{3-160}$$

由于 $\dfrac{\sin(\pi f_{\mathrm{d}} L_0 T)}{L_0 \sin(\pi f_{\mathrm{d}} T)} < 1$，因此它的方差大于 MCRB。由式(3-159)和式(3-160)可知，当估计时间点定位在观察间隔的非起始位置时，估计值会受载波频率残差的影响。

3.3.3 基于判决反馈的载波相位估计技术

1. 硬判决反馈载波相位同步

3.3.2 节讨论的数据辅助的载波相位估计算法是开环前向结构。当数据符号未知时，一种实现载波相位估计的方法是利用数据符号的抽样判决结果，构建基于数字锁相环的判决反馈载波同步架构，称为基于判决反馈的载波相位估计技术，这种闭环结构适用于小频偏或者无频偏只存在载波相位偏移的情况，其算法应用的前提条件是输入信号已实现定时同步。

1) 反馈结构中的相位模糊问题

假设载波频率偏移和符号延迟已实现理想同步，式(3-149)中给出的已知量 c_k 用符号估计值 $\hat{c}_k$ 代替得到的相位估计表达式为

$$\hat{\theta} = \arg\left\{\sum_{k=0}^{N-1} \hat{c}_k^* x(k)\right\} \tag{3-161}$$

但是这里存在一个问题，就是由未知载波初始相位引起的相位模糊问题，参见式(3-151)，由于初始相位的存在会引起判决结果的相位偏移。相位偏移示意图如图 3-65 所示。

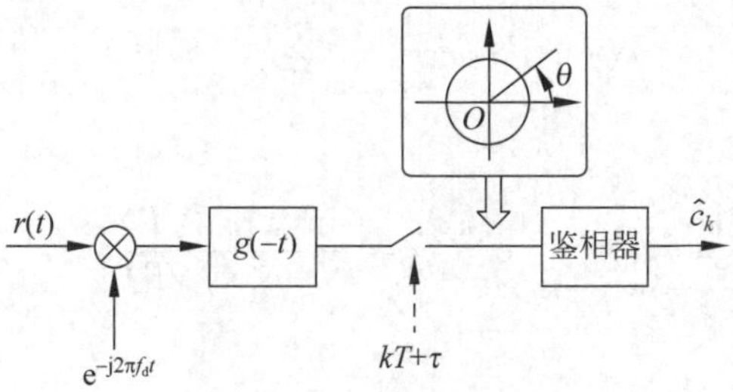

图 3-65 相位偏移示意图

以 QPSK 调制为例，初始相位 $\theta=\pi/4$。若满足奈奎斯特条件，则

$$x(k)=c_k \mathrm{e}^{\mathrm{j}\pi/4}+n(k)$$

在这种条件下，判决结果正好落在 c_k 和 $c_k \mathrm{e}^{\mathrm{j}\pi/2}$ 的判决区域分界线上，致使判决结果被判为 c_k 和 $c_k \mathrm{e}^{\mathrm{j}\pi/2}$ 的概率各为 50%。由此所得的判决结果可表示为

$$\hat{c}_k=c_k u(k)+c_k \mathrm{e}^{\mathrm{j}\pi/2}[1-u(k)]$$

式中，$u(k)$是一个取值为 0 或者 1 的随机变量，代入式(3-151)可得

$$\sum_{k=0}^{N-1}\hat{c}_k^* x(k)=\mathrm{e}^{\mathrm{j}\pi/4}\sum_{k=0}^{N-1}u(k)+\mathrm{e}^{-\mathrm{j}\pi/4}\sum_{k=0}^{N-1}[1-u(k)]$$

考虑到噪声的随机性，为了简化分析过程省略了噪声项。从上式可看出，所得判决结果是一个随机量，已经失去了进行相位估计的意义。因此，如果采用基于判决反馈的载波相位估计方法进行相位同步，则必须首先解决载波初始相位带来的相位模糊问题。下面介绍两种相关算法。

2）方法 1

采用闭环结构，使用前一段 N 点符号值估计当前 N 点符号值的相位，即

$$\hat{\theta}(k)=\arg\left\{\sum_{l=k-N}^{k-1}\hat{c}_l^* x(l)\right\}$$

环路结构如图 3-66 所示。

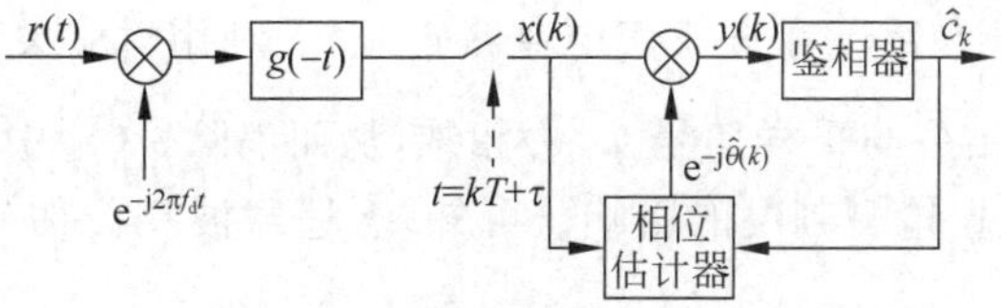

图 3-66　相位恢复环路示意图

一次反馈过程是首先将前一鉴相结果 $\hat{\theta}(k)$作用于 $x(k)$，再将旋转后的 $x(k)$送入鉴相器，此时鉴相器输入的残留相位偏差为 $\theta-\hat{\theta}(k)$。经多次反馈迭代后，$\theta-\hat{\theta}(k)$趋近于 0，也即 $\hat{\theta}(k)$最终会稳定在真实 θ 附近。

虽然使用前一观测间隔内的 N 点信号的相位估计值校正当前时刻采样值中的相位偏差，可以解决由初始相位引起的星座点位置旋转所带来的误判决问题，但是 $\hat{\theta}(k)$也可能最终稳定于 $\theta+k\dfrac{2\pi}{M}$处，其中 M 为调制阶数。以 QPSK 为例，$M=4$，反馈环的作用结果是 $\hat{\theta}(k)$趋近于 $\theta,\theta+\dfrac{\pi}{2},\theta+\pi,\theta+\dfrac{3\pi}{2},\cdots$。这种相位模糊是由信号的旋转对称性决定的，只采用方法 1 无法消除，需要使用差分编码解决。

3）方法 2

同样采用闭环结构，但是方法 2 是基于当前观测间隔内的数据进行相位估计的，其基本思想是采用回归方法计算似然函数导数零值点以得到似然函数的最大值。环路结构如图 3-67 所示。

对数似然函数的导数为

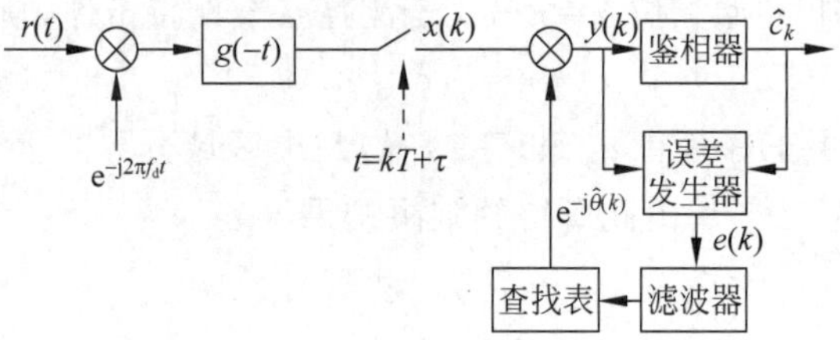

图 3-67　Costas 相位跟踪环

$$\frac{\mathrm{d}}{\mathrm{d}\theta}\ln\Lambda(r\mid\theta)=\sum_{k=0}^{N-1}\mathrm{Im}\{c_k^* x(k)\mathrm{e}^{-\mathrm{j}\theta}\}$$

当导数为零时，对应 θ 为估计结果 $\hat{\theta}$。由此可得图 3-67 中的误差函数产生器为[37]

$$e(k)=\sum_{k=0}^{N-1}\mathrm{Im}\{c_k^* x(k)\mathrm{e}^{-\mathrm{j}\hat{\theta}(k)}\} \tag{3-162}$$

则误差输出 $e(k)$趋近于零时，$\hat{\theta}(k)$将趋近于 $\theta(k)$。

如图 3-67 所示，误差输出 $e(k)$经滤波器的递推算法，得到 $\theta(k)$的估计值 $\hat{\theta}(k)$。滤波器的传递函数为

$$\hat{\theta}(k+1)=\hat{\theta}(k)+\gamma e(k) \tag{3-163}$$

式中，γ 是可调整的步长参数。在查找表中存储 $\mathrm{e}^{-\mathrm{j}\theta(k)}$。利用对应关系 $\hat{\theta}(k)\to\mathrm{e}^{-\mathrm{j}\hat{\theta}(k)}$ 可获得映射结果 $\mathrm{e}^{-\mathrm{j}\hat{\theta}(k)}$。将该结果与采样信号 $x(k)$相乘，从而消除 $x(k)$中的附加初始相位 $\theta(k)$，消除未知载波相位对数据检测判决的影响。可知，上述载波相位估计流程是一个闭环反馈的过程。

4）捕获和跟踪特性

为了进一步研究相位的捕获特性，首先定义误差信号 $e(k)$的数学期望值为相位误差发生器的 S 曲线，即

$$S(\varphi)\triangleq E\{e(k)\mid\varphi\}$$

其中，$\varphi\triangleq\theta-\hat{\theta}$，在实验中 $S(\varphi)$可在开环情况下通过测量一定观测时间间隔内误差信号的平均值获得。开环结构示意图如图 3-68 所示。

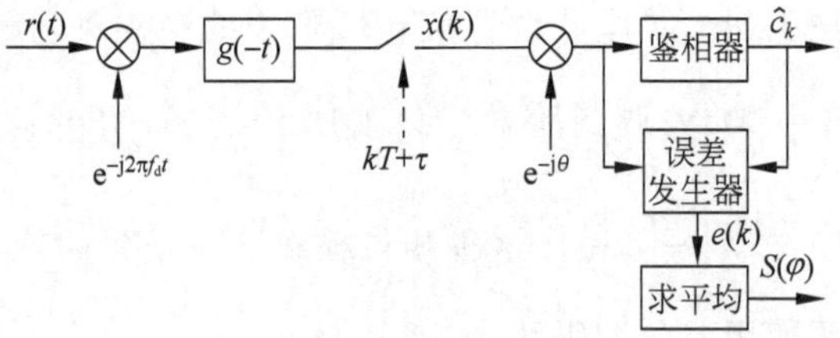

图 3-68　S 曲线测试示意图

增加环路噪声分量，相位误差可表示为

$$e(k)=S[\theta-\hat{\theta}(k)]+N(k)$$

代入式(3-163)，可得迭代公式，即

$$\hat{\theta}(k+1)=\hat{\theta}(k)+\gamma S[\theta-\hat{\theta}(k)]+\gamma N(k)$$

图 3-69 描述了载波相位的闭环结构，其中数字滤波器由虚线框出。不考虑环路噪声的情况下，当 $S[\theta-\hat{\theta}(k)]=0(\hat{\theta}(k)=\hat{\theta}_{eq}=$常数)时，环路达到稳定状态。对应 S 曲线示意图如图 3-70 所示。

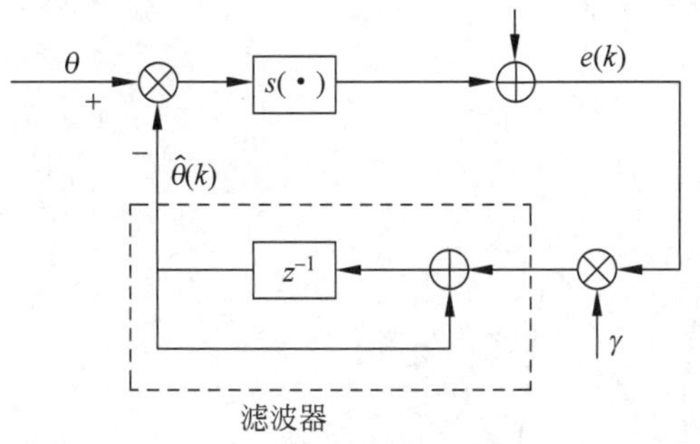

图 3-69　锁相环路等效模型

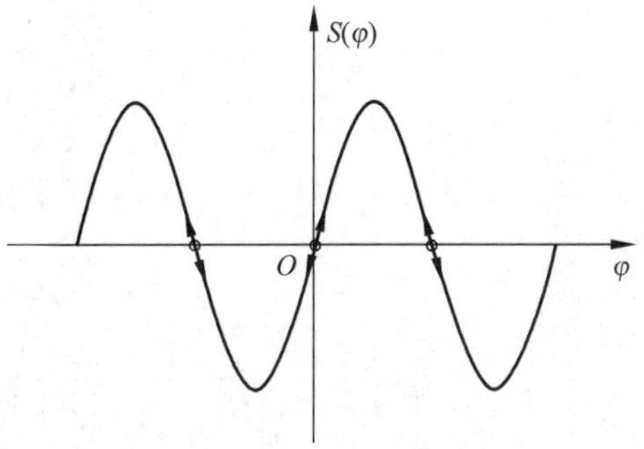

图 3-70　稳态和非稳态零值点

根据环路结构，只有在 $S(\varphi)$与 φ 成正比的零值点(正斜坡)$S(\varphi)$会逐渐收敛于零值点，环路才能达到稳定状态；在 $S(\varphi)$与 φ 成反比的零值点处，由于负反馈作用，$S(\varphi)$会向背离零值点的方向变化(如图 3-70 中的箭头所示)，环路无法达到稳态。

以 QPSK 调制方式为例分析这种相位估计方法的捕获跟踪特性。匹配滤波器的输出为

$$x(k)=c_k e^{j\theta}+n(k) \tag{3-164}$$

检测判决输入为

$$\begin{aligned} y(k)&=c_k e^{j(\theta-\hat{\theta})}+n'(k) \\ &=c_k e^{j\varphi}+n'(k) \end{aligned}$$

式中，$n'(k)=n(k)e^{-j\hat{\theta}}$。在信噪比较高时，检测判决输出为

$$\hat{c}_k=c_k e^{jm(\varphi)\pi/2} \tag{3-165}$$

由于 QPSK 各符号之间的相位误差在$\pm\dfrac{\pi}{4}$之间，故 $m(\varphi)$是整数且满足[46]

$$\left|\varphi-m(\varphi)\frac{\pi}{2}\right|<\frac{\pi}{4}$$

将式(3-164)和式(3-165)代入误差信号式(3-162)中，由于$|c_k|^2=1$，可得

$$e(k)=\sin\left[\varphi-m(\varphi)\frac{\pi}{2}\right]+\mathrm{Im}\{c_k^* n(k)e^{-j[\theta+m(\varphi)\pi/2]}\}$$

式中，第 2 项是一个零均值随机变量，因此上式取期望可得

$$S(\varphi)\approx\sin\left[\varphi-m(\varphi)\frac{\pi}{2}\right]$$

图 3-71 给出了有噪声和无噪声情况下的无编码 QPSK 调制系统的 S 曲线[2]。

如图 3-71 所示，在$(-\pi,\pi]$范围内，S 曲线存在 4 个稳态过零点，只有 $\varphi=0$ 时才能得到正确的相位估计结果。但是根据 $S(\varphi)$的值无法判决是哪一个稳态零点，这就导致在$(-\pi,$

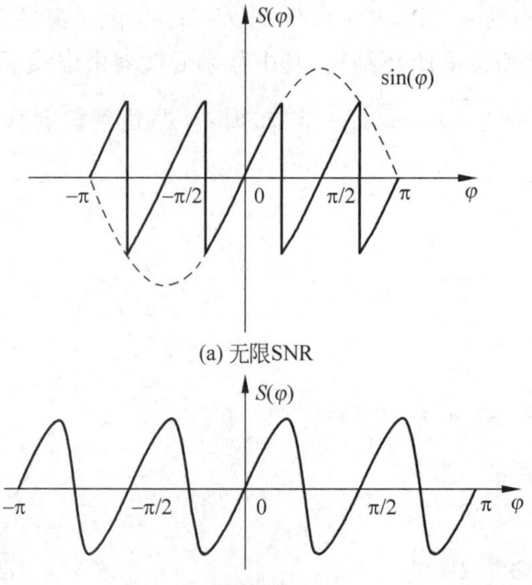

(b) 有限SNR

图 3-71 无编码 QPSK 的 S 曲线

π]范围内存在四重相位模糊问题。由此可见,方法 2 同样存在调制方式引起的相位模糊问题,只有误差 φ 在$(-\pi/4,\pi/4]$内才能保证判决的正确性。此外,根据直接判决原理可知,当 $y(k)$处于判决边界时噪声项会对判决结果产生关键影响。从图 3-71 可看出,在噪声作用下 $S(\varphi)$的曲线的不连续处会被弱化平滑。

需要注意的几点:

(1) 以上是针对 QPSK 调制方式的分析,不难得知,在$(-\pi,\pi]$范围内 S 曲线的稳态过零点数是与调制方式有关的,对于 8PSK,其在$(-\pi,\pi]$范围内的稳态过零点数为 8,以此类推,可以得到其他阶数调制方式的过零点数,并绘制 S 曲线。

(2) "环路挂起"现象:这是 Costas 环中存在的一个问题,经常出现在相位捕获阶段。假设相位估计初始值位于非稳态零点附近,随着环路反馈作用 $S(\varphi)$将向稳态过零点移动。但是由于此时扰动量 $S[\theta-\hat{\theta}(k)]$过小,环路主要受噪声项的影响。这就造成 $\hat{\theta}(k)$会在一段时间内一直徘徊在初始值附近。虽然在反馈作用下 $\hat{\theta}(k)$最终会跳出非稳态过零点范围,但这一现象会使捕获时间过长。这对于实时性信号处理要求较高的系统是不允许存在的。关于锁相环路挂起问题的深入讨论参见文献[47]。

(3) "跳周"现象:是指当(开环或闭环)环路收敛,相位估计 $\hat{\theta}(k)$在真实相位 θ 波动时,受噪声项影响产生的大的相位偏移使 $\hat{\theta}(k)$脱离真实相位 θ,转到邻近稳态点 $\theta+2\pi/M$,也可以理解为由瞬时强噪声干扰造成的相位模糊。这是在环路设计中应该避免的问题。关于"跳周"现象的深入研究参见文献[48]。

2. 软判决反馈载波相位同步

传统的判决引导载波相位同步采用符号硬判决,这种方法在低信噪比下的性能随着符号判决可靠性的下降而恶化。为了减小判决错误造成的影响,相关学者提出采用发送符号的 MMSE 估计代替符号硬判决[31]。下面,首先推导非数据辅助模式中的 MMSE 符号判决

的规则。第 k 个发送符号 c_k 的 MMSE 估计可以表示为

$$\hat{c}_{k\text{MMSE}} = \sum_{i=0}^{M-1} c_k P(c_k = \alpha_i \mid \boldsymbol{y}, \boldsymbol{\theta})$$

式中，$P(c_k|\boldsymbol{y},\boldsymbol{\theta})$表示给定参数$\boldsymbol{\theta}=(\tau,\theta)^{\mathrm{T}}$ 时符号 c_k 的后验概率，M 为调制信号星座几何的大小。利用贝叶斯公式，$P(c_k|\boldsymbol{y},\boldsymbol{\theta})$可重新表示为

$$P(c_k \mid \boldsymbol{y},\boldsymbol{\theta}) = \sum_{\{\boldsymbol{c}\}\backslash c_k} \Pr(\boldsymbol{c} \mid \boldsymbol{y},\boldsymbol{\theta}) = \frac{\sum_{\{\boldsymbol{c}\}\backslash c_k} p(\boldsymbol{y} \mid \boldsymbol{c},\boldsymbol{\theta}) P(\boldsymbol{c})}{\sum_{\boldsymbol{c}} p(\boldsymbol{y} \mid \boldsymbol{c},\boldsymbol{\theta}) P(\boldsymbol{c})} \tag{3-166}$$

式中，$p(\boldsymbol{y}|\boldsymbol{c},\boldsymbol{\theta})$为条件似然函数，$P(\boldsymbol{c})$为符号序列 $\boldsymbol{c}=[c_0,c_1,\cdots,c_{K-1}]$的先验概率，$\{\boldsymbol{c}\}\backslash c_k$ 表示除 c_k 以外 $\boldsymbol{c}$ 中的变量。

对于非数据辅助模式，可以假设发送的符号独立同分布。因此，符号序列的概率为

$$P(\boldsymbol{c}) = \frac{1}{M^K}, \quad \forall \boldsymbol{c} \in \boldsymbol{C}^K \tag{3-167}$$

式中，K 为序列 $\boldsymbol{c}$ 的长度，$\boldsymbol{C}^K$ 表示 $\boldsymbol{c}$ 的 M^K 种可能的组合所构成的几何。联合概率密度函数 $p(\boldsymbol{y}|\boldsymbol{c},\boldsymbol{\theta})$可以表示为

$$p(\boldsymbol{y} \mid \boldsymbol{c},\boldsymbol{\theta}) = \prod_k p(y_k \mid c_k,\boldsymbol{\theta}) \tag{3-168}$$

将式(3-167)和式(3-168)代入式(3-166)可得

$$P(c_k \mid \boldsymbol{y},\boldsymbol{\theta}) = \frac{p(y_k \mid c_k,\boldsymbol{\theta})}{\sum_{c_k} p(y_k \mid c_k,\boldsymbol{\theta})}$$

因此，在非数据辅助模式中，符号 c_k 的 MMSE 估计表示为

$$\hat{c}_{k\text{MMSE}} = \frac{\sum_{i=0}^{M-1} c_k p(y_k \mid c_k = \alpha_i,\boldsymbol{\theta})}{\sum_{i=0}^{M-1} p(y_k \mid c_k = \alpha_i,\boldsymbol{\theta})} \tag{3-169}$$

以 QPSK 调制信号为例，数据符号的 MMSE 估计表示为

$$\hat{c}_{k\text{MMSE,QPSK}} = \frac{\sqrt{2}}{2}\left[\tanh\left(\frac{\sqrt{2}}{2}\frac{\mathrm{Re}\{y_k\}}{\sigma^2}\right) + \mathrm{j}\tanh\left(\frac{\sqrt{2}}{2}\frac{\mathrm{Im}\{y_k\}}{\sigma^2}\right)\right] \tag{3-170}$$

显然，符号的 MMSE 估计是调制集内星座点的加权平均，其加权系数等于对应的后验概率。与传统的符号硬判决对应，可以将式给出的符号估计称为“符号软判决”，其判决值可以不属于调制星座集合，除非某个星座点的后验概率为 1。与符号软判决相比，传统的硬判决可以定义为

$$\hat{c}_{k\text{MAP}} = \underset{c_k \in C}{\operatorname{argmax}} \Pr(c_k \mid \boldsymbol{y},\boldsymbol{\theta}) \tag{3-171}$$

式中，C 为调制星座集合。式(3-171)为符号的最大后验概率估计，该判决将最小化符号错误概率。由于符号软判决需要计算双曲正切 tanh 函数，因此其计算复杂度高于符号硬判决。

1）软判决反馈载波相位同步及其理论性能分析

假设已经获得理想的载波频率和符号定时同步，匹配滤波器的输出信号表示为

$$r_k = c_k \mathrm{e}^{\mathrm{j}\theta} + n_k \tag{3-172}$$

式中，$c_k=c_k^{\mathrm{I}}+\mathrm{j}c_k^{\mathrm{Q}}$ 表示由比特$[b_{k,1},b_{k,2},\cdots,b_{k,M}]$映射得到的第 k 个发送符号，并且 $E\{|c_k|^2\}=1$，θ 表示未知的载波相位，M 为调制集合的大小，$\{n_k=n_k^{\mathrm{I}}+\mathrm{j}n_k^{\mathrm{Q}}\}$表示零均值的复高斯白噪声，其实部和虚部相互独立，并且方差均为 σ^2。对于 MPSK 调制，$c_k=\mathrm{e}^{\mathrm{j}\psi_i}$，$\psi_i\in\Psi_M$，$\Psi_M$ 为 M 进制的调制集。

研究判决反馈载波相位同步环路，其相位误差检测器的输出表示为[2]

$$z_k(\varphi)=\mathrm{Im}\{\mathrm{e}^{-\mathrm{j}\hat{\theta}_k}r_k\hat{c}_k^*\}=\mathrm{Im}\{y_k\hat{c}_k^*\} \tag{3-173}$$

式中，$\varphi=\theta-\hat{\theta}$ 为相位估计误差，$(\cdot)^*$ 表示复共轭操作，$y_k=r_k\mathrm{e}^{-\mathrm{j}\hat{\theta}_k}$ 表示对输入信号 r_k 的解旋转输出。

Gaudenzi 给出了非编码系统中，式(3-173)中的 $\hat{c}_k$ 采用符号硬判决时相位同步的理论性能分析结果[49]。在本节中将考虑符号软判决的情况。

由式(3-172)可以发现，相位偏差一方面降低了发送信号的幅度，另一方面在“同相”和“正交”支路(I 路和 Q 路)引入了串扰。定义有效信噪比为 $\gamma^{\mathrm{eff}}=\cos^2\varphi/2\sigma^2(\varphi)$。对于 BPSK 调制，$\sigma^2(\varphi)=\sigma^2$；对于 QPSK 调制，$\sigma^2(\varphi)=\sigma^2+(\sin^2\varphi)/2$。显然，当 $\varphi=0$ 时，γ^{eff} 与“名义”信噪比 γ 相同。假设系统采用了理想的自动增益控制(Automatic Gain Control，AGC)环路和数据辅助信噪比估计，则式(3-169)中的符号软判决在 BPSK 调制和 QPSK 调制下分别可以表示为

$$\hat{c}_{k\mathrm{BPSK}}=\tanh\left(\frac{2\gamma^{\mathrm{eff}}y_k}{\cos\varphi}\right) \tag{3-174}$$

$$\hat{c}_{k\mathrm{QPSK}}=\frac{\sqrt{2}}{2}\left[\tanh\left(\frac{\sqrt{2}\gamma^{\mathrm{eff}}y_k^I}{\cos\varphi}\right)+\mathrm{j}\tanh\left(\frac{\sqrt{2}\gamma^{\mathrm{eff}}y_k^{\mathrm{Q}}}{\cos\varphi}\right)\right] \tag{3-175}$$

下面分析软判决反馈载波相位同步的开环特性和闭环跟踪性能。

2) 开环特性分析

开环特性(或称为 S 曲线)定义为：在开环下($\hat{\theta}_k=0$)，误差检测器输出信号的期望值，表达式为

$$S_{\mathrm{D}}(\varphi)=E\{z_k(\varphi)\mid\hat{\theta}_k=0\} \tag{3-176}$$

将式(3-172)、式(3-173)代入式(3-176)可得

$$S_{\mathrm{D}}(\varphi)=E\{c_k^{\mathrm{I}}\hat{c}_k^{\mathrm{I}}+c_k^{\mathrm{Q}}\hat{c}_k^{\mathrm{Q}}\}\sin\varphi+E\{c_k^{\mathrm{Q}}\hat{c}_k^{\mathrm{I}}-c_k^{\mathrm{I}}\hat{c}_k^{\mathrm{Q}}\}\cos\varphi+E\{\hat{c}_k^{\mathrm{I}}c_k^{\mathrm{Q}}-\hat{c}_k^{\mathrm{Q}}c_k^{\mathrm{I}}\} \tag{3-177}$$

根据 MPSK 调制 I、Q 两路的正交性，容易得到 $E\{\hat{c}_k^{\mathrm{I}}c_k^{\mathrm{Q}}\}$和 $E\{\hat{c}_k^{\mathrm{Q}}c_k^{\mathrm{I}}\}$两项都为零。因此，式(3-177)中的 S 曲线可以表示为

$$S_{\mathrm{D}}(\varphi)=E\{c_k^{\mathrm{I}}\hat{c}_k^{\mathrm{I}}+c_k^{\mathrm{Q}}\hat{c}_k^{\mathrm{Q}}\}\sin\varphi+E\{c_k^{\mathrm{Q}}\hat{c}_k^{\mathrm{I}}-c_k^{\mathrm{I}}\hat{c}_k^{\mathrm{Q}}\}\cos\varphi$$

对 BPSK 调制，式(3-177)进一步化简为

$$S_{\mathrm{D}}(\varphi)_{\mathrm{BPSK}}=E\{c_k^{\mathrm{I}}\hat{c}_k^{\mathrm{I}}\}\sin\varphi \tag{3-178}$$

对 QPSK 调制，由于有 $E\{c_k^{\mathrm{I}}\hat{c}_k^{\mathrm{I}}\}=E\{c_k^{\mathrm{Q}}\hat{c}_k^{\mathrm{Q}}\}$和 $E\{c_k^{\mathrm{Q}}\hat{c}_k^{\mathrm{I}}\}=-E\{c_k^{\mathrm{I}}\hat{c}_k^{\mathrm{Q}}\}$，以及 $E\{\hat{c}_k^{\mathrm{I}}c_k^{\mathrm{Q}}\}=E\{\hat{c}_k^{\mathrm{Q}}c_k^{\mathrm{I}}\}$，因此其 S 曲线为

$$S_{\mathrm{D}}(\varphi)_{\mathrm{QPSK}}=2E\{c_k^{\mathrm{I}}\hat{c}_k^{\mathrm{I}}\}\sin\varphi+2E\{c_k^{\mathrm{Q}}\hat{c}_k^{\mathrm{I}}\}\cos\varphi \tag{3-179}$$

对于式(3-174)和式(3-175)给出的符号软判决，需要计算双曲正切函数，因此在计算期

望值时无法获得积分的闭式解。Simon 研究了最佳接收机中的非线性函数及其近似方法[50]。受其启发，可以对 tanh 函数进行如下分段线性化：

$$\tanh(x)\approx\begin{cases}1, & 1\leqslant x\\ x, & -1<x<1\\ -1, & x\leqslant -1\end{cases}$$

对于 BPSK 调制，其符号软判决近似表示为

$$\hat{c}_k^{\mathrm{I}}=\begin{cases}1, & \dfrac{\gamma^{\mathrm{eff}}[\cos(\varphi+\psi_i)+n_k^{\mathrm{I}}]}{\cos(\varphi)}\geqslant 1\\ \dfrac{\gamma^{\mathrm{eff}}[\cos(\varphi+\psi_i)+n_k^{\mathrm{I}}]}{\cos(\varphi)}, & -1<\dfrac{\gamma^{\mathrm{eff}}[\cos(\varphi+\psi_i)+n_k^{\mathrm{I}}]}{\cos(\varphi)}<1\\ -1, & \dfrac{\gamma^{\mathrm{eff}}[\cos(\varphi+\psi_i)+n_k^{\mathrm{I}}]}{\cos(\varphi)}\leqslant -1\end{cases}\tag{3-180}$$

对于 QPSK 调制，I 路的符号软判决近似表示为

$$\hat{c}_k^{\mathrm{I}}=\begin{cases}\sqrt{2}/2, & \dfrac{\sqrt{2}\gamma^{\mathrm{eff}}[\cos(\varphi+\psi_i)+n_k^{\mathrm{I}}]}{\cos(\varphi)}\geqslant 1\\ \dfrac{\gamma^{\mathrm{eff}}[\cos(\varphi+\psi_i)+n_k^{\mathrm{I}}]}{\cos(\varphi)}, & -1<\dfrac{\sqrt{2}\gamma^{\mathrm{eff}}[\cos(\varphi+\psi_i)+n_k^{\mathrm{I}}]}{\cos(\varphi)}<1\\ -\sqrt{2}/2, & \dfrac{\sqrt{2}\gamma^{\mathrm{eff}}[\cos(\varphi+\psi_i)+n_k^{\mathrm{I}}]}{\cos(\varphi)}\leqslant -1\end{cases}\tag{3-181}$$

利用式(3-180)和式(3-181)中符号软判决的分段线性化，可以推导式(3-178)和式(3-179)中的 $E\{a_k^{\mathrm{I}}\hat{a}_k^{\mathrm{I}}\}$ 和 $E\{a_k^{\mathrm{Q}}\hat{a}_k^{\mathrm{I}}\}$，推导过程参见文献[31]附录 C，其结果为

$$\begin{aligned}S_{\mathrm{D}}(\varphi)_{\mathrm{BPSK}}=&\left\{\left(\frac{1}{2}+\gamma^{\mathrm{eff}}\right)\mathrm{erf}\left[\frac{1}{2\sqrt{\gamma^{\mathrm{eff}}}}+\sqrt{\gamma^{\mathrm{eff}}}\right]-\left(\frac{1}{2}-\gamma^{\mathrm{eff}}\right)\mathrm{erf}\left[\frac{1}{2\sqrt{\gamma^{\mathrm{eff}}}}-\sqrt{\gamma^{\mathrm{eff}}}\right]-\right.\\&\left.\frac{\sqrt{\gamma^{\mathrm{eff}}}}{\sqrt{\pi}}\left[\exp\left(-\frac{\left(\frac{1}{2}-\gamma^{\mathrm{eff}}\right)^2}{\gamma^{\mathrm{eff}}}\right)-\exp\left(-\frac{\left(\frac{1}{2}+\gamma^{\mathrm{eff}}\right)^2}{\gamma^{\mathrm{eff}}}\right)\right]\right\}\sin\varphi\end{aligned}$$

$$\begin{aligned}S_{\mathrm{D}}(\varphi)=&\frac{\sqrt{2}}{2}E\left\{\hat{c}_k^{\mathrm{I}}\mid c_k^{\mathrm{I}}=\frac{\sqrt{2}}{2},c_k^{\mathrm{Q}}=\frac{\sqrt{2}}{2}\right\}(\sin\varphi+\cos\varphi)+\\&\frac{\sqrt{2}}{2}E\left\{\hat{c}_k^{\mathrm{I}}\mid c_k^{\mathrm{I}}=\frac{\sqrt{2}}{2},c_k^{\mathrm{Q}}=-\frac{\sqrt{2}}{2}\right\}(\sin\varphi-\cos\varphi)\end{aligned}\tag{3-182}$$

其中，$E\left\{\hat{c}_k^{\mathrm{I}}\mid c_k^{\mathrm{I}}=\frac{\sqrt{2}}{2},c_k^{\mathrm{Q}}=\frac{\sqrt{2}}{2}\right\}$ 和 $E\left\{\hat{c}_k^{\mathrm{I}}\mid c_k^{\mathrm{I}}=\frac{\sqrt{2}}{2},c_k^{\mathrm{Q}}=-\frac{\sqrt{2}}{2}\right\}$ 的表达式为

$$\begin{aligned}&E\left\{\hat{c}_k^{\mathrm{I}}\mid c_k^{\mathrm{I}}=\frac{\sqrt{2}}{2},c_k^{\mathrm{Q}}=\pm\frac{\sqrt{2}}{2}\right\}\\&=\frac{1}{2}\left(\frac{\sqrt{2}}{2}+\frac{\cos\left(\varphi\pm\frac{\pi}{4}\right)}{\cos\varphi}\gamma^{\mathrm{eff}}\right)\mathrm{erf}\left[\frac{\frac{\cos\varphi}{\sqrt{2}\gamma^{\mathrm{eff}}}+\cos\left(\varphi\pm\frac{\pi}{4}\right)}{\sqrt{2}\sigma}\right]-\end{aligned}$$

$$\frac{1}{2}\left(\frac{\sqrt{2}}{2}-\frac{\cos\left(\varphi\pm\frac{\pi}{4}\right)}{\cos\varphi}\gamma^{\mathrm{eff}}\right)\mathrm{erf}\left[\frac{\frac{\cos\varphi}{\sqrt{2}\gamma^{\mathrm{eff}}}-\cos\left(\varphi\pm\frac{\pi}{4}\right)}{\sqrt{2}\sigma}\right]-$$

$$\frac{\sigma\gamma^{\mathrm{eff}}}{\sqrt{2}\pi\cos\varphi}\left[\exp\left(-\frac{\left[\frac{\cos\varphi}{\sqrt{2}\gamma^{\mathrm{eff}}}-\cos\left(\varphi\pm\frac{\pi}{4}\right)\right]^2}{2\sigma^2}\right)-\exp\left(-\frac{\left[\frac{\cos\varphi}{\sqrt{2}\gamma^{\mathrm{eff}}}+\cos\left(\varphi\pm\frac{\pi}{4}\right)\right]^2}{\gamma^{\mathrm{eff}}}\right)\right] \tag{3-183}$$

式(3-182)和式(3-181)对 φ 求一阶偏导数并且计算其在 $\varphi=0$ 处的值，可得 BPSK 调制和 QPSK 调制相位误差检测器 S 曲线在原点处的斜率分别为

$$\frac{\mathrm{d}}{\mathrm{d}\varphi}\{S_{\mathrm{D}}(\varphi)_{\mathrm{BPSK}}\}\Big|_{\varphi=0}=\left(\frac{1}{2}+\gamma\right)\mathrm{erf}\left(\sqrt{\gamma}+\frac{1}{2\sqrt{\gamma}}\right)-\left(\frac{1}{2}-\gamma\right)\mathrm{erf}\left(\frac{1}{2\sqrt{\gamma}}-\sqrt{\gamma}\right)-$$

$$\frac{\sqrt{\gamma}}{\sqrt{\pi}}\left[\exp\left(-\frac{\left(\frac{1}{2}-\gamma\right)^2}{\gamma}\right)-\exp\left(-\frac{\left(\frac{1}{2}+\gamma\right)^2}{\gamma}\right)\right] \tag{3-184}$$

和

$$\frac{\mathrm{d}}{\mathrm{d}\varphi}\{S_{\mathrm{D}}(\varphi)_{\mathrm{QPSK}}\}\Big|_{\varphi=0}=\frac{1}{2}\mathrm{erf}\left(\frac{\gamma-1}{\sqrt{2\gamma}}\right)+\frac{1}{2}\mathrm{erf}\left(\frac{\gamma+1}{\sqrt{2\gamma}}\right)+$$

$$\frac{\sqrt{\gamma}}{\sqrt{2\pi}}\left[\exp\left(-\frac{(1+\gamma)^2}{2\gamma}\right)-\exp\left(-\frac{(1-\gamma)^2}{2\gamma}\right)\right] \tag{3-185}$$

3) 闭环性能分析

闭环性能表示在环路在稳态情况下($\hat{\theta}_k=\theta_k$)的相位估计抖动方差。令 d_k 为检测器输出的第 k 个相位误差的随机变化部分，即

$$d_k=z_k-E\{z_k\}$$

对一阶相位恢复环路，其稳态相位抖动方差为[2]

$$\sigma_\varphi^2=\frac{S_f(0)}{K_{\mathrm{d}}^2}2B_{\mathrm{L}}T_{\mathrm{s}} \tag{3-186}$$

其中，K_{d} 为相位误差检测器 S 曲线在原点处的斜率，$S_f(0)$为 d_k 的功率谱密度的直流分量。由于 d_k 的功率谱密度是平坦的，可得 $S_f(0)=\mathrm{var}(z_k)$。在相位同步的稳态情况下，$E\{z_k\}|_{\varphi=0}=0$。因此，稳态下的 $\mathrm{var}(z_k)$可以表示为

$$\mathrm{var}(z_k)=E\{(\hat{c}_k^{\mathrm{I}}c_k^{\mathrm{Q}})^2+(c_k^{\mathrm{I}}\hat{c}_k^{\mathrm{Q}})^2+(\hat{c}_k^{\mathrm{I}}n_k^{\mathrm{Q}})^2+(\hat{c}_k^{\mathrm{Q}}n_k^{\mathrm{I}})^2+2(\hat{c}_k^{\mathrm{I}})^2c_k^{\mathrm{Q}}n_k^{\mathrm{Q}}+2c_k^{\mathrm{I}}n_k^{\mathrm{I}}(\hat{c}_k^{\mathrm{Q}})^2-$$

$$2\hat{c}_k^{\mathrm{I}}\hat{c}_k^{\mathrm{Q}}c_k^{\mathrm{Q}}n_k^{\mathrm{I}}-2c_k^{\mathrm{I}}\hat{c}_k^{\mathrm{I}}\hat{c}_k^{\mathrm{Q}}n_k^{\mathrm{Q}}-2c_k^{\mathrm{I}}\hat{c}_k^{\mathrm{I}}c_k^{\mathrm{Q}}\hat{c}_k^{\mathrm{Q}}-2\hat{c}_k^{\mathrm{I}}\hat{c}_k^{\mathrm{Q}}n_k^{\mathrm{I}}n_k^{\mathrm{Q}}\}\,|_{\varphi=0} \tag{3-187}$$

由于 $E\{2(\hat{c}_k^{\mathrm{I}})^2c_k^{\mathrm{Q}}n_k^{\mathrm{Q}}\}=E\{2c_k^{\mathrm{I}}n_k^{\mathrm{I}}(\hat{c}_k^{\mathrm{Q}})^2\}=0$，式(3-187)可进一步简化为

$$\mathrm{var}(z_k)=E\{(\hat{c}_k^{\mathrm{I}}c_k^{\mathrm{Q}})^2+(c_k^{\mathrm{I}}\hat{c}_k^{\mathrm{Q}})^2+(\hat{c}_k^{\mathrm{I}}n_k^{\mathrm{Q}})^2+(\hat{c}_k^{\mathrm{Q}}n_k^{\mathrm{I}})^2-2\hat{c}_k^{\mathrm{I}}\hat{c}_k^{\mathrm{Q}}c_k^{\mathrm{Q}}n_k^{\mathrm{I}}-$$

$$2c_k^{\mathrm{I}}\hat{c}_k^{\mathrm{I}}\hat{c}_k^{\mathrm{Q}}n_k^{\mathrm{Q}}-2c_k^{\mathrm{I}}\hat{c}_k^{\mathrm{I}}c_k^{\mathrm{Q}}\hat{c}_k^{\mathrm{Q}}-2\hat{c}_k^{\mathrm{I}}\hat{c}_k^{\mathrm{Q}}n_k^{\mathrm{I}}n_k^{\mathrm{Q}}\}\,|_{\varphi=0} \tag{3-188}$$

对 BPSK 调制，式(3-188)为

$$\mathrm{var}(z_k)_{\mathrm{BPSK}}\,|_{\varphi=0}=E\{(\hat{c}_k^{\mathrm{I}}n_k^{\mathrm{Q}})^2\}\,|_{\varphi=0} \tag{3-189}$$

对 QPSK 调制，式(3-188)为

$$\mathrm{var}(z_k)_{\mathrm{QPSK}}\big|_{\varphi=0}=2E\{(\hat{c}_k^{\mathrm{I}}c_k^{\mathrm{Q}})^2+(\hat{c}_k^{\mathrm{I}}n_k^{\mathrm{Q}})^2\}\big|_{\varphi=0}-2[E\{c_k^{\mathrm{I}}\hat{c}_k^{\mathrm{I}}\}+E\{\hat{c}_k^{\mathrm{I}}n_k^{\mathrm{I}}\}]^2\big|_{\varphi=0} \tag{3-190}$$

$E\{c_k^{\mathrm{I}}\hat{c}_k^{\mathrm{I}}\}$、$E\{(\hat{c}_k^{\mathrm{I}}c_k^{\mathrm{Q}})^2\}$、$E\{(\hat{c}_k^{\mathrm{I}}n_k^{\mathrm{Q}})^2\}$以及$E\{\hat{c}_k^{\mathrm{I}}n_k^{\mathrm{I}}\}$的推导过程参见文献[31]附录C。将式(3-184)、式(3-185)和式(3-189)、式(3-190)代入式(3-186)可得软判决反馈载波相位同步的稳态抖动方差。

4）仿真分析

为了验证软判决反馈载波相位同步性能分析的准确性，图3-72和图3-73分别给出了BPSK和QPSK调制在不同信噪比下相位误差检测器的S曲线。图3-72和图3-73中实线表示利用上节中解析表达式的计算结果，符号代表相应的仿真结果，并给出了Gaudenzi论文中导出的采用符号硬判决的结果[49]，以便于性能比较。

图3-72和图3-73中对符号软判决采用分段近似的理论分析结果与仿真完全一致，并且其S曲线与不采用近似的软判决仿真结果比较接近。采用软判决反馈的相位误差检测器，其S曲线幅度低于相应的硬判决检测器。从式(3-170)可以看出，符号软判决实际上是求符号的后验概率，因此软判决符号的幅度小于硬判决。最后，可以发现检测器S曲线的幅度随信噪比的降低而逐渐减小，这是因为低信噪比下符号判决可靠性下降。此外，当相位偏差大于45°或者小于－45°时，QPSK信号的检测器输出为零。这是因为系统假设采用了数据辅助的信噪比估计算法，当存在±90°相位模糊时，估计得到的信噪比非常低，因此软判决可靠性也随之下降。

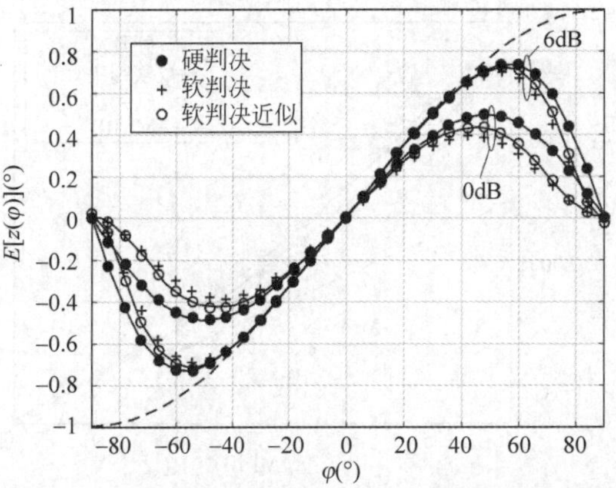

图3-72 BPSK调制符号软/硬判决反馈相位误差检测器的S曲线[31]

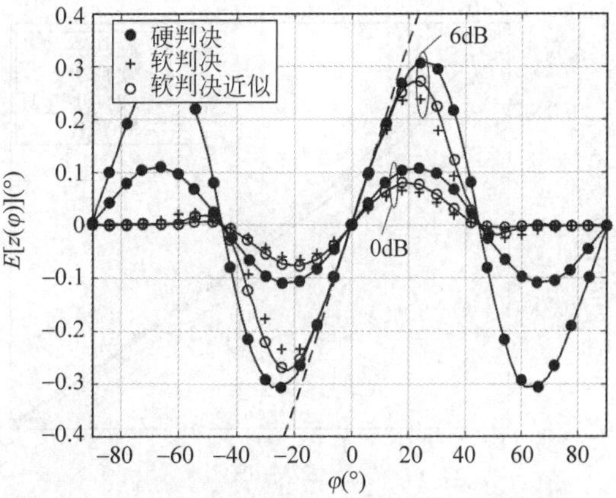

图3-73 QPSK调制符号软/硬判决反馈相位误差检测器的S曲线[31]

图3-74和图3-75分别给出了BPSK调制和QPSK调制相位误差检测器S曲线在原点处的斜率。从图3-74和图3-75中可以看出，检测器S曲线的斜率随着信噪比的降低而逐渐减小。此外，采用软判决的检测器斜率小于硬判决检测器。

图3-76和图3-77分别给出了BPSK调制和QPSK调制的载波相位抖动方差，其归一化等效环路带宽B_LT_s分别设为2×10^{-4}和4×10^{-4}。相应的MCRB也在图3-76如图3-77中给出。从图3-76和图3-77中可以发现，首先，理论分析和仿真结果是一致的。对符号软判决分段近似的理论分析结果与直接采样tanh函数作为符号软判决的仿真结果几乎重合。这一方面说明了本节对相位同步闭环性能分析的闭合表达式是正确的；另一方面说明了在

软判决反馈相位同步中，对 tanh 函数的分段近似所引入的误差很小。其次，从图 3-76 和图 3-77 中可以看出，随着信噪比的降低，判决错误逐渐增加，符号软/硬判决反馈载波相位同步的性能下降，其抖动方差偏离 MCRB。相对而言，QPSK 调制的判决错误比 BPSK 调制对信噪比的下降更加敏感，因此其抖动方差的性能恶化也更快。

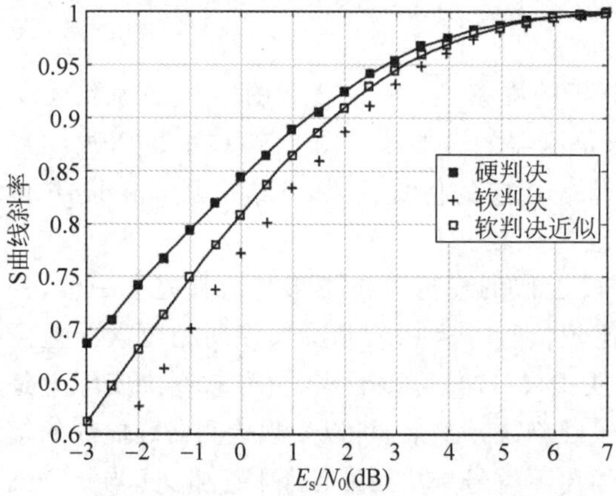

图 3-74 BPSK 调制符号软/硬判决反馈相位误差检测器 S 曲线的斜率[31]

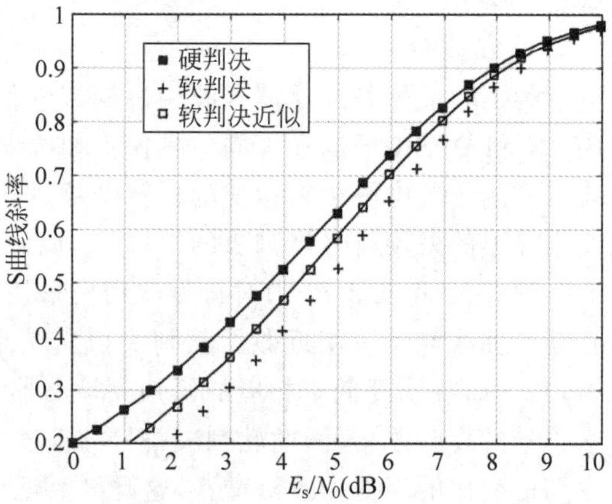

图 3-75 QPSK 调制符号软/硬判决反馈相位误差检测器 S 曲线的斜率[31]

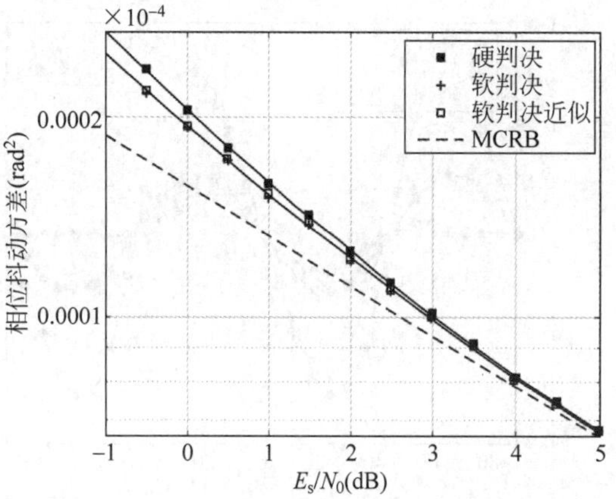

图 3-76 BPSK 调制符号软/硬判决反馈相位误差检测器的抖动方差

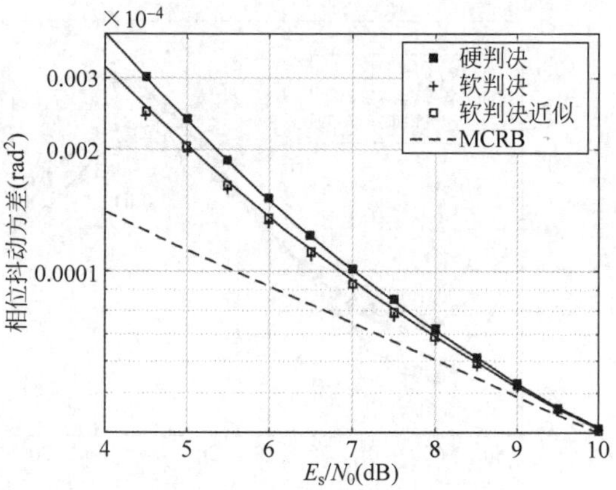

图 3-77 QPSK 调制符号软/硬判决反馈相位误差检测器的抖动方差

3.4 编码辅助载波同步算法

基于数据辅助的载波同步性能受限于导频的长度及导频的放置方式，在低信噪比条件下，要确保较高的估计精度必须使用大量的导频，这意味着较大的发送功率及较低的频带利用率，另外还存在估计精度较低、计算复杂度较高、低信噪比同步效果差等缺点。编码辅助的载波同步技术充分利用译码器的可靠软信息辅助载波同步过程，参数估计精度较高，适用于低信噪比环境。

编码辅助的载波同步算法是首先根据迭代译码输出结果对载波频率和相位进行细估计,然后将估计结果反馈回信号接收端对接收信号进行补偿。根据实现形式的不同,译码辅助迭代载波同步按照实现方式可以分为两种:一种是基于最大似然估计准则直接对未知参数进行估计[51],包括 EM(Expectation Maximization,期望最大化)算法、梯度算法、APPA(A Prior Probability Aided)算法等;另一种是将译码输出信息与传统载波同步算法相结合,包括数据辅助联合编码辅助、锁相环联合编码辅助、因子图算法联合编码辅助、判决反馈联合编码辅助等。本节将对编码辅助载波同步算法进行介绍,并给出其适用场景。

针对传统同步技术在低信噪比(比特信噪比 4dB 以下[52])环境下工作性能不佳的问题,基于译码辅助思想的载波同步算法由 M. Simon 首先提出[53],并实现了低信噪比下的载波同步。

3.4.1 基于最大似然估计的编码辅助载波同步算法

1. EM 算法

EM 算法主要用于非完全数据参数估计,它是通过假设隐变量的存在,极大地简化了似然函数方程,从而解决了方程求解问题对于一些特殊的参数估计问题,利用 EM 算法可以较容易地实现[54]。非完全数据参数估计有下面两种情况:第一,观测数据不完全,这是由于观测过程的局限性所导致;第二,似然函数不是解析的,或者似然函数的表达式过于复杂,从而导致极大似然函数的传统估计方法失效。

根据第 2 章参数估计理论,在理想定时同步条件下,用 $\boldsymbol{r}$ 表示接收机接收到的随机序列,$\boldsymbol{b}$ 表示未知参数,则对参数 $\boldsymbol{b}$ 的最大似然估计可以表示为:

$$\hat{\boldsymbol{b}} = \underset{\tilde{\boldsymbol{b}}}{\arg\max}\{\ln p(\boldsymbol{r} \mid \tilde{\boldsymbol{b}})\} \tag{3-191}$$

其中,$\tilde{\boldsymbol{b}}$ 是 $\boldsymbol{b}$ 的一个实验值,大部分情况下,对于该类方程是没有解析解的[54]。因此常采用迭代方法比如 EM 算法求解最大似然估计问题。求解对数似然函数最大值等价于求解条件对数似然函数 $\ln p(\boldsymbol{r}|\tilde{\boldsymbol{b}})$ 的条件后验期望概率,即 $E_c[\log p(\boldsymbol{r}|\boldsymbol{c},\boldsymbol{b}^{(l)})|\boldsymbol{r},\boldsymbol{b}^{(l)}]$。

定义数据完备集为 $Z(\boldsymbol{r})=\{\boldsymbol{z}:\boldsymbol{z}=[\boldsymbol{r}^{\mathrm{T}},\boldsymbol{c}^{\mathrm{T}}]^{\mathrm{T}}\}$,其中 $\boldsymbol{c}$ 为发送信息矢量,$\boldsymbol{r}$ 为接收符号矢量。EM 算法的两步迭代过程可重写如下:

E-step(期望表达式构造过程):

$$Q(\boldsymbol{b},\boldsymbol{b}^{(l)}) = \int_{Z(r)} p(\boldsymbol{z} \mid \boldsymbol{r},\boldsymbol{b}^{(l)}) \log p(\boldsymbol{z} \mid \boldsymbol{b}) \mathrm{d}\boldsymbol{z}$$

M-step(求期望最大值过程):

$$\boldsymbol{b}^{(l+1)} = \underset{\tilde{\boldsymbol{b}}}{\arg\max} Q(\boldsymbol{b} = \tilde{\boldsymbol{b}},\boldsymbol{b}^{(l)})$$

在一定条件下[55],经过反复迭代,$\boldsymbol{b}^{(l)}$ 收敛于参数 $\boldsymbol{b}$ 的最大似然估计,l 表示迭代次数。设联合参数 $\boldsymbol{b}=f(\Delta f,\theta)$,$\Delta f$、$\theta$ 分别代表载波频偏和相偏,式(3-191)等号右边包括两项:

$$p(\boldsymbol{z}|\boldsymbol{b}) = p(\boldsymbol{r},\boldsymbol{c}|\boldsymbol{b}) = p(\boldsymbol{r}|\boldsymbol{c},\boldsymbol{b})p(\boldsymbol{c}|\boldsymbol{b})$$

式中,$\boldsymbol{c}$ 和 $\boldsymbol{b}$ 是相互独立的,因此可以得

$$p(\boldsymbol{z}|\boldsymbol{b}) = p(\boldsymbol{r}|\boldsymbol{c},\boldsymbol{b})p(\boldsymbol{c})$$

则式(3-191)可以重写为

$$Q(\boldsymbol{b},\boldsymbol{b}^{(l)})=\int_{Z(\boldsymbol{r})} p(\boldsymbol{c}|\boldsymbol{r},\boldsymbol{b}^{(l)})\log p(\boldsymbol{r}|\boldsymbol{c},\boldsymbol{b})p(\boldsymbol{c})\mathrm{d}\boldsymbol{z}$$
$$=\int_{\boldsymbol{c}} p(\boldsymbol{c}|\boldsymbol{r},\boldsymbol{b}^{(l)})[\log p(\boldsymbol{r}|\boldsymbol{c},\boldsymbol{b})+\log p(\boldsymbol{c})]\mathrm{d}\boldsymbol{c}$$

由于 $\log p(\boldsymbol{c})$ 和 $\boldsymbol{b}$ 的估计无关，因此将其去掉后，则 $Q(\boldsymbol{b},\boldsymbol{b}^{(l)})$ 可表示为

$$Q(\boldsymbol{b},\boldsymbol{b}^{(l)})\propto\int_{\boldsymbol{c}} p(\boldsymbol{c}|\boldsymbol{r},\boldsymbol{b}^{(l)})\log p(\boldsymbol{r}|\boldsymbol{c},\boldsymbol{b}^{(l)})\mathrm{d}\boldsymbol{c}$$
$$=E_c[\log p(\boldsymbol{r}|\boldsymbol{c},\boldsymbol{b}^{(l)})|\boldsymbol{r},\boldsymbol{b}^{(l)}] \tag{3-192}$$

迭代译码器的输出通常可以提供逼近后验期望 $E_c[\boldsymbol{c}|\boldsymbol{r},\boldsymbol{b}^{(l)}]$ 的软信息值，很明显，下面需要简化 $\log p(\boldsymbol{r}|\boldsymbol{c},\boldsymbol{b}^{(l)})$ 项的表达式。假设 $\boldsymbol{c}$ 是线性的，N 为符号 $\boldsymbol{c}$ 的数目，则有

$$\log p(\boldsymbol{r}|\boldsymbol{c},\boldsymbol{b}^{(l)})\propto\mathrm{Re}\left\{\sum_{k=0}^{N-1} r_k c_k^* \mathrm{e}^{-\mathrm{j}(\theta+2\pi k\Delta fT)}\right\} \tag{3-193}$$

将式(3-193)代入式(3-192)可以得到载波频偏和相偏条件下，式(3-191)的最终表达式：

$$Q(\boldsymbol{b},\boldsymbol{b}^{(l)})\propto\mathrm{Re}\left\{\sum_{k=0}^{N-1} r_k\left[\int_{\boldsymbol{c}} c_k^* p([\boldsymbol{c}|\boldsymbol{r},\boldsymbol{b}^{(l)}])\mathrm{d}\boldsymbol{c}\right]\mathrm{e}^{-\mathrm{j}(\theta+2\pi k\Delta fT)}\right\}$$
$$\propto\mathrm{Re}\left\{\sum_{k=0}^{N-1} r_k\left[\int_{\boldsymbol{c}} c_k p([\boldsymbol{c}|\boldsymbol{r},\boldsymbol{b}^{(l)}])\mathrm{d}\boldsymbol{c}\right]^*\mathrm{e}^{-\mathrm{j}(\theta+2\pi k\Delta fT)}\right\} \tag{3-194}$$

定义

$$\eta_k(\boldsymbol{r},\boldsymbol{b}^{(l)})\triangleq\int_{\boldsymbol{c}} c_k^* p([\boldsymbol{c}|\boldsymbol{r},\boldsymbol{b}^{(l)}])\mathrm{d}\boldsymbol{c}=\sum_{\alpha_m\in C}\alpha_m P(c_k=\alpha_m|\boldsymbol{r},\boldsymbol{b}^{(l)})$$

使式(3-191)的值最大化的一个解为

$$\Delta\hat{f}^{(l+1)}=\underset{\Delta f}{\mathrm{argmax}}\left|\sum_{k=0}^{N-1} r_k\eta_k^*(\boldsymbol{r},\boldsymbol{b}^{(l)})\mathrm{e}^{-\mathrm{j}(2\pi kT\Delta f^{(l+1)})}\right| \tag{3-195}$$

$$\hat{\theta}^{(l+1)}=\arg\left\{\sum_{k=0}^{N-1} r_k\eta_k^*(\boldsymbol{r},\boldsymbol{b}^{(l)})\mathrm{e}^{-\mathrm{j}(2\pi kT\Delta f^{(l+1)})}\right\} \tag{3-196}$$

2. SP-EM 算法

文献[60]详细讨论了如何利用 SP(Sum Product)算法估计同步参数。重写似然函数 $p(\boldsymbol{r}|\boldsymbol{b})$ 为

$$p(\boldsymbol{r}|\boldsymbol{b})\propto\sum_{\sim\{\boldsymbol{b}\}} p(\boldsymbol{r},\boldsymbol{c},\boldsymbol{b})$$

其中，$\sim\{\boldsymbol{b}\}$ 表示不对变量 $\boldsymbol{b}$ 求和，只对 $\boldsymbol{c}$ 求和。其中将 $p(\boldsymbol{r},\boldsymbol{c},\boldsymbol{b})$ 看作全局函数，那么边缘函数 $p(\boldsymbol{r}|\boldsymbol{b})$ 或其近似值可由 SP 算法求得，然后将 $p(\boldsymbol{r}|\boldsymbol{b})$ 最大化即可得到同步参数 $\boldsymbol{b}$ 的估计值。注意

$$p(\boldsymbol{r},\boldsymbol{c},\boldsymbol{b})\propto p(\boldsymbol{r}|\boldsymbol{c},\boldsymbol{b})p(\boldsymbol{c})$$

因此函数 $p(\boldsymbol{r},\boldsymbol{c},\boldsymbol{b})$ 的因子图可用图 3-78 表示。

用符号 $\mu_{c_k\to p}^{(m)}$ 表示第 m 次迭代中变量节点 c_k 传给因子节点 $p(\boldsymbol{r}|\boldsymbol{c},\boldsymbol{b})$ 的消息，相应地，$\mu_{c_k\to p}^{(m)}$ 为因子节点 $p(\boldsymbol{r}|\boldsymbol{c},\boldsymbol{b})$ 传给变量节点 c_k 的消息。定义如下的消息更新规则：在每次迭代中，首先在编码和映射部分的因子图上应用 SP 算法更新 $\mu_{c_k\to p}^{(m)}$，然后利用 $\mu_{c_k\to p}^{(m)}$ 来更新 $\mu_{c_k\to p}^{(m+1)}$。利用 SP 算法的更新规则，消息 $\mu_{c_k\to p}^{(m)}$ 可以表示为

$$\mu_{p\to c_k}^{(m+1)}(c_k)\propto\sum_{\sim\{c_k\}} p(\boldsymbol{r}|\boldsymbol{c},\boldsymbol{b})\prod_{l\neq k}\mu_{c_l\to p}^{(m)}(c_l)$$

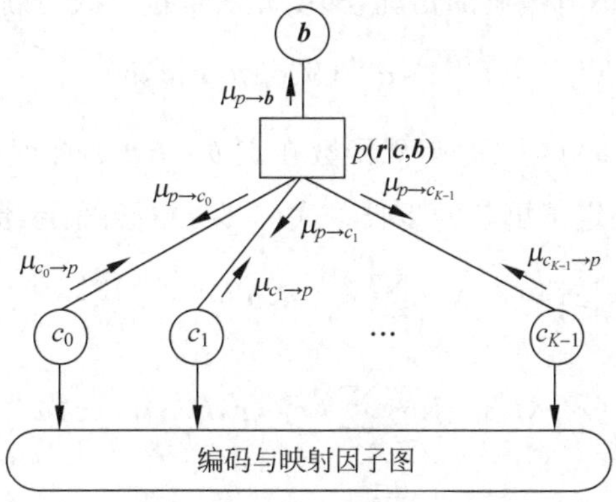

图 3-78 函数 $p(\boldsymbol{r},\boldsymbol{c},\boldsymbol{b})$的因子图

进一步地，同步参数代表的节点消息 $\mu_{p\to\boldsymbol{b}}^{(m+1)}$ 可以表示为

$$\mu_{p\to\boldsymbol{b}}^{(m+1)} \propto \sum_{\boldsymbol{c}} p(\boldsymbol{r}\,|\,\boldsymbol{c},\boldsymbol{b}) \prod_{l} \mu_{c_l\to p}^{(m)}(c_l) \tag{3-197}$$

因此可用消息 $\mu_{p\to\boldsymbol{b}}^{(m+1)}$ 来近似 $p(\boldsymbol{r}\,|\,\boldsymbol{b})$，相应地用 $\mu_{p\to c_k}^{(m+1)}\mu_{c_k\to p}^{(m+1)}$ 近似 $p(c_k\,|\,\boldsymbol{b})$。求解 $\hat{\boldsymbol{b}}$ 和 $\hat{c}_k$ 的问题分别等价于最大化消息 $\mu_{p\to\boldsymbol{b}}^{(m+1)}$ 和 $\mu_{p\to c_k}^{(m+1)}\mu_{c_k\to p}^{(m+1)}$。

将式(3-197)改写成

$$\mu_{p\to\boldsymbol{b}}^{(m+1)} \propto \sum_{\boldsymbol{c}} p(\boldsymbol{r}\,|\,\boldsymbol{c},\boldsymbol{b}) p^{(m)}(\boldsymbol{c}) \tag{3-198}$$

其中，$p^{(m)}(\boldsymbol{c})=\prod_{l}\mu_{c_l\to p}^{(m)}(c_l)$。对比式(3-198)和式(3-197)，可以看出 $\mu_{p\to\boldsymbol{b}}^{(m+1)}$ 和实际的似然函数具有相同的结构，唯一不同的是修正的先验信息 $p^{(m)}(\boldsymbol{c})$代替了实际的先验信息 $p(\boldsymbol{c})$。由 3.4.1 节可知，EM 算法可以用于最大似然估计。而式(3-198)也具有似然函数的结构，因此在每次 SP 算法迭代中，可以对式(3-198)用 EM 算法计算 $\hat{\boldsymbol{b}}^{(m)}$，SP-EM 算法由此而来。由于目标函数式(3-198)和式(3-197)结构上的相似性，两者的同步参数更新表达式是相同的，即式(3-198)，而唯一不同的只是符号后验概率 $p^{(m)}(c_k\,|\,\boldsymbol{r},\hat{\boldsymbol{b}}^{(m,n)})$的计算。注意到匹配滤波器的输出值对于符号检测是统计充分的，因此有

$$p^{(m)}(c_k\,|\,\boldsymbol{r},\hat{\boldsymbol{b}}^{(m,n)}) = p^{(m)}(c_k\,|\,\boldsymbol{y},\hat{\boldsymbol{b}}^{(m,n)})$$

其中，$\hat{\boldsymbol{b}}^{(m,n)}$ 为 SP 算法的第 m 次迭代中 EM 算法的第 n 次迭代时的同步参数估计值，$\boldsymbol{y}$ 为匹配滤波器输出值 $y_k(\Delta f,\tau)$组成的矢量。

$$p^{(m)}(c_k\,|\,\boldsymbol{r},\hat{\boldsymbol{b}}^{(m,n)}) \propto \sum_{\sim\{c_k\}} p(\boldsymbol{y}\,|\,\boldsymbol{c},\hat{\boldsymbol{b}}^{(m,n)}) p^{(m)}(\boldsymbol{c})$$

利用 $p^{(m)}(\boldsymbol{c})$的定义

$$\begin{aligned} p^{(m)}(c_k\,|\,\boldsymbol{r},\hat{\boldsymbol{b}}^{(m,n)}) &\propto \sum_{\sim\{c_k\}} \prod_{l} p(y_l\,|\,c_l,\hat{\boldsymbol{b}}^{(m,n)}) \mu_{c_l\to p}^{(m)}(c_l) \\ &\propto p(y_k\,|\,c_k,\hat{\boldsymbol{b}}^{(m,n)}) \mu_{c_l\to p}^{(m)}(c_l) \end{aligned}$$

其中，$p(y_k\,|\,c_k,\hat{\boldsymbol{b}}^{(m,n)})$可以通过计算高斯概率密度得到。

3. 梯度算法

文献[61]介绍了利用梯度来估计同步参数的算法，它的基本思想是按梯度的方向更新

似然函数 $\log p(\boldsymbol{r}|\boldsymbol{b})$。考虑有编码的情况，梯度算法可按下式更新估计量：

$$\hat{\boldsymbol{b}}^{(l+1)}=\hat{\boldsymbol{b}}^{(l)}+\alpha^{(l)}(\nabla\log p(\boldsymbol{r}|\boldsymbol{c},\boldsymbol{b}))_{\boldsymbol{b}=\hat{\boldsymbol{b}}^{(l)}}$$

其中，$\alpha^{(l)}>0$，$(\nabla\log p(\boldsymbol{r}|\boldsymbol{c},\boldsymbol{b}))_{\boldsymbol{b}=\hat{\boldsymbol{b}}^{(l)}}$ 是似然函数在点 $\boldsymbol{b}=\hat{\boldsymbol{b}}^{(l)}$ 的梯度。$(\nabla\log p(\boldsymbol{r}|\boldsymbol{c},\boldsymbol{b}))_{\boldsymbol{b}=\hat{\boldsymbol{b}}^{(l)}}$ 决定了更新的方向，而 $\alpha^{(l)}$ 决定了更新的步长。式(3-193)对待估参数求导得

$$\frac{\partial}{\partial\tau}\log p(\boldsymbol{r}|\boldsymbol{c},\boldsymbol{b})=\mathrm{Re}\left\{\sum_{k=0}^{N-1}\eta_k^*(\boldsymbol{r},\boldsymbol{b}^{(l)})\frac{\partial r_k(\tau)}{\partial\tau}\mathrm{e}^{-\mathrm{j}(2\pi kT\Delta f+\theta)}\right\}$$

$$\frac{\partial}{\partial\Delta f}\log p(\boldsymbol{r}|\boldsymbol{c},\boldsymbol{b})=\mathrm{Im}\left\{\sum_{k=0}^{N-1}k\eta_k^*(\boldsymbol{r},\boldsymbol{b}^{(l)})r_k(\tau)\mathrm{e}^{-\mathrm{j}(2\pi kT\Delta f+\theta)}\right\}$$

$$\frac{\partial}{\partial\theta}\log p(\boldsymbol{r}|\boldsymbol{c},\boldsymbol{b})=\mathrm{Im}\left\{\sum_{k=0}^{N-1}k\eta_k^*(\boldsymbol{r},\boldsymbol{b}^{(l)})r_k(\tau)\mathrm{e}^{-\mathrm{j}(2\pi kT\Delta f+\theta)}\right\}$$

4. APPA 算法

APPA 算法利用 SISO 输出的对数似然比(Logistic Likelihood Ratio，LLR)信息估计出载波的相偏信息，反馈到相偏补偿模块，对信号相位进行补偿。图 3-79 给出了该算法的系统模型，图 3-80 是 APPA 算法的具体实现结构框图[54]。

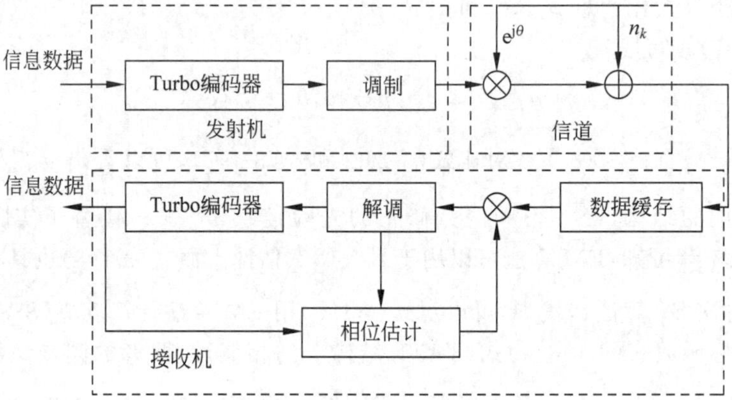

图 3-79　APPA 算法系统模型

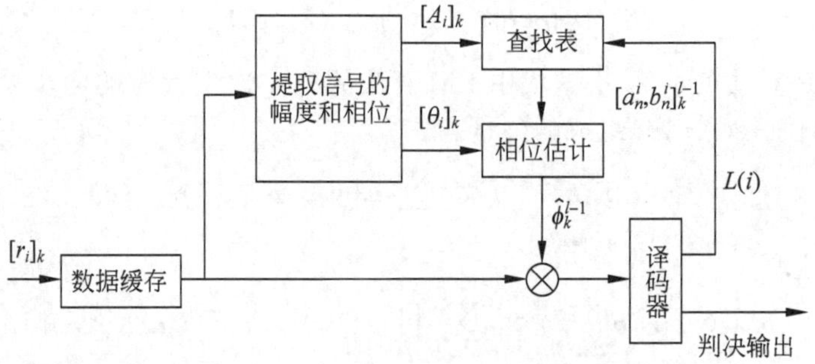

图 3-80　APPA 算法相位估计结构图

APPA 算法利用译码器输出的后验概率信息进行相位估计，该算法可以用两个步骤来描述：步骤一，从译码器输出的后验概率信息得到用于载波相位估计的对数似然函数(LLF)；步骤二，对步骤一求得的 LLF 做简化用于获得相位的最大似然估计。

第 k 个接收符号的表达式可以写成 $r_k = A_k\exp(\mathrm{j}\theta_k)$，其中 A_k 表示信号的幅度，θ_k 表示信号的相位，由于载波相位误差和噪声的存在，两个量都是变化的。根据文献[43]，假设信道是加性高斯白噪声信道(AWGN)噪声的功率是 σ^2，考查一个数据长度为 N 的数据块，似然函数是待估计的载波相位信息的函数，记为

$$\Lambda(\theta) = \exp\left[\frac{1}{\sigma^2}\sum_{k=0}^{N-1}\mathrm{Re}(r_k s_k^*(\theta))\right] \tag{3-199}$$

其中，$s_k(\theta)$是第 k 个传输信号，它是载波相位 θ 的函数。这里假设，在一个数据块上，相偏是固定且未知的。对于 MPSK 调制，符号值可以用式表示为

$$s(m,\theta) = \exp\left[\mathrm{j}\frac{2\pi m}{M} + \theta\right], \quad m = 0,1,\cdots,M-1 \tag{3-200}$$

其中，M 是星座的大小。

利用统计的方法对所有数据的似然函数求平均，假设迭代之后，第 k 个信号的概率记为 $P_k(m)$，因为在迭代译码系统中，第一次迭代之前无可用的外信息，所以在迭代之前信号的概率相等均为星座图上的概率，即 $P_k(m) = 1/M$。在整个星座上对似然函数求平均，则有

$$\Lambda(\theta) = \prod_{k=0}^{N-1}\left\{\sum_{m=0}^{M-1}P_k(m)\exp\left[\frac{1}{\sigma^2}\sum_{k=0}^{N-1}\mathrm{Re}(r_k s_k^*(\theta))\right]\right\} \tag{3-201}$$

对式(3-201)取对数，则 LLF 可以写为

$$\begin{aligned}\ln\Lambda(\theta) &= \prod_{k=0}^{N-1}\log\left\{\sum_{m=0}^{M-1}P_k(m)\exp\left[\frac{1}{\sigma^2}\sum_{k=0}^{N-1}\mathrm{Re}(r_k s_k^*(\theta))\right]\right\} \\ &= \sum_{k=0}^{N-1}\ln\Lambda_k(\theta)\end{aligned} \tag{3-202}$$

其中，$\ln\Lambda_k(\theta)$定义为每个符号的对数似然函数：

$$\ln\Lambda_k(\theta) = \log\left\{\sum_{m=0}^{M-1}P_k(m)\exp\left[\frac{1}{\sigma^2}\sum_{k=0}^{N-1}\mathrm{Re}(r_k s_k^*(\theta))\right]\right\} \tag{3-203}$$

译码外信息 L_k 定义为对数似然比：

$$L_k = \log\left(\frac{P(c_k=1)}{P(c_k=0)}\right)$$

对于二进制转移信道而言，$P(c_k=1)+P(c_k=0)=1$，因此可以从 L_k 计算出符号的先验概率[44]：

$$\begin{cases} P(c_k=1) = \dfrac{\exp(L_k)}{1+\exp(L_k)} \\ P(c_k=0) = \dfrac{1}{1+\exp(L_k)} \end{cases} \tag{3-204}$$

在 BPSK 系统中，发送的信号有两种情况，即

$$s(0,\theta) = -\exp(\mathrm{j}\theta)$$
$$s(1,\theta) = \exp(\mathrm{j}\theta)$$

因此，$P_k(m)$经过处理后，可以由式(3-204)得到 BPSK 系统的第 k 个符号的对数似然函数(LLF)，即

$$\ln\Lambda_k(\theta)=\log\left\{\operatorname{sech}\left(\frac{L_k}{2}\right)\times\left[\frac{L_k}{2}+\frac{A_k\cos(\theta-\theta_k)}{\sigma^2}\right]\right\}$$

对于 QPSK 调制信号，其同相支路和正交支路的比特概率分别为 $P_k(u_m)$ 和 $P_k(c_m)$，对应的外信息分别为 $L_u(k)$ 和 $L_c(k)$，则 QPSK 符号概率

$$P_k(m)=P_k(u_m)P_k(c_m) \tag{3-205}$$

式(3-200)、式(3-204)、式(3-205)代入式(3-203)并经过化简可得 QPSK 信号的每个符号的对数似然函数为

$$\ln\Lambda_k(\theta)=\log\left\{\frac{1}{2}\operatorname{sech}\left(\frac{L_{uk}}{2}\right)\operatorname{sech}\left(\frac{L_{ck}}{2}\right)\times\left[\cosh\left(\frac{A_k\cos(\theta-\theta_k)}{\sigma^2}-\frac{L_{uk}}{2}-\frac{L_{ck}}{2}\right)+\right.\right.$$
$$\left.\left.\cosh\left(\frac{A_k\sin(\theta-\theta_k)}{\sigma^2}+\frac{L_{uk}}{2}-\frac{L_{ck}}{2}\right)\right]\right\}$$

在最大似然估计中，式(3-199)取最大值的必要条件为：

$$\frac{\mathrm{d}\ln\Lambda(\theta)}{\mathrm{d}\theta}=0 \tag{3-206}$$

如果将式(3-202)代入式(3-206)，然后再计算整个数据块的对数似然函数，那么计算量将会非常大，为此可以从式(3-202)的导数需要满足的条件直接计算，为了解决这个问题，将 LLF 扩展成傅里叶级数的形式：

$$\ln\Lambda(\theta)=\sum_{k=0}^{N-1}\left\{a_{0k}+\sum_{n=1}^{\infty}\left[a_{nk}\cos(n(\theta-\theta_k))+b_{nk}\sin(n(\theta-\theta_k))\right]\right\} \tag{3-207}$$

其中，傅里叶系数为

$$a_{nk}=\frac{1}{\pi}\int_{-\pi}^{\pi}\ln\Lambda_k(\theta)\cos(n\theta)\,\mathrm{d}\theta$$
$$b_{nk}=\frac{1}{\pi}\int_{-\pi}^{\pi}\ln\Lambda_k(\theta)\sin(n\theta)\,\mathrm{d}\theta \tag{3-208}$$

其中，a_{nk} 和 b_{nk} 是第 k 个符号的傅里叶系数，数据块的 LLF 是 N 个符号的 LLF 之和，因此我们可以独立地计算每个符号的傅里叶系数。在实际的仿真中发现，高次谐波的幅度是可以忽略不计的，又因为有求导的过程，那么常数项 a_{0k} 也可以忽略，最终，可以通过忽略常数项和高次谐波来逼近 LLF：

对于 BPSK 调制而言，傅里叶系数只有余弦形式。由于式(3-208)是周期偶函数且高次谐波比较小，因此可近似为

$$\ln\Lambda_{\mathrm{BPSK}}(\theta)\approx\sum_{k=0}^{N-1}\left[a_{0k}+a_{1k}\cos(\theta-\theta_k)+a_{2k}\cos(2\theta-2\theta_k)\right]$$

忽略常数项 a_{0k}，则上式可改写为

$$\ln\Lambda_{\mathrm{BPSK}}(\theta)\approx\sum_{k=0}^{N-1}\left[a_{1k}\cos(\theta-\theta_k)+a_{2k}\cos(2\theta-2\theta_k)\right]$$
$$=\omega_1\cos(\theta-\theta_1)+\omega_2\cos(2\theta-\theta_2)$$

其中，ω_k 和 θ_k 是第 k 次谐波的幅度和相位。对于符号数为 N 的数据块有

$$\omega_1\cos(\theta_1)=\sum_{k=0}^{N-1}a_{1k}\cos(\theta_k)$$

$$\omega_1\sin(\theta_1)=\sum_{k=0}^{N-1}a_{1k}\sin(\theta_k)$$

$$\omega_2\cos(\theta_2)=\sum_{k=0}^{N-1}a_{2k}\cos(2\theta_k)$$

$$\omega_2\sin(\theta_2)=\sum_{k=0}^{N-1}a_{2k}\sin(2\theta_k)$$

对式(3-207)求导有

$$\frac{\mathrm{d}\ln\Lambda_{\mathrm{BPSK}}}{\mathrm{d}\theta}=\omega_1\sin(\theta-\theta_1)+2\omega_2\sin(2\theta-\theta_2)=0$$

通常情况下,当 θ 接近用最大似然估计得到的相位值 $\hat{\theta}_{\mathrm{ML}}$ 时,$\theta-\theta_1$ 和 $2\theta-\theta_2$ 是非常小的,因此可以用 $\sin x\approx x$ 来逼近,即

$$\frac{\mathrm{d}\ln\Lambda_{\mathrm{BPSK}}}{\mathrm{d}\theta}=\omega_1(\theta-\theta_1)+2\omega_2(2\theta-\theta_2)=0$$

由上式可以得到相偏的最大似然估计,则

$$\hat{\theta}_{\mathrm{ML}}=\frac{\omega_1\theta_1+2\omega_2\theta_2}{\omega_1+4\omega_2}$$

上面介绍的方法只能非常有限地降低计算的复杂度,因为傅里叶系数$\{a_{1k},a_{2k}\}$对于每个符号而言都是变化的,所以计算量仍然非常大。解决这个问题的一个方法是将$\{a_{1k},a_{2k}\}$的值做成一个查找表。

经过以上简化以后,可以通过线性和查找表的处理很容易得到 $\ln\Lambda_{\mathrm{BPSK}}^{k}$,整个数据块 LLF 的只是单个符号的 LLF 的简单相加。这样,避免了非线性处理,计算的复杂度也大幅下降,而相位估计值也可以由 LLF 计算得到。

算法工作流程[54]如下:

(1) 参数初始化。设置最大迭代次数为 M,且 $\hat{\theta}_0=0,\hat{e}_0=0,[y_i]_0=[c_i]_0\exp(-\mathrm{j}\hat{\theta}_0)$。

(2) 估计。用式(3-206)计算得到第 k 帧的误差信息 $\hat{e}_k=\hat{\theta}_{\mathrm{ML}}$。

(3) 补偿。用估计的相位补偿接收信号$[y_i]_{k+1}=[c_i]_k\exp(-\mathrm{j}\hat{\theta}_k)$。

(4) 根据是否达到迭代次数决定执行下一次迭代。

5. 仿真分析

一般来说,由于 c_k 是随机变量,很难从理论上分析 CA 同步算法的性能,因此只能求助于仿真。为简化起见,假定定时误差已知,即仅存在频偏和相偏。对于 EM、SP-EM 算法来说,可以通过在频率区间上进行最大值搜索来估计频偏。

两个重要的参数为搜索窗口和搜索间隔。频率搜索窗口为算法可锁定的最大频率,可通过仿真得到。频率搜索间隔 Δf_p 应该满足 $\Delta f_p\leqslant\Delta f_{\max}$,其中 $\Delta f_{\max}$ 为不影响译码器性能的最大频偏值,则频率搜索点 Δf_iT 的取值由下式给出:

$$\Delta f_iT=i\cdot\Delta f_pT,\quad i\in\{-L,-L+1,\cdots,L-1,L\}\tag{3-209}$$

在此取 $\Delta f_p=5\times10^{-6}$,$L$ 由最大频偏值决定。另外,梯度算法中的 $\alpha^{(n)}$ 是变量,但仿真表明,$\alpha^{(n)}$ 可取一个固定值 α,对结果影响不大。在此取 $\alpha=5\times10^{-4}$。

仿真采用码率为 1/4,码长为 1200 的 LDPC 码,BPSK 调制[56]。图 3-81 和图 3-82 分别为 SNR＝－3.5dB 时的鉴频和鉴相曲线。可以看出,SP-EM 算法的同步范围最大,其次是 EM 算法,梯度算法最小,但三者相差不大。图 3-83 和图 3-84 分别为频偏和相偏估计的根均方差(Root Mean Square Error,RMSE)曲线,同步参数设为 $\Delta fT=1\times10^{-4}$,$\theta=30°$。频偏和相偏估计的 RMSE 分别为 $\mathrm{RMSE}(\Delta\hat{f}T)=\sqrt{E(\Delta\hat{f}T-\Delta fT)^2}$,$\mathrm{RMSE}(\hat{\theta})=\sqrt{E(\hat{\theta}-\theta)^2}$。从图 3-83 和图 3-84 中可知,精度由高到低依次为 SP-EM 算法、EM 算法、梯度算法,SP-EM 算法和 EM 算法几乎没有差别,且随 SNR 升高,三者的频偏估计精度都逼近 MCRB 界,相偏估计精度虽然距 MCRB 有一定距离,但对译码性能影响较小。图 3-85 为 BER/FER(Bit Error Ratio/Frame Error Ratio)曲线,同步参数设为 $\Delta fT=1\times10^{-4}$,$\theta=30°$。结论与同步范围、估计精度一致,三者距理想同步很近,在 BER 为 10^{-4} 时仅 0.2dB 性能损失。

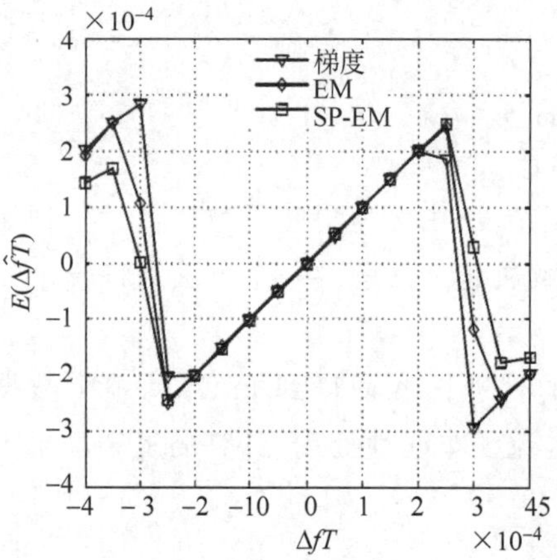

图 3-81　常用算法鉴频曲线,SNR＝－3.5dB[56]

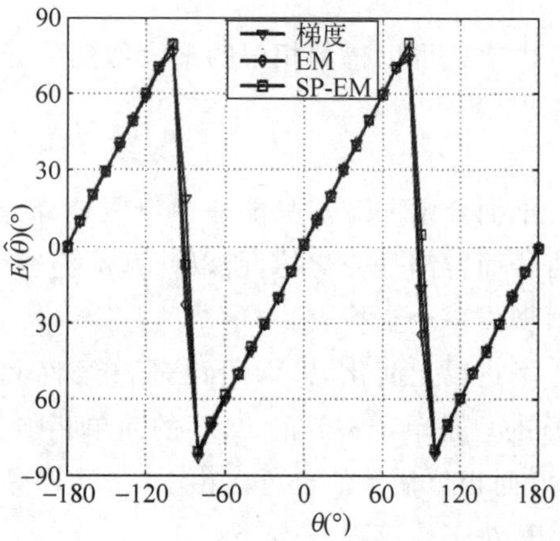

图 3-82　常用算法鉴相曲线,SNR＝－3.5dB

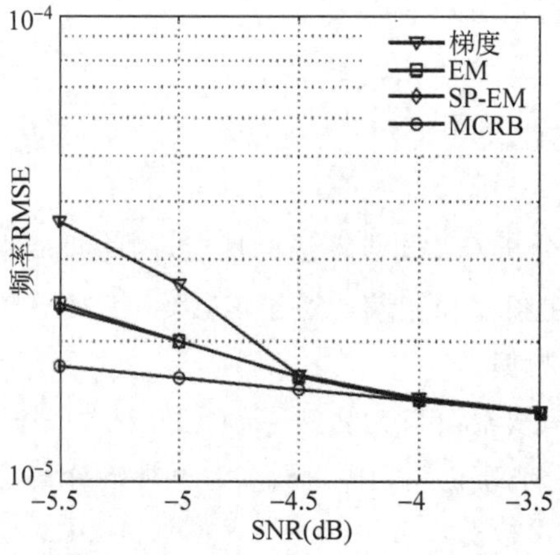

图 3-83　常用算法的频率估计 RMSE 曲线

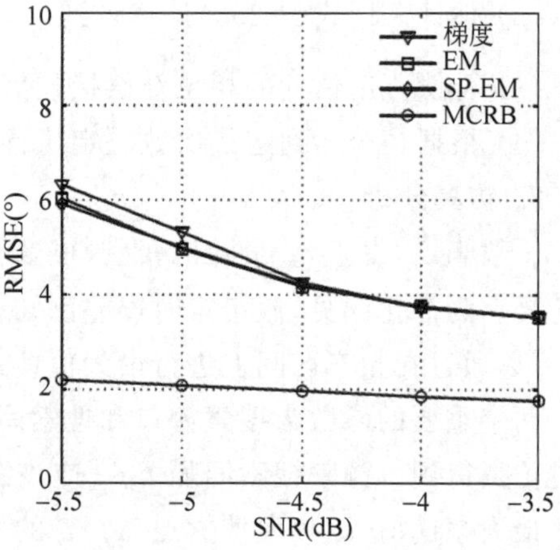

图 3-84　常用算法的相位估计 RMSE 曲线

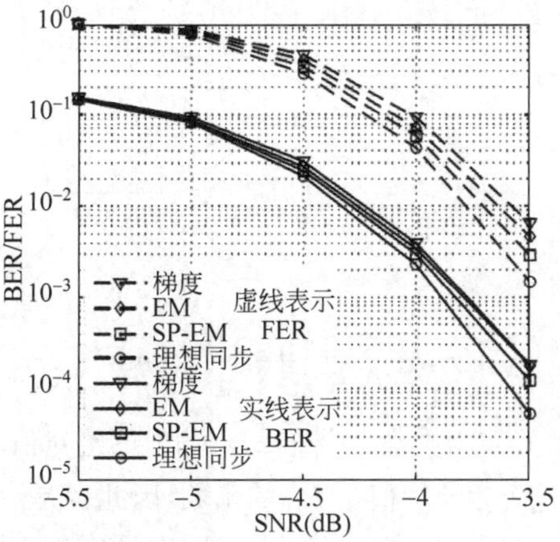

图 3-85 常用算法的 BER/FER 曲线

3.4.2 低复杂度编码辅助载波同步算法

1. 简化 EM 算法

根据 3.4.1 节的分析，在定时同步理想的情况下，基于 EM 算法的码辅助同步算法估计的同步参数值如式(3-195)和式(3-196)，在第 l 次迭代时，需要在设定的频率范围内搜索，求得使函数最大的频偏值 $\Delta\hat{f}$ 作为频偏估计的结果，设频率搜索范围为：$[-\Delta f_{\max},\Delta f_{\max}]$，搜索步长为 Δf_{temp}，其中，Δf_{temp} 为算法可以捕获的最大频偏值。将估计得到的频偏代入式(3-196)即可求出相位值。基于算法的载波同步复杂度主要集中在以下两方面：Q 函数的计算；在设定的频率范围内频偏的搜索。因此，对于算法复杂度的简化主要从这两方面入手。

在低信噪比下，且纠错码码长较长时，EM 算法的同步范围有限，此时可采用最大似然搜索来估计频偏。回顾 3.4.1 节的内容，有

$$\Delta\hat{f}^{(l+1)}=\underset{\Delta f}{\operatorname{argmax}}\left|\sum_{k=0}^{N-1}r_k\eta_k^*(\boldsymbol{r},\boldsymbol{b}^{(l)})\mathrm{e}^{-\mathrm{j}(2\pi kT\Delta f^{(l+1)})}\right| \tag{3-210}$$

$$\hat{\theta}^{(l+1)}=\arg\left\{\sum_{k=0}^{N-1}r_k\eta_k^*(\boldsymbol{r},\boldsymbol{b}^{(l)})\mathrm{e}^{-\mathrm{j}(2\pi kT\Delta f^{(l+1)})}\right\} \tag{3-211}$$

其中，$\Delta f_i T=i\cdot\Delta f_{\text{temp}}T(i\in -L,-L+1,\cdots,L-1,L)$。将 Δf_i 依次代入式(3-210)中求模，选择模最大值对应的 Δf_i 作为第 $l+1$ 次的估计值 $\Delta\hat{f}^{(l+1)}$，然后将 $\Delta\hat{f}^{(l+1)}$ 代入式(3-211)求出对应的 $\hat{\theta}^{(l+1)}$。当码长很长时，频率搜索会引入很高的计算复杂度，而 $\hat{\theta}^{(l+1)}$ 可以通过查表给出，不会引入较高的复杂度。因此，整个 EM 算法的复杂度主要由式(3-210)决定。

在式(3-210)和式(3-211)中，后验均值 $\eta_k^*(\boldsymbol{r},\boldsymbol{b}^{(l)})$ 是通过译码器输出的软信息，即后验对数似然比 L_k 计算而来的。因此 L_k 的分布特性对同步参数的估计有重要影响。对于 BPSK 信号，有

$$\begin{cases}\log\dfrac{P(c_k=1|\boldsymbol{r},\boldsymbol{b}^{(n)})}{P(c_k=-1\mid\boldsymbol{r},\boldsymbol{b}^{(n)})}=L_k\\P(c_k=1|\boldsymbol{r},\boldsymbol{b}^{(n)})+P(c_k=-1|\boldsymbol{r},\boldsymbol{b}^{(n)})=1\end{cases}$$

解方程组得

$$P(c_k=1|\boldsymbol{r},\boldsymbol{b}^{(n)})=\frac{\mathrm{e}^{L_k}}{1+\mathrm{e}^{L_k}}$$

$$P(c_k=-1|\boldsymbol{r},\boldsymbol{b}^{(n)})=\frac{1}{1+\mathrm{e}^{L_k}}$$

则

$$\eta_k^*(\boldsymbol{r},\boldsymbol{b}^{(l)})=\frac{\mathrm{e}^{L_k}-1}{\mathrm{e}^{L_k}+1}=\tanh(L_k) \tag{3-212}$$

L_k 是一个随机变量,其分布为类高斯分布；L_k 均值的绝对值与信噪比成正比关系；而方差与信噪比成反比关系[56]。而后验均值是 L_k 的函数,因此也是一个随机变量。由式(3-212)可知后验均值与后验对数似然比 L_k 的关系是一个双曲正切函数,随着 L_k 的绝对值增大,$\eta_k^*(\boldsymbol{r},\boldsymbol{b}^{(l)})$趋近+1 或−1。图 3-86 中的虚线表示 L_k 的分布。译码器迭代开始时,L_k 分布在 0 附近,取值较小；此时译码器还没收敛,译码准确性很低。随着迭代的进行,译码器输入的信噪比升高,L_k 均值的绝对值增大,L_k 的分布向坐标轴的两端移动；此时译码器逐渐收敛,译码准确性变高,可称此 L_k 区域为译码可靠区域。可对 L_k 定义一个门限 $L_{\text{threshold}}$,当 $L_k<L_{\text{threshold}}$ 时,为译码的不可靠区域；当 $L_k>L_{\text{threshold}}$ 时,为译码的可靠区域。很明显,随着迭代次数的增加,L_k 的分布向可靠区域靠拢,$\eta_k^*(\boldsymbol{r},\boldsymbol{b}^{(l)})$的分布趋向于取值为+1 与−1的二元分布。

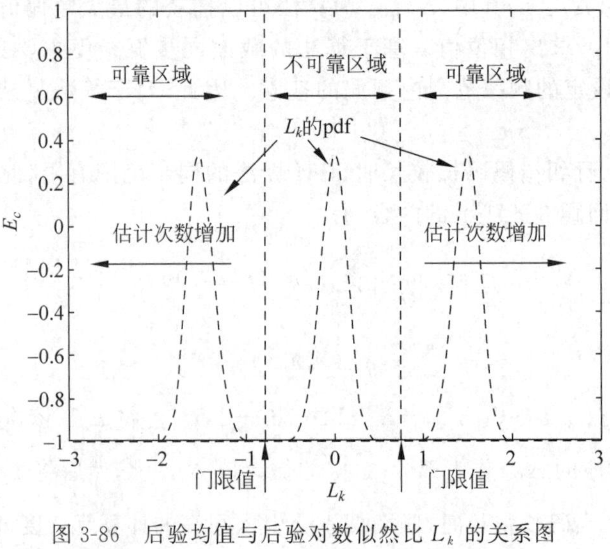

图 3-86 后验均值与后验对数似然比 L_k 的关系图

基于以上分析,现对 EM 算法做部分修改,以降低它的复杂度。一方面是减小每个频点求模的运算量；另一方面是减小频率搜索窗口[56]。

(1) 定义简化的后验均值为

$$\eta_k^*(\boldsymbol{r},\boldsymbol{b}^{(l)})=\begin{cases}1, & L_k>L_{\text{threshold}}\\ 0, & |L_k|\leqslant L_{\text{threshold}}\\ -1, & L_k<-L_{\text{threshold}}\end{cases} \tag{3-213}$$

即当后验信息在可靠区域时，可以对符号 $\boldsymbol{c}_k$ 进行硬判决，然后作为后验均值 $\eta_k^*(\boldsymbol{r},\boldsymbol{b}^{(l)})$；当后验信息不在可靠区域时，对后验均值 $\eta_k^*(\boldsymbol{r},\boldsymbol{b}^{(l)})$进行置零处理。当译码迭代的次数较多，即译码和同步参数均趋于收敛时，式(3-210)可看作 DA 频偏估计，对符号 $\boldsymbol{c}_k$ 进行硬判决不会引入较大误差；当译码迭代的次数较少，即译码和同步参数均没收敛时，对后验均值 $\eta_k^*(\boldsymbol{r},\boldsymbol{b}^{(l)})$进行置零处理可以减少每个频点求模运算时符号 $\boldsymbol{c}_k$ 的数量。

从式(3-213)可以看出，$\eta_k^*(\boldsymbol{r},\boldsymbol{b}^{(l)})$是一个只取 3 个值的随机变量。用符号 P 表示 $\eta_k^*(\boldsymbol{r},\boldsymbol{b}^{(l)})$取非零值的概率，$P=P(E_c=1)+P(E_c=-1)$，则 $1-P=P(E_c=0)$。随着迭代的进行，译码和同步参数不断更新，P 趋于 1，这说明后验信息趋于可靠区域。对后验均值按式(3-213)处理不但可以减少符号参与的点数，同时可以避免求解函数 $\tanh(\cdot)$，这样可以降低求模运算的复杂度。

(2) EM 算法中频域搜索窗口的大小是一个固定值。在每次迭代时，更新的频率估计值通常很小，估计值由小到大收敛于真值，故可采用一个频率积分器，将对原始信号的频偏估计变为对解调后信号的频偏估计，这样待估计的频偏值逐渐变小，总的频偏估计量逐渐增大，直至收敛于最原始的频偏值[58]。通过仿真可得，频域搜索窗口可以减小为原来固定窗口的 l 倍，即新的窗口可设为$\lfloor L/l \rfloor$，通常 l 可取 2～5。对于相位估计，也采用相同的处理方式，即引入一个相位积分器。通过引入频率积分器，大大降低了运算复杂度，结合对后验均值的简化，简化的 EM 载波同步算法为

$$\Delta\hat{f}^{(l)} = \underset{\Delta f_i}{\arg\max}\left|\sum_{k=0}^{N-1} r_k^{(l-1)}\eta_k^*(\boldsymbol{r},\boldsymbol{b}^{(l-1)})\mathrm{e}^{-\mathrm{j}(2\pi kT\Delta f_i)}\right| \tag{3-214}$$

$$\Delta f_i T = i\cdot\Delta f_{\text{temp}}T,\quad i\in\{-\lfloor L/l\rfloor,-\lfloor L/l\rfloor+1,\cdots,\lfloor L/l\rfloor-1,\lfloor L/l\rfloor\}$$

$$\tilde{\theta}^{(l)} = \arg\left\{\sum_{k=0}^{N-1} r_k^{(l-1)}\eta_k^*(\boldsymbol{r},\boldsymbol{b}^{(l-1)})\mathrm{e}^{-\mathrm{j}(2\pi kT\Delta f^{(l)})}\right\}$$

$$\Delta f^{(l)} = \Delta f^{(l-1)} + \Delta\tilde{f}^{(l)}$$

$$\hat{\theta}^{(l)} = \hat{\theta}^{(l-1)} + \tilde{\theta}^{(l)}$$

注意，$\Delta f^{(0)}=0,\tilde{\theta}^{(l)}=0,r_k^{(0)}=r_k$。匹配滤波器输出的采样信号按如下方式更新：

$$r_k^{(l)} = r_k^{(l-1)}\mathrm{e}^{-\mathrm{j}(2\pi kT\Delta\tilde{f}^{(l)}+\tilde{\theta}^{(l)})}$$

另一种简化算法复杂度的方向为减少或避免最大化 Q 函数时的频率搜索，式(3-194)没有显式的解，故无法直接通过解方程来求同步参数。分别对式(3-194)中的未知参数求导

$$\frac{\partial Q(\boldsymbol{b},\hat{\boldsymbol{b}}^{(l-1)})}{\partial\Delta f} = \mathrm{Im}\left\{\sum_{k=0}^{N-1} r_k\eta_k^*(\boldsymbol{r},\boldsymbol{b}^{(l-1)})\mathrm{e}^{-\mathrm{j}(\theta+2\pi k\Delta fT)}\right\}$$

$$\frac{\partial Q(\boldsymbol{b},\hat{\boldsymbol{b}}^{(l-1)})}{\partial\theta} = \mathrm{Im}\left\{\sum_{k=0}^{N-1} r_k\eta_k^*(\boldsymbol{r},\boldsymbol{b}^{(l-1)})\mathrm{e}^{-\mathrm{j}(\theta+2\pi k\Delta fT)}\right\}$$

令导数等于 0，两方程均为非线性方程，上式经变形后可写为

$$\begin{cases}\mathrm{Im}\{\mathrm{e}^{-\mathrm{j}\theta}\displaystyle\sum_{k=0}^{N-1} kr_k\eta_k^*(\boldsymbol{r},\boldsymbol{b}^{(l-1)})\mathrm{e}^{-\mathrm{j}2\pi k\Delta fT}\}=0\\ \mathrm{Im}\{\mathrm{e}^{-\mathrm{j}\theta}\displaystyle\sum_{k=0}^{N-1} r_k\eta_k^*(\boldsymbol{r},\boldsymbol{b}^{(l-1)})\mathrm{e}^{-\mathrm{j}2\pi k\Delta fT}\}=0\end{cases}$$

利用复矢量的相关性质，括号中的式子共轭相乘可得

$$\mathrm{Im}\left\{\sum_{k=0}^{N-1} r_k^* \eta_k^* (\boldsymbol{r},\boldsymbol{b}^{(l-1)}) \mathrm{e}^{-\mathrm{j}2\pi k\Delta fT} \sum_{k=0}^{N-1} k r_k \eta_k^* (\boldsymbol{r},\boldsymbol{b}^{(l-1)}) \mathrm{e}^{-\mathrm{j}2\pi k\Delta fT}\right\} = 0 \tag{3-215}$$

假设 $r_k\eta_k^*(\boldsymbol{r},\boldsymbol{b}^{(l-1)})=\lambda_k$，式(3-215)可等效为

$$\mathrm{Im}\left\{\sum_{m=0}^{N-1}\sum_{k=0}^{N-1} k\lambda_m^*\lambda_k \mathrm{e}^{\mathrm{j}2\pi(m-k)\Delta fT}\right\} = 0 \tag{3-216}$$

通过这样的转换，将包含两个未知参数等式转化为式(3-216)的形式，其中仅含有一个未知参数，可以用泰勒级数进行近似。

$$\mathrm{Im}\left\{\sum_{m=0}^{N-1}\sum_{k=0}^{N-1} k\lambda_m^*\lambda_k\right\} \mathrm{e}^{\mathrm{j}2\pi(m-k)\Delta fT} \approx 1+\mathrm{j}2\pi(m-k)\Delta fT - \frac{1}{2}(\mathrm{j}2\pi(m-k)\Delta fT)^2 + G + \cdots$$

其中，G 表示无穷小量，若归一化频偏较小，可以用一阶泰勒级数进行近似，代入式(3-216)

$$\mathrm{Im}\left\{\sum_{m=0}^{N-1}\sum_{k=0}^{N-1} k\lambda_m^*\lambda_k(1+\mathrm{j}2\pi(m-k)\Delta fT)\right\} = 0$$

解方程可求得归一化频偏估计值

$$\Delta\hat{f}^{(l)} = \frac{\mathrm{Im}\left\{\sum_{m=0}^{N-1}\lambda_m^* \sum_{k=0}^{N-1} k\lambda_k\right\}}{2\pi T\,\mathrm{Re}\left\{\sum_{m=0}^{N-1} m\lambda_m^* \sum_{k=0}^{N-1} k\lambda_k - \sum_{m=0}^{N-1}\lambda_m^* \sum_{k=0}^{N-1} k^2\lambda_k\right\}} \tag{3-217}$$

用式(3-217)的显式解代替式(3-195)中搜索求最大值的步骤，可避免复杂的频偏搜索过程，简化算法复杂度。算法是一个迭代更新的过程，估计值随着迭代逐渐收敛于真实值，在用泰勒级数近似时，待估计参数值越小，由泰勒级数近似而引入的误差也越小，因此，考虑用第 l 次迭代得到的同步参数对接收信号补偿，则第 $l+1$ 次迭代估计的对象为补偿后的残差。采用此方法，同步参数的估计方程可写为

$$\Delta\hat{f}^{(l)} = \underset{\Delta f_l}{\mathrm{argmax}}\left|\sum_{k=0}^{N-1} r_k^{(l-1)}\eta_k^*(\boldsymbol{r},\boldsymbol{b}^{(l-1)})\mathrm{e}^{-\mathrm{j}(2\pi kT\Delta f_l)}\right|$$

$$\tilde{\theta}^{(l)} = \arg\left\{\sum_{k=0}^{N-1} r_k^{(l-1)}\eta_k^*(\boldsymbol{r},\boldsymbol{b}^{(l-1)})\mathrm{e}^{-\mathrm{j}(2\pi kT\Delta f^{(l)})}\right\}$$

其中，$r_k^{(l)}=r_k^{(l-1)}\mathrm{e}^{-\mathrm{j}(2\pi kT\Delta f^{(l)}+\theta^{(l)})}$，式(3-217)可改写为

$$\Delta\hat{f}^{(l)} = \frac{\mathrm{Im}\left\{\sum_{m=0}^{N-1}\lambda_m^{(n-1)*} \sum_{k=0}^{N-1} k\lambda_k^{(n-1)}\right\}}{2\pi T\,\mathrm{Re}\left\{\sum_{m=0}^{N-1} m\lambda_m^{(n-1)*} \sum_{k=0}^{N-1} k\lambda_k^{(n-1)} - \sum_{m=0}^{N-1}\lambda_m^{(n-1)*} \sum_{k=0}^{N-1} k^2\lambda_k^{(n-1)}\right\}}$$

其中，$\lambda_k^{(l-1)}=r_k^{(l-1)}\eta_k^*(\boldsymbol{r},\boldsymbol{b}^{(l-1)})$。最终同步参数估计结果为每次 EM 迭代估计的累加 $\Delta\hat{f}_{\mathrm{ca}}=\sum_{l=1}^{L}\Delta\hat{f}^{(n)}$，$\Delta\hat{\theta}_{\mathrm{ca}}=\sum_{l=1}^{L}\Delta\hat{\theta}^{(n)}$，其中，$L$ 为 EM 最大迭代次数。

为评估简化 EM 载波同步算法的性能，首先分析了它的运算复杂度，并与原算法进行对比，然后给出其估计的 RMSE 曲线以及 BER 曲线。仿真采用码率为 1/12，码长为 1200 的 LDPC-Hadamard 码。

(1) 复杂度分析[56]。

原 EM 算法：对于每一个频率点 Δf_i，由式(3-210)可知，EM 算法需要 $2K$ 次乘法、

$K-1$ 次加法。设窗口的大小为 L，共有 $2L+1$ 个频率点，因此共需要 $2(2L+1)K$ 次乘法、$(2L+1)(K-1)$次加法。简化 EM 算法：对于每一个频率点 Δf_i，由式(3-214)可知，简化 EM 算法需要 $2KP$ 次乘法、$2KP-1$ 次加法。而简化 EM 算法窗口大小为$\lfloor L/l \rfloor$，因此共需要 $2(2\lfloor L/l \rfloor+1)KP$ 乘法及$(2\lfloor L/l \rfloor+1)(KP-1)$加法。

为衡量简化 EM 载波同步算法在运算复杂度方面的改善效果，定义指标 η_1、η_2，分别表示简化算法与原算法的加法及乘法运算次数之比，即：

$$\eta_1=\frac{(2\lfloor L/l \rfloor+1)(KP-1)}{(2L+1)(K-1)}\approx\frac{P}{l}$$

$$\eta_2=\frac{2(2\lfloor L/l \rfloor+1)KP}{2(2L+1)K}\approx\frac{P}{l}$$

从上面两个式子可以看出，η_1 和 η_2 均是 l 和 P 的函数，而 l 和 P 均是统计量，需通过仿真得到。在本节仿真中，l 可取 2，即频率搜索窗口可减小一半；而 P 和迭代次数、后验软信息门限、信噪比均有关。图 3-87 为 SNR＝－10dB 时，P 与门限和迭代次数的关系。从图 3-87 可以看出，门限一定时，P 与迭代次数成正比，当迭代次数较小时，P 增长很快，当迭代次数为 10 次以后，P 增长缓慢。这是由于频偏相偏逐渐得到补偿，译码准确度逐渐提高的原因。当译码和载波估计收敛时，P 也收敛于一固定值。另外可以看出，门限越高，P 越大，复杂度越低。图 3-88 为门限一定时，P 与信噪比和迭代次数的关系。可以看出，信噪比越低，P 越小，复杂度越低。

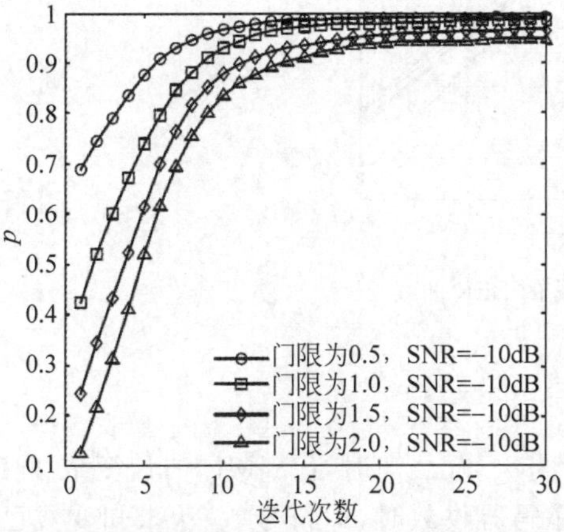

图 3-87　信噪比一定时，P 与门限和迭代次数的关系

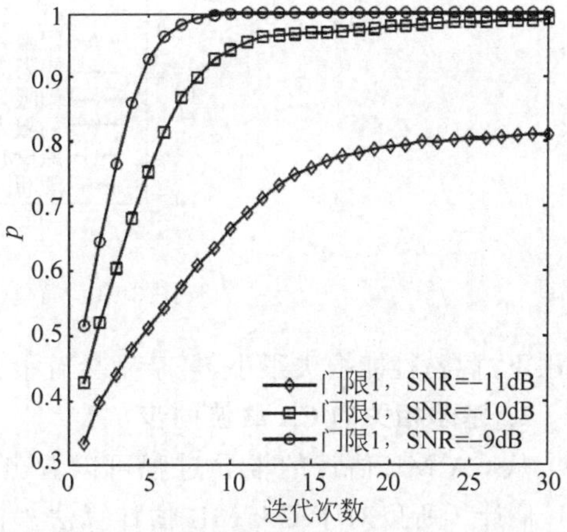

图 3-88　门限一定时，P 与门限和迭代次数的关系

(2) 同步性能分析[56]。

图 3-89、图 3-90 和图 3-91 分别为频偏估计 RMSE 曲线、相偏估计 RMSE 曲线以及 BER 曲线，仿真所用同步参数为 $\Delta fT=1\times10^{-4}$，$\theta=15°$，迭代次数上限为 20 次。

图 3-89 和图 3-90 表明门限值升高，简化 EM 算法的频偏估计和相偏估计方差有小幅上升，并与原 EM 算法有一定距离。这是因为门限值越高，式(3-214)中参与估计的非零后验均值的点数越小，但复杂度越低。而且，从图 3-91 可知，当门限值小于 2 时，简化 EM 算法的 BER 曲线和原 EM 算法几乎重合；当门限为 2 时，性能也仅有 0.1dB 的损失，但与理想同步的 BER 曲线有 0.25dB 的损失。因此在实际中需要在复杂度和性能之间折中，只要

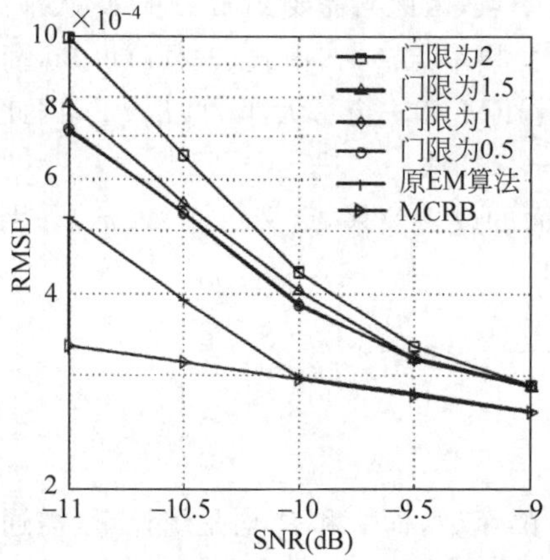

图 3-89 简化 EM 算法的频率估计 RMSE 曲线

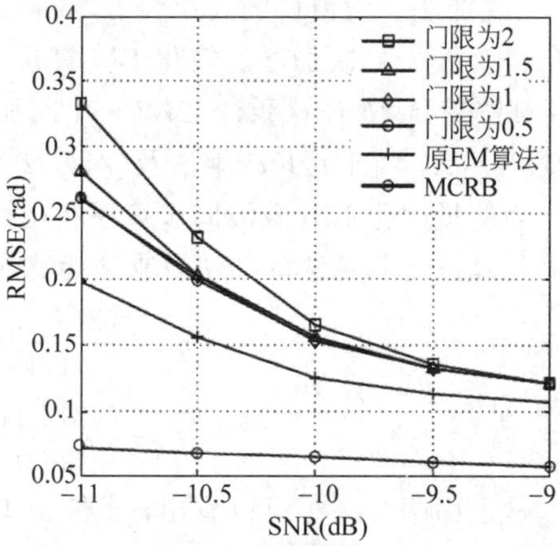

图 3-90 简化 EM 算法的相位估计 RMSE 曲线

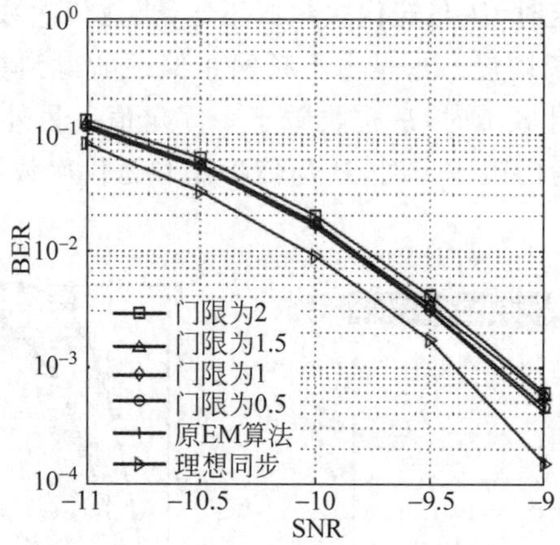

图 3-91 简化 EM 算法的 BER 曲线

门限不过高，性能损失很小，复杂度会有很大改善。

2. 基于相关的 CA 载波同步

从 CA ML 估计的推导过程可以看出，当符号 c_k 为已知时，CA ML 估计变成了 DA ML 估计。所以对于 CA ML 估计算法来说，当译码器收敛时，即符号 c_k 从未知变成已知时，CA ML 估计收敛于 DA ML 估计。因此在 CA ML 算法的每一次迭代中，可以利用后验均值消除信号中的调制信息，然后用已有的 DA ML 估计方法去估计同步参数。

利用后验均值消除信号中的调制信息，即

$$z_k^n = r_k \eta_k^* = \mathrm{e}^{\mathrm{j}(2\pi k \Delta f T + \theta)} + n_k \eta_k^*$$

则 DA 频率估计算法可用于 CA 频偏估计。文献[57]最早利用这种思想进行频偏估计，其提出的基于相关的 CA 频率估计算法为

$$\Delta \hat{f}^{(n+1)} T = \frac{1}{2\pi d} \arg\left\{ \sum_{k=0}^{K-d-1} (z_k^n)^* z_{k+d}^n \right\} \tag{3-218}$$

其中，$d = K/2$ 为相关步长。其对应 DA 估计方差为

$$E[(\Delta \hat{f} - \Delta f)^2 T^2] = \frac{2}{\pi^2 K^3}\left(\frac{1}{\mathrm{SNR}} + \frac{1}{2\mathrm{SNR}^2}\right)$$

文献[57]针对 SNR>0dB 的情况提出了相同的方法，步长 $d=K/3$。估计方差

$$E[(\Delta\hat{f}-\Delta f)^2T^2]=\frac{27}{16\pi^2K^3}\left(\frac{1}{\mathrm{SNR}}+\frac{1}{2\mathrm{SNR}^2}\right)$$

由于式(3-218)只利用了采样信号的一个相关值，即步长 $d=K/2$ 或 $K/3$ 的相关值，因此在低信噪比环境下，此算法的估计精度很差。为有效地抵抗大噪声对同步的影响，需利用多个相关值进行估计，相应算法为

$$\Delta\hat{f}^{(n+1)}T=\frac{1}{2\pi\overline{D}}\arg\left\{\sum_{k=0}^{K/2-1}\sum_{m=K/2}^{K-1}(z_k^n)^*z_m^n\right\} \tag{3-219}$$

其中，$D=K/2$ 可看作平均相关步长。其对应的 DA 估计方差为

$$E[(\Delta\hat{f}-\Delta f)^2T^2]=\frac{2}{\pi^2K^2}\left(\frac{1}{K\,\mathrm{SNR}}+\frac{1}{K^2\mathrm{SNR}^2}\right)$$

以上基于相关 CA 频率估计算法对应的相位估计为

$$\hat{\theta}^{(n+1)}=\arg\left\{\sum_{k=0}^{K-1}z_k\mathrm{e}^{-\mathrm{j}2\pi k\Delta\hat{f}^{(n+1)}T}\right\}$$

可以看出，基于相关的 CA 载波同步算法只是在式(3-210)和式(3-211)上稍做修改，即用已有的 DA 频率估计算法来实现 CA 频率估计。只要 DA 频率估计器能正常工作，即估计方差在一定范围内，那么 CA 同步算法在经过一定迭代次数后，估计器和译码器均能趋于收敛。

为方便比较，称式(3-218)和式(3-219)所代表频率估计算法为单相关 CA 算法和多相关 CA 算法。仿真仍然采用(1/12，1200)的 LDPC-Hadamard 码。图 3-92 为频偏估计 RMSE 曲线，图 3-93 为式(3-218)和式(3-219)所对应的相偏估计 RMSE 曲线，图 3-94 为 BER 曲线。仿真所用同步参数为 $\Delta fT=5\times10^{-5}$，$\theta=15°$，迭代次数上限为 20 次。从图 3-94 可以看出，式(3-219)的估计精度远高于式(3-218)，同时具有更低的 BER，其距理想同步有 0.2dB 左右的损失。

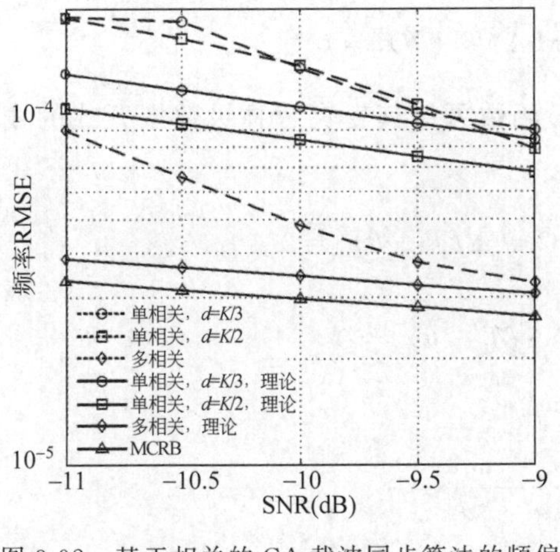

图 3-92 基于相关的 CA 载波同步算法的频偏估计 RMSE 曲线

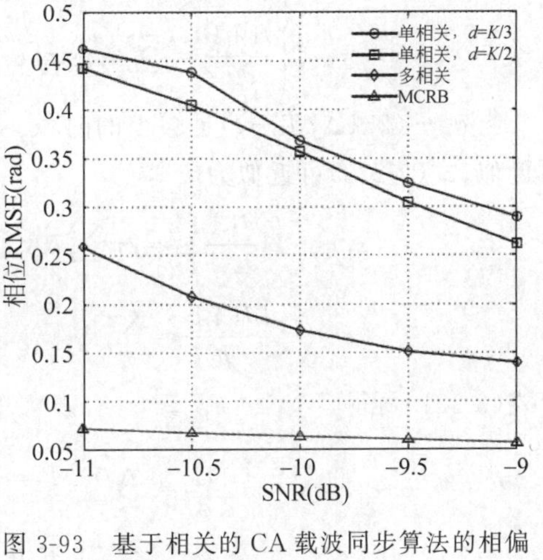

图 3-93 基于相关的 CA 载波同步算法的相偏估计 RMSE 曲线

3. 基于级数近似的 CA 载波同步

由于式(3-210)没有显式表达式，故可对似然函数或其导数进行线性化处理，从而得到

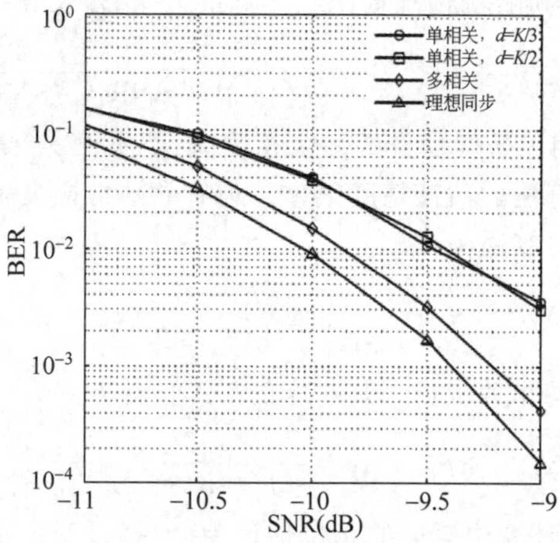

图 3-94 基于相关的 CA 载波同步算法的 BER 曲线

具有显式表达式的频偏估计式。接下来给出两种具体的方法。

方法 1：先求 LLF 的导数，将 sin(・)函数用其麦克劳林级数展开式的线性项简化。首先将 $r_k\eta_k^*(\boldsymbol{r},\hat{\boldsymbol{b}}^{(n)})$ 表示成极坐标的形式，即

$$r_k\eta_k^*(\boldsymbol{r},\hat{\boldsymbol{b}}^{(n)})=A_k\exp(\mathrm{j}\theta_k)$$

其中，$A_k=|r_k\eta_k^*(\boldsymbol{r},\hat{\boldsymbol{b}}^{(n)})|$，$\theta_k=\angle r_k\eta_k^*(\boldsymbol{r},\hat{\boldsymbol{b}}^{(n)})$，那么式(3-210)变为

$$\mathrm{LLF}\approx\sum_{k=0}^{K-1}A_k\cos[\theta_k-(2\pi k\Delta fT+\theta)]$$

分别对 ΔfT、θ 求偏导并令其为 0，得方程组

$$\begin{cases}\dfrac{\partial\mathrm{LLF}}{\partial\Delta fT}=2\pi\sum\limits_k kA_k\sin[\theta_k-(2\pi k\Delta fT+\theta)]=0\\[2ex]\dfrac{\partial\mathrm{LLF}}{\partial\theta}=\sum\limits_k A_k\sin[\theta_k-(2\pi k\Delta fT+\theta)]=0\end{cases}\tag{3-220}$$

当 $\theta_k-(2\pi k\Delta fT+\theta)$ 足够小的时候，sin(・)函数可用其麦克劳林级数展开式的线性项近似，式(3-220)可近似为

$$\begin{cases}\dfrac{\partial\mathrm{LLF}}{\partial\Delta fT}=2\pi\sum\limits_k kA_k[\theta_k-(2\pi k\Delta fT+\theta)]=0\\[2ex]\dfrac{\partial\mathrm{LLF}}{\partial\theta}=\sum\limits_k A_k[\theta_k-(2\pi k\Delta fT+\theta)]=0\end{cases}\tag{3-221}$$

解式(3-221)可得

$$\Delta\hat{f}^{(n)}T=\frac{1}{2\pi}\frac{a_1a_5-a_3a_4}{a_2a_5-a_3^2}$$

$$\hat{\theta}^{(n)}=\frac{a_2a_4-a_1a_3}{a_2a_5-a_3^2}\tag{3-222}$$

其中，$a_1=\sum\limits_k kA_k\theta_k$，$a_2=\sum\limits_k k^2A_k$，$a_3=\sum\limits_k kA_k$，$a_4=\sum\limits_k A_k\theta_k$，$a_5=\sum\limits_k A_k$。

另外，也可以先将对数似然函数中的 cos(・)函数线性化处理，然后再对 LLF 求导，得

到的结果与式(3-222)相同。

方法 2：将 LLF 按二元麦克劳林级数展开，并简化之。

首先，将接收信号 r_k 表示成极坐标形式，即 $r_k=|r_k|\exp(\mathrm{j}\varphi_k)$，其中 $\varphi_k=\angle r_k$。为简化，记 $B_k=|r_k|\eta_k^*(r,\hat{\boldsymbol{b}}^{(n)})$，$x=2\pi\Delta fT$，$y=\theta$，则对数似然函数式改写为

$$\mathrm{LLF}\approx\sum_k B_k\cos[\varphi_k-(kx+y)]$$

按二元函数的 n 阶麦克劳林展开式将它展开为

$$\begin{aligned}\mathrm{LLF}\approx&\underbrace{\sum_k B_k\cos(\varphi_k)}_{\text{第一项}}+\underbrace{x\sum_k kB_k\sin(\varphi_k)+y\sum_k B_k\sin(\varphi_k)}_{\text{第二项}}\\&\underbrace{-\frac{1}{2}\left[x^2\sum_k k^2B_k\cos(\varphi_k)+2xy\sum_k B_k\cos(\varphi_k)+y^2\sum_k B_k\cos(\varphi_k)\right]}_{\text{第三项}}\\&+\cdots+G(j)+\cdots+R_n\end{aligned}\tag{3-223}$$

其中，$G(j)$为展开式的第 j 项，是关于 x、y 的高次幂，R_n 为拉格朗日余项。因为 $x=2\pi\Delta fT$ 非常小，且当 $y=\theta$ 足够小时，式(3-223)中的 $G(j)$和 R_n 可以忽略掉，即简化为

$$\begin{aligned}\mathrm{LLF}\approx&\sum_k B_k\cos(\varphi_k)+x\sum_k kB_k\sin(\varphi_k)+y\sum_k B_k\sin(\varphi_k)-\\&\frac{1}{2}\left[x^2\sum_k k^2B_k\cos(\varphi_k)+2xy\sum_k B_k\cos(\varphi_k)+y^2\sum_k B_k\cos(\varphi_k)\right]\end{aligned}$$

分别对 x、y 求偏导并令它们为 0，得方程组

$$\begin{cases}\dfrac{\partial\mathrm{LLF}}{\partial x}\approx\displaystyle\sum_k kB_k\sin(\varphi_k)-x\sum_k k^2B_k\cos(\varphi_k)-y\sum_k kB_k\cos(\varphi_k)=0\\\dfrac{\partial\mathrm{LLF}}{\partial y}\approx\displaystyle\sum_k B_k\sin(\varphi_k)-x\sum_k kB_k\cos(\varphi_k)-y\sum_k B_k\cos(\varphi_k)=0\end{cases}\tag{3-224}$$

解式(3-224)，并将 x、y 换算成 ΔfT、θ，可得

$$\begin{aligned}\Delta\hat{f}^{(n)}T&=\frac{1}{2\pi}\frac{b_1b_5-b_3b_4}{b_2b_5-b_3^2}\\\hat{\theta}^{(n)}&=\frac{b_2b_4-b_1b_3}{b_2b_5-b_3^2}\end{aligned}\tag{3-225}$$

其中，$b_1=\sum_k kB_k\sin(\varphi_k)$，$b_2=\sum_k k^2B_k\cos(\varphi_k)$，$b_3=\sum_k kB_k\cos(\varphi_k)$，$b_4=\sum_k B_k\sin(\varphi_k)$，$a_5=\sum_k B_k\cos(\varphi_k)$。

这两种方法均得到了最大似然频偏估计的显式表达式。用式(3-222)或式(3-225)得到频偏和相偏的估计值后，补偿接收信号，反馈给译码器进行下一次迭代译码和同步。随着迭代次数的增加，译码和同步趋于收敛。为方便，称式(3-222)和式(3-225)表示的算法分别为级数算法 1 和级数算法 2。

对基于级数近似的 CA 载波同步算法的仿真采用的编码方式不变。仿真所用同步参数为 $\Delta fT=5\times10^{-5}$，$\theta=15°$。图 3-95 为频偏估计 RMSE 曲线，图 3-96 为相偏估计 RMSE 曲线，图 3-97 为 BER 曲线。从图 3-95～图 3-97 中可以看出，算法 2 的精度要高于算法 1，两者的同步参数精度都在译码器的收敛范围之内，BER 曲线距理想同步有 0.2dB。

下面就该算法的同步范围、估计精度、BER 性能进行仿真。仿真采用(1/12,1200)的 LDPC-Hadamard 编码方式。为简化分析,从 3 类方法中各选了一种具有代表性的算法,分别为简化 EM 算法(门限为 1)、相关算法 2、级数算法 2。图 3-98 和图 3-99 分别为 SNR=−9dB 时,3 种算法的鉴频和鉴相曲线。可以看出,级数算法 2 和简化 EM 算法的同步范围差不多,都比相关算法 2 的范围大,但 3 种算法的同步范围都不大。图 3-100、图 3-101 和图 3-102 分别为$\Delta fT=5\times10^{-5}$,$\theta=15°$时,3 种算法的估计精度。可见,在相同的同步范围以内,级数算法 2 与简化 EM 算法的精度相当,相关算法 2 的精度稍差。BER 曲线也有相似的结论,不过 3 种算法的 BER 性能距理想同步最多只有 0.2dB 损失,可见,这几种方法都能有效地进行载波同步。

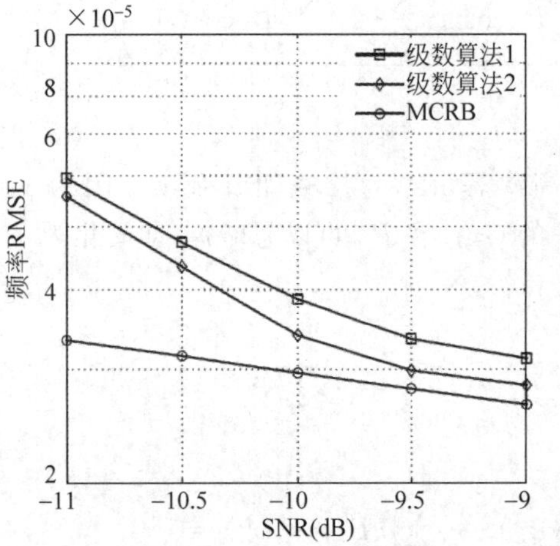

图 3-95 基于级数近似的 CA 载波同步算法的频偏估计 RMSE 曲线

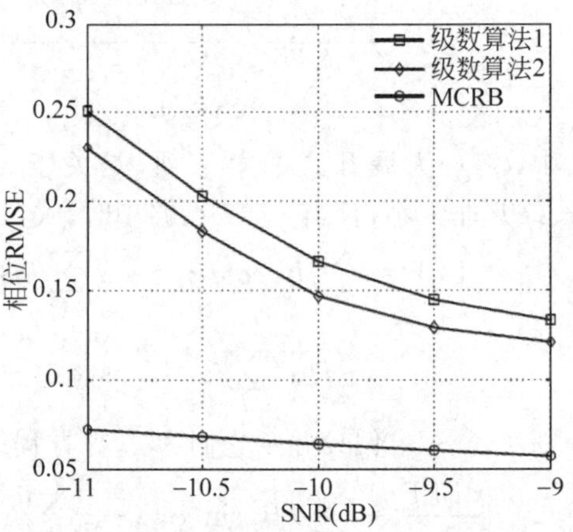

图 3-96 基于级数近似的 CA 载波同步算法的相偏估计 RMSE 曲线

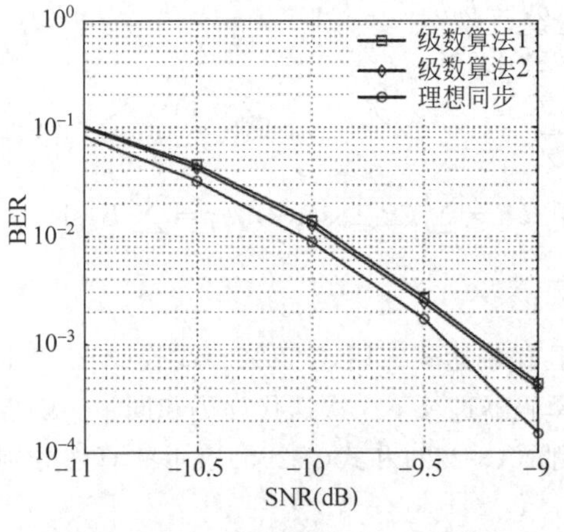

图 3-97 基于级数近似的 CA 载波同步算法的 BER 曲线

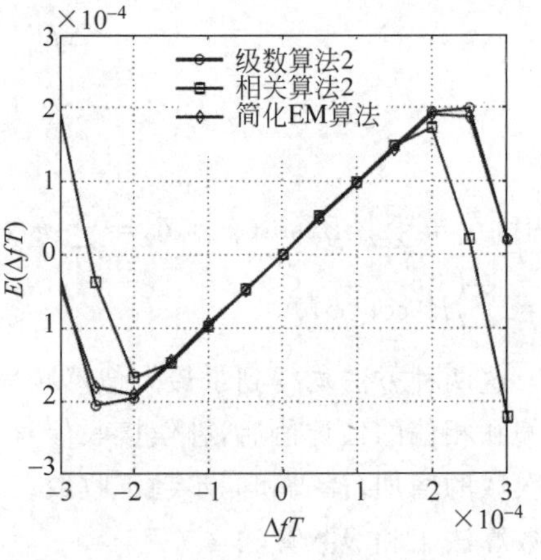

图 3-98 3 种算法的鉴频曲线

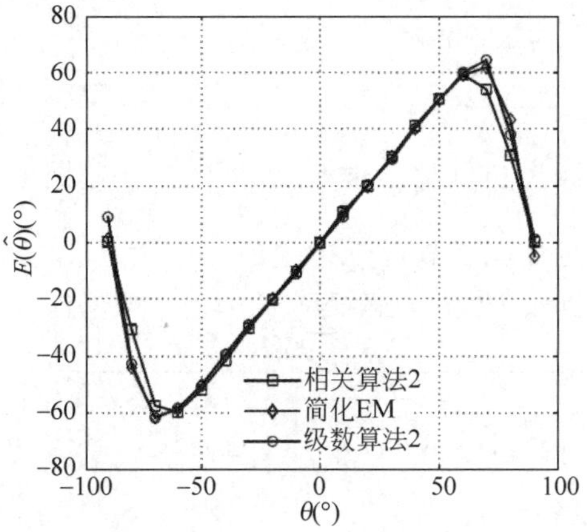

图 3-99 3 种算法的鉴相曲线

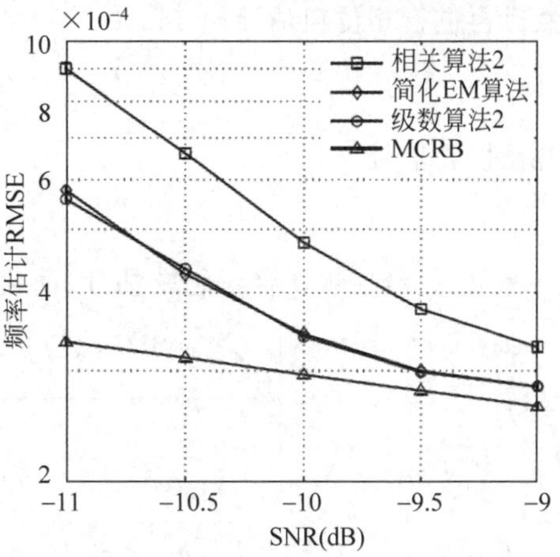

图 3-100 3 种算法频率估计 RMSE 曲线

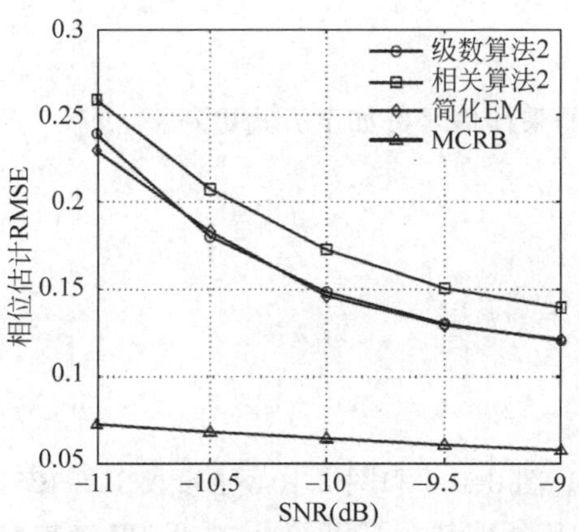

图 3-101 3 种算法相位估计 RMSE 曲线

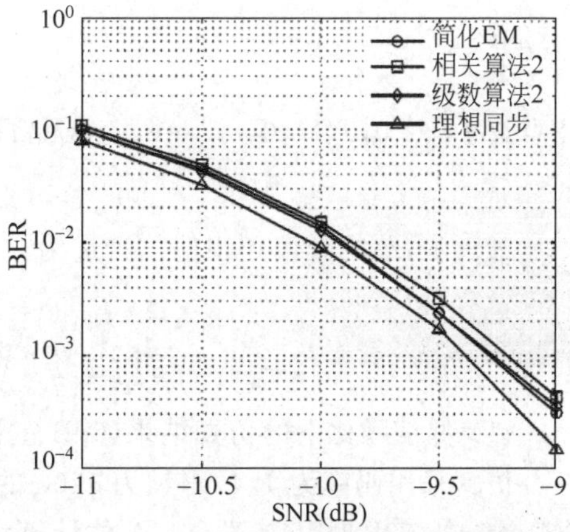

图 3-102 3 种算法 BER 曲线

3.4.3 联合编码辅助载波同步算法

1. 数据辅助联合编码辅助载波同步

本节将讨论数据辅助联合编码辅助载波同步技术,首先利用数据辅助载波同步算法对频偏和相偏进行粗估计,经过初步补偿后,信号中残留的频偏和相偏已在 CA 同步算法的估计范围之内。选择简化 EM 算法作为精同步算法,并将导频辅助引入到此算法中,则大频偏大相偏情况下的载波同步算法可分为如下几步:

第一步,用导频粗估计。

利用式(3-81)或式(3-85)进行频率粗估计,即

$$\Delta\hat{f}_{\text{coarse}}T=\frac{1}{2\pi D}\arg\left\{\sum_{k\in \text{Pilot}_{\text{pre}}}r_k^* r_{k+D}+\sum_{k\in \text{Pilot}_{\text{mid}}}r_k^* r_{k+D}\right\}$$

或者

$$\Delta\hat{f}_{\text{coarse}}T=\frac{1}{2\pi D}\arg\left(\sum_{k\in P_3}r_k\sum_{k\in P_1}r_k^*+\sum_{k\in P_4}r_k\sum_{k\in P_2}r_k^*\right)$$

然后再进行相位粗估计

$$\hat{\theta}_{\text{coarse}}=\arg\left\{\sum_{k\in L\text{Pilot}_{\text{pre}}} r_k \mathrm{e}^{-\mathrm{j}2\pi k\Delta\hat{f}T}\right\}$$

补偿接收信号

$$r_k=r_k \mathrm{e}^{-\mathrm{j}(2\pi k\Delta\hat{f}T+\hat{\theta}_{\text{coarse}})}$$

第二步，导频联合编码精估计(简化 EM 算法，见 3.4.2 节)：

$$\Delta\hat{f}^{(l)}=\underset{\Delta f_i}{\operatorname{argmax}}\left|\underbrace{\sum_{k=LN_{\text{Data}}} r_k^{(l-1)}E_c[\boldsymbol{c}_k^*\mid \boldsymbol{r}^{(l-1)},\boldsymbol{b}^{(l-1)}]\mathrm{e}^{-\mathrm{j}(2\pi kT\Delta f_i)}}_{CA}+\underbrace{\sum_{k=LN_{\text{Pilot}}} r_k^{(l-1)}\mathrm{e}^{-\mathrm{j}(2\pi kT\Delta f_i)}}_{DA}\right|$$

$$\Delta f_i T=i\cdot\Delta f_{\text{temp}}T,\quad i\in\{-\lfloor L/l\rfloor,-\lfloor L/l\rfloor+1,\cdots,\lfloor L/l\rfloor-1,\lfloor L/l\rfloor\}$$

$$\tilde{\theta}^{(l)}=\arg\left\{\sum_{k=0}^{N-1} r_k^{(l-1)}E_c[\boldsymbol{c}_k^*\mid \boldsymbol{r}^{(l-1)},\boldsymbol{b}^{(l-1)}]\mathrm{e}^{-\mathrm{j}(2\pi kT\Delta f^{(l)})}\right\}$$

$$\Delta f_{\text{Fine}}^{(l)}=\Delta f_{\text{Fine}}^{(l-1)}+\Delta\tilde{f}^{(l)}$$

$$\hat{\theta}_{\text{Fine}}^{(l)}=\hat{\theta}_{\text{Fine}}^{(l-1)}+\tilde{\theta}^{(l)}$$

注意，$\Delta f^{(0)}=0,\tilde{\theta}^{(l)}=0,r_k^{(0)}=r_k$。匹配滤波器输出的采样信号按如下方式更新：

$$r_k^{(l)}=r_k^{(l-1)}\mathrm{e}^{-\mathrm{j}(2\pi kT\Delta\tilde{f}^{(l)}+\tilde{\theta}^{(l)})}$$

第三步，总的频偏和相偏估计量为

$$\Delta f_{\text{Total}}^{(l)}T=\Delta f_{\text{Coarse}}T+\Delta\tilde{f}_{\text{Fine}}^{(l-1)}T$$

$$\hat{\theta}_{\text{Total}}^{(n)}=\hat{\theta}_{\text{Coarse}}+\hat{\theta}_{\text{Fine}}^{(n)}$$

(1) 低信噪比下的仿真结果(0dB 左右)。[56]

仿真采用码率为 1/4，码长为 1200 的 LDPC 码。图 3-103 和图 3-104 导频数 $N=120$，SNR=－3.5dB 时，DA 联合 CA 估计算法的鉴频和鉴相曲线。可以看出，由于 PP 结构中两端的导频相距很远，同步范围仅比单纯 CA 同步(未用导频)的同步范围稍大。而 PMP 结构的同步范围明显比纯 CA 同步范围大很多，并且大约是 PP 结构的 2 倍多，与理论分析一

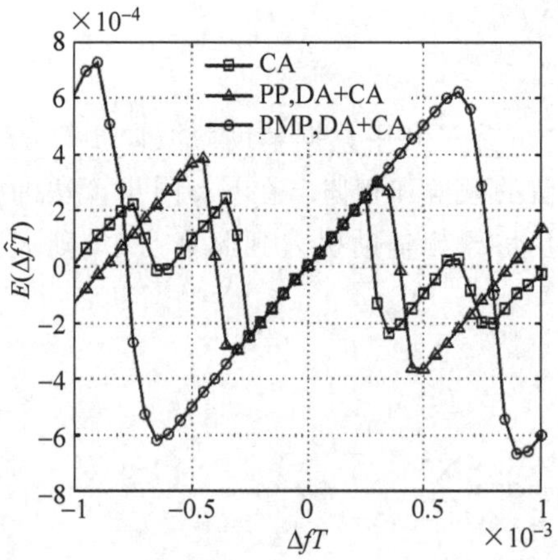

图 3-103 低信噪比下不同帧结构的鉴频曲线，SNR=－3.5dB

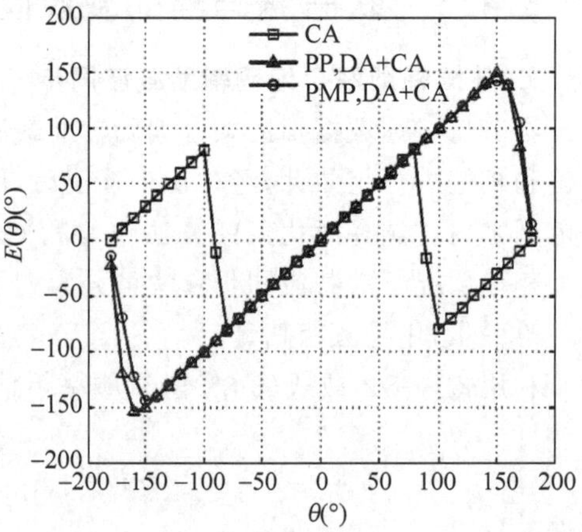

图 3-104 低信噪比下不同帧结构的鉴相曲线，SNR=－3.5dB

致。而两种结构的鉴相范围是相同的。注意,当相偏在 $\pm\pi$ 附近时,这两种结构的相位估计值会有符号取反现象,即 $\hat{\theta}$ 会在 θ 或 $-\mathrm{sign}(\theta)2\pi+\theta$ 附近取值($\mathrm{sign}(\theta)$表示 θ 的极性)[59]。这个现象会导致估计均值呈非线性状,但相偏补偿正确,两种结构的鉴相范围均为$[-\pi,\pi]$[59]。

图 3-105 和图 3-106 为导频数 $N=120$ 时联合算法的频偏和相偏估计的 RMSE 曲线,同步参数设为 $\Delta fT=2\times10^{-4}$,$\theta=60°$。从图 3-105 可以看出,PMP 结构和 PP 结构粗同步的实测曲线与理论的均方差曲线均很接近。虽然 PMP 结构粗同步的均方差要高于 PP 结构,但通过精同步后,可以大幅降低均方差,并随 SNR 升高而逼近 MCRB。从图 3-106 可知,相位估计的精度具有类似结论。

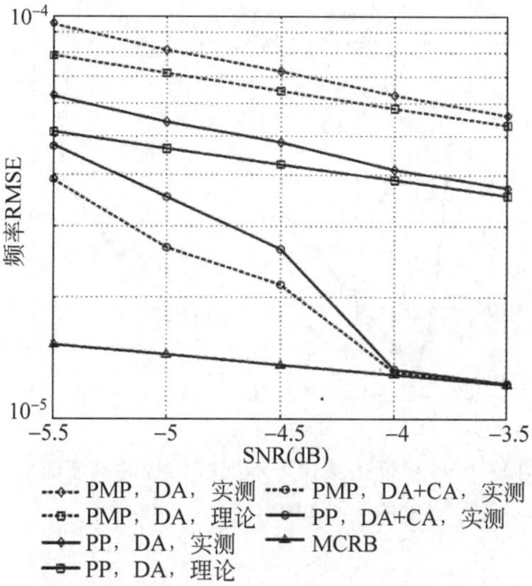

图 3-105 低信噪比下不同帧结构的频偏估计 RMSE 曲线

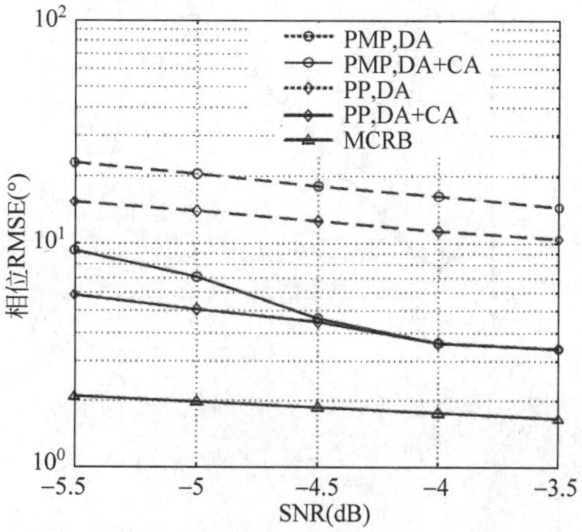

图 3-106 低信噪比下不同帧结构的相偏估计 RMSE 曲线

图 3-107 为不同导频结构下的 BER 曲线,两种结构的 BER 曲线几乎一样,与理想同步仅有 0.1dB 损失,回顾 3.4.2 节的内容,简化的 EM 算法与理想同步具有 0.2dB 损失,可见

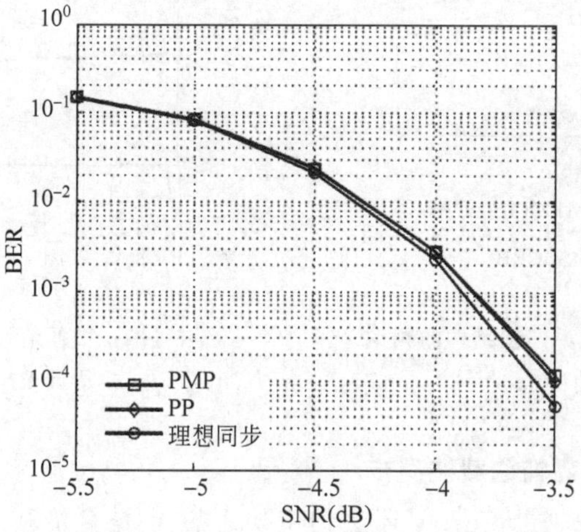

图 3-107 低信噪比下不同帧结构的 BER 曲线

联合算法不仅可以扩大同步范围，还能提高估计精度。

(2) 极低信噪比下的仿真结果(−10dB 左右)。[56]

在极低信噪比下，粗同步采用 PMMP 结构。采用码率为 1/12，码长为 1200 的 LDPC-Hadamard 进行仿真。图 3-108 和图 3-109 分别为鉴频和鉴相曲线，图 3-108 表明 PMMP 结构的联合算法频偏同步范围大约是 PP 结构的 1.5 倍，与理论一致；图 3-109 表明其相位同步范围是[−π，π]。图 3-110、图 3-111 与图 3-112 分别为频偏估计 RMSE、相偏估计 RMSE 以及 BER 曲线，其结论与低信噪比下的仿真结果基本类似。

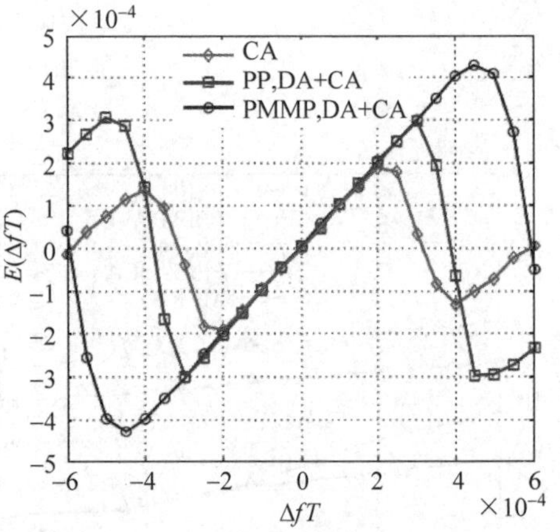

图 3-108 极低信噪比下不同帧结构的鉴频曲线，SNR＝−9dB

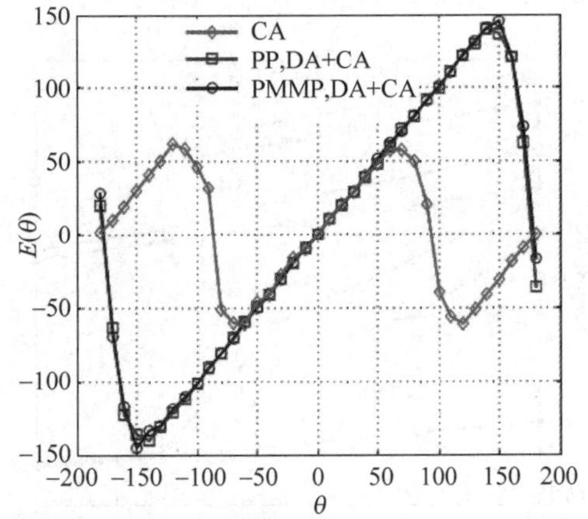

图 3-109 极低信噪比下不同帧结构的鉴相曲线，SNR＝−9dB

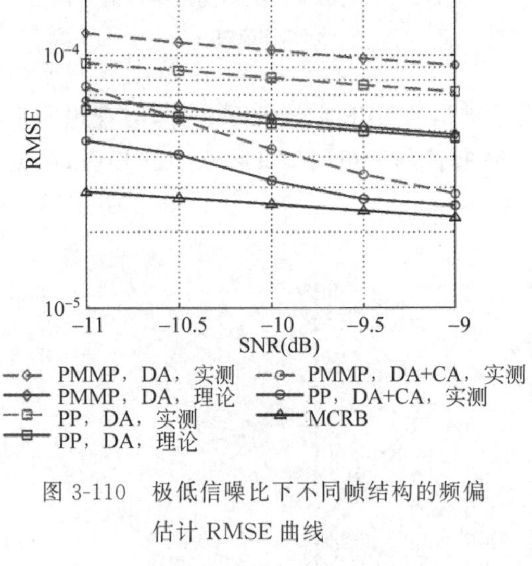

图 3-110 极低信噪比下不同帧结构的频偏估计 RMSE 曲线

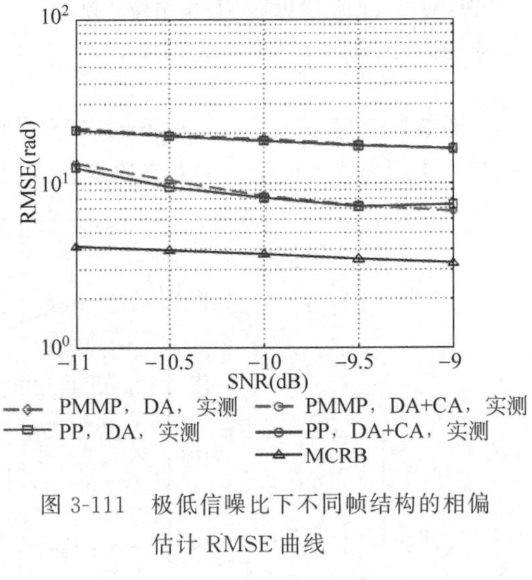

图 3-111 极低信噪比下不同帧结构的相偏估计 RMSE 曲线

2. Costas 环联合编码辅助载波同步

与 EM 算法不同，码辅助 Costas 环法的主要思想[62]是直接利用 LDPC 码输出软信息更新由环路滤波器输出的错误信号，采用的是传统锁相环的工作模式，但是环路错误信息的

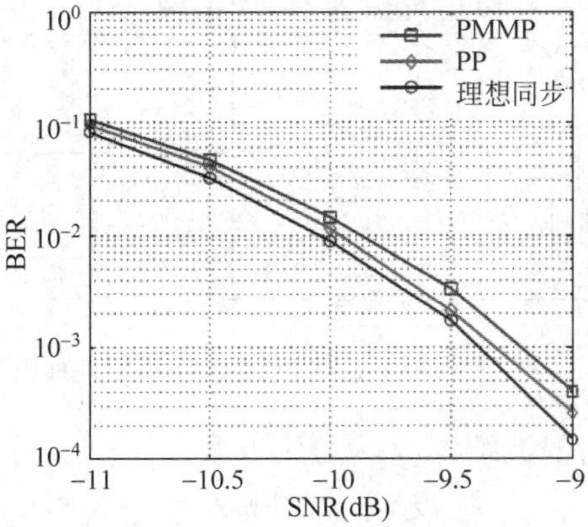

图 3-112　极低信噪比下不同帧结构的 BER 曲线

估计形式来自 EM 算法求解过程。此外，算法沿用了锁相环结构，因此具有了一定的频偏抑制力[2]。若环路采用一阶环路滤波器，对应 Costas 环为二阶，少量的频率偏移只能产生很小的静止相位偏移；若环路采用二阶环路滤波器，频率偏移也只能引起零稳态相位差，不会对译码结果产生太大影响。

由 3.4.1 节 EM 算法中给出的关于频偏和相偏的对数似然函数为

$$\ln\Lambda(\Delta f,\theta) \propto \mathrm{Re}\left\{\sum_{k=0}^{N-1} r_k \eta_k^*(\boldsymbol{r},\boldsymbol{b}^{(l)})\mathrm{e}^{-\mathrm{j}(\theta+2\pi k\Delta fT)}\right\} \tag{3-226}$$

对于 BPSK 调制系统，后验均值 $\eta_k^*(\boldsymbol{r},\boldsymbol{b}^{(l)})$ 计算公式为

$$\eta_k^*(\boldsymbol{r},\boldsymbol{b}^{(l)}) = \tanh(L_k^{(l)})$$

对于 QPSK 调制系统，有

$$\eta_k^*(\boldsymbol{r},\boldsymbol{b}^{(l)}) = \tanh\left(\frac{L_{k,i}^{(l)}}{2}\right) + \mathrm{j}\tanh\left(\frac{L_{k,q}^{(l)}}{2}\right)$$

其中，$L_k^{(l)}$ 表示第 k 个符号的第 l 次迭代的后验对数似然比，$L_{k,i}^{(l)}$、$L_{k,q}^{(l)}$ 分别对于同相分量和正交分量。

根据最大似然估计准则，为实现载波频偏和相位估计需要求(3-226)最大值，对其进行求导并去掉与参数无关项得到

$$\frac{\partial\ln\Lambda(\Delta f,\theta)}{\partial\theta} = \mathrm{Im}\left\{\sum_{k=0}^{N-1} r_k \eta_k^*(\boldsymbol{r},\boldsymbol{b}^{(l)})\mathrm{e}^{-\mathrm{j}(\theta+2\pi k\Delta fT)}\right\}$$

则对应每个码字的误差信号为

$$e_k = \mathrm{Im}\{r_k \eta_k^*(\boldsymbol{r},\boldsymbol{b}^{(l)})\mathrm{e}^{-\mathrm{j}\theta_k}\} \tag{3-227}$$

将误差信号输入环路滤波器，对 NCO 进行校正，算法结构可用图 3-113 表示。

算法迭代过程如下：

(1) 初始化变量。

$$e^{(0)}=0,\quad \theta_k^{(0)}=0,\quad y_k^{(0)}=r_k,\quad k=0,1,\cdots,N-1$$

(2) 求第 1 次迭代误差信号。

$$e_k^{(l)} = \mathrm{Im}\{y_k^{(l)}\alpha_k^{*(l)}\}$$

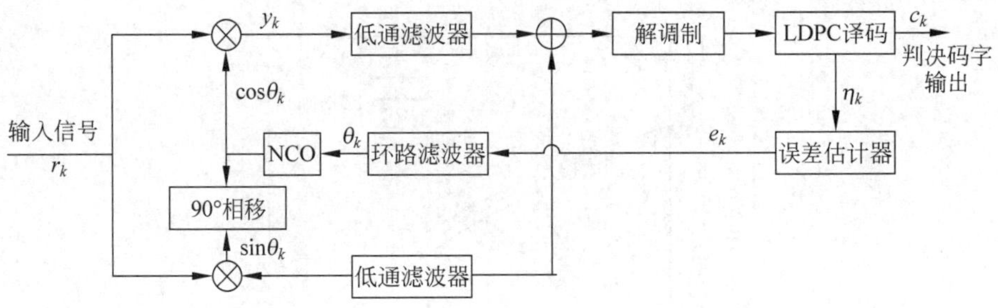

图 3-113 译码辅助迭代载波同步原理框图

(3) 环路滤波采用二阶滤波结构，γ 为迭代步进。

$$\theta_{k+1}^{(l)} = \theta_k^{(l)} + \gamma e_k^{(l)}$$

(4) 滤波输出到 NCO，输出载波修正量。

$$y_k^{(l)} = r_k^{(l)} \cdot e^{-j\theta_k^{(l)}}$$

(5) 如果达到最大迭代次数 L，则停止迭代，输出码字。

文献[62]针对(1024,3,6)规则 LDPC 码，在归一化频偏为 $\Delta fT = 2\times10^{-4}$、$E_b/N_0 =$ 2dB 时，经过 8 次迭代，可实现 $\theta\in(-\pi/6,\pi/6)$范围内的相偏估计，误码率达到 10^{-2}。具体误码率曲线如图 3-114 所示。

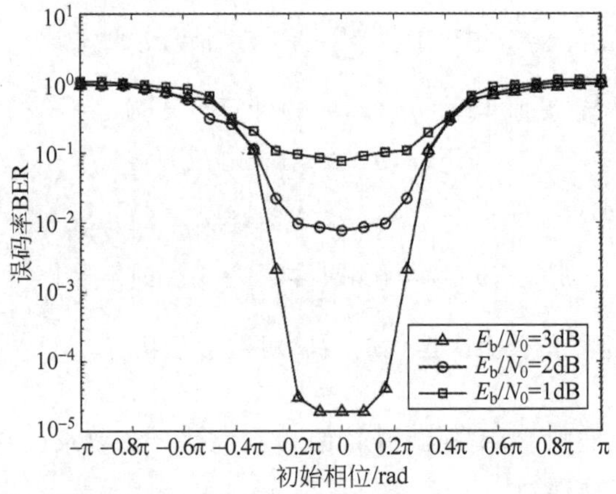

图 3-114 不同初始相位条件下 BER 性能

虽然为克服该算法多普勒动态估计范围较小的问题引入了基于 FFT 的载波频偏粗同步算法，但是由于该算法相偏估计范围有限，在实际应用还需增加相偏粗估计算法[63]。

1) 仿真分析

为了验证 Costas 环联合编码辅助载波频率同步算法的同步性能，本节将在不同条件下将该算法与基于 EM 算法的编码辅助载波频率同步算法进行对比。

(1) 不同码长和码率。

图 3-115～图 3-118 分别给出了不同码率和码长情况下两种算法的频偏估计性能对比图，其具体仿真参数如表 3-8 表示[64]，参考 3GPP RAN 89 会议确立的 5G 标准中 LDPC 的两个基图(Basic Gragh,BG)[65]和扩展因子 Z 的取值范围。每幅图包含了 3 条曲线，方块标记的实线表示未同步的 LDPC 系统误码性能。菱形标记的虚线表示基于 EM 算法的码辅

助载波频率同步系统误码性能，星号标记的虚线表示基于 Costas 环的码辅助载波频率同步系统误码性能。

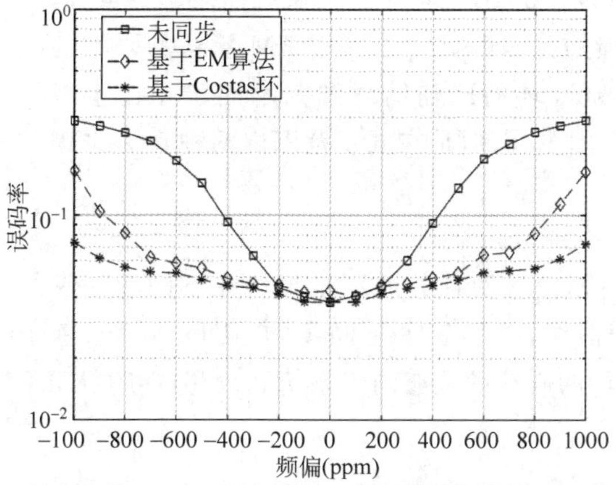

图 3-115　两种算法载波频偏同步性能(BG2 Z6)

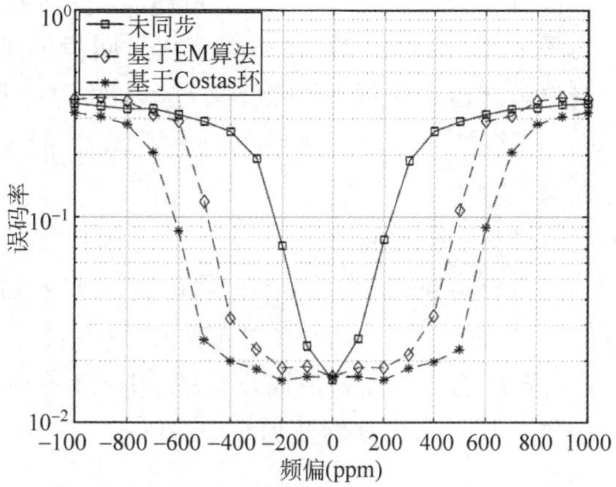

图 3-116　两种算法载波频偏同步性能(BG2 Z12)

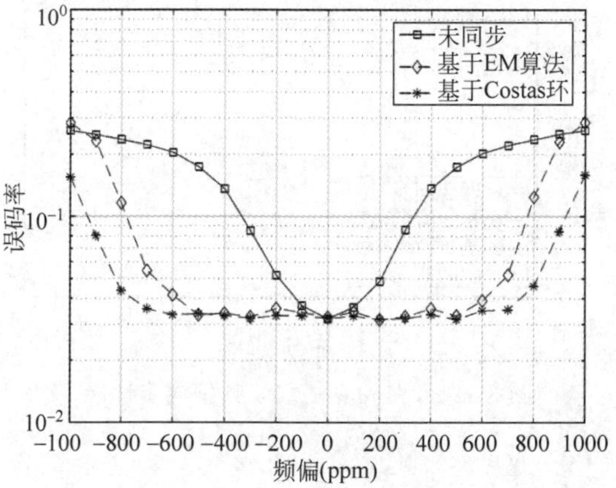

图 3-117　两种算法载波频偏同步性能(BG1 Z6)

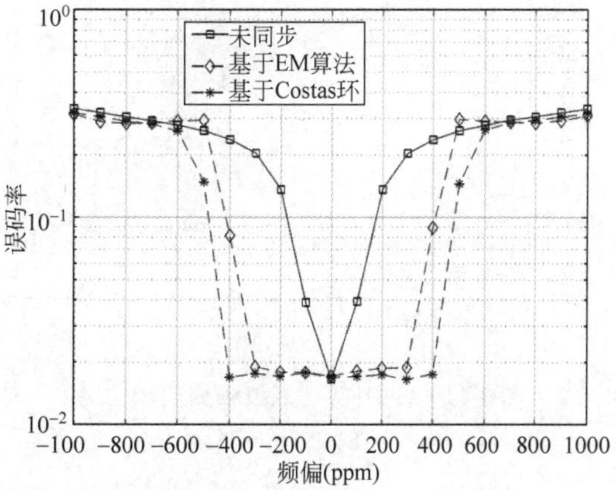

图 3-118　两种算法载波频偏同步性能(BG1 Z12)

表 3-8　两种算法在不同码长和码率情况下的仿真参数

仿真图	图 3-115	图 3-116	图 3-117	图 3-118
基图	2	2	1	1
Z	6	12	6	12
信息位	$10Z$	$10Z$	$22Z$	$22Z$
码长	$50Z$	$50Z$	$66Z$	$66Z$
调制方式	BPSK	BPSK	BPSK	BPSK
信道	AWGN	AWGN	AWGN	AWGN
E_b/N_0	1dB	1dB	1dB	1dB

对比图 3-115 和图 3-116 可以看出当码率 1/5 时，基于 Costas 环的码辅助载波频率同步的误码率曲线低于基于 EM 算法的码辅助载波频率同步的误码曲线，且平坦的范围更

宽。这说明基于 Costas 环的载波频率同步相比于基于 EM 算法的载波频率同步具有更大的同步范围和更好的同步性能。

对比图 3-117 与图 3-118 可以看出，当码率为 1/3 时，两种算法的误码曲线基本重合，但是基于 Costas 环的码辅助载波频率同步的平坦的范围明显宽于基于 EM 算法的码辅助载波频率同步的曲线平坦范围。这说明基于 Costas 环的码辅助载波频率同步相比于基于 EM 算法的码辅助载波频率同步算法，其同步范围更大，但是在同步范围内两种算法的 BER 性能差别不大。

(2) 不同频偏。

本节分别讨论在高斯信道环境下加入初始相偏后两种载波同步算法在不同频偏下的 BER 性能。图 3-119～图 3-121 中均包含 4 条曲线，分别表示未同步的 LDPC 系统、基于 EM 算法的码辅助载波同步系统、基于 Costas 环的码辅助载波同步系统和理想同步的 BER 性能。其具体仿真参数如表 3-9 所示。

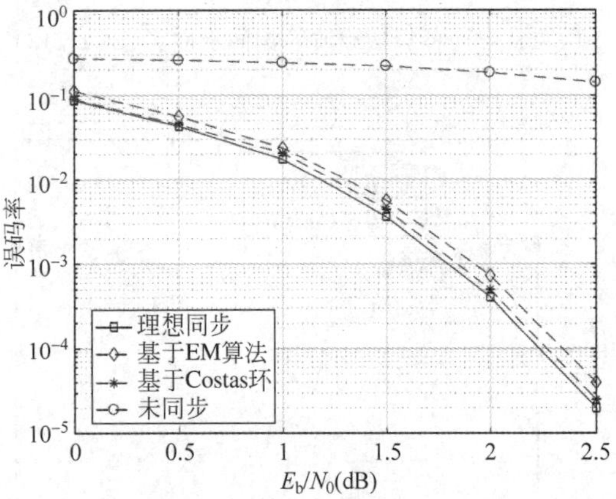

图 3-119 两种算法载波频偏同步性能（频偏 200ppm）

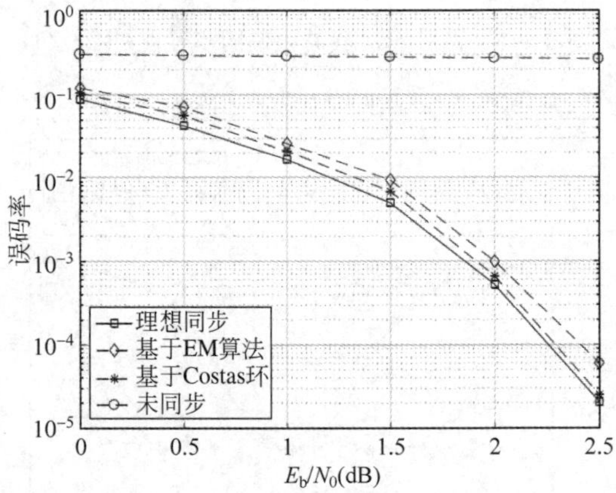

图 3-120 两种算法载波频偏同步性能（频偏 300ppm）

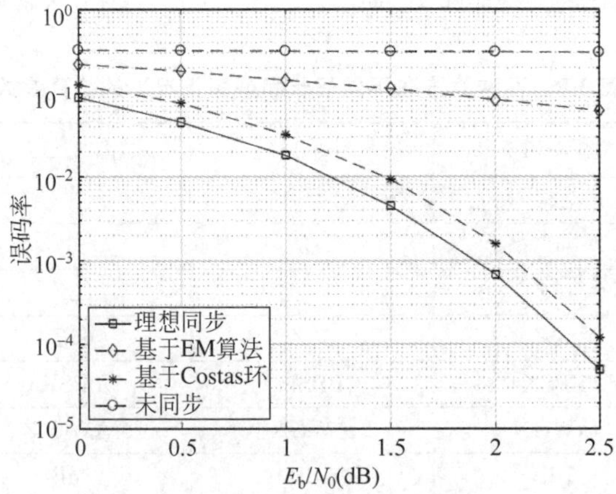

图 3-121 两种算法载波频偏同步性能（频偏 400ppm）

表 3-9 两种算法在不同频偏情况下的仿真参数(1ppm=1×10⁻⁶Hz)

仿真图	图 3-119	图 3-120	图 3-121
基图	2	2	2
Z	12	12	12
信息位	$10Z$	$10Z$	$10Z$
码长	$50Z$	$50Z$	$50Z$
调制方式	BPSK	BPSK	BPSK
信道	AWGN	AWGN	AWGN
频偏	200ppm	300ppm	400ppm
初始相偏	20°	20°	20°

对比图 3-119、图 3-120 与图 3-121 可以看出,基于 Costas 环的码辅助载波同步算法的误码率曲线均低于基于 EM 算法的码辅助载波同步算法的误码曲线,且更加接近理想同步的系统误码性能曲线。尤其当频偏较大超出基于 EM 算法的码辅助载波频率同步算法的频率同步范围时,其性能接近未同步系统,而基于 Costas 环的码辅助载波同步算法依旧具有较好的同步性能。

参考文献

[1] 崔诵祺. 低轨卫星高动态通信链路同步技术研究[D]. 北京: 北京理工大学,2015.

[2] Mengali U,D'Andrea A N. Synchronization techniques for digital receivers[M]. Springer Science & Business Media,1997.

[3] 谢玲. 高动态下微弱扩频信号载波同步技术研究[D]. 西安: 西安电子科技大学,2013.

[4] 王伟伟. 卫星通信中低信噪比高动态下载波同步研究[D]. 秦皇岛: 燕山大学,2010.

[5] Rife D C,Boorstyn R R. Multiple tone parameter estimation from discrete time observation[J]. Bell Labs Technical Journal,2003,20(5): 591-598.

[6] Abramowitz M, Stegun I A. Handbook of mathematical functions[M]. New York: Dover Publications,1970.

[7] Cowley W G. Phase and frequency estimation for PSK packets: bounds and algorithm[J]. IEEE Transactions on Communications,1996,44(1): 26-28.

[8] Rice F,Cowley B,Moran B,et al. Cramer-Rao lower bounds for QAM phase and frequency estimation [J]. IEEE Transactions on Communications,2001,49(9): 1582-1591.

[9] Zhuang W H, Tranquilla J. Modeling and analysis for the GPS pseudo-range observable[J]. IEEE Transactions on Aerospace and Electronic Systems,1995,31(2): 739-751.

[10] D'Andrea A N, Mengali U. Noise performance of two frequency-error detectors derived from maximum likelihood estimation methods[J]. IEEE Transactions on Communications,1994,42(2): 793-802.

[11] 祝利轻. 基于离散匹配傅里叶变换的高动态载波捕获技术改进[D]. 秦皇岛: 燕山大学,2010.

[12] Luis B A. The fractional Fourier transform and time-frequency representations[J]. IEEE Trans on Signal Processing,1994,42(11): 3084-309.

[13] 齐林,陶然,周思永等. 基于分数阶 Fourier 变换的多分量 LFM 信号的检测和参数估计[J]. 中国科学 E 辑,2003,33(8): 749-759.

[14] 黄可骥. 时频分析方法在阵列信号处理中的应用[D]. 成都: 电子科技大学,2006.

[15] 张贤达.现代信号处理[M].北京：清华大学出版社，1995.
[16] Peleg S,Porat B. Linear FM signal parameter estimation from discrete-time observations[J]. IEEE Transactions on Aerospace & Electronic Systems,1991,27(4)：607-616.
[17] 刘渝.快速解线性调频技术[J].数据采集与处理，1999,14(2)：175-178.
[18] 孙锦华，刘鹏，吴小钧.联合旋转平均周期图和解调软信息的载波同步方法[J].电子与信息学报，2013,35(9)：2200-2205.
[19] 龚超，张邦宁，郭道省.基于FFT的快速高精度载波参数联合估计算法[J].电子学报，2010,38(4)：766-770.
[20] Jane V K,Collins W L,Davis D C. High-accuracy analog measurements via interpolated FFT[J]. IEEE Transactions on Instrumentation and Measurement,1979,28(2)：113-122.
[21] 李侠.短突发通信系统中载波频偏估计方法的研究[D].西安：西安电子科技大学，2017.
[22] Mengali U,Morelli M. Data-aided frequency estimation for burst digital transmission[J]. IEEE Transactions on Communications,1997,45(1)：23-25.
[23] Djuric P,Vemula M,Bugallo M. Target tracking by particle filtering in binary sensor networks[J]. IEEE Transactions on Signal Processing,2008,56(6)：2229-2238.
[24] 向洋.高动态GPS载波跟踪技术研究[D].武汉：华中科技大学，2010.
[25] Polak D,Gupta S. Quasi-optimum digital phase-locked loops[J]. IEEE Transactions on Communications. 1973,COM-21：75-82.
[26] 张建军.卫星通信系统中的同步及解调技术研究[D].成都：电子科技大学，2013.
[27] Fitz M P. Further results in the fast estimation of a single frequency[J]. IEEE Transactions on Communications. 1994,Com-42：862-864.
[28] Luise M, Reggiannini R. Carrier frequency recovery in all digital modems for burst-mode transmissions[J]. IEEE Transactions on Communications,1995,43(2/3/4)：1169-1178.
[29] Rinaldo R,Gaudenzi D R. Capacity analysis and system optimization for the reverse link of multi-beam satellite broadband systems exploiting adaptive coding and modulation[J]. International Journal of Satellite Communications and Networking,2004,22(4)：425-448.
[30] 武楠.多模式卫星接收机中的同步技术研究[D].北京：北京理工大学，2013.
[31] Mitola J. The software radio architecture[J]. IEEE Communications Magazine,1995,33(5)：26-38.
[32] Ying Y Q,Mounir G. Optimal pilot placement for frequency offset estimation and data detection in burst transmission systems[J]. IEEE Communications Letters,2005,9(6)：549-551.
[33] Godtmann S,Hadaschik N,Steinert W,et al. A concept for data-aided carrier frequency estimation at low signal-to-noise ratios[C]. Beijing：IEEE International Conference on Communications,19-23 May 2008：463-467.
[34] 晏辉，唐发建，张忠培.一种基于低码率LDPC码的编码与导频联合辅助载波同步算法[J].电子与信息学报，2011,33(2)：470-474.
[35] Gardner F M. Phase lock techniques[M]. New York：Wiley,1979.
[36] 李式巨，姚庆栋，赵民建.数字无线传输[M].2版.北京：清华大学出版社，2007.
[37] 陈豪.卫星通信与数字信号处理[M].上海：上海交通大学出版社，2011.
[38] 王兰芳.基于FLL和PLL的载波跟踪技术研究[D].秦皇岛：燕山大学，2009.
[39] 张力川.干扰条件下的卫星通信同步技术研究与实现[D].成都：电子科技大学，2016.
[40] Viterbi A J,Viterbi A M. Nonlinear estimation of a PSK-modulated carrier. IEEE Transactions on Communications. 1983,29(7)：543-551.
[41] Rife D C,Boorstyn R R. Single tone parameter estimation from discrete-time observations[J]. IEEE Transactions on Information Theory. 1974,20(9)：591-598.
[42] Ghogho M,Nandi A K, Swami A. Cramer-Rao Bounds and maximum likelihood estimation for

random amplitude phase-modulated signals[J]. IEEE Transactions on Signal Processing. 1999, 47 (11): 2905-2916.

[43] Moeneclaey M, Jonghe G D. ML-oriented NDA carrier synchronization for general rotationally symmetric signal constellations[J]. IEEE Transactions on Communications, 1994, 42(8): 2531-2533.

[44] Franks L E. Synchronization Subsystems: Analysis and Design[M]. Englewood Cliff: Prentice Hall, 1983.

[45] Gardner F M. Equivocation as a cause of PLL hangup[J]. IEEE Transactions on Communications, 1982, 30(10): 2242-2243.

[46] Jesupret T, Moeneclaey M, Ascheid G. Digital demodulator synchronization[J]. Final report ESTEC contract nr. 8437/89/NL/RE, June 1991.

[47] Gaudenzi R D, Garde T Vanghi, V. Performance analysis of decision-directed maximum-likelihood phase estimators for M-PSK modulated signals[J]. IEEE Transactions on Communications, 1995, 43(12): 3090-3100.

[48] Simon M. Optimum receiver structures for phase-multiplexed modulations[J]. IEEE Transactions on Communications, 1978, 26(6): 865-872.

[49] Lottici V, Luise M. Embedding carrier phase recovery into iterative decoding of turbo-coded linear modulations[J]. IEEE Transactions on Communications, 2004, 52(4): 661-669.

[50] Charles F J, Lindsey W C. Some analytical and experimental phase-locked loop results for low signal-to-noise ratios[J]. Proceedings of the IEEE, 1966, 54(9): 1152-1166.

[51] Simon M K, Vilnrotter V A. Iterative information-reduced carrier synchronization using decision feedback for low SNR applications[J]. Telecommunications & Data Acquisition Progress Report, 1997, 130: 42-130.

[52] 徐俊辉. 编码辅助载波同步算法研究[D]. 成都：电子科技大学, 2010.

[53] Wu C F J. On the convergence properties of the EM algorithm[J]. Annals of Statistics, 1982, 11(1): 95-103.

[54] 唐发建. 极低信噪比下编码辅助迭代同步方法[D]. 成都：电子科技大学, 2011.

[55] Kim P, Choi K, Song Y J, et al. Joint carrier recovery and Turbo decoding method for TDMA burst MODEM under very low SNRs[C]. Melbourne: IEEE Vehicular Technology Conference, Spring, 2006: 2198-2200.

[56] Fu H Y, Sun S M, Yen K, et al. Low-complexity iterative carrier synchronization for short packet Turbo receiver[C]. Las Vegas: IEEE Wireless Communications and Networking Conference 2008, 2008: 1205-1210.

[57] 晏辉, 唐发建, 张忠培. 一种低复杂度编码辅助载波同步算法[J]. 电子与信息学报, 2010, 32(12): 2959-2963.

[58] Herzet C, Ramon V, Vandendorpe L. A theoretical framework for iterative synchronization based on the sum-product and the expectation-maximization algorithms[J]. IEEE Transactions on Signal Processing, 2007, 55(5): 1644-1658.

[59] Herzet C, Noels N, Lottici V, et al. Code-aided Turbo synchronization[J], Proceedings of the IEEE, 2007, 95(6): 1255-1271.

[60] 李茂沛, 周廷显. 改进 Costas 环的 LDPC 码相位同步算法[J]. 哈尔滨：哈尔滨工业大学学报, 2007, 39(11): 1764-1766.

[61] 包建荣, 詹亚锋, 陆建华. 基于 LDPC 译码软信息的迭代载波恢复[J]. 电子与信息学报, 2009, 31(10): 2416-2420.

[62] 赵瑾. 基于 LDPC 码辅助的同步技术研究[D]. 西安：西安电子科技大学, 2020.

[63] 3GPP TSG RAN WG1. Final minutes report RAN1 89 v100[R]. Athens, Greece: 3GPP, 2017.

第4章 定时同步技术

CHAPTER 4

本章将介绍现有定时同步技术的基本情况，给出了早迟门定时同步、Gardner 定时同步和平方律定时同步等经典定时同步方法。本章将定时同步技术分为定时同步环路结构和定时误差检测算法两部分分别进行讨论，首先介绍了同步采样和非同步采样下的定时同步结构，然后在此基础上，讨论了基于判决反馈的定时同步算法、非数据辅助定时同步算法、前馈定时同步算法和编码辅助定时同步算法及其性能分析方法。

4.1 定时同步技术概述

在卫星数字通信系统中，为了在接收端恢复数据信息，需要对混频后的基带信号以符号速率进行周期性的采样判决。由于接收端的时钟在频率和相位上与发送端的时钟有差异，且信号在传输和处理过程中本身存在延时，这使得接收端的采样时刻往往偏离于最佳采样时刻，由此引入码间串扰使得误码率上升，接收性能恶化。因此在卫星通信系统接收端的信号处理中必须进行定时同步，以尽可能较少采样时刻偏差，即定时误差。

本章需要解决 3 个问题：

(1) 首先为简化算法分析过程，本章只研究基带信号中的定时同步技术，并将定时同步过程分为两部分：

① 定时相位估计过程，即定时误差检测；

② 估计值应用于采样过程，即定时误差校正。

(2) 根据定时同步结构的不同，我们将定时同步算法分为反馈和前馈定时同步算法，其结构分别如图 4-1 和图 4-2 所示。

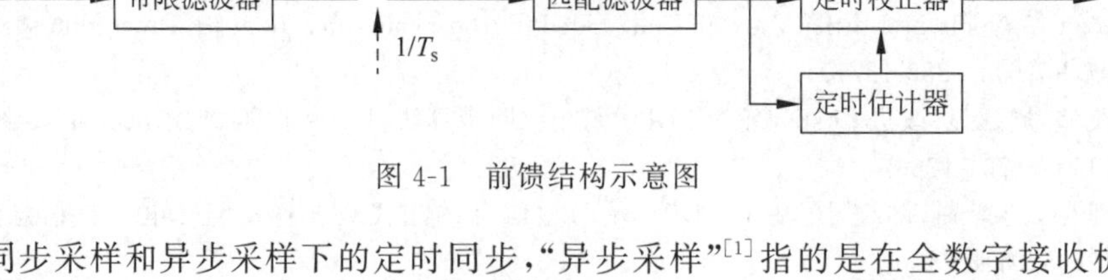

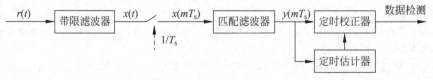

图 4-1　前馈结构示意图

(3) 同步采样和异步采样下的定时同步，“异步采样”[1] 指的是在全数字接收机中采样没有锁定于输入脉冲，反之即为同步采样，如图 4-3 所示。通过构建误差信号可以调整数控振荡器(Number Controlled Oscillator，NCO)定时相位。采样器由 NCO 输出脉冲驱动，采

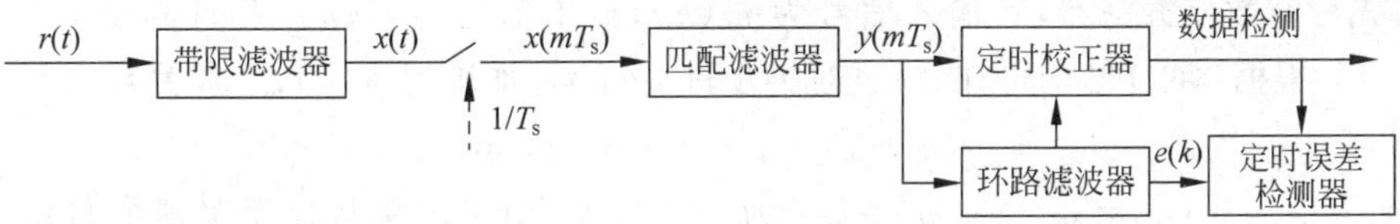

图 4-2 反馈结构示意图

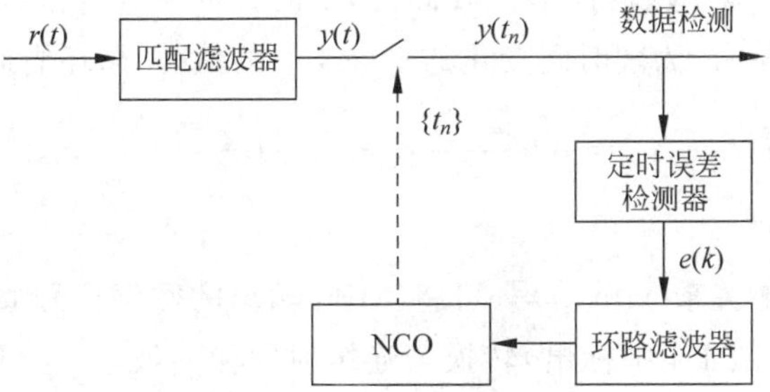

图 4-3 同步采样结构

样时刻标为$\{t_n\}$。

本章内容分为 7 节，其中 4.2 节介绍同步采样定时同步技术，4.3 节介绍异步采样定时同步技术，4.4 节介绍基于判决反馈的定时同步技术，4.5 节介绍非数据辅助反馈定时同步技术，4.6 节介绍前馈定时误差估计算法，4.7 节介绍编码辅助定时误差估计算法。

4.2 同步采样下的定时同步技术

在同步采样问题中，假定定时误差检测模块可提供一种误差信号，该信号能够反映未知时间参数 τ 及其 kT 时刻估计值 $\hat{\tau}_k$ 之间差值，特别是对于在某一确定的 $\hat{\tau}_k$，该误差信号的平均值与 $\tau-\hat{\tau}_k$ 存在正比例关系：

$$e(k)=S(\tau-\hat{\tau}_k)+N(k) \tag{4-1}$$

其中，$N(k)$表示由信号和定时误差检测模块相互作用而产生的零均值噪声项。接下来分别介绍数模混合数控振荡器模块和定时校正模块。

4.2.1 数模混合 NCO 模块

数模混合 NCO 模块结构组成框图参见图 4-4。NCO 模块由两部分组成：一是由单位延迟单元和模 1 加法器组成的数字环路(可称为数字 NCO)；二是模数转换部分，由查找表和模数转换器组成，可根据数字 NCO 输出产生连续时间波形。

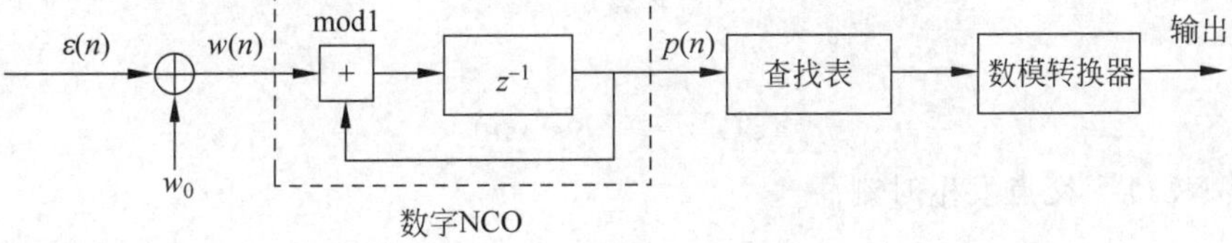

图 4-4 NCO 模块结构框图

首先考查数控振荡器，其输入信号为 $w(n)$，输出信号为 $p(n)$，并且满足 $0<w(n)$，$p(n)<1$。根据 NCO 结构可知，通过时钟步进 $w(n)$ 累加得到 $p(n)$，二者关系式为：

$$p(n+1)=p(n)+w(n) \bmod 1$$

其中，输入信号 $w(n)=w_0+e(n)$。w_0 为一常数值，用于定义数控振荡器的自由振荡周期。$e(n)$ 为零均值输入信号，可用于 w_0 的调整和校正。当 $e(n)=0$ 时，NCO 的输出 $p(n)$ 将以 $1/w_0$ 为周期循环输出振荡波形。因此，如果时钟周期为 T_c，数控振荡器的自由振荡周期即为 T_c/w_0。当 $e(n)$ 为随时间变化的不等于 0 的值时，循环周期为

$$T_s=\frac{T_c}{w_0+\varepsilon(n)}\approx\frac{T_c}{w_0}\left[1-\frac{\varepsilon(n)}{w_0}\right] \tag{4-2}$$

设 $|\varepsilon(n)|<<w_0$。

设查找表满足映射关系 $f[p(n)]$，可将 NCO 输出的数字信号通过模数转换器和一些模拟低通滤波器（未在图 4-4 中标出）转换为连续时间输入波形，一种常见的 $f(\cdot)$ 为正弦函数查找表：

$$f[p(n)]=\sin[2\pi p(n)]$$

由此，数模混合 NCO 模块可产生相位调制正弦波形。

4.2.2 同步采样下的定时校正

同步采样是指通过控制采样时钟，使其在频率和相位上都和发送端数据时钟同步，从而保证实现最佳采样的同步方式[5]。本节主要介绍同步采样下的定时校正方法。该方法以模数混合 NCO 模块和正弦查找表为基本结构，选用正弦波形上交点（具有正斜率的过零点）作为指令脉冲的发送时刻驱动采样器，以周期 T_s 对滤波器输出 $y(t)$ 进行采样：

$$t_n^{\mathrm{id}}=n\frac{T}{N}+\tau,\quad n=0,1,2,\cdots \tag{4-3}$$

其中，N 为整数（过采样指数），τ 为定时相位 $0\leqslant\tau<T$。当匹配滤波器在环路外时 N 为 1 或 2，当匹配滤波器在环路内时 N 取值为 2～4。过采样指数的设置是为了使上交点产生于式(4-3)所示时刻。

根据式(4-1)所示，误差信号 $e(k)$ 是与符号速率同步的离散信号，因此，$e(k)$ 的更新时刻为第 N 个正弦上交点，符号索引 k 与采样时刻 n 有如下关系：

$$k=\mathrm{int}\left(\frac{n}{N}\right)$$

其中，$\mathrm{int}(\cdot)$ 表示取最大整数值。为了深入分析，我们对误差信号进行 N 倍上采样得到信号 $e'(n)$，二者关系可用图 4-5 表示。

$$e'(n)\triangleq e(k)\big|_{k=\mathrm{int}(n/N)} \tag{4-4}$$

令

$$\varepsilon(n)\triangleq -Ke'(n)$$

由此可得 NCO 上交点发生时刻

$$t_n=n\frac{T}{N}+\hat{\tau}'_n,\quad n=0,1,2,\cdots \tag{4-5}$$

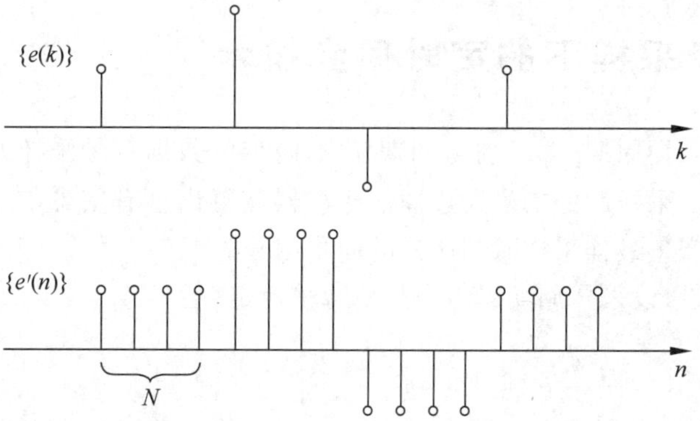

图 4-5 当 $N=4$ 时 $e(k)$和 $e'(k)$关系示意图

过采样指数的设置可以减小采样间隔，提高采样速率，在固定振荡周期下可以提高正弦上交点坡度，从而提高定时精度。由此得到 $\hat{\tau}'_n \approx \tau, n=0,1,2,\cdots$。

令 NCO 振荡周期等于 T/N，则

$$\frac{T_c}{w_0}=\frac{T}{N}$$

再令 $\gamma \triangleq KT/w_0$，代入式(4-2)得

$$T_s \approx \frac{1}{N}[T+\gamma e'(n)]$$

相邻上交点时刻满足下式：

$$t_{n+1}=t_n+\frac{T}{N}+\frac{\gamma}{N}e'(n) \tag{4-6}$$

当 γ 足够小时，式中 $\hat{\tau}'_n$ 变化十分缓慢。对于 $n=Nk$，有

$$\hat{\tau}_k \triangleq \hat{\tau}'_{Nk} \tag{4-7}$$

联合式(4-5)和式(4-7)有

$$t_{N(k+1)}-t_{Nk}=T+\hat{\tau}_{k+1}-\hat{\tau}_k \tag{4-8}$$

因为

$$t_{N(k+1)}-t_{Nk}=\sum_{n=Nk}^{N(k+1)-1}(t_{n+1}-t_n) \tag{4-9}$$

联合式(4-8)、式(4-9)和式(4-6)有

$$\hat{\tau}_{k+1}=\hat{\tau}_k+\frac{\gamma}{N}\sum_{n=Nk}^{N(k+1)-1}e'(n)$$

代入式(4-4)有

$$\hat{\tau}_{k+1}=\hat{\tau}_k+\gamma e(k) \tag{4-10}$$

代入式(4-1)有

$$\hat{\tau}_{k+1}=\hat{\tau}_k+\gamma S(\tau-\hat{\tau}_k)+\gamma N(k) \tag{4-11}$$

式(4-11)是定时估计的递推关系式，和第 3 章的载波相位估计表达式类似，其 S 曲线将在后文给出。4.4 节～4.7 节将详细介绍获取定时误差信号 $e(k)$的方法。

4.3 异步采样下的定时同步技术

异步采样是指采样周期 T_s 与符号周期 T 不同步的数据符号采样方式，采样周期满足奈奎斯特采样定理。采样后的信号经过插值滤波器恢复出含有基带信号信息的数字信号，再由后级处理模块产生最佳采样时刻所需的同步信号。

首先做以下假设，设采样周期码组奈奎斯特采样定理：

$$\frac{1}{T_s} \geqslant 2B_X$$

则可从 $x(mT_s)$ 恢复出连续信号 $x(t)$。其中 B_X 表示信号带宽。由此可利用插值滤波器从匹配滤波器输出序列 $y(mT_s)$ 恢复连续时间波形 $y(t)$：

$$y(t) = \sum_{m=-\infty}^{\infty} h_I(t - mT_s) y(mT_s) \tag{4-12}$$

其中，

$$h_I(t) \triangleq \frac{\sin(\pi t / T_s)}{\pi t / T_s}$$

插值过程如图 4-6 所示。

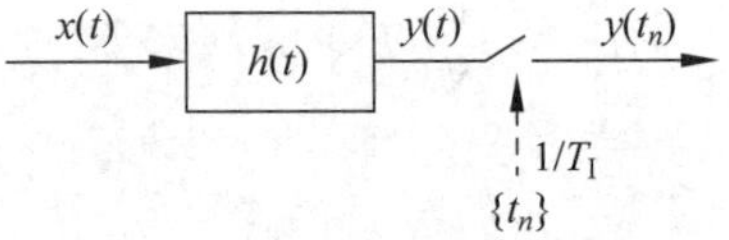

(a) 模拟

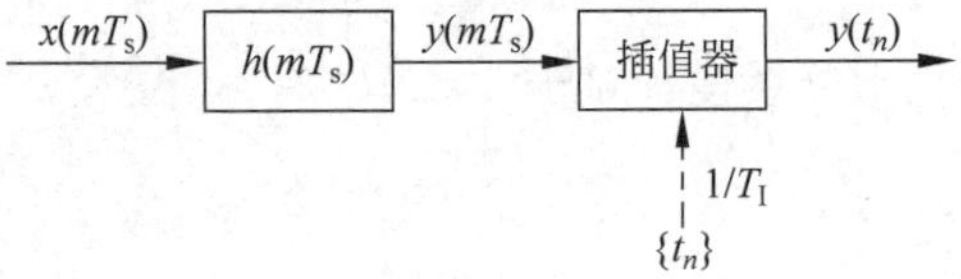

(b) 数字

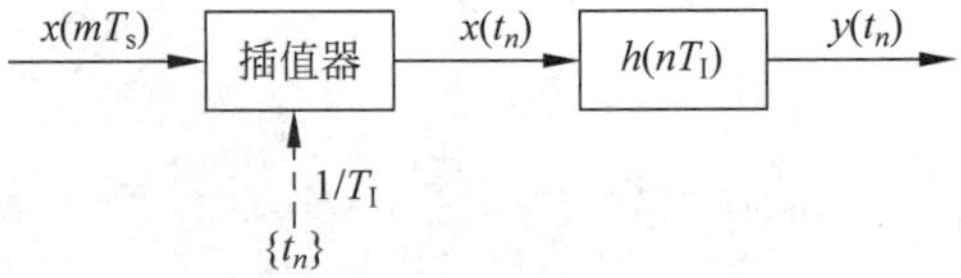

(c) T_I为采样周期

图 4-6 采样信号插值过程

其中，B_H 表示插值滤波器带宽。由图 4-7 可知，必须保证：$1/T_s$ 或者 $1/T_I$ 大于 $B_X + B_H$ 才能避免滤波输出间干扰。

4.3.1 分段多项式插值滤波器

插值滤波器对于载波定时误差校正过程十分重要。一种典型的定时恢复环路如图 4-8 所示。其中，$x(mT_s)$是带限滤波器的输出信号，$y(mT_s)$是匹配滤波器的输出信号，T_s 是采样周期。插值滤波器根据输入 $y(mT_s)$恢复出与之对应的 $y(t)$，并在插值脉冲控制下完成采样，得到输出 $y_I(t_n)$。理论上，$y_I(t_n) = y(t_n)$，其插值周期为 T_I，$T_I = T/N$。但是因

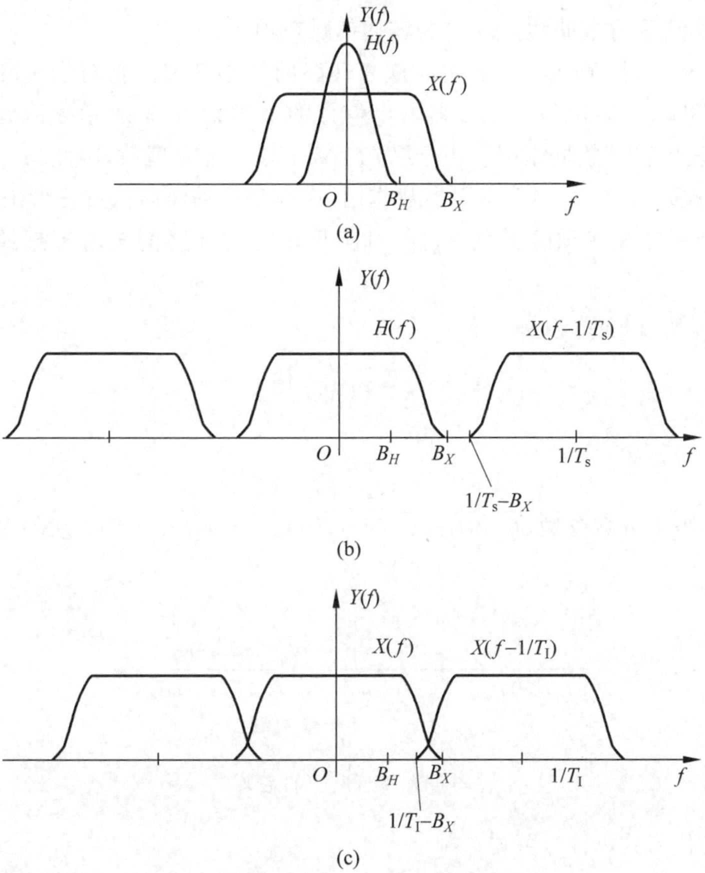

图 4-7 插值信号和插值滤波器频谱图

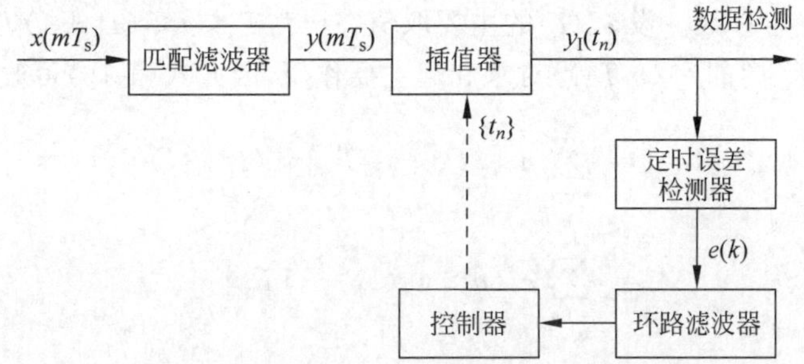

图 4-8 异步采样定时同步环路结构框图

为噪声信号作用，使得 T_I 并不严格等于 T/N，总是在 T/N 附近波动。理想状态下，在每个符号周期的最佳采样点进行采样就可以恢复出符号信息，但是由于收发端时钟异步以及传输噪声的作用，需要在单位符号周期内进行 N 次插值和采样才能有效实现符号同步。定时误差检测器(Timing Error Detector，TED)可用于实现实际定时相位 τ 与估计定时相位 $\hat{\tau}_k$ 差值 $e(k)$的计算，如式(4-13)所示。环路滤波器用于滤除误差信号 $e(k)$中的噪声，其输出信号可控制压控振荡器产生采样脉冲。

$$e(k)=S(\tau-\hat{\tau}_k)+N(k) \tag{4-13}$$

其中，$S(\cdot)$是检测器的S曲线，$N(k)$为零均值噪声项。

从图4-8中可知，插值滤波器是定时恢复环路的核心环节。定时恢复环路中包含多个索引参数m、n和k，m表示带限滤波器输出信号的采样索引，n表示插值滤波器输出信号的采样索引，k表示符号数据索引。由于T/T_sN不是一个有理数，因此m和n并无直接关系式。而$k=\mathrm{int}[n/N]$。在多个索引参数作用下，难免给采样插值过程带来误差。为此，文献[2][3]提出利用分段多项式替代$h_I(t)$可实现在定时环路的短时理想插值。工作过程如下：

设采样时刻为$l_nT_s<t_n$，有

$$l_n \triangleq \mathrm{int}\left(\frac{t_n}{T}\right) \tag{4-14}$$

和

$$t_n=(l_n+\mu_n)T_s \tag{4-15}$$

其中，$0\leqslant\mu_n<1$表示分数参数，$\mu_n=\mathrm{frc}(t_n/T_s)$，$\mathrm{frc}(x)=x-\mathrm{int}(x)$。关系如图4-9所示。

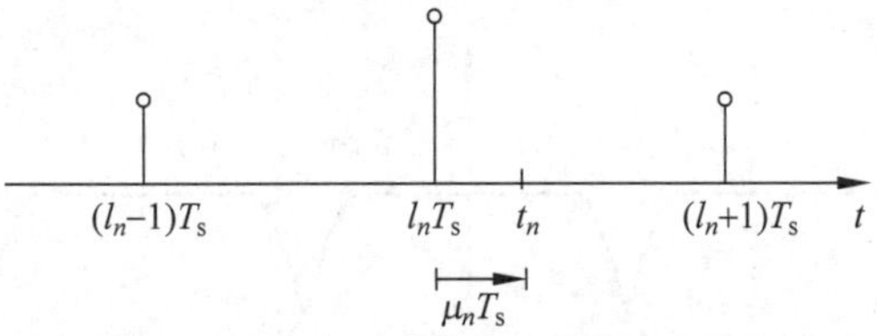

图4-9 l_n和μ_n的定义

将式(4-14)代入式(4-12)可得

$$y(t_n)=\sum_{m=l_n-I_2}^{l_n+I_1} h_I[(l_n-m)T_s+\mu_nT_s]y(mT_s) \tag{4-16}$$

其中，μ_n和l_n为待定参数。设$h_I(t)$的主要取值在$-I_1T_s\leqslant t\leqslant(I_2+1)T_s$区间内，则只有$l_n-I_2\leqslant m\leqslant l_n+I_1$内的$\{y(mT_s)\}$对求和起主要作用，因此式(4-16)可改写为

$$\begin{aligned} y(t_n)&=\sum_{i=-I_1}^{I_2} h_I[iT_s+\mu_nT_s]y[(l_n-i)T_s] \\ &=\sum_{i=-I_1}^{I_2} c_i(\mu_n)y[(l_n-i)T_s] \end{aligned} \tag{4-17}$$

其中，

$$c_i(\mu_n)=h_I[iT_s+\mu_nT_s]$$

由式(4-17)可知，插值结果主要受$y(mT_s)$起始点l_n和求和系数$c_i(\mu_n)$两个因素的影响。其中$c_i(\mu_n)$是脉冲响应$h_I(t)$的采样值。因此利用分段多项式实现插值滤波器需要考查多项式阶数和起始点数。文献[2]指出对于线性插值滤波器可利用两个起始点实现，对于抛物线插值滤波器和三次插值滤波器需要4个起始点。线性插值器的系数为

$$c_{-1}(\mu)=\mu$$
$$c_0(\mu)=1-\mu$$

抛物线插值滤波器的系数为

$$c_{-2}(\mu)=\alpha\mu^2-\alpha\mu$$
$$c_{-1}(\mu)=-\alpha\mu^2+(1+\alpha)\mu$$
$$c_0(\mu)=-\alpha\mu^2-(1-\alpha)\mu+1$$
$$c_1(\mu)=\alpha\mu^2-\alpha\mu$$

其中,α 为精度调整参数。文献[2][4]给出了近似最佳的参数值 $\alpha=0.5$。需要指出,当 $\alpha=0$ 时抛物线插值将退化为线性插值。

三次方插值滤波器系数为

$$c_{-2}(\mu)=\mu^3/6-\mu/6$$
$$c_{-1}(\mu)=-\mu^3/2+\mu^2/2+\mu$$
$$c_0(\mu)=\mu^3/2-\mu^2-\mu/2+1 \tag{4-18}$$
$$c_1(\mu)=-\mu^3/6+\mu^2/2-\mu/3 \tag{4-19}$$

线性插值滤波器:

$$h(t)=\begin{cases}1+t/T_s, & -T_s\leqslant t<0\\ 1-t/T_s, & 0\leqslant t\leqslant T_s\\ 0, & \text{其他}\end{cases}$$

立方插值滤波器:

$$h(t)=\begin{cases}\frac{1}{6}(t/T_s)^3+(t/T_s)^2+\frac{11}{6}(t/T_s)+1, & -2T_s\leqslant t<-T_s\\ -\frac{1}{2}(t/T_s)^3-(t/T_s)^2+\frac{1}{2}(t/T_s)+1, & -T_s\leqslant t<0\\ \frac{1}{2}(t/T_s)^3-(t/T_s)^2-\frac{1}{2}(t/T_s)+1, & 0\leqslant t<T_s\\ -\frac{1}{6}(t/T_s)^3+(t/T_s)^2-\frac{11}{6}(t/T_s)+1, & T_s\leqslant t\leqslant 2T_s\\ 0, & \text{其他}\end{cases} \tag{4-20}$$

分段抛物线插值滤波器:

$$h(t)=\begin{cases}\alpha(t/T_s)^2+3\alpha(t/T_s)+2\alpha, & -2T_s\leqslant t<-T_s\\ -\alpha(t/T_s)^2-(\alpha-1)(t/T_s)+1, & -T_s\leqslant t<0\\ -\alpha(t/T_s)^2+(\alpha-1)(t/T_s)+1, & 0\leqslant t<T_s\\ \alpha(t/T_s)^2-3\alpha(t/T_s)+2\alpha, & T_s\leqslant t\leqslant 2T_s\\ 0, & \text{其他}\end{cases} \tag{4-21}$$

图 4-10 是 3 种形式插值滤波器的时域和频域响应,从时域响应图 4-10(a)可看出,在 $t=iT_s,i\neq0$ 时 $h(t)=0$,而仅在 $i=0$ 时,$h(t)=1$。这种特性保证了基准点的精确内插。同时关于 $t=0$ 的对称又保持了滤波器的线性相位特性。此外,理想的插值滤波器的频域响应还要满足低通特性,不仅要保证基频的无失真通过,同时还要尽可能抑制所有的镜像频率分量。从频域响应图 4-10(b)可以看出,立方插值法最接近理想特性。

4.3.2 内插滤波器的设计

插值结构的选择直接影响了插值滤波器实现的复杂度,插值滤波器的结构有 3 种：多

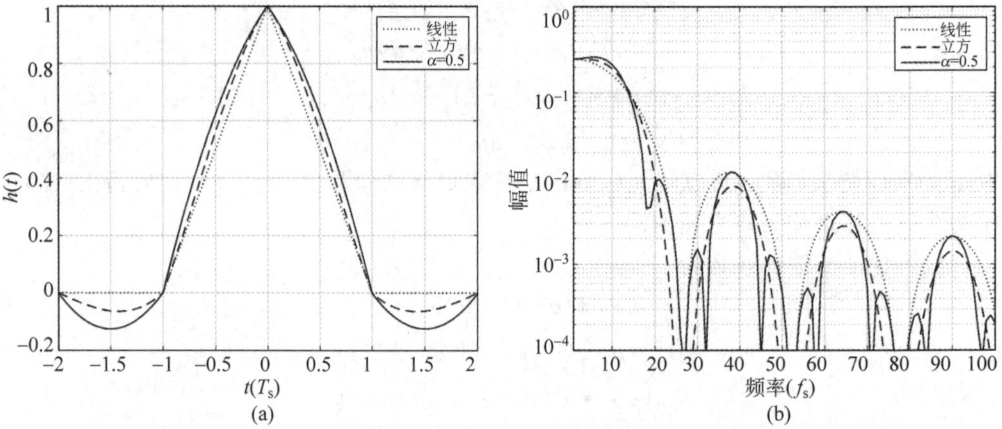

图 4-10　3 种内插函数的时域和频域响应

相结构、系统实时横向结构和 Farrow 结构。其中多相结构插值效果最好，但是结构最复杂。

1. 多相结构

插值滤波器是时变线性滤波器，因此可以采用多相结构实现。为了实现就数字同步系统中的插值滤波，需要对分数间隔 μ_k 进行一定级数的量化，分数间隔 μ_k 的每个量化级对应于一个线性时不变滤波器组，如果有 L 个量化级，则需要 2^L 个滤波器共同构成多相结构插值滤波器。由此可见，多相结构插值滤波器的复杂度随着估计精度的增加成指数倍增加，给系统硬件实现带来困难。虽然也可以先计算滤波器系数值、存入寄存器中，但是每个插值的计算都需要对多个系数进行读取操作，因此总线宽度成为其实时应用的障碍。多相结构具体实现如图 4-11 所示。

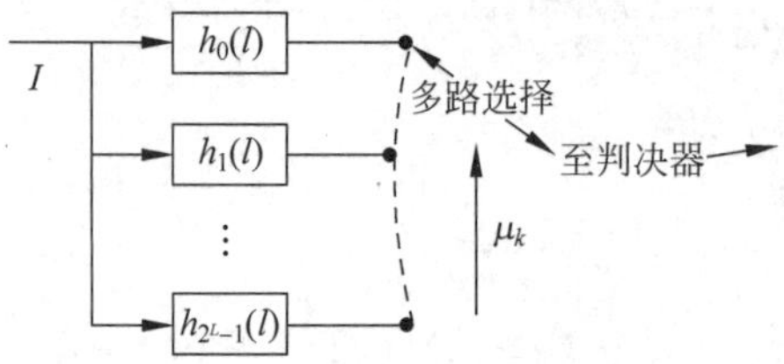

图 4-11　内插滤波器的多相结构

2. 系统实时计算式横向结构

系数实时计算式横向结构[5]是根据定时估计偏差 μ_k 和插值滤波器脉冲响应 $h_1(t)$ 实时计算滤波系数，实现横向插值滤波过程。如图 4-12 所示，内插估值过程通过横向滤波器完成。但是，它所有的抽头系数 $h_1(mT_s+\mu_k T_s)$ 都与 μ_k 有关，而定时估计偏差 μ_k 每次估值都不同，因此，必须根据 μ_k 进行实时计算。当然，也可以通过查表的方式实现，但是会遇到与多相结构同样的问题，即系统复杂度问题。因此这两种结构往往用于低速场景或者内插函数较简单的场合，比如线性内插中。

3. Farrow 结构

前面提到的两种结构的插值滤波器实现起来都比较困难。因此 C. W. Farrow 提出了简单高效的 Farrow 结构的插值滤波器实现形式，但是这一结构的插值滤波器只针对基于

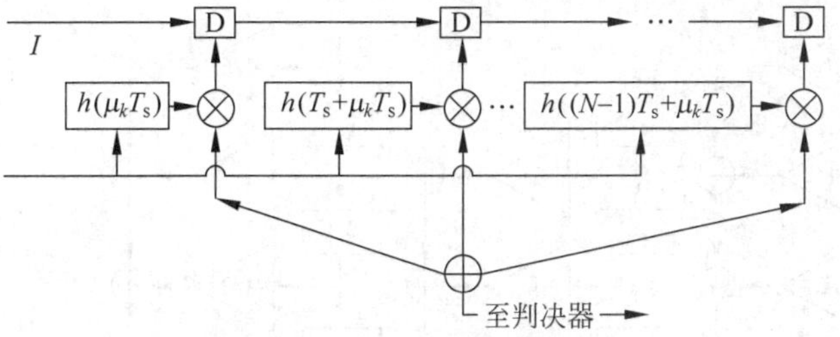

图 4-12　内插滤波器的系数计算式横向结构

多项式内插函数的插值滤波器。Farrow 结构是一种完全计算式嵌套结构，也是目前最常用的插值结构，示意图如图 4-13 所示。

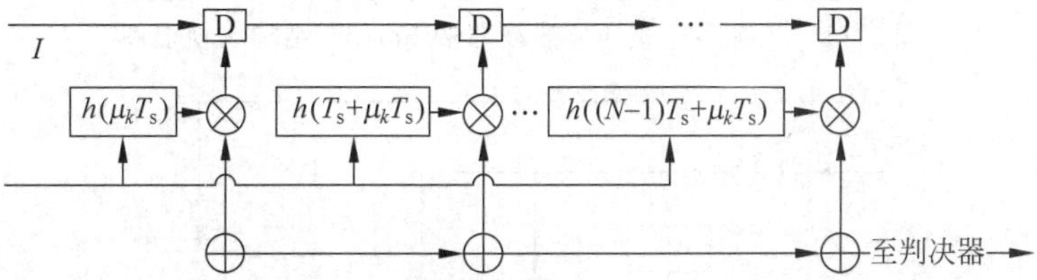

图 4-13　内插滤波器的 Farrow 结构

4. 三次多项式插值滤波器的 Farrow 结构实现

针对三次多项式插值滤波器，由式(4-20)和式(4-21)，有

$$h_1[(i+\mu_k)T_s]=\sum_{i=0}^{L}b_i(i)\mu_k$$

则插值滤波器基本方程式可以表示为

$$y(kT_i+\varepsilon T)=\sum_{i=-N_1}^{N_2}x(m_k-i)\sum_{l=0}^{L}b_l(i)\mu_k$$

$$=v(L)\mu_k+v(L-1)\mu_k+v(L-2)\mu_k+\cdots+v(1)\mu_k+v(0)$$

其中，

$$v(l)=\sum_{i=-N_1}^{N_2}b_l(i)x(m_k-i)$$

$$N_2=\frac{N}{2}-1,\quad N_1=-\frac{N}{2}$$

其中，$b_l(i)$是插值滤波器的插值系数，由模拟脉冲响应 $h_1(t)$决定，与插值控制单元计算的分数间隔 μ_k 不相关。Farrow 结构的插值滤波器实现只需要根据内插估值点 μ_k 直接计算内插值。图 4-14 是三次插值滤波器的 Farrow 结构实现框图，显然它的实现复杂度比多相结构降低了许多。

文献[2]中指出，当参数 $\alpha=0.43$ 时，分段抛物线插值滤波器的抗噪声性能最优，但是 $\alpha=0.5$ 时硬件实现较为简单，而且信噪比损失相比 $\alpha=0.43$ 时较小，所以综合考虑选用 $\alpha=0.5$。文献[2]给出了一种简化的分段抛物线插值滤波器。结构如图 4-15 所示。

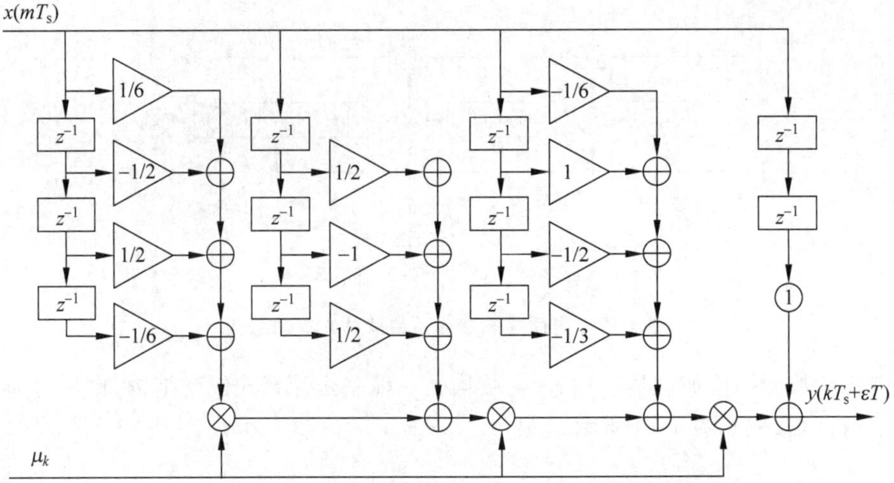

图 4-14　三次多项式插值滤波器的 Farrow 结构实现框图

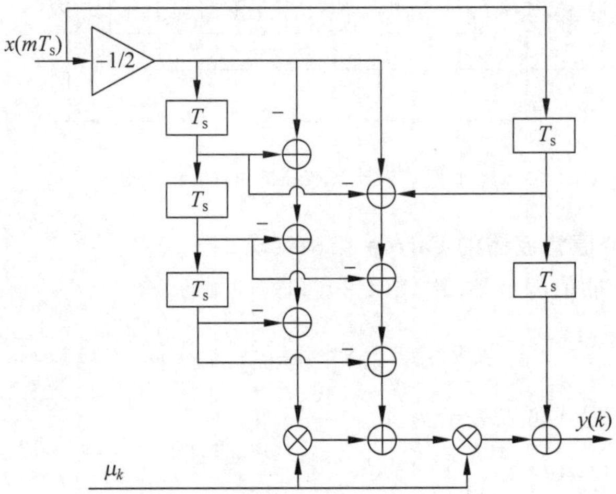

图 4-15　分段抛物线插值滤波器的 Farrow 结构($\alpha=0.5$)

4.3.3 异步采样下的定时误差校正

本节将讨论插值滤波器控制器。其工作目的是使插值采样时刻尽可能接近最佳采样时刻：

$$t_n^{(\mathrm{id})}=nT_{\mathrm{I}}+\tau$$

其中，$T_{\mathrm{I}}=T/N$。为了更好地描述插值时刻的关系，引入辅助抽样定时误差信号 $e'(n)$：

$$e'(n)=e(k)\mid_{k=\mathrm{int}[n/N]} \tag{4-22}$$

可得相邻插值采样时刻关系式：

$$t_{n+1}=t_n+T_{\mathrm{I}}+\frac{\gamma}{N}e'(n) \tag{4-23}$$

其中，γ 为步长参数。第 n 次插值采样时间为

$$t_n=nT_{\mathrm{I}}+\hat{\tau}'_n \tag{4-24}$$

由于 $\hat{\tau}'_n$ 变化缓慢，收敛于 τ，证明过程如下：

对于 $n=Nk$，有：

$$\hat{\tau}_k \triangleq \hat{\tau}'_{Nk} \tag{4-25}$$

联合式(4-24)和式(4-25)可得

$$t_{N(k+1)} - t_{Nk} = NT_{\mathrm{I}} + \hat{\tau}_{k+1} - \hat{\tau}_k$$

又

$$t_{N(k+1)} - t_{Nk} = \sum_{n=Nk}^{N(k+1)-1} (t_{n+1} - t_n)$$

联合式(4-23)可得

$$t_{N(k+1)} - t_{Nk} = NT_{\mathrm{I}} + \frac{\gamma}{N} \sum_{n=Nk}^{N(k+1)-1} e'(n)$$

代入式(4-22)有

$$\hat{\tau}_{k+1} = \hat{\tau}_k + \gamma e(k) \tag{4-26}$$

将式(4-13)代入式(4-26)可得

$$\hat{\tau}_{k+1} = \hat{\tau}_k + \gamma S(\tau - \hat{\tau}_k) + \gamma N(k)$$

对比式(4-11)可知，在同步采样和异步采样下定时相位的递推公式一致，这说明定时同步的结果是一样的，随着迭代次数的增加，定时相位 $\hat{\tau}_k$ 最终会收敛于 $\hat{\tau}_k = \tau$，插值采样时刻会收敛于最佳采样时刻 $t_n^{(\mathrm{id})}$。

为了计算式(4-16)，将式(4-15)代入式(4-23)可得：

$$l_{n+1} + \mu_{n+1} = l_n + \mu_n + r_{\mathrm{I}} + \gamma \varepsilon(n)$$

其中，$r_{\mathrm{I}} = \dfrac{T_{\mathrm{I}}}{T_{\mathrm{s}}}$，$\varepsilon(n) = \dfrac{e'(n)}{NT_{\mathrm{s}}}$，则

$$l_{n+1} = l_n + \mathrm{int}[\mu_n + r_{\mathrm{I}} + \gamma \varepsilon(n)] \tag{4-27}$$

$$\mu_{n+1} = \mathrm{frc}[\mu_n + r_{\mathrm{I}} + \gamma \varepsilon(n)] \tag{4-28}$$

式(4-27)和式(4-28)提供了计算式(4-17)中未知参数 l_n 和 μ_n 的方法。

4.3.4 前馈结构的定时误差校正

设 $r = T/T_{\mathrm{s}}$ 表示符号周期与采样周期的比值，匹配滤波器输出采样值 $y(mT_{\mathrm{s}})$ 按数据块进行分组，每块包含 k 个节点。图 4-1 中定时估计器按块输出定时估值 $\{\hat{\tau}_0, \hat{\tau}_1, \hat{\tau}_2, \cdots\}$，为了简化分析过程，假设定时估计区间为 $(-T/2, T/2)$。

第 n 个数据块中第 k 个节点的计算式为

$$t_k = kT + T/2 + \hat{\tau}_n, \quad K_n \leqslant k \leqslant K_{n+1} + 1 \tag{4-29}$$

在每个采样时刻 t_k 定时估计器输出相应的起始点值 l_k 和分数间隔 μ_k。因为 $t_k = (l_k + \mu_k) T_{\mathrm{s}}$，联合式(4-29)可得

$$l_k + \mu_k = kr + \frac{r}{2} + \frac{\hat{\tau}_n}{T_{\mathrm{s}}} \tag{4-30}$$

第 $k+1$ 个节点定时器输出

$$l_{k+1} + \mu_{k+1} = (k+1)r + \frac{r}{2} + \frac{\hat{\tau}_n}{T_{\mathrm{s}}}$$

上式和式(4-30)相减得到

$$l_{k+1} + \mu_{k+1} = l_k + \mu_k + r$$

分别列出整数和分数部分，最终得到参数推算公式：

$$\mu_{k+1}=\mathrm{frc}(\mu_k+r)$$

$$l_{k+1}=l_k+\mathrm{int}(\mu_k+r)$$

在前面的讨论中，我们假设定时相位 τ 为一常量，其估计值 $\hat{\tau}_n$ 限定在 $(-T/2,T/2)$ 范围内。但是在定时同步过程中存在偶尔的跳周现象，即 $\hat{\tau}_n$ 在模块间传输过程中会偶尔偏离真实值 T 秒。如果定时同步环节不能有效识别这一现象，那么将使定时估计错过多个节点。因此文献[6]针对这一问题提出了 O&M 算法，原理框图可用图 4-16 表示，定时误差计算公式如下：

$$\hat{\tau}_n^{(u)}=\hat{\tau}_{n-1}^{(u)}+\alpha\mathrm{SAW}(\hat{\tau}_n-\hat{\tau}_{n-1}^{(u)})$$

其中，α 为设计参数，$\mathrm{SAW}(x)$ 为锯齿函数可将 x 限制于 $(-T/2,T/2)$ 范围内：

$$\mathrm{SAW}(x)=(x+T/2)_{\mathrm{mod}T}-T/2$$

将 $\hat{\tau}_n^{(u)}$ 代入式(4-30)可得

$$l_k+\mu_k=kr+\frac{r}{2}+\frac{\hat{\tau}_n^{(u)}}{T_s}$$

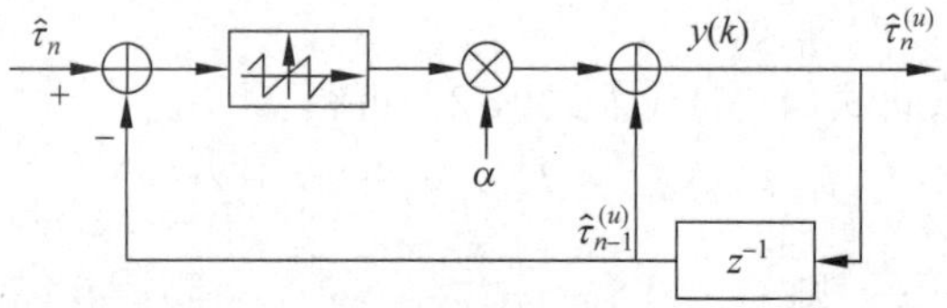

图 4-16 O&M 去包裹算法框图

对于数据块间参数推算过程如下，设 $k=K_{n+1}-1$ 表示第 n 个数据块最后一个节点索引，$k=K_{n+1}$ 表示第 $n+1$ 数据块的第一个节点索引

$$l_{K_{n+1}-1}+\mu_{K_{n+1}-1}=(K_{n+1}-1)r+\frac{r}{2}+\frac{\hat{\tau}_n^{(u)}}{T_s}$$

$$l_{K_{n+1}}+\mu_{K_{n+1}}=K_{n+1}r+\frac{r}{2}+\frac{\hat{\tau}_{n+1}^{(u)}}{T_s}$$

上面两式相减后有

$$l_{K_{n+1}}+\mu_{K_{n+1}}=l_{K_{n+1}-1}+\mu_{K_{n+1}-1}+r+\frac{\hat{\tau}_{n+1}^{(u)}-\hat{\tau}_n^{(u)}}{T_s}$$

分离分数项和整数项可得参数推导公式

$$\mu_{K_{n+1}}=\mathrm{frc}\left(\mu_{K_{n+1}-1}+r+\frac{\hat{\tau}_{n+1}^{(u)}-\hat{\tau}_n^{(u)}}{T_s}\right)$$

$$l_{K_{n+1}}=l_{K_{n+1}-1}+\mathrm{int}\left(\mu_{K_{n+1}-1}+r+\frac{\hat{\tau}_{n+1}^{(u)}-\hat{\tau}_n^{(u)}}{T_s}\right)$$

4.4 基于判决反馈的定时同步算法

之前主要讨论的是定时同步过程中的定时校正环节。经过论证，不论是同步采样还是异步采样下只要定时估计有效，定时校正都可以通过反馈回路实现。本节将讨论如何实现

定时误差检测,给出有效的定时估计。

4.4.1 基于最大似然的定时同步算法

根据第2章给出的最大似然估计理论,通过构造关于定时参数的似然函数,求解其最大值,可以得到准确的定时估计值。假设判决数据有效,关于定时误差的对数似然函数可表示为 $L(\boldsymbol{r}|\tilde{\tau})$,通过令其导数 $L'(\boldsymbol{r}|\tilde{\tau})=0$ 可得到最大值解。为了求解 $L(\boldsymbol{r}|\tilde{\tau})$ 的最大值,首先将求解对数似然函数 $L(\boldsymbol{r}|\tilde{\tau})$ 最大值转化为求解期望最大值,因此其导数 $L'(\boldsymbol{r}|\tilde{\tau})$ 可转化为:

$$L'(\boldsymbol{r} \mid \tilde{\tau}) = \sum_k l'_k(\boldsymbol{r} \mid \tilde{\tau})$$

由此可利用迭代回归方法求解最大似然估计问题。首先利用当前时刻定时估计值 $\hat{\tau}_k$ 给出定时误差递推公式:

$$\hat{\tau}_{k+1} = \hat{\tau}_k + \gamma l'_k(\boldsymbol{r} \mid \tilde{\tau}) \tag{4-31}$$

其中,γ 为设计参数。与式(4-10)和式(4-26)比较可得 $e(k)=l'_k(\boldsymbol{r}|\tilde{\tau})$。为了求得 $e(k)$,假设载波相位频率理想同步,重写接收信号模型:

$$s(t) = \sum_i c_i g(t - iT - \tau) \tag{4-32}$$

其中,$c_i \in \{\pm 1, \pm 2, \cdots, \pm (M-1)\}$,表示符号数据判决结果,$\tau \in \left(-\frac{T}{2}, \frac{T}{2}\right)$ 为定时误差,$g(t)$ 表示脉冲成形函数。观测间隔为 $0 \leqslant t \leqslant T_0$,对数似然函数可写为

$$L'(\boldsymbol{r} \mid \tilde{\tau}) = \int_0^{T_0} r(t)\tilde{s}(t)\mathrm{d}t - \frac{1}{2}\int_0^{T_0} \tilde{s}^2(t)\mathrm{d}t \tag{4-33}$$

其中,

$$\tilde{s}(t) \triangleq \sum_i \hat{c}_i g(t - iT - \tau) \tag{4-34}$$

将式(4-34)代入式(4-33)可得

$$L(\boldsymbol{r} \mid \tilde{\tau}) = \sum_i \hat{c}_i \int_0^{T_0} r(t) g(t - iT - \tilde{\tau})\mathrm{d}t - \frac{1}{2}\sum_i \sum_m \hat{c}_i \hat{c}_m \int_0^{T_0} g(t - iT - \tilde{\tau}) g(t - mT - \tilde{\tau})\mathrm{d}t$$

求导后

$$L'(\boldsymbol{r} \mid \tilde{\tau}) = -\sum_i \hat{c}_i \int_0^{T_0} r(t) g'(t - iT - \tilde{\tau})\mathrm{d}t + \sum_i \sum_m \hat{c}_i \hat{c}_m \int_0^{T_0} g'(t - iT - \tilde{\tau}) g(t - mT - \tilde{\tau})\mathrm{d}t \tag{4-35}$$

其中,$g'(t)$ 是 $g(t)$ 的导数。接下来,我们给出当观测间隔超过 $g(t)$ 范围时 $l'_k(\boldsymbol{r}|\tilde{\tau})$ 的近似形式。将积分范围扩展到 $\pm\infty$,符号索引 $i \in (0, N-1)$,N 为观测间隔内符号周期数。则式(4-35)可转化为

$$L'(\boldsymbol{r} \mid \tilde{\tau}) = \sum_{i=0}^{N-1} \hat{c}_i \left[y'(iT + \tilde{\tau}) - \sum_{m=-\infty}^{\infty} \hat{c}_m h'[(i-m)T] \right] \tag{4-36}$$

其中,$y'(t)$ 是接收信号 $r(t)$ 经导数匹配滤波器 $\frac{\mathrm{d}g(-t)}{\mathrm{d}t} = -g'(-t)$ 的输出值。

$$y'(t) \triangleq -\int_{-\infty}^{\infty} r(\xi) g'(\xi - t)\mathrm{d}\xi \tag{4-37}$$

$h'(t)$ 是函数 $g(t)$ 经导数匹配滤波器输出的响应值

$$h'(t) \triangleq g(t) * [-g'(-t)]$$

由于 $h(t)$是偶函数且最大值在原点处，因此有

$$h'(0)=0 \tag{4-38}$$

$$h'(-t)=-h'(t) \tag{4-39}$$

结合式(4-31)和式(4-36)，令 $\tilde{\tau}=\hat{\tau}_k$，可得

$$e(k)=\hat{c}_k\left\{y'(kT+\hat{\tau}_k)-\sum_{m=-\infty}^{\infty}\hat{c}_m h'[(k-m)T]\right\} \tag{4-40}$$

但是式(4-40)包含无穷项，计算上不可实现。由于系数项 $h'[(k-m)T]$随 $|k-m|$ 的增加而衰减，因此可以做截短处理，将无穷项的求和近似为有限次求和：

$$e(k)=\hat{c}_k\left\{y'(kT+\hat{\tau}_k)-\sum_{m=k-D}^{k+D}\hat{c}_m h'[(k-m)T]\right\} \tag{4-41}$$

其中，$e(k)$的计算仍需要$\{\hat{c}_{k+1},\hat{c}_{k+2},\hat{c}_{k+3},\cdots,\hat{c}_{k+D}\}$，一般采用 D 步-延时的方法代替，D 的取值相对于 $1/(B_{\mathrm{L}}T)\left(\frac{1}{(B_{\mathrm{L}}T)}>100\right)$很小，因此这种替换对计算结果的影响可以忽略。

式(4-41)称为真似然函数误差检测算法，以区别于将式(4-41)第二项舍掉的误差计算算法：

$$e(k)=\hat{c}_k y'(kT+\hat{\tau}_k) \tag{4-42}$$

上式可认为是 D 取 0 时式(4-41)的一个特例。图 4-17 和图 4-18 分别是同步采样和异步采样下的定时误差反馈同步环路的原理框图。

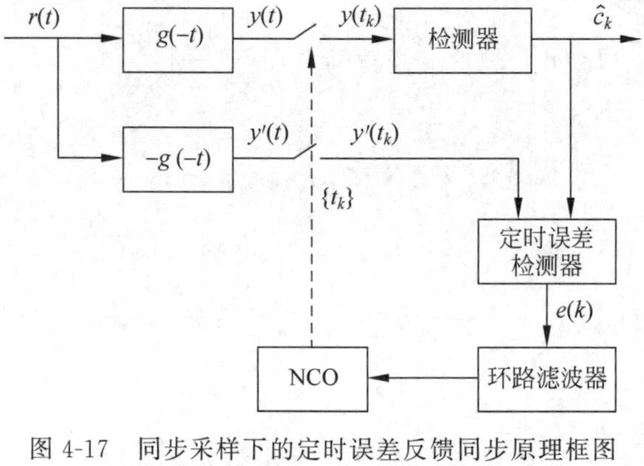

图 4-17 同步采样下的定时误差反馈同步原理框图

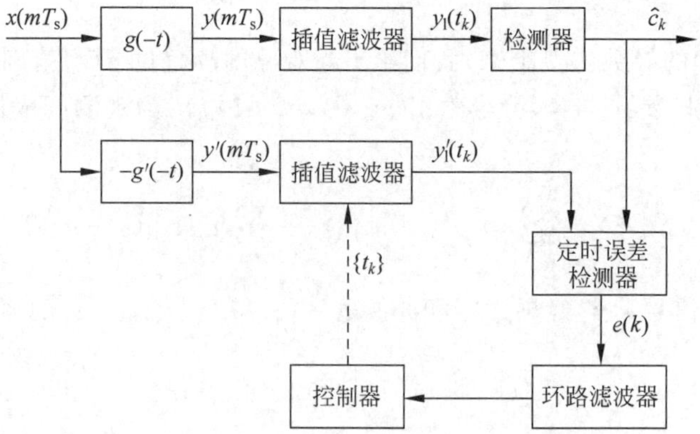

图 4-18 异步采样下的定时误差反馈同步原理框图

1. S曲线

当定时相位 $\hat{\tau}_k=\hat{\tau}$ 为常数值时，S曲线等价于对 $e(k)$ 求期望。设 $\hat{c}_k=c_k$，这意味着接近于 $\hat{\tau}=\tau$。重写接收信号模型：

$$r(t)=\sum_i c_i g(t-iT-\tau)+w(t)$$

由式(4-37)可得

$$y'(t)=\sum_i c_i h'(t-iT-\tau)+n'(t)$$

其中，

$$n'(t)\triangleq w(t)*[-g'(-t)]$$

为 $w(t)$ 经导数匹配滤波器的输出响应。

将 $\hat{c}_k=c_k$ 和 $\hat{\tau}_k=\hat{\tau}$ 代入式(4-41)可得

$$\begin{aligned}e(k)=&\sum_i c_k c_i h'[(k-i)T+\hat{\tau}-\tau]-\\&\sum_{m=k-D}^{k+D} c_k c_m h'[(k-m)T]+c_k n'(kT+\hat{\tau})\end{aligned}\tag{4-43}$$

进一步假设符号数据服从0均值独立分布，即

$$E\{c_k c_{k+m}\}=\begin{cases}C_2, & m=0\\0, & m\neq 0\end{cases}$$

对式(4-43)求期望并联合式(4-38)、式(4-39)可得S曲线函数：

$$S(\delta)=-C_2 h'(\delta)\tag{4-44}$$

其中，$\delta\triangleq\tau-\hat{\tau}$。因为 $h(t)$ 在原点处取最大值，所以其导数 $h'(\delta)$ 在原点处应为0值，且斜率为正，也即 $\delta=0$ 是一个稳态零点。

已知达到稳态时定时误差非常小，近似有 $h'(\delta)\approx h''(0)\delta$。因此式(4-44)可写作

$$S(\delta)\approx A\delta$$

$$A\triangleq -C_2 h''(0)$$

$h(t)$ 为滚降系数为 α 的奈奎斯特函数，具有以下形式：

$$h(t)=\frac{\sin(\pi t/T)}{\pi t/T}\frac{\cos(\alpha\pi t/T)}{1-(2\alpha t/T)^2}$$

因此

$$h''(0)=-\frac{\pi^2}{T^2}\left[\frac{1}{3}+\alpha^2\left(1-\frac{8}{\pi^2}\right)\right]$$

图4-19给出了 $\alpha=0.5$ 时，二进制调制方式下的S曲线仿真结果。由图4-19可知，当定时误差较小时，在不同信噪比下，S曲线的理论值和仿真结果匹配较好。当定时误差较大时，由于 $\hat{c}_k=c_k$ 不再成立，仿真结果与理论值差异很大，上述性能分析将不再适用。

2. 跟踪性能分析

可采用与载波同步技术相同的方式对定时反馈同步技术进行性能分析，重写定时环路递推公式：

$$\hat{\tau}_{k+1}=\hat{\tau}_k+\gamma e(k)$$

其中，

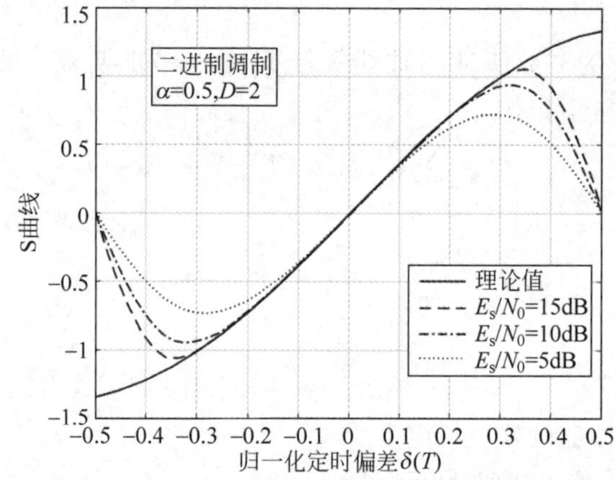

图 4-19 基于 ML 的定时误差检测算法 S 曲线

$$e(k)=A(\tau-\hat{\tau}_k)+N(k) \tag{4-45}$$

A 为图 4-19 的 S 曲线正斜率段近似为直线时的斜率。在定时误差同步环路进入稳态后，可以认为 $\hat{\tau}_k \approx \tau$。若仅考虑由传输通道热噪声，则定时误差方差可以利用 $N(k)$ 的谱密度函数或者自相关函数计算得到[5]。$N(k)$ 的谱密度函数为

$$S_{\mathrm{N}}(f)=T\sum_{m=-\infty}^{\infty} R_{\mathrm{N}}(m)\mathrm{e}^{-\mathrm{j}2\pi fT}$$

定义 σ^2 为归一化定时误差 $(\tau-\hat{\tau}_k)/T$ 的方差，代入自相关函数

$$\sigma^2=\frac{2B_{\mathrm{L}}T}{A^2}\cdot\frac{1}{T^2}\sum_{m=-\infty}^{\infty} R_{\mathrm{N}}(m)(1-\gamma A)^{|m|}$$

代入谱密度函数：

$$\sigma^2=\frac{1}{T^2}\sum_{m=-\infty}^{\infty} S_{\mathrm{N}}(m)\mid H(f)\mid^2 \tag{4-46}$$

其中，B_{L} 为环路噪声等效带宽，满足下式：

$$B_{\mathrm{L}}T=\frac{\gamma A}{2(2-\gamma A)}$$

环路传递函数为

$$H(f)=-\frac{\gamma}{\mathrm{e}^{\mathrm{j}2\pi fT}-(1-\gamma A)}$$

设噪声为高斯白噪声，则其谱密度函数为一常数值，式的积分结果可表示为

$$\sigma^2=2B_{\mathrm{L}}\frac{S_{\mathrm{N}}(0)}{A^2T^2} \tag{4-47}$$

式(4-47)的估计结果可应用于定时估计式(4-41)。

由式(4-45)可知当 $\hat{\tau}_k \approx \tau$ 时，$e(k)=N(k)$。将 $N(k)$ 分解为两项：

$$N(k)=N_{\mathrm{SN}}(k)+N_{\mathrm{TN}}(k)$$

其中，$N_{\mathrm{TN}}(k)$ 是热噪声项；$N_{\mathrm{SN}}(k)$ 是自噪声项，则

$$N_{\mathrm{TN}}(k)=c_k n'(kT+\tau) \tag{4-48}$$

$$N_{\mathrm{SN}}(k)=\sum_{|i|\geqslant D+1} c_k c_{k+i} h'(iT)$$

由于$h'[(k-m)T]$随着$|k-m|$的增加而迅速减小，因此，在D取值较大时，一般忽略$N_{SN}(k)$对定时误差的影响。由于$N_{SN}(k)$和$N_{TN}(k)$不相关，$N(k)$的自相关函数可表示为

$$R_N(m)=R_{SN}(m)+R_{TN}(m)$$

由式(4-48)可得热噪声项的自相关函数：

$$R_{TN}(m)=\begin{cases}C_2E\{n'^2(t)\}, & m=0\\ 0, & m\neq 0\end{cases} \tag{4-49}$$

因为$g(t)$的傅里叶变换为$G(f)$，$g'(-t)$的傅里叶变换为$-j2\pi fG^*(f)$[7]，所以

$$E[n'(t)]=\frac{N_0}{2}4\pi^2\int_{-\infty}^{+\infty}f^2\mid G(f)\mid^2\mathrm{d}f$$

$$R_{SN}(m)=\sum_{|l_1|\geqslant D+1}\ \sum_{|l_2|\geqslant D+1}E\{c_0c_{l_1}c_mc_{m+l_2}\}\cdot h'(l_1T)h'(l_2T)$$

当$|l_1|\geqslant D+1$，$|l_2|\geqslant D+1$时$E\{c_0c_{l_1}c_mc_{m+l_2}\}=0$；当$m=0$且$l_1=l_2$或$|m|\geqslant D+1$且$l_1=l_{2+m}$时，$E\{c_0c_{l_1}c_mc_{m+l_2}\}$不为零，由此可得

$$R_{SN}(m)=\begin{cases}C_2^2\sum\limits_{|l|\geqslant D+1}h'^2(lT), & m=0\\ -C_2^2h'^2(mT), & |m|\geqslant D+1\end{cases} \tag{4-50}$$

图4-20、图4-21分别给出了在$\alpha=0.25$、$\alpha=0.5$时利用式(4-50)和式(4-49)计算的归一化定时误差方差σ^2随信噪比变化曲线，设等效噪声带宽为$B_LT=5\times10^{-3}$。由图可知，当D取值较大($D\geqslant5$)时，σ^2趋近于MCRB。当α取值较小且D取值较小时，即使提高信噪比，σ^2也不再减小。

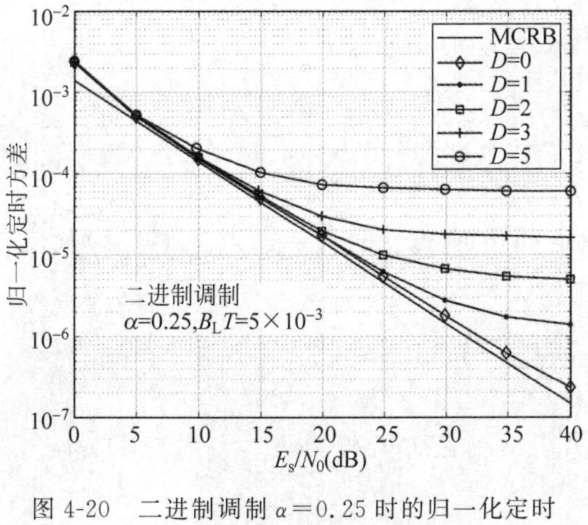

图4-20　二进制调制$\alpha=0.25$时的归一化定时误差方差随信噪比变化曲线

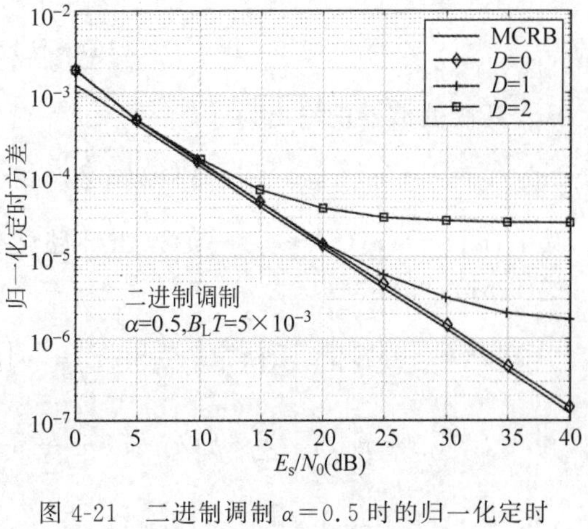

图4-21　二进制调制$\alpha=0.5$时的归一化定时误差方差随信噪比变化曲线

4.4.2　三种近似的定时误差估计算法

1. 近似微分定时误差估计算法

在基于最大似然的定时误差检测算法中，导数匹配滤波器$-g'(-t)$和匹配滤波器$g(-t)$的运算量都很大。而匹配滤波器在信号接收端是不可避免的。因此，为了解决这一

问题，考虑在损失一定性能的情况下，利用中心有限差分定理对式中 $y(t)$ 导数进行近似可得

$$y'(kT+\hat{\tau}_k)\approx\frac{1}{T}[y(kT+T/2+\hat{\tau}_{k+1/2})-y(kT-T/2+\hat{\tau}_{k-1/2})]$$

其中，$\hat{\tau}_{k+1/2}$ 和 $\hat{\tau}_{k-1/2}$ 是 $t=kT\pm\frac{T}{2}$ 时的定时估计值。由于定时估计值以 T 为间隔进行更新，因此不可能获得 $\hat{\tau}_{k+1/2}$ 和 $\hat{\tau}_{k-1/2}$，故考虑用 $\hat{\tau}_k$ 代替 $\hat{\tau}_{k+1/2}$，用 $\hat{\tau}_{k-1}$ 代替 $\hat{\tau}_{k-1/2}$，式(4-42)将变为

$$e(k)=\hat{c}_k[y(kT+T/2+\hat{\tau}_k)-y(kT-T/2+\hat{\tau}_k)] \tag{4-51}$$

式(4-51)与文献[8]提出的早迟门检测器(Early-Late Detector，ELD)类似。

图 4-22 给出了使用 ELD 算法的定时误差同步环路原理框图。分配器用于将匹配滤波器输出分为两个序列 $\{y(t_k)\}$ 和 $\{y(t_{k+1/2})\}$，分别对应于采样时间 $t_k\triangleq kT+\hat{\tau}_k$ 和 $t_{k+1/2}\triangleq kT+\frac{T}{2}+\hat{\tau}_k$。

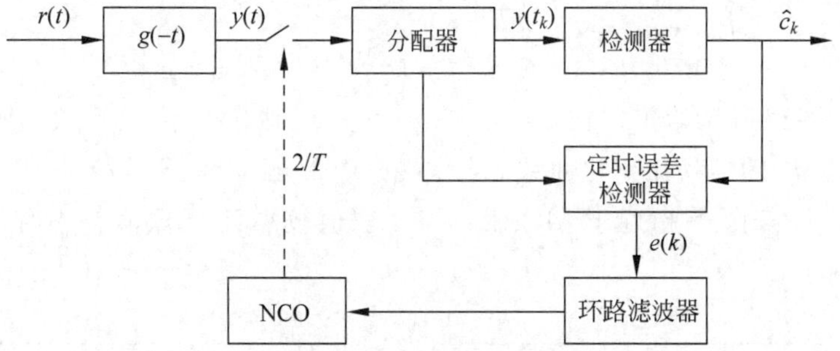

图 4-22 ELD 算法定时误差跟踪控制环路框图

匹配滤波器的输出为

$$y(t)=\sum_i c_i h(t-iT-\tau)+n(t) \tag{4-52}$$

其中，$n(t)=w(t)*g(-t)$。当环路达到稳定同步时 $\hat{\tau}_k=\hat{\tau}_{k-1}=\hat{\tau}$，将式(4-52)代入式(4-51)，可得

$$\begin{aligned}E[e(k)]&=E\left\{c_k\left[y\left(kT+\frac{T}{2}+\hat{\tau}\right)-y\left(kT-\frac{T}{2}+\hat{\tau}\right)\right]\right\}\\&=E\left\{c_k\left[\sum_i c_i h(k-i)+\frac{T}{2}+\hat{\tau}-\tau\right]-c_k\left[\sum_i c_i h(k-i)-\frac{T}{2}+\hat{\tau}-\tau\right]\right\}\\&=C_2\left[h\left(\frac{T}{2}-\delta\right)-h\left(-\frac{T}{2}-\delta\right)\right]\end{aligned}$$

可得

$$S(\delta)=C_2\left[h\left(\frac{T}{2}-\delta\right)-h\left(-\frac{T}{2}-\delta\right)\right]$$

其中，$\delta\triangleq\tau-\hat{\tau}$。当 $h(t)$ 是一个偶函数且在 $t=0$ 时取得最大值时，$S(\delta)$ 过原点且斜率为正，因此 $\delta=0$ 是一个稳定跟踪点。

2. 过零点定时误差估计算法

过零点检测(Zero-Crossing Detector,ZCD)定时误差检测算法是由 Gardner 提出的,因此也称为 Gardner 算法[9]。

$$e(k)=(\hat{c}_{k-1}-\hat{c}_k)y\left(kT-\frac{T}{2}+\hat{\tau}_{k-1}\right) \tag{4-53}$$

将 $t=kT-\frac{T}{2}+\hat{\tau}_{k-1}$ 代入式(4-52),则

$$y\left(kT-\frac{T}{2}+\hat{\tau}_{k-1}\right)=\sum_i c_i h\left[(k-i)T-\frac{T}{2}+\hat{\tau}_{k-1}-\tau\right]+n\left(kT-\frac{T}{2}+\hat{\tau}\right) \tag{4-54}$$

当定时误差同步环路达到稳态时,$\hat{\tau}_{k-1}=\hat{\tau}$、$\hat{c}_{k-1}=c_{k-1}$、$\hat{c}_k=c_k$,将式(4-54)代入式(4-53),并对 $e(k)$ 求数学期望,可得

$$S(\tau-\hat{\tau})=E[e(k)]=C_2\left[h\left(\frac{T}{2}-\delta\right)-h\left(-\frac{T}{2}-\delta\right)\right]$$

即

$$S(\delta)=C_2\left[h\left(\frac{T}{2}-\delta\right)-h\left(-\frac{T}{2}-\delta\right)\right]$$

可见,ZCD 算法的 S 曲线和 ELD 算法的 S 曲线完全相同[5],区别在 ELD 算法中采用的是定时间隔为 T 的采样数据,ZCD 算法使用间隔为 $T/2$ 的采样数据。

3. M&M 算法

M&M 算法[10](也称为 MMD 算法)也是一种闭环定时误差检测方法,表达式为

$$e(k)=\hat{c}_{k-1}y(kT+\hat{\tau}_k)-\hat{c}_k y[(k-1)T+\hat{\tau}_{k-1}] \tag{4-55}$$

在定时误差环路实现稳态时,有 $\hat{\tau}_k=\hat{\tau}_{k-1}=\tau$、$\hat{c}_{k-1}=c_{k-1}$、$\hat{c}_k=c_k$。将式(4-52)代入式(4-55),对定时误差 $e(k)$ 求数学期望可得 S 曲线表达式:

$$S(\delta)=c_2[h(T-\delta)-h(-T-\delta)]$$

其中,$\delta=\tau-\hat{\tau}$;$h(t)=g(t)*g(-t)$,是一个偶函数且在 $t=0$ 取最大值。$S(\delta)$ 过原点且有正的斜率,因此 $\delta=0$ 是一个稳态点。

4. 3 种近似算法性能比较

对于 ELD 算法,当误差同步环路达到稳态时,检测判决结果为真,即 $\hat{c}_k=c_k$。利用式(4-51)可得算法自噪声表达式:

$$\begin{aligned}
e_{\mathrm{SN}}&=c_k\left[y\left((k-i)T+\frac{T}{2}\right)-y\left((k-i)T-\frac{T}{2}\right)\right]\\
&=c_k\left\{\sum_i c_i h\left[(k-i)T+\frac{T}{2}\right]-\sum_i c_i h\left[(k-i)T-\frac{T}{2}\right]\right\}\\
&=c_k^2 h\left(\frac{T}{2}\right)-c_k^2 h\left(-\frac{T}{2}\right)
\end{aligned}$$

若 $h(t)$ 是奈奎斯特函数并且滚降系数为 1,满足下式,则

$$h(kT/2)=\begin{cases}1, & k=0\\ 1/2, & k=\pm 1\\ 0, & \text{其他}\end{cases}$$

所以 ELD 算法的自噪声为零。

对于 MMD 算法，自噪声表达式为

$$e_{SN}=\sum_i c_{k-1}c_i h[(k-i)T]-\sum_i c_k c_i h[(k-1-i)T]$$
$$=c_{k-1}^2 h(T)-c_k^2 h(-T)$$

由于 $h(t)$是奈奎斯特函数，$h(T)=h(-T)=0$，所以 MMD 算法自噪声也为零。

对于 ZCD 算法，自噪声为

$$e_{SN}=(c_{k-1}-c_k)\sum_i c_i h\left[(k-i)T-\frac{T}{2}\right]$$
$$=c_{k-1}^2 h\left(\frac{T}{2}\right)-c_k^2 h\left(-\frac{T}{2}\right)$$

当 $h(t)$满足奈奎斯特准则时，有 $h(T/2)=h(-T/2)$，所以上式可表示为

$$e_{SN}(k)=\frac{1}{2}(c_{k-1}^2-c_k^2)$$

图 4-23 给出了二进制、四进制和八进制 PAM(Pulse Amplitude Modulation)调制方式下在 $E_s/N_0=18\text{dB}$、滚降系数 $\alpha=0.5$ 时的 ZCD 算法的 S 曲线。图 4-24 和图 4-25 给出了二进制、四进制和八进制 PAM 调制方式下在 $E_s/N_0=18\text{dB}$、滚降系数 $\alpha=0.5$ 时 MMD 算法的 S 曲线。可见在四进制调制方式下，当定时误差大约为 $\pm T/3$ 时出现新的零点，这时将出现“锁死”效应，导致错误的定时误差同步结果。甚至在信噪比 E_s/N_0 提高时问题更严重。图 4-26 和图 4-27 给出了 $\alpha=0.75$ 和 $\alpha=0.25$ 两种滚降系数下，当 $B_L T=5\times10^{-3}$ 时二进制调制的归一化跟踪定时误差$(\tau-\hat{\tau})/T$ 的方差 σ^2。可以发现，对于 ELD 算法，不论滚降系数大小，方差不会随信噪比的增加而减小。对于 MMD 算法，低滚降系数下不论信噪比高低，反而更接近 MCRB。ZCD 算法在高滚降系数下性能较接近 MCRB，而在高滚降系数下性能较接近 MCRB，在低滚降系数下，高信噪比时方差出现了平台效应。总地来说，MMD 算法具有更优的同步性能。

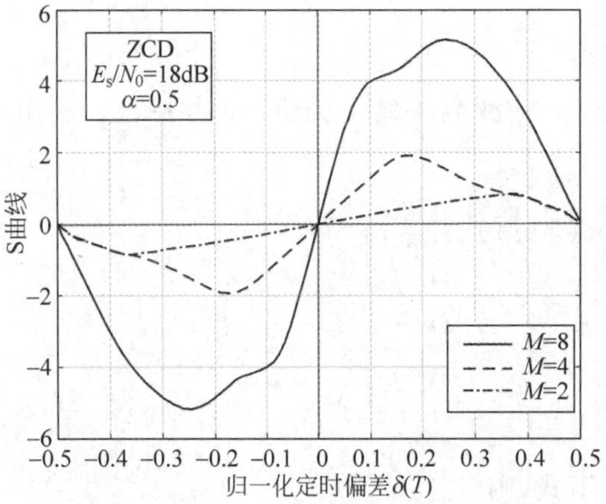

图 4-23 ZCD 定时误差检测的 S 曲线

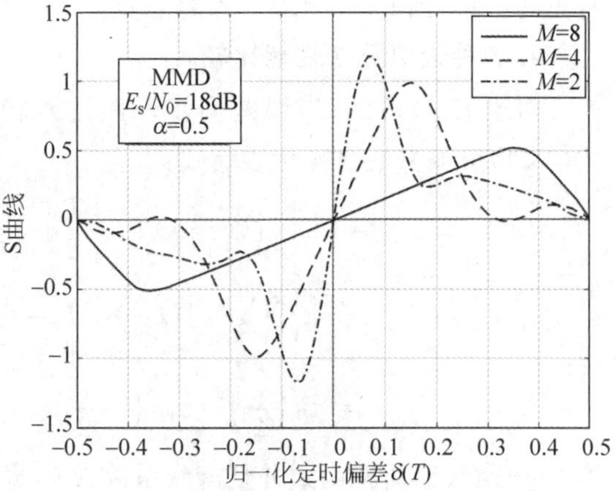

图 4-24 SNR=18dB 时 MMD 定时误差检测的 S 曲线

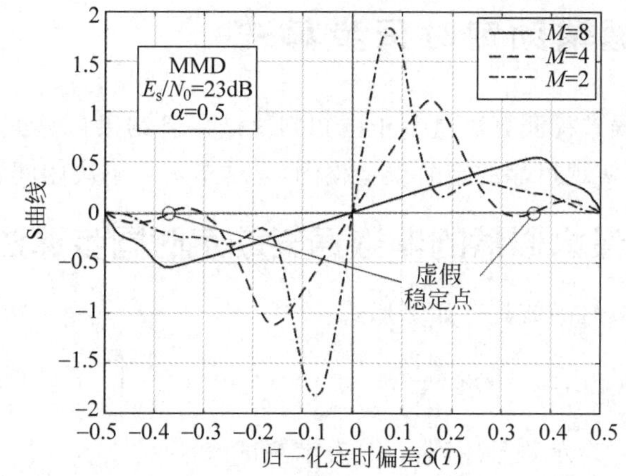

图 4-25　SNR＝23dB 时 MMD 定时误差检测的 S 曲线

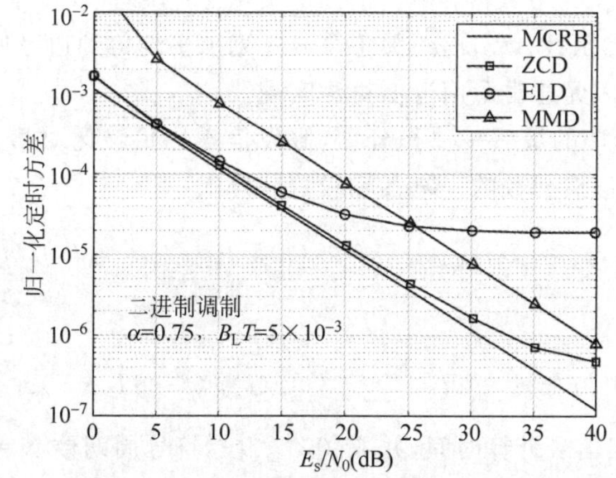

图 4-26　$\alpha=0.75$ 时 ELD、ZCD、MMD 定时误差检测算法性能比较

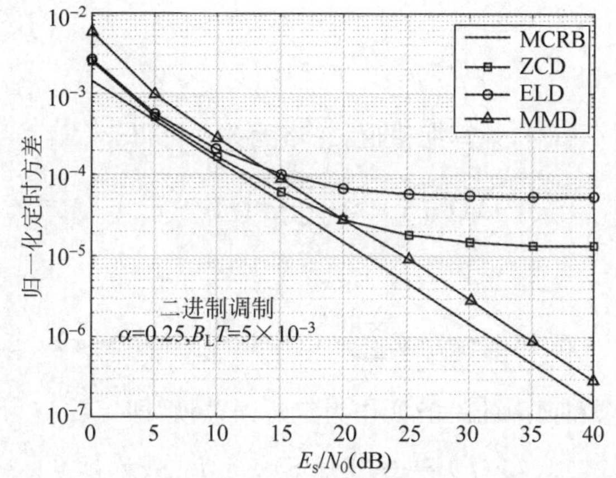

图 4-27　$\alpha=0.25$ 时 ELD、ZCD、MMD 定时误差检测算法性能比较

4.5 非数据辅助定时同步算法

前面介绍的定时误差检测算法是基于已知判决结果且结果可靠的情况下，当无法获得可靠判决结果时，如何实现可靠的定时误差检测，是本节需要解决的问题。

4.5.1 基于最大似然的非数据辅助定时同步算法

关于定时误差的似然函数具有如下形式：

$$\Lambda(\boldsymbol{r} \mid \tilde{\tau},\tilde{\boldsymbol{c}}) = \exp\left\{\frac{2}{N_0}\int_0^{T_0} r(t)\tilde{s}(t)\mathrm{d}t - \frac{1}{N_0}\int_0^{T_0}\tilde{s}^2(t)\mathrm{d}t\right\} \tag{4-56}$$

其中，$\tilde{\boldsymbol{c}} \triangleq [\tilde{c}_0,\tilde{c}_1,\tilde{c}_2,\cdots]$表示符号序列，$\tilde{s}(t)$表示测试信号

$$\tilde{s}(t) \triangleq \sum_i \tilde{c}_i g(t - iT - \tilde{\tau})$$

本节算法要求在不受符号数据影响的前提下实现定时误差估计。因此在进行似然函数最大化之前，需要先对似然函数$\Lambda(\boldsymbol{r}|\tilde{\tau},\tilde{\boldsymbol{c}})$关于符号序列求平均得到边缘似然函数$\Lambda(\boldsymbol{r}|\tilde{\tau})$。但是这一过程难以实现，因此通常采用近似算法实现。

首先去除式(4-56)中的最后一项积分项，假设信噪比足够低对第一积分项进行一阶泰勒级数展开，可得对数似然函数的一阶泰勒级数展开式：

$$\Lambda(\boldsymbol{r} \mid \tilde{\tau},\tilde{\boldsymbol{c}}) \approx 1 + \frac{2}{N_0}\int_0^{T_0} r(t)\tilde{s}(t)\mathrm{d}t + \frac{2}{N_0^2}\left[\int_0^{T_0} r(t)\tilde{s}(t)\mathrm{d}t\right]^2 \tag{4-57}$$

代入式(4-56)可得

$$\int_0^{T_0} r(t)\tilde{s}(t)\mathrm{d}t = \sum_i \tilde{c}_i \int_0^{T_0} r(t) g(t - iT - \tilde{\tau})\mathrm{d}t$$

扩展匹配滤波输出信号计算时间，并取$[0,T_0]$段，符号周期数$N=T_0/T$，则

$$\int_0^{T_0} r(t)\tilde{s}(t)\mathrm{d}t \approx \sum_{i=0}^{N-1}\tilde{c}_i y(iT + \tilde{\tau}) \tag{4-58}$$

其中，

$$y(t) = \int_{-\infty}^{\infty} r(\xi) g(\xi - t)\mathrm{d}\xi$$

将式(4-58)代入式(4-57)，计算期望值，忽略无关项可得[9][11]：

$$\Lambda(\boldsymbol{r} \mid \tilde{\tau}) \approx \sum_{i=0}^{N-1} y^2(iT + \tilde{\tau})$$

求导后，得

$$\Lambda'(\boldsymbol{r} \mid \tilde{\tau}) \approx 2\sum_{i=0}^{N-1} y(iT + \tilde{\tau}) y'(iT + \tilde{\tau})$$

令$\tilde{\tau} = \hat{\tau}_k$，把上式求和项中的一般项作为定时误差项，即

$$e(k) \triangleq y(iT + \tilde{\tau}) y'(iT + \tilde{\tau}) \tag{4-59}$$

可以构建定时估计递推公式：

$$\hat{\tau}_{k+1} = \hat{\tau}_k + \gamma e(k)$$

通过比较式(4-59)和基于判决反馈的定时误差检测算法式(4-42)，可将符号判决结果

$\hat{c}_k$ 替换为匹配滤波器输出 $y(kT+\hat{\tau}_k)$。

与 4.4.2 节中近似定时误差计算方法类似，将式中的微分项使用信号差值代替，可得：

$$e(k)=y(kT+\tilde{\tau}_k)[y(kT+T/2+\tilde{\tau}_k)-y(kT-T/2+\tilde{\tau}_k)]$$

与式(4-51)的 ELD 算法对比可知，两种的定时误差算法形式相同，上式只是非数据辅助的 ELD 算法，可记为 NDA-ELD 算法。

4.5.2 Gardner 定时同步算法

文献[12]提出的 Gardner 算法也是一种非数据辅助 ELD 算法，虽然其最初设计应用环境是已调制信号，但也可用于基带信号定时处理。Gardner 定时误差检测算法与数据辅助 ZCD 算法误差估计公式形式一致，只是利用匹配滤波采样值 $y(t)$ 替换判决符号信息 $\hat{c}_k$、$\hat{c}_{k-1}$：

$$e(k)=\{y[(k-1)T+\tilde{\tau}_{k-1}]-y(kT+\tilde{\tau}_k)\}y(kT-T/2+\tilde{\tau}_{k-1}) \tag{4-60}$$

算法实现框图如图 4-28 所示。

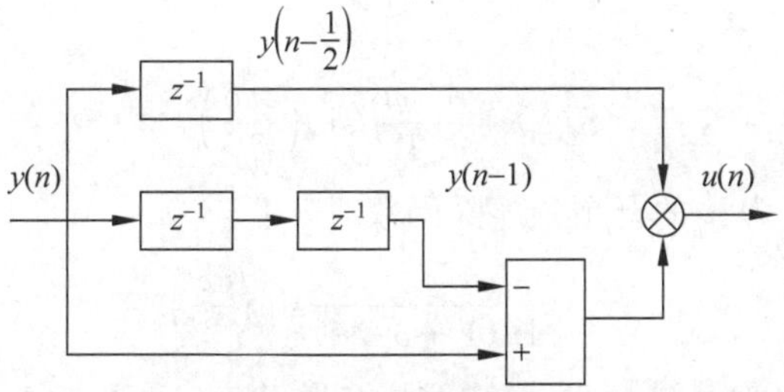

图 4-28 Gardner 算法实现框图

虽然 Gardner 算法与 NDA-ELD 算法有相似的误差估计公式，相同的 S 曲线，但二者同步性能不同。Gardner 算法的自噪声更低。证明过程如下：令 $\hat{\tau}_k=\hat{\tau}_{k-1}=\hat{\tau}$，式(4-60)可改写为

$$S(\delta)=C_2\sum_i h(iT-T/2-\delta)h(iT-T-\delta)-$$

$$C_2\sum_i h(iT-\delta)h(iT-T/2-\delta) \tag{4-61}$$

由泊松求和公式[7]：

$$\sum_i w(iT)=\frac{1}{T}\sum_m W\left(\frac{m}{T}\right)$$

其中，$x(t)$是有限能量信号；$X(f)$是 $x(t)$的傅里叶变换。由于 $h(t)h\left(t-\frac{T}{2}-\delta\right)$ 的傅里叶变换为

$$H(f)\triangleq\int_{-\infty}^{\infty}H(v)H(f-v)\mathrm{e}^{-\mathrm{j}\pi vT}\mathrm{d}v$$

所以

$$\sum_i h(iT-\delta)h(iT-T/2-\delta)=\frac{1}{T}\sum_m H_2\left(\frac{m}{T}\right)\mathrm{e}^{-\mathrm{j}2\pi m\delta/T} \tag{4-62}$$

假设信号带宽小于 $1/T$，即当$|f|\geqslant 1/T$ 时 $H(f)=0$。因此除了 $m=0$ 和 $m=\pm 1$ 时 $H(m/T)$不为零，由式(4-62)可推得：

$$\sum_{i} h(iT-\delta)h(iT-T/2-\delta)=\frac{1}{T}H_2(0)+\frac{2}{T}\mathrm{Re}\left[H_2\left(\frac{1}{T}\right)\mathrm{e}^{-\mathrm{j}2\pi\delta/T}\right] \tag{4-63}$$

另有

$$\sum_{i} h(iT-T/2\delta)h(iT-T-\delta)=\frac{1}{T}H_2(0)-\frac{2}{T}\mathrm{Re}\left[H_2\left(\frac{1}{T}\right)\mathrm{e}^{-\mathrm{j}2\pi\delta/T}\right] \tag{4-64}$$

将式(4-63)、式(4-64)代入式(4-61)，则

$$S(\delta)=-\frac{4C_2}{T}\mathrm{Re}\left[H_2\left(\frac{1}{T}\right)\mathrm{e}^{-\mathrm{j}2\pi\delta/T}\right] \tag{4-65}$$

可以证明：

$$H_2\left(\frac{1}{T}\right)=-\mathrm{j}K$$

其中，

$$K\triangleq\int_{-\infty}^{\infty}H_2\left(\frac{1}{2T}+f\right)H_2\left(\frac{1}{2T}-f\right)\cos(\pi fT)\mathrm{d}f$$

代入式(4-65)可得

$$S(\delta)=\frac{4C_2K}{T}\sin\left(\frac{2\pi\delta}{T}\right) \tag{4-66}$$

当 $h(t)$ 为滚降系数为 α 的升余弦滚降函数时，则

$$K=\frac{1}{4\pi(1-\alpha^2/4)}\sin\left(\frac{\pi\alpha}{2}\right)$$

由式(4-66)可见，$S(\delta)$是周期为 T 的正弦波形，$\delta=0$ 是其一个上交点。当滚降系数 α 很小时，K 将变得很小，S 曲线正斜率段的斜率值很小，环路增益很低，导致同步性能大大下降，此时 Gardner 算法不再适用。因此 Gardner 算法不适用于窄带信号的定时误差检测。

4.5.3 Gardner 定时同步算法和 NDA-ELD 算法比较

图 4-29 和图 4-30 分别给出了滚降系数为 $\alpha=0.75$ 和 $\alpha=0.25$，当 $B_L T=5\times10^{-3}$ 时二进制调制情况下，Gardner 算法和 NDA-ELD 算法的归一化定时误差$(\tau-\hat{\tau}_k)/T$ 方差与信噪比 E_s/N_0 的关系曲线。可见，对于较大的滚降系数，Gardner 算法的同步性能优于 NDA-ELD 算法；但在较小的滚降系数下，Gardner 算法和 NDA-ELD 算法同步性能都较差。

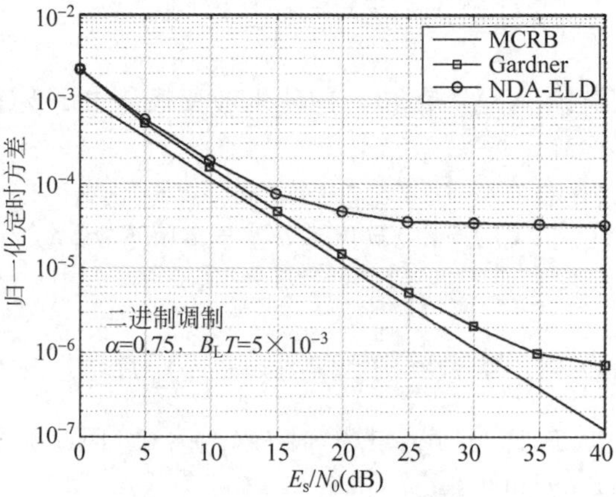

图 4-29 $\alpha=0.75$ 时 NDA-ELD、Gardner 定时误差检测算法性能比较

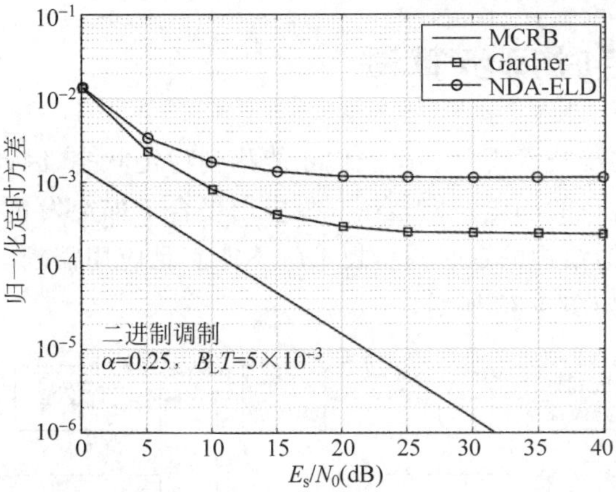

图 4-30　$\alpha=0.25$ 时 NDA-ELD、Gardner 定时误差检测算法性能比较

Gardner 算法同步性能下降的原因是自噪声的增加。为了改善其性能，D. Andrea 和 Luise 提出了采用预置滤波技术消除定时抖动提高定时同步性能[13]。定时误差反馈同步环路结构如图 4-31 所示。其中，前置滤波器是一个多抽头 FIR 滤波器，基本原理是通过优化抽头系数降低跟踪误差的方差，详细介绍参见文献[13]。

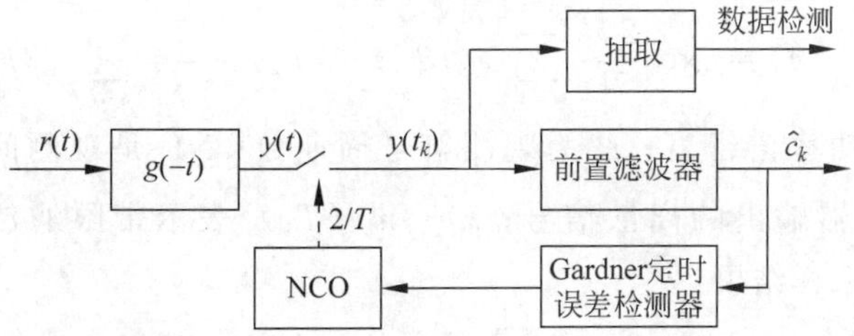

图 4-31　含预置滤波器的使用 Gardner 算法的定时误差检测结构框图

图 4-32 采用 Gardner 算法在有无预置滤波器情况下的定时误差同步性能比较给出了滚降系数为 $\alpha=0.25$，$B_LT=5\times10^{-3}$，二进制调制情况下，利用预置滤波 Gardner 算法与传统 Gardner 算法的归一化方差与信噪比 E_s/N_0 的关系曲线。由图 4-32 可知，采用预置滤波器的 Gardner 算法的同步性能更接近 MCRB。

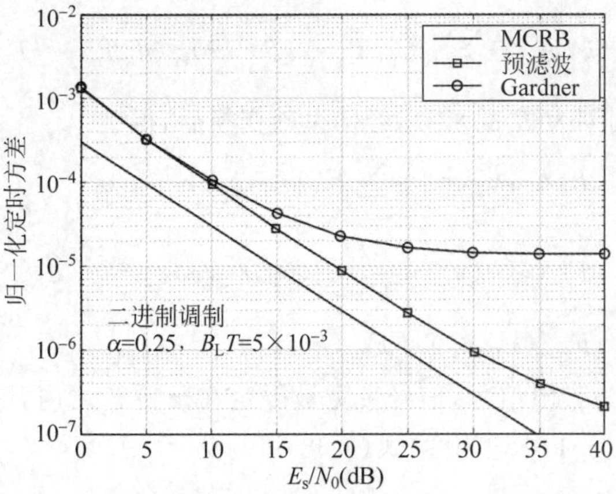

图 4-32　采用 Gardner 算法在有无预置滤波器情况下的定时误差同步性能比较

4.6 前馈定时同步算法

反馈结构的定时同步技术需要多次迭代才能达到稳定状态，因此同步时间长是反馈结构定时同步技术不可避免的问题。但是在一些应用场合下如突发传输模式下，接收机需要快速实现定时同步，反馈结构的定时同步技术就不能满足应用需求。此时需要使用前馈定时同步算法，实现方法如图 4-33 所示。

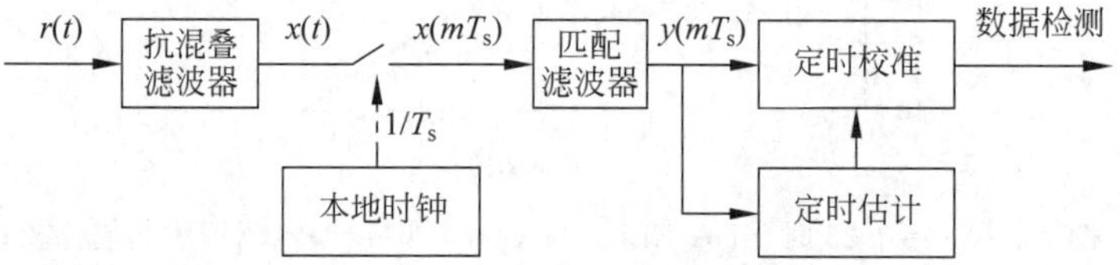

图 4-33　前馈定时估计实现框图

4.6.1 基于最大似然的非数据辅助前馈定时同步算法

假设载波理想同步，未知参数只有定时误差 τ 和符号数据 c_i，似然函数可表示为：

$$\Lambda(\boldsymbol{x}\mid\tilde{\tau},\tilde{\boldsymbol{c}})=\exp\left\{\frac{2T_s}{N_0}\sum_{k=0}^{\mathrm{NL}_0-1}x(kT_s)\tilde{s}(kT_s)-\frac{T_s}{N_0}\sum_{k=0}^{\mathrm{NL}_0-1}\tilde{s}^2(kT_s)\right\}$$

其中，$N_0/2$ 是噪声功率谱密度；L 为观测符号周期数；NL 是观测间隔内的采样次数；$x(kT_s)$是匹配滤波器输出的离散信号；$\boldsymbol{x}\triangleq\{x(kT_s)\}$表示带限滤波器的输出采样值；$\tilde{s}(kT_s)$是对下式的采样结果：

$$\tilde{s}(t)\triangleq\sum_i\tilde{c}_i g(t-iT-\tilde{\tau})$$

由于$\Lambda(\boldsymbol{x}\mid\tau,\tilde{\boldsymbol{c}})$中含有未知数据符号分量，因此需要对$\tilde{\boldsymbol{c}}$ 取期望。经过简化处理后可得

$$\Lambda(\boldsymbol{x}\mid\tilde{\tau})\approx\sum_{k_1=0}^{\mathrm{NL}_0-1}\sum_{k_2=0}^{\mathrm{NL}_0-1}x(k_1T_s)x(k_2T_s)F(k_1,k_2,\tilde{\tau})\tag{4-67}$$

定义

$$F(k_1,k_2,\tilde{\tau})\triangleq\sum_i g(k_1T_s-iT-\tilde{\tau})g(k_2T_s-iT-\tilde{\tau})$$

上式是一个关于 $\tilde{\tau}$ 的周期为 T 的函数，经傅里叶变换后，得

$$F(k_1,k_2,\tilde{\tau})\triangleq\sum_m F_m(k_1,k_2)\mathrm{e}^{\mathrm{j}2\pi m\tilde{\tau}/T}\tag{4-68}$$

$$F_m(k_1,k_2)=\frac{1}{T}\int_0^T F(k_1,k_2,\tilde{\tau})\mathrm{e}^{-\mathrm{j}2\pi m\tilde{\tau}/T}\mathrm{d}\tilde{\tau}$$

$$F_{-m}(k_1,k_2)=F_m^*(k_1,k_2)$$

由于 $F(k_1,k_2,\tilde{\tau})$为带限信号，信号带宽被限定在$\pm1/T$ 之内，因此傅里叶变换的系数项 $F_m(k_1,k_2)$除 $m=0,\pm1$ 外均为零，式(4-68)可写为

$$F(k_1,k_2,\tilde{\tau})=F_0(k_1,k_2)+2\mathrm{Re}\{F_1(k_1,k_2)\mathrm{e}^{\mathrm{j}2\pi\tilde{\tau}/T}\}$$

代入式(4-67),去除无关常数项可得

$$\Lambda(\boldsymbol{x} \mid \tilde{\tau}) \approx \mathrm{Re}\left\{\mathrm{e}^{\mathrm{j}2\pi\tilde{\tau}/T}\sum_{k_1=0}^{\mathrm{NL}_0-1}\sum_{k_2=0}^{\mathrm{NL}_0-1}x(k_1T_s)x(k_2T_s)F_1(k_1,k_2)\right\}$$

最大化上式后可得定时估计公式:

$$\hat{\tau} = -\frac{T}{2\pi}\arg\left\{\sum_{k_1=0}^{\mathrm{NL}_0-1}\sum_{k_2=0}^{\mathrm{NL}_0-1}x(k_1T_s)x(k_2T_s)F_1(k_1,k_2)\right\} \tag{4-69}$$

其中,

$$F_1(k_1,k_2) = \frac{1}{T}q[(k_1-k_2)T_s]\mathrm{e}^{-\mathrm{j}\pi(k_1+k_2)/N} \tag{4-70}$$

$F_1(k_1,k_2)$的傅里叶变换为

$$Q(f) = G\left(f-\frac{1}{2T}\right)G^*\left(f+\frac{1}{2T}\right) \tag{4-71}$$

已知根升余弦函数的傅里叶变换为

$$G(f) = \begin{cases} \sqrt{T}, & |f| \leqslant \dfrac{1-\alpha}{2T} \\ \sqrt{T}\cos\left[\dfrac{\pi}{4\alpha}(|2fT|-1+\alpha)\right], & \dfrac{1-\alpha}{2T} < |f| \leqslant \dfrac{1+\alpha}{2T} \\ 0, & \text{其他} \end{cases}$$

代入式(4-71),据此可得$Q(f)$的傅里叶逆变换$q(t)$为

$$q(t) = \frac{\alpha}{\pi}\cdot\frac{\cos(\pi\alpha t/T)}{1-(2\alpha t/T)^2}$$

将式(4-70)代入式(4-69)得

$$\hat{\tau} = -\frac{T}{2\pi}\arg\left\{\sum_{k=0}^{\mathrm{NL}_0-1}y(kT_s)z(kT_s)\right\} \tag{4-72}$$

其中,

$$y(kT_s) \triangleq x(kT_s)\mathrm{e}^{-\mathrm{j}\pi k/N}$$

$$z(kT_s) \triangleq y(k_2T_s)q[(k-k_2)T_s] \tag{4-73}$$

从式(4-72)可知,$Q(f)$的求值区间为$\pm\alpha/(2T)$,α是$G(f)$的滚降系数。图4-34给出了不同滚降系数下$q(t)$的波形,α越大,主瓣区间越小,通常只有若干符号周期。但观测区间通常远大于符号周期T,因此将式(4-73)的求和区间扩展到$-\infty\sim+\infty$,式(4-73)右边可视为$y(kT_s)$经$q(kT_s)$的滤波输出。再将滤波器右移ND位(等效于将$q(t)$右移ND秒,可参照图4-35),此时滤波输出变为

$$z[(k-\mathrm{ND})T_s] = y(kT_s) * q[(k-\mathrm{ND})T_s]$$

式(4-72)改写为

$$\hat{\tau} = -\frac{T}{2\pi}\arg\left\{\sum_{k=\mathrm{ND}}^{N(L_0+D)-1}y[(k-\mathrm{ND})T_s]z[(k-\mathrm{ND})T_s]\right\}$$

图4-35给出了对应的定时估计算法实现框图。

4.6.2 O&M前馈定时同步算法

Oerder和Meyr[6]提出的O&M算法也是一种前馈定时同步算法,图4-36给出了

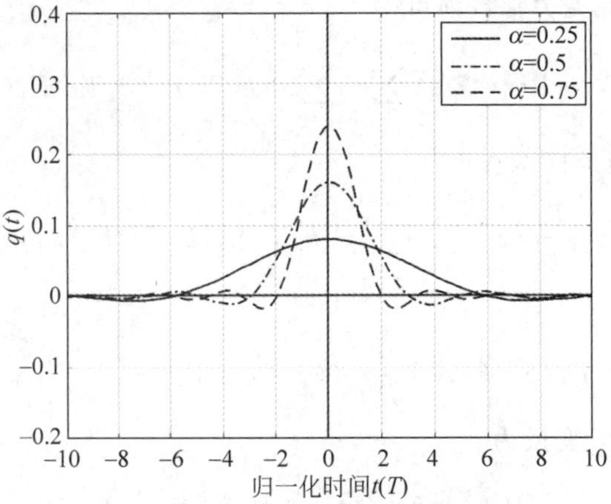

图 4-34 滚降余弦脉冲函数

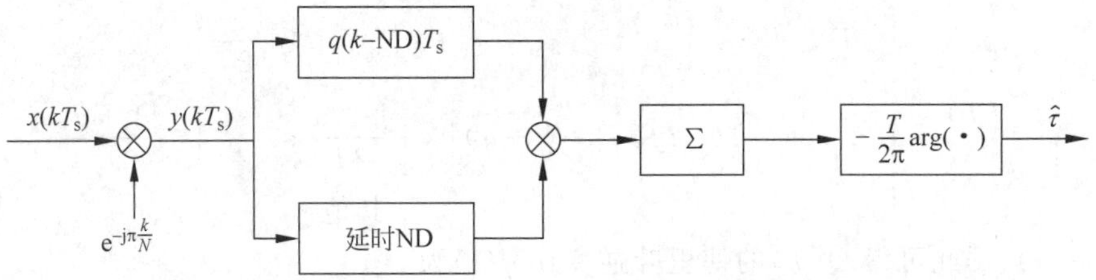

图 4-35 基于最大似然的算法实现框图

O&M 算法的结构框图。$x(kT_s)$是低通滤波器的采样输出。与前面基于最大似然的前馈定时同步算法相同的是采样速率均是符号速率的 N 倍，不同的是 O&M 算法要求 $N=4$，4.6.1 节的算法要求 $N=2$。

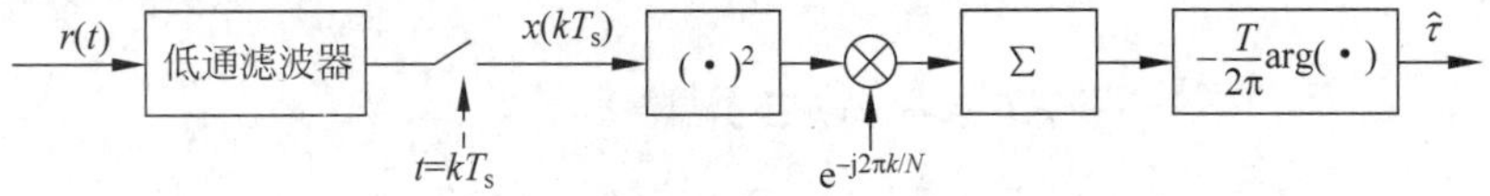

图 4-36 O&M 定时估计器结构框图

定时误差估计式为

$$\hat{\tau}=-\frac{T}{2\pi}\arg\left\{\sum_{k=0}^{NL_0-1}x^2(kT_s)\mathrm{e}^{-\mathrm{j}2\pi k/N}\right\}$$

其中，L_0 表示积分窗口符号周期数。

算法的估计精度取决于观测间隔长度 L_0、信噪比 E_s/N_0 和滚降系数 α。文献[6][14]给出了前馈估计器的归一化定时误差$(\tau-\hat{\tau})/T$ 方差：

$$\sigma^2=\frac{1}{L_0}\left[K_{SS}+K_{SN}\left(\frac{E_s}{N_0}\right)^{-1}+K_{NN}\left(\frac{E_s}{N_0}\right)^{-2}\right]$$

其中，K_{SS}、K_{SN}、K_{NN} 均为系数项。

图 4-37、图 4-38、图 4-39 给出了两种前馈定时误差同步算法的仿真对比结果。可见，当滚降系数 $\alpha=0.75$ 时，基于最大似然的前馈定时同步算法和 O&M 算法的估计精度都比较高，在信噪比为 30dB 以下时均达到了接近 MCRB 的估计精度。当 $\alpha=0.25$ 时，O&M 算法

要逊于最大似然前馈定时同步算法，这是自噪声增大的造成的。这一问题通过增大调制阶数 $M=8$ 在图 4-39 中得到了验证。

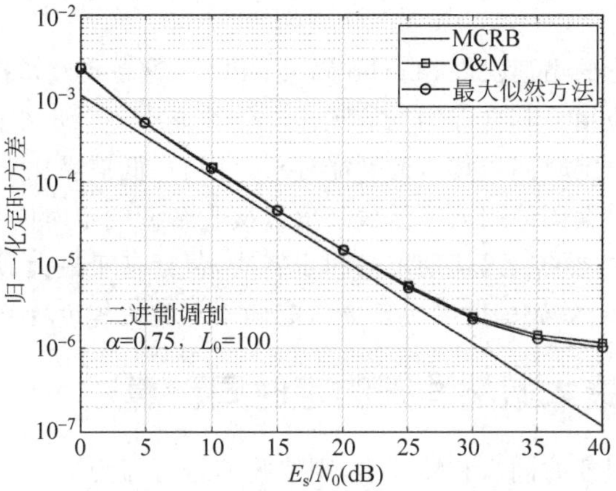

图 4-37 滚降系数 $\alpha=0.75$ 时两种算法的归一化方差随信噪比变化曲线

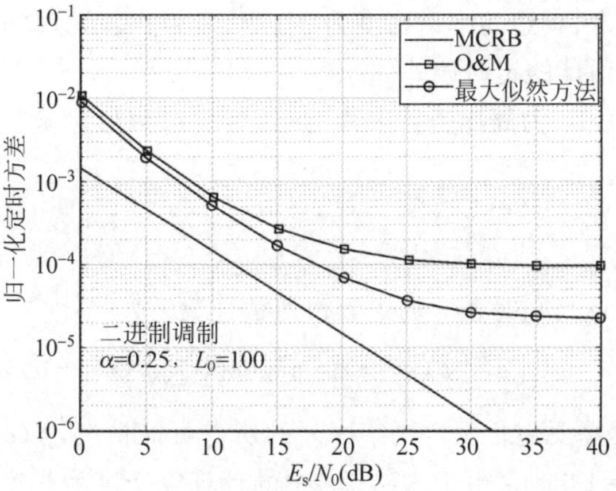

图 4-38 滚降系数 $\alpha=0.25$，二进制调制时两种算法的归一化方差随信噪比变化曲线

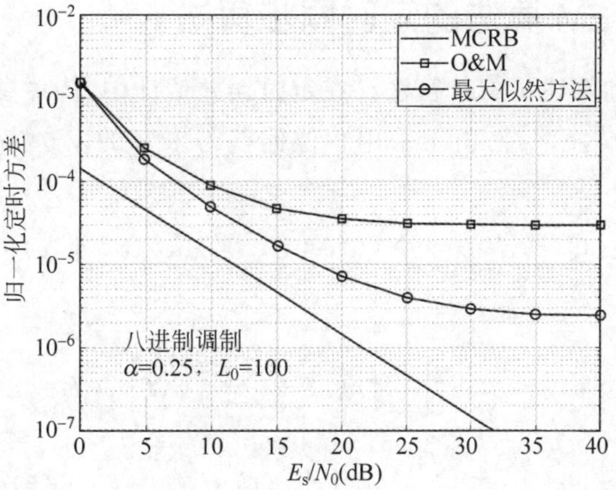

图 4-39 滚降系数 $\alpha=0.25$，八进制调制时两种算法的归一化方差随信噪比变化曲线

4.7 编码辅助定时同步算法

随着信道编码理论的迅速发展,Turbo 码、LDPC 码等高效差错控制编码在现代卫星数字通信中获得了广泛应用。其良好的低信噪比工作性能为进一步拓展通信系统应用范围提供了可能。通过前面对定时同步技术的性能分析,可知在低信噪比下同步性能会显著下降,因此需要研究复杂信道编码体制下卫星数字信号接收解调的定时同步问题。

本节将讨论几种主要的编码辅助定时同步算法,包括基于最大似然准则的定时同步、基于 EM 算法的定时同步、编码辅助判决反馈定时同步和编码辅助梯度定时同步算法。

4.7.1 基于最大似然准则的定时同步算法

假设已经实现理想载波同步和帧同步,则接收信号可写为

$$r(t)=\sum_{k=0}^{N}c_k g(t-kT-\tau)+n(t)$$

其中,$n(t)$为高斯白噪声,单边功率谱密度为 $N_0/2$。$g(t)$表示脉冲成形滤波函数,τ 为信道延时,也就是本节需要估计的定时偏差。

对接收信号进行以 T_s 为周期进行采样,并计算其对数似然函数,去除与定时偏差无关的变量,得到

$$\ln p(\boldsymbol{r}\mid\boldsymbol{c},\tau)\propto\mathrm{Re}\left\{\sum_{k=0}^{N-1}c_k^{*}y_k(\tau)\right\}\tag{4-74}$$

矢量 $\boldsymbol{r}$ 代表模拟信号 $r(t)$,则时延 τ 的最大似然估计为

$$\hat{\tau}_{\mathrm{ML}}=\underset{\tau}{\arg\max}\, p(\boldsymbol{r}\mid\tau)=\underset{\tau}{\arg\max}\sum_{\boldsymbol{c}}p(\boldsymbol{r}\mid\tau)p(\boldsymbol{c})\tag{4-75}$$

上式(4-75)中的求和运算要包括发送码字序列的所有可能情况,$p(\boldsymbol{a})$表示发送码字序列的先验概率,通常 $p(\boldsymbol{a})=1/2^{NR}$。由于式(4-74)中的计算复杂度为长度 N 的指数,所以,这种最大似然估计定时误差的方法在实际中不会用到。

4.7.2 基于 EM 算法的定时同步算法

第 3 章中已经详细阐述了 EM 算法。在定时误差估计中,待估参数为时延 τ,完整数据集为 $Z(\boldsymbol{r})=\{\boldsymbol{z}:\boldsymbol{z}=[\boldsymbol{r}^{\mathrm{T}},\boldsymbol{c}^{\mathrm{T}}]^{\mathrm{T}}\}$,由于采用相位偏差与未知的发送序列相互独立,所以 EM 算法中的 E 步为

$$Q(\tau,\hat{\tau}^{(n)})=\sum_{\boldsymbol{c}}p(\boldsymbol{c}\mid\boldsymbol{r},\hat{\tau}^{(n)})\ln p(\boldsymbol{c}\mid\boldsymbol{r},\tau)\tag{4-76}$$

其中,

$$\begin{aligned}\ln p(\boldsymbol{c}\mid\boldsymbol{r},\tau)&\propto-\int_{-\infty}^{\infty}\left|r(t)-\sum_{k=0}^{N-1}c_k g(t-kT-\tau)\right|^2\mathrm{d}t\\&\propto\sum_{k=0}^{N-1}R\left\{c_k\int_{-\infty}^{\infty}r(t)g^{*}(t-kT-\tau)\mathrm{d}t\right\}\end{aligned}\tag{4-77}$$

图 4-40 是信噪比分别为 1dB、2dB、3dB 和 6dB 时,$Q(\tau,\hat{\tau}^{(n)})$函数随定时误差 τ 的变化

曲线，T 表示符号周期，每个符号周期 80 个采样点。从图 4-40 中可以看出，$Q(\tau,\hat{\tau}^{(n)})$ 会随着定时误差的变大迅速变小，而且随着信噪比的提高，这种变化趋势愈加明显。

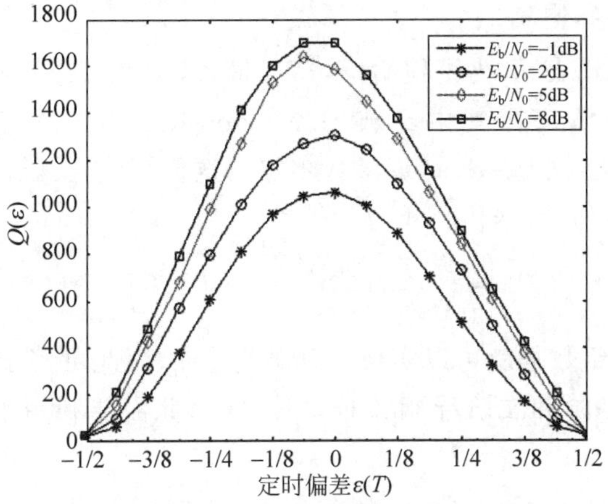

图 4-40 $Q(\tau,\hat{\tau}^{(n)})$随定时偏差 ε 变化曲线（$\tau=\varepsilon T$）

将式(4-77)代入到式(4-76)中，则 EM 步骤中的 M 步可以写为

$$\hat{\tau}^{(n+1)}=\underset{\tau}{\arg\max}\sum_{k}^{N-1}\mathrm{Re}\{\eta_k(\hat{\tau}^{(n)})y(kT+\tau)\}$$

其中，$y(kT+\tau)$是经过匹配滤波器之后在时间点 $kT+\tau$ 的采样值，则

$$y(kT+\tau)=\int_{-\infty}^{\infty}r(t)g^*(t-kT-\tau)\mathrm{d}t$$

且 $\eta_k(\hat{\tau}^{(n)})=\sum c\times p(c_k=c\mid \boldsymbol{r},\hat{\tau}^{(n)})$ 为第 k 个符号的后验概率期望，用来计算期望的数据符号的边缘概率密度函数（A Posteriori Probabilities，APP）$p(c_k=c\mid \boldsymbol{r},\hat{\tau}^{(n)})$通过译码得到。由此得到的估计被称作基于 EM 的码辅助估计。若是数据符号中含有导频或者训练序列，则相应的边缘概率密度函数就变成笛卡儿分布，因此基于 EM 的码辅助估计算法也可以看作是基于训练序列的一种扩展。

对于基于 EM 的码辅助定时误差估计也可以不利用译码特性，此时边缘后验概率 $p(c_k=c\mid \boldsymbol{r},\hat{\tau}^{(n)})$可以写为

$$p(c_k=c\mid \boldsymbol{r},\hat{\tau}^{(n)})=\frac{p[y(kT+\hat{\tau}^{(n)}\mid c_k=c,\hat{\tau}^{(n)})]}{\sum\limits_{\hat{c}\in\{1,-1\}}p[y(kT+\hat{\tau}^{(n)}\mid c_k=\hat{c},\hat{\tau}^{(n)})]}$$

对于后验概率 $p(c_k=c\mid \boldsymbol{r},\hat{\tau}^{(n)})$的求解，同样采用对数似然比形式，设调制方式为 BPSK，则有

$$p(c_k\mid \boldsymbol{r},\tau^{(n)})=\begin{cases}\dfrac{\mathrm{e}^{L_k}}{1+\mathrm{e}^{L_k}}, & c_k=1\\[2ex] \dfrac{1}{1+\mathrm{e}^{L_k}}, & c_k=-1\end{cases}$$

那么 $\eta_k(\boldsymbol{r},\hat{\tau}^{(n)})$可以表示为

$$\eta_k^*(\boldsymbol{r},\tau^{(n)})=\left\{\frac{\mathrm{e}^{L_k}-1}{1+\mathrm{e}^{L_k}}\right\}^*=\tanh^*\left(\frac{L_k}{2}\right)$$

其中，L_k 表示译码输出软信息。

但 $y_k(\tau)$很难用闭式表示，为了使 $Q(\tau,\hat{\tau}^{(n)})$最大，文献[15]提出了 4 种实现方案并进行了优缺点对比。本书选择其中经典的 Newton-Raphson 逼近方法作为实现方案。Newton-Raphson(NR)算法是一种计算函数零点的迭代算法，文献[16]中正式采用 NR 算法实现了定时同步误差估计，迭代公式为

$$\tau^{(n)}=\tau^{(n-1)}-\left(\frac{\partial Q}{\partial\tau}\right)_{\tau=\tau^{(n-1)}}\left(\frac{\partial^2 Q}{\partial\tau^2}\right)^{-1}_{\tau=\tau^{(n-1)}} \tag{4-78}$$

NR 逼近仅利用一组数据就可以实现定时误差估计，因此可用于短时突发通信系统中。式(4-78)中 Q 函数的一阶和二阶导函数难以计算，因此需要利用中心有限差分定理进行近似：

$$\frac{\partial Q}{\partial\tau}\approx\frac{Q(\tau+\gamma)-Q(\tau-\gamma)}{2\gamma}$$

$$\frac{\partial^2 Q}{\partial\tau^2}\approx\frac{\dfrac{\partial Q(\tau+\gamma/2)}{\partial\tau}-\dfrac{\partial Q(\tau-\gamma/2)}{\partial\tau}}{\gamma}=\frac{Q(\tau+\gamma)-2Q(\tau)+Q(\tau-\gamma)}{\gamma^2}$$

其中，$Q(\tau+\gamma)$、$Q(\tau-\gamma)$可以采用插值滤波器实现，γ 为一个尽量小的数，γ 的数值越小，估计出的导数值越精确，但是 γ 值越小，要求插值滤波器的精度越高，滤波器的复杂度越高，因此这里取为 0.05。

4.7.3 编码辅助梯度定时同步算法

$\boldsymbol{c}$ 经成形滤波器滤波之后，送入加性高斯白噪声(AWGN)信道。在接收端，接收信号可以表示为

$$r(t)=\sqrt{E_s}\sum_k c_k g(t-kT)+n(t)$$

其中，$E_s=E_b/R$ 为符号能量，R 为码率。$n(t)$为信道的加性高斯白噪声，$g(t)$为能量归一化的成形滤波器，周期为 T。

对接收信号 $r(t)$进行采样，采样周期为 $T_s=T/2$，然后将信号送入匹配滤波器，由前面的分析可知，匹配滤波器可以采用根升余弦滤波器，滚降系数 α 设为 0.35。对经过匹配滤波器后的输出信号进行 2 倍过采样，选择估计的最佳采样时刻，得到 $r(k)$表示如下：

$$y_k=r_k(\tau)=\alpha(\tau)\sqrt{E_s}a_k+n_k(\tau) \tag{4-79}$$

其中，$\alpha(\tau)$为在信道有时延时的等效信道衰减，因为采样点不在匹配滤波器的输出峰值位置。$n(k)$表示存在符号采样误差时的等效噪声，包含信道中的 AWGN 噪声和由于符号采样误差产生的码间干扰(Inter Symbol Interference，ISI)。在低信噪比时，码间干扰所带来的噪声可以认为满足零均值的高斯分布，所以 $n(k)$仍可看作是高斯噪声。

由式(4-79)可以看出，由于存在采样相位偏差，使得有用信号的功率降低，相反却由于

码间干扰使得噪声加强,进而接收端采样得到的信号的信噪比降低,更造成了系统性能的恶化,不仅减慢译码迭代的收敛,更影响译码性能。对于定时估计模块的原理图如图 4-41 所示。

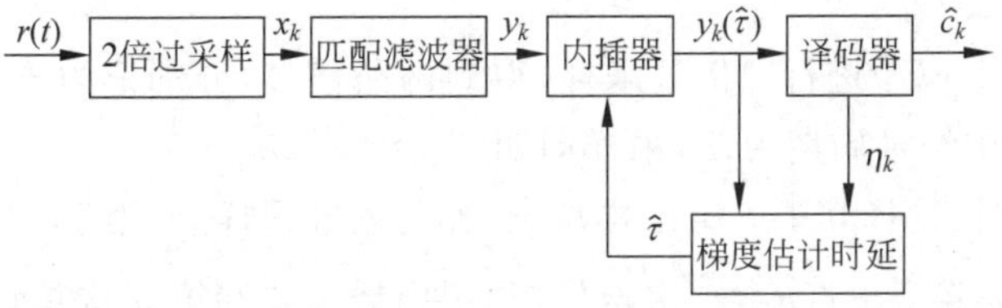

图 4-41 基于内插和译码迭代的定时同步原理图

在接收端,首先对有定时误差的信号 $r(t)$进行 2 倍过采样,假设不存在跳周情况,则采样信号距离最佳采样点的偏差不超过$(-0.5T, 0.5T)$。在采样控制因子的作用下对采样数据进行插值;利用其中一路插值数据进行 LDPC 译码得到后验概率信息和另外一路插值数据,估计出采样误差,即完成一次估计过程。

内插器采用 sinc 函数的截断式插值方式,若已知时延估计为 $\hat{\tau}_0$,则插值公式的离散形式为

$$y_k(\hat{\tau}_0) = \sum_{m=-N_L+1}^{N_R} y[(k+m/2+\hat{\tau}_0)T]\mathrm{sinc}[\pi(m+2\hat{\tau}_0)] \tag{4-80}$$

N_L 和 N_R 分别为插值基点 $y(kT)$之前和之后的采样点个数,决定了内插的精度。即取插值基点,及其前后 N_L-1 和 N_R 个点进行插值,内插系数受前一次迭代的时延估计值 $\hat{\tau}_0$ 的影响。

编码辅助的定时同步的对数似然函数为

$$\mathrm{LLF} = \ln p(\boldsymbol{r} \mid \tau) = \mathrm{Re}\left\{\sum_{k=0}^{N-1} \eta_k^*(\boldsymbol{r}, \hat{\tau}^{(n)}) y_k'(\tau)\right\} \tag{4-81}$$

其中,$\{y_k(\hat{\tau})\}$是由$\{y_k(\tau)\}$和采样误差的估计值通过内插方式计算得到,即对有采样偏差的接收序列$\{y_k(\tau)\}$经过调整因子 $\hat{\tau}^{(n-1)}$ 的定时调整得到的近似最佳采样点。

译码得到的符号的后验信息对应的符号后验均值记为 $\eta_k^*(r, \hat{\tau}^{(n)}) = \tanh(L_k)$,则

$$\frac{\partial \mathrm{LLF}}{\partial \tau} = \mathrm{Re}\left\{\sum_{k=0}^{N-1} \eta_k^*(\boldsymbol{r}, \hat{\tau}^{(n)}) \frac{\partial y_k(\tau)}{\partial \tau}\right\}$$

由于$\frac{\partial y_k(\tau)}{\partial \tau}$没有显式的表达形式,所以利用中心有限差分的原理对其做近似的处理,则有

$$\frac{\partial y_k(\tau)}{\partial \tau} = \frac{y_k(\tau+\gamma) - y_k(\tau-\gamma)}{2\gamma} \tag{4-82}$$

其中,$y_k(\tau+\gamma)$的计算同 $y_k(\tau)$,可由内插公式得到,将 τ 改成 $\tau+\gamma$ 即可,γ 为较小的正数。式(4-82)所代表的就是通常所说的 S 曲线,是似然函数随采样定时误差变化的曲线,S 曲线与横轴的交点即为定时误差的估计值。此时相应的似然函数取最大值,导数置零。梯度迭代估计得到的定时误差为

$$\hat{\tau}^{(n+1)} = \hat{\tau}^{(n)} + \alpha^{(n)} \frac{\partial \mathrm{LLF}}{\partial \tau} \tag{4-83}$$

$\left.\frac{\partial LLF}{\partial \tau}\right|_{\hat{\tau}^{(n)}}$ 决定了 $\hat{\tau}$ 更新的方向，而 $\alpha^{(n)}$ 决定其更新的步长。当算法收敛时，导数归零，式(4-83)趋于稳定。

算法步骤归纳如下：

(1) 对接收信号 $y(t)$ 进行 2 倍过采样，得到两路信号，分别记为 y_k、$y_{k+1/2}$ 即 $y(kT)$、$y[(k+1/2)T]$，其中符号周期为 T，采样周期 $T_s=T/2$。

(2) 初始迭代时，选择其中一组采样点 y_k 作为基准采样点，用于 LDPC 迭代译码，得到后验概率信息；若是第 $n+1(n\geqslant 1)$ 次迭代，利用内插公式和第 n 次估计出的定时误差 $\hat{\tau}^{(n)}$ 插值出一路近似的最佳采样点，作为用于迭代译码的序列。

(3) 利用步骤(1)中采样得到的两路数据依照内插公式和内插控制参数 $\hat{\tau}^{(n)}$ 插值得到一路定时调整后的采样值 $y_k(\tau-\gamma)$ 和 $y_k(\tau+\gamma)$，其中 γ 为一较小正数，经过仿真，本算法对参数不敏感，这里设 $\gamma=0.05$。

(4) 利用式(4-80)和式(4-81)得到定时误差的似然函数的导数，并记为

$$\frac{\partial \mathrm{LLF}}{\partial \tau}=\mathrm{Re}\left\{\sum_{k=0}^{N-1}\eta_k^*(\boldsymbol{r},\hat{\tau}^{(n)})\frac{y_k(\tau+\gamma)-y_k(\tau-\gamma)}{2\gamma}\right\}$$

(5) 设时延的初始迭代值 $\hat{\tau}^{(0)}=0$，将步骤(4)的结果代入式(4-83)，求出第$(n+1)$次迭代的定时误差，直到收敛或者达到最大迭代次数。

由于定时估计与译码在同一个迭代中进行，因此涉及二者的收敛速度的快慢匹配，对如何终止译码和同步有两种方案，译码正确跳出循环和达到预设的最大迭代次数。文献[17]对这两种情况的仿真结果显示，定时同步的收敛速度相对于译码的收敛速度较慢，因此，选择译码正确终止迭代更为合理。

4.7.4 编码辅助判决反馈定时同步算法

编码辅助判决反馈定时同步方案如图 4-41 所示，假设已经实现了理想载波同步和帧同步。当接收第 i 个码字时，开关处于位置 1 处。插值器-Ⅰ输出的信号采样被输入 Turbo/LDPC 译码器进行最大后验概率译码，并且得到$\{\hat{c}_k^{(i)}\}$，$k=0,1,\cdots,N-1$，其中 $\hat{c}_k^{(i)}$ 表示第 i 个码字中的第 k 个符号判决。同时，输入的采样信号也被存储在一个缓冲器中。译码结束后，开关被拨至位置 2 处，通过基于锁相环的定时同步器对定时估计 $\hat{\tau}_k^{(i)}$ 进行微调整。将译码器输出的符号判决 $\hat{c}_k^{(i)}$ 和重采样信号 y_k 输入 MMD 符号定时误差检测器，从而逐符号地更新 $\hat{\tau}_k^{(i)}$。然后，$\hat{\tau}_k^{(i)}$ 控制插值器-Ⅱ对缓冲后的信号进行重采样。上述过程一直重复，直到第 i 个码字结束，即 $k=N-1$。这时，锁相环停止工作并且保持其寄存器中的值，开关被重新拨至位置 1 处。插值器-Ⅰ将在第 i 个码字的最后一个符号定时估计 $\hat{\tau}_{N-1}^{(i)}$ 的控制下，对第 $i+1$ 个接收到的码字进行插值处理。在后面的讨论中，为了简化表示方法，将忽略上标 i。注意，Nayak 和 Barry 论文中讨论的符号定时同步具有嵌入式的结构[18,19]，即每次译码迭代后都进行一次符号定时同步。而文献[20]提出了一种迭代方案在 Turbo/LDPC 译码器完成所有迭代后才更新符号定时估计，从而逐帧进行符号同步。这种非嵌入式的方案可以简化迭代过程的性能分析，并且 Noels 在论文中已经指出，嵌入和非嵌入的方案在多次迭代后具有相似的稳态跟踪性能[21]。

MMD 符号定时误差检测器是一种波特率检测器，其表达式为

$$z_k(\tau)=\mathrm{Re}\{y_k\hat{c}_{k-1}^*-y_{k-1}\hat{c}_k^*\} \tag{4-84}$$

其中，$z_k(\tau)$为误差检测器的输出，$\hat{c}_k$ 为第 k 个符号判决，$(\cdot)^*$ 表示复共轭运算。对于非编码系统，通过选择与 y_k 最接近的符号确定判决 $\hat{c}_k$。Cowley 分析了非数据辅助 MMD 符号定时同步器的性能，给出了检测器的均值和抖动方差的闭合表达式[22]。对于编码系统，符号软/硬判决可由信道译码器的输出反馈至符号定时同步器。此时，由于符号同步和译码之间的耦合关系，对同步器性能的理论分析更加困难。下面通过将低信噪比下的码间串扰近似为高斯白噪声，可以将译码器输出的外信息表示为符号定时误差的函数。为了简化推导和表示，假设采用 BPSK 调制信号，但是研究方法同样也适用于 QPSK 调制。

1. 码间串扰的高斯近似和有效信噪比

将恒定的符号定时偏差表示为 τT_s，则匹配滤波器和插值器输出的基带采样信号表示为

$$y_k=x_k(\boldsymbol{c},\tau)+n_k=\sum_{i=-\infty}^{\infty}c_i g_{i-k}(\tau)+n_k \quad k=0,1,\cdots,N-1 \tag{4-85}$$

其中，$\boldsymbol{c}$ 为编码符号序列，且 $c_k=\pm1$，$\{n_k\}$为零均值、方差为 σ^2 的独立的高斯随机变量，K 是观测符号的长度。函数 $g_{i-k}(\tau)=g[(k-i)T_s+\tau T_s]$为奈奎斯特脉冲，$T_s$ 为符号周期。

式(4-85)可以重新表示为如下形式

$$y_k=\underbrace{c_k g_0(\tau)}_{\text{Signal}}+\underbrace{\sum_{i=-\infty}^{\infty}c_i g_{i-k}(\tau)}_{\text{ISI}}+n_k=c_k g_0(\tau)+n_k^{\text{ISI}}+n_k \tag{4-86}$$

式(4-86)中的第一项为经过权重 $g_0(\tau)$后的第 k 个发送符号 c_k，第二项表示码间串扰。对于理想符号定时同步，匹配滤波器的输出不存在 ISI。然而，如果系统中存在符号定时偏差，不仅会产生权重系数引起信号功率的降低，而且将造成相邻符号间的信号干扰。对 ISI 分布的准确建模是非常困难的，但是在低信噪比下，根据实际经验可将其建模为加性高斯白噪声[23]。码间串扰的均方误差可以表示为[24]

$$E[|n_k^{\text{ISI}}|^2]=\sum_k\sum_j m_{k-j}g(\tau T_s-kT_s)g(\tau T_s-jT_s)-2\sum_k m_k g(\tau T_s-kT_s)+m_0 \tag{4-87}$$

其中，$m_k=E\{c_i c_{i+k}\}$是编码符号序列 $\boldsymbol{c}$ 的自相关函数。假设信道传输的符号是不相关的，式(4-87)可以近似为[24]

$$E[|n_k^{\text{ISI}}|^2]=\zeta\tau^2 \tag{4-88}$$

式(4-88)中的 ζ 表示为

$$\zeta=-\frac{1}{2T_s}\int_{-\infty}^{\infty}S^*(f)\sum_l\left(\frac{2\pi l}{T_s}\right)^2 S\left(f-\frac{l}{T_s}\right)\mathrm{d}f+\int_{-\infty}^{\infty}(2\pi f)^2 S^*(f)\mathrm{d}f$$

其中，$S(f)$为奈奎斯特脉冲成形的传输函数。需要说明的是，对符号$\{a_k\}$不相关的假设条件对编码码字中的系统比特显然是成立的。如果 Turbo/LDPC 编码器和调制器之间存在交织，上述假设也是一种合理的近似。另外，从本节后续的结果也可以看出，对符号$\{a_k\}$不相关的假设造成的性能分析误差是可以忽略的。考虑到权重系数对信号的衰减以及增加的 ISI 部分，可以定义“有效信噪比”为[23]

$$\gamma^{\mathrm{eff}}(\sigma^2,\tau)=(E_s/N_0)^{\mathrm{eff}}=\frac{g_0^2(\tau)}{2(\sigma^2+\zeta\tau^2)} \tag{4-89}$$

为了区别有效信噪比和“名义”(Nominal)信噪比，将后者表示为 $\gamma(\sigma^2)=\gamma^{\mathrm{eff}}(\sigma^2,0)=E_s/N_0=1/2\sigma^2$，并且在后续的分析中分别采用 γ^{eff} 和 γ 的简写形式。假设根升余弦脉冲成形，滚降系数为 0.4，ζ 可以通过下式计算[24]：

$$\zeta=\frac{\pi^2}{3}\left[1-\frac{3}{2}\alpha+3\left(1-\frac{8}{\pi^2}\right)\alpha^2\right]$$

图 4-42 给出了通过式(4-89)计算获得的有效信噪比以及通过数据辅助信噪比估计算法(TxDA)估计的信噪比随 τ 的变化关系。两者之间的差距主要是由对 ISI 分布的高斯近似误差造成的。

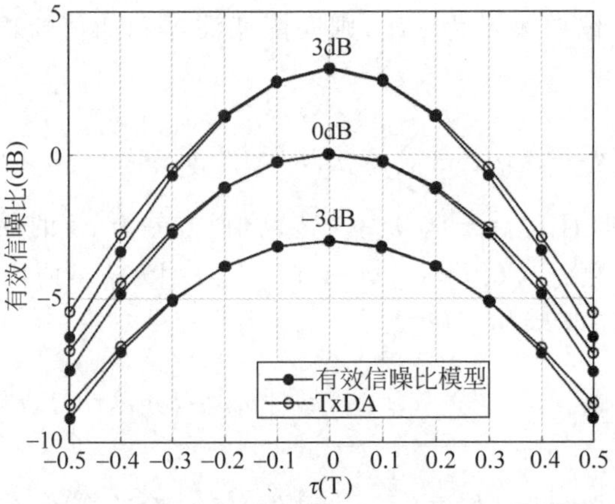

图 4-42 有效信噪比模型与 TxDA 信噪比估计结果的比较

2. 符号定时偏差与译码器外信息的关系模型

通过对 ISI 在低信噪比下的高斯近似，符号定时偏差造成的影响可以等效于有效信噪比的损失。对于采用最大似然迭代译码器的 Turbo/LDPC 编码调制系统，第 k 个符号的后验似然比 L_k^{APP} 可以表示为

$$L_k^{\mathrm{APP}}=L_k^{\mathrm{ch}}+L_k^{\mathrm{e}}$$

其中，$L_k^{\mathrm{ch}}=2y_k/\sigma^2$ 为信道对数似然比，$L_k^{\mathrm{e}}=\ln[P(c_k=1)/P(c_k=-1)]$表示“外信息”，$L_k^{\mathrm{e}}$ 同时也是迭代接收机中解调器的先验对数似然比。当存在符号定时偏差时，信道的对数似然比可以表示为

$$L_k^{\mathrm{ch}}=\ln\left[\frac{\mathrm{e}^{-\frac{1}{2(\sigma^2+\zeta\tau^2)}[y_k-g_0(\tau)]^2}}{\mathrm{e}^{-\frac{1}{2(\sigma^2+\zeta\tau^2)}[y_k+g_0(\tau)]^2}}\right]=\frac{4\gamma^{\mathrm{eff}}y_k}{g_0(\tau)}$$

外信息 L_k^{e} 是具有未知分布的随机变量。在高斯近似下，L_k^{e} 可以表示为[25]

$$L_k^{\mathrm{e}}=\mu c_k+w_k \tag{4-90}$$

其中，w_k 表示均值为零、方差为 σ_w^2 的高斯随机变量。由式(4-90)可以看出，在给定 c_k 的情况下，L_k^{e} 是均值为 μc_k、方差为 σ_w^2 的随机变量。

不失一般性，假设系统传输全零码字。应用一致性原理[26]可得：$\sigma_w^2=2\mu$，表明 L_k 的分布可以通过其均值μ唯一确定。然而,通过仿真获得μ与信噪比γ以及符号偏差τ之间的关系是非常困难的,需要耗费大量的仿真时间。Mielczarek 提出了一种在采用 BCJR 算法[27]的 Turbo 译码器中,L_k^e 的均值与τ之间的近似关系模型[23]。但是,为了简化分析和推导过程,该模型仅仅考虑了第一次译码迭代,并没有考虑另一个分量译码器提供的先验信息。对于完整的译码迭代过程,外信息的建模仍然无法从文献[23]获得。为此,本节提出一种"半分析"模型,从而将 L_k^e 表示为τ的函数。

对于给定的信道编码,可以通过仿真获得理想同步假设下的最大后验概率译码器输出的均值μ与γ的关系,表示为$\mu=f(\gamma)$。然后,对于特定的符号定时偏差,利用式(4-89)计算获得有效信噪比γ^{eff},进而通过式(4-91)的查找表(Look-Up Table,LUT)得到

$$\mu=f(\gamma^{\text{eff}})=f\left[\frac{g_0^2(\tau)}{2(\sigma^2+\zeta\tau^2)}\right] \tag{4-91}$$

图 4-43 给出了式(4-91)中的半分析表达式及其对应的蒙特卡罗仿真结果。信道编码采用了一种(3,6)规则 LDPC 码,其码长为$n=1008$,码率为$R=1/2$。LDPC 译码器的最大译码迭代次数设置为$I=50$。在本节后续的研究中,将继续采用上述信道编码及其相关设置,除非做出其他说明。从图 4-43 中可以看出,利用半分析模型获得的结果与仿真结果比较接近,特别是在低信噪比下,两者的结果完全一致。这是由于在低信噪比下,信道噪声远大于 ISI,因此噪声($n_k^{\text{ISI}}+n_k$)可以被认为是高斯分布。

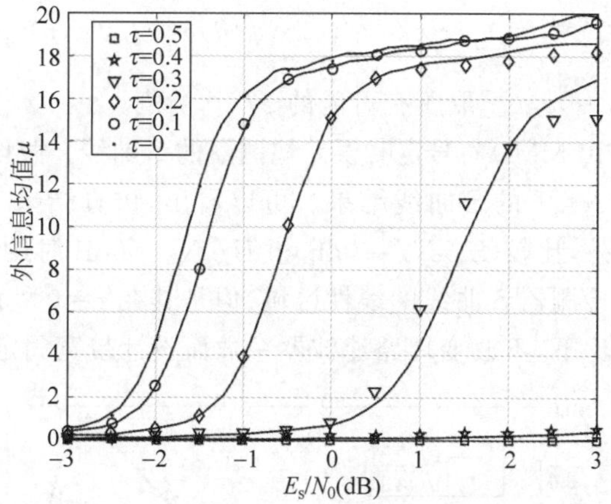

图 4-43 存在定时偏差时,外信息的均值μ随信噪比γ的变化关系
(实线:半分析结果;符号:蒙特卡罗仿真结果)

3. 判决反馈符号定时同步性能分析

符号定时同步的性能可以通过其开环特性和闭环跟踪性能进行评估。开环特性是指在开环下($\hat{\tau}_k=0$),定时误差检测器输出信号的期望值。闭环跟踪性能表示在环路锁定状态下的定时抖动方差。在上面提出的半分析模型基础上,下面将推导编码辅助判决反馈符号定时同步的开环和闭环性能。由于采用符号硬判决并不会造成明显的性能损失[28],因此,本节将重点分析硬判决反馈的方案。

1) 开环特性分析

BPSK 调制信号 MMD 符号定时误差检测器输出信号的期望值为

$$E\{z_k(\tau)\}=E\{y_k\hat{c}_{k-1}\}-E\{y_{k-1}\hat{c}_k\} \tag{4-92}$$

文献[20]附录 D 中给出了式(4-92)中的第一项 $E\{y_k\hat{c}_{k-1}\}$的推导并得到

$$E\{y_k\hat{c}_{k-1}\}=\int p_{\mathrm{C}}(c)x_k(\boldsymbol{c},\tau)\mathrm{erf}(\chi_{k-1}(c,\tau)/\sqrt{2}\delta)\mathrm{d}\boldsymbol{c}$$

其中，$\chi_k(\boldsymbol{c},\tau)\triangleq\sigma\sqrt{1+\dfrac{g_0^2(\tau)f(\gamma^{\mathrm{eff}})}{8\sigma^2(\gamma^{\mathrm{eff}})^2}}$；$p_{\mathrm{C}}(\boldsymbol{c})$表示符号序列 $\boldsymbol{c}$ 的先验概率，erf(·)表示误差函数

$$\mathrm{erf}(x)=\frac{2}{\sqrt{\pi}}\int_0^x \mathrm{e}^{-t^2}\,\mathrm{d}t$$

注意到，由于

$$E\{y_k\hat{c}_{k-1}\}=E\{y_{k+1}\hat{c}_k\}=\int p_{\mathrm{C}}(\boldsymbol{c})x_{k+1}(\boldsymbol{c},\tau)\mathrm{erf}(\chi_k(\boldsymbol{c},\tau)/(\sqrt{2}\delta))\mathrm{d}\boldsymbol{c} \tag{4-93}$$

根据对称性，式(4-92)的第二项可以表示为

$$E\{y_{k-1}\hat{c}_k\}=\int p_{\mathrm{C}}(\boldsymbol{c})x_{k-1}(\boldsymbol{c},\tau)\mathrm{erf}(\chi_k(\boldsymbol{c},\tau)/(\sqrt{2}\delta))\mathrm{d}\boldsymbol{c} \tag{4-94}$$

将式(4-93)和式(4-94)代入式(4-92)得

$$E\{z_k(\tau)\}=E_c\{\mathrm{erf}(\chi_k(\boldsymbol{c},\tau)/(\sqrt{2}\delta))(x_{k+1}(\boldsymbol{c},\tau)-x_{k-1}(\boldsymbol{c},\tau))\} \tag{4-95}$$

式(4-95)中的期望是对发送符号序列 $\boldsymbol{c}$ 计算的。假设与 c_k 相邻的 $2m$ 个符号对 x_k 的 ISI 有影响，则式(4-95)可以表示为

$$E\{z_k(\tau)\}=2^{-(2m+1)}\sum_{\forall\tilde{c}}\mathrm{erf}(\chi_k(\boldsymbol{c},\tau)/(\sqrt{2}\delta))(x_{k+1}(\boldsymbol{c},\tau)-x_{k-1}(\boldsymbol{c},\tau)) \tag{4-96}$$

其中，$\tilde{\boldsymbol{c}}=[c_{k-m},c_{k-m-1},\cdots,c_{k+m}]$取所有可能的 2^{2m+1} 个值。

利用式(4-96)可以作出 MMD 符号定时误差检测器的 S 曲线。假设式中的 $\alpha=0.4,m=3$。图 4-44 给出了不同 E_s/N_0 下的 S 曲线结果。可以看出，仿真结果与通过式(4-96)得到的理论结果非常接近。另外，比较 $E_s/N_0=0\mathrm{dB}$ 和 $E_s/N_0=6\mathrm{dB}$ 时的两条曲线可以发现，尽管增大信噪比可以扩大检测器 S 曲线的线性区域，但是其在 $\tau=0$ 处的斜率保持不变。这一特性有利于在不同信噪比下，不改变环路滤波器系数而设计带宽固定的符号定时同步环路。

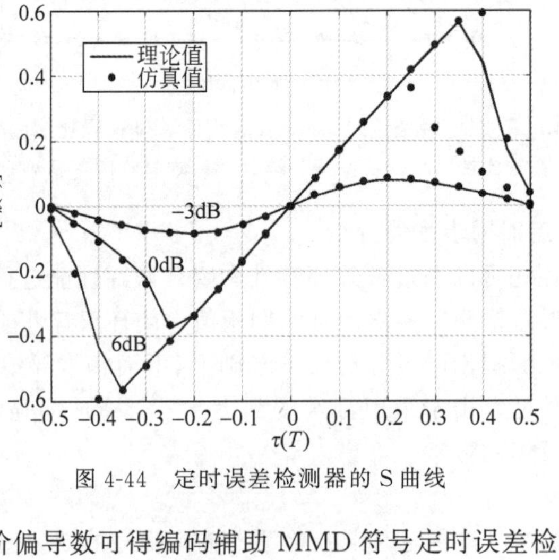

图 4-44 定时误差检测器的 S 曲线

式(4-95)对 τ 求一阶偏导数可得编码辅助 MMD 符号定时误差检测器在稳定平衡点处的 S 曲线斜率，其推导过程在文献[20]的附录 E 中给出，结果表示为

$$\frac{\mathrm{d}}{\mathrm{d}\tau}E\{z_k(\tau)\}\big|_{\tau=0}=\left[\mathrm{erf}(\sqrt{\eta(\gamma)})-\frac{2}{\sqrt{\pi}}\frac{\gamma}{\sqrt{\eta(\gamma)}}\mathrm{e}^{-\eta(\gamma)}\right](\dot{g}_1(0)-\dot{g}_{-1}(0)) \tag{4-97}$$

其中，$\eta(\gamma)=\gamma+f(\gamma)/4$；$\dot{g}_1(\tau)=\frac{\mathrm{d}}{\mathrm{d}\tau}g(kT+\tau T)$。与 Cowley 论文中给出的非数据辅助 MMD 定时误差检测器的 S 曲线斜率[22]相比，由于 $\eta(\gamma)\geqslant\gamma$，因此编码辅助 MMD 定时误差检测器将具有更大的斜率。图 4-45 给出了非数据辅助和编码辅助两种模式下的 S 曲线斜率。可以看出，式(4-97)准确地给出了编码辅助符号定时检测器的 S 曲线斜率。另外，编码辅助检测器的斜率在$(E_s/N_0)>-1\mathrm{dB}$时保持恒定。

定时误差检测器的开环特性受到信道带宽的影响。图 4-46 给出了不同 E_s/N_0 时，S 曲线斜率与滚降系数 α 之间的关系。可以看出，无论 α 取何值，文献[20]提出的理论分析结果与仿真结果都保持一致。另外，随着 α 的增大，S 曲线的斜率逐渐减小。

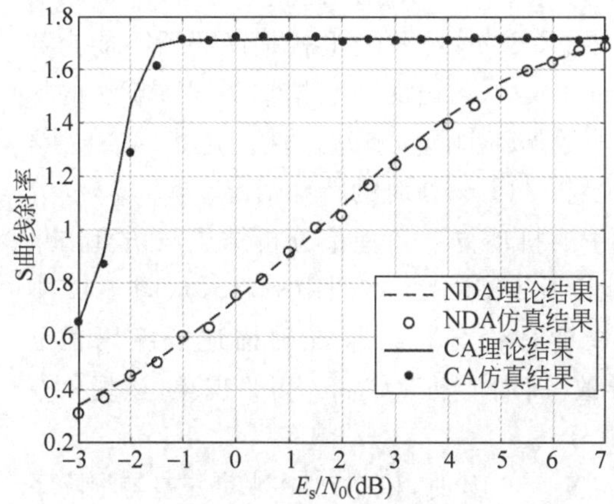

图 4-45 非数据辅助和编码辅助模式定时误差检测器 S 曲线的斜率

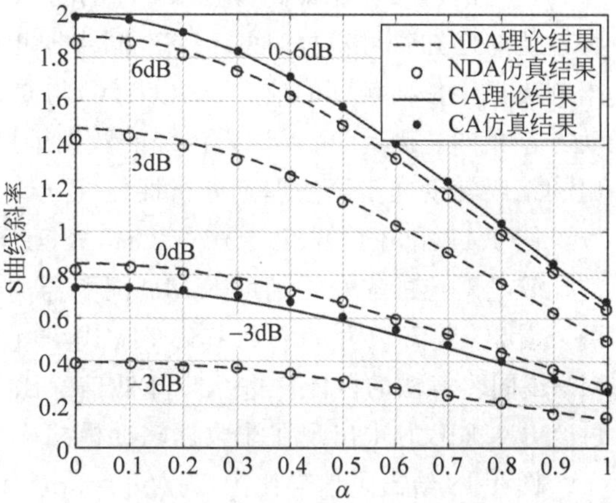

图 4-46 S 曲线的斜率与滚降系数 α 的关系

2) 闭环性能分析

令 d_k 为 MMD 定时误差检测器第 k 个输出 z_k 中的随机变化部分，即

$$d_k=z_k-E\{z_k\}$$

其自相关函数为 $R_{\mathrm{dd}}(m)=E\{d_k d_{k-m}\}$。经过一阶锁相环后，定时抖动的方差可以表示为

$$\sigma_\tau^2=\frac{S_{\mathrm{D}}(0)}{K_{\mathrm{d}}^2}2B_{\mathrm{L}}T_{\mathrm{s}}$$

其中，K_{d} 为 S 曲线在原点处的斜率，可根据式(4-97)获得。$B_{\mathrm{L}}T_{\mathrm{s}}$ 表示环路的归一化等效噪声带宽，$S_{\mathrm{D}}(v)$为 K_{d} 的功率谱密度，表示为

$$S_{\mathrm{D}}(v)=\sum_{m=-\infty}^{\infty}R_{\mathrm{dd}}(m)\mathrm{e}^{-\mathrm{j}mvT_{\mathrm{s}}}$$

$S_{\mathrm{D}}(v)$中的直流分量表示为 $S_{\mathrm{D}}(0)=\sum_{-\infty}^{\infty}R_{\mathrm{dd}}(m)$。通过仿真发现，$R_{\mathrm{dd}}(m)$仅在 $m=0$ 处有明显的非零值。因此可得：$S_{\mathrm{D}}(0)=R_{\mathrm{dd}}(0)=\{\mathrm{var}(z_k)\}$。前面的式子说明 K_{d} 在频率原点处的功率谱密度可由 MMD 定时误差检测器输出的方差表示，也即

$$\mathrm{var}\{z_k(\tau)\}=E\{z_k^2(\tau)\}-E^2\{z_k(\tau)\} \tag{4-98}$$

其中，$E\{z_k(\tau)\}$已经在式中给出。将式(4-95)以及文献[20]附录中推导的$E\{z_k^2(\tau)\}$代入式(4-98)，可得稳态($\tau=0$)时$z_k(\tau)$的方差表示为

$$\mathrm{var}\{z_k(0)\}=E\{z_k^2(0)\}=2-2\left[\mathrm{erf}(\sqrt{\eta(\gamma)})+\frac{1}{\sqrt{\pi}\sqrt{\eta(\gamma)}}\mathrm{e}^{-\eta(\gamma)}\right]^2+1/\gamma \tag{4-99}$$

最后，得到稳态符号定时抖动的方差为

$$\sigma_\tau^2\mid_{\tau=0}=\frac{S_\mathrm{D}(0)\mid_{\tau=0}}{K_\mathrm{d}^2}\times 2B_\mathrm{L}T=\frac{\mathrm{var}\{z_k(0)\}}{\left[\frac{\mathrm{d}}{\mathrm{d}\tau}E\{z_k(\tau)\}\mid_{\tau=0}\right]^2}\times 2B_\mathrm{L}T \tag{4-100}$$

其中，$\frac{\mathrm{d}}{\mathrm{d}\tau}E\{z_k(\tau)\}\mid_{\tau=0}$和$\mathrm{var}\{z_k(\tau)\}$由式(4-97)和式(4-99)分别给出。

由式(4-100)可以发现，稳态的定时抖动方差依赖于$f(\gamma)$。如果令$f(\gamma)\to\infty$，也就是译码数据的可靠性非常高，则式(4-100)可以写为$\sigma_\tau^2\mid_{\tau=0}=2\sigma^2\times 2B_\mathrm{L}T/[\dot{g}_1(0)-\dot{g}_{-1}(0)]$，其性能与已知符号数据时的MMD同步器相同。如果令$f(\gamma)\to 0$，也就是译码器不能为数据判决提供任何额外的信息，式(4-100)与Cowley论文[22]给出的非数据辅助同步算法的抖动方差相同。因此，可以认为传统的数据辅助和非数据辅助同步算法的性能是式(4-100)给出的编码辅助同步算法理论分析性能在$f(\gamma)\to\infty$和$f(\gamma)\to 0$时的特殊情况。

图4-47给出了$B_\mathrm{L}T_\mathrm{s}=0.002$时，式(4-100)中的抖动方差的理论分析结果与仿真结果的比较。对应的非数据辅助MMD同步器的性能以及MCRB也在图中标出。从图4-47中可以看出，当$E_\mathrm{s}/N_0>-2.5\mathrm{dB}$时，式(4-100)中的理论分析结果准确描述了编码辅助MMD同步算法的性能。进一步降低信噪比将导致"周期滑动"(Cycle-Slip)现象，该现象在$E_\mathrm{s}/N_0<1\mathrm{dB}$时也出现在非数据辅助模式中。

图4-48给出了信噪比为$E_\mathrm{s}/N_0=3\mathrm{dB}$和$E_\mathrm{s}/N_0=6\mathrm{dB}$时，稳态定时抖动方差与滚降系数的关系。定时同步环路的$B_\mathrm{L}T_\mathrm{s}$设置为0.002。可以看出，式(4-100)给出的理论分析结果与仿真结果是一致的。

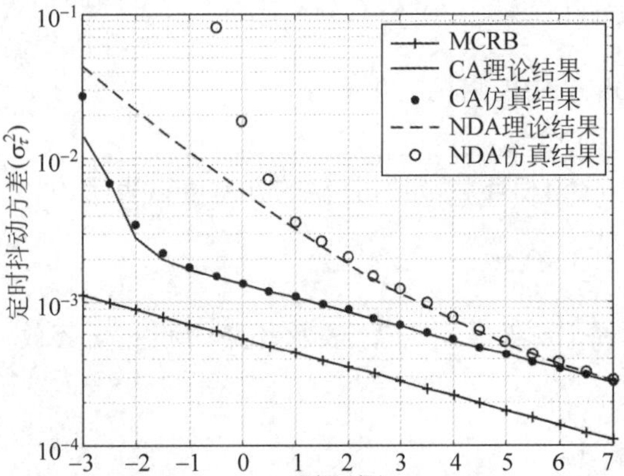

图4-47 非数据辅助和编码辅助模式的定时抖动方差

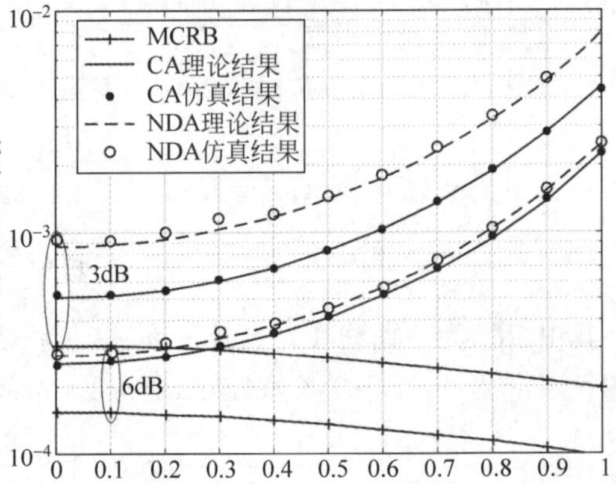

图4-48 定时抖动方差随滚降系数的变化关系

将理论分析结果应用于3种不同的LDPC码，第一个LDPC码是(3,13)规则码，码长为$n=1057$，码率为$R\approx 0.79$；第二个LDPC码为非规则码，其码长为$n=2048$，码率为$R\approx 1/2$；第三个LDPC码是(3,4)规则码，码长为$n=1920$，码率为$R=1/3$，其纠错性能优于前

两个码。在采用上述 LDPC 码的系统中,编码辅助的定时误差检测器原点处的 S 曲线斜率以及稳态定时抖动方差如图 4-49 和图 4-50 所示。可以发现,文献[20]提出的理论分析方法适用于不同的 LDPC 编码,其结果可以准确描述符号定时同步的性能。

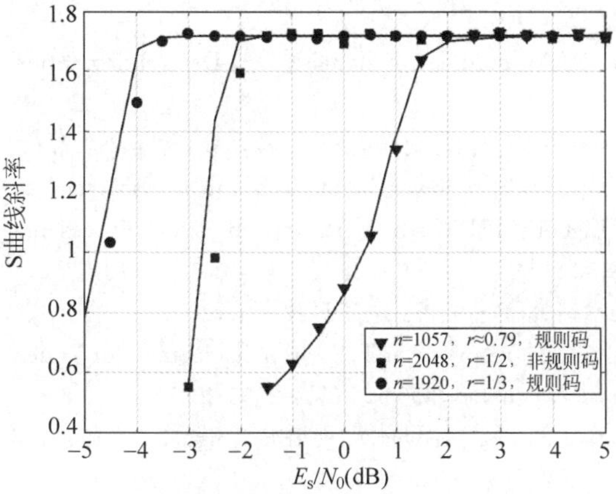

图 4-49 不同信道编码辅助的定时误差检测器在原点处的 S 曲线斜率

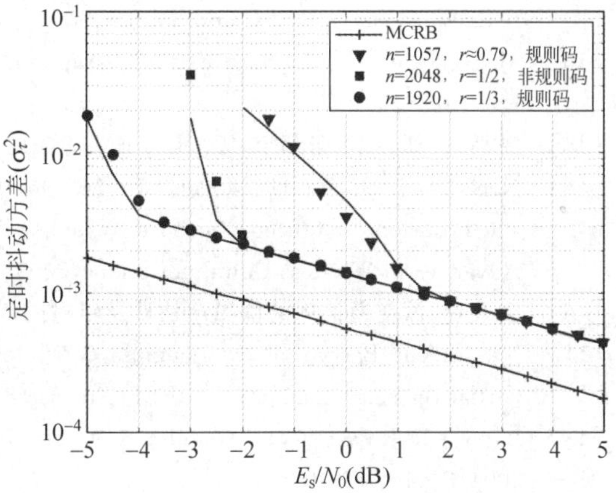

图 4-50 不同信道编码辅助的符号定时同步的稳态抖动性能

QPSK 调制可以认为是正交的 BPSK 调制。因此,关于闭环特性的理论推导方法可以直接扩展至 QPSK 调制信号。结果表明,QPSK 调制信号的误差检测器在原点处的 S 曲线斜率与 BPSK 调制完全相同,其稳态抖动方差减小为 BPSK 调制的 1/2。

参考文献

[1] Erup L,Gardner F M,Harris R A. Interpolation in digital modems-part Ⅱ: implementation and performance[J]. IEEE Transactions on Communications,1993,6,COM41: 998-1008.

[2] Gardner F M. Interpolation in digital modems-part Ⅰ: fundamentals[J]. IEEE Transactions on Communications,1993,41,COM-41: 501-507.

[3] Bucket K,Moeneclaey M. Optimization of second-order interpolator for bandlimited direct-sequence spread-spectrum communication[J]. Electronics Letters,1992,28(11): 1029-1031.

[4] Crochiere R E,Rabiner L R. Multirate digital signal processing[M]. New Jersey: Prentice-Hall,Inc. Englewood Cliffs,1983.

[5] Oerder M,Meyr H. Digital filter and square timing recovery[J]. IEEE Transactions on Communications, 1991,36(5): 605-612.

[6] Papoulis A. Probability, random variables, and stochastic processes[M]. New York: Osborne McGraw-Hill,1991.

[7] Lindsey W C,Simon M K. Telecommunication systems engineering[M]. New Jersey: Prentice Hall. Eaglewood Cliffs,1973.

[8] Gardner F M. Demodulator reference recovery techniques suited for digital implementation[J]. Esa Final Rep,1998.

[9] Mueller K,Muller M. Timing recovery in digital synchronous data receivers[J]. IEEE Transactions on Communications,2003,24(5): 516-531.

[10] Meyers M,Franks L. Joint carrier phase and symbol timing recovery for PAM systems[J]. IEEE

Transactions on Communications，1980，28(8)：1121-1129.

[11] Gardner，F. A BPSK/QPSK Timing-Error detector for sampled receivers[J]. IEEE Transactions on Communications，1986，34(5)：423-429.

[12] D'Andrea A N，Luise M. Optimization of symbol timing recovery for QAM data demodulators[J]. IEEE Transactions on Communications，1996，44(3)：399-406.

[13] M. Signorini，Feedforward timing estimation in PAM modulated signals[D]，Dept. Information Engineering，1995.

[14] 潘小飞，刘爱军，张邦宁，等. 基于 EM 算法的符号定时同步[J]. 信号处理，2007，23(4)：402-407.

[15] Noels N，Steendam H，Moeneclaey M. On the Cramer-Rao lower bound and the performance of synchronizers for(turbo) encoded systems[C]，Lisbon：IEEE 5th Workshop on Signal Processing Advances in Wireless Communications，2004：69-73.

[16] 龚万春. 深空通信中的信噪比估计及定时同步技术研究[D]. 成都：电子科技大学，2012.

[17] Nayak A R，Barry J R，McLaughlin S W. Joint timing recovery and Turbo equalization for coded partial response channels[J]. IEEE Transactions on Magnetics，2002，38(5)：2295-2297.

[18] Barry J R，Kavcic A，LcLaughlin S W，etc. Iterative timing recovery[J]. IEEE Signal Processing，2004，21(1)：89-102.

[19] 武楠. 多模式卫星接收机中的同步技术研究[D]. 北京：北京理工大学，2013.

[20] Noels N，Herzet C，Dejonghe A，et al. Turbo synchronization：an EM algorithm interpretation[C]，Anchorage：IEEE International Conference on Communications，2003. ICC '03.，2003：2933-2937.

[21] Cowley W G，Sabel L P，The performance of two symbol timing recovery algorithms for PSK demodulators[J]. IEEE Transactions on Communications，1994，42(6)：2345-2355.

[22] Mielczarek B，Svensson A，Timing error recovery in Turbo-coded systems on AWGN channels[J]. IEEE Transactions on Communications，2002，50(10)：1584-1592.

[23] Franks L，Further results on Nyquist's problem in pulse transmission[J]. IEEE Transactions on Communication Technology，1968，16(2)：337-340.

[24] Chung S Y，Richardson，T J，Urbanke R L. Analysis of sum-product decoding of low-density parity-check codes using a Gaussian approximation[J]. IEEE Transactions on Information Theory，2001，47(2)：657-670.

[25] Richardson T J，Urbanke R L. The capacity of low-density parity-check codes under message-passing decoding[J]. IEEE Transactions on Information Theory，2001，47(2)：599-618.

[26] Bahl L，Cocke J，Jelinek F，etc. Optimal decoding of linear codes for minimizing symbol error rate[J]. IEEE Transactions on Information Theory，1974，20(2)：284-287.

[27] Herzet C，Wymeersch H，Moeneclaey M，etc. On Maximum-Likelihood timing synchronization[J]. IEEE Transactions on Communications，2007，55(6)：1116-1119.

第5章 帧同步技术

CHAPTER 5

在数字通信系统中，数据传输往往以帧为单位进行。接收端为了正确恢复数据信息，必须确定每帧的起止点，因此，帧同步是信号同步技术中非常关键的一环。本章主要对基于同步码插入的帧同步技术和编码辅助帧同步技术进行了研究，并给出了帧同步算法的性能评价指标。此外，本章末尾基于 DVB-S2 通信帧结构对差分检测帧同步技术进行了讨论。

5.1 帧同步技术概述

数据传输帧是通信系统进行数据发送和接收的基本单位。一个传输帧应包括帧头、帧尾、控制信息和有效的数据块。但是无论是无线通信系统还是有线通信系统一般都不会单独传送帧定位信息到接收端。常规的帧定位信息都是在发送数据帧中插入一段固定的码字，在接收端通过识别这个码字来重新定位数据帧的帧头位置，这一过程就是帧同步过程。

帧同步的实现是地面接收系统中必不可或缺的关键功能之一，主要将从卫星接收到的高速数码流格式化，辨识每一帧的起始位置，然后将数据流经高速接口进入后继处理器进行处理。帧同步系统的性能会直接影响整个通信系统的性能，可以说，在同步通信系统中，"同步"是进行正确信息传输的前提。正因为如此为了保证信息的可靠传输，要求同步系统应有较高的可靠性。

帧同步按不同标准可划分为不同类型。按是否插入帧同步字段(Synchronization Word,SW)，可分为 SW 辅助帧同步和盲帧同步两类。按帧长度是否可变，帧同步可分为固定帧长帧同步和可变帧长帧同步；按二进制数据在时间轴上的传输是否连续，可分为突发帧同步和连续帧同步；按是否有信道编码模块辅助定位，可分为无编码辅助帧同步和编码辅助帧同步；按是否在数据帧中插入已知帧同步字段，可分为同步码辅助帧同步和盲帧同步。不同类型的帧同步各有特点，使用的同步算法也有很大差异，需根据实际需求做出选择。

数字通信系统对帧同步通常有以下 3 点要求：

(1) 帧同步的检测概率要大，漏警概率要小，虚警概率要低；

(2) 同步建立时间要短，同步保持时间要长；

(3) 在满足同步性能要求的情况下，帧同步码长尽可能短，数据传输效率高。

5.2 信号模型

考虑有帧同步字段插入的 MPSK 调制通信系统，其原始帧结构由两部分组成：长度为 L 的已知帧同步字段 SW 和长度为 N 的数据流。

假设接收机在启动帧同步模块前已实现理想载波同步和符号同步，帧同步模块的输入信号可表示为

$$r(k)=s(k)+w(k),\quad k=0,1,2,\cdots$$

其中，$s(k)$表示接收信号数据帧；$w(k)$是均值为 0、方差为 σ^2 的高斯白噪声。帧同步模块的主要任务就是根据接收信号 $r(k)$，准确定位帧的起始、终止时刻，即图 5-1 中的 k_0 与 $k_0+L+N-1$，且由于 L、N 是确定已知的，故帧同步的主要任务可简化为寻找每一帧数据的起始位置 k_0。

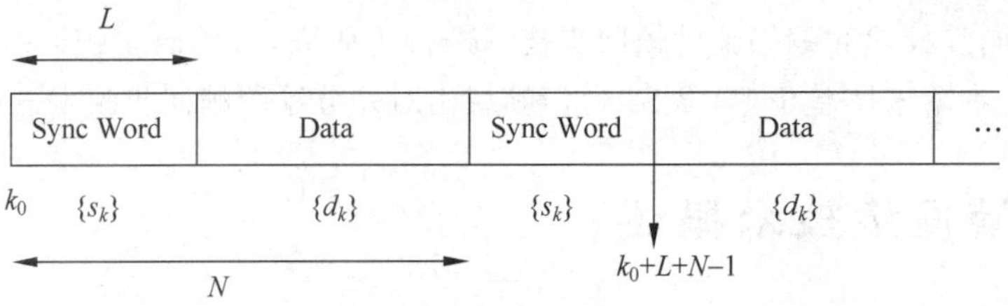

图 5-1 帧结构图

5.3 帧同步基本概念

在卫星通信中，信息数据通常采用帧方式进行传输。帧传输过程中，正确判定每一帧的起始、终止时刻，对于目标数据的提取、译码等后续处理是极为重要的。帧同步的任务就是在定时同步的基础上识别出这些数字信息帧的“开头”和“结尾”时刻，以使接收设备能正确地解释这些帧所代表的信息。

实现帧同步的方法主要有两类[2]。一类是插入特殊码组法，它是在数字信息码序列中插入一些特殊码组作为每帧的帧头标志，在接收端根据这些特殊码组的位置来实现帧同步。插入特殊码组法又可分为连贯式插入法和间隔式插入法。另一类是自同步法，它是对信息进行适当编码，利用数据组本身之间彼此不同的特性来实现自同步，不需要专门的帧同步码组，这类似于定时同步中的直接法。

5.3.1 帧同步码组

决定第一类帧同步算法性能的关键技术是帧同步码的构造及其检测。帧同步码型选择的主要原则如下：

(1) 要便于接收端识别，即要求帧同步码具有特定的规律性，如具有尖锐单峰特性的局部自相关函数，例如巴克码组；

(2) 要使帧同步码的码型尽量和信息码相区别。如同步码的设计应与随机数据的分布有关，当随机数据中“＋ 1”出现的概率较高时，同步码应设计为含有“－1”较多，这样虚警概

率较低，性能较好。

(3) 对同步码组的另一个要求是识别器应该尽量简单；并且要兼顾传输效率。目前常用的帧同步码组有巴克码、Heuman-Hoffman 序列、m 序列以及 Gold 序列等。

1. 巴克码

巴克码是工程上最常用的伪随机码之一，其被广泛应用于帧同步码组的构造。因此本书将以巴克码主介绍基于同步码插入的帧同步算法。巴克码是一个有限长的非周期二进制序列，于 1953 年由 Baker 首次提出，目前已知的巴克码有 7 种，如表 5-1 所示。

表 5-1　巴克码

码长 N	巴　克　码
2	{+1,+1}
3	{+1,+1,−1}
4	{+1,+1,+1,−1},{+1,+1,−1,+1}
5	{+1,+1,+1,−1,+1}
7	{+1,+1,+1,−1,−1,+1,+1}
11	{+1,+1,+1,−1,−1,−1,+1,−1,−1,+1,−1}
13	{+1,+1,+1,+1,+1,−1,−1,+1,+1,−1,+1,−1,+1}

对于一个 n 位的巴克码$\{c_1,c_2,\cdots,c_n\}$，其中 n 为巴克码的长度，对于任意的 c_i，取值为 ±1。其局部自相关函数为

$$R(j)=\sum_{i=1}^{n-j}c_ic_{i+j}=\begin{cases}n, & j=0\\0,+1,-1, & 0<j<n\\0, & j\geqslant n\end{cases}$$

以 7 位巴克码序列的自相关函数为例，其自相关函数特性图如图 5-2 所示。

巴克码识别器是比较容易实现的，以 7 位巴克码为例，用 7 级移位寄存器、相加器和判决器就可以组成识别器，如图 5-3 所示[4]。

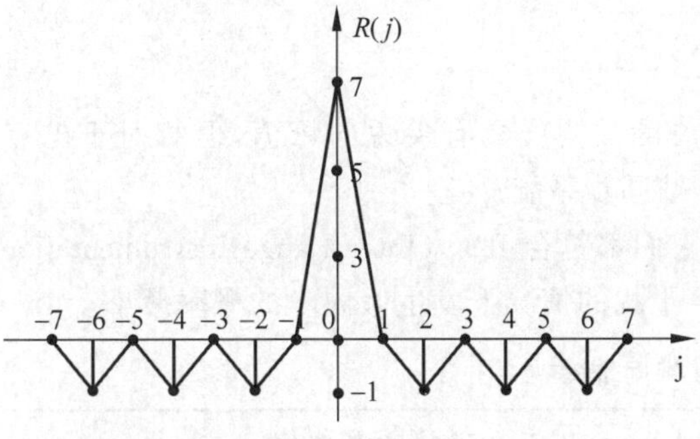

图 5-2　7 位巴克码的自相关函数特性

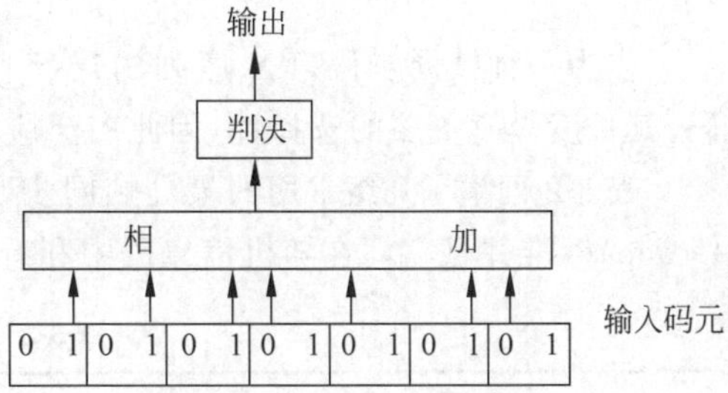

图 5-3　7 位巴克码识别器

当输入数据的 1 存入移位寄存器时，1 端的输出电平为+1，而 0 端的输出为−1；反之，存入数据 0 时，0 端的输出电平为+1，1 端的电平为−1。各移位寄存器输出端的接法和巴克码的规律一致，这样识别器实际上就是对输入的巴克码进行相关运算。当 7 位巴克码在图 5-4(a)中的 t_1 时刻正好已全部进入了 7 级移位寄存器时，7 个移位寄存器输出端都输出+1，

相加后得最大输出+7；若判别器的判决门限电平定为+6，那么就在7位巴克码的最后一位0输入识别器时，识别器输出一帧同步脉冲表示一帧的开头，如图5-4(b)所示。

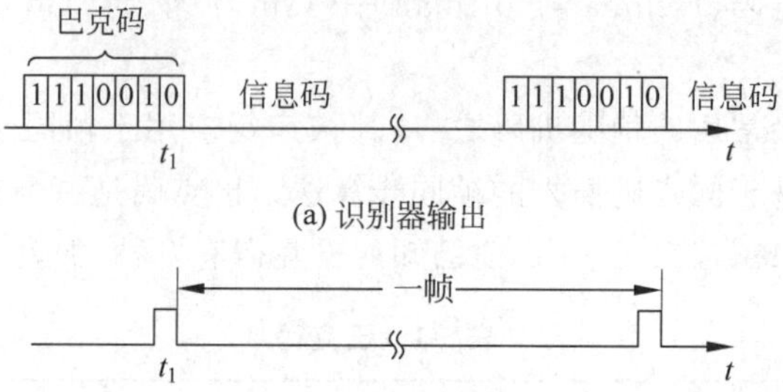

(b) 识别器输出（简化版）

图5-4　识别器的输出波

由于巴克码的码组只有8种，所以实际应用中也可采用伪随机PN序列。PN序列由线性反馈移位寄存器(Linear Feedback Shift Register，LFSR)产生。N级的LFSR的生成序列的周期$T=2N-1$。

图5-5为一个N级LFSR。该模块由N个寄存器构成，各个寄存器从上级到下级依次传输存储信号，其运算结果又反馈到输入端。C_i表示反馈连接的状态，当$C_i=0$时，反馈连接断开；当$C_i=1$时，反馈连接连通。

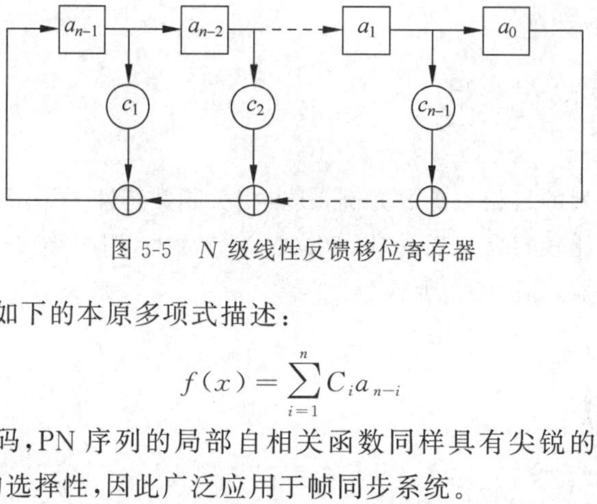

图5-5　N级线性反馈移位寄存器

反馈连接可以由如下的本原多项式描述：

$$f(x)=\sum_{i=1}^{n}C_i a_{n-i}$$

作为一种帧同步码，PN序列的局部自相关函数同样具有尖锐的峰值，但相对于巴克码，其长度具有更多的选择性，因此广泛应用于帧同步系统。

表5-2列举了几组常用的最佳帧同步码。它们都符合IRIG(Inter Range Instrumentation Group)标准并且它们在随机信息码中和有噪声干扰的情况下发生假同步的概率最小。

表5-2　最佳帧同步码

帧同步码组位数(bit)	帧同步码组位
8	B8H
16	EB90H
24	FAF320H
32	FDB18540H

5.3.2 帧同步过程

帧同步实现的方法主要有两种：逐位调整法和置位调整法[6,5]。逐位调整法的基本原理是调整接收端本地帧同步码的相位，使之与收到的总码流中的帧同步码对准。

置位调整法也称为预置启动法。在未同步期间，接收设备处于特定的预置状态输入码流逐比特进入帧同步码组检测电路，一旦其中全部位码元与规定的帧同步码组码型相同，就立即输出一个控制信号，启动接收设备的时序发生器。然后经过一个校验周期的时间检验判断。如果未能建立正确的帧相位关系，就重复搜索过程；如果建立了正确的帧相位关系，就保持这种帧状态并结束搜索过程。

采用置位调整法的帧同步过程有搜索态、校核态和锁定态[5,6]，这 3 个状态之间的转换如图 5-6 所示[5]。

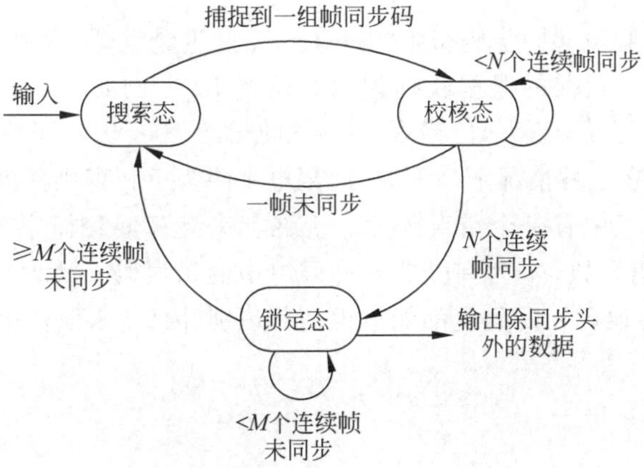

图 5-6　帧同步算法状态转换图

图 5-6 中为系统设定的由首次搜索态到帧同步头到进入锁定态所需要的次数，称为后方保护时间；在同步锁定状态中连续丢失同步码而退出锁定的次数，称为前方保护时间。

(1) 搜索态：搜索态即捕捉态，当系统上电或软件清零时，帧同步进入搜索态，开始检测输入的码流中与所插入的帧同步码相同的码组，一旦帧同步码被捕获(不论真假)，表明已搜索到一个同步帧头，此时系统进入校核态，否则系统一直处于搜索态直到找到帧同步码为止。

(2) 校核态：为了防止帧同步中的"虚警"现象，需要对捕获到的帧同步码组进行真假辨别。由于每帧长度固定，所插入的帧同步码组必然会周期性重复出现，而消息码元中引起"虚警"现象的假同步码周期重复出现的概率较小。因此，在找到一组帧同步码后每隔一帧长度需要再次验证是否仍为帧同步码，若连续 N 帧的检验结果均为正确的帧同步码，则认为是真同步，系统进入锁定态；否则认为是假同步，系统重新返回搜索态。称 N 帧的个数为校核帧数，N 帧的时间为后方保护时间。

(3) 锁定态：为了防止帧同步中的"漏警"现象，需要设定一个锁定帧数 M，在锁定状态中只有连续 M 帧都没有检测到帧同步码才认为进入了帧失锁，此时系统返回搜索态重新循环 3 种状态，否则系统仍然处于锁定态。M 帧的时间又叫前方保护时间，这样即使某帧的帧同步码组出现误码，系统也不会立即进入假失步，从而很好地避免了"漏警"现象的发生。

在数据接收的起始时刻或未同步时，帧同步进入搜索态。在数据流中寻找帧同步码，并且允许帧同步码存在误差。系统所允许的误差位数与同步码的位数有关。计算接收数据与帧同步码的不同位之和，若小于容错位数，则认为搜索到了同步码，进入校核态。为了防止信号中出现虚假同步，找到第一组同步码后跳过一帧长度必须再次确认帧同步码。若经过连续帧确认同步码后，则系统同步正确，立即转入锁定状态；否则存在假同步，返回搜索态。帧同步处于锁定状态时，只有连续帧丢失同步码才进入失步状态，并返回搜索态，否则保持在锁定态[2,5]。

5.3.3 帧同步性能指标

帧同步系统应该建立时间短，并且在帧同步建立后应有较强的抗干扰能力。通常用漏警概率 P_{m}、虚警概率 P_{f} 和帧同步平均建立时间 t_{s} 来衡量这些性能。

1. 漏警概率 P_{m}

由于干扰的影响会引起同步码组中的一些码元发生错误，从而使识别器漏识别已发出的同步码组。出现这种情况的概率就称为漏警概率 P_{m}。例如，识别器的判决门限电平为+6，若由于干扰，7 位巴克码有一位错误，这时相加输出为+5，小于判决门限，识别器漏识别了帧同步码组；若在这种情况下，将判决门限电平降为+4，识别器就不会漏识别，这时判决器容许 7 位同步码组中有一个错误码元。现在就来计算漏警概率。设 p 为码元错误概率，n 为同步码组的码元数，m 为判决器容许码组中的错误码元最大数，则同步码组码元 n 中所有不超过 m 个错误码元的码组都能被识别器识别，因而，未漏概率为

$$\sum_{r=0}^{m} C_n^r p^r (1-p)^{n-r}$$

故得漏警概率为

$$P_{\mathrm{m}} = 1 - \sum_{r=0}^{m} C_n^r p^r (1-p)^{n-r} \tag{5-1}$$

2. 虚警概率 P_{f}

在消息码元中，也可能出现与所要识别的同步码组相同的码组，这时会被识别器误认为是同步码组而实现假同步。出现这种情况的可能性就称为虚警概率 P_{f}。

因此，计算虚警概率 P_{f} 就是计算消息码元中能被判为同步码组的组合数与所有可能的码组数之比。设二进制消息码元出现 0 和 1 的概率相等，都为 1/2，则由该二进制码元组成 n 位码组的所有可能码组数为 $2n$ 个，而其中能被判为同步码组的组合数显然也与 m 有关。若 $m=0$，只有一个(C_n^0)码组能被识别；若 $m=1$，即与原同步码组差一位的码组都能被识别，共有 C_n^1 个码组。以此类推，就可求出消息码元中被判为同步码组的组合数 $\sum_{r=0}^{m} C_n^r$，因而可得虚警概率为

$$P_{\mathrm{f}} = 2^{-n} \sum_{r=0}^{m} C_n^r \tag{5-2}$$

比较式(5-1)和式(5-2)可见，m 增大，即判决门限电平降低时，漏警概率 P_{m} 减小，但虚警概率 P_{f} 增大，所以这两项指标是有矛盾的，判决门限的选取要兼顾二者。

3. 平均建立时间 t_{s}

假设采用置位调整法进行自相关同步，且漏同步和假同步都不发生，那么在最不利的情

况下，采用连贯式同步码插入法实现帧同步最多需要一帧的时间。设每帧的码元数为 N（其中 n 位为帧同步码），单位码元时间为 T，则一帧数据时间为 NT。考虑到出现一次漏同步或一次假同步大致要多花 NT 的时间才能建立起帧同步，故帧同步的平均建立时间大致为

$$t_s = NT(1+P_m+P_f)$$

5.3.4 帧同步保护

在分析判决门限电平对 P_m 和 P_f 的影响时，曾经讲到两者是有矛盾的，示意图如图 5-7 所示。我们希望在同步建立时要可靠，也就是虚警概率 P_f 要小；而在同步建立以后，就要具有一定的抗干扰性能，也就是漏警概率 P_m 要小。为了满足以上要求以及改善同步系统性能，帧同步电路应加有保护措施。最常用的保护措施是将帧同步的工作划分为两种状态：捕捉态和维持态。在捕捉态，提高判决门限，判决器容许的同步码最大错码数下降，降低虚警概率；在维持态，降低判决门限，判决器允许的同步码最大错码数上升，漏警概率就会下降。

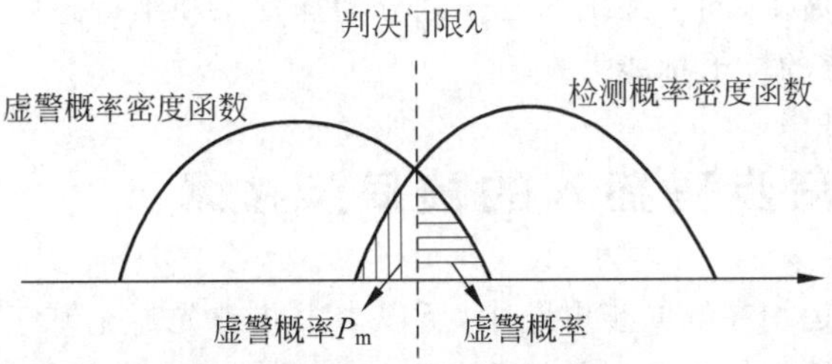

图 5-7 虚警概率、漏警概率与判决门限关系示意图

图 5-8 给出了一种既能减小虚警概率，又能减小漏警概率的帧同步逻辑保护电路实现方案[4]。

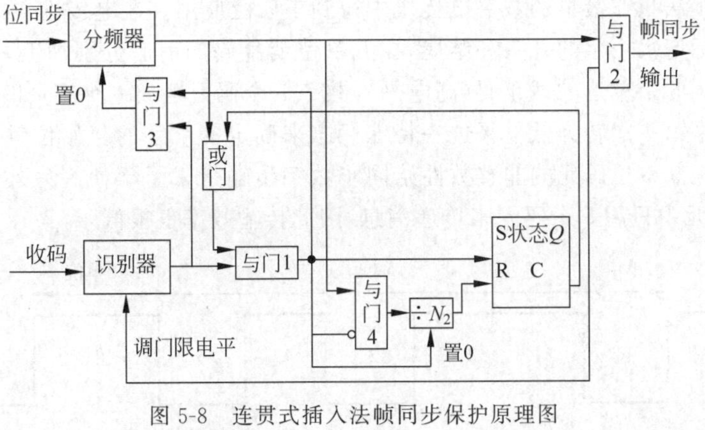

图 5-8 连贯式插入法帧同步保护原理图

在同步未建立时系统处于捕捉态，状态触发器 C 的 Q 端为低电平，这时同步码组识别器的判决门限电平较高，因而就减小了假同步概率。一旦识别器有输出脉冲，由于触发器的 Q 端此时为高电平，于是经或门，使与门 1 有输出。与门 1 的一路输出至分频器，使之置 0，这时分频器就输出一脉冲加至与门 2，该脉冲还分出一路经过或门又加至与门 1。与门 1 的

另一路输出加至状态触发器 C,使系统由捕捉态转为维持态,这时 Q 端变为高电平,打开与门 2,分频器输出的脉冲就通过与门 2 形成帧同步脉冲输出,因而同步建立。

同步建立后,系统处于维持态。为了提高系统的抗干扰性能,减小漏同步概率,原理图中让触发器在维持态时 Q 端输出低电平去降低识别器的判决门限电平,这样就可以减小漏同步概率。另外,用 $2\div N$ 电路增加系统的抗干扰性能。建立同步以后,若在分频器输出帧同步脉冲的时刻,识别器无输出,则这可能是系统真正失步,也可能是由于干扰偶尔出现的情况。只有连续出现 $2N$ 次这种情况才能认为是真正失步,这是与门 1 连续无输出,经“非”后加至与门 4 的便是高电平。分频器每输出一脉冲,与门 4 就输出一脉冲,这样连续 $2N$ 个脉冲使“$2\div N$”电路计满,随即输出一个脉冲至触发器 C,使状态由维持态转为捕捉态。当与门 1 不是连续无输出时,“$2\div N$”电路未计满就被置 0,状态就不会转换,因而系统增加了抗干扰能力。

建立同步后,消息码元中的假同步码组也可能会使识别器有输出而造成干扰。然而在维持态下,这种假识别的输出与分频器的输出是不同时出现的。因而这时与门 1 没有输出,故不会影响分频器的工作。因此,这种干扰对系统没有影响。

从以上分析可以看出,同步系统的工作划分为捕捉态和维持态后,既提高了同步系统的可靠性,又增加了系统的抗干扰能力。

5.4 基于同步码插入的帧同步技术

由于插入法广泛运用在帧同步电路中,所以本书将首先讨论基于同步码插入的帧同步技术。插入特殊码组法根据特殊码的插入位置可以分为起止式插入法、间隔式插入法和连贯式插入法[2]。

5.4.1 起止式插入法

起止式同步法只在最早的数字电传机中得到了广泛应用。在电传机中常用的是五单位消息码。为了标记每个字的开头和结尾,在五单位消息码的前后分别加上一个单位的起始码(低电平)和 1.5 个单位的截止码(高电平),共 7.5 个码元组成一个字,如图 5-9 所示。接收端根据高电平第一次转为低电平这一特殊标志来确定一个字的起始位置,从而实现帧同步。但是这种 7.5 单位码元的非整数性给同步数字传输带来了不便。另外,在这种同步方式中,7.5 个码元中只用 5 个码元来传递消息,因此传输效率也很低。

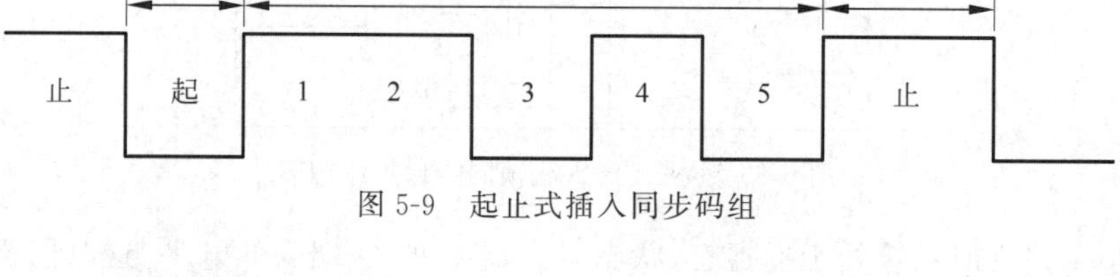

图 5-9 起止式插入同步码组

5.4.2 间隔式插入法

间隔式插入法[8]又称为分散插入法。它是指将帧同步码组分散地插入信息码流中,即每隔固定数量的信息码元就插入一位帧同步码元，示意图参见图 5-10。帧同步码组的选择遵循两方面原则：一是要便于接收端识别出它，这就要求帧同步码具有特定的规律性；二是它必须尽量和信息码元区别开。间隔式插入法比较多地用在多路数字电路系统中，例如在 24 路 PCM(Pulse Code Modulation)数字电话系统中一般都采用 0、1 交替码作为帧同步码间隔插入的方法。即这一帧插入 0 码，下一帧插入 1 码，如此交替地插入。由于每帧只插入一位码元，那么它与信息码元混淆的概率将达到 50%，看似这无法检测出帧同步码，但在进行同步捕获时可以连续搜索检测数十帧，只有每帧都符合 0、1 交替的规律才认为是真同步。

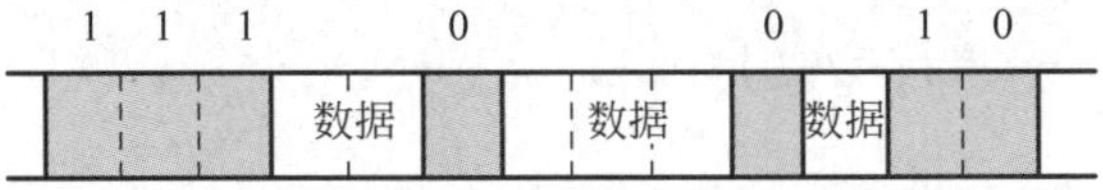

图 5-10　间隔式插入帧同步码组

间隔式分散插入法的最大优点就是帧同步码不占用过多信息时隙，所以每帧的传输效率较高，缺点就是帧同步捕获时间较长。因此这种方法较适合连续信号传输的通信系统，若是断续地发送信号，则会导致较长的帧同步码捕获时间，反而降低了传输效率。

5.4.3　连贯式插入法

连贯式插入法又称为集中插入法，是中频数字接收机中帧同步电路最常用的方法之一，它是指在每帧的开头集中插入作为帧同步码组的特殊码组。该码组应在信息码中很少出现，即使偶尔出现，也不可能按照帧的规律周期出现。在接收端处按帧的周期变化检测该特殊码组，这样便可获得帧同步信息。

连贯式插入法的关键是寻找实现帧同步的特殊码组。首先是帧同步码长的选择，针对一个通信系统，不仅要有较高的信息传输速率，同时必须有较好的抗噪声性能，但这两者通常是矛盾的，帧同步码长的选取也是如此。在传输帧同步码组与消息数据流时，由于数据信息的随机性，在消息码元中可能出现与帧同步码相同的码组，如果设定的帧同步码长较短就会使得在消息码元中发生假同步的概率增大，即把消息码元误判为帧同步码组。但是，如果增加帧同步码位数，那么虽然发生假同步的概率减小了，但在噪声干扰的影响下，越长的帧同步码出现误码的概率就越大，这样势必要延长帧同步码的捕获时间。因此帧同步码长的选择，必须兼顾两者。

其次，为了便于区别信息码元，帧同步码组应具有尖锐单峰特性的局部自相关函数和尽可能低的互相关旁瓣值，以便帧同步电路给出正确的同步指示。国际空间数据系统咨询委员会(Consultative Committee for Space Data Systems，CCSDS)推荐使用的是连贯式插入法，结构如图 5-11 所示。

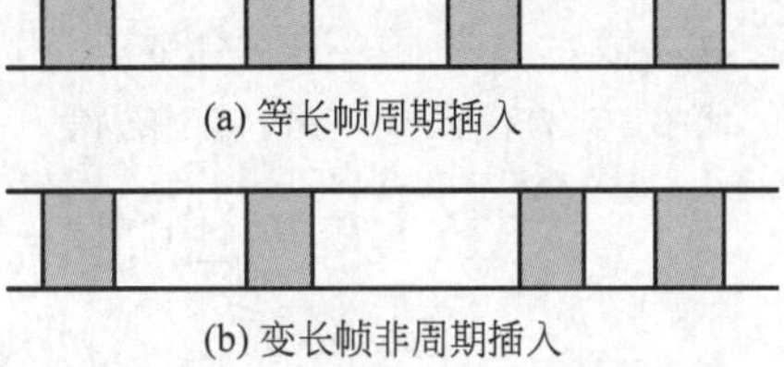

图 5-11　连贯式插值帧同步码组

5.4.4　传统帧同步检测方法

目前的帧同步检测方法，一般都假设已知同步序列，并且已经实现载波同步和位同步。因此帧同步问题实际上是一个码型已知而出现时刻未知的信号检测问题。

1. 相关法

帧定位问题就是在任意 N 个连续输出的观察值传输符号中，估计帧边界的位置。作为帧同步标志的特殊码组，具有尖锐单峰特性的局部自相关函数。因此可以根据相关法，在已知帧同步码的情况下，求出其在不同延时时刻各码元对应的相关值之和。若在某一延时时刻，该值出现最大值，且该值大于某一个门限值，则认为该时刻出现了帧同步码的第一个码元。

1）硬判决检测

基于硬判决的帧同步检测首先将输入信号 $r(k)$ 按最大后验概率准则判决如下：

$$d(k)=\begin{cases}1, & r(k)\geqslant 0\\ -1, & r(k)<0\end{cases}$$

滑动窗内的采样数据 $r(k)\sim r(k+L-1)$ 的判决值 $d(k)\sim d(k+L-1)$ 有 P 个以上与 SW 相同，则判定当前采样时刻 k 是帧起点位置；否则，等待下一采样时刻，重新检测。在基于硬判决的帧同步检测系统中，度量值 S 的物理意义是判决序列 $d(k)\sim d(k+L-1)$ 中与 SW 序列取值相同的数据的数量。

显然，基于硬判决 SW 检测的帧同步算法其检测性能由系统的误符号率(Symbol Error Ratio，SER)直接决定。由于通信系统的误符号率与符号信噪比 E_s/N_0 唯一相关，故当系统工作于高信噪比时，系统误符号率较低，帧同步算法的检测性能较好。然而，当系统工作于低信噪比时，系统误符号率显著升高，帧同步算法的检测性能将随之出现大幅下滑，甚至完全无法正常工作。

下面推导基于硬判决 SW 检测帧同步算法的检测性能。对于 BPSK 通信系统，误符号率 SER 与信噪比 E_s/N_0 有如下关系：

$$\mathrm{SER}=\frac{1}{2}\mathrm{erfc}\left(\frac{E_s}{N_0}\right) \tag{5-3}$$

则硬判决帧同步算法的检测概率即为滑动窗内 L 个判决数据中，至少有 $P(P\leqslant L)$ 个与 SW 相同的概率，故

$$P_d=\sum_{i=P}^{L}C_L^i(1-\mathrm{SER})^i\,\mathrm{SER}^{L-i} \tag{5-4}$$

$$P_m=1-P_d=\sum_{i=0}^{P-1}C_L^i(1-\mathrm{SER})^i\,\mathrm{SER}^{L-i} \tag{5-5}$$

其中，C_L^i 表示 L 中取 i 的组合数。

将式(5-3)代入式(5-4)、(5-5)得

$$P_d=\sum_{i=P}^{L}C_L^i\left(1-\mathrm{erfc}\left(\frac{E_s}{N_0}\right)\right)^i\left(\frac{1}{2}\mathrm{erfc}\left(\frac{E_s}{N_0}\right)\right)^{L-i}$$

$$P_m=\sum_{i=0}^{P-1}C_L^i\left(1-\mathrm{erfc}\left(\frac{E_s}{N_0}\right)\right)^i\left(\frac{1}{2}\mathrm{erfc}\left(\frac{E_s}{N_0}\right)\right)^{L-i}$$

虚警概率的分析限定于全部 L 个采样数据都落入 SW 前方空闲区的情况，则

$$P_f=0.5^L\sum_{i=P}^{L}C_L^i \tag{5-6}$$

硬判决帧同步算法只需简单比对滑动窗内的判决数据 $d(k)$ 与帧同步字 SW 的一致性，

即可作出判断，算法原理简单，实现复杂度低，但其检测性能与误符号率直接相关，在低信噪比条件下检测性能较差。

2）软判决检测

硬判决帧同步检测器直接将输入信号 $r(k)$ 按最大后验概率准则判决为 BPSK 原始调制符号（即 ±1），虽然简化了后续处理环节，但损失了大量的信息，因而其检测性能较差。针对这一问题，使用软判决帧同步检测算法可以获得更好的性能。

所谓软判决帧同步，是指检测器保留输入信号的原始数值，直接计算滑动窗内数据与帧同步字的相关性，并以此为依据判断当前位置是否为帧起点位置。下面介绍几种常见的软判决帧同步检测器[9]。

Massey：

$$S=\sum_{n=0}^{L-1}r(n+k)\rho(n)-\sum_{n=0}^{L-1}f(r(n+k))$$

$$f(x)=(N_0/2\sqrt{E_s})\ln(\cosh(2\sqrt{E_s}x/N_0))$$

Massey-AH：

$$S=\sum_{n=0}^{L-1}r(n+k)\rho(n)-\sum_{n=0}^{L-1}|r(n+k)|$$

Massey-AL：

$$S=\sum_{n=0}^{L-1}r(n+k)\rho(n)-\frac{\sqrt{E_s}}{N_0}\sum_{n=0}^{L-1}r^2(n+k)$$

Correlator：

$$S=\sum_{n=0}^{L-1}r(n+k)\rho(n)$$

式中，$\rho(n)=\pm1$ 表示帧同步字 SW。Massey 检测器是学者 James L. Massey 于 20 世纪 70 年代提出的，已被证明是连续通信系统中（即有周期出现的帧同步字 SW 的系统）、无编码辅助条件下的理论最优检测器。Massey_AH 和 Massey_AL 检测器分别是 Massey 检测器在高、低信噪比条件时的近似，它们避开了复杂非线性函数 $f(x)$ 的运算，且已被证明当 $E_s/N_0\gg1$、$E_s/N_0\ll1$ 时，Massey_AH、Massey_AL 检测器的检测性能接近最优 Massey 检测器。最后，Correlator 检测器即相关检测器，是在 Massey 检测器被发现前公认的“最优检测器”。然而，Massey 检测器的“理论最优性能”是在连续通信的前提下得到的，对于突发通信系统，其检测性能仍然次于传统的相关检测器。

相关检测器的输出值为

$$\begin{aligned}S(k)&=\sum_{n=0}^{L-1}r(n+k)\rho(n)\\&=\sum_{n=0}^{L-1}s(n+k)\rho(n)+\sum_{n=0}^{L-1}w(n+k)\rho(n)\\&=\begin{cases}L+w_\rho(k), & k=k_0\\ w_\rho(k), & k\neq k_0\end{cases}\end{aligned}$$

其中，$w_\rho(k)=\sum_{n=0}^{L-1}w(n+k)\rho(n)$ 是均值为 0、方差为 $L\sigma^2$ 的高斯白噪声，$k=k_0$ 表示当

前位置是帧起点位置，固有 $\sum_{n=0}^{L-1} s(n+k)\rho(n)=L$；$k\neq k_0$ 表示当前位置不是帧起点位置，固有 $s(n+k)=0, n=0,1,\cdots,L-1$，$\sum_{n=0}^{L-1} s(n+k)\rho(n)=0$（假设 k 处于 SW 前的空白区域）

若判决门限为 P，即当 $s(k)\geqslant P$ 时，判定帧同步成功；否则判定未同步，则软判决帧同步算法的漏警概率为

$$P_{\mathrm{m}}=P(S(k)<\mathrm{TH}\mid k=k_0)=\int_{-\infty}^{P}\frac{1}{\sigma\sqrt{2\pi L}}\exp\left(-\frac{(x-L)^2}{2L\sigma^2}\right)\mathrm{d}x$$

虚警概率为

$$P_{\mathrm{f}}=P(S(k)\geqslant \mathrm{TH}\mid k\neq k_0)=\int_{P}^{\infty}\frac{1}{\sigma\sqrt{2\pi L}}\exp\left(-\frac{x^2}{2L\sigma^2}\right)\mathrm{d}x$$

相关法最大的优点是实现简单，但基于这种方法检测到的帧起始时刻不是很准确，变化较大；且在衰落信道下性能很差。

3）仿真与分析

性能仿真与分析分别给出硬判决 SW 检测和软判决 SW 检测两种算法取不同判决门限时的虚警、漏警概率。仿真中，SW 序列选为长度 $L=31$ 的 m 序列，并假设虚警概率、漏警概率同时小于 1×10^{-7} 为通信系统要求的性能指标。

（1）硬判决 SW 检测性能分析。

由式(5-6)可知，基于硬判决 SW 检测的虚警概率 P_{f} 与信噪比无关，仅与 SW 长度 L 及判决门限 P 有关。图 5-12 给出了虚警概率 P_{f} 与门限 P 的对应曲线。可见，若期望 $P_{\mathrm{f}}<1\times10^{-7}$，则门限 P 的最小取值为 30。

图 5-13 给出了门限 P 取不同值时，漏警概率 P_{m} 与符号信噪比 E_{s}/N_0 的对应关系。可见，在符号信噪比 E_{s}/N_0 与 SW 长度 L 确定时，门限 P 越大，则漏警概率 P_{m} 越高。结合图 5-12 对虚警概率 P_{f} 的仿真结论，此时 P 应取下限值 30 以获得尽可能低的漏警概率；同样以 $P_{\mathrm{m}}<1\times10^{-7}$ 为标准，则此时 E_{s}/N_0 至少需大于 4.7dB 才能满足指标要求。

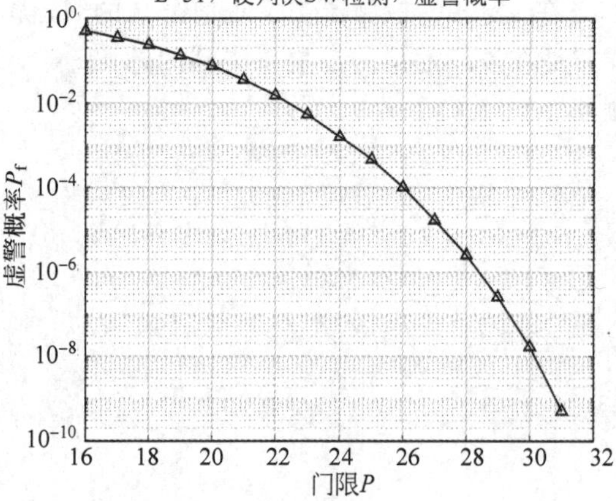

图 5-12　虚警概率 P_{f} 与门限 P 的对应曲线

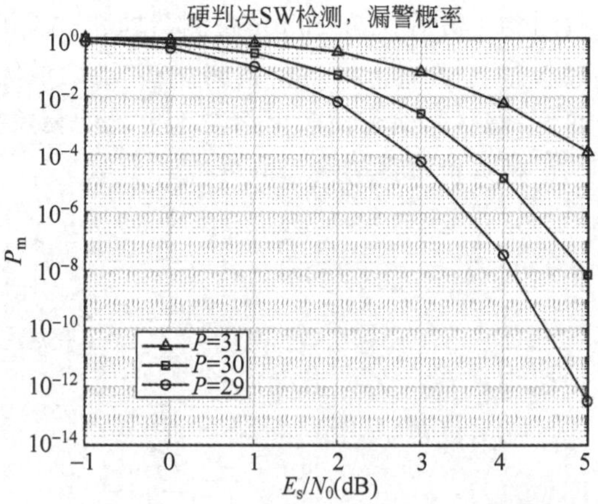

图 5-13　不同门限 P 不同信噪比下的漏警概率 P_{m}

综合考虑虚警、漏警两项性能指标，对于硬判决 SW 检测帧同步，当 SW 长度 $L=31$ 时，最佳判决门限 $P=30$，此时对应的系统门限工作信噪比约为 $E_s/N_0=4.7\text{dB}$（以 P_f、$P_m<1\times10^{-7}$ 为准）。

（2）软判决 SW 检测性能分析。

不同于硬判决检测，基于软判决 SW 检测的帧同步其虚警、漏警概率均与信噪比直接相关。图 5-14 和图 5-15 分别给出了不同判决门限 P 对应的基于软判决 SW 检测的虚警概率和漏警概率曲线。

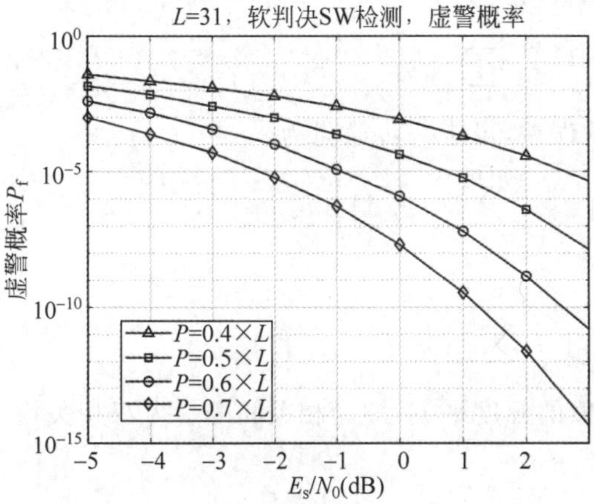

图 5-14　不同 P 对应的软判决 SW 检测虚警概率曲线

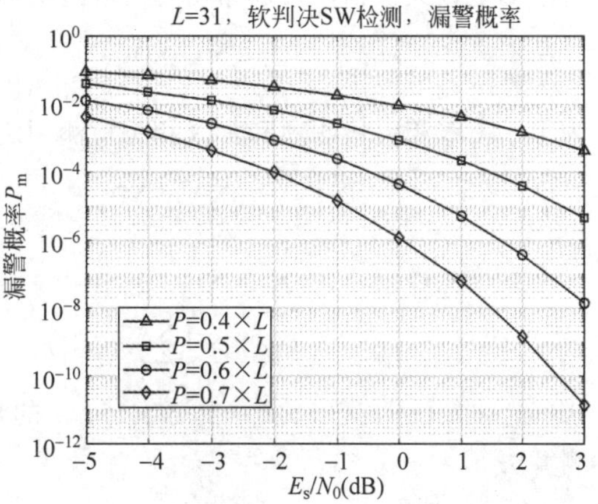

图 5-15　不同 P 对应的软判决 SW 检测漏警概率曲线

仿真结果表明，对于软判决 SW 检测，其门限对性能的影响与硬判决类似：即随着门限的提高，虚警概率 P_f 逐渐降低，而漏警概率 P_m 逐渐升高。因此，为了同时满足 P_f、$P_m<1\times10^{-7}$ 的要求，需折中选择一个恰当的门限 P，使得系统门限信噪比最低。由图中曲线可见，当 $P=0.5L$ 时，P_f、P_m 性能相近，此时对应的系统门限工作信噪比约为 $E_s/N_0=2.5\text{dB}$。

（3）无编码辅助帧同步算法性能分析小结。

对于无编码辅助 SW 检测突发帧同步，软判决算法的检测性能明显优于硬判决算法。以 P_f、$P_m<1\times10^{-7}$ 为例，软判决算法的门限信噪比能够比硬判决算法降低约 2.2dB。当然，软判决算法所需的计算量相比硬判决也更大，但总体而言其计算复杂度仍处于较低水平。因此，在实际无编码辅助帧同步系统中，软判决算法往往是较低信噪比条件下的必然选择。

2. 基于最大似然准则

针对相关法性能不佳、适用范围太窄的弊端，后人提出了一些改进方法，如 Choi Z. Y. 和 Lee Y. H. 提出了基于最大似然改进算法、双相关检测算法[10,11]，该方法适用于存在大频偏的情况，鲁棒性得到了提高。

基于最大似然准则的帧同步检测方法是通过计算似然函数最大值求解帧起始位置的帧同步检测方法，其通用表达式如下：

$$\hat{\mu}=\underset{\mu\in[0,L-1]}{\operatorname{argmax}}\, p(\boldsymbol{x}\mid\mu)$$

其中，$p(\boldsymbol{x}\mid\mu)$ 为条件似然函数，μ 表示帧起始位置，L 为同步码序列的长度。

设接收信号为 r_k，同步码为 s_k，N 为观察值数，数据帧结构为如图 5-1 所示。对应似然

函数表达式为

$$L_0(\mu)=\ln p(\boldsymbol{x}\mid\mu)=\sum_{k=0}^{L-1}\sum_{l=0}^{L-1}r_{\mu+k}s_k^*r_{\mu+l}^*s_l\cdot\operatorname{sinc}\{2\pi U_{\mathrm{m}}(k-l)\}-\sum_{k=0}^{L-1}|r_{\mu+k}|^2$$

其中，sinc(·)表示 sinc 函数，$0\leqslant U_{\mathrm{m}}\leqslant 0.5$。

基于最大似然法的帧同步检测使系统的性能有了明显的提高，但是 ML 估计器的运算复杂度很高。为了降低复杂度，提出了各种简化的估计器，以性能的降低来换取速度的提高。

文献[10]给出了基于最大似然准则的改进帧检测方法。该方法是通过计算条件似然函数的期望最大值估计帧起始位置。改进的似然函数形式为

$$L_1(\mu)=\sum_{i=0}^{L-1}\left\{\left|\sum_{k=i}^{L-1}r_{\mu+k}^*s_kr_{\mu+k-i}s_{k-i}^*\right|^2-\sum_{k=\mu+i}^{\mu+L-1}|r_k|^2|r_{k-i}|^2\right\}\tag{5-7}$$

为了平衡双相关检测项和常规相关检测项之间的误差，可进一步简化为

$$L_2(\mu)=\sum_{i=1}^{L-1}\left\{\left|\sum_{k=i}^{L-1}r_{\mu+k}^*s_kr_{\mu+k-i}s_{k-i}^*\right|-\sum_{k=\mu+i}^{\mu+L-1}|r_k||r_{k-i}|\right\}$$

取 $i=1$，有

$$L_3(\mu)=\left|\sum_{k=1}^{L-1}r_{\mu+k}^*s_kr_{\mu+k-1}s_{k-1}^*\right|-\sum_{k=\mu+1}^{\mu+L-1}|r_k||r_{k-1}|$$

式(5-7)的第一项是 $r_{\mu+k}s_k^*$ 和 $r_{\mu+k-i}s_{k-i}^*$ 的相关值的幅度平方，即为相关间隔 i 为双相关检测算法[11]：

$$L_4(\mu)=\left|\sum_{k=i}^{L-1}r_{\mu+k}s_k^*r_{\mu+k-i}^*s_{k-i}\right|$$

取 $i=1$，为 ad hoc 算法，则

$$L_5(\mu)=\left|\sum_{k=1}^{L-1}r_{\mu+k}s_k^*r_{\mu+k-1}^*s_{k-1}\right|$$

故 ad hoc 算法可看作双相关检测帧同步算法的特殊情况。

近年来，基于最大似然法则针对平坦衰落信道、频率选择性信道的帧同步算法也相继提出。例如，Arkady Kopansky 和 Maja Bystrom[12]提出了对于平坦衰落信道、非相干解调情况下的 ML 法及其高 SNR 下的近似，随后又研究了针对瑞利衰落信道非周期插入同步模式的帧同步问题[13]，但是他们的研究尚未很好地解决错误传播的问题，即上一个帧同步位置判断不正确会影响到下一个同步位置的判断。

设系统调制方式为 QPSK，载波频率和相位理想同步，帧长为 162，同步码组长 15，对最大似然帧同步检测算法、改进最大似然帧同步检测算法、ad hoc 双相关检测算法进行虚警概率仿真。

图 5-16 给出了归一化频偏 $\Delta fT\in[0,0.2]$，$E_{\mathrm{b}}/N_0=6\mathrm{dB}$ 时对于 $L_0(\mu)$ 给出了 $U_{\mathrm{m}}=0.02,0.08,0.15,0.3$ 时的仿真结果。从图 5-16 中 $L_0(\mu)$ 的虚警概率变化情况可知，虚警概率和频偏鲁棒性有等价替代关系。随着 U_{m} 的增加，频偏鲁棒性增强，而虚警概率增加。随着频偏变化率的增加，传统相关算法和 $U_{\mathrm{m}}=0.02$ 的 $L_0(\mu)$ 的虚警概率迅速增加。而 $L_1(\mu)$、$L_2(\mu)$、$L_3(\mu)$、$L_5(\mu)$ 受频偏的变化的影响较小。而且 $L_2(\mu)$、$L_3(\mu)$ 的性能优于 $L_1(\mu)$。这是因为式(5-7)中的两项存在误差。

图 5-17 给出了归一化频偏 $\Delta fT\in[U_{\mathrm{m}},-U_{\mathrm{m}}]$，$U_{\mathrm{m}}=0.01,0.04,0.1$ 时不同信噪比下各帧同步算法虚警概率变化曲线。如图 5-17 所示，$L_2(\mu)$ 的性能最优。

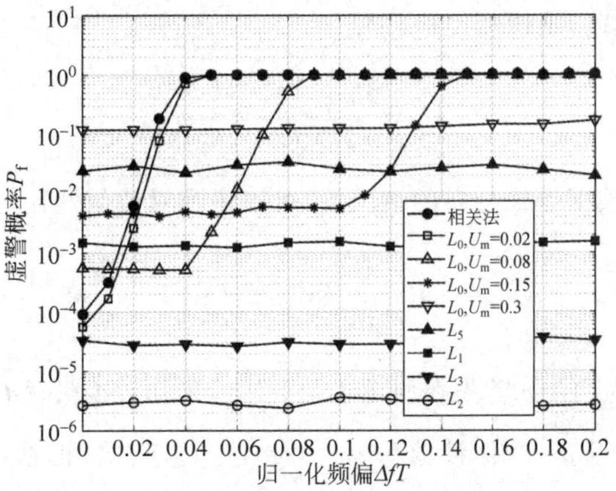

图 5-16 当 $E_b/N_0=6$dB 时不同归一化频偏下基于最大似然准则的帧同步算法虚警概率

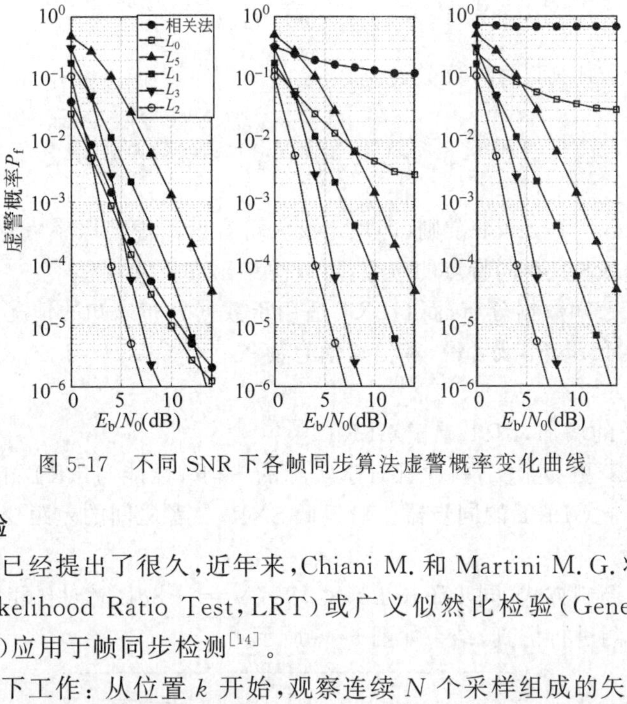

图 5-17 不同 SNR 下各帧同步算法虚警概率变化曲线

3. 似然比检验

假设检验理论已经提出了很久，近年来，Chiani M. 和 Martini M. G. 将假设检验理论中的似然比检验(Likelihood Ratio Test，LRT)或广义似然比检验(Generalized Likelihood Ratio Test，GLRT)应用于帧同步检测[14]。

假定同步器如下工作：从位置 k 开始，观察连续 N 个采样组成的矢量；基于该矢量决定该位置处是否为同步码或同步字符(Synchronization Word，SW)；如果不是 SW，则移到下一个位置 $k+1$，重复上述步骤。这样就把帧同步检测问题转换为研究在比特流的每一个位置 k 处，SW 是否存在的判决问题。

令 $r=(r_1,r_2,\cdots,r_N)$ 为 N 个接收信号的采样值，同步器必须在以下 2 种可能的情况中做出选择：

$$H_0: r_i=d_i+n_i,\quad i=1,2,\cdots,N$$
$$H_1: r_i=c_i+n_i,\quad i=1,2,\cdots,N$$

其中，$(d_1,d_2,\cdots,d_N)$ 为信息数据，$d_i\in\{-1,+1\}$；$(c_1,c_2,\cdots,c_N)$ 为帧同步码序列；$c_i\in\{-1,+1\}$。

用 $f_{\boldsymbol{R}}(\cdot)$ 表示随机矢量 $\boldsymbol{R}$ 的概率密度函数，λ 表示判决门限，D_0 和 D_1 表示与 H_0 和

H_1 对应的判决信息数据，则似然比检验为

$$\Lambda(\boldsymbol{r})=\frac{f_{\boldsymbol{R}|H_0}(\boldsymbol{r}\mid H_0)}{f_{\boldsymbol{R}|H_1}(\boldsymbol{r}\mid H_1)}\underset{D_1}{\overset{D_0}{\gtrless}}\lambda$$

在 AWGN 信道中，在数据等概分布的情况下，可以得到对数似然比检验：

$$\Lambda=\Lambda(\boldsymbol{r})=\sum_{i=1}^{N}\ln(1+\mathrm{e}^{-2r_ic_i/\sigma^2})\underset{D_1}{\overset{D_0}{\gtrless}}\lambda$$

GLRT 原则上分为两步：首先在假设 H_0 下估计未知数据矢量 $\hat{\boldsymbol{d}}=(\hat{d}_1,\hat{d}_2,\cdots,\hat{d}_N)$，例如利用最大似然估计，得 $\hat{d}_i$ 的估计值为 $\hat{d}_i=\mathrm{sgn}(r_i)$。其次，把估计值当作已知量，利用 LRT，得到 GLRT 为

$$\Lambda_g(\boldsymbol{r})=\frac{f_{\boldsymbol{R}|H_1}(\boldsymbol{r}\mid H_1)}{f_{\boldsymbol{R}|H_0}(\boldsymbol{r}\mid H_0,\boldsymbol{d})}\underset{D_0}{\overset{D_1}{\gtrless}}\lambda$$

同样，在 AWGN 下，GLRT 的对数形式为

$$\Lambda_g=\Lambda_g(\boldsymbol{r})=\sum_{i=1}^{N}(\mid r_i\mid-r_ic_i)\underset{D_0}{\overset{D_1}{\gtrless}}\lambda$$

上述 λ 为根据 Neyman-Pearson 准则（即规定最大可容忍的虚警概率）选择的门限。

从对 LRT 和 GLRT 不同特点的研究，可以总结出如下几点：

(1) LRT 需要已知数据分布，而 GLRT 适用于数据分布未知的情况；

(2) LRT 依赖于 SNR，或者说，和信道信息有关；而 GLRT 与 SNR 无关，当信道条件信息未知时也适用；

(3) 随着 SNR 的增加，LRT 趋于 GLRT；

(4) 因为 GLRT 更易于实现，并且对于实际的 SNR，性能与 LRT 相差不大，很多情况下更偏向于使用基于 GLRT 的同步器。对于低 SNR，二者之间的差距变得很明显，LRT 性能有明显的提高。

设采用 BPSK 调制方式，同步码长 $L=32$，$E_s/N_0=-8\text{dB}$ 时对自相关帧同步检测和对数似然比帧同步检测进行仿真，结果如图 5-18 所示。

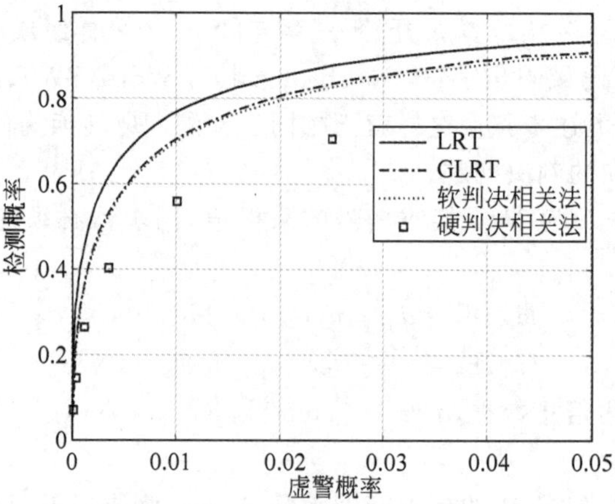

图 5-18 ROC 曲线（检测概率和虚警概率曲线）

从图 5-18 可知,LRT 和 GLRT 帧同步算法检测性能优于硬判决和软判决帧同步算法,而且 LRT 的帧同步检测性能更优。

为了进一步考查算法性能,图 5-19 给出了在不同虚警概率、不同门限值下 LRT、GLRT 和软判决自相关帧同步算法的检测概率随信噪比变化曲线。观察可知,LRT、GLRT 算法性能优于软判决自相关帧同步算法,当 $P_f=10^{-4}$,$P_D=0.9$ 时基于 GLRT 的帧同步检测器优于软判决自相关帧同步检测器 2dB 以上。

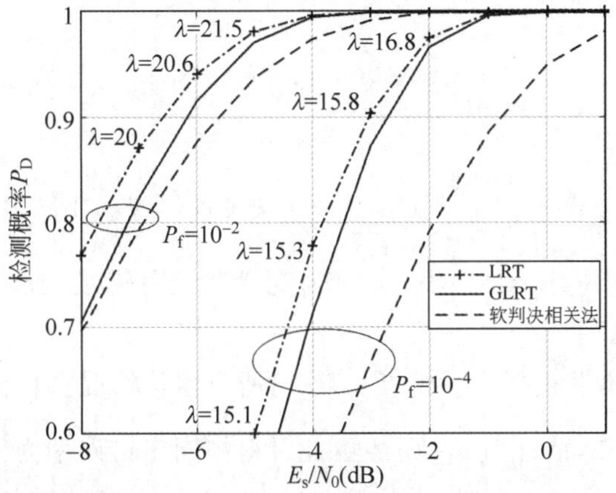

图 5-19 不同虚警概率($P_f=10^{-4}$ 和 $P_f=10^{-2}$)下检测概率随 SNR 变化曲线

5.5 编码辅助帧同步技术

编码辅助的帧同步技术是借助译码器输出后验概率信息,基于最大似然准则实现帧同步的算法。对应的实现算法是 EM 算法,只是似然函数中的未知变量变成了帧偏移(符号偏移)k,算法结构框图如图 5-20 所示。

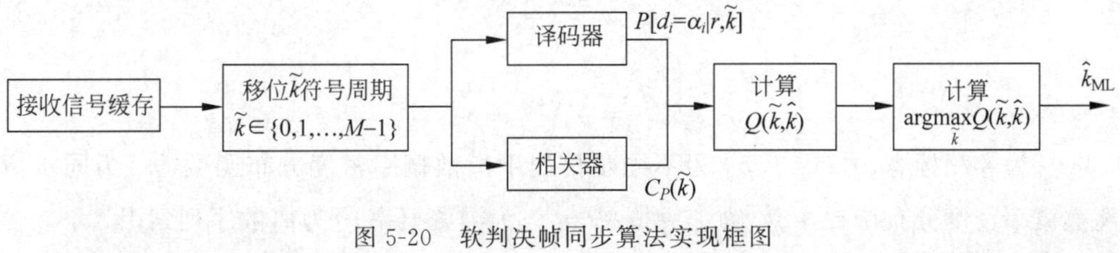

图 5-20 软判决帧同步算法实现框图

设传输帧 $\boldsymbol{r}$ 的帧长为 N,同步码 $\boldsymbol{p}$ 的长度为 L,则数据信息 $\boldsymbol{d}$ 长为 $N-L$。通过接收信号能量的检测可以判断是否有信号到达,但是不能得到精确的信号到达时刻,会有若干符号周期 MT(T 为符号周期)的偏差。假设此时载波频偏和定时偏差完美同步,重写接收信号模型如下:

$$r(t)=\sum_{n=0}^{N-1} a_n g(t-\tau-nT)+w(t) \tag{5-8}$$

其中,$\boldsymbol{r}=[\boldsymbol{p}\ \boldsymbol{d}]$是传输信息序列,$\tau$ 是传输延时,$g(t)$是平方根升余弦滤波器脉冲响应。$w(t)$为复加性高斯白噪声,频谱密度为 N_0/E_s,E_s 为符号功率。

5.5.1 硬判决编码辅助帧同步算法

文献[16][17]提出了两种硬判决帧同步方法，均是根据不同帧偏移时的硬判决矢量满足校验方程的比例作为代价函数，来确定帧边界的。

1. 门限法

设门限为 k，表示 M 帧数据中满足校验方程的节点数目之和。门限法计算帧偏移的表达式为

$$\hat{k}=\min_{\mu\in W} k \tag{5-9}$$

其中，

$$W=\left\{k \,\middle|\, \sum_{i=0}^{M-1} C_{k+iN} \geqslant \lambda, k\in[0,N-1]\right\}$$

其中，C_i 表示以符号集 $\{r_i, r_{i+1}, \cdots, r_{i+N-1}\}$ 为变量节点时满足校验方程的数目，r_i 表示缓存的第 i 个符号信息。

在门限法中，同步错误包括两种情况：第一，所有偏移情况下得到的满足校验矩阵的数目都低于门限值 k；第二，估计值 $\hat{k}\neq m$。由此可得帧同步错误率为

$$\begin{aligned}\mathrm{FSER}&=1-\frac{1}{N}\sum_{i=0}^{N-1}(1-e_a^{(M)})^i(1-e_{\mathrm{b}}^{(M)})\\&=1-\frac{1-e_{\mathrm{b}}^{(M)}}{Ne_a^{(M)}}(1-(1-e_a^{(M)})^N)\end{aligned} \tag{5-10}$$

其中，

$$e_a^{(M)}=\sum_{i=\lambda}^{MN_{\mathrm{c}}-1} p_0^{(M)}(i)$$

$$e_{\mathrm{b}}^{(M)}=\sum_{i=0}^{\lambda-1} p_1^{(M)}(i)$$

$$p_n^{(2)}=p_n * p_n$$

$$p_n^{(M)}=p_n^{(M-1)} * p_n$$

“*”为卷积标志，$n[0,1]$，p_0 为不同步情况下离散概率密度分布函数，p_1 为同步情况下离散概率密度分布函数，$e_a^{(M)}$ 为虚警概率，$e_{\mathrm{b}}^{(M)}$ 为漏警概率，i 为离散序列索引。

2. 最大值法

最大值法帧同步技术通过下式计算帧偏移：

$$\hat{k}=\underset{k\in[0,N-1]}{\operatorname{argmax}}\sum_{i=0}^{M-1} C_{k+iN}$$

因为不同步概率密度函数和同步概率密度函数存在交集，因此估计值会存在虚警概率，也是最大值法中唯一存在的帧同步错误现象。由此可得帧同步错误概率：

$$\mathrm{FSER}=1-\sum_{i=0}^{MN_{\mathrm{c}}} p_1^{(M)}(i)\sum_{j=1}^{N} a(i,j)$$

其中，

$$a(i,j)=\frac{1}{j}\binom{N-1}{j-1}(p_0^{(M)}(i))^i\sum_{l=0}^{i-1}(p_0^{(M)}(l))^{N-j}$$

以门限值法为例，硬判决帧同步译码辅助算法的硬件实现结构如图 5-21 所示。

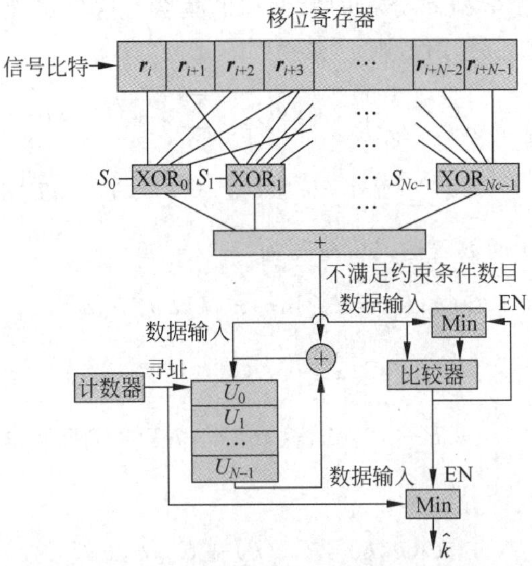

图 5-21　硬判决编码辅助帧同步结构框图

接收信号比特首先被送入移位寄存器，移位寄存器的长度为 N，与帧长、LDPC 码字长相同，也即数据段处理以码长为单位。利用异或模块求解每个校验节点处校验方程的结果，并将检验方程的结果与扰码序列(PN 序列)S 各对应的比特值比较，并将比较结果送入多操作数加法器。加法器结果就为不满足校验方程 U 的数目。之所以计算不满足的校验方程的数目，是因为当校验方程满足时异或模块输出为 0，不利于表达。$\{U_0,U_1,\cdots,U_{N-1}\}$表示用来记录不同帧偏移下不满足校验方程的数目，计数器 Counter 则是用来提供 RAM 单元$\{U_0,U_1,\cdots,U_{N-1}\}$的地址。

当 $i<M-1$(M 为参与计算帧数，N_c 为节点总数)时，多操作数加法器的求和输出与对应 RAM 单元内的数据相加后重新存入原地址 RAM 单元。该 RAM 单元可以采用双口 RAM 实现以保证以上操作能够在一个时钟周期内完成。当 $i=M-1$ 时，执行完双项求和运算后，不再将值存入 RAM 单元，而是与 $\min_U$ 共同送入比较器进行比较，当该值小于 $\min_U$ 时，就将$\min_U$ 更新，并同时更新$\min_k$ 为即时 Counter 值。

基于校验方程法则的 LDPC 码辅助帧同步算法复杂度较低，但是要在低信噪比下获得较好的帧同步性能需要多帧 LDPC 码字联合辅助帧同步，这会增加系统的时间复杂度，而且该算法不适用于突发传输系统。基于此，文献[18]提出了基于校验软信息的 LDPC 码辅助帧同步算法。校验软信息定义为 m 个校验方程成立与不成立概率的对数似然比信息之和。

5.5.2　软判决编码辅助帧同步算法

1. 基于 EM 的帧同步算法

帧同步算法的目标是确定帧的起始边界 k，EM 帧同步算法的原理是根据 ML 准则通过最小化帧同步错误概率 $P[\hat{k}\neq k]$ 实现这一目标。

$$\hat{k}_{\mathrm{ML}}=\underset{\tilde{k}\in U}{\operatorname{argmax}}(\ln p(\boldsymbol{r}\mid\tilde{k})) \tag{5-11}$$

其中，U 为包含所有 M 个等概率分布的帧偏移的集合。这里定义完整数据集 $\boldsymbol{r}=[\boldsymbol{p}\ \boldsymbol{d}]$。由式(5-8)可得对数似然函数方程，则

$$\begin{aligned}\ln p(r\mid\tilde{k},d)&\propto-\frac{1}{2\sigma^2}\int_{-\infty}^{+\infty}\left|r(t)-\sum a_n g(t-\tilde{k}T-nT)\right|^2\mathrm{d}t\\&\propto\sum_n\Re\left\{\int_{-\infty}^{+\infty}r^*(t)a_n g(t-\tilde{k}T-nT)\mathrm{d}t\right\}\end{aligned} \tag{5-12}$$

由于 d 与 k 相互独立，Q 函数表达式可重写为

$$\begin{aligned}Q(k,\tilde{k})&=E_{\mathrm{d}}[\ln p(r\mid\tilde{k},d)\mid\hat{k},d]\\&=\sum_n\Re\{E_{\mathrm{d}}[a_n\mid\hat{k},r]y^*_{n+\tilde{k}}\}\end{aligned}$$

其中，$y_{n+\tilde{k}}=\int_{-\infty}^{+\infty}r(t)g^*(t-\tilde{k}T-nT)\mathrm{d}t$ 表示 $nT+\tilde{k}T$ 时刻匹配滤波器的输出信号。将 Q 函数分解为

$$Q(\tilde{k},\hat{k})=C_p(\tilde{k})+C_d(\tilde{k},\hat{k}) \tag{5-13}$$

其中，

$$C_p(\tilde{k})=\sum_{i=0}^{L-1}\Re\{y^*_{n+\tilde{k}}p_i\}$$

$$C_d(\tilde{k},\hat{k})=\sum_{i=0}^{N-1}\Re\{y^*_{i+L+\tilde{k}}\mu_i(r,\hat{k})\}$$

其中，

$$\mu_i(r,\hat{k})=\sum_{\{\alpha_l\}}P[d_l=\alpha_l\mid r,\hat{k}]\alpha_l$$

表示符号 d_i 的后验概率平均值或称期望值。α_l 表示星座点集合，$\mu_i(r,\hat{k})$ 是所有星座点的加权平均值，称为软判决信息。其实传统相关法就是对式(5-13)的第一项求最大，因此可以将式看作一个广义的相关，即 $(y_{\tilde{k}},\cdots,y_{\tilde{k}+L-1},y_{\tilde{k}+L},\cdots,y_{\tilde{k}+L+N-1})$ 与 $(p_0,\cdots,p_{L-1},\mu_0,\cdots,\mu_{N-1})$ 相关。

迭代估计过程为：根据式(5-11)和式(5-12)实现译码辅助估计的迭代过程，该过程的实现首先需要确定一个初始帧头估计值 $\hat{k}^{(0)}$，在此基础上采用帧头穷尽搜索选最大方式获得迭代输出 $\hat{k}^{(1)}$，重复执行这一过程，直到方程收敛。需要注意的是，EM 算法迭代初始值的确定影响着最终计算结果的正确性，因为 EM 算法存在局部最大值收敛问题，即在求解最大值的过程中，如果初始迭代值距实际全局最大值较远，则最后求解的结果可能收敛于局部最大值而错失全局最大值。这一局部收敛问题可通过式(5-14)解决：

$$\hat{k}^{(n+1)}=\hat{k}^{(n)}=\hat{k}_{\mathrm{ML}} \tag{5-14}$$

由此求得的最大似然估计应满足：

$$\hat{k}_{\mathrm{ML}}=\underset{\tilde{k}}{\operatorname{argmax}}Q(\tilde{k},\hat{k}) \tag{5-15}$$

由此可得相应的帧同步器结构,穷尽搜索过程可按照式(5-15)进行计算。EM 算法实现流程图如图 5-22 所示。

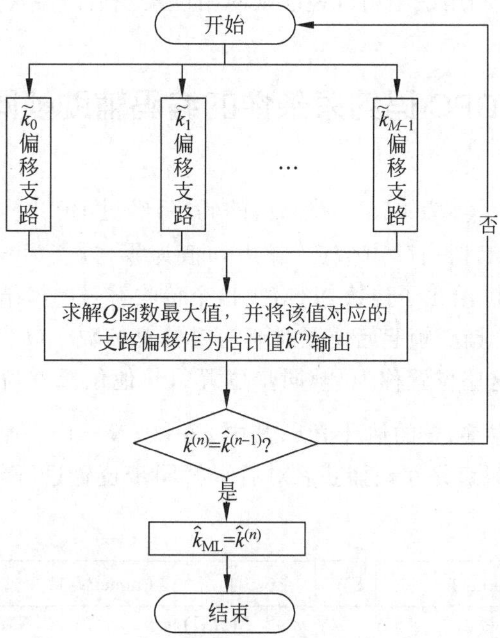

图 5-22　EM 算法流程图

2. 盲帧同步算法

盲帧同步算法是基于帧长与码长相同的假设,首先由接收机检测载波功率对接收数据帧的帧头位置进行粗估计。然后再由 LDPC 译码输出对数似然比信息的幅度均值作为代价函数,对粗估计的帧偏移进行判断。由此可得系统模型如图 5-23 所示。

$$\hat{k}=\arg\max_{k\in[-M,M]}\frac{1}{N}\sum_{i=\tilde{k}}^{\tilde{k}+N-1}|L(c_i)|$$

其中,$L(c_i)$表示对应第 i 个码字的译码输出软信息。$i=1,2,\cdots,N$,N 为帧长和码长。采样和缓存模块要缓存至少 2 帧数据用于帧偏移调整。载波粗检测是指根据接收信号能量增长与否对帧起始位置进行的粗略估计。

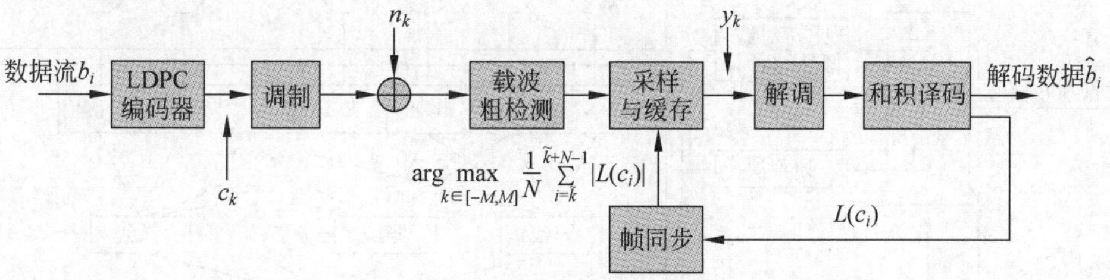

图 5-23　盲帧同步算系统框图

EM 帧同步算法与盲帧同步算法的实现原理一致,但选择的代价函数(判定标准形式)不同,从软判决帧同步实现过程可以得出两点结论:第一,软判决需要利用译码输出后验概率信息,因此每次迭代过程均需要一次完整的译码过程;第二,帧偏移的估计过程和定时偏差的估计过程是统一的，不仅表现在估计量单位(时间偏差)上，也表现在估计算法上，因此理论上二者是可以统一的。而这一点也在文献[16]中得到了证明。此外，文献[19]提出了改进的和积译码算法，可利用最小均方差准则的相位误差估计器减少软信息相位误差，进而降低误帧率。

5.5.3 基于 LDPC 码约束条件的编码辅助帧同步算法

1. 算法模型

假设 $\boldsymbol{c}=(c_1,c_2,\cdots,c_N)$ 为 LDPC 编码后的码字，经过 BPSK 调制映射为 $\boldsymbol{x}=(x_1,x_2,\cdots,x_N)$。信号通过加性高斯白噪声信道(噪声均值为零，方差为 σ^2)接收信号序列为 $\boldsymbol{y}=(y_1,y_2,\cdots,y_N)$。图 5-24 给出了连续 $N(M+1)$ 个接收符号的帧结构示意图，其中，N 表示每一帧的帧长，M 是联合捕获帧起始位置时所需要的总帧数。$(kN+m)$ 是帧起始位置，其中 $k\in(0,1,\cdots,M)$，将这些位置称为“帧同步位置”，其他位置称为“非帧同步位置”。帧捕获的目标是给出帧同步位置 m 的估计值 $\hat{k}$，其中 $\hat{k}\in[0,N-1]$。如果 $\hat{k}=m$，则表明正确捕获到了帧同步位置。帧跟踪是在帧捕获后对后续帧同步位置进行判断，确认系统是否仍处于帧同步状态。

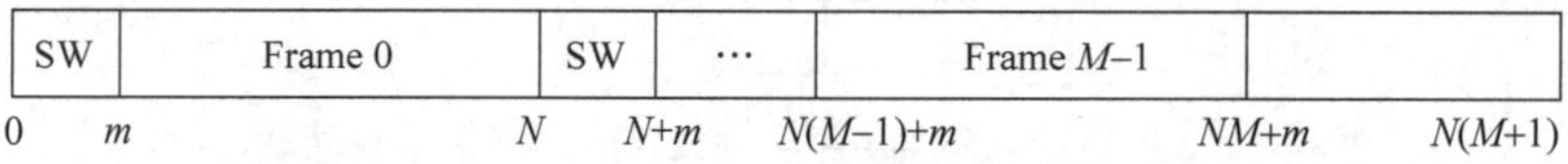

图 5-24 LDPC 编码辅助同步系统帧结构示意图

基于 LDPC 码约束条件的编码辅助帧同步算法结构如图 5-25 所示，主要分 3 个模块[20]：模块 A 为切换控制模块，模块 B 为 LDPC 译码器，模块 C 为帧同步检测器。在初始的帧捕获阶段，模块 A 中的开关切换至 1，对接收到的信号 $\boldsymbol{y}$ 作硬判决后输入帧同步检测器，通过与门限比较判断是否检测到帧同步位置。当完成帧同步的捕获后，A 中的开关切换至 2，系统进入帧同步跟踪状态。由于 LDPC 译码器在帧同步跟踪状态已经开始工作，因

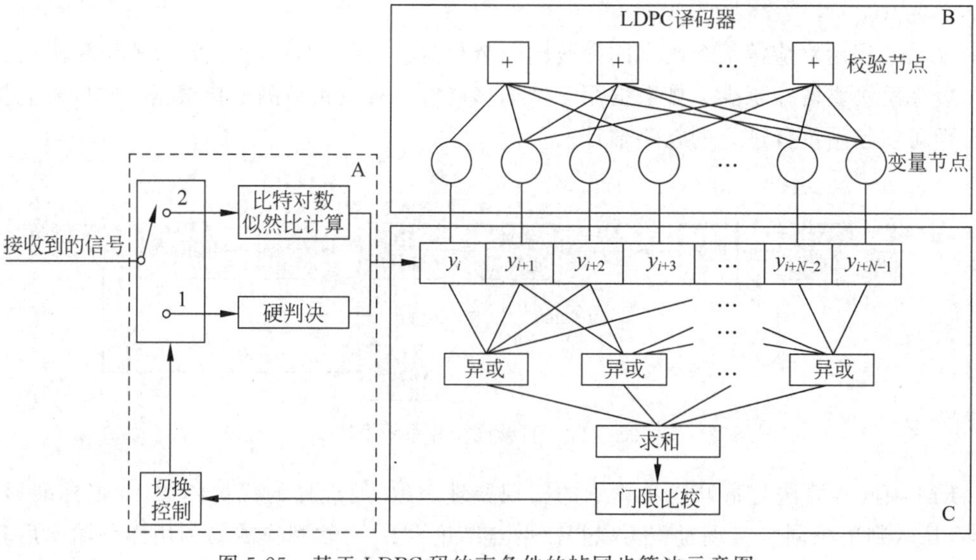

图 5-25 基于 LDPC 码约束条件的帧同步算法示意图

此可将其译码结果输入帧同步检测器。结合图 5-25，下面对基于 LDPC 码约束条件的码辅助帧同步算法进行详细介绍。

基于 LDPC 码约束条件的帧同步算法包括两个阶段：在帧捕获阶段，利用 LDPC 译码前信道符号的硬判决计算校验方程满足的比例，从而快速判断是否捕获到帧同步位置；在帧跟踪阶段，由于译码模块已经开始工作，则利用 LDPC 译码信息对帧同步位置进行跟踪，提高帧同步跟踪的可靠性。其具体步骤如下：

步骤 1，帧同步模块接收到数据后，对数据进行硬判决，得到序列 $\boldsymbol{y}=(y_j, y_{j+1}, \cdots, y_{j+N-1})$，并存储在移位寄存器中；

步骤 2，在帧同步模块中，将硬判决序列 $\boldsymbol{y}$ 与 LDPC 码的校验矩阵相乘，所得矢量中 0 的个数，即为校验方程成立的个数 Θ_j；

步骤 3，将校验方程成立的个数 Θ_j 与判决门限 λ 进行比较，如果 $\Theta_j \geqslant \lambda$，则表示在 $\hat{k}=j$ 处捕获到帧同步位置，接收机进入帧跟踪状态；如果 $\Theta_j < \lambda$，则表示未能捕获到帧同步位置，移位寄存器向右移动一位，$j=j+1$，重复步骤 1 至步骤 3。

显然，门限 λ 的取值对帧同步捕获性能具有重要影响。由式(5-9)如果门限 λ 取值较小，将导致虚警概率增大，漏警概率减小；反之亦然。下面将通过计算机仿真分析门限 λ 对帧同步捕获性能的影响。

在图 5-26 中，最左侧的虚线表示处在非帧同步位置时，满足编码约束条件比例的概率质量函数；右侧的实线簇是不同的 E_b/N_0 下，处在帧同步位置时，满足编码约束条件比例的概率质量函数。从图 5-26 中可以看出，在非帧同步位置，满足码约束比例的概率质量函数均值为 0.5，此时概率质量函数与 E_b/N_0 无关。与之不同，在帧同步位置，随着 E_b/N_0 增加，满足码约束条件比例的概率质量函数均值增大，其方差也逐渐增大。

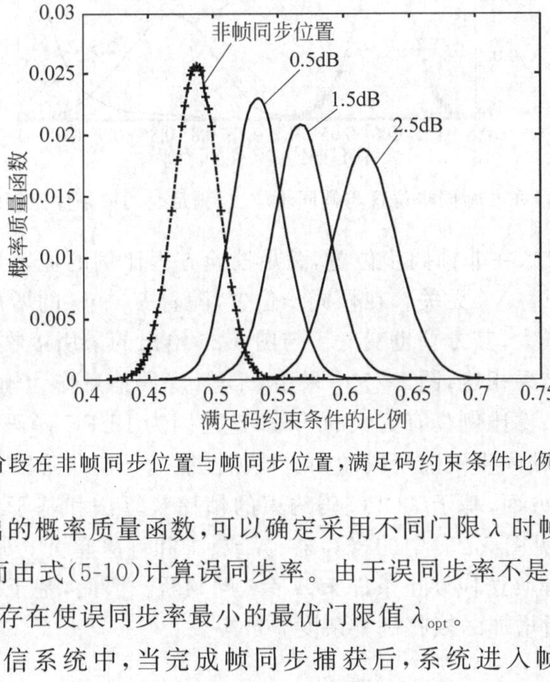

图 5-26 捕获阶段在非帧同步位置与帧同步位置，满足码约束条件比例的概率质量函数

根据图 5-26 给出的概率质量函数，可以确定采用不同门限 λ 时帧同步捕获算法的虚警概率和漏警概率，进而由式(5-10)计算误同步率。由于误同步率不是门限的单调函数，因而在每个信噪比下可能存在使误同步率最小的最优门限值 λ_{opt}。

在 LDPC 编码通信系统中，当完成帧同步捕获后，系统进入帧同步跟踪状态，此时 LDPC 译码器开始工作。因此，可以利用 LDPC 译码器输出的可靠译码信息进行帧同步跟踪。基于 LDPC 码辅助的帧同步跟踪算法步骤如下：

步骤 1，计算接收信号 $\boldsymbol{y}$ 的比特对数似然比，并将其输入 LDPC 译码器，LDPC 译码器开始迭代译码；

步骤 2，LDPC 译码器检测是否满足迭代终止条件，即 $\boldsymbol{H}_c T=0$ 或达到最大迭代次数。若不满足迭代终止条件，则继续进行迭代译码；若满足条件，则计算 $\boldsymbol{H}_c T$ 所得矢量中 0 的个数，记为 Φ；

步骤 3，将校验方程成立的个数 Φ 与判决门限 λ 进行比较，如果 $\Phi \geqslant \lambda$，则表示正确跟踪到帧同步位置，系统仍处于帧同步跟踪状态；如果 $\Phi < \lambda$，则表示未能跟踪到帧同步位置，系统进入跟踪校验状态；

步骤 4，系统进入跟踪校验状态后，如果能在下一帧的 $\hat{\mu}$ 位置检测到帧头，则系统回到跟踪状态，循环执行步骤 2 和步骤 3，否则声明帧失步，LDPC 译码器停止工作，重新回到帧捕获模式。

根据上述帧同步跟踪算法的步骤，对帧同步位置和非帧同步位置处 LDPC 译码后满足校验方程比例的概率质量函数进行了仿真，其中，LDPC 译码器最大迭代次数设为 10 次。仿真结果如图 5-27 所示。

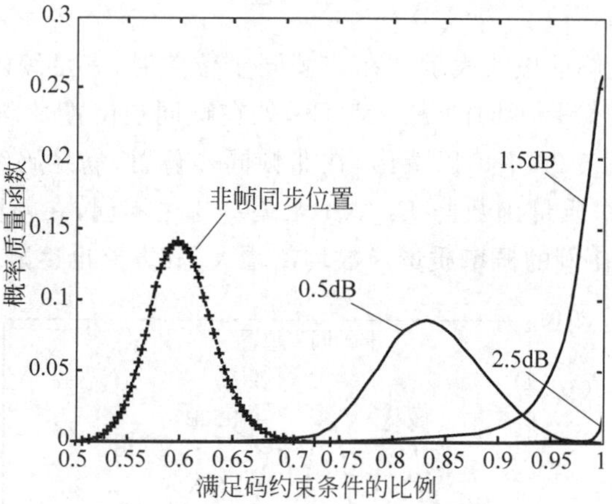

图 5-27 跟踪阶段在非帧同步位置与帧同步位置，满足码约束条件比例的概率质量函数

由图 5-27 可以看出，在非帧同步位置，满足校验方程比例的概率质量函数均值为 0.6，此时概率密度函数与 E_b/N_0 无关。在帧同步位置，随着 E_b/N_0 的增加，满足校验方程比例的概率质量函数均值增大，其方差也变大。与图 5-26 给出的采用接收信号硬判决作为帧同步检测器输入信号的结果相比，图 5-27 中采用 LDPC 译码信息作为帧同步检测器输入信号所获得的满足码约束条件比例具有更大的均值，这是因为 LDPC 译码器能够提供更可靠的比特估计值。因此，在帧同步跟踪阶段的同步检测性能优于捕获阶段。

值得说明的是，一方面，基于 LDPC 码约束的帧捕获算法和基于 LDPC 码辅助的帧跟踪算法共用了模块 C(见图 5-25)中的寄存器、异或、求和计算单元；另一方面，上述逻辑单元可用于实现 LDPC 译码迭代终止条件 $\boldsymbol{H}_c T=0$ 的判断。因此，基于 LDPC 码约束条件的编码辅助帧同步算法所增加的接收机复杂度非常小。

2. 仿真分析

本部分对基于 LDPC 码约束条件的帧同步算法进行了性能仿真，并与传统的基于导频辅助帧同步算法进行了比较。考虑 IEEE 802.11n 标准所采用的 LDPC 码(1944,972),码率为 1/2,采用 BPSK 调制方式,蒙特卡罗仿真次数为 1×10^6 次。

图 5-28 给出了两种帧同步捕获算法的误帧同步率比较,其中基于导频辅助帧同步算法利用的帧同步码分别由两组和三组 13 比特的巴克码组成[9]。从图 5-18 中可以看出,首先,增加导频序列长度可以降低误同步率。然而,这种方法将导致传输效率的进一步下降;其次,基于 LDPC 码约束的帧同步捕获算法的性能在高信噪比下优于传统的基于导频辅助帧同步捕获算法。但是在低信噪比下,由于对接收符号进行硬判决的误比特率较高,此时利用 LDPC 编码约束条件并不能为检测器带来增益。此外,图 5-28 中的结果进一步验证了误同步率不是门限的单调函数。在不同的信噪比下,可以找到使误同步率最小的最佳门限值。

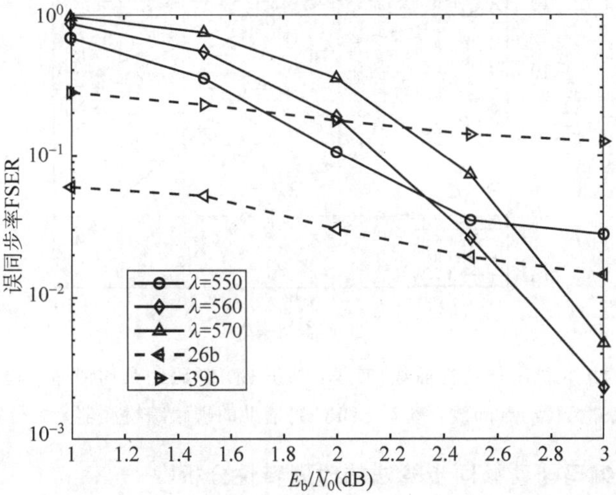

图 5-28 不同信噪比下的误同步率(实线:基于 LDPC 码约束的帧同步捕获算法,虚线:基于导频辅助的帧同步捕获算法)

图 5-29 给出了通过仿真得到的最佳门限值随信噪比的变化曲线。在实际工程应用中,可以通过建立查找表的方式选择最佳同步捕获门限。同理,也可以采用这种方法对基于 LDPC 码辅助的帧同步跟踪算法的最佳门限值进行研究,此处不再赘述。

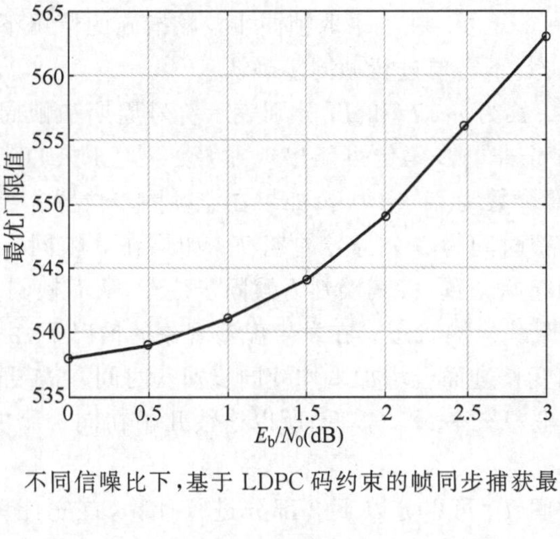

图 5-29 不同信噪比下,基于 LDPC 码约束的帧同步捕获最优门限

图 5-30 给出了基于导频辅助的帧同步检测器、基于 LDPC 码约束的帧捕获检测器和基于 LDPC 码辅助的帧跟踪检测器的工作特性曲线。其中，基于导频辅助的帧同步检测器利用的导频序列是由两组 13 比特巴克码组成。从图 5-30 可以看出，在低信噪比下，基于 LDPC 码辅助的帧跟踪检测器的检测性能明显优于其他两种检测器，这是因为基于 LDPC 码辅助的帧跟踪检测器利用 LDPC 译码器输出的可靠译码信息对帧同步位置进行跟踪，从而提高帧同步跟踪性能。当然，由于其需要进行 LDPC 译码，所以在实际中适用于帧同步位置的可靠跟踪，而其他两种方法适用于帧同步位置的快速捕获。

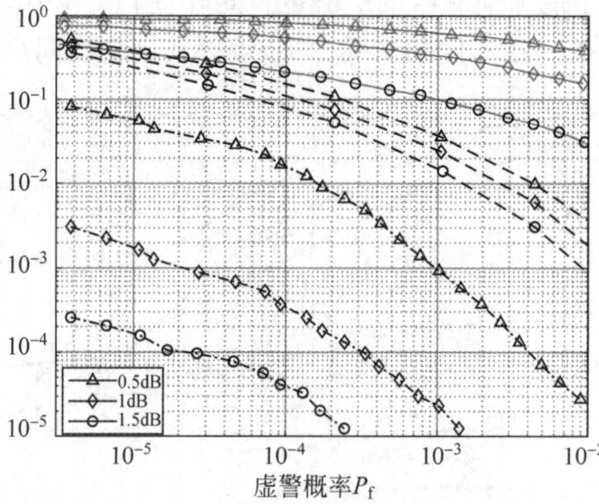

图 5-30　不同检测器的接收机工作特性曲线（实线：基于 LDPC 码约束的帧捕获检测器，虚线：基于导频辅助的帧捕获检测器，点画线：基于 LDPC 码辅助的帧跟踪检测器）

3. 基于 LDPC 编码辅助帧同步算法的时间特性分析

帧同步性能参数除漏警概率 P_m 和虚警概率 P_f 之外还包括平均帧同步捕获时间 T_a、平均帧同步捕获校验时间 $T_{a,c}$、平均帧同步保持时间 T_k、平均帧同步失帧时间 T_h、平均失帧间隔时间 T_f 以及平均确认帧失步时间 T_l 等。

1）平均帧同步捕获时间 T_a

平均帧同步捕获时间 T_a 是指从发现失步立即开始搜索，到第一次检测到帧同步码所经历的平均时间，也是为采取帧同步校核措施的情况下的帧同步捕获时间 $T_{a,c}$[20]，其和帧同步建立时间 t_s 是同一个概念。在不采取帧同步校核措施的情况下，第一次检测到帧同步码就确定为进入同步状态，不需要进行帧同步确认。

假设帧长为 N，帧头长为 m，T 和 T_f 分别表示符号周期和帧周期且 $T_f=NT$，那么一帧数据中平均有 $N-m$ 个非同步码位可能出现虚警。则经过 LDPC 编码的帧同步位置是唯一的，而非帧同步位置个数为 $N-1$ 个。如果在非帧同步位置上没有发生虚警现象，那么在非帧同步位置上的停留时间为一个符号周期 T；如果在非帧同步位置上发生虚警现象，那么系统认为检测到帧起始位置，将其误判为帧同步位置，从而帧同步模块会跳过一帧的时间间隔 T_f，进入帧同步跟踪检测状态。在发生虚警现象的情况下，由于系统误判，导致在非帧同步位置处停留时间变长进而会增加平均帧同步捕获时间。需要说明的是，一般情况下，LDPC 编码系统要求的虚警概率 $e_a^{(M)}$ 很低，所以连续几帧在同一个非帧同步位置上发生虚警现象的概率非常小。

平均帧同步捕获时间 T_a 可以分以下 3 部分进行计算，首先计算在非同步码位上的停

留时间 $\Delta t'_{a}$，其次计算从非同步位到同步位所经历的时间 t'_{s}，最后计算在一定漏警概率条件下的结果。

图 5-31 是考虑发生虚警现象时的帧同步捕获流程示图，其中 H_0 表示系统处于非帧同步位置。在非帧同步位置处的平均停留时间 $T_{a,1}$ 可以表示为

$$\begin{aligned}T_{a,1} &= (1-P_f)T + P_f(1-P_f)(T+T_f) + P_f^2(1-P_f)(T_s+2T_f)+\cdots \\ &= (1-P_f)T(1+P_f+P_f^2+P_f^3+\cdots)+(1-P_f)T_f(P_f+2P_f^2+3P_f^3+\cdots) \\ &= (1-P_f)T\sum_{k=0}^{\infty}P_f^k + P_f(1-P_f)T_f\sum_{k=1}^{\infty}kP_f^{k-1} \\ &= T + P_fT_f \times \frac{1}{1-P_f}\end{aligned}$$

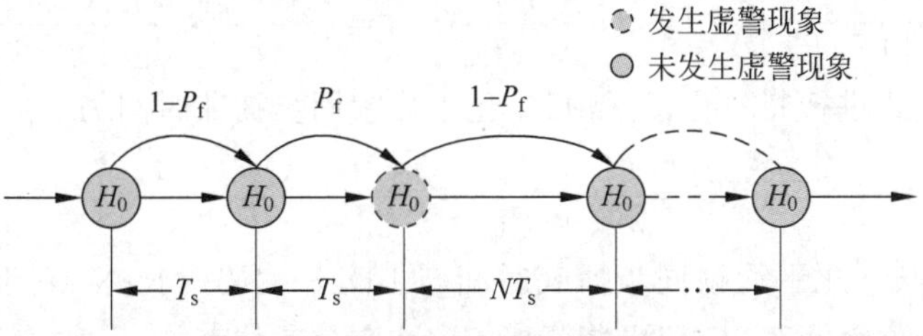

图 5-31 帧同步捕获流程图

式中，P_f 表示在非帧同步位置时，基于 LDPC 码约束的帧同步捕获检测器的虚警概率。考虑到 $0<P_f<1$，上式可简化。

采用 LDPC 码约束的帧同步捕获算法时，在帧同步位置处不会发生虚警现象，所以不考虑在帧同步位置处的停留时间。

其次，计算帧同步捕获检测器从非帧同步位置转移到帧同步位置的时间 $T_{a,2}$。在一帧数据符号中，有 $N-1$ 个非帧同步位置，并且在这些位置处都可能发生虚警现象。那么，从非帧同步位置移动到帧同步位置持续的最长时间 $T_{a,2}^{max}$ 和最短时间 $T_{a,2}^{min}$ 分别为

$$\begin{aligned}T_{a,2}^{max} &= (N-1)T_{a,1} \\ &= \frac{(N-1)[(N-1)P_f+1]T}{1-P_f} \\ &= \frac{[(N-1)P_f+1]T_f}{1-P_f} - T \\ T_{a,2}^{min} &= T\end{aligned} \tag{5-16}$$

假设在系统开机时，帧同步捕获检测器所处的初始检测位置是均匀分布的。那么，从非帧同步位置转移到帧同步位置的时间 $T_{a,2}$ 可以表示为

$$T_{a,2} = \frac{1}{2}(T_{a,2}^{max}+T_{a,2}^{min}) = \frac{1}{2}\cdot\frac{[(N-1)P_f+1]T_f}{1-P_f} \approx \frac{1}{2}T_{a,2}^{max} \tag{5-17}$$

最后，考虑发生漏警现象时，计算最终的平均帧同步捕获时间 T_a。在帧同步位置处可能发生漏警现象，此时系统会误认为该位置是非帧同步位置，需要再经过 $T_{a,2}$，才有可能检测到正确的帧同步位置。因此，非帧同步位置移动到帧同步位置时，即在帧同步位置处校验方程成立的个数 Θ_j 超过判决门限 λ 后，可以推出平均帧同步捕获时间 T_a 为

$$
\begin{aligned}
T_{\mathrm{a}} &= (1-P_{\mathrm{m}})T_{\mathrm{a},2} + P_{\mathrm{m}}(1-P_{\mathrm{f}})(T_{\mathrm{a},2}+T_{\mathrm{a},2}^{\max}) + P_{\mathrm{f}}^{2}(1-P_{\mathrm{f}})(T_{\mathrm{a},2}+2T_{\mathrm{a},2}^{\max}) + \cdots \\
&= \sum_{k=0}^{\infty}(1-P_{\mathrm{m}})P_{\mathrm{m}}^{k}(T_{\mathrm{a},2}+mT_{\mathrm{a},2}^{\max}) \\
&= T_{\mathrm{a},2} + \frac{P_{\mathrm{m}}T_{\mathrm{a},2}^{\max}}{1-P_{\mathrm{m}}}
\end{aligned}
$$

式中，P_{m} 表示在帧同步位置处基于 LDPC 码约束的帧同步捕获检测器的漏警概率。考虑到 $0<P_{\mathrm{m}}<1$，上式可以被化简为

$$
T_{\mathrm{a}} = T_{\mathrm{a},2} + \frac{P_{\mathrm{m}}T_{\mathrm{a},2}^{\max}}{1-P_{\mathrm{m}}}
$$

将式(5-17)和式(5-16)代入上式，可得

$$
T_{\mathrm{a}} = T_{\mathrm{a},2} + \frac{P_{\mathrm{m}}}{1-P_{\mathrm{m}}}\times 2T_{\mathrm{a},2} \approx \frac{1+P_{\mathrm{m}}}{1-P_{\mathrm{m}}}T_{\mathrm{a},2} = \frac{1+P_{\mathrm{m}}}{1-P_{\mathrm{m}}}\cdot\frac{T_{\mathrm{f}}}{2}\frac{[(N-1)P_{\mathrm{f}}+1]}{1-P_{\mathrm{f}}}
$$

以帧周期对上式进行归一化，可得归一化平均帧同步捕获时间为

$$
T_{\mathrm{a}}/T_{\mathrm{f}} = \frac{1+P_{\mathrm{m}}}{2(1-P_{\mathrm{m}})}\cdot\frac{[(N-1)P_{\mathrm{f}}+1]}{1-P_{\mathrm{f}}}
$$

由上式可以看出，归一化平均帧同步捕获时间与 LDPC 编码码长 N、基于 LDPC 码约束帧同步捕获检测器的虚警概率 P_{f} 和漏警概率 P_{m} 这 3 个参数有关。

2）平均帧同步捕获校验时间 $T_{\mathrm{a,c}}$

一般情况下，为了保证系统帧同步捕获的可靠性，会采取捕获校验。接收机开始工作时，帧同步模块进入捕获状态，在此状态下，对数据帧的每个位置进行检测，当首次检测到帧头时，接收机由捕获状态转为捕获校验状态。在捕获校验状态下，如果连续 α 次在相应的位置检测到帧头，则说明接收机检测到正确的帧同步位置，接收机声明帧同步，开始正常工作。但是如果在捕获校验过程中，出现任何一次漏警情况，那么校验计数器会清零重新开始进行帧同步捕获。假设采取 α 次帧捕获校验，那么从开始帧同步捕获过程到最终系统声明帧同步成功所经过的平均时间即为平均帧同步捕获校验时间 $T_{\mathrm{a,c}}$。当系统没有采取捕获校验时，可以认为平均帧同步捕获校验时间等同于平均帧同步捕获时间。

考虑帧同步捕获校验的示意图如图 5-32 所示，其中 i 表示第 i 次检测到帧同步位置，H_0 表示系统处于非帧同步位置，H_1 表示系统处于帧同步位置。

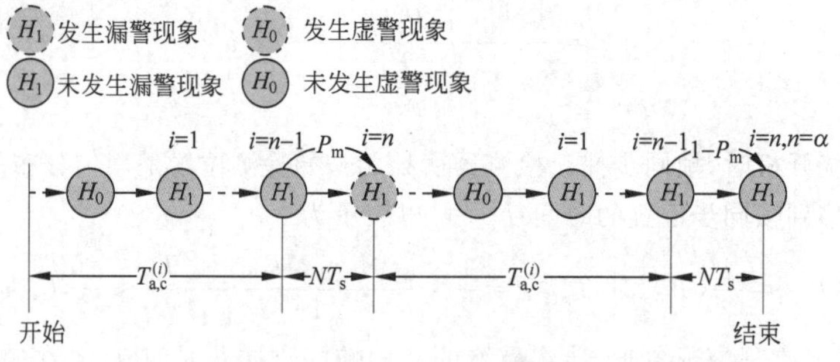

图 5-32 帧同步捕获校验流程图

对图 5-32 可以这样理解：帧同步捕获检测器连续 $\alpha-1$ 次($\alpha>1$)在同一个位置检测到帧头，如果在下一帧的同一个位置处仍然检测到帧头，那么此时校验计数器 $n=\alpha$，表示连续

α 次检测到帧同步位置，说明成功实现帧同步捕获；如果在下一帧的同一个位置处发生漏警情况，则校验计数器清零，需要重新开始进行帧同步捕获，直到连续 α 次检测到帧同步位置。因此，可以得到平均帧同步捕获校验时间 $T_{a,c}^{(\alpha)}$ 为

$$\begin{aligned}T_{a,c}^{(\alpha)} &= (1-P_m)(T_{a,c}^{(\alpha-1)}+T_f)+2P_m(1-P_m)(T_{a,c}^{(\alpha-1)}+T_f)+\\&\quad 3P_m^2(1-P_m)(T_{a,c}^{(\alpha-1)}+T_f)+\cdots\\&=\sum_{k=0}^{\infty}(k+1)P_m^k(1-P_m)(T_{a,c}^{(\alpha-1)}+T_f)\end{aligned}$$

由于 $0<P_m<1$，上式可简化为

$$T_{a,c}^{(\alpha)}=\frac{T_{a,c}^{(\alpha-1)}+T_f}{1-P_m},\quad \alpha>1 \tag{5-18}$$

当 $\alpha=1$ 时，平均帧同步捕获校验时间 $T_{a,c}^{(\alpha)}$ 等于前面推导出的平均帧同步捕获时间 T_a，即

$$T_{a,c}^{(1)}=T_a=\frac{[(N-1)^2P_f+2(1-P_f)(1-P_m)+2(N-1)]T}{2(1-P_f)(1-P_m)},\quad \alpha>1$$

式(5-18)可以进一步简化为

$$\begin{aligned}T_{a,c}^{(\alpha)}&=\frac{T_{a,c}^{(\alpha-1)}+T_f}{1-P_m}\\&=\frac{T_f}{1-P_m}+\frac{T_f}{(1-P_m)^2}+\cdots+\frac{T_f}{(1-P_m)^{\alpha-1}}+\frac{T_{a,c}^{(1)}}{(1-P_m)^{\alpha-1}}\\&=\sum_{k=1}^{\alpha-1}\frac{T_f}{(1-P_m)^k}+\frac{T_{a,c}^{(1)}}{(1-P_m)^{\alpha-1}}\\&=\frac{T_f}{P_m}\left[\frac{1}{(1-P_m)^{\alpha-1}}-1\right]+\frac{[(N-1)^2P_f+2(1-P_f)(1-P_m)+2(N-1)]T}{2(1-P_f)(1-P_m)^{\alpha}}\end{aligned}$$

进而，可以得到归一化帧同步捕获校验时间：

$$\frac{T_{a,c}^{(\alpha)}}{T_f}=\frac{1}{P_m}\left[\frac{1}{(1-P_m)^{\alpha-1}}-1\right]+\frac{(N-1)^2P_f+2(1-P_f)(1-P_m)+2(N-1)}{2N(1-P_f)(1-P_m)^{\alpha}} \tag{5-19}$$

从(5-19)可以看出，前面得到的平均帧同步捕获时间 T_a 是平均帧同步捕获校验时间 $T_{a,c}^{(\alpha)}$ 的特殊情况。因此，本章后面将二者统称为“平均帧同步捕获时间”，即

$$\frac{T_{a,c}^{(\alpha)}}{T_f}=\begin{cases}\dfrac{[(N-1)^2P_f+2(1-P_f)(1-P_m)+2(N-1)]T}{2(1-P_f)(1-P_m)}, & \alpha=1\\[2ex] \dfrac{1}{P_m}\left[\dfrac{1}{(1-P_m)^{\alpha-1}}-1\right]+\dfrac{(N-1)^2P_f+2(1-P_f)(1-P_m)+2(N-1)}{2N(1-P_f)(1-P_m)^{\alpha}}, & \alpha>1\end{cases} \tag{5-20}$$

由上式可以看出，归一化平均帧同步捕获时间 $T_{a,c}^{(\alpha)}$ 与码长、帧同步捕获检测器的虚警概率 P_f、漏警概率 P_m 及捕获校验次数 α 有关系。平均帧同步捕获时间 $T_{a,c}$ 是所有帧同步参数中最重要的参数，由于一般系统中帧同步处于系统解调的首要环节，帧同步时间的快慢直接影响到整个系统的稳定速度。特别是对于卫星数字通信系统，一般都要求系统快速进入同步稳定状态。在基于导频辅助的同步系统中还需要在帧同步前提下提取导频信息进行载波同步。有效的同步检测方案和门限参数的选择是进行快速帧同步的关键。

3）平均确认帧失步时间 T_l

当系统确认帧同步之后，解调和译码模块开始正常工作。为了保证帧同步的有效性，系统会进入帧同步跟踪状态，在帧同步的跟踪状态中，如果在相应的位置处没有检测到帧头，且系统没有采取帧跟踪校验措施，则接收机重新进入帧同步捕获状态。可见，如果不采取适当的帧跟踪校验措施，有可能因为漏警概率较大导致系统频繁地进入帧失步状态。因此，从系统确认帧同步到第一次发现帧失步的平均时间 $T_{\rm h}^{(1)}$ 可表示为

$$\begin{aligned} T_v^{(l)} &= T_{\rm f}P'_{\rm m} + 2T_{\rm f}(1-P'_{\rm m})P'_{\rm m} + 3T_{\rm f}(^1-P'_{\rm m})2P'_{\rm m} + \cdots \\ &= \sum_{k=1}^{\infty} kT_{\rm f}P'_{\rm m}(1-P'_{\rm m})^{k-1} \end{aligned}$$

由于 $0<1-P'_{\rm m}<1$，上式可简化为

$$T_v^{(l)} = \frac{T_{\rm f}}{P'_{\rm m}} \tag{5-21}$$

其中，$P'_{\rm m}$ 表示系统进入帧同步跟踪状态后，帧同步跟踪检测器利用 LDPC 译码器输出的可靠译码信息得到的漏警概率。通过图 5-30 可以看出，当 $E_{\rm b}/N_0$ 为 1.5dB 时，虚警概率为 1×10^{-4} 时，基于导频辅助的帧跟踪检测器的漏警概率为 0.3，而基于 LDPC 码辅助的帧跟踪检测器的漏警概率 5×10^{-5}，分别代入式(5-21)发现，后者会保证系统长时间处于帧同步状态。如果系统采用帧跟踪校验措施，后者会使系统的帧同步保持时间更长。

在系统采取帧跟踪校验措施后，如果相应的位置处没有检测到帧头，即发生漏警情况，则接收机进入跟踪校验状态，在该状态下，LDPC 译码器正常工作，若能在相应的位置处检测到帧头，则接收机回到跟踪状态；如果系统发生帧失步，并且不是检测器发生漏警情况，即相应的检测位置是非帧同步位置，那么可能发生虚警现象，导致系统从帧失步进入“假同步”状态。因此，下面研究从发生帧失步到系统确认帧失步所经过的时间，简称为“平均确认帧失步时间”$T_l^{(\beta)}$。

采取帧跟踪校验措施的示意图如图 5-33 所示。当系统发生帧失步，即在相应帧头处校验方程成立的个数 Φ 小于判决门限 λ，此时系统没有检测到帧同步位，帧跟踪校验计数器开始计数，直到连续计数 β 次系统确认帧失步。如果在计数器计数过程中，帧跟踪校验发生虚警现象，则计数器会清零，系统恢复到帧同步跟踪状态，但此时系统工作于“假同步”状态，其实系统已经失步。

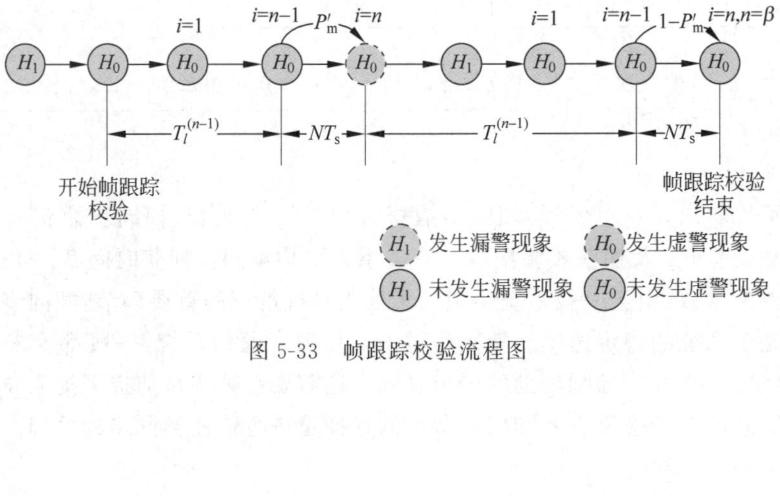

图 5-33　帧跟踪校验流程图

假设系统从第一次检测到帧失步，连续 $\beta-1$ 次检测到帧失步所经过的时间为 $T_l^{(\beta-1)}$。如果下一帧没有出现虚警情况，则帧跟踪校验计数器继续累加计数，直到系统设定的 β 次，此时系统确认帧失步，重新进入帧同步捕获状态。如果计数器在没有达到系统设定的 β 次之前出现虚警情况，则计数器清零，重新开始计数。因此，从第一次检测到帧失步，至帧跟踪校验计数器累计为 β 所经过的时间 $T_l^{(\beta)}$ 可以表示为

$$\begin{aligned}T_l^{(\beta)} &= (1-P'_f)(T_l^{(\beta-1)}+T_f)+2P'_f(1-P'_f)(T_l^{(\beta-1)}+T_f)+\\&\quad 3P'^2_f(1-P'_f)(T_l^{(\beta-1)}+T_f)+\cdots\\&=\sum_{k=1}^{\infty}k(1-P'_f)(T_l^{(\beta-1)}+T_f)P'^{k-1}_f\\&=\frac{T_l^{(\beta-1)}+T_f}{1-P'_f}\end{aligned}\tag{5-22}$$

当 $\beta=1$ 时，由于发生帧失步的时刻是均匀分布的，所以从第一次检测到帧失步，再次检测到帧失步所经过的时间 $T_l^{(1)}$ 表示为

$$\begin{aligned}T_l^{(1)} &= (1-P'_f)\frac{T_f}{2}+P'_f(1-P'_f)\left(\frac{T_f}{2}+T_f\right)+\\&\quad P'^2_f(1-P'_f)\left(\frac{T_f}{2}+2T_f\right)+\cdots\\&=\sum_{k=0}^{\infty}\frac{T_f(1-P'_f)P'^k_f}{2}+\sum_{k=1}^{\infty}kT_f(1-P'_f)P'^k_f\end{aligned}$$

由于 $0<P'_f<1$，因此上式可简化为

$$\begin{aligned}T_l^{(1)} &= \frac{T_f}{2}+\frac{T_fP'_f}{1-P'_f}\\&=\frac{T_f(1+P'_f)}{2(1-P'_f)}\end{aligned}\tag{5-23}$$

结合式(5-22)与式(5-23)，推导出采取 β 次帧同步跟踪校验的平均确认帧失步时间 $T_l^{(\beta)}$ 为

$$\begin{aligned}T_l^{(\beta)} &= \frac{T_l^{(1)}}{(1-P'_f)^{\beta-1}}+\left(\frac{T_f}{1-P'_f}+\frac{T_f}{(1-P'_f)^2}+\cdots+\frac{T_f}{(1-P'_f)^{\beta-1}}\right)\\&=\frac{T_l^{(1)}}{(1-P'_f)^{\beta-1}}+\sum_{k=1}^{\beta-1}\frac{T_f}{(1-P'_f)^k}\\&=\frac{T_l^{(1)}}{(1-P'_f)^{\beta-1}}+\frac{[(1-P_f)^{1-\beta}-1]T_f}{P'_f}\\&=\frac{T_f(1+P'_f)}{2(1-P'_f)^{\beta}}+\frac{[(1-P_f)^{1-\beta}-1]T_f}{P'_f}\end{aligned}$$

进而可以得到归一化平均确认帧失步时间为

$$\frac{T_l^{(\beta)}}{T_f}=\begin{cases}\dfrac{(1+P'_f)}{2(1-P'_f)}, & \beta=1\\[2ex]\dfrac{(1+P'_f)}{2(1-P'_f)^{\beta}}+\dfrac{(1-P_f)^{1-\beta}-1}{P'_f}, & \beta>1\end{cases}\tag{5-24}$$

从上式可以看出，采取 β 次帧同步跟踪校验的归一化平均确认帧失步时间 $T_l^{(\beta)}$ 主要由

基于 LDPC 码辅助帧同步跟踪检测器的虚警概率 P_f' 和跟踪校验次数 β 确定。需要说明的是，与传统的帧同步算法不同，式(5-24)和式(5-20)中的虚警概率不相同，分别是基于 LDPC 码约束的帧同步捕获检测器和基于 LDPC 码辅助的帧同步跟踪检测器的虚警概率，这是由于在帧同步捕获和跟踪时采用不同的检测器。

4. 仿真分析

本节将对上述 LDPC 码辅助帧同步算法的时间参数进行仿真，包括平均帧同步捕获时间和平均确认帧失步时间。仿真中考虑 IEEE802.11n 标准中的 LDPC 码(1944,972)，码率为 1/2，采用 BPSK 调制方式，经过 10^6 次蒙特卡罗仿真。在仿真中，基于导频辅助的帧捕获检测器采用两组 13 比特巴克码作为导频序列，而基于 LDPC 码辅助的帧跟踪检测器中，LDPC 译码器迭代次数为 10 次。

1) 平均帧同步捕获时间

图 5-34 给出了未采取捕获校验措施时，基于 LDPC 码约束的帧捕获检测器的平均帧同步捕获时间与虚警概率的关系曲线。可以看出，平均帧同步捕获时间和虚警概率之间不是单调的关系，存在一个特定的虚警概率值使得平均帧同步捕获时间最短。并且，可以观察到在相同的虚警概率下，信噪比较高的时候，其平均捕获时间较短，对比图 5-30，这是由于在较高信噪比下，基于 LDPC 码约束的帧捕获检测器性能较好，可以快速捕获到帧同步位置。

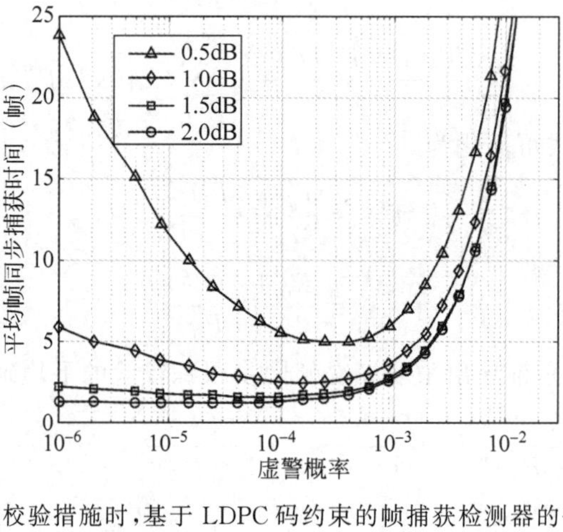

图 5-34 未采取捕获校验措施时，基于 LDPC 码约束的帧捕获检测器的平均帧同步捕获时间

表 5-3 给出了未采取捕获校验时，基于 LDPC 码约束的帧捕获检测器的最优虚警概率、对应的检测概率和平均帧同步捕获时间，这对于工程实现具有一定的参考价值。

表 5-3 未采取捕获校验措施下的平均帧同步捕获时间

E_b/N_0(dB)	最优的虚警概率	检测概率	平均帧同步捕获时间(帧)
0.5	3.498e-4	0.2778	4.822
1.0	2.188e-4	0.5191	2.336
1.5	1.032e-4	0.7717	1.426
2.0	3.040e-5	0.9256	1.112

图 5-35 和图 5-36 分别是 E_b/N_0 为 2dB 和 3dB 下，采取捕获校验措施时的平均帧同步捕获时间与虚警概率的关系曲线。图 5-35 和图 5-36 中，检测器 A 表示基于 LDPC 码约束

的帧捕获检测器，检测器B表示基于导频辅助的帧捕获检测器。从图5-35和图5-36中可以看出，当校验次数设置为1～5时，基于LDPC码约束的帧捕获检测器的平均帧同步捕获时间与虚警概率不是单调的关系，存在一个特定的虚警概率值使得平均帧同步捕获时间最短，并且校验次数越多，平均捕获时间越长，验证了式(5-20)的有效性。

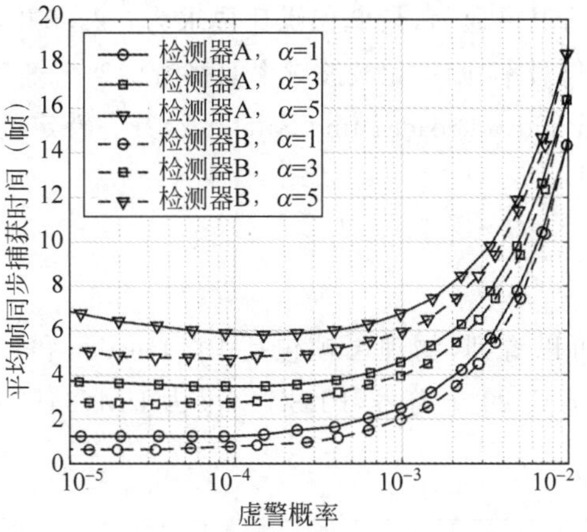

图5-35 采取捕获校验措施时的平均帧同步捕获时间，SNR＝2dB

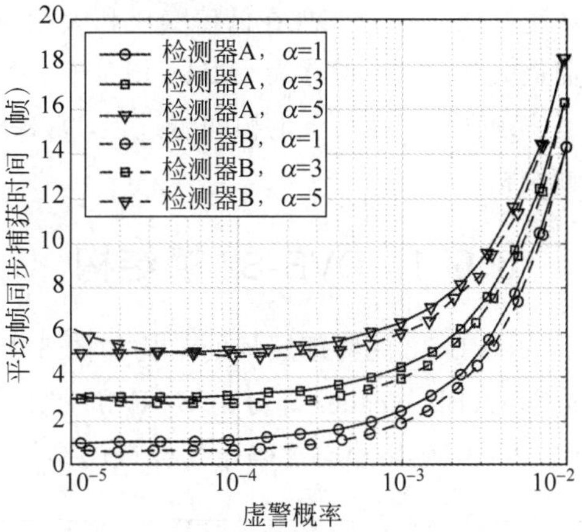

图5-36 采取捕获校验措施时的平均帧同步捕获时间，SNR＝3dB

2）平均确认帧失步时间

图5-37是基于LDPC码辅助的帧跟踪检测器在不同校验次数($1\leqslant\beta\leqslant5$)下的平均确认帧失步时间。由图5-37可以看出，当虚警概率小于10^{-2}时，不同校验次数下的平均确认帧失步时间趋近于恒定值，并且随着校验次数的增加，平均确认帧失步时间也随之增加。通过仿真发现，基于导频辅助的帧同步检测器与基于LDPC码辅助的帧跟踪检测器的平均确认帧失步时间几乎是相同的，因此图5-37仅给出了前者的平均确认帧失步时间。

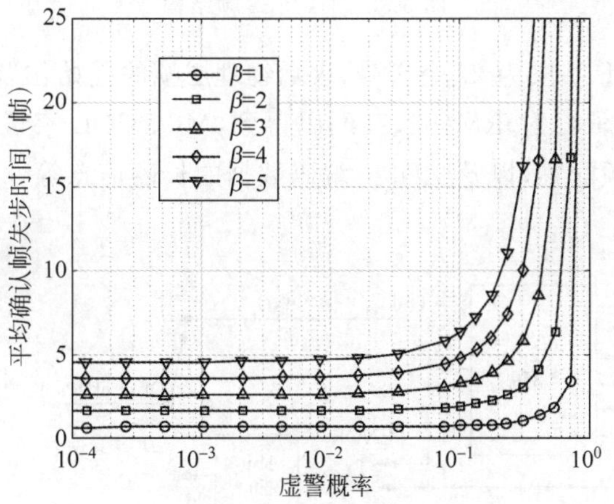

图5-37 不同校验次数下的平均确认帧失步时间

5.6 DVB-S2 通信系统的帧同步技术

与以前的卫星数字视频广播标准相比，第二代卫星数字视频广播具有更接近香农极限的系统性能[21]。可实现在低信噪比和大频偏情况下的卫星通信，最低信噪比要求为－2.35dB，而最大载波频率偏移为5MHz，相对于25MBaud的符号率，归一化载波频率偏移为0.2[22]。为了实现在这一条件下的帧同步过程，DVB-S2(Digital Video Broadcasting-Satellite2)具有特定的帧结构。

5.6.1 DVB-S2 帧结构

DVB-S2的物理层帧的结构如图5-38所示，可以看到，物理层帧包括PL Header和数据部分，PL Header部分由SOF和PLSC字段组成共90个符号，PLSC字段为RM(64,7)码(Reed-Muller)与扰码序列异或的结果。

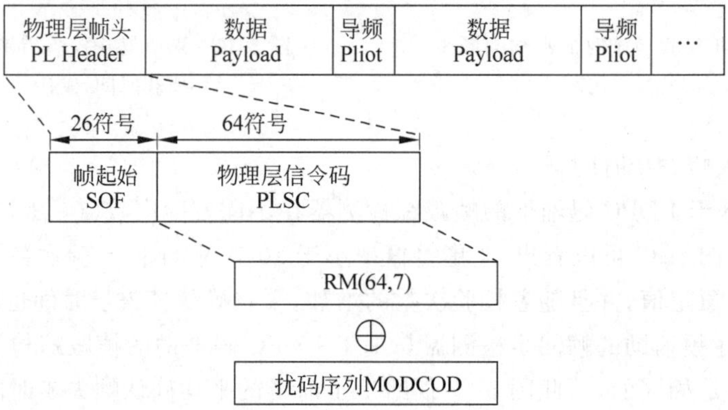

图5-38 DVB-S2帧结构

PL Header中SOF字段为26个符号，表示物理层帧的起始位置，固定为$18D2E82_{HEX}$。PLSC由MODCOD字段经过RM(64,7)编码得到，MODCOD字段为7bit，通知接收机关于调制方案，码率，导频配置，以及LDPC编码数据的长度信息等。RM(64,7)码的编码结构如图5-39所示[23]。

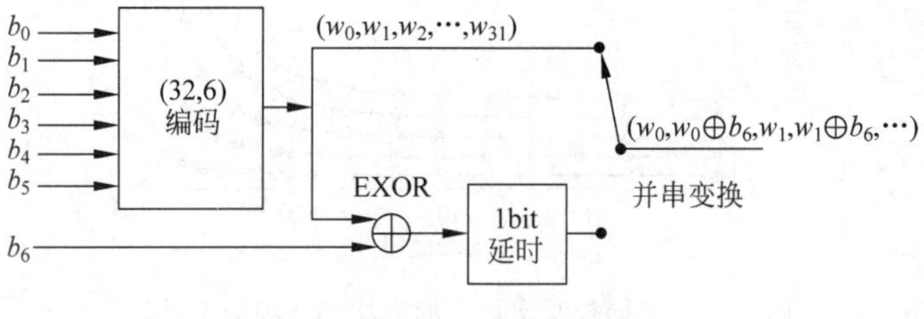

图5-39 RM(64,7)码编码结构

首先，前6bit $b_0,b_1,\cdots,b_5$经过RM(32,6)码的编码器完成编码，其生成矩阵为

$$
\boldsymbol{G}=\begin{bmatrix}
01010101010101010101010101010101\\
00110011001100110011001100110011\\
00001111000011110000111100001111\\
00000000111111110000000011111111\\
00000000000000001111111111111111\\
11111111111111111111111111111111
\end{bmatrix}
$$

然后，将得到的 32 位 $w_0, w_1, \cdots, w_{31}$ 与第 7bit b_6 进行异或，得到 64 位码字为

$$
\begin{cases}
c_{2k}=w_k\\
c_{2k+1}=w_k \oplus b_6
\end{cases}
$$

其中，$k=0,1,2,\cdots,31$。

最后，将生成的 64 位与下列加扰序列进行异或完成物理层信令加扰。

0111000110011101100000011110010010101001101000010001011011111010

此外，帧头部分采用 $\pi/2$-BPSK 进行映射为

$$
\begin{cases}
z_{2k}=\mathrm{e}^{\mathrm{j}\frac{\pi}{4}}\mathrm{e}^{\mathrm{j}y_{2k}\pi}\\
z_{2k+1}=\mathrm{e}^{\mathrm{j}\frac{3\pi}{4}}\mathrm{e}^{\mathrm{j}y_{2k+1}\pi}
\end{cases}
\tag{5-25}
$$

其中，$y_{2k}=c_{2k}\oplus s_{2k}$，$y_{2k+1}=c_{2k+1}\oplus s_{2k+1}$，$s_{2k}$ 和 s_{2k+1} 为加扰序列中第 k 个和第 $2k+1$ 个比特，z_{2k} 和 z_{2k+1} 分别为 y_{2k} 和 y_{2k+1} 经 $\pi/2$BPSK 映射后的符号 $k=0,1,2,\cdots,44$。

5.6.2　帧同步校核保护方法

为了克服信道噪声和外部干扰对帧同步检测带来的不利影响，在 DVB-S2 系统帧同步检测中也引入了帧同步校核和帧同步保护措施，目前应用最为广泛的是国际电信联盟标准化组织推荐的帧同步校核保护方案。在该方案中，帧同步的实现过程如图 5-40 所示，为了降低虚警概率，加入了同步校核阶段，只有连续在 α 帧数据流的同一位置处检测到了帧同步

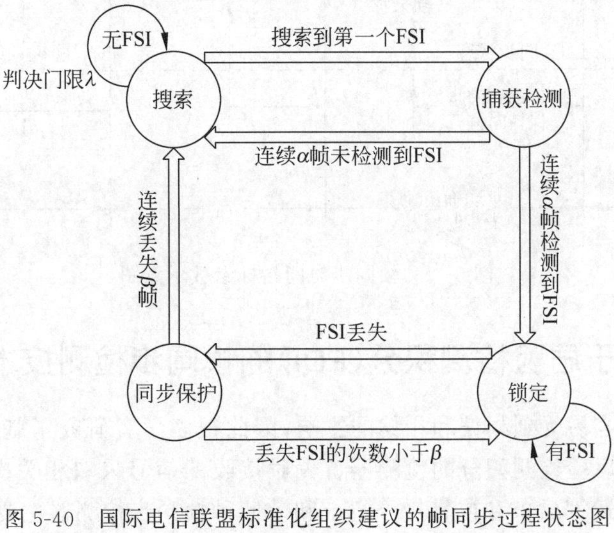

图 5-40　国际电信联盟标准化组织建议的帧同步过程状态图

注：FSI(Frame Synchronization Input)表示帧同步信号

码，即检测峰值输出都大于设定门限，才确认系统进入了帧同步状态；在帧同步保持阶段，为了降低漏警对帧同步的影响，只有连续 β 次检测帧同步码失败，才确认系统帧同步丢失，进入失步状态并重新开始帧同步搜索。

为了更精细地刻画帧同步的技术性能，除了常用的平均帧同步捕获时间，平均帧同步捕获校验时间和平均确认帧失步时间外，下面再补充一些用于衡量帧同步系统性能的时间指标参数定义。

平均帧同步捕获时间 T_a：系统从失步状态开始，到第一次检测到帧同步码所经历的平均时间。

平均帧同步捕获校验时间 $T_{a,c}$：在采取 α 次同步校核措施的情况下，从开始帧同步搜索到确认同步所经历的时间，它包括了平均帧同步搜索时间。

平均确认帧失步时间 T_h：在帧同步保持状态下，从第一次检测到帧同步码失败到最终确认帧失步所经历的平均时间，它包括了平均帧同步保持时间。

平均帧同步保持时间 T_k：系统在同步保持的情况下，从同步状态到第一次检测到同步丢失的平均时间。

平均帧失步间隔时间 T_f：在同步状态下，由于噪声等的影响，使得帧同步信号丢失的平均间隔时间。

帧同步各时间指标参数的示意图如图 5-41 所示。其中平均帧同步捕获时间 T_a（或平均帧同步捕获时间 $T_{a,c}$，有校核保护措施时）是帧同步的最重要指标参数，它直接反映了帧同步检测（校核）方法的有效性和系统帧同步的快速性，一般要求同步搜索和捕获时间越短越好。而平均确认帧失步时间 T_h 反映了帧同步保护方案的可靠性，选择合适的同步保护次数不仅能够保证同步的正确性，还能保证有效的同步保持时间，一般要求平均帧同步保持时间 T_k 越长越好。

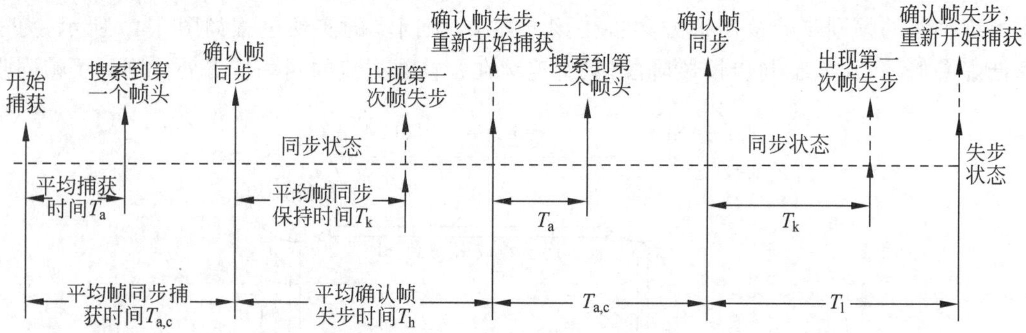

图 5-41 帧同步时间指标参数示意图

5.6.3 基于后验检测积分（PDI）的帧同步检测技术

自相关检测器容易受到频偏和相偏的影响，因此很多学者研究了基于后验检测积分的检测器[24-26]。基于后验检测积分的检测器首先对接收的信号采取相关操作，然后将其均匀分为 n 组进行差分运算后求和或直接分组求和。此种帧同步检测器主要分为两种类型：差分后验检测积分（Differential Post-Detection Integration，DPDI）和非相关后验检测积分

(Non-Coherent Post-Detection Integration，NCPDI)。3 种 PDI 检测结构(DPDI-Abs[24]、DPDI-Real[25] 和 NCPDI[26])的示意图可用图 5-42 表示。

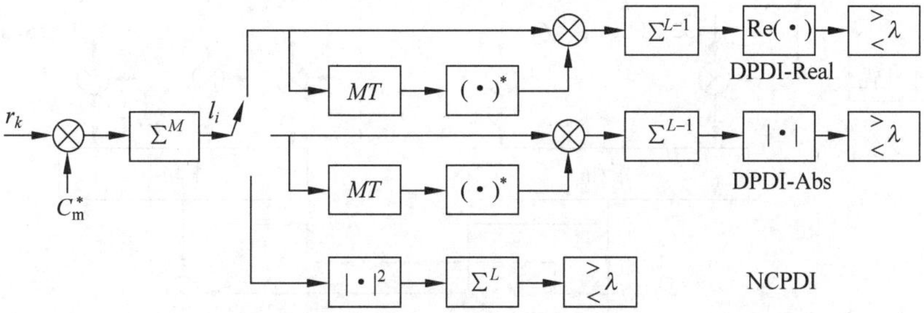

图 5-42　DPDI-Abs、DPDI-Real、NCPDI 帧同步码检测结构图

下面给出 3 种检测器的检测统计量。

DPDI-Abs：

$$\Lambda_{\text{DPDI-Abs}} = \left| \sum_{i=0}^{n-1} \ell_i \ell_{i-1}^* \right|$$

DPDI-Real：

$$\Lambda_{\text{DPDI-Real}} = \text{Re}\left(\sum_{i=0}^{n-1} \ell_i \ell_{i-1}^* \right)$$

NCPDI：

$$\Lambda_{\text{NCPDI}} = \sum_{i=0}^{n-1} |\ \ell_i\ |^2$$

其中，$\ell_i = \sum_{k=iL'_p}^{(i+1)L'_p} c_k^* r_k$，$L'_p$ 是后验检测积分长度，并且满足 $nL'_p = L_{\text{SOF}}$。L_{SOF} 为同步码或者帧头长度。最佳 L'_p 取值时根据系统的频率误差 ΔfT，利用相干长度积分准则(Coherent Integration Length Dimensing，CHILD)得到的[25]：

$$L'_p \approx \frac{3}{8\Delta fT}$$

对于本例的 DVB-S2 系统，它的 SOF 同步码段为 26 位，当归一化频率误差 $\Delta fT = 0.2$ 时，$L'_p \approx 2$，则 $n \approx 13$。

5.6.4 差分检测帧同步方案

针对 DVB-S2 系统，Sun[116] 提出了一种根据 PL Header 部分固定的 SOF 字段数据和 PLSC 字段的编码规则来实现帧同步，其结构如图 5-43 所示。可知该方案根据寄存器可分为两部分，分别对应 SOF 字段和 PLSC 字段。接收数据共轭相乘后送入寄存器中，前 25 个寄存器的数据乘上对应的 SOF 系数并求和，随后的 64 个寄存器的数据每隔一个寄存器乘上对应的 PLSC 系数后求和，求和后的两个结果分别进行相加和相减，取模后选择其中最大者作为相关值送入峰值检测模块。

由于帧头 SOF 字段数据为固定的 26bit，那么将经 π/2-BPSK 映射后的数据进行共轭相乘即可求得 25 个 SOF 系数，即

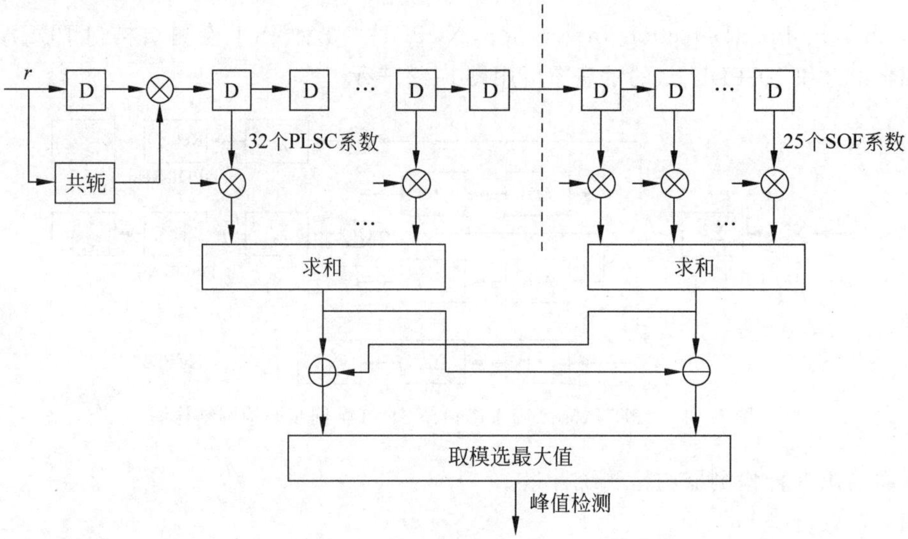

图 5-43　差分检测帧同步方案

$$d_i^{\mathrm{SOF}} = z_i^* z_{i+1} = \begin{cases} \mathrm{e}^{\mathrm{j}\frac{\pi}{2}} \mathrm{e}^{\mathrm{j}(y_{i+1}-y_i)\pi} & i=0,2,\cdots,24 \\ \mathrm{e}^{-\mathrm{j}\frac{\pi}{2}} \mathrm{e}^{\mathrm{j}(y_{i+1}-y_i)\pi} & i=1,3,\cdots,23 \end{cases}$$

因此,对于 SOF 字段进行差分相关的相关值为

$$\begin{aligned} \Lambda_{\mathrm{SOF}} &= \sum_{i=1}^{25} r_{i-1} r_i^* d_{i-1}^{\mathrm{SOF}} \\ &= z_i \mathrm{e}^{\mathrm{j}(2\pi\Delta f i+\theta)} z_{i+1}^* \mathrm{e}^{-\mathrm{j}(2\pi\Delta f(i+1)+\theta)} z_i^* z_{i+1} \\ &= 25\mathrm{e}^{-\mathrm{j}2\pi\Delta f} \end{aligned}$$

由于 PLSC 字段 64 位码字中相邻奇数位与偶数位异或为 b_6,即根据 b_6 的取值,64 位码字奇数位和偶数位相同或相异,经 π/2BPSK 映射后奇数位与偶数位共轭相乘 $z_{2k} z_{2k+1}^*$($k=0,1,\cdots,31$)为固定值+j 或−j,奇数位与偶数位共轭相乘得

$$\begin{aligned} z_{2k} z_{2k+1}^* &= \mathrm{e}^{\mathrm{j}\frac{\pi}{4}} \mathrm{e}^{\mathrm{j}(c_k \oplus s_{2k})\pi} \mathrm{e}^{-\mathrm{j}\frac{3\pi}{4}} \mathrm{e}^{-\mathrm{j}(c_k \oplus b_6 \oplus s_{2k+1})\pi} \\ &= \mathrm{e}^{-\mathrm{j}\frac{\pi}{2}} \mathrm{e}^{\mathrm{j}(c_k \oplus s_{2k} - c_k \oplus b_6 \oplus s_{2k+1})\pi} \end{aligned} \tag{5-26}$$

而对于指数运算 $\mathrm{e}^{\mathrm{j}(a\pm b)\pi}$,若 a 和 b 均为 0 或者 1 时,$\mathrm{e}^{\mathrm{j}(a\pm b)\pi}$ 的值与 $\mathrm{e}^{\mathrm{j}(a\oplus b)\pi}$ 的值相等,加法运算为

$$\begin{cases} \mathrm{e}^{\mathrm{j}(0+0)\pi} = \mathrm{e}^{\mathrm{j}0\pi} = \mathrm{e}^{\mathrm{j}(0\oplus 0)\pi} \\ \mathrm{e}^{\mathrm{j}(0+1)\pi} = \mathrm{e}^{\mathrm{j}\pi} = \mathrm{e}^{\mathrm{j}(0\oplus 1)\pi} \\ \mathrm{e}^{\mathrm{j}(1+0)\pi} = \mathrm{e}^{\mathrm{j}\pi} = \mathrm{e}^{\mathrm{j}(1\oplus 0)\pi} \\ \mathrm{e}^{\mathrm{j}(1+1)\pi} = \mathrm{e}^{\mathrm{j}2\pi} = \mathrm{e}^{\mathrm{j}(1\oplus 1)\pi} \end{cases}$$

减法运算为

$$\begin{cases} \mathrm{e}^{\mathrm{j}(0-0)\pi} = \mathrm{e}^{\mathrm{j}0\pi} = \mathrm{e}^{\mathrm{j}(0\oplus 0)\pi} \\ \mathrm{e}^{\mathrm{j}(0-1)\pi} = \mathrm{e}^{-\mathrm{j}\pi} = \mathrm{e}^{\mathrm{j}(0\oplus 1)\pi} \\ \mathrm{e}^{\mathrm{j}(1-0)\pi} = \mathrm{e}^{\mathrm{j}\pi} = \mathrm{e}^{\mathrm{j}(1\oplus 0)\pi} \\ \mathrm{e}^{\mathrm{j}(1-1)\pi} = \mathrm{e}^{\mathrm{j}0\pi} = \mathrm{e}^{\mathrm{j}(1\oplus 1)\pi} \end{cases}$$

因此，将式(5-26)改写为

$$
\begin{aligned}
z_{2k}z_{2k+1}^{*} &= \mathrm{e}^{-\mathrm{j}\frac{\pi}{2}}\mathrm{e}^{\mathrm{j}(c_k \oplus s_{2k} \oplus c_k \oplus b_6 \oplus s_{2k+1})\pi} \\
&= \mathrm{e}^{-\mathrm{j}\frac{\pi}{2}}\mathrm{e}^{\mathrm{j}(b_6 \oplus s_{2k} \oplus s_{2k+1})\pi}
\end{aligned}
$$

若 PLSC 段对应的 32 个系数为 $d_k^{\mathrm{PLSC}}=\mathrm{e}^{-\mathrm{j}\frac{\pi}{2}}\mathrm{e}^{-\mathrm{j}(s_{2k}\oplus s_{2k+1})\pi}$，易见此 32 个系数只与扰码 s 有关，将 $z_{2k}z_{2k+1}^{*}$ 与系数 d_k^{PLSC} 相乘得

$$
\begin{aligned}
z_{2k}z_{2k+1}^{*}d_k^{\mathrm{PLSC}} &= \mathrm{e}^{-\mathrm{j}\frac{\pi}{2}}\mathrm{e}^{\mathrm{j}(b_6 \oplus s_{2k} \oplus s_{2k+1})\pi}\mathrm{e}^{\mathrm{j}\frac{\pi}{2}}\mathrm{e}^{-\mathrm{j}(s_{2k} \oplus s_{2k+1})\pi} \\
&= \mathrm{e}^{\mathrm{j}b_6\pi}
\end{aligned} \tag{5-27}
$$

由式(5-27)可知，接收数据共轭相乘并与对应的系数相乘后得到的新数据只与 b_6 有关，因此 PLSC 字段可用于实现帧同步。

为了使帧同步对频偏不敏感，接收数据共轭差分后必须满足相位一致条件。那么相邻的接收符号进行共轭相乘得

$$
\begin{aligned}
r_i r_{i+1}^{*} &= z_i z_{i+1}^{*}\mathrm{e}^{\mathrm{j}(2\pi\Delta f i+\theta)}\mathrm{e}^{-\mathrm{j}(2\pi\Delta f(i+1)+\theta)} + n_i z_{i+1}^{*}\mathrm{e}^{-\mathrm{j}(2\pi\Delta f(i+1)+\theta)} + \\
&\quad n_{i+1}^{*}z_i\mathrm{e}^{\mathrm{j}(2\pi\Delta f i+\theta)} + n_i n_{i+1}^{*} \\
&= z_i z_{i+1}^{*}\mathrm{e}^{-\mathrm{j}2\pi\Delta f} + N_i
\end{aligned} \tag{5-28}
$$

由式(5-28)可知，若不考虑噪声对符号相关的影响 N_i，相邻接收符号共轭差分后相位一致，这样相同相位的数据累加使得帧同步对频偏不敏感。

那么，根据 PLSC 段数据，相邻的奇数位与偶数位进行差分相关的相关值为：

$$
\begin{aligned}
\Lambda_{b_6} &= \sum_{k=0}^{31} r_{2k}r_{2k+1}^{*}d_k^{\mathrm{PLSC}} \\
&= \sum_{k=0}^{31} z_{2k}z_{2k+1}^{*}\mathrm{e}^{-\mathrm{j}2\pi\Delta f}\mathrm{e}^{\mathrm{j}\frac{\pi}{2}}\mathrm{e}^{-\mathrm{j}(s_{2k}\oplus s_{2k+1})\pi} \\
&= 32\mathrm{e}^{\mathrm{j}b_6\pi}\mathrm{e}^{-\mathrm{j}2\pi\Delta f}
\end{aligned}
$$

将根据 SOF 字段求得的 Λ_{SOF} 和根据 PLSC 字段求得的相关值 Λ_{b_6} 分别相加和相减，取绝对值后选择其中最大者送入峰值检测模块，根据 SOF 字段和 PLSC 字段进行差分相关的相关值为

$$
\Lambda_{\mathrm{D}} = \max\{|\Lambda_{\mathrm{SOF}} + \Lambda_{b_6}|, |\Lambda_{\mathrm{SOF}} - \Lambda_{b_6}|\}
$$

本节对 PDI 检测结构的算法性能进行 3 项仿真，并与差分检测结构的性能进行比较。仿真条件为 SNR=－2dB，归一化频差为 $\Delta fT=0.2$，系统采用含有导频的 QPSK 调制方式，帧长 $N=33\,282$ 个符号。

1. 不同检测结构对频率误差的敏感度仿真

为了分析不同检测结构的频率误差敏感度，图 5-44 给出了频率误差分别为 0 和 0.2 时的 5 种检测结构的接收特性曲线(ROC 曲线)。其中的 DD-SOF 和 DD-PL Header 分别表示利用帧头 26 个符号的 SOF 和利用 90 个符号的 PL Header 进行帧同步检测的仿真结果。由图 5-44 可见，3 种 PDI 检测结构都对频率误差很敏感，在频率误差小的情况下，DPDI-Real 算法性能最优，DPDI-Abs 和 DD-SOF 其次，NCPDI 算法性能最差；但是在频率误差比较大时，3 种 PDI 算法受频率误差的影响都比较大，同一虚警概率下的漏警概率急剧增大，检测

性能下降，而差分检测结构基本不受频率检测误差的影响，DD-SOF 检测算法性能比其他几种检测结构在频率误差方面的鲁棒性都要好。对于 DVB-S2 特殊的帧结构，当同时利用帧头的 64 位的 PLSCODE 联合进行差分运算时，如图 5-44 中的 DD-PL Header 曲线所示，性能比 DD-SOF 算法更优越。因此，对于像 DVB-S2 这种存在较大频率误差的系统，差分检测结构具有更强的频率适应性。

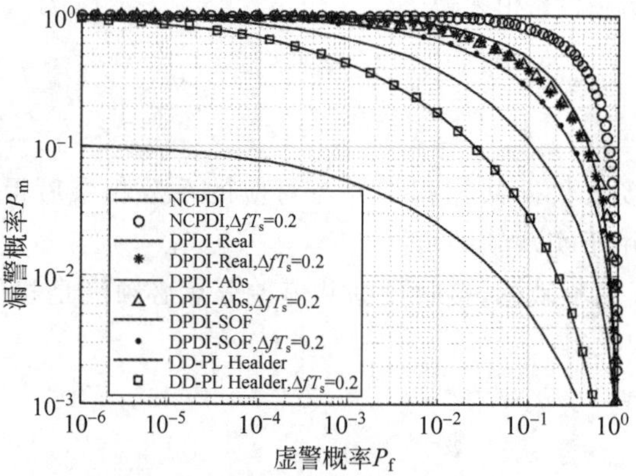

图 5-44 不同检测器的接收特性(ROC)曲线

2. 平均帧同步捕获时间仿真与比较

图 5-45(a)是信噪比为−2dB，频率误差为 0 时，各种检测结构的平均帧同步捕获时间随虚警概率变化的曲线。可见，虚警概率与平均捕获时间呈非线性关系，存在一个最佳的虚警概率，使得同步捕获时间最短，这是由于判决门限越大，虚警概率越大，检测概率越小，延长了同步捕获的时间；当判决门限过小时，虚警概率增大，由于虚警导致确认帧同步的时间增加。表 5-4 给出了各检测结构在只采用单次捕获确定帧同步的条件时，最佳虚警概率下的帧同步平均捕获时间列表，表明在没有频率误差影响时，DPDI 和 DD-PL Header 都具有平均捕获时间短的优点。

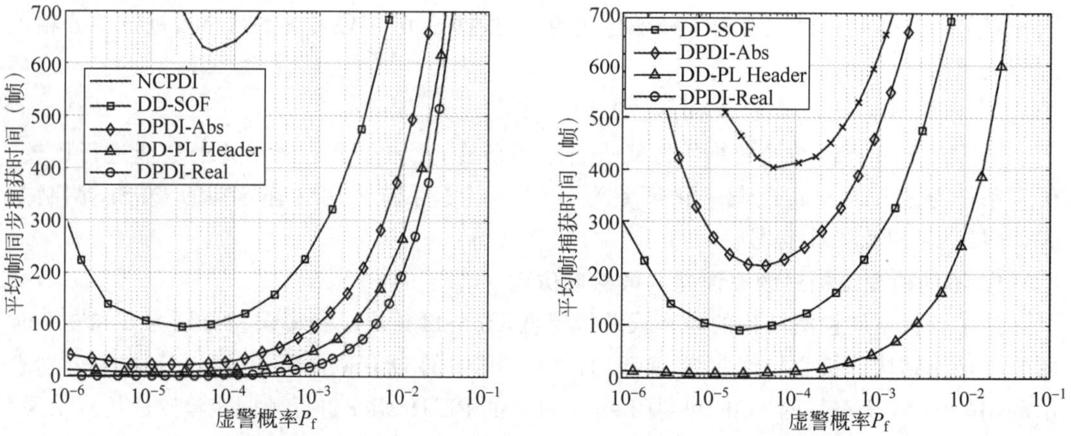

(a) ΔfT=0　(b) ΔfT=0.2

图 5-45 帧同步平均捕获时间与虚警概率关系曲线

表 5-4 单次校核的平均帧同步捕获时间(SNR=−2dB)

频率偏差 ΔfT	检测结构	检测门限	虚警概率 P_f/($\times10^{-5}$)	漏警概率 P_m	平均捕获时间(帧)
0	DPDI-Real	68.2	2.0	0.8989	2
	DD-PL Header	70.5	1.5	0.1741	8
0	DPDI-Abs	29.4	1.0	0.055	24
	DD-SOF	45	3.5	0.0354	98
	NCPDI	154.3	7.5	0.0056	620
0.2	DD-PL Header	69.7	2.0	0.186	9
	DD-SOF	48	2.7	0.021	91
	DPDI-Real	59.4	8.0	0.91	400
	DPDI-Abs	28	5.4	0.86	215

图 5-45(b)表示信噪比为−2dB,频率误差为 0.2 时,各检测算法的平均帧同步捕获时间变化情况。可见,DD 算法的帧同步平均捕获时间基本不变,而 DPDI 算法的帧同步捕获时间增加,性能远低于 DD 算法。

由前面的分析可知,PDI 检测结构受频差影响大,而差分检测结构几乎不受频率误差的影响。当频差很小时,DPDI-Real 的同步性能优于差分检测结构及其他检测结构,但当频率误差较大时,差分检测结构具有同步时间短的优势。因此当频率误差很小时,帧同步适宜采用 DPDI 检测结构,当频差很大时,差分检测结构比较适合,但其复杂度要高一些。

5.6.5 改进的差分检测帧同步

首先,文献[20]对 Sun 提出的差分帧检测同步器进行了简化,简化后的硬件结构如图 5-46 所示,图中 $f_{\mathrm{plsc},i}$ 和 $f_{\mathrm{SOF},j}$ 分别表示 PLSC 和 SOF 段的系数。由于物理层帧头 PLSC 段信令信息的第 7 比特置零,因此可以对 Sun 提出的差分检测帧同步器进行简化,不需要对 Λ_{plsc} 和 Λ_{SOF} 分别求和、求差和比较操作,直接进行求和即可。

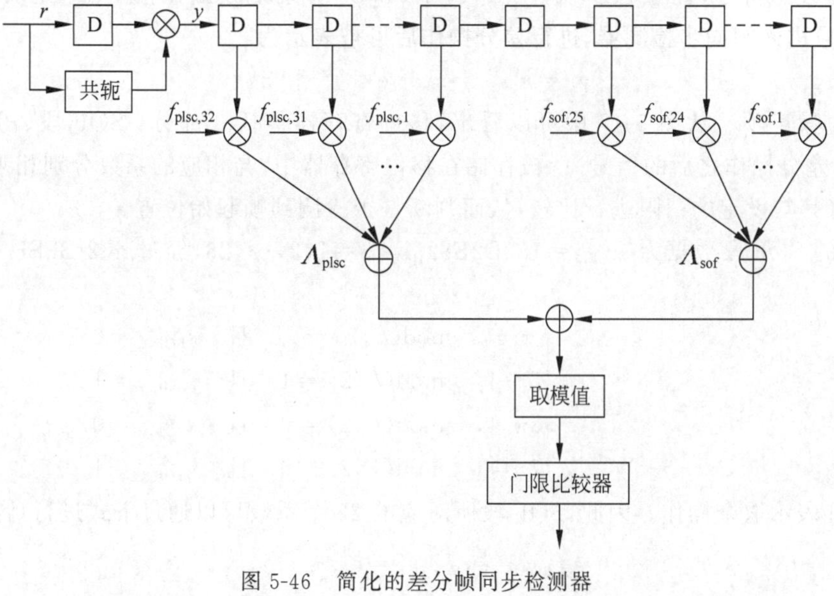

图 5-46 简化的差分帧同步检测器

其次，卫星自适应传输系统为了在短时间内成功捕获到帧头，需要提高帧同步器的检测概率。由于自适应传输系统的每一帧除了帧头之外，还有导频符号可以辅助进行帧同步检测。因此，文献[20]提出了一种联合 SOF 段、PLSC 段和 Pilot 段的帧同步检测器，其结构如图 5-47 所示。下面分别对图 5-47 中 SOF 段、PLSC 段和 Pilot 段的相乘系数进行推导。

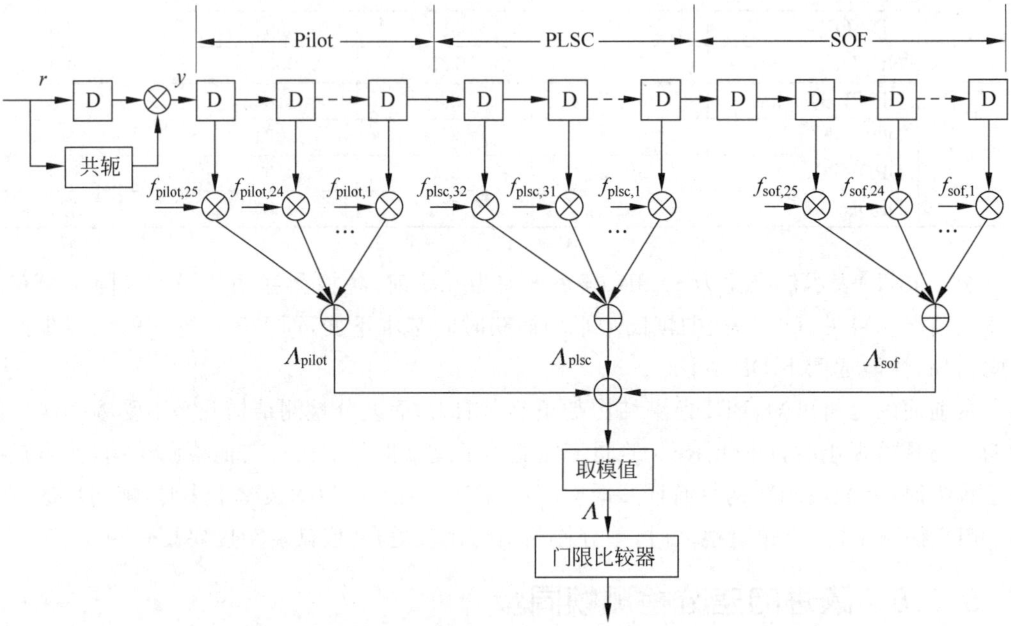

图 5-47 改进的联合 SOF、PLSC、和 Pilot 段的差分检测帧同步器

假设经过定时恢复后数据符号表示为

$$r_k = c_k e^{j(2\pi k\Delta f+\varphi_0)} + n_k$$

其中，c_k 是发送符号，且满足 $E\{|c_k|^2\}=1$，Δf 和 φ_0 分别是频偏和相偏，n_k 是加性高斯白噪声。信号进入帧同步检测器，进行差分操作后可被表示为

$$y_k = r_k r_k^* = c_k c_k^* e^{j(-2\pi\Delta f)} + n_k'$$

其中，n_k' 为噪声项。从图 5-47 中可以看出，移位寄存器包括 3 部分：SOF 段、PLSC 段和 Pilot 段。差分操作之后的信号 y_k 被存储在移位寄存器中，与相应的系数分别相乘，然后整体求和，将其与设定的门限进行比较，从而判断是否检测到帧起始位置。

帧头的 SOF 段数据为 $s_{SOF,k}=182D2E82_{HEX}$，$k=1,2,\cdots,26$，经过 π/2-BPSK 调制之后的信号为

$$c_k = e^{j\theta_k}, \quad \theta_k = \begin{cases} \pi/4, & \text{mod}(k,2)=1 \quad 且 \quad s_{SOF,k}=0 \\ 5\pi/4, & \text{mod}(k,2)=1 \quad 且 \quad s_{SOF,k}=1 \\ 3\pi/4, & \text{mod}(k,2)=0 \quad 且 \quad s_{SOF,k}=0 \\ 7\pi/4, & \text{mod}(k,2)=0 \quad 且 \quad s_{SOF,k}=1 \end{cases} \tag{5-29}$$

其中，mod 表示取余操作。因此，SOF 段所对应的 25 个系数可以通过下式进行计算，可得

$$f_{SOF,k} = c_k^* c_{k+1} = e^{j(\theta_{k+1}-\theta_k)} \tag{5-30}$$

将式(5-29)代入式(5-30)可以得到 SOF 段对应的 25 个系数分别为

$f_{\mathrm{SOF},k}=\{-\mathrm{j},-\mathrm{j},-\mathrm{j},-\mathrm{j},\mathrm{j},\mathrm{j},\mathrm{j},\mathrm{j}-\mathrm{j},\mathrm{j},\mathrm{j},\mathrm{j},-\mathrm{j},\mathrm{j},\mathrm{j},-\mathrm{j},-\mathrm{j},\mathrm{j},-\mathrm{j},-\mathrm{j},\mathrm{j},-\mathrm{j},\mathrm{j},\mathrm{j},-\mathrm{j}\}$

SOF 段数据经过差分之后，分别与对应的 25 个系数相乘求和可以得到

$$\Lambda_{\mathrm{SOF}}=\sum_{k=1}^{25}y_k f_{\mathrm{SOF},k}=\sum_{k=1}^{25}r_k r_{k+1}^{*} f_{\mathrm{SOF},k}=25\mathrm{e}^{-\mathrm{j}2\pi\Delta f}+n''$$

其中，n''为噪声项。

PLSC 段的前 6 比特信息经过 RM 编码之后为 $c_i(i=1,2,\cdots,32)$，用伪随机序列 $m=(m_1,m_2,\cdots,m_{64})^{\mathrm{T}}$ 对其进行加扰，最后经过 π/2-BPSK 调制之后的信号为

$$z_k=\mathrm{e}^{\mathrm{j}(\phi_k+\varphi_k)}$$

其中，

$$\phi_k=\begin{cases}0, & m_k=0\\ \pi, & m_k=0\end{cases}$$

$$\varphi_k=\begin{cases}\pi/4, & 若\quad k=2i-1\quad 且\quad c_i=0\\ 5\pi/4, & 若\quad k=2i-1\quad 且\quad c_i=1\\ 3\pi/4, & 若\quad k=2i\quad 且\quad c_i=0\\ 7\pi/4, & 若\quad k=2i\quad 且\quad c_i=1\end{cases}$$

PLSC 段对应的 32 个系数为

$$f_{\mathrm{plsc},k}=z_{2i-1}^{*}z_{2i}=\mathrm{e}^{\mathrm{j}(\pi/2+\phi_{2i}-\phi_{2i-1})}$$

经过计算得到 32 个系数为

$$\begin{aligned}f_{\mathrm{plsc},k}=\{&-\mathrm{j},\mathrm{j},\mathrm{j},-\mathrm{j},-\mathrm{j},-\mathrm{j},\mathrm{j},-\mathrm{j},-\mathrm{j},\mathrm{j},\mathrm{j},\mathrm{j},\mathrm{j},\mathrm{j},\\&-\mathrm{j},-\mathrm{j},-\mathrm{j},-\mathrm{j},\mathrm{j},\mathrm{j},-\mathrm{j},\mathrm{j},\mathrm{j},-\mathrm{j},\mathrm{j},\mathrm{j},-\mathrm{j},-\mathrm{j}\}\end{aligned}$$

PLSC 段差分后的数据 y_k 分别与上述 32 个系数相乘，最后求和可得

$$\Lambda_{\mathrm{plsc}}=\sum_{i=1}^{32}y_k f_{\mathrm{plsc},i}=\sum_{i=1}^{32}r_{2i-1}r_{2i}^{*} f_{\mathrm{plsc},i}=32\mathrm{e}^{-\mathrm{j}2\pi\Delta f}+n'''$$

其中，n'''为噪声项。

Pilot 段数据是在第Ⅰ象限的 QPSK 调制星座点 $s_k=\mathrm{e}^{\mathrm{j}\pi/4}$，由于数据段和 Pilot 段需要加扰，经过加扰之后的 Pilot 段数据为

$$x_k=\mathrm{e}^{\mathrm{j}(\pi/4+m_k\pi/2)},\quad k=1,2,\cdots,26$$

$$m_k=\{3,1,3,0,3,2,2,2,0,0,0,2,0,2,2,0,0,1,3,3,1,0,3,1,0,1\}$$

其中，m_k 是一种 Gold 序列产生的伪随机序列。因此，Pilot 段所对应的 25 个系数可以通过下式进行计算：

$$f_{\mathrm{pilot},k}=x_k^{*}x_{k+1}=\mathrm{e}^{\mathrm{j}(m_{k+1}-m_k)\pi/2}$$

计算得到 Pilot 段对应的 25 个系数分别为

$$\begin{aligned}f_{\mathrm{pilot},k}=\{&-1,-1,\mathrm{j},-\mathrm{j},-\mathrm{j},1,1,-1,1,1,-1,-1,-1,1,\\&-1,1,\mathrm{j},-1,1,-1,-\mathrm{j},-\mathrm{j},-1,-\mathrm{j},\mathrm{j}\}\end{aligned}$$

经过差分之后的 Pilot 段数据 y_k 分别与对应的系数 $f_{\mathrm{pilot},k}$ 相乘求和可以得

$$\Lambda_{\mathrm{pilot}}=\sum_{k=1}^{25}y_k f_{\mathrm{pilot},k}=\sum_{k=1}^{25}r_k r_{k+1}^{*} f_{\mathrm{pilot},k}=25\mathrm{e}^{-\mathrm{j}2\pi\Delta f}+n''''$$

其中，n''''为噪声项。

在如图 5-47 所示的结构下，SOF 段、PLSC 段和 Pilot 段分别与各自的系数相乘之后，最终输出 Λ 可以表示为

$$\begin{aligned}\Lambda &= \left| \Lambda_{\mathrm{SOF}} + \Lambda_{\mathrm{plsc}} + \Lambda_{\mathrm{pilot}} \right| \\ &= \left| 25\mathrm{e}^{-\mathrm{j}2\pi\Delta f} + 32\mathrm{e}^{-\mathrm{j}2\pi\Delta f} + 25\mathrm{e}^{-\mathrm{j}2\pi\Delta f} + \omega \right| \\ &= \left| 82\mathrm{e}^{-\mathrm{j}2\pi\Delta f} + \omega \right|\end{aligned}$$

其中，ω 为噪声项。将此输出峰值 Λ 与设定的门限 λ 进行比较，从而判断是否检测到帧起始位置，可根据系统要求的检测概率或者虚警概率设定门限 λ。

下面对改进差分帧同步检测器与 Sun 提出的差分检测帧同步器进行性能仿真与比较。设置归一化频偏为 0.2，蒙特卡罗仿真 10^7 次。

在较高信噪比下，改进算法与 Sun 提出的算法性能较接近，因此图 5-48 给出了信噪比为 -1dB 时，不同判决门限下两种算法的虚警概率和检测概率的概率密度函数。从图 5-48 中看出，与 Sun 提出的差分检测帧同步器相比，改进差分检测帧同步器的检测和虚警概率密度函数均值的间距拉大，也意味着在相同的虚警概率下，改进差分检测帧同步器的检测概率比 Sun 提出的差分检测帧同步器的检测概率更大。

图 5-49 给出了不同信噪比下，改进差分检测帧同步器与 Sun 提出的差分检测帧同步器的工作特性曲线（Receiver Operating Characteristic Curve，ROC）。从图 5-49 中可以看出，在相同的虚警概率下，改进的差分检测帧同步器的检测性能优于 Sun 提出的差分检测帧同步器，同时这也验证了图 5-48 给出的结论。

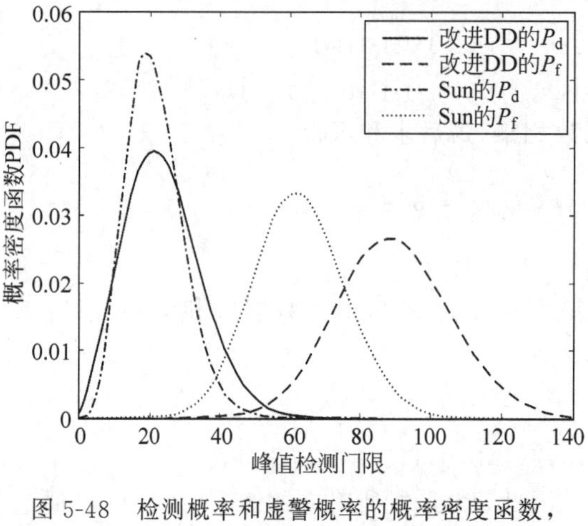

图 5-48　检测概率和虚警概率的概率密度函数，SNR＝-1dB

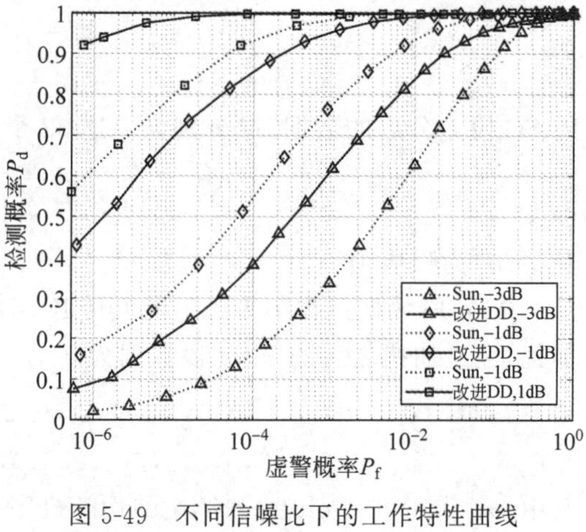

图 5-49　不同信噪比下的工作特性曲线

图 5-50 给出了在信噪比为 -1dB 时，改进差分帧同步检测器与 Sun 提出的差分检测帧同步器的平均帧同步捕获时间。改进差分检测帧同步器缩短了平均帧同步捕获时间，并且随着捕获校验次数 α 的增加，比 Sun 提出的差分检测帧同步器所需的平均帧同步捕获时间更少。

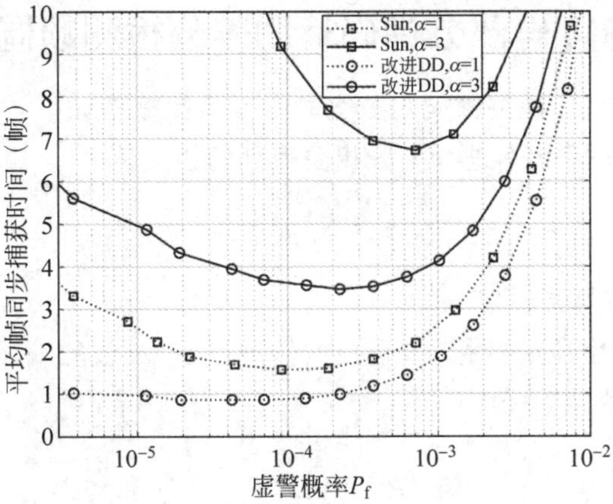

图 5-50　改进差分检测帧同步器与 Sun 提出的差分检测帧同步器的平均帧同步捕获时间，SNR=−1dB

5.6.6　多重相关峰值检测帧同步方案

根据差分检测帧同步方案的分析可知，PLSC 字段能用于帧同步的实质是利用 PLSC 字段相邻的奇数位和偶数位进行差分相关后，相关值在相位上与 b_6 保持着相对确定的关系，并且满足相位一致条件。

对于 PLSC 字段采用的 RM(32,6)码，除信息比特 b_5 外，b_0,b_1,b_2,b_3,b_4 均具有与 b_6 相同的性质，如式(5-31)所示。

$$\begin{cases} w_0 \oplus w_1 = w_2 \oplus w_3 = \cdots = w_{30} \oplus w_{31} = b_0 \\ w_0 \oplus w_2 = w_1 \oplus w_3 = \cdots = w_{29} \oplus w_{31} = b_1 \\ w_0 \oplus w_4 = w_1 \oplus w_5 = \cdots = w_{27} \oplus w_{31} = b_2 \\ w_0 \oplus w_8 = w_1 \oplus w_9 = \cdots = w_{23} \oplus w_{31} = b_3 \\ w_0 \oplus w_{16} = w_1 \oplus w_{17} = \cdots = w_{15} \oplus w_{31} = b_4 \end{cases} \tag{5-31}$$

令使得编码比特 $c_{p_i^k} \oplus c_{q_i^k} = b_k$ 的编码比特序号对(p_i^k, q_i^k)构成的编码比特序列号对序列为 $T_{b_k}=\{(p_0^k,q_0^k),(p_1^k,q_1^k),\cdots,(p_{31}^k,q_{31}^k)\}$，其中 $k=0,1,2,3,4,6$。并且 b_0,b_1,b_2,b_3，b_4 对应的相关值分别为：

$$\begin{cases} \Lambda_{b_0} = 32\mathrm{e}^{\mathrm{j}b_0\pi}\mathrm{e}^{-\mathrm{j}2\pi\Delta f\times 2} \\ \Lambda_{b_1} = 32\mathrm{e}^{\mathrm{j}b_1\pi}\mathrm{e}^{-\mathrm{j}2\pi\Delta f\times 4} \\ \Lambda_{b_2} = 32\mathrm{e}^{\mathrm{j}b_2\pi}\mathrm{e}^{-\mathrm{j}2\pi\Delta f\times 8} \\ \Lambda_{b_3} = 32\mathrm{e}^{\mathrm{j}b_3\pi}\mathrm{e}^{-\mathrm{j}2\pi\Delta f\times 16} \\ \Lambda_{b_4} = 32\mathrm{e}^{\mathrm{j}b_4\pi}\mathrm{e}^{-\mathrm{j}2\pi\Delta f\times 32} \end{cases}$$

多重相关峰值检测方法将 b_0,b_1,b_2,b_3,b_4,b_6 以及 SOF 字段对应的相关值，先取绝对值再求和后，送入峰值检测模块，如式(5-32)所示。

$$\Lambda_M = |\Lambda_{\mathrm{SOF}}| + |\Lambda_{b_6}| + \sum_{k=0}^{4} |\Lambda_{b_k}| \tag{5-32}$$

5.6.7 基于RM码部分译码辅助差分检测帧同步

基于部分译码辅助差分检测帧同步方案的主要步骤概括如下：

步骤1，根据SOF字段数据进行差分相关得到的相关值。

$$\Lambda_{\text{SOF}}(\mu)=\sum_{i=1}^{25} r_{u+i-1} r_{u+i}^{*} d_{i-1}^{\text{SOF}}$$

式中，μ为需要判断的帧起始位置。

步骤2，利用PLSC字段的数据，分别根据信息位b_k对应的编码比特序号对序列，抽取数据进行相关运算得到的相关值。

$$\Lambda_{b_k}(\mu)=\sum_{i=0}^{31} \tilde{r}_{\mu+p_i^k} \tilde{r}_{\mu+q_i^k}^{*}$$

步骤3，无频偏情况和频偏存在时分别根据式(5-33)和式(5-34)计算b_k对应的软信息$R_i^k(\mu)$。

$$R_i^k(\mu)=2\tanh^{-1}\left(\tanh\left(\frac{\text{LLR}_{\mu+p_i^k}}{2}\right)\cdot\tanh\left(\frac{\text{LLR}_{\mu+q_i^k}}{2}\right)\right) \tag{5-33}$$

$$R_i^k(\mu)=4(\tilde{r}_{\mu+p_i^k}^{\text{I}}\cdot\tilde{r}_{\mu+q_i^k}^{\text{I}}+\tilde{r}_{\mu+p_i^k}^{\text{Q}}\cdot\tilde{r}_{\mu+q_i^k}^{\text{Q}}) \tag{5-34}$$

步骤4，根据T_{b_k}中所有编码比特序号对计算得到的中间信息$R_i^k(\mu)$求和，输出b_k的似然信息$L_k(\mu)$为：

$$L_k(\mu)=\sum_{i=0}^{31} R_i^k(\mu)$$

步骤5，将SOF字段和PLSC字段的数据，进行部分译码辅助的差分相关运算得到的相关值如式(5-35)所示。

$$\Lambda(\mu)=\Lambda_{\text{SOF}}(\mu)+\operatorname{sgn}(L_6(\mu))\cdot\Lambda_{b_6}(\mu)+\sum_{k=0}^{4}\operatorname{sgn}(L_k(\mu))\cdot\Lambda_{b_k}(\mu) \tag{5-35}$$

步骤6，根据$\Lambda(\mu)$判断帧起始位置$\hat{\mu}$：

$$\hat{\mu}=\underset{\mu}{\operatorname{argmax}}\{\Lambda(\mu)\}$$

该方案同时利用PL Header的SOF字段和PLSC字段的数据实现帧同步，其结构框图如图5-51所示。对于SOF字段，将相邻的数据进行共轭相乘后，与对应的25个SOF系数相乘并求和。而PLSC字段，首先，根据b_0,b_1,b_2,b_3,b_4,b_6对应的编码位序号对序列，抽取数据分别进行共轭相乘和中间信息计算；其次，将中间信息和共轭相乘的结果分别求和得到似然信息和部分相关值；再次，根据似然信息的符号调整差分相关得到相关值的相位；最后，将根据SOF字段和PLSC字段求得的所有相关值求和，送入峰值检测模块。

本节将根据Reed-Muller码的编码比特两两异或为同一信息位，并且两位间的间隔相同的编码特性，对b_0,b_1,b_2,b_3,b_4,b_6进行部分译码，分别给出无频偏情况和有频偏情况下的基于部分译码的差分检测帧同步过程。此外，考虑到在部分译码时，先得对接收数据解扰才能计算信息位的似然信息，而传统的差分相关运算将接收数据共轭相乘后再与本地系数相乘，本地系数为扰码位对应的符号共轭相乘的结果，为了减少运算可先对接收数据解扰后再共轭相乘。设接收符号r_t解扰后表示为$\tilde{r}_t=r_t\times e^{j\pi s_t}$，$s_t$为第$t$个扰码位。

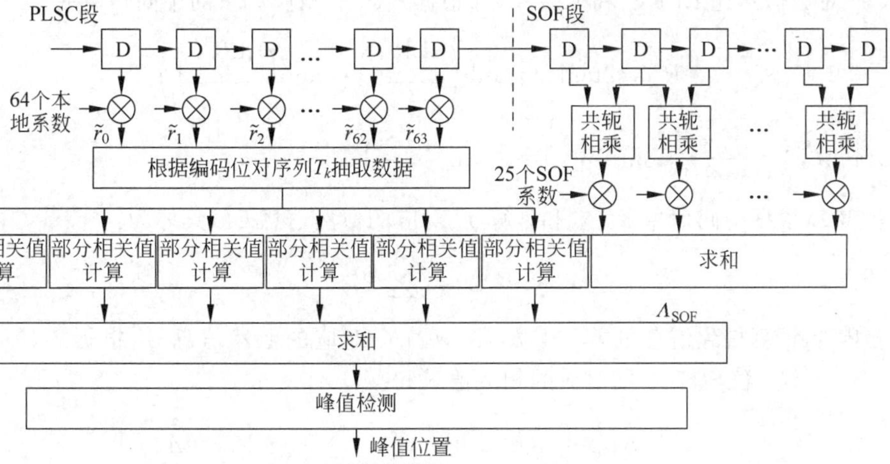

(a) 总体结构

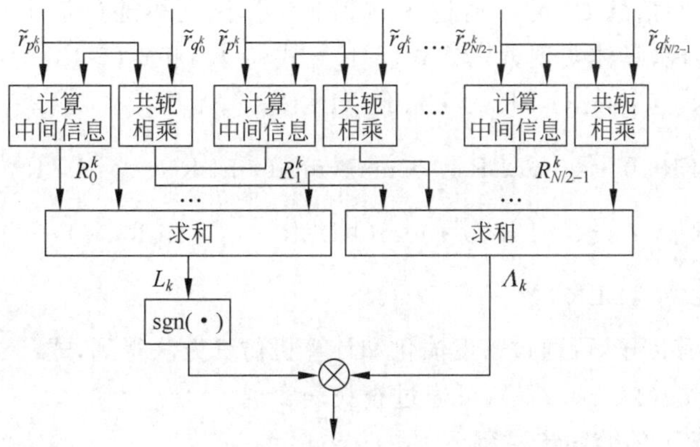

(b) 部分相关值计算单元

图 5-51 基于部分译码辅助差分检测帧同步结构框图

1. 无频偏情况下的帧同步过程

在无频偏情况下，直接通过计算接收数据的对数似然比对 RM(64,7)码进行部分译码，然后根据译码的结果消除相关值中信息位 b_k 的影响。基于部分译码辅助差分检测帧同步主要分为 4 个步骤。

步骤 1，计算接收数据的对数似然比，采用 π/2-BPSK 映射时，接收数据对应的对数似然比为

$$\begin{cases} \mathrm{LLR}_{2j} = \dfrac{\sqrt{2}\,(\tilde{r}_{2j}^{\mathrm{Q}} + \tilde{r}_{2j}^{\mathrm{I}})}{\sigma^2} \\ \mathrm{LLR}_{2j+1} = \dfrac{\sqrt{2}\,(\tilde{r}_{2j+1}^{\mathrm{Q}} - \tilde{r}_{2j+1}^{\mathrm{I}})}{\sigma^2} \end{cases} \tag{5-36}$$

式中，LLR_{2j} 和 LLR_{2j+1} 分别表示为奇数位和偶数位数据对应的对数似然比，$\tilde{r}_{2j}^{\mathrm{Q}}$ 和 $\tilde{r}_{2j}^{\mathrm{I}}$ 分别为符号 $\tilde{r}_{2j}$ 的虚部和实部，$\tilde{r}_{2j+1}^{\mathrm{Q}}$ 和 $\tilde{r}_{2j+1}^{\mathrm{I}}$ 分别为符号 $\tilde{r}_{2j+1}$ 的虚部和实部，σ^2 为 AWGN 的噪声方差。

步骤 2，根据 b_k 对应的编码位序号对序列 T_{b_k} 的编码位序号对(p_i^k, q_i^k)，选取符号 $\tilde{r}_{p_i^k}$

和 $\tilde{r}_{q_i^k}$ 的对数似然比 $\mathrm{LLR}_{p_i^k}$ 和 $\mathrm{LLR}_{q_i^k}$，并根据式(5-37)计算 b_k 的中间信息 R_i^k。

$$R_i^k = 2\tanh^{-1}\left(\tanh\left(\frac{\mathrm{LLR}_{p_i^k}}{2}\right)\cdot\tanh\left(\frac{\mathrm{LLR}_{q_i^k}}{2}\right)\right) \tag{5-37}$$

式中，$\tanh(x)=\dfrac{e^{2x}-1}{e^{2x}+1}$，$\tanh^{-1}(x)=0.5\ln\left(\dfrac{1+x}{1-x}\right)$。

步骤 3，根据中间信息 R_i^k 求和计算 b_k 对应的似然信息 L_k，具体为：

$$L_k=\sum_{i=0}^{31}R_i^k \tag{5-38}$$

步骤 4，计算得到信息位 b_0,b_1,b_2,b_3,b_4,b_6 对应的似然信息后，根据式(5-39)将 b_0，b_1,b_2,b_3,b_4,b_6 和 SOF 字段对应的相关值求和。

$$\Lambda=\Lambda_{\mathrm{SOF}}+\mathrm{sgn}(L_6)\cdot\Lambda_{b_6}+\sum_{k=0}^{4}\mathrm{sgn}(L_k)\cdot\Lambda_{b_k} \tag{5-39}$$

步骤 2 计算中间信息 R_i^k 除了通过式(5-37)计算外，还可通过最小和算法、偏移最小和算法以及查表法实现，具体实现分别如式(5-40)、式(5-41)和式(5-42)所示。

$$R_i^k=\mathrm{sgn}(\mathrm{LLR}_{p_i^k})\cdot\mathrm{sgn}(\mathrm{LLR}_{q_i^k})\cdot\min(|\mathrm{LLR}_{p_i^k}|,|\mathrm{LLR}_{q_i^k}|) \tag{5-40}$$

$$R_i^k=-\mathrm{sgn}(\mathrm{LLR}_{p_i^k})\cdot\mathrm{sgn}(\mathrm{LLR}_{q_i^k})\cdot\max(\min(|\mathrm{LLR}_{p_i^k}|,|\mathrm{LLR}_{q_i^k}|)-\beta,0) \tag{5-41}$$

$$\begin{aligned}R_i^k=&\mathrm{sgn}(\mathrm{LLR}_{p_i^k})\cdot\mathrm{sgn}(\mathrm{LLR}_{q_i^k})\cdot\min(|\mathrm{LLR}_{p_i^k}|,|\mathrm{LLR}_{q_i^k}|)+\\&\mathrm{LUT}(\mathrm{LLR}_{p_i^k},\mathrm{LLR}_{q_i^k})\end{aligned} \tag{5-42}$$

式(5-41)中，β 为偏移因子，可通过密度演化和计算机仿真方法得到，式(5-42)中 $\mathrm{LUT}(a,b)=\log(1+e^{-|a+b|})-\log(1+e^{-|a-b|})$，可通过查找表实现。

2. 有频偏情况下的帧同步过程

在有频偏情况下，由于载波频偏影响，接收信号与参考的星座点之间存在一个相位偏移，因而无法准确计算接收信号的对数似然比。然而，当载波频率偏移固定或随机抖动较小时，根据 T_{b_k} 的编码位序号对(p_i^k,q_i^k)，抽取的符号 $\tilde{r}_{p_i^k}$ 和 $\tilde{r}_{q_i^k}$ 之间的相位差，与信息位 b_k 的取值和 $p_i^k-q_i^k$ 有关。此外，两符号间的距离可直接反映符号间相位差的大小，因此根据符号 $\tilde{r}_{p_i^k}$ 和 $\tilde{r}_{q_i^k}$ 之间的距离，在有频偏的情况下可对 RM(64,7)码进行部分译码。

当 $k=0,1,2,3,4$ 时，根据 T_{b_k} 的编码位序号对(p_i^k,q_i^k)，抽取的符号 $\tilde{r}_{p_i^k}$ 和 $\tilde{r}_{q_i^k}$ 进行共轭相乘后的相位差为 $b_k\pi-2\pi\Delta f(p_i^k-q_i^k)$，并且 $p_i^k-q_i^k$ 为常数 η_k，如式(5-43)所示。

$$\begin{aligned}\tilde{r}_{p_i^k}\cdot\tilde{r}_{q_i^k}&=e^{jb_k\pi}e^{-j(2\pi\Delta f\times p_i^k+\theta)}e^{j(2\pi\Delta f\times q_i^k+\theta)}\\&=e^{jb_k\pi}e^{-j2\pi\Delta f(p_i^k-q_i^k)}\\&=e^{j(b_k\pi-2\pi\Delta f\eta_k)}\end{aligned} \tag{5-43}$$

因此，当 $-2\pi\Delta f\eta_k<\dfrac{\pi}{2}$ 时，若符号 $\tilde{r}_{p_i^k}$ 和 $\tilde{r}_{q_i^k}$ 的距离 D_i^k 与符号 $\tilde{r}_{p_i^k}$ 和 $-\tilde{r}_{q_i^k}$ 的距离 $\hat{D}_i^k$ 满足 $\hat{D}_i^k-D_i^k>0$，则 b_k 判决为 0，否则判决为 1，如图 5-52 中(a)和(b)所示。当 $-2\pi\Delta f\eta_k>\dfrac{\pi}{2}$，若 $\hat{D}_i^k-D_i^k<0$，则 b_k 判决为 1，否则判决为 0，如图 5-53 中(a)和(b)所示。其中距离 D_i^k

和 $\hat{D}_i^k$ 分别如下所示。

$$D_i^k = (\tilde{r}_{p_i^k}^I - \tilde{r}_{q_i^k}^I)^2 + (\tilde{r}_{p_i^k}^Q - \tilde{r}_{q_i^k}^Q)^2$$

$$\hat{D}_i^k = (\tilde{r}_{p_i^k}^I + \tilde{r}_{q_i^k}^I)^2 + (\tilde{r}_{p_i^k}^Q + \tilde{r}_{q_i^k}^Q)^2$$

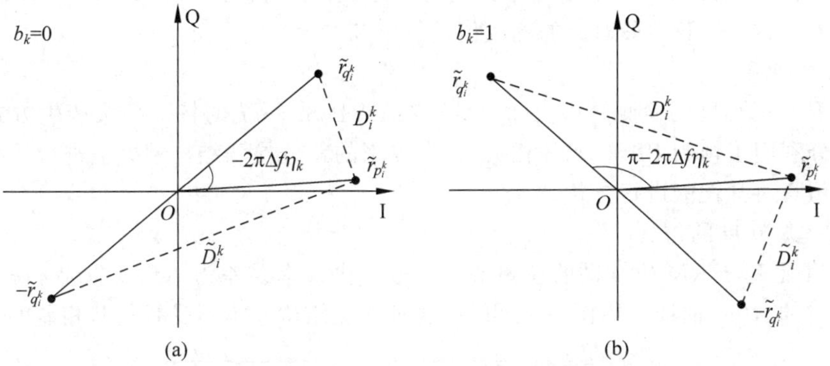

图 5-52　$-2\pi\Delta f\eta_k < \dfrac{\pi}{2}$ 的情况，根据 $\tilde{r}_{p_i^k}$ 和 $\tilde{r}_{q_i^k}$ 的距离 D_i^k 与 $\tilde{r}_{p_i^k}$ 和 $-\tilde{r}_{q_i^k}$ 的距离 $\hat{D}_i^k$ 对 b_k 译码

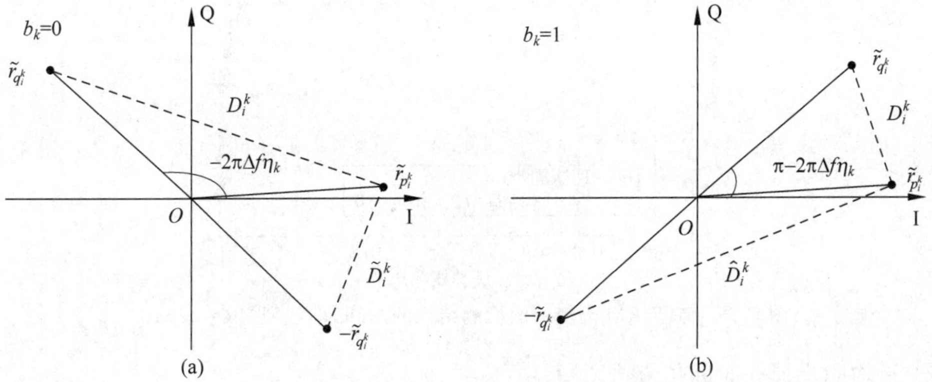

图 5-53　$-2\pi\Delta f\eta_k > \dfrac{\pi}{2}$ 的情况，根据 $\tilde{r}_{p_i^k}$ 和 $\tilde{r}_{q_i^k}$ 的距离 D_i^k 与 $\tilde{r}_{p_i^k}$ 和 $-\tilde{r}_{q_i^k}$ 的距离 $\hat{D}_i^k$ 对 b_k 译码

当 $k=6$ 时，由于采用 $\pi/2$-BPSK 映射，奇数位和偶数位的接收符号本身存在 $\pi/2$ 的相位差，根据 T_{b_6} 的编码位序号对 (p_i^6, q_i^6)，抽取的符号 $\tilde{r}_{p_i^6}$ 和 $\tilde{r}_{q_i^6}$ 进行共轭相乘后的相位差为 $-\dfrac{\pi}{2}+b_6\pi-2\pi\Delta f\eta_6$。将 $\tilde{r}_{q_i^6}$ 顺时针旋转 $\dfrac{\pi}{2}$ 相角后，使得符号 $\tilde{r}_{p_i^6}$ 和 $\tilde{r}_{q_i^6}\mathrm{e}^{\mathrm{j}\frac{\pi}{2}}$ 进行共轭相乘后的相位差为 $b_6\pi-2\pi\Delta f\eta_6$，同样可根据符号 $\tilde{r}_{p_i^6}$ 和 $\tilde{r}_{q_i^6}\mathrm{e}^{-\mathrm{j}\frac{\pi}{2}}$ 之间的距离 D_i^6 与符号 $\tilde{r}_{p_i^6}$ 和 $-\tilde{r}_{q_i^6}\mathrm{e}^{-\mathrm{j}\frac{\pi}{2}}$ 的距离 $\hat{D}_i^6$ 对 b_6 进行译码。

考虑 $-2\pi\Delta f\eta_k < \dfrac{\pi}{2}$ 情况，根据 T_{b_k} 的编码位序号对 (p_i^k, q_i^k) 计算 D_i^k 和 $\hat{D}_i^k$，并根据式(5-44)计算 b_k 的中间信息 R_i^k：

$$\begin{aligned} R_i^k &= \hat{D}_i^k - D_i^k \\ &= (\tilde{r}_{p_i^k}^I + \tilde{r}_{q_i^k}^I)^2 + (\tilde{r}_{p_i^k}^Q + \tilde{r}_{q_i^k}^Q)^2 - (\tilde{r}_{p_i^k}^I - \tilde{r}_{q_i^k}^I)^2 + (\tilde{r}_{p_i^k}^Q - \tilde{r}_{q_i^k}^Q)^2 \\ &= 4(\tilde{r}_{p_i^k}^I \cdot \tilde{r}_{q_i^k}^I + \tilde{r}_{p_i^k}^Q \cdot \tilde{r}_{q_i^k}^Q) \end{aligned} \tag{5-44}$$

根据 T_{b_k} 中所有编码位序号对计算 b_k 的似然信息 L_k。然后，根据式(5-39)对 b_0,b_1,b_2,b_3,b_4,b_6 以及 SOF 字段对应的相关值进行求和。

3. 仿真结果

基于 RM 码辅助的检测结构实际上是针对 DVB-S2 系统的特殊帧头产生方式提出的，此方法充分利用了帧头 PLSC 码的相关性，在原来的差分检测结构基础上进行了结构加强。下面通过仿真对其性能进行分析。

1）频率敏感度的仿真

图 5-54 是基于 RM 码辅助的检测结构在归一化频率误差为 $\Delta fT=0.2$ 和相位误差等于 $\theta=10°$ 时的 ROC 曲线。由图 5-54 可见，这种检测结构基本不受频偏和相差的影响。

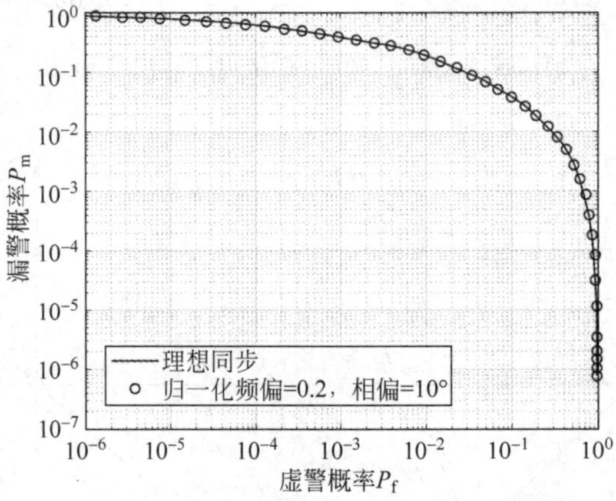

图 5-54　基于 RM 码辅助的检测结构的 ROC 曲线，SNR＝－2dB

2）平均同步捕获时间仿真

为了比较加入不同码组时 RM 码辅助检测结构的性能差异，通过蒙特卡罗仿真对性能进行分析比较。由图 5-55 可见，随着加入码组结构数量的增加，同步性能比原结构的性能

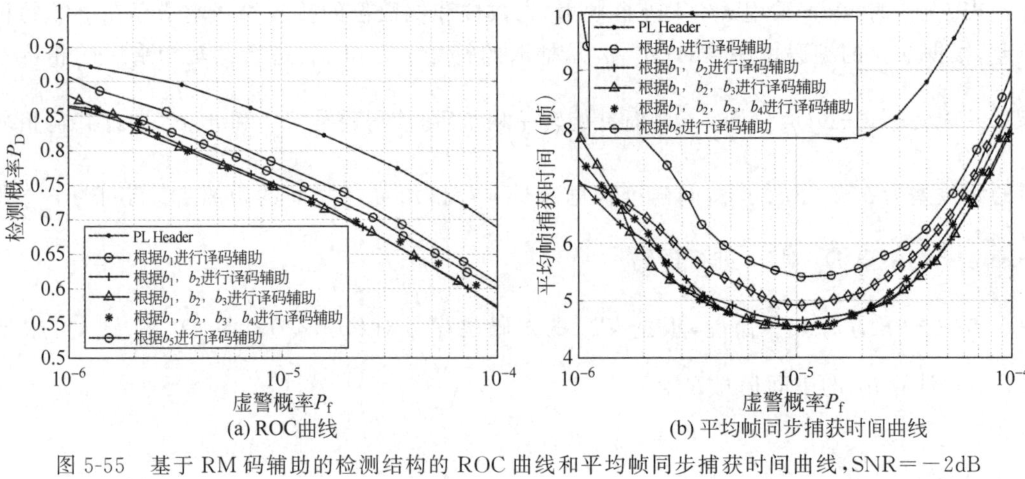

图 5-55　基于 RM 码辅助的检测结构的 ROC 曲线和平均帧同步捕获时间曲线，SNR＝－2dB

有所提升，同一虚警概率下检测概率最大可提高10%，最小的平均帧同步捕获时间（当 $P_f = 10^{-5}$ 时），由原来的8帧降为5帧，比原来的平均捕获时间缩短了37.5%。

基于RM码辅助的帧检测结构比差分检测结构性能有所提升，但由于其对PLSC进行了多次系数相关及复乘运算，使得复杂度大大增加，在实际中使用较少。

5.6.8 3种方案仿真结果

本节根据帧同步错误概率（Frame Synchronization Error Rate，FSER），比较基于RM码部分译码辅助差分检测帧同步方案、差分检测帧同步方案以及多重相关峰值检测帧同步方案的帧同步性能。

1. 无频偏情况

在AWGN信道下，仿真比较了差分检测帧同步方案，仿真结果如图5-56所示。由图可知，基于RM码部分译码辅助差分检测帧同步方案与多重相关峰值检测和差分检测帧同步方案相比较，帧同步性能分别有0.6dB和3.3dB的性能增益。

2. 有频偏情况

首先，在AWGN信道下，归一化频偏为0.01时，仿真了基于RM部分译码辅助差分检测帧同步方案的性能，仿真结果如图5-57所示。可知，当使用 b_0,b_1,b_2,b_6 对应的编码比特序号对序列进行译码辅助的差分检测帧同步时，帧同步性能最优。将 b_3,b_4 对应的编码比特序号对序列用于帧同步时，性能恶化，主要由于根据 b_3,b_4 对应的编码比特序号对序列抽取数据的间隔过大，导致根据符号间的距离对 b_3,b_4 进行译码的可靠性降低。

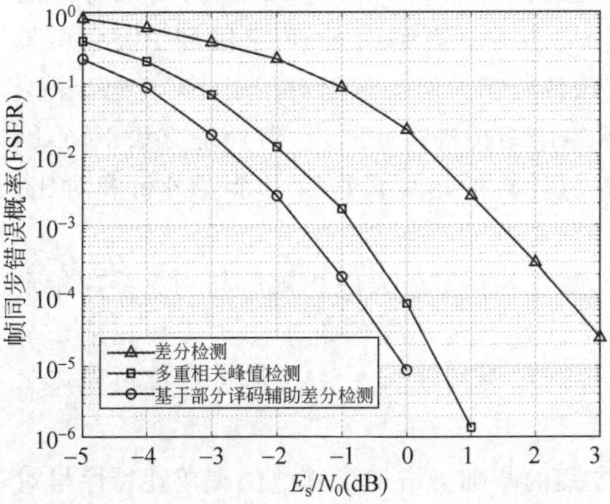

图5-56 基于部分译码的差分检测帧同步方案在无频偏情况下的性能

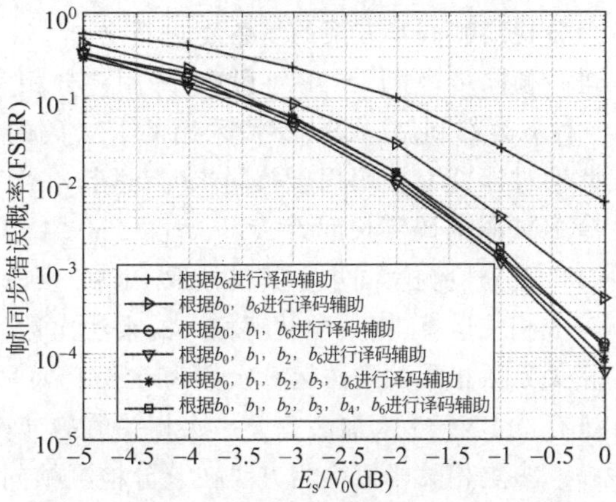

图5-57 归一化频偏为0.01时，基于部分译码的差分检测帧同步方案性能

然后，在归一化频偏为0.01时，仿真比较了差分检测帧同步方案、多重相关峰值检测与根据符号间的距离对 b_0,b_1,b_2,b_6 进行译码辅助的差分检测帧同步方案的性能，仿真结果如图5-58所示。可知，基于 b_0,b_1,b_2,b_6 译码辅助差分检测帧同步方案，与差分检测帧同步方案和基于 b_0,b_1,b_2,b_6 多重相关峰值检测相比，性能得到了改善。此外，基于 b_0,b_1,b_2,b_6 译码的差分检测帧同步方案的性能与基于 b_0,b_1,b_2,b_3,b_4,b_6 多重相关峰值检测性能相比，在低信噪比下帧同步性能依然得到改善，但是在信噪比大于0.5dB时，帧同步性能反而变差。

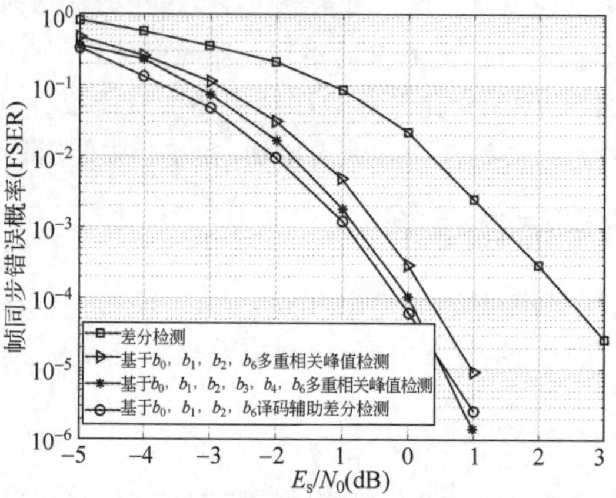

图 5-58 译码辅助差分检测帧同步方案与已有方案的帧同步性能比较

最后，为了验证基于部分译码辅助差分检测帧同步方案工作的频偏范围，在信噪比为 0dB 时，仿真了不同归一化频偏下的基于部分译码辅助差分检测帧同步和多重相关峰值检测的帧同步性能，两种方案分别基于 b_6、b_0，b_6、b_0，b_1，b_6 和 b_0，b_1，b_2，b_6 的编码作用以及 SOF 字段进行帧同步，仿真结果如图 5-59 所示。可知，根据基于 b_6、b_0，b_6、b_0，b_1，b_6 和 b_0，b_1，b_2，b_6 的译码辅助差分检测帧同步方案的帧同步性能优于多重相关峰值检测时的归一化频偏范围分别为[−0.08，0.08]、[−0.05，0.05]、[−0.03，0.03]和[−0.02，0.02]。

3. 复杂度分析

本节针对差分检测帧同步方案、多重相关峰值检测方法和基于 RM 码部分译码辅助的差分检测帧同步方案的复杂度进行分析。3 种帧同步方案都利用 SOF 字段和 PLSC 字段进行帧同步，对于 SOF 字段，均采用差分相关方法计算相关值。然而对于 PLSC 字段，虽然 3 种方案都利用 PLSC 字段采用的 RM 码的特殊编码结构进行帧同步，但处理方法不同，因此通过计算 RM 码用于帧同步时，进行一次相关值计算的运算量进行复杂度分析和对比，令 RM 码的码字长度为 N。

差分检测帧同步方案仅抽取 PLSC 字段的奇数位与偶数位共轭相乘后与相关系数相乘完成相关运算，则其中共轭相乘的乘法次数为 $2N$（1 次共轭相乘等价于 4 次实数相乘），与相关系数相乘的乘法运算次数为 $0.5N$，总的乘法运算次数则为 $2.5N$，相关运算单元还需进行 $0.5N-1$ 次加法完成一次相关值的计算。

多重相关峰值检测方法在差分检测帧同步方案的基础上增加了其他的编码比特序号对序列抽取数据进行帧同步，假设 RM 码对应的编码比特序号对序列的数目为 L，其中包括差分检测帧同步方案采用的编码比特序号对序列，即抽取奇数位和偶数位的数据进行共轭相乘。因此，多重相关峰值检测方法进行相关运算时的乘法运算次数为 $2.5N\cdot L$，加法运算次数为 $(0.5N-1)\cdot L$。此外，多重相关峰值检测方法的峰值合并将不同编码比特序号对序列对应的相关值取绝对值后再求和，需 L 次取绝对值运算和 $L-1$ 次加法运算。因此，取绝对值运算次数为 L。

基于 RM 码部分译码辅助的差分检测帧同步方法在多重相关峰值检测方法的基础上，利用对 RM 码进行部分译码的结果消去相关值中物理层信令的不确定性，并且在进行相关运算之前，将本地系数与接收数据相乘实现解扰，此时需要 N 次乘法运算。分别对无频偏

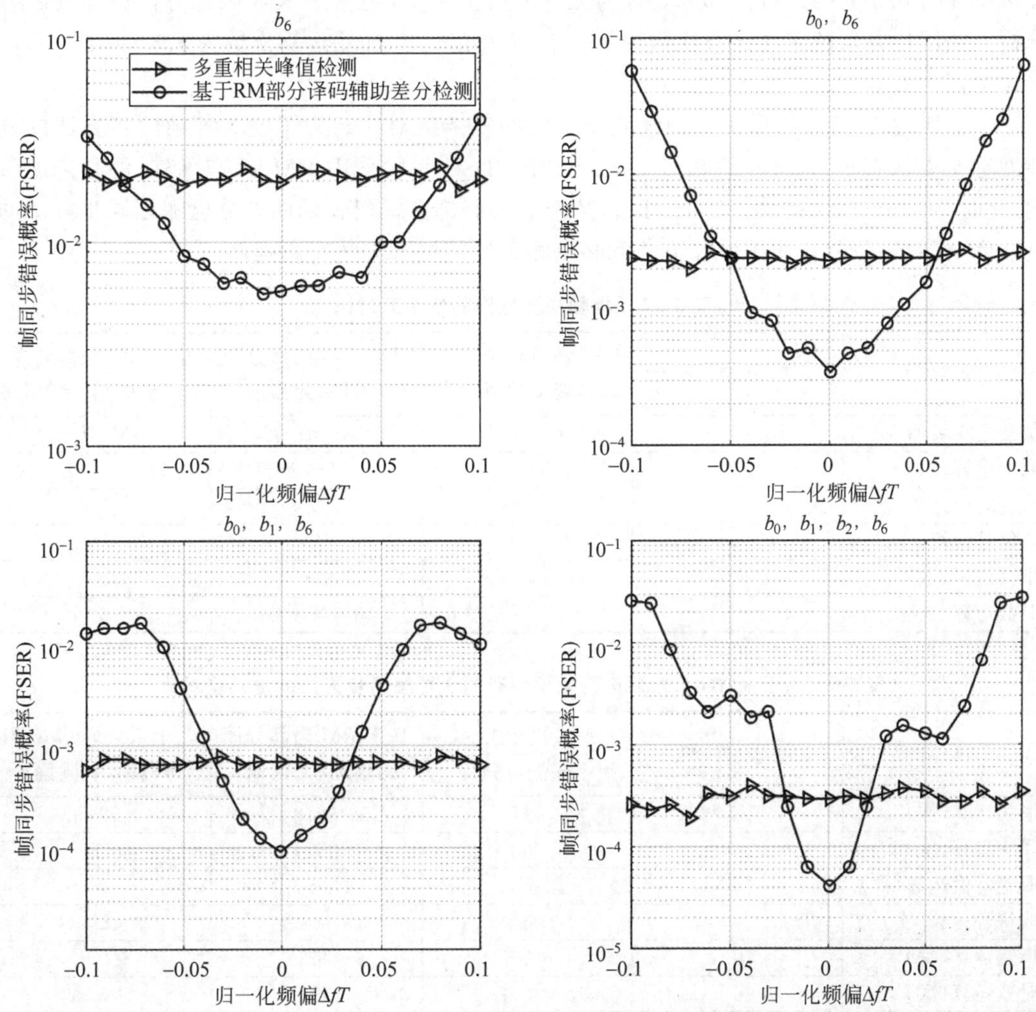

图 5-59　SNR＝0dB 时，不同归一化频偏下的帧同步性能

情况下和有频偏情况下采用基于 RM 码部分译码辅助的差分检测帧同步方法实现帧同步的复杂度进行分析。

在无频偏情况下，步骤 1 对数似然比计算，如式(5-36)所示，乘法运算次数为 $2N \cdot L$，加法运算次数为 $N \cdot L$；步骤 2 中间信息计算，如式(5-37)所示，乘法运算次数为 $2N \cdot L$，加法运算次数为 $3N \cdot L$，指数运算次数为 $2N \cdot L$，对数运算次数为 $0.5N \cdot L$；步骤 3 中似然信息计算，如式(5-38)所示，进行了$(0.5N-1) \cdot L$ 次加法；步骤 4 中若只合并 PLSC 部分的相关值，如式(5-39)所示，则需 L 次取符号运算和乘法运算，以及 $L-1$ 次加法运算。此外，根据编码比特序列计算相关值时的运算复杂度与多重相关峰值检测方法相同，但不必与相关系数相乘，因而乘法运算次数为 $2N \cdot L$，加法运算次数为 $0.5N \cdot L-1$。因此，基于 RM 码部分译码辅助的差分检测帧同步方法的乘法运算次数为 $6N \cdot L+L+N$，加法运算次数为 $5N \cdot L-2$，指数运算次数为 $2N \cdot L$，对数运算次数为 $1.5N \cdot L$，取符号运算次数为 L。

在有频偏情况下，直接根据接收数据计算中间信息，如式所示，乘法运算为 $1.5N \cdot L$，

加法运算为 $0.5N \cdot L$，后续部分处理与无频偏情况相同，则基于 RM 码部分译码辅助的差分检测帧同步方法的乘法运算次数为 $3.5N \cdot L+L+N$，加法运算次数为 $1.5N \cdot L-2$，取符号运算为 L。

综上所述，表 5-5 给出了 3 种帧同步方法的复杂度对比。为了使 3 种帧同步方法的复杂度对比更加直观，表 5-6 给出了 DVB-S2 中 PLSC 字段采用 RM(64,7)码时的复杂度对比，此时 $N=64, L=6$。从表 5-6 可知，基于 RM 码部分译码辅助的差分检测帧同步方法的复杂度，相对于差分检测帧同步方法和多重相关峰值检测方法有所提高。

表 5-5　3 种帧同步方法的复杂度对比

运算类型	差分检测	多重相关峰值检测	基于 RM 码部分译码辅助(无频偏)	基于 RM 码部分译码辅助(有频偏)
加法运算(次)	$0.5N-1$	$0.5N \cdot L-1$	$5N \cdot L-2$	$1.5N \cdot L-2$
乘法运算(次)	$2.5N$	$2.5N \cdot L$	$6N \cdot L+L+N$	$3.5N \cdot L+L+N$
取绝对值运算(次)	0	L	0	0
取符号运算(次)	0	0	L	L
指数运算(次)	0	0	$2N \cdot L$	0
对数运算(次)	0	0	$0.5N \cdot L$	0

表 5-6　基于 RM(64,7)码进行帧同步时的 3 种帧同步方法的复杂度对比

运算类型	差分检测	多重相关峰值检测	基于 RM 码部分译码辅助(无频偏)	基于 RM 码部分译码辅助(有频偏)
加法运算(次)	31	191	1918	574
乘法运算(次)	160	960	2374	1414
取绝对值运算(次)	0	6	0	0
取符号运算(次)	0	0	6	6
指数运算(次)	0	0	768	0
对数运算(次)	0	0	192	0

本章首先分析了差分检测帧同步方案、多重相关峰值检测帧同步方案的特点，并对根据编码比特序号对序列抽取 PLSC 字段数据进行相关运算的相关特性进行了分析；然后，在多重相关峰值检测帧同步方案的基础上，提出了基于 RM 码部分译码辅助差分检测帧同步方案，通过对 RM 码进行部分译码，利用译码的结果消除相关峰值中信息比特的影响，改善帧同步性能；最后，通过仿真分析了 3 种帧同步方案的性能。仿真结果表明，基于 RM 码部分译码辅助差分检测帧同步方案相较于差分检测帧同步方案和多重相关峰值检测帧同步方案在性能上均有很大的改善。

参考文献

[1] Shark L K, Terrell T J, Simpson R J. Adaptive frame synchronizer for digital satellite communication systems[J]. Radar & Signal Processing Iee Proceedings F, 1988, 135(1): 51-59.

[2] 苏向东. 高速帧同步格式化器[D]. 成都：电子科技大学，2003.

[3] 李玮. 基于 CCSDS 标准的帧同步算法研究及其 FPGA 实现[D]. 成都：西南交通大学，2009.

[4] 夏俊. 帧同步电路的设计和分析[J]. 电讯技术,2006,2:155-158.
[5] 樊昌信,张甫翊,徐炳祥,等. 通信原理[M]. 5版,北京:国防工业出版社,2001.
[6] Massey J L. Optimum frame synchronization[J]. IEEE Transactions on Communications,1972,20(2):115-119.
[7] Choi Z Y,Lee Y H. Frame synchronization in the presence of frequency offset[J]. IEEE Transactions on Communications,2002,50(7):1062-1065.
[8] Choi Z Y,Lee Y H. On the use of double correlation for frame synchronization in the presence of frequency offset[C] Vancouver:1999 IEEE International Conference on Communications(Cat. No. 99CH36311),1999,2:958-962.
[9] Kopansky A,Bystrom M. Frame synchronization for noncoherent demodulation on flat fading channels[C]. New Orleans:2000 IEEE International Conference on Communications. 2000:312-316.
[10] Kopansky A,Bystrom M. Detection of a periodically embedded synchronization patterns on rayleigh fading channels[J]. IEEE Transactions on Communications,2006,54(11):1928-1932.
[11] Chiani M, Martini M G. On sequential frame synchronization in AWGN channels[J]. IEEE Transactions on Communications,2006,54(2):339-348.
[12] Wymeersch H,Moeneclaey. ML frame synchronization for turbo and LDPC codes[C],Australia:Proceeding International Symposium. DSP and Communications Systems. 2003:15-22.
[13] Lee D U,Kim H,Jones C R,et al. Pilotless frame synchronization for LDPC-coded transmission systems[J]. IEEE Transactions on Signal Processing(S1053-587X),2008,56(7):2865-2874.
[14] Lee D U,Kim H,Jones C R,et al. Pilotless frame synchronization via LDPC code constraint feedback[J]. IEEE Communications Letters,2007,11(8):683-685.
[15] 陈智雄,苑津莎. 基于准循环LDPC码译码软信息的码辅助帧同步算法[J]. 系统仿真学报,2011,23(9):1956-1960.
[16] Matsumoto W,Imai H. Blind synchronization with enhanced sum-product algorithm for low-density parity-check codes[C]. Honolulu: The 5th International Symposium on Wireless Personal Multimedia Communications,2002,3:966-970.
[17] 李智信. 卫星自适应传输中的关键技术研究[D]. 北京:北京理工大学,2014.
[18] Mustafa E,Sun F,Lin-Nan L. DVB-S2 low density parity check codes with near Shannon limit performance[J]. International Journal of Satellite Communications & Networking,2004,22(3):269-279.
[19] Park J W,Sunwoo M H,Pan S K,et al. An efficient data-aided initial frequency synchronizer for DVB-S2[C]. Shanghai: Proceedings of IEEE Workshop on Signal Processing Systems. 2007:645-650.
[20] 罗加兴. 新一代卫星数字广播中的接收机同步算法研究[D]. 天津:天津大学,2017.
[21] Corazza G E,Pedone R,Villanti M. Frame acquisition for continuous and discontinuous transmission in the forward link of satellite systems[J]. International Journal of Satellite Communications and Networking,2006,24(2):185-201.
[22] Villanti M,Salmi P,Corazza G E. Differential post detection integration techniques for robust code acquisition[J]. IEEE Transactions on Communications,2007,55(11):2172-2184.
[23] Viterbi A J. CDMA: principles of spread spectrum communication[M]. Boston: Addison Wesley Longman Publishing Co. ,Inc. ,1995.

第6章 信噪比估计技术

CHAPTER 6

随着有效载荷技术的不断发展,在轨卫星数目的不断增加,受信道资源、卫星资源的限制和数传增长速率的要求,自适应编码调制技术成为新一代卫星数传链路的关键技术。而信噪比估计是自适应编码调制系统中的重要组成部分。自适应编码调制(Adaptive Modulation and Coding,ACM)技术能够在通信进程中快速地转换信道编码调制方式,并且在模式切换过程中保持数据传输的连续性,根据变化的信道状况不断地判决下一时刻的最优编码调制模式,并实时反馈给发送端实现模式的自适应调整和切换。在不同的信道环境下,采用不同的编码调制方式。当卫星星地链路通信环境较好时,以提高频谱利用率为目的,选择的编码方式要求高速率,调制方式为高阶调制;当星地链路通信环境较差时,以通信数据得到有效传输为目的,编码方式选择低速率的,调制方式选择低阶调制。例如,BPSK、QPSK 低阶调制方式适合应用于信道通信环境较差的情况下,虽然信息传输速率和频带利用率偏低,但是能保证通信信号得到有效传输;16APSK、32APSK 等高阶调制方式适合应用于信道通信环境较好的情况下,通信信号传输质量得到保障的同时,信息传输速率和频带利用率都得到较好的提升。ACM 闭环系统结构框图如图 6-1 所示[1]。

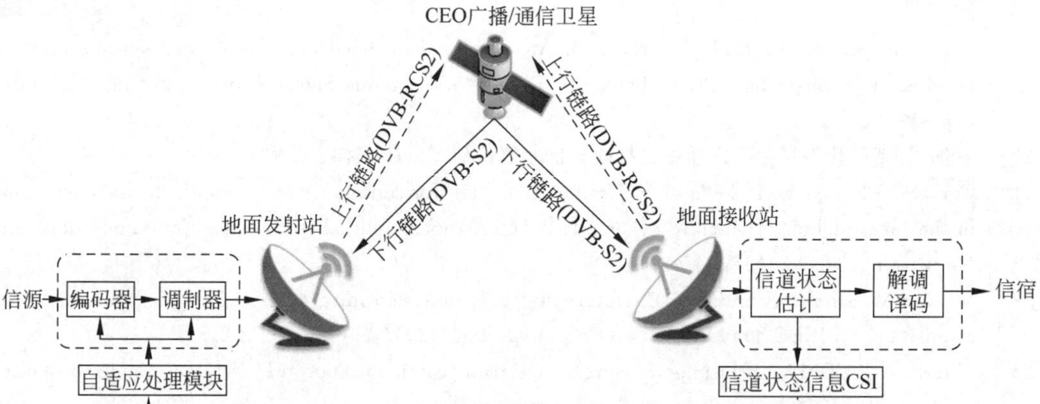

图 6-1 卫星通信中自适应调整编码系统框图

6.1 信噪比估计技术概述

ACM 技术需要对信道环境信息进行预测估计，根据预测的信道环境信息选择合适的编码调制方式，可充分利用有限的信道资源。卫星通信中 ACM 技术中的关键环节是对卫星星地链路通信信道进行信道质量估计，在信道通信质量预测中，最常用的评估参数是信噪比，本章将重点介绍 ACM 技术中的信噪比估计算法。

信噪比估计算法根据是否需要在发射信号中添加先验消息辅助估计过程，可分为两类，即数据辅助(Data-Aided，DA)信噪比估计算法和非数据辅助(Non-Data-Aided，NDA)信噪比估计算法，其中数据辅助类算法需要在信号发射前插入已知数据序列以辅助进行信噪比估计。数据辅助类算法相比于非数据辅助类算法性能优越，数据辅助类算法需要占用较大的频率资源，因此链路资源有限的卫星通信系统一般采用非数据辅助的信噪比估计算法对通信信道质量进行估计。此类估计方法中主要有基于最大似然的估计方法[2]、基于子空间的方法[3]、基于统计量的矩方法[4]，以及 SNV、SVR 方法[5]等。

为了研究 AWGN 中不同信噪比估计算法的性能，Pauluzzi 在文献[5]中给出了多种数据辅助及非数据辅助估计算法仿真结果。其中，基于最大似然准则的 ML-TxDA 算法的性能明显优于其他算法。但是对于高阶调制信号，该算法由于似然函数过于复杂而很难被推广应用。因此。Chen 给出了同时使用导频和数据段联合进行信噪比估计的方法[6]，其性能比单独采用数据辅助或非数据辅助方法有所提高。Wiesel 通过简化似然函数求解过程，提出了一种基于期望最大(EM)算法的非数据辅助信噪比估计[7]，采用解调输出符号的软判决进行迭代，在比较低的信噪比下与直接采用硬判决相比获得了更好的性能。

在信噪比估计的性能限方面，Alagha[8]推导了 BPSK 和 QPSK 信号的 NDA 信噪比估计器的克拉美罗界，并且 Gappmair[9]将其扩展到具有半平面对称性的线性调制信号。Das[10]研究了 QAM 和 APSK 信号的 NDA 信噪比估计器的克拉美罗界。Bellili[11,12]推导了更为精确的 QAM 信号的 NDA 信噪比估计器的克拉美罗界。近期 Xu 等[13,15]研究了 OFDM 系统中的信噪比估计技术，Boujelben 等[16,17]分析了 SIMO(Single Input Multiple Output，单输入多输出)无线信道下的信噪比估计性能，Baddour 等[18,20]研究了莱斯信道下 K 因子估计技术、多载波系统的信噪比估计和编码系统中联合译码的迭代信噪比估计技术等。

本章首先介绍传统信噪比估计算法，包括基于相干接收的信噪比估计、基于矩的信噪比估计、分离符号矩信噪比估计算法和信号方差比估计算法；之后介绍基于最大似然的编码辅助信噪比估计算法，包括基于 EM 的编码辅助信噪比估计及基于最大似然的编码辅助信噪比估计；最后给出可用于存在频偏与相偏下的信噪比估计算法。

6.2 系统模型

假设信号经过噪声信道后，首先进行定时同步和载波同步，之后经过匹配滤波输出的符号采样值可表示如下：

$$r_k = Ac_k + n_k$$

上式中，A 表示调制符号的幅度增益，c_k 为调制符号，n_k 表示均值为零、方差为 σ^2 复高斯白噪声信号。对应信噪比(Signal-to-Noise Ratio，SNR)计算公式为[1]

$$\gamma=\frac{P_S}{P_R-P_S}=\frac{P_S}{P_N}=\frac{A^2}{\sigma^2}$$

其中，P_S 表示调制信号功率，P_R 为接收信号功率，P_N 为噪声功率；将其写为复数形式：

$$r_k=u_k+\mathrm{j}v_k=\sqrt{P_S}(c_k^p+\mathrm{j}c_k^q)+\sqrt{P_N}(z_k^p+\mathrm{j}z_k^q)$$

其中，p 和 q 分别表示同相和正交分量，z_k 表示噪声单位方差的复高斯采样。

6.3 传统信噪比估计算法

6.3.1 基于最大似然的数据辅助信噪比估计

假设信号噪声相互独立，定义待估计参数矢量$\boldsymbol{\theta}\triangleq[A\sigma^2]$，那么 N 个接收符号 r_k 的似然函数为

$$p(\boldsymbol{r}\mid\boldsymbol{\theta})=\sum_{C}p(\boldsymbol{c})p(\boldsymbol{r}\mid\boldsymbol{c},\boldsymbol{\theta}) \tag{6-1}$$

其中，$\boldsymbol{r}=[r_1,r_2,\cdots,r_N]^{\mathrm{T}}$ 是接收信号，$p(\boldsymbol{c})$是发送符号序列 $\boldsymbol{c}=[c_1,c_2,\cdots,c_N]^{\mathrm{T}}$ 的先验概率，对于数据辅助信噪比估计，可表示为

$$p(\boldsymbol{c})=\prod_{k=1}^{N}\delta(c_k-c_k^{(p)}) \tag{6-2}$$

其中，$\delta(\cdot)$表示狄拉克 δ 函数，$c_k^{(p)}$ 是第 k 个导频符号。$p(\boldsymbol{r}|\boldsymbol{c},\boldsymbol{\theta})$为条件似然函数，可表示为

$$p(\boldsymbol{r}\mid\boldsymbol{c},\boldsymbol{\theta})=\prod_{k=1}^{N}\frac{1}{\sqrt{\pi\sigma^2}}\exp\left(-\frac{|r_k-Ac_k|^2}{\sigma^2}\right) \tag{6-3}$$

将式(6-3)和式(6-2)代入式(6-1)，可得

$$p(\boldsymbol{r}\mid\boldsymbol{\theta})=N\prod_{k=1}^{N}\frac{1}{\sqrt{\pi\sigma^2}}\exp\left(-\frac{|r_k-Ac_k|^2}{\sigma^2}\right)$$

去掉常系数

$$p(\boldsymbol{r}\mid\boldsymbol{\theta})=\prod_{k=1}^{N}\frac{1}{\sqrt{\pi\sigma^2}}\exp\left(-\frac{|r_k-Ac_k|^2}{\sigma^2}\right)$$

经过对数变换后，可得对数似然函数：

$$\Lambda(\boldsymbol{r}\mid\boldsymbol{\theta})=\ln p(\boldsymbol{r}\mid\boldsymbol{\theta})=-\frac{N}{2}\ln(\pi\sigma^2)-\frac{1}{\sigma^2}\left[\sum_{k=1}^{N}|r_k-Ac_k|^2\right]$$

$$\begin{aligned}(P_S,P_N)&=\ln p(u,v\mid P_S,P_N)\\&=-N\ln(\pi P_N)\frac{1}{P_N}\left[\sum_{k=1}^{N}(u_k-\sqrt{P_S}c_k^p)^2+\sum_{k=1}^{N}(v_k-\sqrt{P_S}c_k^q)^2\right]\end{aligned}$$

由最大似然理论，当式(6-4)和式(6-5)成立时可以得到信号和噪声的最大似然估计 $\hat{P}_S$、$\hat{P}_N$。

$$\left.\frac{\partial \Lambda(\boldsymbol{r} \mid \boldsymbol{\theta})}{\partial P_{\mathrm{S}}}\right|_{\substack{P_{\mathrm{S}}=\hat{P}_{\mathrm{S}} \\ P_{\mathrm{N}}=\hat{P}_{\mathrm{N}}}}=0 \tag{6-4}$$

$$\left.\frac{\partial \Lambda(\boldsymbol{r} \mid \boldsymbol{\theta})}{\partial P_{\mathrm{N}}}\right|_{\substack{P_{\mathrm{S}}=\hat{P}_{\mathrm{S}} \\ P_{\mathrm{N}}=\hat{P}_{\mathrm{N}}}}=0 \tag{6-5}$$

其中，$P_{\mathrm{S}}=A^2$，$P_{\mathrm{N}}=\sigma^2$。由 N 个接收符号 r_k，$\hat{P}_{\mathrm{S}}$、$\hat{P}_{\mathrm{N}}$ 可表示为

$$\hat{P}_{\mathrm{S}}=\left(\frac{\sum_{k=1}^{N}\mathrm{Re}\{r_k c_k^*\}}{\sum_{k=1}^{N}|c_k|^2}\right)^2=\left(\frac{\frac{1}{N}\sum_{k=1}^{N}\mathrm{Re}\{r_k c_k^*\}}{\frac{1}{N}\sum_{k=1}^{N}|c_k|^2}\right)^2$$

$$\hat{P}_{\mathrm{N}}=\hat{P}_{\mathrm{R}}-\hat{P}_{\mathrm{S}}=\frac{1}{N}\sum_{k=1}^{N}|r_k|^2-\hat{P}_{\mathrm{S}}$$

考虑到 $E\left\{(1/N)\sum_k |c_k|^2\right\}=1$，可得最大似然数据辅助信噪比估计算法公式：

$$\hat{\rho}_{\mathrm{TxDA}}=\frac{\left[\frac{1}{N}\sum_{k=1}^{N}\mathrm{Re}\{r_k c_k^*\}\right]^2}{\frac{1}{N}\sum_{k=1}^{N}|r_k|^2-\left[\frac{1}{N}\sum_{k=1}^{N}\mathrm{Re}\{r_k c_k^*\}\right]^2} \tag{6-6}$$

此算法被称为 TxDA 信噪比估计算法。

将式(6-6)中的 c_k 缓冲发送符号的判决值 $\hat{c}_k$，可得到基于判决反馈的非数据辅助信噪比(RxDA)表达式：

$$\hat{\rho}_{\mathrm{RxDA}}=\frac{\left[\frac{1}{N}\sum_{k=1}^{N}\mathrm{Re}\{r_k \hat{c}_k^*\}\right]^2}{\frac{1}{N}\sum_{k=1}^{N}|r_k|^2-\left[\frac{1}{N}\sum_{k=1}^{N}\mathrm{Re}\{r_k \hat{c}_k^*\}\right]^2} \tag{6-7}$$

由于 TxDA 和 RxDA 信噪比估计算法是有偏估计，为了降低估计偏差的影响，可以将式(6-6)和式(6-7)中的分母乘以偏移因子 $N/(N-3/2)$。对于实数情况，将偏移因子 $N/(N-3/2)$换为 $N/(N-3)$即可。

基于最大似然的信噪比估计，其均值为[1]

$$\mu_\rho=\frac{2N}{2N-3}\left(\frac{1}{2N}+\rho\right)$$

方差为

$$\sigma_\rho^2=\frac{N^2(8\rho^2+16\rho)+N^2(4-16\rho)-4}{8N^3-44N^2+78N-45}$$

由上式可以看出，基于最大似然的信噪比估计是有偏估计，当 $N\to\infty$时，μ_ρ 将无限收敛于信噪比真实值，此时方差为零。

6.3.2 基于最大似然的非数据辅助信噪比估计

对于非数据辅助信噪比估计，发送符号序列的先验概率可表示为

$$p(\boldsymbol{c})=1/M^N \quad \forall \boldsymbol{c}\in C^N \tag{6-8}$$

其中，C^N 为调制符号序列集，M 为调制集所包含的调制符号个数。那么观测到的 N 个 BPSK 信号的似然函数为

$$p(\boldsymbol{r}\mid\boldsymbol{\theta})=\frac{1}{2^N}\sum_{c}\prod_{k=1}^{N}\frac{1}{\sqrt{\pi\sigma^2}}\exp\left(-\frac{|r_k-Ac_k|^2}{\sigma^2}\right)$$

对数似然函数为

$$\ln p(\boldsymbol{r}\mid\boldsymbol{\theta})=-\frac{N\ln(\pi\sigma^2)}{2}-\sum_{k=1}^{N}\left(\frac{r_k^2+A^2}{\sigma^2}\right)+\sum_{k=1}^{N}\ln\left(\cosh\left(\frac{2Ar_k}{\sigma^2}\right)\right)$$

对 A 和 σ^2 分别求偏导可得

$$\frac{\partial\ln p(\boldsymbol{r}\mid\boldsymbol{\theta})}{\partial\sigma^2}=-\frac{N}{2\sigma^2}+\sum_{k=1}^{N}\left(\frac{r_k^2+A^2}{\sigma^4}\right)-\sum_{k=1}^{N}\frac{2Ar_k}{\sigma^4}\tanh\left(\frac{2Ar_k}{\sigma^2}\right) \tag{6-9}$$

$$\frac{\partial\ln p(\boldsymbol{r}\mid\boldsymbol{\theta})}{\partial A}=-\frac{NA}{\sigma^2}+\sum_{k=1}^{N}\frac{2r_k}{\sigma^2}\tanh\left(\frac{2Ar_k}{\sigma^2}\right) \tag{6-10}$$

在较高的信噪比下，式(6-9)和式(6-10)中的 $\tanh\left(\frac{2Ar_k}{\sigma^2}\right)$ 可以近似为 $\mathrm{sgn}\left(\frac{2Ar_k}{\sigma^2}\right)$。这样，令式(6-9)和式(6-10)为零，可得到 BPSK 调制信号的最大似然非数据辅助信噪比估计：

$$\hat{\rho}_{\mathrm{NDA}}=\frac{\left(\sum_{k=1}^{N}|r_k|\right)^2}{N\left(\sum_{k=1}^{N}r_k^2\right)-\left(\sum_{k=1}^{N}|r_k|\right)^2} \tag{6-11}$$

由于式(6-11)中存在混合高斯公布，直接将 BPSK 信号的最大似然非数据辅助信噪比估计算法扩展到其他高阶调制信号(如 MPSK、MQAM 和 M-APSK)是非常困难的。

6.3.3 基于 EM 的非数据辅助信噪比估计

文献[21]提出的基于 EM(Expectation Maximum，期望最大化)的非数据辅助的 SNR 估计器就是迭代地求解最大似然函数的一种形式，且估计范围相对较大，同时数据长度也不受限制。接收序列概率密度函数：

$$p(r_k\mid\boldsymbol{\theta})=\frac{1}{\sqrt{\pi\sigma^2}}\left[\mathrm{e}^{-\frac{(r_k-A)^2}{\sigma^2}}+\mathrm{e}^{-\frac{(r_k+A)^2}{\sigma^2}}\right]$$

假设观测数据 $\boldsymbol{r}$ 为不完全数据，完整数据集 $\boldsymbol{z}=[\boldsymbol{r}^{\mathrm{T}},\boldsymbol{c}^{\mathrm{T}}]^{\mathrm{T}}$。$Q(\theta,\theta^{(i-1)})$ 定义为完全数据的似然函数 $p(\boldsymbol{z}|\boldsymbol{\theta}^{(i-1)})$ 在观测数据 $\boldsymbol{r}$ 和当前估计参数值条件下对位置数据 $\boldsymbol{c}$ 求期望。对于第 i 次迭代，则

E 步：$Q(\boldsymbol{\theta},\boldsymbol{\theta}^{(i-1)})=E_{\boldsymbol{z}|\boldsymbol{r};\boldsymbol{\theta}^{(i-1)}}[\ln p(\boldsymbol{z}|\boldsymbol{\theta}^{(i-1)})]$

M 步：$\boldsymbol{\theta}^{(i)}=\arg\max\limits_{\boldsymbol{\theta}}Q(\boldsymbol{\theta},\boldsymbol{\theta}^{(i-1)})$

将上述两步进行迭代，直到设定的迭代终止条件，最后 EM 算法能收敛到 ML 函数的局部最大值。

对于 BPSK 调制，$c_n\in\{-1,1\}$，接收序列的概率密度函数为

$$p(r_k\mid c_k,\boldsymbol{\theta})=\frac{1}{\sqrt{\pi\sigma^2}}\mathrm{e}^{-\frac{(r_k-Ac_k)^2}{\sigma^2}}$$

令 $p_k^{(i-1)}$ 代表在观测数据和第 $i-1$ 次迭代后估计参数值下发送序列的第 k 位为 1 的概率，$p_k^{(i-1)}=P(c_k=1|r_k;\theta^{(i-1)})$。

其中 E 步的期望计算如下：

$$\begin{aligned}Q(\boldsymbol{\theta},\boldsymbol{\theta}^{(i-1)})&=E_{\boldsymbol{z}|\boldsymbol{r};\boldsymbol{\theta}^{(i-1)}}[\ln p(\boldsymbol{z}\mid\boldsymbol{\theta}^{(i-1)})]\\&=p_k^{(i-1)}\ln p(\boldsymbol{z}\mid\boldsymbol{\theta}^{(i-1)})\mid_{c_k=1}+(1-p_k^{(i-1)})\ln p(\boldsymbol{z}\mid\boldsymbol{\theta}^{(i-1)})\mid_{c_k=-1}\\&=\sum_{k=1}^{N}\left\{C-\frac{1}{2}\ln(\sigma^2)^{(i)}-\frac{r_k^2-4p_k^{(i-1)}r_kA^{(i)}+2r_kA^{(i)}+(A^{(i)})^2}{(\sigma^2)^{(i)}}\right\}\end{aligned}$$

其中，C 为常量，且

$$\begin{aligned}p_k^{(i-1)}&=p(c_k=1\mid r_k;\theta^{(i-1)})\\&=\frac{p(r_k\mid c_k=1;\theta^{(i-1)})p(c_k=1;\theta^{(i-1)})}{p(r_k;\theta^{(i-1)})}\\&=\exp\left(\frac{(r_k-A^{(i-1)})^2}{(\sigma^2)^{(i)}}\right)\Big/\left(\exp\left(\frac{(r_k-A^{(i-1)})^2}{(\sigma^2)^{(i)}}\right)+\exp\left(\frac{(r_k+A^{(i-1)})^2}{(\sigma^2)^{(i)}}\right)\right)\end{aligned}$$

定义第 k 个符号的数学期望 $q_k^{(i-1)}$ 为

$$q_k^{(i-1)}=E[c_k\mid r_k;\theta^{(i-1)}]=2p_k^{(i-1)}-1=\tanh\left(\frac{r_kA^{(i-1)}}{(\sigma^2)^{(i-1)}}\right)$$

另外，定义 $\boldsymbol{q}^{(i)}=[q_1^{(i-1)},q_2^{(i-1)},\cdots,q_N^{(i-1)}]^{\mathrm{T}}$，E 步的期望函数可写成

$$Q(\boldsymbol{\theta},\boldsymbol{\theta}^{(i-1)})=NC-\frac{N}{2}\ln(\sigma^2)^{(i)}-\frac{\boldsymbol{r}^{\mathrm{T}}\boldsymbol{r}-2(q^{(i)})^{\mathrm{T}}\boldsymbol{r}A^{(i)}+N(A^{(i)})^2}{(\sigma^2)^{(i)}}$$

对 $A^{(i)}$ 和 $(\sigma^2)^{(i)}$ 求偏导并令导数为 0 可得到第 i 次迭代估计值，则

$$\hat{A}^{(i)}=\sqrt{\frac{1}{N}\boldsymbol{r}^{\mathrm{T}}\tilde{\boldsymbol{p}}_i\boldsymbol{r}}$$

$$\hat{\sigma}^{2(i)}=\frac{1}{N}\boldsymbol{r}^{\mathrm{T}}\tilde{\boldsymbol{p}}_i^{\perp}\boldsymbol{r}$$

其中，$\tilde{\boldsymbol{p}}_i=\frac{q_iq_i^{\mathrm{T}}}{N}$，$\tilde{\boldsymbol{p}}_i^{\perp}=\boldsymbol{I}-\tilde{\boldsymbol{p}}_i$。

当达到最大迭代次数时，信噪比 SNR 的估计值为

$$\hat{\rho}=\frac{\boldsymbol{r}^{\mathrm{T}}\tilde{\boldsymbol{p}}_i\boldsymbol{r}}{\boldsymbol{r}^{\mathrm{T}}\tilde{\boldsymbol{p}}_i^{\perp}\boldsymbol{r}}\tag{6-12}$$

初始参数可以为设为 $A^{(0)}=\infty$，$(\sigma^2)^{(0)}=1$。比较基于 EM 的非数据辅助 SNR 估计与面向判决的最大似然的 SNR 估计式(6-7)可以看出，MLD(Maximum Likelihood Detertion)中利用接收符号的硬判决，而 EM 思想利用的是软判决信息，以符号 $\tanh(r_kA^{(i)}/(\sigma^2)^{(i)})$的期望值形式表示，即从接收端解调器得到的符号软信息被用于 SNR 估计，这一点在信噪比低的时候能提升估计性能。由此可将基于 EM 的非数据辅助下的 SNR 的迭代估计算法中得到的信号幅度和噪声的方差改写为

$$\hat{A}^{(i)}=\frac{1}{N}\sum_{k=1}^{N}r_k\tanh\left(\frac{Ar_k}{\sigma^2}\right)\tag{6-13}$$

其中，$\tanh(x)=(\mathrm{e}^x-\mathrm{e}^{-x})/(\mathrm{e}^x+\mathrm{e}^{-x})$。噪声功率等于接收信号总功率减去信号功率，令

$\varepsilon=\frac{1}{N}\sum_{k=1}^{N}|r_k|^2$,则有

$$(\hat{\sigma}^2)^{(i)}=\frac{1}{N}\sum_{k=1}^{N}|r_k|^2-(\hat{A}^{(i)})^2$$

1. 基于 EM 的二分迭代信噪比估计

二分法在数学、计算机、经济和哲学上都有广泛的应用,其数学模型是求函数或者方程根的问题,即求函数的零点问题,这一点与求参数的最大似然估计值的原理类似。最大似然估计是使似然函数最大的过程,可归结为对似然函数求导,然后求零点的过程。因此可以借助二分法逼近最大似然的估计值。

基于 EM 的二分迭代的信噪比估计步骤如下:

(1) 选择观察区间内最大幅度和最小幅度,作为初始值分别赋给 $A_{\min}$ 和 $A_{\max}$,同时设定迭代次数 L。

(2) 取 $A^{(i)}=(A_{\min}+A_{\max})/2$。

(3) 代入式(6-13),得到 $A^{(i+1)}$,如果 $A^{(i+1)}>A^{(i)}$,取 $A_{\min}=A^{(i)}$;否则取 $A_{\max}=A^{(i)}$,返回第(2)步,直到迭代次数完成。

(4) 最后由估计结果 $A^{(L)}$ 计算信噪比估计值 $\frac{(A^{(L)})^2}{\varepsilon-(A^{(L)})^2}$。

2. 基于 EM 的梯度迭代信噪比估计

在单个变量的实值函数中,某点的梯度是该处相对于变量的导数。根据式(6-13),新定义一个函数 $F(a)=a-(1/N)\sum_{k=1}^{N}r_k\tanh(a\cdot r_k/(\varepsilon-a^2))$。根据梯度的含义,若顺着梯度的方向,则可以较快地到达极大点;反之,若沿着负梯度的方向,则可以较快地达到极小点。

若函数 $\boldsymbol{J}(a)$ 如图 6-2 所示,则对求函数 $\boldsymbol{J}(a)$ 的极小值的问题,可以选择一个合适的初始点 a_0,从 a_0 出发沿着该点处的负梯度方向走,则能使函数 $\boldsymbol{J}(a)$ 下降最快。

$$A^{(0)}=-\nabla\boldsymbol{J}(a_0)$$

其中,$\nabla\boldsymbol{J}(a)$ 表示函数 $\boldsymbol{J}(a)$ 在点 a_0 的梯度,$A^{(0)}$ 代表点 a_0 的搜索方向,示意图如图 6-3 所示。

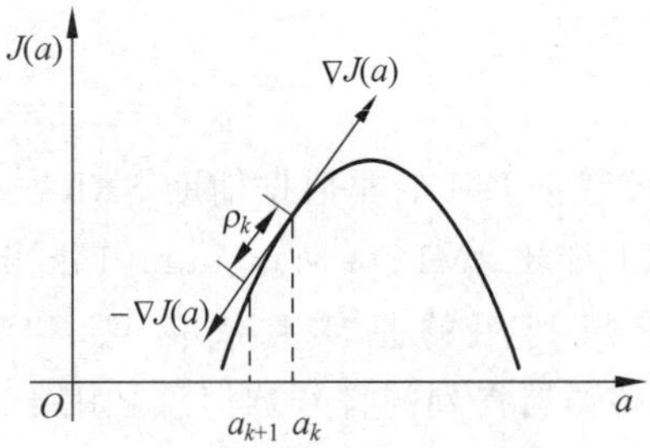

图 6-2 函数梯度示意图

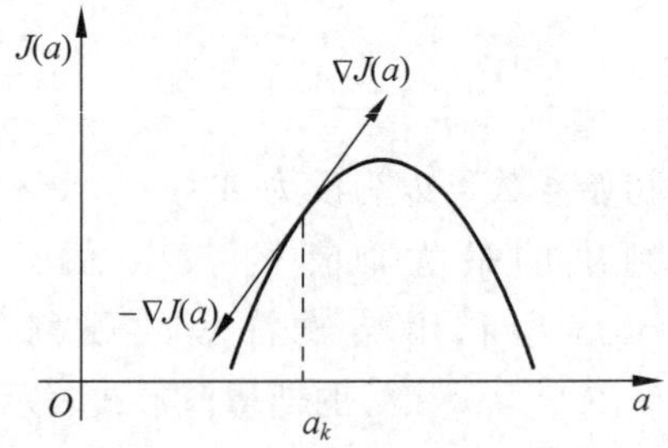

图 6-3 极值的搜索方向图

对于任意点 a_k,定义 a_k 点的负梯度方向搜索的单位矢量为

$$\hat{A}^{(k)}=-\frac{\nabla\boldsymbol{J}(a_0)}{\|-\nabla\boldsymbol{J}(a_0)\|}$$

则从 a_k 点出发，沿着负梯度方向 $\hat{A}^{(k)}$ 迭代，步长设为 ρ_k，得

$$a_{k+1}=a_k+\rho_k\hat{s}^{(k)}$$

经过有限的迭代，a_k 最后收敛于某个能使函数 $\boldsymbol{J}(a)$ 最小的解 a^*。对于迭代步长，不能太大，否则会导致发散，也不能太小：否则算法收敛较慢。

定义新函数

$$g(A)=\frac{1}{N}\sum_{k=1}^{N}r_k\tanh\left(\frac{Ar_k}{(\sigma^2)^{(i)}}\right)-A$$

对于第 i 次迭代时，函数写为

$$g(A^{(i)})=\frac{1}{N}\sum_{k=1}^{N}r_k\tanh\left(\frac{A^{(i)}r_k}{(\sigma^2)^{(i)}}\right)-A^{(i)}$$

其中，$(\sigma^2)^{(i)}=\varepsilon-(A^{(i)})^2$，则函数 $g(A)$ 在 $A^{(i)}$ 处的梯度为：

$$g'(A^{(i)})=\frac{(A^{(i)})^2(3\varepsilon-(A^{(i)})^2)}{(\varepsilon-(A^{(i)})^2)^2}-\frac{\varepsilon+(A^{(i)})^2}{(\varepsilon-(A^{(i)})^2)^2}\frac{1}{N}\sum_{k=1}^{N}r_k^2\tanh^2\left(\frac{A^{(i)}r_k}{(\sigma^2)^{(i)}}\right)$$

所以，对 SNR 基于梯度迭代的最大似然估计的算法可以归纳如下：

(1) 对信号幅度初始化 $A^{(0)}=\frac{1}{N}\sum_{k=1}^{N}|r_k|$，并预设最大迭代次数为 L。

(2) 将第 i 次的迭代结果代入式 $A^{(i+1)}=A^{(i)}-\frac{g(A^{(i)})}{g'(A^{(i)})}$，进行梯度迭代求解，直到达到预定迭代次数 L。

(3) 根据公式 $\frac{(A^{(L)})^2}{\varepsilon-(A^{(L)})^2}$ 求得最终的 SNR 的估计值。

3. 仿真分析

假设系统采用 BPSK 调制，数据符号长度为 N，分别对基于 EM 的普通迭代、二分法迭代和梯度迭代 3 种迭代方法进行对比。

1) 3 种迭代方法的性能比较

图 6-4 和图 6-5 分别是 EM-NDA(Expectation Maximum-Non Data Aided)的普通迭代、二分迭代和梯度迭代 3 种迭代方法的估计均值和 MSE 的比较，其中参与估计的数据长度 $N=500$。从图 6-4 和图 6-5 可以看出 3 种迭代的估计方法在 SNR≥－2dB 时，估计的均值和 MSE 效果相差不大，但是在更低信噪比时，梯度迭代明显优于 EM 的普通迭代方法，这一点从均值和 MSE 的曲线对比图中均可以看出，二分迭代法仅仅在 SNR≥－5dB 时性能优于 EM 的普通迭代方法，因此，梯度迭代的估计方法在 3 种迭代方法中性能最好。

在图 6-4 中，3 种不同迭代方法下的 SNR 估计曲线，普通迭代与其他两种方法的估计均值分别位于真实值的上下方。其中 SNR 估计时的初值统一设定为 $A^{(0)}=1$，$(\sigma^2)^{(0)}=1$，在 SNR 较低的时候，初始估计值小于真值，对于普通迭代方法，涉及变化的只有 $\tanh\left(\frac{Ar_k}{\sigma^2}\right)$，且在 r_k 一定的时候在第一象限内为 $\frac{A}{\sigma^2}$ 的单调增函数，随着达到一定的预设合理的迭代次数时，在 SNR≥－5dB 时，由于 SNR 较低，$\tanh\left(\frac{Ar_k}{\sigma^2}\right)$ 在迭代的过程中无法逾越真值，进而落

在真值的上方。在以上的算法介绍中,可以看出,有控制迭代更新方向的因子,且二分迭代和梯度迭代在较低 SNR 情况下,若 SNR 给的初值大于其实际值时,仍有可能将估计值向小于真值的方向更新。3 种迭代方法不在 SNR 真值的同一侧,是由 SNR 较低这个实际背景影响其这一不确定情况的。

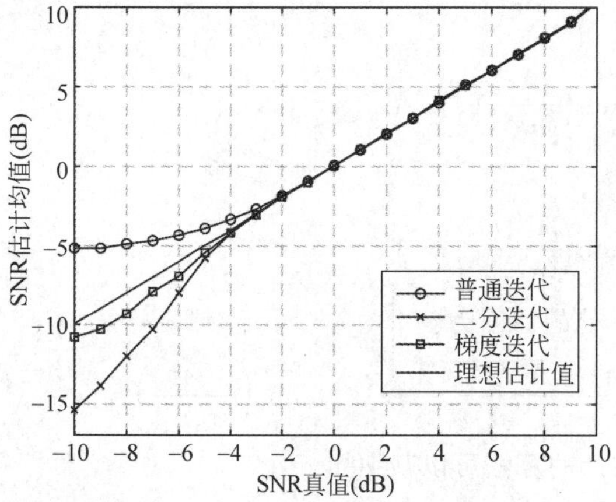

图 6-4 EM-NDA 在不同迭代方式下的信噪比估计均值

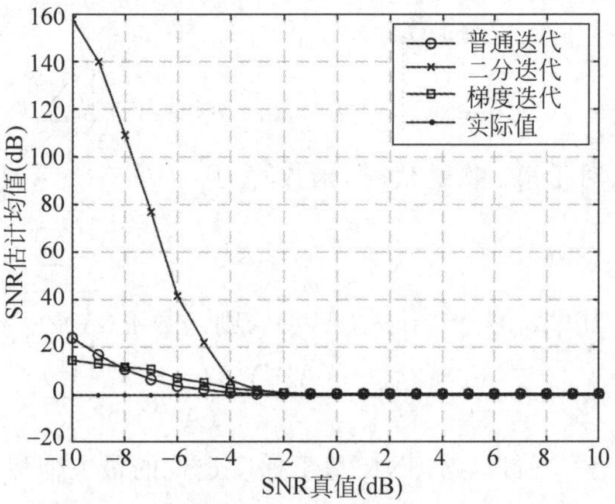

图 6-5 EM-NDA 在不同迭代方式下的信噪比估计的 MSE

图 6-6 给出了普通迭代、二分迭代和梯度迭代 3 种迭代方法的收敛速度对比,其中 SNR=－3dB,数据长度 $N=500$。从图 6-5 中可以看出,二分迭代和梯度迭代的 SNR 估计在迭代次数为 5 左右的时候均能收敛到－3dB 左右,但是普通迭代的 SNR 估计方法在迭代次数为 10 时才逐渐收敛,因此,这两种迭代方法的收敛速度明显快于普通迭代的 SNR 估计方法。

2) 数据长度对估计性能的影响

图 6-7 给出了不同数据长度对普通迭代的 EM-NDA 的 SNR 估计均值的影响,其中迭代次数为 10 次,可以看出,长度的增大对 SNR 估计性能的提升几乎不大。

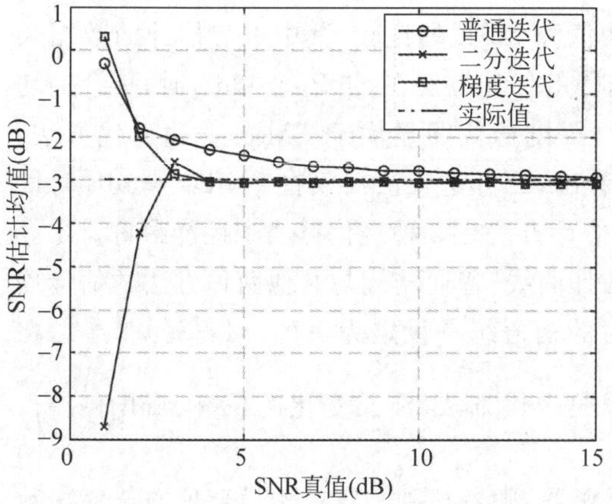

图 6-6 EM-NDA 在不同迭代方式下的收敛速度曲线

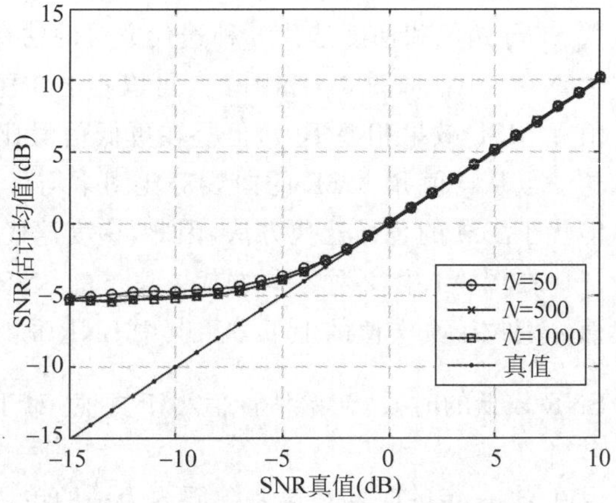

图 6-7 不同数据长度对 EM-NDA 的估计均值的影响

3）迭代次数对估计性能的影响

由于基于 EM-NDA 的二分迭代和梯度迭代的 SNR 估计算法，在一定的 SNR 范围内都能比较快速的收敛到实际的 SNR 值，因此，这里仅仅考虑普通迭代下的 EM-NDA 随着迭代次数的增大的估计性能的变化趋势，如图 6-8 所示，其中数据长度为 100。可以看出，在迭代次数从 5 次上升到 20 次的过程中，估计性能逐渐变好，且最后慢慢达到饱和，因此在仅能利用普通迭代下的 EM 估计 SNR 时，可以以复杂度换取性能的提升。

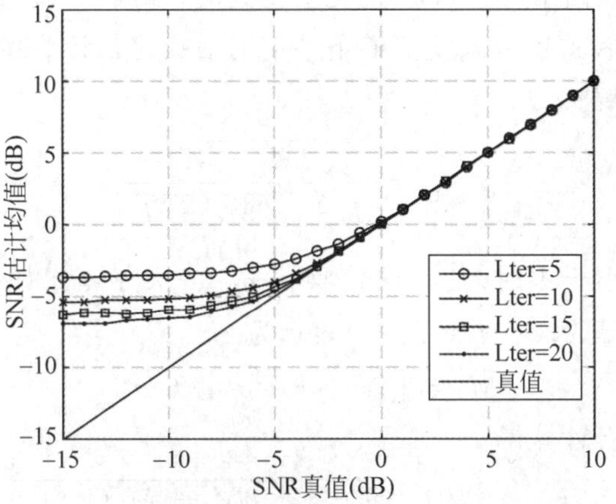

图 6-8　不同迭代次数下 EM-NDA 的估计均值

6.3.4　基于矩的信噪比估计

1. M_2M_4 算法

基于矩的信噪比估计算法得到广泛的应用，常见的是二阶四阶矩 M_2M_4 算法，在 1967 年由 Benedict 和 Soong[22] 提出，后来 Matzner[23] 给出了详细的推导过程。M_2M_4 算法是一种信道矩估计算法，该算法信噪比的估计是利用信号的高阶矩统计量进行的，主要是利用接收信号和高斯白噪声的二阶矩和四阶矩之间的联系进行信噪比估计，具体算法如下所示。

M_2 代表接收信号 r_k 的二阶矩，则有

$$\begin{aligned} M_2 &= E\{r_k r_k^*\} \\ &= A^2E\{|c_k|^2\} + A\sigma E\{c_k n_k^*\} + A\sigma E\{c_k^* n_k\} + \sigma^2 E\{|n_k|^2\} \end{aligned} \tag{6-14}$$

M_4 代表接收信号 r_k 的四阶矩，则有

$$\begin{aligned} M_4 &= E\{(r_k r_k^*)^2\} \\ &= A^4E\{|c_k|^4\} + 2A^3\sigma(E\{|c_k|^2 c_k n_k^*\} + E\{|c_k|^2 c_k^* n_k\}) + \\ &\quad A^2\sigma^2(E\{(c_k n_k^*)^2\} + 4E\{|c_k|^2|n_k|^2\} + E\{(c_k^* n_k)^2\}) + \\ &\quad 2A\sigma^3(E\{|n_k|^2 c_k n_k^*\} + E\{|n_k|^2 c_k^* n_k\}) + \sigma^4 E\{|n_k|^4\} \end{aligned} \tag{6-15}$$

其中，信号均值为零，噪声均值为零，噪声的同相分量和正交分量正交独立，信号与噪声互相独立。根据以上信息化简式(6-14)和式(6-15)可得

$$M_2 = A^2 + \sigma^2 \tag{6-16}$$

$$M_4 = k_a A^4 + 4A^2\sigma^2 + k_w \sigma^4 \tag{6-17}$$

其中，$k_a = E\{|c_k|^4\}/E\{|c_k|^2\}^2$，$k_a$ 表示接收信号的峰值，$k_w = E\{|n_k|^4\}/E\{|n_k|^2\}^2$，$k_w$

表示接收机信号噪声的峰值。根据式(6-16)和式(6-17)求解发射机发射信号 S 和信道噪声 N,表示如下:

$$\hat{A}^2=\frac{M_2(k_w-2)\pm\sqrt{(4-k_a k_w)M_2^2+M_4(k_a+k_w-4)}}{k_a+k_w-4}$$

$$\hat{\sigma}^2=M_2-\hat{A}^2$$

M_2M_4 算法中信噪比是由 $\hat{A}^2$ 和 $\hat{\sigma}^2$ 的比值得到的,参数 k_a 和 k_w 在不同调制方式中取值是不相同的,以 MPSK 调制方式复信道条件下的信噪比估计为例,k_a 取值为 1,k_w 取值为 2,代入上式,求得信噪比为

$$\hat{\rho}_{M_2M_4}=\frac{\sqrt{2M_2^2-M_4}}{M_2-\sqrt{2M_2^2-M_4}}$$

其中,当接收信号 $\hat{A}^2$ 小于零时,估计的信噪比 $\hat{\rho}_{M_2M_4}$ 大于零。如果 r_k 选择实数,$M_2=E\{r_k^2\}$与式(6-16)是相等的,则 $M_4=E\{r_k^4\}$表示为

$$M_4=k_aA^4+6A^2\sigma^2+k_w\sigma^4 \tag{6-18}$$

式(6-16)和式(6-18)联合计算得

$$\hat{A}^2=\frac{M_2(k_w-3)\pm\sqrt{(9-k_a k_w)M_2^2+M_4(k_a+k_w-6)}}{k_a+k_w-6}$$

BPSK 调制信号在 $k_a=1,k_w=3$ 时,其估计信噪比为

$$\hat{\rho}_{M_2M_4}=\frac{\frac{1}{2}\sqrt{6M_2^2-2M_4}}{M_2-\frac{1}{2}\sqrt{6M_2^2-M_4}}$$

在具体工程中,一般 M_2M_4 算法采用下面简化形式[24]:

$$\hat{M}_2=\frac{1}{N}\sum_{k=1}^{N}|r_k|^2$$

$$\hat{M}_4=\frac{1}{N}\sum_{k=1}^{N}|r_k|^4$$

该算法的优点是不需要载波相位恢复,也不需要接收端的判决或者发射符号的信息,不依赖于导频符号,因此也是一种非数据辅助信噪比估计算法。上述几种信噪比估计方法,RxDA,TxDA 和 M_2M_4 算法都可以应用于 PSK 和 QAM 信号,但是不能直接应用于 M-APSK 信号。最近,López-Valcarce 和 Álvarez-Díaz 等学者提出了基于高阶矩的信噪比估计算法,可以应用于高阶信号调制,例如 16APSK 信号等[25]。下面简单介绍 López-Valcarce 提出的适用于 16APSK 的基于六阶矩信噪比估计算法。

2. M_6 算法

接收信号的 p 阶矩 $M_p=E\{|r_k|^p\}$可以通过 $\hat{M}_p\approx\frac{1}{N}\sum_{k=1}^{N}|r_k|^p$ 估计得到。因此可以用高阶矩来对信号功率和噪声功率进行估计。由于 $E\{|w_k|^{2m}\}=m!\sigma^{2m}$,所以接收信号的偶次矩可用 A、σ^2 和 c_{2m} 表示为

$$M_{2n}=\sum_{m=0}^{n}\frac{(n!)^2}{(n-m)!(m!)^2}c_{2m}A^{2m}\sigma^{2(n-m)},\quad 0\leqslant m\leqslant n \tag{6-19}$$

其中，c_p 为发送信号的 p 阶矩 $c_p=E\{|r_k|^p\}$。借助式(6-19)，可以得

$$M_2=A^2+\sigma^2 \tag{6-20}$$

$$M_4=c_4A^4+4A^2\sigma^2+2\sigma^4 \tag{6-21}$$

$$M_6=c_6A^6+9c_4A^4\sigma^2+18A^2\sigma^4+6\sigma^6 \tag{6-22}$$

$$M_2^3=A^6+3A^4\sigma^2+3A^2\sigma^4+\sigma^6 \tag{6-23}$$

$$M_2M_4=c_4A^6+(4+c_4)A^4\sigma^2+6A^2\sigma^4+2\sigma^6 \tag{6-24}$$

通过式(6-20)～式(6-24)的线性组合，消去 $A^2\sigma^4$ 和 σ^6 项，得到下列关系式

$$\begin{aligned}D&=M_6-2(3-b)M_2^3-bM_2M_4\\&=[(c_6-6)-b(c_4-2)]A^6+(9-b)(c_4-2)A^4\sigma^2\end{aligned}$$

其中，b 为参数。将 $\sigma^2=M_2-A^2$ 代入上式，两边同除以 M_2^3 得

$$\frac{D}{M_2^3}=(c_6-9c_4+12)z^3+(9-b)(c_4-2)z^2 \tag{6-25}$$

其中，$z=\frac{\rho}{1+\rho}$，ρ 为待估计的信噪比。

由于 $\hat{D}\approx\hat{M}_6-2(3-b)\hat{M}_2^3-b\hat{M}_2\hat{M}_4$，式(6-25)可化为下列方程：

$$(c_6-9c_4+12)\hat{z}^3+(9-b)(c_4-2)\hat{z}^2-\frac{\hat{D}}{\hat{M}_2^3}=0 \tag{6-26}$$

因此，z 的估计 $\hat{z}$ 是等式(6-26)在(0,1)之间的根。对于给定的 APSK 星座和 b 值，可以通过查表的形式，将 $\hat{z}$ 与 $\hat{D}/\hat{M}_2^3$ 进行对应查表。也可以通过迭代的方法求得估计值 $\hat{z}$ 为[25]

$$\hat{z}^{(n+1)}=\sqrt{\frac{\hat{D}/\hat{M}_2^3}{(c_6-9c_4+12)\hat{z}^{(n)}+(9-b)(c_4-2)}}$$

但是，此信噪比估计算法在较高信噪比时会严重偏离克拉美罗下界，且仅适于 16APSK 信号，并不适用于所有的 M-APSK 调制信号。

3. SSME

分离符号矩信噪比估计算法(Split-Symbol Moments Estimator，SSME)简称 SSME 信噪比估计算法。该算法是求接收机接收到的数据信号的矩统计量，利用该矩统计量估计信噪比大小，SSME 算法属于非数据辅助的信噪比估计算法[26]。SSME 信噪比估计算法具体步骤如下：

(1) 将接收机接收到的数据信息分为两部分；

(2) 获取信噪比统计矩估计量，即对前半部分和后半部分信息采样后求和与差；

(3) 利用观测符号矩估计样本估计信噪比。

分离符号矩估计算法适合应用范围为卫星通信中 MPSK 和 MQAM 调制方式，该算法的优点有：采样信息量少、计算复杂度低、低信噪比条件性能优越。分离符号矩信噪比估计算法在开始提出时，应用范围仅仅局限于 BPSK 调制方式，后来将分离符号矩估计算法的结构应用到复信号域时，分离符号矩信噪比估计算法能很好地应用到 MPSK 调制方式中，其

估计性能与 M 值的大小无关。随着对 SSME 估计算法研究的持续进行，发现 SSME 估计算法的复符号形式也能很好地应用到可以提供二维信号调制方式的信噪比估计中，如 MQAM、MAPSK 等调制方式中。

在复加性高斯白噪声（AWGN）中与时间间隔 $(k-1)T \leqslant t \leqslant kT$ 内传输的第 k 个 MPSK 信号表示为 $c_k = e^{j\varphi_k}$，其相对应的复基带接收样本表示如下：

$$r_{lk} = \left(\frac{A}{N_s}\right) c_k e^{j(wlT_s+\varphi)} + n_{lk}, \quad l=0,1,\cdots,N_s-1; k=1,2,\cdots,N$$

其中，φ_k 表示调制信号映射相位，φ 表示载波信号传输过程中产生的相位，w 表示载波信号传输过程中产生的频率偏移，N_s 表示接收机接收信号的采样点数，采样点数设为偶数，T_s 表示对接收机接收信号的采样周期，则 $T=T_sN_s$ 表示每个接收信号的持续时间，N 表示观测接收机接收信号的符号数量，n_{lk} 表示对零均值加性复高斯白噪声过程进行采样后得到的序列，其中方差为 σ^2/N_s，A 为基带信号的幅度。则真实的符号信噪比根据信噪比定义表示为

$$\rho = \frac{P_S}{P_N} = \frac{A^2}{\sigma^2}$$

SSME 信噪比估计算法首先需要对接收样本的第 k 个符号间隔的前半部分和后半部分进行累加，得到如下结果：

$$\begin{cases} R_{\alpha k} = \sum\limits_{l=0}^{N_s/2-1} r_{lk} e^{-j\theta_{lk}} = \sum\limits_{l=0}^{N_s/2-1} \left(\frac{A}{N_s} c_k e^{j[(l/N_s)\delta+\varphi]} + n_{lk}\right) e^{-j\theta_{lk}} \\ R_{\beta k} = \sum\limits_{l=N_s/2}^{N_s-1} r_{lk} e^{-j\theta_{lk}} = \sum\limits_{l=N_s/2}^{N_s-1} \left(\frac{A}{N_s} c_k e^{j[(l/N_s)\delta+\varphi]} + n_{lk}\right) e^{-j\theta_{lk}} \end{cases} \tag{6-27}$$

其中，基带信号存在相位偏差与频率偏差，式(6-27)中 $e^{-j\theta_{lk}}$ 表示对相位偏差进行的相位补偿，$\delta = wT$ 表示对频带偏差的校正量。式(6-28)表示对式(6-27)累加后的结果进行加减运算。

$$u_k^{\pm} = R_{\alpha k} \pm R_{\beta k} = s_k^{\pm} + n_k^{\pm}, \quad k=1,2,\cdots,N \tag{6-28}$$

其中，$s_k^{\pm}$ 表示对接收信号的前半部分符号与后半部分符号进行加减后的信号分量，$n_k^{\pm}$ 表示对接收信号的前半部分符号与后半部分符号进行加减后的噪声分量，具体的表达式如下所示：

$$\begin{cases} s_k^{\pm} = \frac{A}{N_s} e^{j(\varphi+\varphi_k)} \left[\sum\limits_{l=0}^{N_s/2-1} e^{j[(l/N_s)\sigma-\theta_{lk}]} \pm \sum\limits_{l=N_s/2}^{N_s-1} e^{j[(l/N_s)\sigma-\theta_{lk}]}\right] \\ n_k^{\pm} = \sum\limits_{l=N_s/2}^{N_s-1} r_{lk} e^{-j\theta_{lk}} = \sum\limits_{l=0}^{N_s/2-1} n_{lk} e^{-j\theta_{lk}} \pm \sum\limits_{l=N_s/2}^{N_s-1} n_{lk} e^{-j\theta_{lk}} \end{cases}$$

将接收信号的前半部分符号与后半部分符号进行加减后的和与差的范数进行平方累加，对观测的接收符号求平均值，从而分别获得信号加噪声功率的统计量 U^+，噪声功率的统计量 U^-。其计算公式表示如下：

$$U^{\pm} = \frac{1}{N} \sum_{k=1}^{N} |u_k^{\pm}|^2$$

其中，统计量 U^+ 与 U^- 相互独立，其和与差的归一化范数平方表示如下：

$$h^{\pm}=\frac{|s_k^{\pm}|^2}{A^2}$$

统计量 $U^{\pm}$ 的均值和方差表示如下：

$$E(U^{\pm})=2\delta^2+|s_k^{\pm}|^2=2\delta^2(1+h^{\pm}\rho) \tag{6-29}$$

$$\mathrm{var}(U^{\pm})=\frac{4}{N}\delta^2(|s_k^{\pm}|^2+\delta^2)=\frac{4}{N}\delta^2(1+h^{\pm}\rho) \tag{6-30}$$

联合式(6-29)和式(6-30)得出真实符号信噪比表示如下：

$$\rho=\frac{E(U^+)-E(U^-)}{h^+E(U^-)-h^-E(U^+)} \tag{6-31}$$

用接收样本的观测量 $U^{\pm}$ 代替式(6-31)中的期望 $E(U^{\pm})$，并用归一化范数估计值 $\hat{h}$ 代替其真实值得到估计信噪比 $\hat{\rho}$，表示如下

$$\rho=\frac{U^+-U^-}{\hat{h}^+U^--\hat{h}^-U^+}$$

在 SSME 信噪比估计系统中，如果不存在频率和相位不确定的情况，此时 $h^+=\hat{h}^+=1$，$h^-=\hat{h}^-=0$，分离符号矩信噪比估计算法的信噪比估计结果，表示如下：

$$\rho=\frac{U^+-U^-}{U^-}$$

4. SVR

信号方差比(Signal-to-Variation Ratio，SVR)信噪比估计算法简称 SVR 信噪比估计算法，Brandao 等人证明了信号方差比估计算法的应用范围，只适应于各阶 PSK 调制方式，但是无法应用于其他调制方式。

SVR 估计算法的原理如下所示：

$$\beta=\frac{E\{r_kr_k^*r_{k-1}r_{k-1}^*\}}{E\{(r_kr_k^*)^2-E\{r_kr_k^*r_{k-1}r_{k-1}^*\}\}} \tag{6-32}$$

其中，β 是 SVR 估计信噪比中的参数 $E\{(r_kr_k^*)^2\}$，为 M_2M_4 算法中的 M_4，因为信号和噪声是相互独立的，所以 $E\{r_kr_k^*r_{k-1}r_{k-1}^*\}$ 可以化简为：

$$E\{r_kr_k^*r_{k-1}r_{k-1}^*\}=A^2+2AN+N^2 \tag{6-33}$$

用 ρ 代表信噪比 SNR，将式(6-18)和式(6-33)代入式(6-32)，联立得出信噪比 ρ 与参数 β 的关系式：

$$\beta=\frac{\rho^2+2\rho+1}{(k_a-1)\rho^2+2\rho+(k_w-1)} \tag{6-34}$$

根据式(6-34)求得信噪比 ρ，表示如下：

$$\hat{\rho}_{\mathrm{SVR,complex}}=\frac{(\beta-1)\pm\sqrt{(\beta-1)^2-(k_a-1)[1-\beta(k_w-1)]}}{1-\beta(k_a-1)} \tag{6-35}$$

如前所述，对于复信道中的 MPSK 调制信号，$k_a=1$，$k_w=2$，代入式(6-35)得出信噪比 ρ 表示如下：

$$\hat{\rho}_{\mathrm{SVR,complex}}=\beta-1+\sqrt{\beta(\beta-1)}$$

在实际工程应用中，SVR 信噪比估计算法中的参数 β 可以由式计算。

$$\beta=\frac{\dfrac{1}{N_{\text{sym}}-1}\sum_{k=1}^{N_{\text{sym}}-1}|r_k|^2|r_{k-1}|^2}{\dfrac{1}{N_{\text{sym}}-1}\sum_{k=1}^{N_{\text{sym}}-1}|r_k|^4-\dfrac{1}{N_{\text{sym}}-1}\sum_{k=1}^{N_{\text{sym}}-1}|r_k|^2|r_{k-1}|^2} \tag{6-36}$$

6.3.5 信噪比估计算法分析

1. 评价指标

评估信噪比估计算法优劣的标准是无偏性和稳定性,性能优越的信噪比估计算法一般偏差为零或者无限接近于零,同时信噪比估计算法的方差应该尽可能地小。通常用作判断某一信噪比估计算法性能优劣的标准度量值为统计变量均方误差(Mean Square Error, MSE),MSE 能同时反映出信噪比估计值的偏差和方差。根据定义,统计变量均方误差 MSE 表示为

$$\text{MSE}\{\hat{\rho}\}=E\{(\hat{\rho}-\rho)^2\}$$

其中,$\hat{\rho}$ 表示信噪比估计算法估计出的信噪比值,ρ 表示真实通信信道下的信噪比值。多次仿真实验求 MSE 的平均值的计算公式如下:

$$\text{MSE}\{\hat{\rho}\}=\frac{1}{N}\sum_{i=1}^{N}(\hat{\rho}-\rho)^2$$

其中,N 代表每信噪比条件下的实验次数。

归一化均方误差 NMSE 是对均方误差进行的归一化处理,归一化均方误差参数是为了以同一度量衡量不同信噪比,NMSE 的计算公式表示如下:

$$\text{NMSE}\{\hat{\rho}\}=\frac{1}{N}\sum_{i=1}^{N}\left(\frac{\hat{\rho}-\rho}{\rho}\right)^2$$

进行参数估计时往往参数估计结果与真实值的方差并不是可以无限变小的,而是存在一个下限,数学界称这个下限值为克拉美罗下界,其被应用于评估参数估计算法估计效果的优劣性[26]。在通信系统中应用克拉美罗下界评估信噪比估计算法估计效果的优劣,其克拉美罗下界计算公式如下:

$$\text{var}(\hat{\rho})_{\text{CRB}}=2\rho/N+\rho^2/(N_s N) \tag{6-37}$$

其中,N 表示接收信号每观测符号的长度,N_s 表示接收信号每个观测符号的采样点数。由式(6-37)得到的信噪比估计的归一化克拉美罗下界为:

$$\text{NMSE}(\hat{\rho})_{\text{CRB}}=\frac{\text{var}(\hat{\rho})_{\text{CRB}}}{\hat{\rho}^2}=\frac{2}{N\times\rho}+\frac{1}{N_s N} \tag{6-38}$$

式(6-38)只包含了 3 个变量,即观测符号长度 N、每符号采样数 N_s、真实信噪比 SNR,当 N_s 一定时,NMSE 只与 N 相关,当 N 越大时,信噪比估计的性能上限越大,信噪比估计效果越好。

2. 仿真分析

本节将对最大似然估计算法、M_2M_4 矩估计算法、分离符号矩估计算法、信号方差比估计算法进行仿真,并对 4 种估计算法仿真结果进行比较。仿真采用 BPSK 调制方式,仿真的采样率设为 $N_s=8$,估计的符号数量长度 N 分别取 100、500、1000,仿真信噪比范围[0dB, 20dB],间隔为 1dB,每信噪比仿真次数为 200,并计算出 NMSE。如图 6-9 所示,分别表示

了在估计观测符号长度 N 为 100、500、1000 条件下各信噪比估计算法的归一化均方误差曲线。

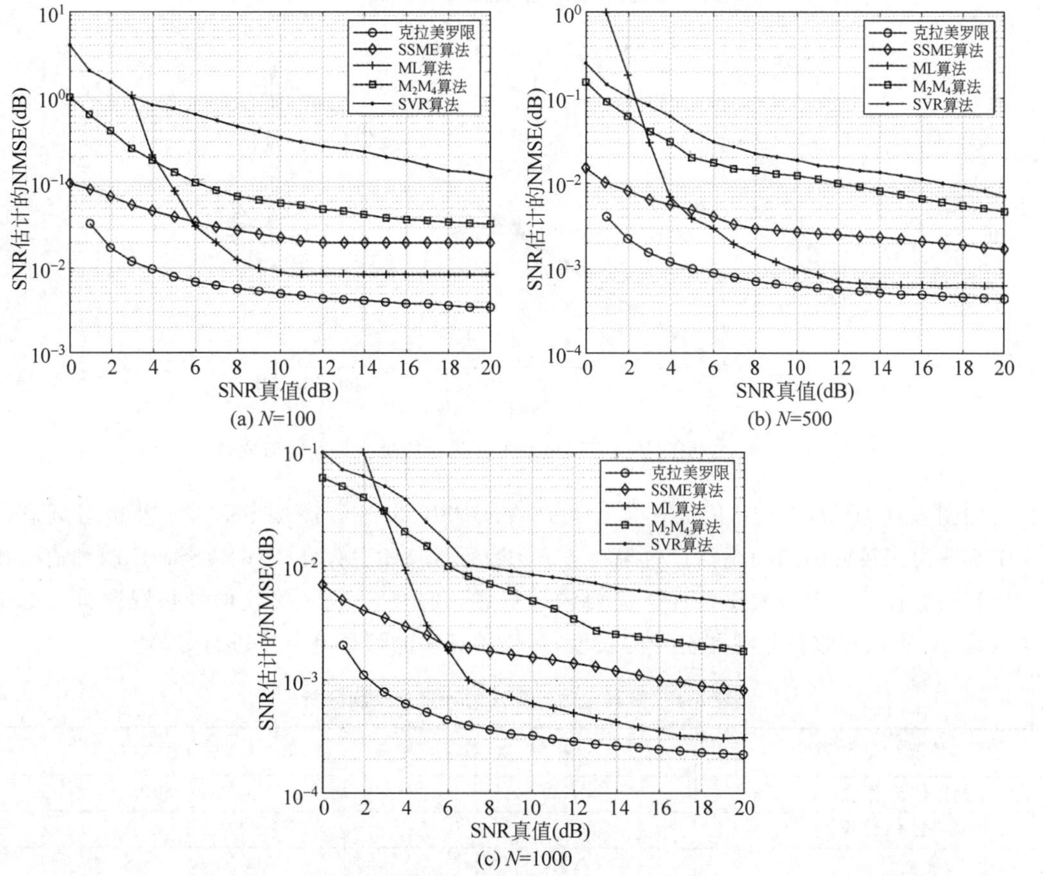

图 6-9 各信噪比估计算法 NMSE 比较

如图 6-9(a)～(c)所示，当观测符号长度 N 由 100，变到 500，最后到 1000，ML、M_2M_4、SSME、SVR 信噪比估计算法估计性能均变好，由此可得当每符号采样数 N_s 一定时，信噪比估计算法的性能上限只与观测符号长度 N 相关，当 N 越大时，信噪比估计的性能上限越大，信噪比估计效果越好。由图 6-9 可知，4 种信噪比估计算法估计性能存在差异，对 4 种信噪比估计算法按照估计性能排序为：ML 信噪比估计算法＞SSME 信噪比估计算法＞M_2M_4 信噪比估计算法＞SVR 信噪比估计算法。ML 信噪比估计算法需要在发射机发射信号预留一部分数据信息，辅助接收机对接收信号进行信噪比估计，该算法需要占用一部分频率资源，不适合 Ka 频段自适应编码调制系统的信噪比估计。非数据辅助类算法中，SSME 估计算法性能优于 SVR 和 M_2M_4 信噪比算法，因为 SSME 算法相比于其他非数据辅助类算法能充分利用采样后的接收信号，充分利用了其先验信息，因此在低信噪比情况下能达到较好的估计效果。

为了进一步验证 SSME 信噪比估计算法能否很好地应用于 Ka 频段低轨道卫星自适应编码调制通信系统中，本章在高阶调制方式中利用分离符号矩信噪比估计算法对信噪比进行估计，分析其估计性能。仿真使用的调制方式分别为 QPSK、8PSK、16APSK 和 32APSK，仿真时估计观测符号长度 $N=1024$，仿真信噪比范围为[0dB,20dB]，间隔为 1dB，每信噪比做仿真实验次数为 200，仿真结果如图 6-10 所示。

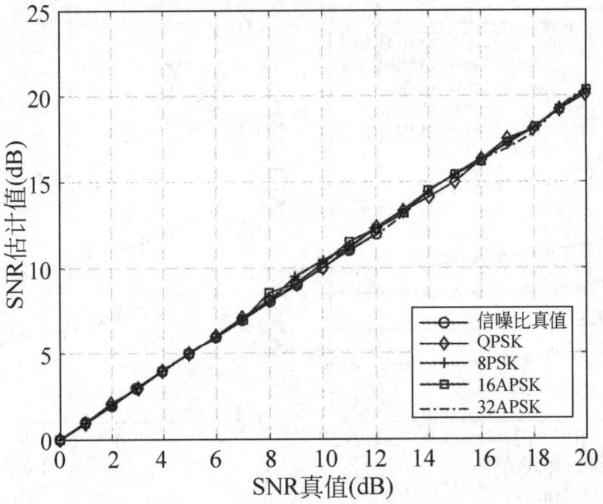

图 6-10 SSME 算法不同调制方式估计信噪比与真实值比较

如图 6-10 所示，SSME 信噪比估计算法在 QPSK、8PSK、16APSK、32APSK 等调制方式中都取得了较好的信噪比估计效果。表 6-1 数据为 ML、M_2M_4、SVR、SSME 四种信噪比估计算法在计算一次信噪比条件下需要的计算量，其中 N_s 表示接收信号每观测符号的采样点数，N 表示接收信号观测符号的长度，对四种算法的计算复杂度进行分析。

表 6-1 信噪比估计算法的计算复杂度分析

信噪比估计算法	乘法次数	加法次数
ML 估计算法	$4N_sN+1$	$4N_sN-2N-1$
M_2M_4 估计算法	$4N_sN+7$	$2N+1$
SVR 估计算法	$4N_sN-4N_s$	$6N_sN$
SSME 估计算法	$4N+3$	$N_sN+2N-1$

因为观测符号长度 N 远远大于每符号采样点数 N_s，所以由表 6-1 可以看出，SSME 信噪比估计算法的复杂度相比于 ML、M_2M_4、SVR 信噪比估计算法要低。

综上所述，SSME 信噪比估计算法计算复杂度低于其他信噪比估计算法，时间延迟小，时间特性优于其他三种算法，且可以应用于 QPSK、8PSK、16APSK 和 32APSK 等调制方式，并且在低信噪比条件下，SSME 信噪比估计算法的估计效果比其他三种信噪比估计算法性能优越，在实际卫星通信系统中，通信信道质量较差，信噪比偏低，所以 SSME 信噪比估计算法相比较于其他三种信噪比估计算法更适合应用于 Ka 频段低轨道卫星自适应编码调制系统中。

6.4 编码辅助信噪比估计

6.4.1 基于最大似然的编码辅助信噪比估计

系统模型如 6.3 节所述，设 $\boldsymbol{\theta}=[A\ \sigma^2]$ 表示待估计参数序列，重写条件概率密度函数为

$$p(\boldsymbol{r} \mid \boldsymbol{c},\boldsymbol{\theta}) = \prod_{k=1}^{N} \frac{1}{\sqrt{\pi\sigma^2}} \exp\left(-\frac{|r_k - Ac_k|^2}{\sigma^2}\right)$$

设编码后的 MPSK 符号序列的先验概率为 $p(\boldsymbol{c})$，可以表示为

$$p(\boldsymbol{c}) = \begin{cases} 1/|M|^{NR}, & \forall \boldsymbol{c} \in C \\ 0, & \forall \boldsymbol{c} \notin C \end{cases} \tag{6-39}$$

其中，C 表示合法码字集合，M 表示调制阶数，N 为接收符号序列长度，R 表示编码码率。对数似然函数可表示为

$$\ln p(\boldsymbol{r} \mid \boldsymbol{\theta}) = \ln\left[\sum_{c} p(\boldsymbol{c}) p(\boldsymbol{r} \mid \boldsymbol{c},\boldsymbol{\theta})\right] \tag{6-40}$$

式(6-40)对 A 求偏导可得

$$\frac{\partial \ln p(\boldsymbol{r} \mid \boldsymbol{\theta})}{\partial A} = \sum_{c} \frac{p(\boldsymbol{c}) p(\boldsymbol{r} \mid \boldsymbol{c},\boldsymbol{\theta})}{p(\boldsymbol{r} \mid \boldsymbol{\theta})} \frac{\partial \ln p(\boldsymbol{r} \mid \boldsymbol{c},\boldsymbol{\theta})}{\partial A} \tag{6-41}$$

由贝叶斯公式

$$\frac{p(\boldsymbol{c}) p(\boldsymbol{r} \mid \boldsymbol{c},\boldsymbol{\theta})}{p(\boldsymbol{r} \mid \boldsymbol{\theta})} = p(\boldsymbol{c} \mid \boldsymbol{r},\boldsymbol{\theta})$$

与式(6-41)联立有

$$\frac{\partial \ln p(\boldsymbol{r} \mid \boldsymbol{\theta})}{\partial A} = \sum_{c} p(\boldsymbol{c} \mid \boldsymbol{r},\boldsymbol{\theta}) \frac{\partial \ln p(\boldsymbol{r} \mid \boldsymbol{c},\boldsymbol{\theta})}{\partial A} \tag{6-42}$$

同理，对式(6-40)关于 σ^2 求偏导，可得

$$\frac{\partial \ln p(\boldsymbol{r} \mid \boldsymbol{\theta})}{\partial \sigma^2} = \sum_{c} p(\boldsymbol{c} \mid \boldsymbol{r},\boldsymbol{\theta}) \frac{\partial \ln p(\boldsymbol{r} \mid \boldsymbol{c},\boldsymbol{\theta})}{\partial \sigma^2} \tag{6-43}$$

式(6-42)和式(6-43)中的条件对数似然函数可以表示为

$$\ln p(\boldsymbol{r} \mid \boldsymbol{c},\boldsymbol{\theta}) = -\frac{N}{2}\ln(\pi\sigma^2) - \sum_{k=1}^{N} \frac{|r_k - Ac_k|^2}{\sigma^2}$$

关于 A 和 σ^2 偏导数可表示为

$$\frac{\partial \ln p(\boldsymbol{r} \mid \boldsymbol{c},\boldsymbol{\theta})}{\partial A} = \frac{1}{\sigma^2} \sum_{k=1}^{N} (\mathrm{Re}\{r_k c_k^*\} - A|c_k^*|^2) \tag{6-44}$$

$$\frac{\partial \ln p(\boldsymbol{r} \mid \boldsymbol{c},\boldsymbol{\theta})}{\partial \sigma^2} = \frac{1}{\sigma^4} \left[\sum_{k=1}^{N} \left(|r_k|^2 - 2A\mathrm{Re}\{r_k c_k^*\} + A^2|c_k^*|^2 - \frac{\sigma^2}{2}\right)\right] \tag{6-45}$$

将式(6-44)和式(6-45)分别代入式(6-42)和式(6-43)可得

$$\begin{aligned} \frac{\partial \ln p(\boldsymbol{r} \mid \boldsymbol{\theta})}{\partial A} &= \frac{1}{\sigma^2} \sum_{c} p(\boldsymbol{c} \mid \boldsymbol{r},\boldsymbol{\theta}) \sum_{k=1}^{N} (\mathrm{Re}\{r_k c_k^*\} - A|c_k^*|^2) \\ &= \frac{1}{\sigma^2} \sum_{k=1}^{N} \sum_{m=1}^{M} p(c_k = \alpha_{\mathrm{m}} \mid \boldsymbol{r},\boldsymbol{\theta}) (\mathrm{Re}\{r_k c_k^*\} - A|c_k^*|^2) \\ &= \frac{1}{\sigma^2} \sum_{k=1}^{N} (\mathrm{Re}\{r_k \eta_k^*\} - A\xi_k) \end{aligned} \tag{6-46}$$

$$\begin{aligned} \frac{\partial \ln p(\boldsymbol{r} \mid \boldsymbol{\theta})}{\partial \sigma^2} &= \frac{1}{\sigma^4} \sum_{c} p(\boldsymbol{c} \mid \boldsymbol{r},\boldsymbol{\theta}) \left[\sum_{k=1}^{N} \left(|r_k|^2 - 2A\mathrm{Re}\{r_k c_k^*\} + A^2|c_k^*|^2 - \frac{\sigma^2}{2}\right)\right] \\ &= \frac{1}{\sigma^4} \left[\sum_{k=1}^{N} \sum_{m=1}^{M} p(c_k = \alpha_{\mathrm{m}} \mid \boldsymbol{r},\boldsymbol{\theta}) \left(|r_k|^2 - 2A\mathrm{Re}\{r_k c_k^*\} + A^2|c_k^*|^2 - \frac{\sigma^2}{2}\right)\right] \end{aligned}$$

$$=\frac{1}{\sigma^4}\left[\sum_{k=1}^{N}\left(|r_k|^2-2A\mathrm{Re}\{r_k\eta_k^*\}+A^2\xi_k-\frac{\sigma^2}{2}\right)\right] \tag{6-47}$$

其中，η_k 和 ξ_k 分别表示第 k 个传输符号在给定$\boldsymbol{\theta}$ 情况下的条件后验均值和后验均方值，可以表示为

$$\eta_k \triangleq \sum_{m=1}^{M} c_k p(c_k=\alpha_{\mathrm{m}} \mid \boldsymbol{r},\boldsymbol{\theta})$$

$$\xi_k \triangleq \sum_{m=1}^{M} |c_k|^2 p(c_k=\alpha_{\mathrm{m}} \mid \boldsymbol{r},\boldsymbol{\theta})$$

令式(6-46)和式(6-47)等于 0，得到的最大似然编码辅助信噪比估计算法表示为

$$\hat{\rho}=\frac{N\left(\sum_{k=1}^{N}\mathrm{Re}\{r_k\eta_k^*\}\right)^2}{\left(\sum_{k=1}^{N}\xi_k\right)^2\left(\sum_{k=1}^{N}|r_k|^2\right)-\left(\sum_{k=1}^{N}\xi_k\right)\left(\sum_{k=1}^{N}\mathrm{Re}\{r_k\eta_k^*\}\right)^2} \tag{6-48}$$

与 6.3 节中的最大似然数据辅助信噪比估计算法(ML-DA)和最大似然非数据辅助信噪比估计算法(ML-NDA)中所获得信噪比估计类似，式(6-48)中的信噪比估计算也是有偏的。可以采用 Pauluzzi 在文献[5]中提出的方法，将其乘以因子$(N-3/2)/N$，以减小偏差。

由于式(6-48)的推导过程中没有采取任何近似，因而它是线性调制信号最大似然信噪比估计的准确表达式。此外，由于推导中没有对先验概率 $p(\boldsymbol{c})$ 作特殊约束，因此可认为式(6-48)是基于最大似然的信噪比估计算法的通用形式。

经上述推导过程可知，利用译码器输出软信息能够更容易、更直接获得符号的后验概率，式(6-48)即为最大似然编码辅助信噪比估计算法(ML-CA)。实际上，通过对符号序列 $\boldsymbol{c}$ 的不同设定，即式(6-2)中的导频序列、式(6-8)中相互独立的非编码符号序列，以及式(6-39)中的编码符号序列，式(6-48)可以转化为 ML-DA、ML-NDA 及 ML-CA 信噪比估计算法。

考虑一种特殊情况，对于 BPSK 调制信号，式(6-48)可以简化为

$$\hat{\rho}_{\mathrm{BPSK}}=\frac{\left(\sum_{k=1}^{N}r_k\eta_{k,\mathrm{BPSK}}\right)^2}{N\sum_{k=1}^{N}(y_k)^2-\left(\sum_{k=1}^{N}r_k\eta_{k,\mathrm{BPSK}}\right)^2}$$

其中，

$$\eta_{k,\mathrm{BPSK}}=2p(c_k=1 \mid \boldsymbol{r},\boldsymbol{\theta})-1$$

由式(6-48)可以看出，ML-CA 的信噪比估计是发送符号边缘后验概率的函数，而后者在“格码”中可由 BCJR 算法计算获得。对于 Turbo 和 LDPC 码，由于其因子图表示中存在环结构，因此通过 BCJR 算法仅能获得近似的边缘后验概率。因此在进行 ML-CA 信噪比估计之前，通过 ML-DA 或者 ML-NDA 进行初步的信噪比预估计。这样，式(6-48)就变成了迭代计算过程，其结果是 ML-CA 信噪比估计的近似值。对于高阶 PSK 调制方式的最大似然编码辅助信噪比估计可参见文献[24]。

本节将推导编码辅助信噪比估计的克拉美罗界，并以此作为编码辅助信噪比估计算法的性能参照。对信噪比 ρ 的无偏估计 $\hat{\rho}$，其克拉美罗界可以表示为

$$\mathrm{CRB}(\rho)=\left(\frac{\partial\rho}{\partial\boldsymbol{\theta}}\right)[I(\boldsymbol{\theta})]^{-1}\left(\frac{\partial\rho}{\partial\boldsymbol{\theta}}\right)^{\mathrm{T}}$$

其中，$I(\boldsymbol{\theta})$为 Fisher 信息矩阵(FIM)：

$$I(\boldsymbol{\theta})=\begin{bmatrix} E\left[\left(\frac{\partial \ln p(\boldsymbol{r}\mid\boldsymbol{\theta})}{\partial A}\right)^2\right] & E\left[\frac{\partial \ln p(\boldsymbol{r}\mid\boldsymbol{\theta})}{\partial A}\frac{\partial \ln p(\boldsymbol{r}\mid\boldsymbol{\theta})}{\partial \sigma^2}\right] \\ E\left[\frac{\partial \ln p(\boldsymbol{r}\mid\boldsymbol{\theta})}{\partial \sigma^2}\frac{\partial \ln p(\boldsymbol{r}\mid\boldsymbol{\theta})}{\partial A}\right] & E\left[\left(\frac{\partial \ln p(\boldsymbol{r}\mid\boldsymbol{\theta})}{\partial \sigma^2}\right)^2\right] \end{bmatrix} \tag{6-49}$$

并且有

$$\frac{\partial\rho}{\partial\boldsymbol{\theta}}=\left[\frac{2A}{\sigma^2}\quad -\frac{A^2}{\sigma^4}\right] \tag{6-50}$$

由于式(6-48)在低信噪比下是有偏估计，为了获得更加准确的性能限，下面考虑存在估计偏差下的克拉美罗界，但是不同的信噪比估计算法的估计偏差不同，因此推导出的克拉美罗界将依赖于特定的估计算法。

令$b(\rho)$表示信噪比估计算法的偏差$E(\hat{\rho}-\rho)$，则编码辅助的克拉美罗界表示为

$$\mathrm{CRB}_{\mathrm{CA}}(\rho)=\left(\frac{\partial\rho}{\partial\boldsymbol{\theta}}+\frac{\partial b}{\partial\boldsymbol{\theta}}\right)[I(\theta)]^{-1}\left(\frac{\partial\rho}{\partial\boldsymbol{\theta}}+\frac{\partial b}{\partial\boldsymbol{\theta}}\right)^{\mathrm{T}} \tag{6-51}$$

根据链式法则$\frac{\partial b}{\partial\boldsymbol{\theta}}=\frac{\partial b}{\partial\rho}\frac{\partial\rho}{\partial\boldsymbol{\theta}}$，式(6-51)可以进一步表示为

$$\mathrm{CRB}_{\mathrm{CA}}(\rho)=\left(1+\frac{\partial b}{\partial\rho}\right)\frac{\partial\rho}{\partial\boldsymbol{\theta}}[I(\boldsymbol{\theta})]^{-1}\left(\frac{\partial\rho}{\partial\boldsymbol{\theta}}\right)^{\mathrm{T}} \tag{6-52}$$

将偏导式(6-46)、式(6-47)和 Fisher 信息矩阵式(6-49)、式(6-50)代入式(6-52)，则可以得到 ML-CA 估计的有偏克拉美罗界。

6.4.2　基于 EM 的编码辅助信噪比估计

前节基于 EM 的非数据辅助 SNR 估计，简单地利用了对接收数据的硬判决或者软信息的形式对 SNR 进行迭代估计。文献[27]提出了一种适用于包含有迭代译码机制的编码系统的软信息，在低信噪比环境中，利用数据符号的先验信息去提高精度。然而，在高阶调制模块或者更低的信噪比环境中，由于似然函数比较复杂，仅仅利用先验信息是很难进行应用推广的。N. Wu 和 H. Wang 等在文献[28]中将基于 EM 估计 SNR 的算法应用到编码系统中，从信道译码器输出的符号软信息被用来迭代求最大化似然函数。

下面重新写出 EM 算法的两个步骤。

E 步：$Q(\boldsymbol{\theta},\boldsymbol{\theta}^{(i-1)})=E_{\boldsymbol{z}\mid\boldsymbol{r};\boldsymbol{\theta}^{(i-1)}}[\ln p(\boldsymbol{z}\mid\boldsymbol{\theta}^{(i-1)})]$

M 步：$\boldsymbol{\theta}^{(i)}=\arg\max\limits_{\boldsymbol{\theta}}Q(\boldsymbol{\theta},\boldsymbol{\theta}^{(i-1)})$

因为完整数据集为$\boldsymbol{z}=[\boldsymbol{r}^{\mathrm{T}},\boldsymbol{c}^{\mathrm{T}}]^{\mathrm{T}}$，同时包含观测数据和未知发送符号，所以$p(\boldsymbol{z}\mid\boldsymbol{r},\hat{\boldsymbol{\theta}}^{(i-1)})=p(\boldsymbol{r},\boldsymbol{c}\mid\boldsymbol{r},\hat{\boldsymbol{\theta}}^{(i-1)})=p(\boldsymbol{c}\mid\boldsymbol{r},\hat{\boldsymbol{\theta}}^{(i-1)})$，所以上式中的$E_z\{\ln p(\boldsymbol{z}\mid\boldsymbol{\theta})\mid\boldsymbol{r},\hat{\boldsymbol{\theta}}^{(i-1)}\}=\sum\limits_{z}p(\boldsymbol{c}\mid\boldsymbol{r},\hat{\boldsymbol{\theta}}^{(i-1)})\ln p(\boldsymbol{z}\mid\boldsymbol{\theta})$。$p(\boldsymbol{c}\mid\boldsymbol{r},\hat{\boldsymbol{\theta}}^{(i-1)})$是传输符号$c$在已知条件$\hat{\boldsymbol{\theta}}^{(i-1)}$情况下的后验概率，其中$i$为迭代次数。只要初始估计值足够接近$\hat{\boldsymbol{\theta}}_{\mathrm{ML}}$，$\{\hat{\boldsymbol{\theta}}^{(i)}\}$最终将收敛为$\hat{\boldsymbol{\theta}}_{\mathrm{ML}}$。完全数据$\boldsymbol{z}$的对数似然函数 LLF 为

$$\ln p(\boldsymbol{r}\mid\boldsymbol{c},\boldsymbol{\theta})=-\frac{N}{2}\ln(\pi\sigma^2)-\sum_{k=1}^{N}\frac{|r_k-Ac_k|^2}{\sigma^2} \tag{6-53}$$

又

$$\ln p(\boldsymbol{z} \mid \boldsymbol{\theta}) = \ln p(\boldsymbol{r}, \boldsymbol{c} \mid \boldsymbol{\theta}) = \ln(p(\boldsymbol{r} \mid \boldsymbol{c}, \boldsymbol{\theta}) p(\boldsymbol{c})) = \ln p(\boldsymbol{r} \mid \boldsymbol{c}, \boldsymbol{\theta}) + \ln p(\boldsymbol{c}) \tag{6-54}$$

由式(6-53)和式(6-54)可得 E 步中的 Q 函数为

$$\begin{aligned} Q(\boldsymbol{\theta}, \hat{\boldsymbol{\theta}}^{(i-1)}) &= E_{z \mid r; \hat{\boldsymbol{\theta}}^{(i-1)}} [\ln p(\boldsymbol{z} \mid \hat{\boldsymbol{\theta}}^{(i-1)})] \\ &= \sum_{c \in C} p(\boldsymbol{c} \mid \boldsymbol{r}, \hat{\boldsymbol{\theta}}^{(i-1)}) \ln p(\boldsymbol{r} \mid \boldsymbol{c}, \boldsymbol{\theta}) + \sum_{c \in C} p(\boldsymbol{c} \mid \boldsymbol{r}, \hat{\boldsymbol{\theta}}^{(i-1)}) \ln p(\boldsymbol{c}) \\ &= -\frac{N}{2} \ln \pi \sigma^2 - \sum_{k=1}^{N} \frac{|r_k|^2 + A^2 \xi_k - 2A\{r_k \eta_k^*\}}{\sigma^2} \end{aligned}$$

M 步中的最大值求解可参照 6.4.1 节基于最大似然的编码辅助信噪比估计中的处理方法，由此得到估计器的表达式为

$$\hat{\rho}^{(i)} = \frac{N\left(\sum_{k=1}^{N} \mathrm{Re}\{r_k \eta_k^*\}\right)^2}{\left(\sum_{k=1}^{N} \xi_k\right)^2 \left(\sum_{k=1}^{N} |r_k|^2\right) - \left(\sum_{k=1}^{N} \xi_k\right) \left(\sum_{k=1}^{N} \mathrm{Re}\{r_k \eta_k^*\}\right)^2} \tag{6-55}$$

对于实信道，为了减小估计偏差，将式(6-55)乘以一个因子$(N-3)/N$。若是复信道，则式(6-55)乘以一个因子$(N-3/2)N$。

高斯信道模型在 BPSK 调制模式下，基于 EM 的编码辅助 SNR 估计的表达式为

$$\hat{\rho}^{(i)} = \frac{\left(\sum_{k=1}^{N} \mathrm{Re}\{r_k \eta_k^*\}\right)^2}{N\left(\sum_{k=1}^{N} |r_k|^2\right) - \left(\sum_{k=1}^{N} \mathrm{Re}\{r_k \eta_k^*\}\right)^2} \tag{6-56}$$

对于利用译码软信息来迭代地更新 EM 算法中的符号期望值的 SNR 估计方法，通过式(6-56)可以看出，在低信噪比下，这一估计方式比仅仅用硬判决信息或者信道的软信息更为可靠。因此，基于 EM 的编码辅助 SNR 估计方法更适用于信噪比低的环境中，这一点对深空通信中的信噪比估计是很有研究价值的。

6.4.3 导频和编码联合辅助信噪比估计

前面几节介绍了数据辅助和非数据辅助下的 SNR 估计算法，同时也给出了编码辅助的 SNR 估计算法，本节将介绍导频与码辅助联合起来对较低信噪比的通信环境中的进行 SNR 估计。

将导频与码辅助联合进行 SNR 的估计，可以理解为如下两种方案：

方案一，对接收信号分离出导频和数据信号，先利用导频进行 ML-DA 的 SNR 预估计，估计出信号的粗略的 ρ_{coarse}；然后将 ρ_{coarse} 送入译码器进行 EM-CA 的 SNR 精估计，此时的精估计仅仅利用未知的码字序列，得到精估计的 SNR 为 ρ_{accurate}，最后将 ρ_{accurate} 作为 SNR 估计的结果。

方案二，译码之前不进行 ML-DA 的预估计，设定一初始值 ρ_0，然后利用 EM-CA 对 SNR 进行估计，在估计过程中，不仅仅要用到码字部分参与编码辅助的 SNR 估计，同时将导频的后验概率信息看作 ρ_1，进而参与 EM 的迭代 SNR 估计过程。

6.4.4 仿真分析

仿真所采用的编码系统采用码率 $R=0.0833$，码长 $N=1200$ 的 LDPC-Hadamard 码，采用 BPSK 调制模式，导频长度 $N_P=300$。

1. 译码性能

图 6-11 是 ML-DA、EM-CA、导频与码辅助联合估计 SNR 方案一和导频与码辅助联合估计 SNR 方案二 4 种估计方法下的误码率曲线图，可以看出，最接近理想 SNR 估计的译码性能曲线的是联合方案二，且基于 EM 的码辅助的 SNR 估计下的译码性能也较好，最差的性能为联合方案一。这是因为，在 SNR 较低时，这里 SNR 低至 −11dB，虽然 ML-DA 的 SNR 估计方法在低信噪比时较接近于真值，但是在 −10dB 左右数据长度为 300 以下时，该算法在估计均值会出现偏差，因此会导致预估计的 ρ_{accurate} 偏离真实值，若 ρ_{accurate} 偏离真实值到一定程度时，送入 EM-CA 估计器的初值已经不准确，势必会使译码性能恶化，且在 SNR 很低时，译码性能对 SNR 的估计偏差较为敏感。可以看出，联合方案二相比联合方案一最大提升 2dB 的增益，相比而言，ML-DA 和 EM-CA 的估计方法也表现出比较好的估计性能。

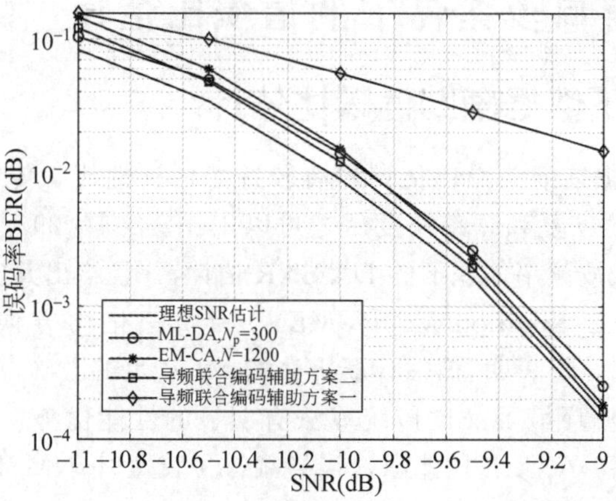

图 6-11 LDPC-Hadmand 码系统中不同 SNR 估计方法的 BER

2. 估计性能

图 6-12 和图 6-13 分别给出了 LDPC-Hadamard 码编码系统中的 SNR 的估计均值和 RMSE 情况，可以看出，仍然是联合方案一估计均值偏差最大，并且联合方案一最接近实际的 SNR 值，图 6-13 中联合方案二的均方差最小，且优于 EM-CA 的 SNR 估计性能。对于仿真中联合方案二涉及的 SNR 仿真初始值，设定噪声方差 $\sigma^2=0.5$，并且仿真了不同初始值 1、2、4 和 5 四种情况下的两种联合估计方案的 SNR 估计均值，发现初始值对联合估计几乎没有影响，并且也没有改变联合估计方案 2 的估计性能优于联合方案一这一特性。

因此对于带宽丰裕和功率受限的通信系统（如深空通信系统），可以将导频与编码辅助联合起来进行 SNR 的估计，同时若是在更低的信噪比环境中，比如 −20dB 以下，单纯依靠 ML-DA 或者 EM-CA 进行 SNR 估计不现实，因此联合同步方案二可应用于深空通信中的 SNR 估计过程中，并且在可能情况下提高导频的长度，可以获得更精确的 SNR 估计性能。

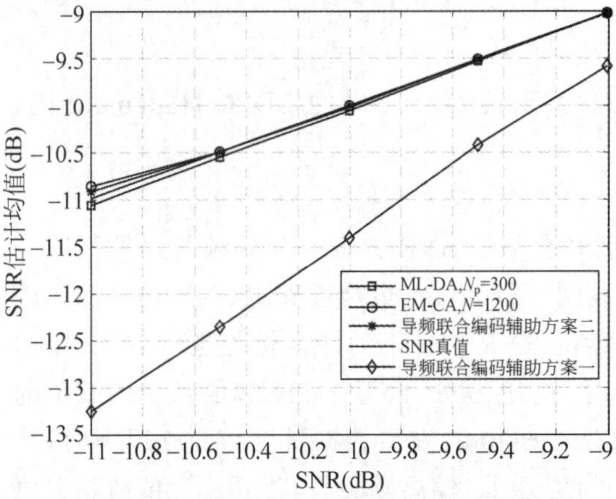

图 6-12 LDPC-Hadmand 码系统中不同 SNR 估计方法的估计均值

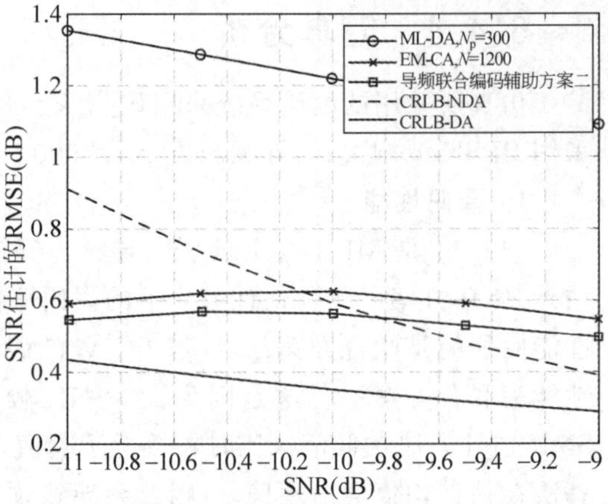

图 6-13 LDPC-Hadmand 码系统中不同 SNR 估计方法的 RMSE

6.5 非理想同步条件下的信噪比估计

6.5.1 频偏下数据辅助信噪比估计

在低信噪比下，数据辅助信噪比估计器有较好的估计性能。传统的基于最大似然 DA SNR 估计器需要在相位恢复和频率恢复后才可以工作。文献[29]基于接收符号自相关提出了一种可以工作在载波频率偏差下的 DA SNR 估计，并且给出其实现算法。仿真考查算法的估计均值(Mean Estimation Value，MEV)和归一化均方误差(Normalized Mean Square Error，NMSE)，结果表明，该估计器算法的 MEV 足够准确，可以较好地工作在频率恢复之前，而且在大频偏环境下又比传统算法有明显的性能优势。然而，当观察时间较长时，其 NMSE 不能达到 DA CRB 性能限。当导频符号较短时，NMSE 有微小偏差。

1. 基于差分相关的数据辅助信噪比估计

存在残留频率误差时，最大似然数据辅助 SNR 估计器的性能恶化严重。分析 TxDA SNR 估计器可以发现，传统信噪比估计算法的信号功率估计 $\hat{E}_s^{\mathrm{TxDA}}$ 存在取实部的操作，所以估计性能受载波相位偏差影响较大，从而导致存在相位偏移时，噪声功率的估计偏差较大。当存在频率误差时，传统 SNR 估计算法性能显著恶化，只有在载波完全同步后才可以得到较好的估计。基于接收导频符号的相关是一种与载波频率无关(Carrier Frequency Robust，CFR)的 DA SNR 估计器。在 DVB-S2 系统中，由于定时同步、帧同步技术对频率不敏感，因此很容易在存在大频偏的接收机中获得导频信息，然后完成这种 CFR DA SNR 估计。首先，定义消除调制的 MPSK 符号为

$$z_k \triangleq r_k c_k^* = \sqrt{P_S}\,\mathrm{e}^{\theta_k} + \sqrt{P_N}\,n_k c_k^* = A\mathrm{e}^{\theta_k} + \sigma n_k c_k^*,\quad k=1,2,\cdots,N$$

其中，$\theta_k = 2\pi k f + \theta_0$，$f$ 为归一化频率偏差，θ_0 为恒定相偏。接收信号总功率估计为

$$\hat{P}_R = \frac{1}{N}\sum_{k=1}^{N} |r_k|^2 = \frac{1}{N}\sum_{k=1}^{N} |r_k c_k^*|^2 = \frac{1}{N}\sum_{k=1}^{N} z_k z_k^* \tag{6-57}$$

所以 $\hat{P}_R$、$\hat{E}_S$、$\hat{P}_N$ 的估计都用到消除调制的符号。定义接收信号的相关函数为

$$R_{c_1} \triangleq \frac{1}{N-1}\sum_{k=1}^{N-1} z_{k+1} z_k^*$$

将上式代入相关函数可得

$$R_{c_1} \triangleq \frac{1}{N-1}\sum_{k=1}^{N-1}\{P_{\mathrm{S}}\mathrm{e}^{\mathrm{j}2\pi f} + P_{\mathrm{N}} n_{k+1} c_{k+1}^* n_k^* c_k + \sqrt{P_{\mathrm{S}}}\sqrt{P_{\mathrm{N}}}[\mathrm{e}^{\mathrm{j}\theta_{k+1}}(n_k^* c_k) + \mathrm{e}^{\mathrm{j}\theta_k}(n_{k+1} c_{k+1}^*)]\} \tag{6-58}$$

其中,$2\pi f = \theta_k - \theta_{k-1}$ 为恒定相偏。从式(6-58)可以发现,相关函数 R_{c_1} 和总功率中均包含有信号功率 P_{S},不同之处在于前者是 z_k 和 z_{k+1} 的相关,后者是 z_k 的自相关。利用相关函数可以得到 DA SNR 估计:

$$\hat{\rho}^{\mathrm{CFR}_1,\mathrm{DA}} \triangleq \frac{\left|\frac{1}{N-1}\sum_{k=m}^{N-1} z_k z_{k-1}^*\right|}{\frac{1}{N}\sum_{k=m}^{N}|r_k|^2 - \left|\frac{1}{N-1}\sum_{k=m}^{N-1} z_k z_{k-1}^*\right|}$$

其中,信号功率估计为

$$\hat{P}_{\mathrm{S}}^{\mathrm{CFR},\mathrm{DA}} \triangleq |R_{c_1}| = \left|\frac{1}{N-1}\sum_{k=m}^{N-1} z_{k+1} z_k^*\right|$$

从后面的分析可知,这个估计器的 MEV 性能较好,但是 NMSE 性能距离 NCRB (Normalized Cramer-Rao Bound)较远。为了提高估计的方差性能,通过设计参数 $1 \leqslant m \leqslant L$ 得到一般化的相关函数 R_{c_m}:

$$R_{c_m} \triangleq \frac{1}{N-m}\sum_{k=m}^{N-1} z_{k+1} z_{k-m+1}^* \tag{6-59}$$

于是得到 DA SNR 估计器为

$$\hat{\rho}^{\mathrm{CFR}_m,\mathrm{DA}} \triangleq \frac{\frac{1}{L}\sum_{k=m}^{L}|R_{c_m}|}{\frac{1}{N}\sum_{k=m}^{N}|r_k|^2 - \frac{1}{L}\sum_{k=m}^{L}|R_{c_m}|} \tag{6-60}$$

信号功率估计为 $\hat{P}_{\mathrm{S}}^{\mathrm{CFR}_m,\mathrm{DA}} \triangleq \sum_{m=1}^{L}|R_{c_m}|/L$。这种 DA SNR 估计器用到的相关函数类似于数据辅助频率估计算法中的相关,例如式(6-58)与 Kay[30]、Fitz[31] 频率估计算法的相关函数类似。相关函数(6-58)中除了 $P_{\mathrm{S}}\mathrm{e}^{\mathrm{j}2\pi f}$ 项,其他项都可以看成零均值噪声:$R_{c_1} = P_{\mathrm{S}}\mathrm{e}^{\mathrm{j}2\pi f} + n'$。另一种经典的频率估计算法 L&R 算法采用了类似于式的相关函数。因此设计类似于 L&R 算法的 SNR 估计算法,则

$$\hat{\rho}^{\mathrm{L\&R}} \triangleq \frac{\frac{1}{L}\sum_{k=m}^{L}|R_{c_m}|}{\frac{1}{N}\sum_{k=m}^{N}|r_k|^2 - \frac{1}{L}\sum_{k=m}^{L}|R_{c_m}|} \tag{6-61}$$

但式(6-61)的分子 $\sum_{m=1}^{L} R_{c_m}/L = P_{\mathrm{S}}\sin(\pi L f)/L\sin(\pi f)\mathrm{e}^{\mathrm{j}\pi(L+1)f}$ 中 $\sin(\pi L f)/L\sin(\pi f)$ 项在 L 和 f 很大时不等于 1,难于估计 P_{S}。因此,类似 L&R 算法的 SNR 估计不适合大频偏环境。

2. 频偏下基于差分相关数据辅助信噪比估计性能分析

本节首先在高信噪比下分析提出算法的估计性能，然后通过仿真比较信噪比估计算法。以 DVB-S2 系统为例，其导频数据为$\sqrt{2}(1+\mathrm{j})/2=\mathrm{e}^{\mathrm{j}\pi/4}$，所以信噪比估计表达式中的相关函数近似为

$$R_{c_1}\approx\frac{1}{N-1}\sum_{k=1}^{N-1}\{P_{\mathrm{S}}\mathrm{e}^{\mathrm{j}2\pi f}+\sqrt{P_{\mathrm{S}}}\sqrt{P_{\mathrm{N}}}[\mathrm{e}^{\mathrm{j}(\theta_k+2\pi f+\pi/4)}n_k^*+\mathrm{e}^{\mathrm{j}(\theta_k+\pi/4)}n_{k+1}]\}$$

定义 $X\triangleq\mathrm{Re}\{U\}$，$Y\triangleq\mathrm{Im}\{U\}$，其中，

$$U=\frac{1}{N-1}\sum_{k=1}^{N-1}\{\sqrt{P_{\mathrm{S}}}\sqrt{P_{\mathrm{N}}}[\mathrm{e}^{\mathrm{j}(\theta_k+2\pi f+\pi/4)}n_k^*+\mathrm{e}^{\mathrm{j}(\theta_k+\pi/4)}n_{k+1}]\}$$

定义 $\tilde{n}_k\triangleq\mathrm{e}^{-\mathrm{j}(\theta_k+\pi/4)}n_k$ 和 n'_k、n''_k：

$$n'_k\triangleq\mathrm{e}^{\mathrm{j}(\theta_k+\pi/4)}n_k^*=\tilde{n}_k^*\in\{n'_1,n'_2,\cdots,n'_{N-1}\}$$

$$n''_k\triangleq\mathrm{e}^{-\mathrm{j}2\pi f}\mathrm{e}^{-\mathrm{j}(\theta_k+\pi/4)}n_{k+1}=\mathrm{e}^{-\mathrm{j}2\pi f}\tilde{n}_{k+1}\in\{n'_1,n'_2,\cdots,n'_{\mathrm{N}}\}$$

可以把相关函数写为

$$\begin{aligned}U&=\frac{\sqrt{P_{\mathrm{S}}P_{\mathrm{N}}}}{N-1}\sum_{k=1}^{N-1}n'_k+n''_{k+1}\\&=\frac{\sqrt{P_{\mathrm{S}}P_{\mathrm{N}}}}{N-1}\{\tilde{n}_1^*+\tilde{n}_2^*+\cdots+\tilde{n}_{N-1}^*+\mathrm{e}^{-\mathrm{j}2\pi f}(\tilde{n}_2+\tilde{n}_3+\cdots+\tilde{n}_{\mathrm{N}})\}\end{aligned}$$

假设频偏得到纠正，上式可以写为

$$\begin{aligned}U&=\frac{\sqrt{P_{\mathrm{S}}P_{\mathrm{N}}}}{N-1}\sum_{k=1}^{N-1}n'_k+n''_{k+1}\\&=\frac{\sqrt{P_{\mathrm{S}}P_{\mathrm{N}}}}{N-1}\{\tilde{n}_1^*+2\mathrm{Re}(\tilde{n}_2+\tilde{n}_3+\cdots+\tilde{n}_{N-1})+\tilde{n}_{\mathrm{N}}\}\end{aligned}$$

分析上式的统计特性可以得

$$\sigma_X^2=\frac{P_{\mathrm{S}}P_{\mathrm{N}}}{(N-1)^2}\left(1+4(N-2)\frac{1}{2}\right)=\frac{P_{\mathrm{S}}P_{\mathrm{N}}(2N-3)}{(N-1)^2}$$

$$\sigma_Y^2=\frac{P_{\mathrm{S}}P_{\mathrm{N}}}{(N-1)^2}$$

于是得到两个高斯分布 $X\sim N(P_{\mathrm{S}},P_{\mathrm{S}}P_{\mathrm{N}}(2N-3)/(N-1)^2)$，$Y\sim N(0,P_{\mathrm{S}}P_{\mathrm{N}}/(N-1)^2)$。从而得到服从卡方分布的两个量：

$$X^2\sim\chi^2\left(1,P_{\mathrm{S}}^2,\frac{P_{\mathrm{S}}P_{\mathrm{N}}(2N-3)}{(N-1)^2}\right),\quad Y^2\sim\chi^2\left(1,0,\frac{P_{\mathrm{S}}P_{\mathrm{N}}}{(N-1)^2}\right)$$

因此，$(2K-3)Y^2$ 满足卡方分布：

$$(2N-3)Y^2\sim\chi^2\left(1,0,\frac{P_{\mathrm{S}}P_{\mathrm{N}}}{(N-1)^2}(2N-3)\right)$$

因此，比值 $X^2/(2K-3)Y^2$ 服从 F 分布，其中自由度为(1,1)、非中心参数为

$$\frac{X^2}{(2N-3)Y^2}\sim F(1,1,\lambda),\quad\lambda=\frac{P_{\mathrm{S}}(N-1)^2}{P_{\mathrm{N}}(2N-3)}$$

但是 F 分布定义的自由度大于 2。因此下面尝试分析变量 T：

$$T=\frac{P_S P_N}{N-1}\sum_{k=1}^{N-1}|\operatorname{Im}\{n'_k+n'_{k+1}\}|^2$$

$$\operatorname{Im}\{n'_k+n'_{k+1}\}=\operatorname{Im}\{n''_k\}\sim N(0,1)$$

同样可以得到 T 服从卡方分布，其中自由度为 $K-1$：

$$T\sim\chi^2\left(N-1,0,\frac{P_S P_N}{N-1}\right)$$

其中，"～"表示 T 服从某分布。修正变量 $T'=\frac{2N-3}{N-1}T$ 的分布为

$$T'\sim\chi^2\left(N-1,0,\frac{P_S P_N(2N-3)}{N-1}\right)$$

所以 $(K-1)X^2/T'$ 服从 F 分布：

$$(N-1)\frac{X^2}{T'}\sim F(1,N-1,P_S^2,\lambda),\quad \lambda=\frac{P_S(N-1)^2}{P_N(2N-3)}$$

期望为

$$E\left[(N-1)\frac{X^2}{T'}\right]=\frac{(N-1)(2N-3)+(N-1)\rho(N-1)^2}{(N-3)(2N-3)}$$
$$=\frac{N-1}{N-3}+\frac{(N-1)^3}{(N-3)(2N-3)}\rho$$

所以 X^2/T' 的期望为

$$E\left[\frac{X^2}{T'}\right]=\frac{1}{N-3}+\frac{(N-1)^2}{(N-3)(2N-3)}\rho$$

从上式可知 X^2/T' 存在偏差 $\frac{(N-1)^2}{(N-3)(2N-3)}$，所以，修正估计偏差后

$$\frac{(N-3)(2N-3)}{(N-1)^2}\frac{X^2}{T'\dfrac{2N-3}{N-1}}=\frac{X^2}{T'}\frac{N-3}{N-1} \tag{6-62}$$

上式的期望为

$$\frac{(N-3)(2N-3)}{(N-1)^2}E\left[\frac{X^2}{T'}\right]=\frac{2N-3}{(N-1)^2}+\rho$$

这里的分析过程中没有用到总功率的估计，式(6-62)的估计性能不理想，因此下面不对此做详细研究，只从仿真中比较前节中提出的估计算法。

3. 仿真分析

下面通过仿真考察估计算法在 DVB-S2 系统里的估计性能，仿真采用 QPSK 和 16PSK 调制。为了使 SNR 估计的标准偏差小于 0.2dB，在 -3～15dB 范围内需要 44 个导频段。这等效于符号速率为 25Mb/s 时在 3ms 时间内，SNR 估计的标准偏差达到 99.73％的可信水平。图 6-14 比较了在不同频率误差下 SNR 估计的 MEV 值。对 TxDA SNR 估计器来说，观测长度为 128 时的性能比观测长度为 36 时的性能明显恶化。CFR_1 DA SNR 估计器在更长的观测间隔($N=256$)时估计的 MEV 非常接近真实值 SNR$=-2$dB。在更宽的频率误差范围内(例如，在归一化频偏范围 $v\in[-2,2]$内)该算法仍能准确估计。TxDA SNR 估计器在频率误差 0.004 时低估 2dB。

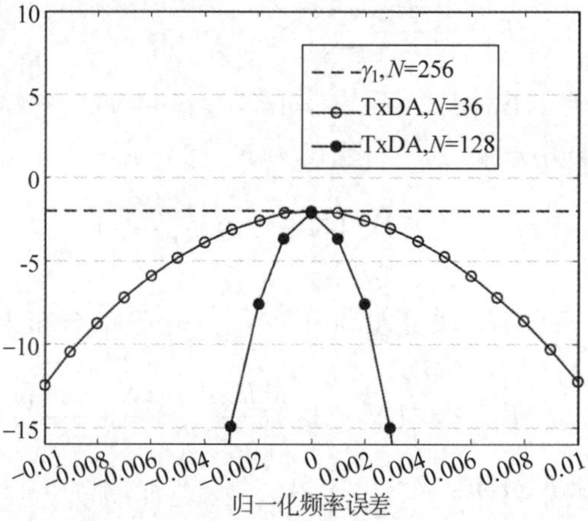

图 6-14 不同频率误差下估计的 MEV 值,SNR=－2dB

图 6-15 给出了 16PSK 调制时,CFR_1 DA SNR 估计器在频偏下的估计 MEV 性能。当 CFR_1 DA SNR 估计器使用 $N=36$、128 个导频符号,分别在 SNR＞－5dB、－7dB 时估计 MEV 值与真值很近。但是在高信噪比 SNR＞17dB 时,N 值变小会使得估计存在偏差。因为 CFR_m DA SNR 估计器的 MEV 性能与 CFR_1 几乎一样,而 TxDA 估计算法在频偏下的性能严重恶化,所以图 6-15 中没有画出它们的曲线。

图 6-16 给出 CFR_1 和 CFR_m $(L_m=4)$ 的 NMSE 性能。当 $N=36$、128 时,CFR 与 NCRB 之间距离较大,而 R_{c_m} $(L_m=4)$ 更接近 NCRB,但是在高信噪比下(如 SNR＞15dB)存在估计偏差。增大 L_m 值会减小偏差,使 R_{c_m} 的性能更接近 NCRB。这个 SNR 估计的范围能够满足 DVB-S2 系统设计的信噪比范围(－2～15dB)。

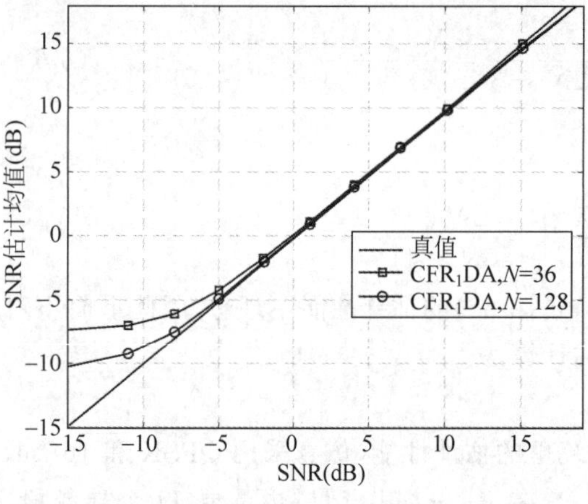

图 6-15 信噪比估计器的 MEV 性能,16PSK

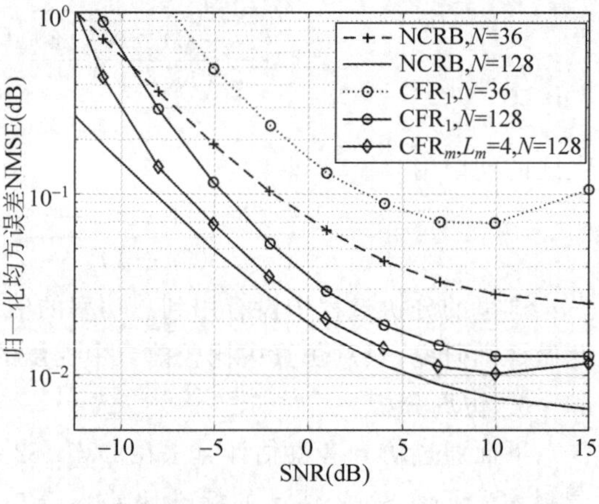

图 6-16 信噪比估计器的 NMSE 性能,16PSK

图 6-17 为采用 QPSK 调制时,CFR_1 DA SNR 估计器应用在 DVB-S2 系统的 MEV 值。当新算法 CFR_1 使用与 TxDA SNR 估计器所需的相同导频符号数时(44 个导频段)可以得到很好的估计性能。此算法应用在 DVB-S2 系统中的 NMSE 如图 6-18 所示。在 SNR＞－10dB 时,CFR_m DA SNR 估计器($L_m=8$,$NL_p\approx1600$)的接近 NCRB 性能限。所以这种新估计方法在接收机中存在频偏较大时可以快速、准确地估计 SNR,以便估计值用于接收机其他部

分。实现复杂度方面，新算法比传统算法复杂度略高，CFR_1 DA SNR 估计器需要额外 $N-1$ 个复乘、$4(N-1)$ 个实数乘法器和 1 个平方根操作，一般化的 CFR_m 需要 $L_m NL_m(L_m+1)/2$ 个复乘和 L_m 个平方根操作。实现中利用精频率估计的中间输出会降低算法的实现复杂度。

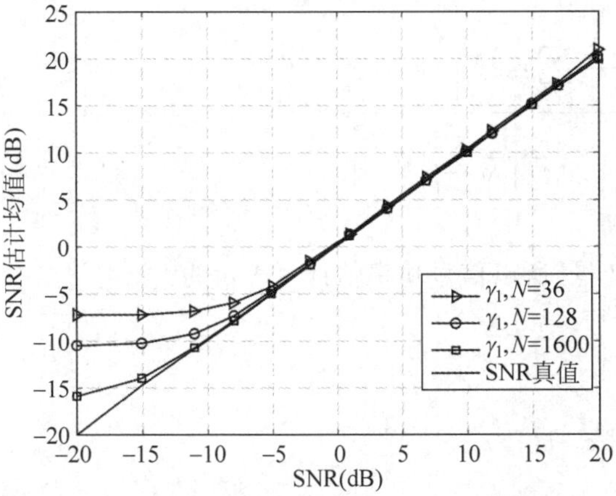

图 6-17 信噪比估计器的 MEV、QPSK

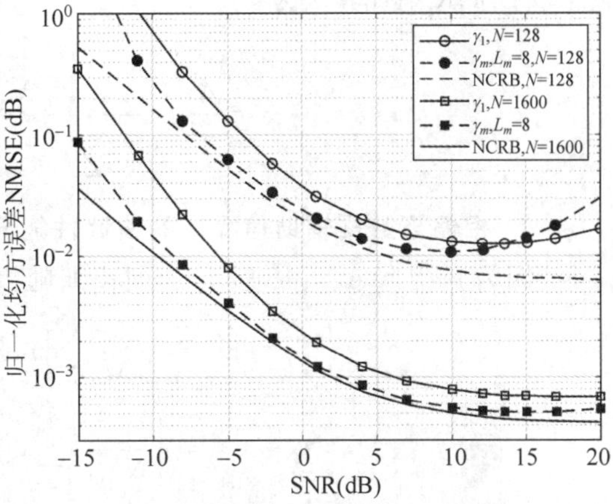

图 6-18 信噪比估计器的 NMSE、QPSK

6.5.2 相偏下数据辅助信噪比估计

本节研究一种可以工作在载波相偏环境下的最大似然数据辅助信噪比估计器[记为 CPR(Carrier Phase Robust) DA SNR][29]，并推导其估计误差方差以及对应的克拉美罗界。

1. 数据辅助相位与信噪比联合估计算法

传统 DA SNR 估计器受到残留相偏的影响较大，只有相位恢复后才能得到好的估计性能。因此首先把相位与信噪比联合设计，接收信号的条件对数似然函数为

$$\ln p(\boldsymbol{r}\mid\boldsymbol{\theta})=-N\ln(\pi\sigma^2)-\frac{A^2}{\sigma^2}\sum_{k=1}^{N}|c_k|^2-\frac{1}{\sigma^2}\sum_{k=1}^{N}|r_k|^2+2\frac{A}{\sigma^2}\mathrm{Re}\left\{\sum_{k=1}^{N}r_k c_k^*\mathrm{e}^{-\mathrm{j}\theta}\right\}$$

其中，$\boldsymbol{r}\triangleq[r_1,r_2,\cdots,r_N]$，$\boldsymbol{\theta}\triangleq\{P_S,P_N,\theta\}=\{A^2,\sigma^2,\theta\}$表示待估计参数。传统的 ML DA SNR 估计器不考虑相偏影响：

$$\hat{\rho}=\frac{\left(\sum_{k=1}^{N}\mathrm{Re}\{r_k c_k^*\mathrm{e}^{-\mathrm{j}\theta}\}\right)^2}{M_0^2 N\left(\sum_{k=1}^{N}|r_k|^2\right)-M_0\left(\sum_{k=1}^{N}\mathrm{Re}\{r_k c_k^*\mathrm{e}^{-\mathrm{j}\theta}\}\right)^2}$$

其中，$M_0\triangleq\sum_{k=1}^{N}|c_k|^2/K$。

对相位求偏导并使其为零可以得到相位的估计为：$\hat{\theta}=\arg\left\{\sum_{k=1}^{N}r_k c_k^*\right\}$。对 A^2 求偏导并使其为零可以得到 A^2 的估计：

$$\hat{A}^2\triangleq\frac{1}{M_0^2}\left|\frac{1}{N}\sum_{k=1}^{N}r_k c_k^*\right|^2$$

在推导过程中出现的相偏估计表达式没有出现在上式中，所以此估计与相偏无关。类

似地可以得到噪声功率的估计为：

$$\hat{\sigma}^2=\hat{P}_R-\hat{A}^2M_0=\frac{1}{N}\sum_{k=1}^{N}|r_k|^2-\hat{A}^2M_0 \tag{6-63}$$

信噪比估计就是信号功率估计与噪声功率估计的比值，因此载波相偏环境下的最大似然 DA SNR 估计算法为

$$\hat{\rho}=\frac{A^2}{\sigma^2}=\frac{\dfrac{1}{M_0^2}\left|\dfrac{1}{N}\sum_{k=1}^{N}r_kc_k^*\right|^2}{\dfrac{1}{N}\sum_{k=1}^{N}|r_k|^2-\dfrac{1}{M_0}\left|\dfrac{1}{N}\sum_{k=1}^{N}r_kc_k^*\right|^2}$$

2. 相偏下数据辅助信噪比的估计性能分析

因为 $r_kc_k^*=A|c_k|^2+\sigma n_k$ 是复高斯随机变量，所以信号功率估计可表示为

$$\begin{aligned}\hat{E}_s&\triangleq\left|\frac{1}{NM_0}\sum_{k=1}^{N}r_kc_k^*\right|^2\\&=\left|\frac{1}{NM_0}\sum_{k=1}^{N}(A|c_k|^2+\sigma z_kc_k^*)\right|^2\\&=\left|A+\frac{\sigma}{NM_0}\sum_{k=1}^{N}z_kc_k^*\right|^2\end{aligned} \tag{6-64}$$

其中，$A+\sigma\sum_{k=1}^{N}z_kc_k^*/NM_0$ 也是复高斯随机变量（均值为 A，方差为 $\sigma^2/2NM_0$）。经推导，式(6-64)服从自由度为 2 的 χ^2 分布，其中每个随机变量的期望为 A、方差为此变量方差 $\sigma^2/2NM_0$。

对噪声功率估计式(6-63)：

$$\begin{aligned}\hat{\sigma}^2&=\frac{1}{N}\sum_{k=1}^{N}|r_k|^2-\hat{A}^2M_0\\&=\frac{1}{N}\sum_{k=1}^{N}|Ac_k+\sigma z_k|^2-\frac{1}{M_0}\left|\frac{1}{N}\sum_{k=1}^{N}(A|c_k|^2+\sigma z_kc_k^*)\right|^2\\&=\frac{\sigma^2}{N}\sum_{k=1}^{N}|z_k|^2-\frac{\sigma^2}{M_0N^2}\left|\sum_{k=1}^{N}z_kc_k^*\right|^2\end{aligned} \tag{6-65}$$

其中，两项具有相同的方差 $\sigma^2/2N$，分别服从自由度为 $2N$ 和 2 的 χ^2 分布，故式(6-65)服从自由度为 $2N-2$ 的 χ^2 分布，每个随机变量的方差为 $\sigma^2/2N$。经过修正后有

$$\frac{\hat{\sigma}^2}{M_0}\sim\chi^2\left(2N-2,0,\frac{\sigma^2}{2NM_0}\right)$$

此噪声功率估计与信号功率估计相互独立，故 CPR 信噪比估计服从非中心的 F 分布：

$$\frac{2N-2}{2}\hat{\rho}M_0\sim F\left(2,2N-2,\frac{2NM_0A^2}{\sigma^2}\right)$$

据此写出 F 分布的概率密度函数为

$$f_F(x)=\frac{x\mathrm{e}^{-K\rho}}{B(N-1,1)}\left(\frac{1}{N-1}\right)^2\left(\frac{N-1}{N-1+2x}\right)^{2N}\Phi\left(N,1;\frac{N\rho x}{N-1+2x}\right)$$

其中，$\Phi(a,b;z)$为流超几何函数，$B(c,d)$为 Beta 函数。

由于非中心 F 分布的期望为$E[F]=n_2(n_1+\lambda)/n_1(n_2-1)$，因此 DA SNR 估计的期

望为

$$\mu_{\hat{\rho}}=\frac{2E[F]}{(2N-2)M_0}=\frac{N}{N-2}\left(\frac{1}{NM_0}+\rho\right) \tag{6-66}$$

由于非中心 F 分布的方差为

$$\sigma_F^2=2(n_2/n_1)^2\frac{(n_1+\lambda)^2+(n_1+2\lambda)(n_2-2)}{(n_2-2)^2(n_2-4)} \tag{6-67}$$

所以有

$$\sigma_{\hat{\rho}}^2=\frac{N^2(M_0^2\rho^2+2M_0\rho)-2\rho NM_0+N-1}{(N^3-7N^2+16N-12)M_0}$$

考虑到式(6-67)的偏差项 $N/(N-2)$，这里给出减小偏差的估计器，$\hat{\rho}^{\mathrm{rb}}=(N-2)\hat{\rho}/N$。其均值和方差为

$$\mu_{\hat{\rho}^{\mathrm{rb}}}=1/NM_0+\rho,\quad \sigma_{\hat{\rho}^{\mathrm{rb}}}^2=\sigma_{\hat{\rho}}^2((N-2)/N)^2$$

上式的线性偏差在 $1/NM_0$ 在观测长度 N 变大时趋于 0。也可以通过减去此项得到无偏 DA SNR 估计器为 $\hat{\rho}^{\mathrm{ub}}=\hat{\rho}^{\mathrm{rb}}-1/NM_0$，其均值和方差为

$$\mu_{\hat{\rho}^{\mathrm{ub}}}=\rho,\quad \sigma_{\hat{\rho}^{\mathrm{ub}}}^2=\sigma_{\hat{\rho}}^2((N-2)/N)^2$$

此外，注意到在低信噪比时此减法操作可能使得无偏 DA SNR 估计器的输出为负值，$\mathrm{M_2M_4}$ 估计器也有类似问题。实现时可以通过 $\hat{\rho}^{\mathrm{abs}}=|\hat{\rho}^{\mathrm{ub}}|$ 避免这种情况。

下面分析数据辅助相偏和信噪比联合估计算法的性能限，根据 CRB 的定义可以得

$$\mathrm{MSE}\{\hat{\rho}\}\geqslant\frac{-\left(\frac{\partial}{\partial\rho}E[\hat{\rho}]\right)^2E\left[\frac{\partial^2\Lambda}{\partial\sigma^2}\right]}{E\left[\frac{\partial^2\Lambda}{\partial\rho^2}\right]E\left[\frac{\partial^2\Lambda}{\partial\sigma^2}\right]-E\left[\frac{\partial^2\Lambda}{\partial\rho\partial\sigma}\right]^2}$$

从期望(6-66)可知，$\partial E\{\hat{\rho}\}/\partial\rho=N/(N-2)$。通过联合相位估计的似然函数可以得

$$\begin{aligned}\frac{\partial\Lambda}{\partial\boldsymbol{\theta}}&=\frac{\partial\ln p(\boldsymbol{r}\mid\boldsymbol{\theta})}{\partial\boldsymbol{\theta}}\\&=\frac{\partial}{\partial\boldsymbol{\theta}}\left\{-N\ln(\pi\sigma^2)-\rho\sum_{k=1}^{N}|c_k|^2+2\sqrt{\rho/\sigma^2}\,\mathrm{Re}\left\{\mathrm{e}^{-\mathrm{j}\theta}\sum_{k=1}^{N}r_kc_k^*\right\}-\frac{1}{N}\sum_{k=1}^{N}|r_k|^2\right\}\end{aligned}$$

所以各个变量偏导的期望为

$$E\left[\frac{\partial^2\Lambda}{\partial\sigma^2}\right]=-\frac{N(2+\rho M_0)}{2\sigma^2}$$

$$E\left[\frac{\partial^2\Lambda}{\partial\rho^2}\right]=-\frac{NM_0}{2\rho}$$

$$E\left[\frac{\partial^2\Lambda}{\partial\rho\partial\sigma}\right]=-\frac{NM_0}{2\sigma^2}$$

估计 $\hat{\rho}$ 的 NCRB 为

$$\mathrm{NCRB}\{\hat{\rho}\}\geqslant\frac{2N}{M_0\rho(N-2)^2}+\frac{N}{(N-2)^2}$$

对于修正算法 $\hat{\rho}^{\mathrm{rb}}$、$\hat{\rho}^{\mathrm{ub}}$ 的 NCRB 为

$$\mathrm{NCRB}\{\hat{\rho}^{rb}\}\geqslant\frac{2}{M_0\rho N}+\frac{1}{N}$$

3. 仿真分析

为了验证算法性能，本节将对数据辅助相偏和信噪比联合估计算法、传统数据辅助信噪比估计算法进行对比，接收的导频符号先消除调制，然后分别计算信号功率和噪声功率，最后相除得到信噪比的线性估计值。其中计算信号功率时的电路可以用于相位估计，这样可以节省资源消耗。设系统采用 QPSK 调制方式，导频符号长为 64，相位偏差为 10°，对不同相位偏差下各信噪比估计器平均估计值（Mean Estimation Value，MEV）和归一化均方误差进行仿真。

从图 6-19 中可以发现，传统数据辅助算法和非数据辅助算法 M_2M_4 对相偏敏感，而数据辅助相偏和信噪比联合估计算法却能够保持较好的估计均值。从图 6-20 中可以发现，在中高信噪比下，传统数据辅助信噪比估计算法受相位偏差影响较大，从而偏离 NCRB 较远，而数据辅助相偏和信噪比联合估计算法却能够一直保持在 NCRB 附近。而且经过计算得到的估计方差性能和仿真的性能结果一致。另外，非数据辅助算法 M_2M_4 虽然不受相位偏差影响，但是因为其为非数据辅助算法，所以估计性能比提出的算法差很多。

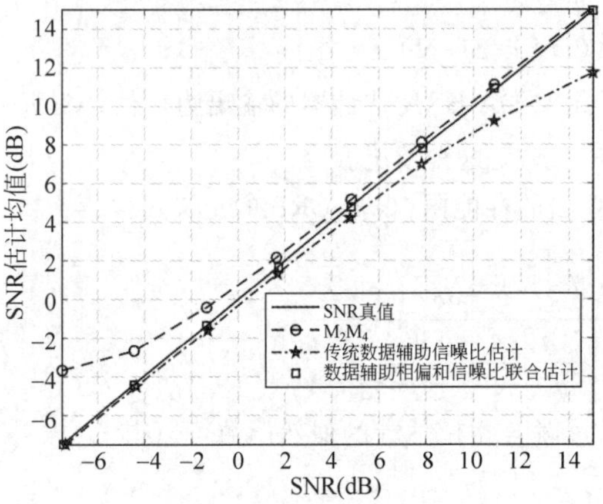

图 6-19 数据辅助信噪比估计器的 MEV，$N=64$

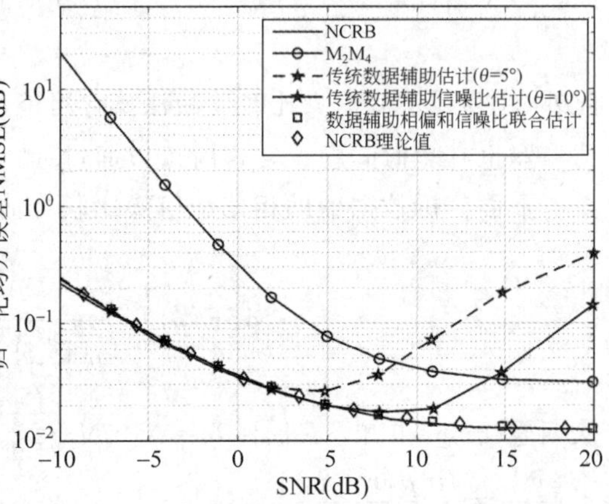

图 6-20 数据辅助信噪比估计器的 NMSE，$N=64$

参考文献

[1] 梁雪源. 基于信道预测和强化学习的卫星自适应传输技术研究[D]. 成都：电子科技大学，2020.

[2] Gagliardi R M，Thomas C M. PCM data reliability monitoring through estimation of signal-to-noise ratio[J]. IEEE Transactions on Communications，1968，16(6)：479-486。

[3] 范海波，陈军，曹志刚. AWGN 信道中非恒包络信号的 SNR 估计方法[J]. 电子学报，2002，30(9)：1369-1371.

[4] Zhang L，Burr A. Iterative APPA symbol timing recovery for Turbo-coded systems[J]. Journal of communication and information system，2005，20(3)：155-163.

[5] Pauluzzi D R，Beaulieu N C. A comparison of SNR estimation techniques for the AWGN channel[J]. IEEE Transactions on Communications，2000，48(10)：1681-1691.

[6] Chen Y，Beaulieu N C. An approximate maximum likelihood estimator for SNR jointly using pilot and data symbols[J]. IEEE Communications Letters，2005，9(6)：517-519.

[7] Wiesel A，Goldberg J，Messer H. Non-data-aided Signal-to-noise-ratio estimation[C]，New York：IEEE International Conference on Communications，ICC 2002：197-201.

[8] Alagha N S. Cramer-Rao bounds of SNR estimates for BPSK and QPSK modulated signals[J]. IEEE Communications Letters,2001,5(1):10-12.

[9] Gappmair W. Cramer-Rao lower bound for non-data-aided SNR estimation of linear modulation schemes[J]. IEEE Transactions on Communications,2008,56(5):689-693.

[10] Das A. NDA SNR estimation: CRLBs and EM based estimators[C]. Hyderabad: 2008 IEEE Region 10 Conference,TENCON,2008,1-6.

[11] Bellili F,Ben Hassen S,Affes S,et al. Cramér-Rao bound for NDA DOA estimates of square QAM-modulated signals[C]. Honolulu: IEEE Global Telecommunications Conference,GLOBECOM,2009.

[12] Bellili F,Stéphenne A,Affes S. Cramér-Rao lower bounds for NDA SNR estimates of square QAM modulated transmissions[J]. IEEE Transactions on Communications,2010,58(11):3211-3218.

[13] Xu H,Wei G,Zhu J. A novel SNR estimation algorithm for OFDM[C]. Stockholm: IEEE 61st Vehicular Technology Conference,VTC-Spring,2005,3068-3071.

[14] Ren G,Zhang H,Chang Y. SNR estimation algorithm based on the preamble for OFDM systems in frequency selective channels[J]. IEEE Transactions on Communications,2009,57(8):2230-2234.

[15] Ijaz A.,Awoseyila A,Evans B. Low-complexity time-domain SNR estimation for OFDM systems [J]. Electronics letters,2011,47(20):1154-1156.

[16] Stéphenne A,Bellili F, Affes S. Moment-based SNR estimation over linearly-modulated wireless SIMO channels[J]. IEEE Transactions on Wireless Communications,2010,9(2):714-722.

[17] Boujelben M A,Bellili F,Affes S,et al. SNR estimation over SIMO channels from linearly modulated signals[J]. IEEE Transactions on Signal Processing,2010,58(12):6017-6028.

[18] Baddour K E,Willink T J. Improved estimation of the ricean K-factor from I/Q fading channel samples[J]. IEEE Transactions on Wireless Communications,2008,7(12):5051-5057.

[19] Chen Y,Beaulieu N C. Estimation of Ricean K parameter and local average SNR from noisy correlated channel samples[J]. IEEE Transactions on Wireless Communications, 2007, 6(2): 640-648.

[20] Ren J,Vaughan R G. Rice factor estimation from the channel phase[J]. IEEE Transactions on Wireless Communications,2012,11(6):1976-1980.

[21] Moon T K. The expectation-maximization algorithm. IEEE Signal Processing Mag. 1996: 13: 47-60

[22] Benedict T,Soong T. The joint estimation of signal and noise from the sum envelope[J]. IEEE Transactions on Information Theory,1967,13(3):447-454.

[23] Matzner R, Englberger F, An SNR estimation algorithm using fourth-order moments[C]. Trondheim: Proceedings of 1994 IEEE International Symposium on Information Theory,1994,119.

[24] 李智信.卫星自适应传输中的关键技术研究[D].北京:北京理工大学,2014.

[25] López-Valcarce R.,Mosquera C, Sixth-order statistics-based non-data-aided SNR estimation[J]. IEEE Communications Letters,2007,11(4):351-353.

[26] 孙博文.Ka波段卫星ACM通信系统信噪比估计技术研究[D].哈尔滨:哈尔滨工程大学,2018.

[27] Dangl M A,Lindner J. How to use a priori information of data symbols for SNR estimation[J]. IEEE Signal Processing Letters,2006,13(11):661-664

[28] Wu N. Wang H. Kuang, J M. Code-aided SNR estimation based on expectation maximization algorithm[J]. Electronics Letters,July 2008,44(55):924-925

[29] 闫朝星.卫星通信系统中的数字接收技术研究[D].北京:北京理工大学,2011.

[30] Kay S. A fast and accurate single frequency estimator[J]. IEEE Transactions on Acoustics,Speech and Signal Processing,1989,37(12):1987-1990.

[31] Fitz M P. Planar filtered techniques for burst mode carrier synchronization[C],Phoenix: Global Telecommunications Conference,GLOBECOM '91. 'Countdown to the New Millennium. Featuring a Mini-Theme on: Personal Communications Services,1991,2-5(1):365-369.

图书资源支持

感谢您一直以来对清华大学出版社图书的支持和爱护。为了配合本书的使用，本书提供配套的资源，有需求的读者请扫描下方的“书圈”微信公众号二维码，在图书专区下载，也可以拨打电话或发送电子邮件咨询。

如果您在使用本书的过程中遇到了什么问题，或者有相关图书出版计划，也请您发邮件告诉我们，以便我们更好地为您服务。

我们的联系方式：

地　　址：北京市海淀区双清路学研大厦 A 座 714

邮　　编：100084

电　　话：010-83470236　010-83470237

资源下载：http://www.tup.com.cn

客服邮箱：tupjsj@vip.163.com

QQ：2301891038（请写明您的单位和姓名）

教学资源・教学样书・新书信息

人工智能科学与技术
人工智能|电子通信|自动控制

资料下载・样书申请

书圈

用微信扫一扫右边的二维码，即可关注清华大学出版社公众号。